T0189138

Building Information Modelling im Planungs- und Bauprozess

Matthias Stange

Building Information Modelling im Planungs- und Bauprozess

Eine quantitative Analyse aus planungsökonomischer Perspektive

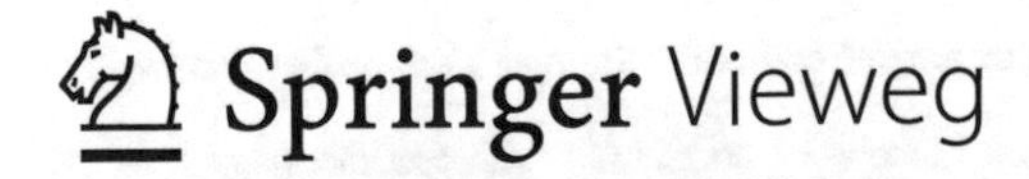

Matthias Stange
Halle, Deutschland

Dissertation HafenCity Universität Hamburg, 2019, u.d.T.: Matthias Stange: „Auswirkungen der Anwendung von Building Information Modelling (BIM) im Planungs- und Bauprozess – eine quantitative Studie unter besonderer Berücksichtigung der projektbezogenen BIM-Reife“

ISBN 978-3-658-29837-1 ISBN 978-3-658-29838-8 (eBook)
https://doi.org/10.1007/978-3-658-29838-8

Die Deutsche Nationalbibliothek verzeichnet diese Publikation in der Deutschen Nationalbibliografie; detaillierte bibliografische Daten sind im Internet über http://dnb.d-nb.de abrufbar.

Springer Vieweg ist ein Imprint der eingetragenen Gesellschaft Springer Fachmedien Wiesbaden GmbH und ist ein Teil von Springer Nature.
Die Anschrift der Gesellschaft ist: Abraham-Lincoln-Str. 46, 65189 Wiesbaden, Germany

Vorwort des Autors

Die Digitalisierung gehört zu den bedeutendsten Megatrends unserer Zeit und gewinnt für die Bauwirtschaft zunehmend an Bedeutung. Das Bundesministerium für Wirtschaft und Energie (BMWI) prognostiziert in seiner „Digitalen Strategie 2025“ Produktivitätssteigerungen von bis zu 30 Prozent durch die Anwendung digitaler Technologien. Eine zentrale Rolle in der Digitalisierung der Bauwirtschaft hat *Building Information Modelling* (kurz BIM) eingenommen. BIM und die damit verbundenen Prozesse werden weltweit als Wegbereiter für die Steigerung der Produktivität in der Bauwirtschaft gesehen:

> *„Mit BIM lassen sich Dauer, Kosten und Risiken großer Bauprojekte in erheblichem Umfang reduzieren [...].*[1] *“*

> *„Länderübergreifend gaben die Teilnehmer der Studie an, dass sich direkter Projektnutzen aus BIM schöpfen lässt.*[2] *“*

Trotz der vielversprechenden Prognose für BIM stieg die Produktivität der Bauwirtschaft in den vergangenen zehn in Deutschland um bescheidene 4,1 Prozent. Zum Vergleich: die Produktivitätsentwicklung der gesamten deutschen Wirtschaft lag in diesem Zeitraum bei 11 Prozent. Besonders groß ist der Rückstand der Bauwirtschaft auf die standortgebundenen Industrien. Die verarbeitenden Gewerbe bspw. steigerten die Produktivität in den vergangenen zehn Jahren um durchschnittlich 34,1 Prozent. Die Bauwirtschaft ist häufig immer noch von zum Teil enormen Kostenüberschreitungen gegenüber der ursprünglichen Kostenprognose geprägt. Gleiches gilt für die fortwährenden Qualitätsprobleme in der Planung und Bauausführung und die erheblichen Terminverzögerungen bei der Fertigstellung der Bauwerke.

Die vorliegende Forschungsarbeit untersucht die Auswirkungen der Anwendung von *Building Information Modelling* (BIM) im Planungs- und

---

[1] Bundesministerium für Wirtschaft und digitale Infrastruktur (BMVI), 2. Zukunftsforum, 24.01.2017 in Berlin

[2] McGraw Hill, Smart Market Report 2014 „*The Business Value of BIM for Construction in Major Global Markets*“, S. 20

Bauprozess aus planungsökonomischer Perspektive mit dem Ziel, die aus zahlreichen qualitativen Studien abgeleiteten Verbesserungspotentiale durch die Anwendung von BIM anhand von realen Projektdaten im globalen Kontext quantitativ zu überprüfen. Die Anwendung von BIM spielt weltweit eine entscheidende Rolle im Digitalisierungsprozess der Bauwirtschaft. Obwohl die BIM-Methode bereits seit den 1980er Jahren auf dem Markt ist, wurde sie bis zum Jahr 2012 weltweit nur von etwa der Hälfte der am Planungs- und Bauprozess beteiligten Akteure angewendet. Die zögerliche Anwendung ist unter anderem auf den Mangel an messbaren Daten zurückzuführen, die den wirtschaftlichen Nutzen der Anwendung von BIM belegen. Speziell vor dem Hintergrund der erforderlichen Investitionen in Hardware, Software und Mitarbeiterqualifizierung sowie der Notwendigkeit einer grundlegenden Änderung der bisherigen Planungskultur.

Die folgenden Kapitel zeigen zunächst die historische Entwicklung der Architekturvisualisierung und klären die theoretischen Grundlagen und Begriffe der BIM-Methode. Im empirischen Teil werden anhand von weltweit 105 Fallbeispielen die Auswirkungen der Anwendung von BIM auf ergebnisrelevante Projektleistungsdaten, auf der Grundlage von realen Projektdaten aus den wesentlichen Anwendungsregionen und Projekttypologien, untersucht.

Insbesondere als Antwort auf die drängende Frage der Praxis: Wie beeinflusst die Anwendung der BIM-Methode die Projektleistungsdaten Kosten, Zeit und Qualität und welche Rolle spielt dabei der projektbezogene BIM-Reifegrad?

Inhaltsverzeichnis

Zusammenfassung

Die vorliegende Forschungsarbeit untersucht die Auswirkungen der Anwendung von *Building Information Modelling* (BIM) im Planungs- und Bauprozess aus planungsökonomischer Perspektive mit dem Ziel, die aus zahlreichen qualitativen Studien abgeleiteten Verbesserungspotentiale durch die Anwendung von BIM anhand von realen Projektdaten im globalen Kontext zu überprüfen. Die Anwendung von BIM wird als eine erfolgversprechende Methode zur Steigerung der Produktivität im Planungs- und Bauprozess gesehen und spielt eine entscheidende Rolle im Digitalisierungsprozess der gesamten Bauwirtschaft.

Obwohl die BIM-Methode bereits seit den 1980er Jahren auf dem Markt ist, wurde sie bis zum Jahr 2012 weltweit nur von etwa der Hälfte der am Planungs- und Bauprozess beteiligten Akteure angewendet. Die zögerliche Anwendung ist unter anderem auf den Mangel an messbaren Daten zurückzuführen, die den wirtschaftlichen Nutzen der Anwendung von BIM belegen. Insbesondere vor dem Hintergrund der erforderlichen Investitionen in Hardware, Software und Mitarbeiterqualifizierung sowie der Notwendigkeit einer grundlegenden Änderung der bisherigen Planungskultur.

In einigen Ländern, wie etwa den USA und Australien sowie in einigen europäischen Ländern, hat die Anwendung von BIM in den letzten Jahren deutlich zugenommen. Diese Entwicklung wurde durch zahlreiche Forschungsarbeiten begleitet. Insbesondere durch jene qualitativen Studien zu den Verbesserungspotentialen durch die Anwendung von BIM. Gleichwohl besteht noch ein merklicher Bedarf an quantitative Belege zu den Vorteilen der Anwendung von BIM, auf der Grundlage von realen Projektdaten. Insbesondere als Antwort auf die drängende Frage der Praxis: Wie beeinflusst die Anwendung von BIM die Projektleistungsdaten Kosten, Zeit und Qualität und welche Rolle spielt dabei der BIM-Reifegrad im Projekt? Hier setzt die vorliegende Forschungsarbeit an und untersucht mit quantitativen Methoden Primärdaten aus weltweit 105 Bauprojekten der Bereiche Wohnbau, Gewerbebau, Industriebau, Infrastruktur und Wasserbau. Im Rahmen einer deskriptiven Datenanalyse wurden als Erstes die sieben projektbezogenen unabhängigen Variablen: BIM-Reifegrad, BIM-Level, Anwendungsregion, Projektkategorie, Projekttyp und Projektgröße rein stichprobenbeschreibend analysiert. Im Rahmen der daran anschließenden inferenzstatistischen Datenanalyse wurde der Einfluss von weiteren elf prozessbezogenen unabhängigen Variablen auf die abhängigen Variablen: Soll-Ist-Abweichungen der Planungs- und Bauzeit, Häufigkeit von Mehrfacheingaben infolge rückwirkender Planungsänderungen, Häufigkeit von Nacharbeiten infolge Planungsfehlern und Auslassungen, Anzahl der RFIs und Anzahl der Änderungsaufträge während der Bauphase untersucht. Der projektbezogene BIM-Reifegrad wurde mit Hilfe des *BIM Capability Maturity Model* (CMM) der US-amerikanischen National BIM-Standards (NBIMS) ermittelt.

Ziel der Forschungsarbeit ist es, aufbauend auf den bisherigen qualitativen Studien, die Auswirkungen der Anwendung von BIM im Planungs- und Bauprozess mit quantitativen Methoden und auf der Grundlage von Primärdaten aus realen Projekten im globalen Kontext zu untersuchen. Dies erscheint sinnvoll, da die steigende Anzahl der verschiedenen projektbeteiligten Akteure zur Erreichung der Projektziele regelmäßig Vertragsverhältnisse eingehen und demzufolge die Identifizierung ergebnisrelevanter Einflussgrößen und deren Wechselwirkung von grundlegendem Interesse ist. Der daraus abzuleitende anwenderbezogene Nutzwert der Anwendung von BIM im Planungs- und Bauprozess könnte als Motivator für die weitere Implementierung des BIM-Prozesses in einer zunehmend globalisierten Bauwirtschaft nützlich sein und zur Steigerung der Produktivität in der Bauwirtschaft beitragen.

Die Forschungsergebnisse zeigen einen relativ niedrigen BIM-Reifegrad in der analysierten Stichprobe, während die Mehrzahl der Projekte auf einem relativ hohen BIM-Level bearbeitet wurden. Ebenso wurde eine hohe Beteiligung der Fachplaner, Bauherren, Bauunternehmer und Nutzer am Entwurfs- und Planungsprozess des Architekten festgestellt. Dazu wurde eine überwiegend geringe bis durchschnittliche Häufigkeit von Mehrfacheingaben und Nacharbeiten sowie eine überwiegend geringe bis durchschnittliche Anzahl von RFIs und Änderungsaufträgen festgestellt. Ein positiver Einfluss der Anwendung von BIM auf die Soll-Ist-Abweichungen der Planungszeit und der Bauzeit, also eine verbesserte Termineinhaltung, konnte indes nicht nachgewiesen werden. Etwa die Hälfte der Projekte wiesen sowohl in den Planungsphasen als auch der Bauphase zum Teil massive Terminverzögerungen auf. Die inferenzstatistischen Forschungsergebnisse zeigen, dass die aus zahlreichen qualitativen Studien abgeleiteten Verbesserungspotentiale durch die Anwendung von BIM im Planungs- und Bauprozess in großen Teilen nicht bestätigt wurden. Die Forschungsergebnisse belegen, dass die Anwendung der Planungsmethode BIM in der untersuchten Stichprobe keine erkennbare Steigerung der Produktivität im Planungs- und Bauprozess bewirkt hat.

Gleichwohl zeigen sich erste positive Ansätze durch die Anwendung von BIM im Planungs- und Bauprozess. Wie etwa eine Verminderung der Häufigkeit von Nacharbeiten infolge Planungsfehler und Auslassungen mit zunehmender Beteiligung der Fachplaner Tragwerk und TGA am Entwurfs- und Planungsprozess des Architekten. Ebenso die bereits erwähnte hohe Beteiligung der Akteure und die überwiegend geringe bis durchschnittliche Häufigkeit von Mehrfacheingaben und Nacharbeiten sowie die überwiegend geringe bis durchschnittliche Anzahl von RFIs und Änderungsaufträgen. Allerdings konnte für diese Ansätze (noch) keine statistische Signifikanz nachgewiesen werden. Außerdem konnte kein positiver Einfluss der Anwendung von BIM auf die Soll-Ist-Abweichungen der Planungszeit und Bauzeit festgestellt werden. Umgekehrt konnten die in das Forschungsmodell aufgenommenen Kontrollvariablen die bisherigen Probleme der Bauwirtschaft bestätigen, wie etwa zum Teil massive Terminverzögerungen sowohl in der Planungsphase als auch in der Bauphase.

Zusammenfassend hat die Forschungsarbeit ergeben, dass die gegenwärtige Anwendung der BIM-Methode in der untersuchten Stichprobe nicht zu einer nennenswerten Steigerung der Produktivität im Planungs- und Bauprozess geführt hat. Die empirischen Befunde deuten darauf hin, dass dies auf die insgesamt relativ geringen BIM-Reifegrade in den Projekten zurückzuführen ist. Gleichwohl legen die ersten positiven Ansätze durch die Anwendung von BIM im Planungs- und Bauprozess die Schlussfolgerung nahe, dass diese bei einer Steigerung der projektbezogenen BIM-Reifegrade statistische Signifikanz erreichen und somit zu einer Verbesserung der Produktivität in der Bauwirtschaft beitragen können. Hier empfiehlt sich weitere Forschung, um einerseits zu klären, wie die Implementierung der BIM-Methode und die Steigerung der projektbezogenen BIM-Reife zukünftig gestaltet werden kann, um das Bearbeitungsniveau in den Projekten zu steigern. Und andererseits ob eine Steigerung des Bearbeitungsniveaus auch tatsächlich zu einer Steigerung der Produktivität führt. Aufbauend auf den gewonnenen Erkenntnissen sollte in zukünftigen Forschungsarbeiten analysiert werden, in welchen der untersuchten Interessensbereiche der BIM-Reifegrad gezielt gesteigert werden muss, um eine Verbesserung der Aufgabenwirksamkeit und damit er Projektleistungsdaten zu erzielen.

1 Einleitung

1.1 Ausgangssituation

Die Digitalisierung gehört zu den bedeutendsten Megatrends unserer Zeit und gewinnt für die Bauwirtschaft[3] zunehmend an Bedeutung. Eine Studie von Roland Berger (2015) untersucht erstmals, im Auftrag des Bundesverbands der Deutschen Industrie e.V. (BDI), die Auswirkungen der digitalen Transformation auf das „industrielle Herz“ Deutschlands und Europas. Die Studie konzentriert sich dabei auf die Industriezweige: Automobilindustrie, Logistik, Maschinen- und Anlagenbau, Medizintechnik, Elektroindustrie, Energietechnik, chemische Industrie und Luft- und Raumfahrttechnik. Im Rahmen einer Umfrage bei mehr als 300 Industrieexperten deutscher Unternehmen sowie 30 Vorständen und Technologieverantwortlichen in DAX-Unternehmen wurden die Auswirkungen der digitalen Transformation analysiert.[4] Die Studie kommt zu folgendem Ergebnis:

> *„Falls es nicht gelingt, die digitale Transformation zum Vorteil Europas zu gestalten, summieren sich die möglichen Einbußen bis 2025 auf 605 Milliarden Euro [...]. Das erklärte Ziel der EU, den Industrieanteil in Europa bis 2020 auf 20 Prozent zu steigern, würde unerreichbar. Im Positivszenario hingegen ergibt sich allein für Deutschland ein zusätzliches Wertschöpfungspotenzial von 425 Mrd. Euro bis zum Jahr 2025, für die europäische Industrie insgesamt sind es 1,25 Billionen Euro. Die zentralen Handlungsfelder dabei sind: Digitale Reife, gemeinsame Standards, leistungsfähige Infrastruktur und europaweite Koordination.*[5]“

Das Bundesministerium für Wirtschaft und Energie (BMWI) prognostiziert Produktivitätssteigerungen von bis zu 30 Prozent, eine jährliche Effizienzsteigerung von 3,3 Prozent und Kostensenkungen von jährlich bis zu

---

[3] Die Bauwirtschaft bezeichnet den Teil einer Volkswirtschaft, der sich mit der Planung und Errichtung sowie Veränderung von Bauwerken befasst. Vgl. Rußig et al. (1996), S. 11.
[4] Vgl. Berger, R., “Die digitale Transformation der Industrie“ (München: Roland Berger, 2015), S. 6.
[5] Ebd., S. 7.

M. Stange, *Building Information Modelling im Planungs- und Bauprozess*,

2,6 Prozent.[6] Während in den standortgebundenen Industrien der flächendeckende Einzug der Digitalisierung unter dem Leitwort „Industrie 4.0“ sehr schnell voranschreitet, besteht in der Bauwirtschaft noch erheblicher Nachholbedarf.[7] Die zögerliche Umsetzung überrascht vor allem mit Blick auf die Entwicklung der Produktivität in der Bauwirtschaft (s. Kap. 3.3). In den vergangenen zehn Jahren stieg diese in Deutschland um bescheidene 4,1 Prozent. Zum Vergleich: die Produktivitätssteigerung der gesamten deutschen Wirtschaft lag in diesem Zeitraum bei 11 Prozent. Besonders groß ist der Rückstand der Bauwirtschaft auf die standortgebundenen Industrien. Die verarbeitenden Gewerbe steigerten die Produktivität in den vergangenen zehn Jahren um durchschnittlich 34,1 Prozent, das produzierende Gewerbe um 27,1 Prozent. In anderen europäischen Ländern verzeichnete die Bauwirtschaft sogar eine rückläufige Entwicklung. So sank die Produktivität der Bauwirtschaft in Italien und Spanien zwischen 2010 und 2015 um 5 Prozent pro Jahr. Frankreich hingegen verzeichnete ein kleines Wachstum mit 1 Prozent pro Jahr.[8]

Dabei steht gerade die Bauwirtschaft am Anfang der industriellen Wertschöpfung, ohne sie können weder Bauwerke noch die nötigen Infrastrukturen errichtet werden. Die Bauwirtschaft kann somit als Basis für eine vitale gesamtwirtschaftliche Entwicklungen gesehen werden. Wie in den standortgebundenen Industrien können die neuen, digitalen Technologien auch für die Bauwirtschaft erhebliches Innovationspotential beinhalten. Großprojekte wie bspw. der Berliner Flughafen BER, das Verkehrs- und Städtebauprojekt „Stuttgart 21“ oder die Hamburger Elbphilharmonie aber auch zahlreiche internationale Großprojekte belegen, dass es trotz moderner Bauverfahren und fortschrittlicher Datenverarbeitungs- und Informationstechnologien immer wieder zu immensen Kostenüberschreitungen gegenüber der ursprünglichen Kostenprognose kommt. Gleiches gilt für die andauernden Qualitätsprobleme in der Planung und Bauausführung und die erheblichen Terminverzögerungen in der Fertigstellung der Bauwerke.

[6] Vgl. BMWi, “Digitale Strategie 2025“ (Berlin: Bundesministerium für Wirtschaft und Energie, 2016), S. 41.

[7] Vgl. Berger, R., “Digitalisierung der Bauwirtschaft“ (München: Roland Berger GmbH, 2016), S. 4.

[8] Ebd., S. 13.

Kostka & Anzinger (2015) untersuchten die Gründe und das Ausmaß von Kostenüberschreitungen bei öffentlichen Großprojekten in Deutschland. Die Ergebnisse basieren auf einer Datenbank mit insgesamt 170 Projekten, von diesen wurden 119 zwischen 1960 und 2014 abgeschlossen und 51 waren unvollendet. Die Datenbank umfasst Projekte der Marktsektoren Verkehr, Gebäude, Rüstung, Energie sowie Informations- und Kommunikationstechnologie (ICT)[9], die für insgesamt 141 Mrd. Euro geplant waren, aber fast 200 Mrd. Euro gekostet haben (s. Abb. 1).[10]

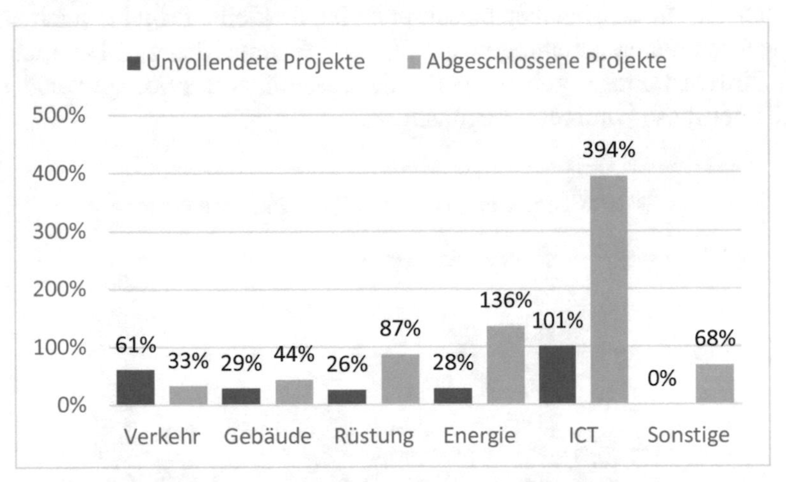

Abb. 1: Durchschnittliche Kostenüberschreitung in Deutschland nach Marktsektoren. Eigene Darstellung in Anlehnung an Kostka & Anzinger (2015), S. 8.

Für die abgeschlossenen Projekte beträgt die durchschnittliche Kostenüberschreitung 127 Prozent während der unvollendeten Projekte eine durchschnittliche Kostenüberschreitung von 41 Prozent aufweisen, wobei weitere Kostensteigerungen bis zum Projektabschluss prognostiziert wurden. Die durchschnittlichen Kostenüberschreitungen variieren zwischen den Marktsektoren. Die höchsten Kostenüberschreitungen entstanden im Bereich der Informations- und Kommunikationstechnologie (ICT) und im

[9] Bspw. Smart Buildings oder Smart Grid Projekte

[10] Vgl. Kostka, G. & Anzinger, N., “Large Infrastructure Projects in Germany: A Cross-sectoral Analysis“ in *Large Infrastructure Projects in Germany. Between Ambition and Realities* (Berlin: Hertie School of Governance, 2015), S. 4-7.

Bereich Energie, gefolgt von dem Bereich Rüstungsbeschaffung, sonstige Projekte, Gebäude und Verkehr.[11] Entgegen der weit verbreiteten Ansicht, dass Kostenüberschreitungen ein charakteristisches Merkmal von großen Projekten (> 500 Mio. €) sind, zeigen die Ergebnisse, dass große Projekte im Durchschnitt eine Kostenüberschreitung von 100 Prozent aufweisen, mittlere Projekte (> 50 Mio. €) liegen bei 59 Prozent und kleine Projekte (< 50 Mio. €) bei 78 Prozent Kostenüberschreitung (s. Abb. 2). Das heißt, dass die Projektgröße zwar einen Einfluss hat, aber nicht das einzige Argument für die Kostenüberschreitungen ist, da kleine Projekte auch erhebliche Kostenüberschreitungen aufweisen.[12] Es muss demzufolge noch weitere Einflussfaktoren geben, die für die Kostenüberschreitungen ursächlich sind oder diese zumindest begünstigen.

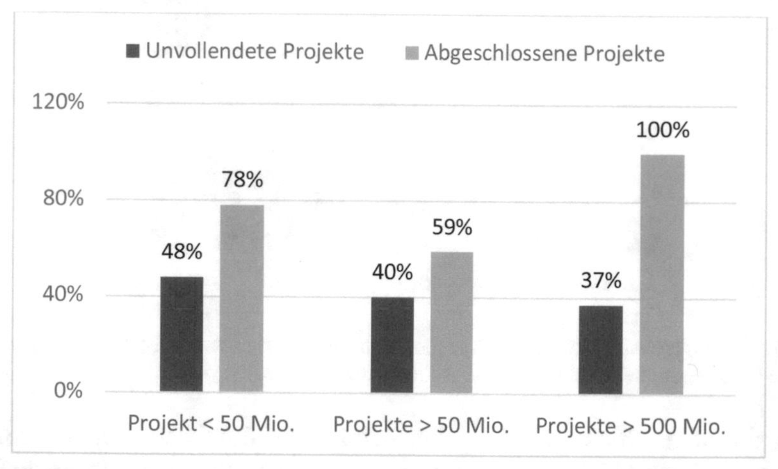

Abb. 2: Durchschnittliche Kostenüberschreitung in Deutschland nach Projektgrößen. Eigene Darstellung in Anlehnung an Kostka & Anzinger (2015), S. 13.

Die Studie deutet darauf hin, dass erfolgreichere Projekte eine bessere Verteilung der Risiken hinsichtlich zusätzlicher Kosten oder Kosteneinsparung hatten, bspw. durch Anreize und Sanktionen im Hinblick auf die Erreichung der Projektziele. Ferner bestätigen diese Ergebnisse die Feststellung von Cantarelli et al. (2012), nämlich dass die Kostenüberschreitungen

[11] Ebd., S. 7-12.
[12] Ebd., S. 13.

je nach Regionen variieren. So lagen die beobachteten Kostenüberschreitungen innerhalb Deutschlands in acht Bundesländern zwischen 15 und 108 Prozent. Kostenüberschreitungen und Terminverzögerungen steigen drastisch in den Bereichen, mit einem hohen Anteil an sog. innovativen Pionierprojekten (wie bspw. ICT-Projekte).[13]

Einen etwas individuelleren Blick auf die Ursachen von Kostenüberschreitungen und Terminverzögerungen gewährt die Studie von Jobst & Wendler (2015). Im Rahmen dieser Studie wurde der als Paradebeispiel für Kostenüberschreitungen bei Großprojekten geltende Berliner Flughafen BER untersucht. Eine falsche Projektorganisation, permanente Änderungen der Planung und Probleme in der Projektkoordination führten zu einer Kostenüberschreitung um mehr als das Doppelte, von anfänglich 2,5 Mrd. auf 5,4 Mrd. Euro.[14] Auch der ursprüngliche Zeitplan ist schrittweise außer Kontrolle geraten, statt der ursprünglichen 2,5 Jahre sind nun 7,5 Jahre Bauzeit veranschlagt (Stand Mai 2015).[15] Für die Kostenüberschreitungen und Terminverzögerungen wurden folgende Faktoren als ursächlich angesehen.[16]

- Mangelnde öffentliche Kontrolle
- Kein Einbau von Sicherheiten
- Unzureichende Vertragsgestaltung
- Keine Implementierung von Prüfverfahren
- Keine klaren Zuständigkeiten und Entscheidungsstrukturen
- Mangelnde Kompetenz auf allen Ebenen
- Ungenügende Haftungsübertragung auf die Auftragnehmer
- Keine Anreize oder Sanktionen im Hinblick auf die Erreichung der Projektziele
- Fehlende Bedarfsplanung vor Projektbeginn

---

[13] Ebd., S. 20.

[14] Vgl. Jobst, F. & Wendler, A., “Public Infrastructure Project Planning in Germany: The Case of the Airport in Berlin-Brandenburg” in *Large Infra-structure Projects in Germany. Between Ambition and Realities* (Berlin: Hertie School of Governance, 2015), S. 43.

[15] Ebd., S. 32ff.

[16] Ebd., S. 45.

Ein weiteres, durch Fiedler & Schuster (2015) analysiertes Großprojekt mit Kostenüberschreitungen und Terminverzögerungen ist die Elbphilharmonie in Hamburg. Die Kostenüberschreitung lag hier bereits im Mai 2015 bei 145,9 Prozent und prognostiziert wurden statt der geplanten Gesamtkosten in Höhe von 351,8 Mio. Euro nun etwa 865 Mio. Euro.[17] Im Jahr 2011 war das Projekt am Rande des Scheiterns, da mehrere Vertragsänderungen weitere Kostensteigerungen nicht erfolgreich beschränken konnten. Die Bautätigkeit war über 18 Monate unterbrochen. Nach einem langen Verhandlungsprozess haben die Entscheidungsträger im Jahr 2013 eine Wende im Projekt erreichen können. Der Zeitplan und das knapp 2,5-fache Budget sind seitdem stabil. Die Elbphilharmonie soll im Januar 2017 mit Gesamtprojektkosten in Höhe von 865 Mio. Euro eröffnet werden.[18]

Die massive Unterschätzung der Projektkosten war durch eine Mischung von schwacher Aufsicht und fehlendem Druck auf die Projekt-Realisierungsgesellschaft möglich. Dies wiederum ermöglichte einen einseitigen Optimismus im Hinblick auf die Erreichung der Projektziele und eine strategische Falschdarstellung von Kosten in Form eines ungenügenden Risikomanagements. Für die massiven Kostenüberschreitungen und Terminverzögerungen wurden folgende Faktoren als ursächlich angesehen.[19]

- Externer (politischer) Druck und eine zu hohe Erwartungshaltung
- Keine umfassende Struktur mit klaren Verantwortlichkeiten und Entscheidungsstrukturen
- Kein Einbau von Sicherheiten bzgl. Kosten und Termine
- Unfertige Planung zum Zeitpunkt der Vergabe
- Verzicht auf eine Konventionalstrafe
- Mangelnde öffentliche Kontrolle
- Vielzahl von Änderungsaufträgen und Nachträgen

[17] Vgl. Fiedler, J. & Schuster, S., “Public Infrastructure Project Planning in Germany: The Case of the Elb Phil-harmonic in Hamburg” in *Large Infrastructure Projects in Germany. Between Ambition and Realities* (Berlin: Hertie School of Governance, 2015), S. 18.
[18] Ebd., S. 2.
[19] Ebd., S. 19-24.

Die Fallstudien zum Berliner Flughafen BER und zur Elbphilharmonie in Hamburg zeigen deutlich, dass frühe Planungsfehler, eine ungenügende Projektorganisation und mangelnde Risikobewertung zu Beginn des Projektes die Kostenspirale in Gang setzen. In der Literatur erklären technologische, politische, ökonomische und ästhetische Einflussfaktoren dieses Phänomen im Allgemeinen. Für die betrachteten deutschen Großprojekte erklären vor allem die folgenden zwei Faktoren das Ergebnis.[20]

- Keine ausreichende Risikobewertung vor Projektbeginn
- Keine umfassende Kontroll- und Steuerungsstruktur mit klaren Verantwortlichkeiten und Entscheidungsstrukturen

Kostensteigerungen und Terminverzögerungen bei Bauprojekte sind allerdings kein Phänomen, das nur in Deutschland auftritt. Auch internationale Großprojekte weisen dieses Phänomen auf.

Die Studie von Flyvbjerg (2014) beschäftigt sich mit den Kostenüberschreitungen sog. Megaprojekte der letzten 70 Jahre in globalem Kontext und untersuchte zunächst die Charakteristik von Megaprojekten sowie die Motivation der beteiligten Akteure zur Implementierung solcher Projekte.[21] Laut dem *Oxford Handbook of Megaproject Management* sind Megaprojekte große, komplexe Projekte, die 1 Milliarde US-Dollar oder mehr kosten, viele Jahre zur Entwicklung und Realisierung benötigen, mehrere öffentliche und private Stakeholder involvieren und eine große Öffentlichkeitswirkung besitzen. Flyvbjerg nennt vier Kategorien zur Beschreibung der Motivation für die Verwirklichung solcher Megaprojekte (s. Tab. 1).

---

[20] Vgl. Kostka, G. & Anzinger, N., S. 19.

[21] Vgl. Flyvbjerg, B., "What you should know about Megaprojects and Why: An Overview" *Project Management Journal* 45, No. 2 (2014): S. 8.

Kategorie	Beschreibung der Motivation
Technologisch	Ingenieure drängen auf die Erreichung von Superlativen, die mit diesen Projekten erreicht werden sollen (bspw. höher, länger, schneller, etc.).
Politisch	Politiker versuchen sich mit diesen Projekten ein „Denkmal" zu errichten, dass Sichtbarkeit in der Öffentlichkeit und in den Medien generiert.
Ökonomisch	Megaprojekte generieren sehr viel Geld und schaffen zahlreiche Arbeitsplätze für die am Planungs- und Erstellungsprozess beteiligten Akteure sowie angrenzende Wirtschaftszweige.
Ästhetisch	Architekten und Ingenieure erlangen durch Megaprojekte mehr Bekanntheit und Anerkennung, da diese Bauwerke i.d.R. bedeutungsvoller als andere Bauwerke wahrgenommen werden.

Tab. 1: Motivation für die Entwicklung von Megaprojekten. Eigene Darstellung in Anlehnung an Flyvbjerg (2014), S. 8.

Flyvbjerg nennt außerdem folgende zehn Faktoren, die immer wieder zu Kostenüberschreitungen bei Megaprojekten führen, wenn mindestens eine dieser Motivationen im Projekt vorhanden ist.[22]

- Lange Planungshorizonte und komplizierte Schnittstellen.
- Häufige Änderung der Planung
- Interessenkonflikte mit verschiedenen Akteuren
- Architekten sehen ihre Entwürfe häufig als Unikat
- Vorzeitige Festlegung auf ein bestimmtes Entwurfskonzept lässt keinen Raum für wirtschaftlichere Planungskonzepte
- Auseinandersetzungen zwischen dem Auftraggeber und den Auftragnehmern und Herausbildung von Interessengruppen
- Änderung der Projektziele und damit des Leistungsumfanges im fortschreitenden Projektverlauf
- Unterschätzen des erhöhten Risikopotentials von Megaprojekten gegenüber herkömmlichen Projekten durch die Projektbeteiligten

[22] Ebd., S. 9.

- Unterbewerten von Budget- und Zeitaufwand in Bezug auf die Komplexität und unerwartete Ereignisse im Projekt
- Resultierend daraus sind falsche Informationen über Kosten, Zeitplan und Risiken bereits im Projektentwicklungs- und Entscheidungsfindungsprozess verankert

Die Leistungsdaten der Megaprojekte sprechen ihre eigene Sprache: annähernd alle der betrachteten Projekte weisen Kostenüberschreitungen von 50 bis 1900 Prozent auf (s. Abb. 3).

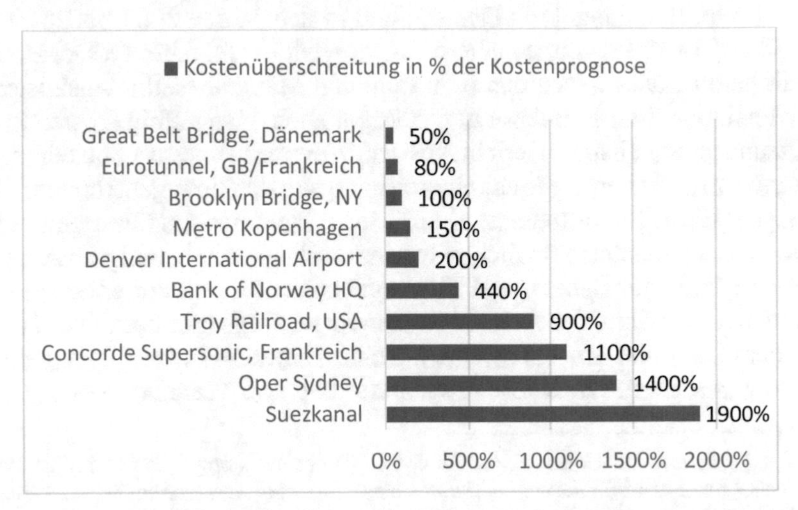

Abb. 3: Kostenüberschreitungen bei internationalen Megaprojekten. Modifizierte eigene Darstellung in Anlehnung an Flyvbjerg (2014), S. 10.

Für den Eurotunnel zwischen Großbritannien und Frankreich bspw. betrug die Kostenüberschreitung 80 Prozent, für den Denver International Airport 200 Prozent, für das Sydney Opera House 1400 Prozent und für den Suezkanal unglaubliche 1900 Prozent.[23] Die Kostenüberschreitungen wurden in über 20 Ländern auf fünf Kontinenten sowohl in privatwirtschaftlichen als auch öffentlichen Bauprojekten festgestellt und waren in den letzten 70

[23] Ebd., S. 9f.

Jahren konstant hoch.[24] Vergleichbare Studien in globalem Kontext existieren auch für andere Bereiche, wie bspw. die Informations- und Kommunikationstechnologie[25], für industrielle Megaprojekte[26], für Wasserkraftanlagen[27], für Energieanlagen[28] und Gebäude[29]. Jede dieser Studien weist auf ähnliche Kostenüberschreitungen hin und nennt ebenfalls technologische, ökonomische, politische und ästhetische Faktoren als ursächlich für die Kostenüberschreitungen.

Der Bauschadensbericht der Dekra (2008) hat ergeben, dass sich die Häufigkeit von Baumängeln in Deutschland in den Jahren 2003 bis 2007 von 16,38 auf 33,11 Prozent annähernd verdoppelt hat (s. Abb. 4). Der Bericht stellt heraus, dass neben den unmittelbaren Mangelbeseitigungskosten in der Planungs- und Bauphase in der Regel auch Mangelfolgekosten in der Nutzungsphase (bspw. Gerichtskosten, Wertverluste, etc.) entstehen, die bis zu dem 3-fachen der Mangelbeseitigungskosten betragen können.[30] Als Ausgangsbasis für auftretende Konflikte im Planungs- und Erstellungsprozess gelten die unterschiedlichen Interessenslagen der beteiligten Akteure: So verhalten sich Banken und Finanzgeber häufig risikoorientiert, Investoren mehr gewinnorientiert und Nutzer eher erfolgsorientiert. Das Verhalten der Planer und bauausführenden Unternehmen ist in der Regel gänzlich auftragsorientiert. Die starke Fragmentierung und Trennung von Planung

[24] Vgl. Flyvbjerg, B., Holm, M., & Buhl, S., "Underestimating Costs in Public Works Projects - Error or Lie?" *Journal of the American Planning Association* 68, No. 3 (2002): S. 290f.

[25] Vgl. Bloch, M., Blumberg, S., & Laartz, J., "Delivering large scale IT-projects on time, on budget and on value" (New York: McKinsey, 2012).

[26] Vgl. Merrow, E.W., *Industrial Megaprojects: Concepts, Strategies and Practices for success* (Hoboken, NJ: John Wiley & Sons, 2011).

[27] Vgl. Ansar, A. et al., "Should We Build More Large Dams? The Actual Costs of Hydropower Megaproject Development", *Energy Policy* (2014).

[28] Vgl. Sovacool, B., Gilbert, A., & Nugent, D., "An international comparative assessment of construction cost overruns for electricity infrastructure", *Energy Research & Social Science* 3 (2014).

[29] Vgl. Rigsrevisionen, "Report on cost overruns in national building and construction projects" (Kopenhagen: Rigsrevisionen, 2009).

[30] Sonntag, R. & Voigt, A., *Planungsleitfaden Zukunft Industriebau. Ganzheitliche Integration und Optimierung des Planungs- und Realisierungsprozesses für zukunftsweisende und nachhaltige Industriegebäude. Teil D*, Forschungsinitiative Zukunft BAU (Stuttgart: Fraunhofer IRB Verlag, 2011), S. 26.

und Ausführung in der deutschen Bauwirtschaft hat zudem erhebliche Reibungsverluste und Schnittstellenprobleme zur Folge. Diese Situation wird sich mit zunehmender Komplexität der Bauaufgaben und entsprechender Spezialisierung der Prozessbeteiligten weiter verschärfen.[31]

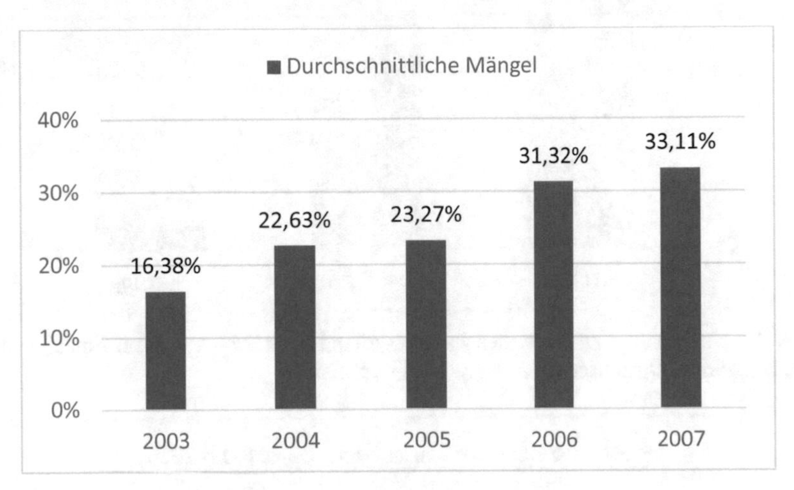

Abb. 4: Zunahme von Baumängeln in Deutschland von 2003 bis 2007. Eigene Darstellung in Anlehnung an den Dekra-Bauschadensbericht (2008), S. 24.

Sonntag & Voigt (2011) haben in ihrem *Planungsleitfaden Zukunft Industriebau*, die Fehlerquellen im Bauwesen in Deutschland analysiert (s. Abb. 5). Danach sind 72 Prozent aller Bauschäden auf Fehler in der Planung und Ausführung von Bauwerken zurückzuführen, während nur 5 Prozent durch die Nutzung der Bauwerke entstehen. Allein 34 Prozent aller Planungsfehler entstehen in der Phase der Konzeptentwicklung.[32] Das Deutsche Institut für Bauforschung e.V. (2018) hat in Zusammenarbeit mit dem Bauherren-Schutzbund e.V. festgestellt, dass die Anzahl der Bauschäden in Deutschland seit dem Eintreten des Baubooms um 89 Prozent zugenommen haben (s. Abb. 6) und die Bauschadenkosten sich nahezu verdoppelt haben (s. Abb. 7). Verantwortlich für diese alarmierenden Zahlen ist u.a. die Erstellung der Bauwerke auf der Grundlage einer unzureichenden Planung.[33]

---

[31] Ebd., S. 27.

[32] Ebd., S. 26.

[33] Vgl. Institut für Bauforschung e.V., Pressemitteilung vom 06.11.2018.

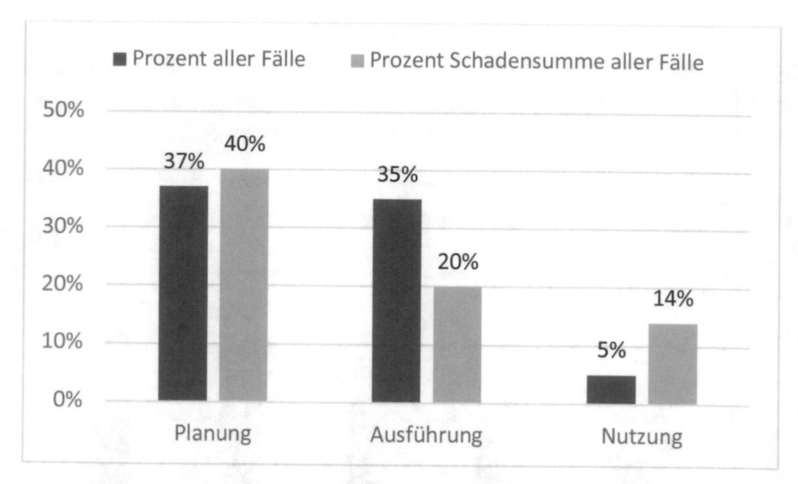

Abb. 5: Fehlerquellen im Bauwesen in Deutschland nach Projektphasen. Eigene Darstellung in Anlehnung an Sonntag & Voigt (2011), S. 26.

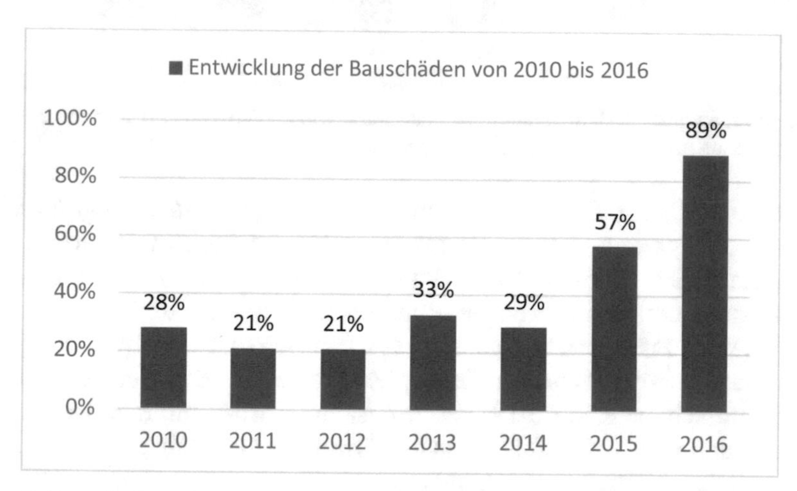

Abb. 6: Bauschäden seit dem Eintreten des Baubooms. Eigene Darstellung in Anlehnung an das Institut für Bauforschung e. V. (2018).

Nach einer bereits im Jahre 2005 veröffentlichten Studie von Kapellmann & Haghsheno führen im Planungs- und Bauprozess vor allem Anpassungen der Leistungsanforderungen infolge Planungsänderungen und Zusatzleistungen sowie mangelhafte Planungs- und Vertragsdokumente häufig zu

Konflikten, deren Folge sind Bauzeitverzögerungen und nicht selten gerichtliche Auseinandersetzungen. Vermeiden ließen sich derartige Konflikte durch eine verbesserte Kommunikation und Vertragsgestaltung. Rein juristisch besteht eine Kooperationspflicht auch im Fall von notwendigen Anpassungen der Verträge an sich ändernde Projektanforderungen. Dieser Hinweis ist bei der Planung und Erstellung von Bauwerken besonders wichtig, da hier Anpassungen und veränderte Anforderungen während des Planungs- und Bauprozesses keine Seltenheit sind.[34]

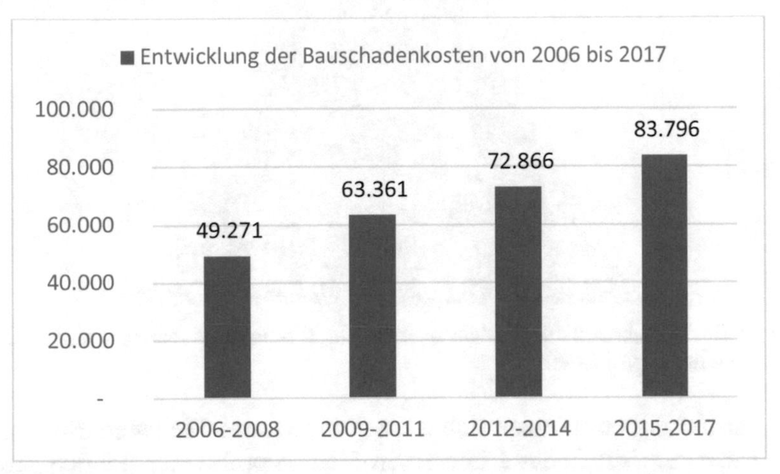

Abb. 7: Entwicklung der durchschnittlichen Bauschadenkosten. Eigene Darstellung in Anlehnung an das Institut für Bauforschung e. V. (2018), Pressemitteilung vom 06.11.2018.

So stehen kurzfristige Projektziele in Bezug auf Kosten, Zeit und Qualität häufig im Vordergrund, möglichst hohe Qualität, sehr schnell, zum niedrigsten Preis zu erhalten. Eine frühzeitige Risikobewertung und eine ausreichende Projektorganisation finden in der Praxis nur selten statt. Dem hohen Komplexitätsgrad der Planungsaufgabe wird nicht genügend Rechnung getragen.[35] Auf der Grundlage der Ergebnisse früherer Studien wird zusammenfassend eine erste Bewertung der Einflussfaktoren für Kostensteigerungen und Terminverzögerungen in Bauprojekten im Allgemeinen

[34] Vgl. Kapellmann, K. & Haghsheno, S., *Jahrbuch Baurecht 2005: Aktuelles, Grundsätzliches und Zukünftiges* (Köln: Werner Verlag, 2005).

[35] Vgl. Sonntag, R. & Voigt, A., S. 28.

unternommen. Demnach überwiegen die technologischen Faktoren als Ursache für die Kostensteigerungen, Terminverzögerungen und Qualitätsprobleme in Bauprojekten gefolgt von ökonomischen, politischen und ästhetischen Faktoren (s. Abb. 8).

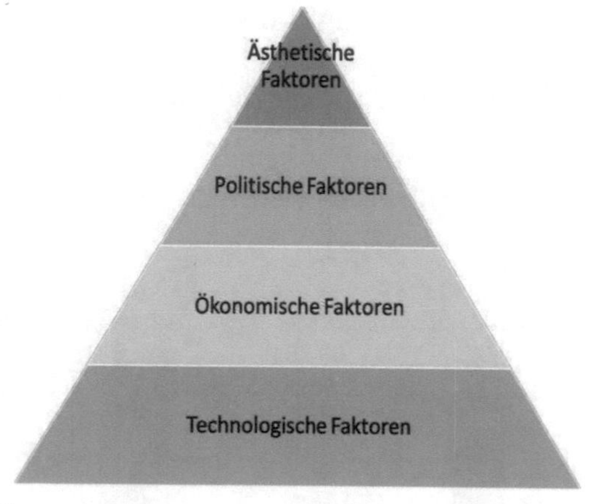

Abb. 8: Einflussfaktoren für Kostensteigerungen, Terminverschiebungen und Qualitätsproblemen in Bauprojekten.

Die Einflussfaktoren setzen sich wiederum aus verschiedenen Einflussgrößen zusammen, die in den früheren Studien als problemursächlich genannt wurden (s. Tab. 2).

Unter den am Planungs- und Bauprozess beteiligten Akteuren (i.d.R. Bauherr, Architekt, Fachplaner und Bauunternehmer) herrscht breiter Konsens darüber, dass sich ein integrierter Planungsprozess (im englischen Sprachraum als *Integrated Design Process* bezeichnet), unter dem Einsatz digitaler Informations- und Kommunikationstechnik, fördernd auf die Erreichung der Projektzielgrößen Kosten, Termin und Qualität auswirken kann.

Einflussfaktoren	Einflussgrößen
Ästhetische Faktoren	Aufwändige „Landmark-Architektur", nicht standardmäßige Baukonstruktion und frühzeitige Festlegung auf einen bestimmten Entwurf.
Politische Faktoren	Politischer Druck, zu hohe Erwartungshaltung, Änderung der Projektziele während der Planung und keine öffentliche Kontrolle.
Ökonomische Faktoren	Unzureichend rechtssichere Vertragsgestaltung, kein Einbau von Sicherheiten, unzureichende Haftungsübertragung, keine Anreize für die Erreichung der Projektziele und Konfrontationen infolge großer Auftragswerte.
Technologische Faktoren	Ungenügend definierte Bedarfs- und Nutzeranforderungen, keine klaren Verantwortlichkeiten und Entscheidungsstrukturen, fehlende Risikobetrachtung vor Projektbeginn, unzureichende Projektorganisation, fehlende Schnittstellendefinition, ungenaue Kostenprognose, steigende Komplexität und Anzahl der Projektbeteiligten, unvollständige Planung zum Zeitpunkt der Vergabe.

Tab. 2: Einflussgrößen für Kostensteigerungen, Terminverschiebungen und Qualitätsproblemen in Bauprojekten. Eigene Darstellung.

Eine zentrale Rolle in der Digitalisierung der Bauwirtschaft hat *Building Information Modelling* (kurz BIM) eingenommen. Eine einheitliche Definition des BIM-Begriffs konnte sich bisher noch nicht durchsetzen. Die derzeit gebräuchlichen Auslegungen geben die unterschiedlichen Blickwinkel der beteiligten Akteure, vom Planer über die ausführenden Unternehmen bis zum Softwarehersteller, wieder. So ist bei der Verwendung des BIM-Begriffs sowohl von *Building Information Model* als auch von *Building Information Modelling*, aber auch von *Building Information Management* die Rede. Während die Definition *Building Information Model* die Sicht auf die Gebäudedaten betont, legen die beiden andere Definitionen den Fokus auf die Planungs- und Managementprozesse, die am Entstehen und Verändern der Gebäudedaten beteiligt sind.[36] Im Rahmen der

[36] Vgl. von Both, P., Koch, V., & Kindsvater, A., *Building Information Modelling (BIM): Potentiale, Hemnisse und Handlungsplan* (Stuttgart: Fraunhofer IRB Verlag, 2013), S. 9.

vorliegenden Forschungsarbeit soll die Definition mit Fokus auf die Planungsprozesse (*Building Information Modelling*), aus dem Blickwinkel der am Planungs- und Bauprozess beteiligten Akteure forschungsgegenständlich sein. Unter *Building Information Modelling* (BIM) versteht man die objektorientierte Repräsentation von Bauwerken oder einer gebauten Umgebung, die Interoperabilität und Datenaustausch in digitaler Form ermöglicht.[37]

Eine ausführliche Analyse des BIM-Begriffs wird in Kap. 3.2 vorgestellt. BIM und die damit verbundenen Prozesse werden als Wegbereiter für die Steigerung der Produktivität in der Bauwirtschaft gesehen. Die erforderlichen Informationen für die Planung sowie den Bau und Betrieb der baulichen Anlage stehen von den frühen Projektphasen über den gesamten Lebenszyklus in einem digitalen Gebäudedatenmodell zur Verfügung.[38] Der lebenszyklusorientierte Ansatz ermöglicht den Wissenstransfer über alle Phasen des Lebenszyklus.[39] Seit seiner konzeptionellen Einführung in den 1980er Jahren spielt BIM eine entscheidende Rolle in der Gestaltung eines integrierten Planungsprozesses zur Verbesserung des Datenaustauschs zwischen den Projektbeteiligten.[40] Obwohl BIM bereits seit den 1980er Jahren auf dem Markt ist, wird es von den beteiligten Akteuren des Planungs- und Bauprozesses nicht in vollem Umfang genutzt.

Eine Studie von McGraw Hill (2012) untersucht die Anwendung von *Building Information Modelling* (BIM) von 2009 bis 2012 in Nordamerika und prognostizierte die weitere Anwendung bis zum Jahr 2014 (s. Abb. 9).

---

[37] Vgl. Kiviniemi, A. et al., “Review of the Development and Implementation of IFC compatible BIM” (Erabuild, 2008), S. 7f.
[38] Vgl. Eastman, C. et al., *BIM Handbook - A Guide to BIM for Owners, Managers, Designers, Engineers and Contractors* (Hoboken: John Wiley & Sons, Inc., 2008), S. 1f.
[39] Vgl. Owen, R. et al., “Challenges for Integrated Design and Delivery Solutions”, *Architectural Engineering and Design Management* 6, No. 4 (2010): S. 232-240.
[40] Vgl. Clayton, M. J. et al., “Downstream of Design: Lifespan Costs and Benefits of Building Information Modeling” (College Station: Texax A&M University, 2008), S. 3f.

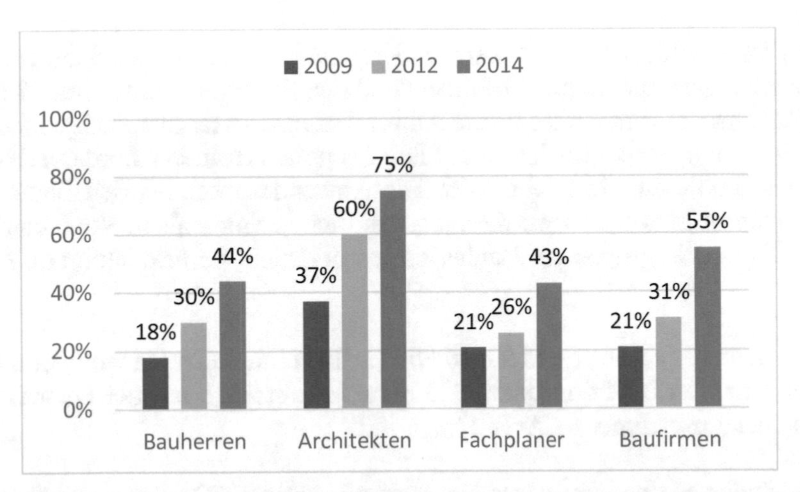

Abb. 9: BIM-Anwendung in Nordamerika nach Akteuren. Eigene Darstellung in Anlehnung an McGraw Hill (2012), S. 13.

Demnach wurde BIM in Nordamerika im Jahr 2009 nur von 37 Prozent der Architekten und 21 Prozent der Fachplaner angewendet, bei den Bauunternehmen waren es desgleichen 21 Prozent und bei den Bauherren nur 18 Prozent.[41] In der Folge ist bei den Architekten und Bauunternehmen der größte Anstieg in der Anwendung von BIM zu verzeichnen, gefolgt von den Bauherren und den Fachplanern.[42] Eine frühere Studie von McGraw Hill (2010) untersucht die Anwendung von BIM in Europa im Vergleich zu Nordamerika. Die Studie konzentriert sich auf die am Planungs- und Bauprozess beteiligten Akteure der drei größten westeuropäischen Bauwirtschaften: Großbritannien, Frankreich und Deutschland. Die länderbezogene Anwendung von BIM in Westeuropa war in allen drei Ländern mit durchschnittlich 36,33 Prozent statistisch etwa gleich.[43] In der anwenderbezogenen Betrachtung hat die Studie ergeben, dass die Architekten mit

---

[41] Vgl. McGraw Hill, “The Business Value of BIM. Getting Building Information Modeling to the Bottom Line” (New York: McGraw Hill Construction, 2009), S. 37.

[42] Vgl. McGraw Hill, “The Business Value of BIM in North America. Multi-Year Trend Analysis and User Ratings 2007-2012” (New York: McGraw Hill Construction, 2012), S. 13.

[43] Vgl. McGraw Hill, “The Business Value of BIM in Europe. Getting BIM to the Bottom Line in the United Kingdom, France and Germany” (New York: McGraw Hill Construction, 2010), S. 11.

46 Prozent die höchste BIM-Anwenderquote in Westeuropa haben, gefolgt von den Fachplanern mit 37 Prozent und den Bauunternehmen mit 23 Prozent.[44] Interessanterweise ist die Anwenderquote unter den Fachplanern in Westeuropa fast so hoch wie bei den Fachplanern in der nordamerikanischen Studie aus dem Jahr 2009. Die Anwenderquote bei den Bauunternehmen ist in Westeuropa allerdings deutlich geringer als in Nordamerika. Die Anwendergruppe der Bauherren wurden nicht berücksichtigt (s. Abb. 10).

Eine spätere Studie von McGraw Hill (2014) untersucht die weltweite Anwendung von BIM vom Jahr 2013 bis zum Jahr 2015 aus der Perspektive der Bauunternehmer (s. Abb. 11).

Die Studie hat ergeben, dass die Anwendung von BIM durch die Bauunternehmen vom Jahr 2013 bis 2015 deutlich zugenommen hat. Daneben gibt es interessante Feststellungen bei den Ergebnissen. Der größte Zuwachs in der Anwendung von BIM wurde mit 49 Prozent bei den brasilianischen Bauunternehmen festgestellt, gefolgt von den Bauunternehmen in Australien und Großbritannien mit jeweils 38 Prozent sowie den Bauunternehmen in Deutschland mit 35 Prozent und Frankreich mit 32 Prozent. Der Zuwachs in Japan (16 %) und den USA (24 %) fällt dagegen vergleichsweise bescheiden aus. Der Zuwachs in Kanada (25 %), Südkorea (29 %) und Neuseeland (27 %) bewegt sich im mittleren Feld.[45]

---

[44] Ebd., S. 8.

[45] Vgl. McGraw Hill, “The Business Value of BIM for Construction in Global Markets” (New York: McGraw Hill Construction, 2014), S. 10.

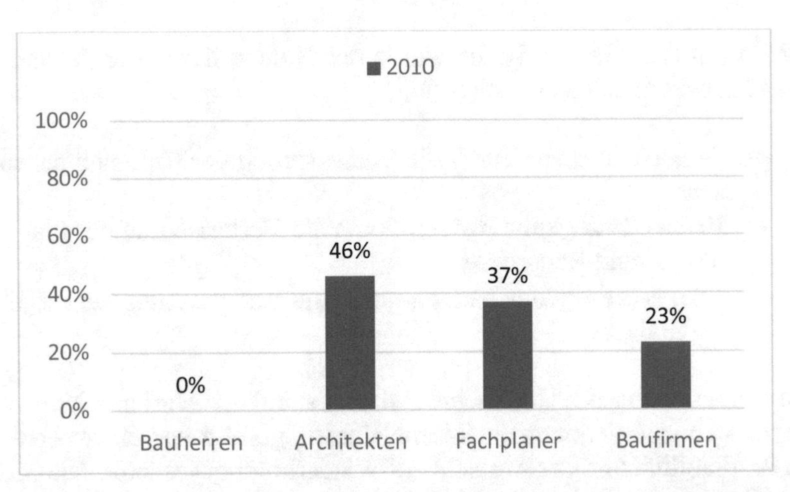

Abb. 10: BIM-Anwendung in Westeuropa nach Akteuren. Eigene Darstellung in Anlehnung an McGraw Hill (2010), S. 8.

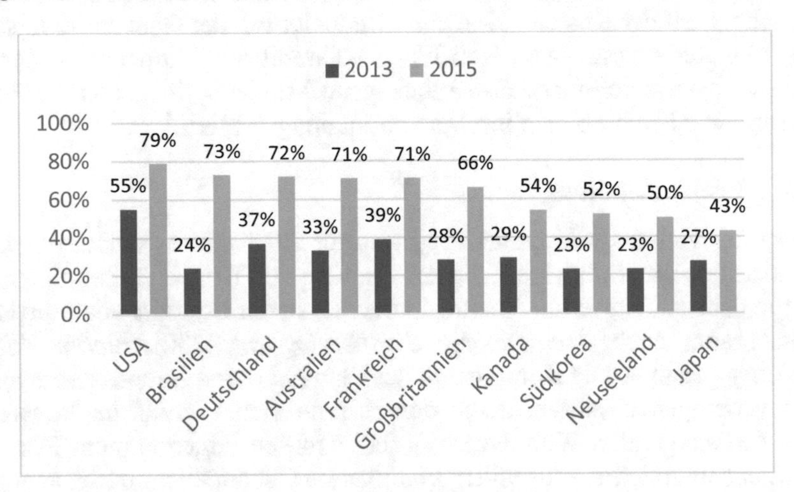

Abb. 11: BIM-Anwendung der Bauunternehmen in globalem Kontext. Eigene Darstellung in Anlehnung an McGraw Hill (2014), S. 10.

Die Bauunternehmen haben erkannt die BIM-Fähigkeit zu ihrem Wettbewerbsvorteil zu nutzen, als eine Möglichkeit zur Verbesserung der Profitabilität und Marktposition des eigenen Unternehmens. Die befragten Bauunternehmer in allen Regionen berichteten, dass ihre Projekte direkt von

BIM profitieren. In der Studie wurde der Nutzen durch die Anwendung von BIM wie folgt kategorisiert.[46]

- **Interner Nutzen** durch die Verbesserung der Unternehmensprozesse
- **Prozessbezogener Nutzen** durch die Verbesserung der Planungs- und Bauprozesse
- **Projektbezogener Nutzen** durch die Verbesserung der Projektergebnisse

Die Verbesserung des Unternehmensimages und der Marktposition ist der am meisten wahrgenommene interne Nutzen, gefolgt von einer verbesserten Profitabilität und der Aussicht auf Wiederholungsgeschäft. Die verbesserte Zusammenarbeit im Projekt ist der am meisten wahrgenommene prozessbezogene Nutzen, gefolgt von einer verbesserten Kontrolle und Vorhersehbarkeit der Kosten sowie einer Reduzierung der Genehmigungszyklen. Die Reduzierung von Konflikten während der Bauphase ist der am meisten wahrgenommene projektbezogene Nutzen, gefolgt von der Reduzierung von Nacharbeiten infolge von Planungsfehlern.[47]

1.2 Problemstellung

Trotz der vielversprechenden Prognose für BIM gibt es noch erhebliche Hindernisse im Hinblick auf die Anwendung von BIM und die Implementierung eines integrierten Planungsprozesses in der Bauwirtschaft, im engl. Sprachraum auch *Architecture, Engineering and Construction (AEC) Industry* genannt. Die Komplexität des Planungs- und Bauprozesses hat in den vergangenen Jahren, durch den strukturellen Wandel im Bauwesen und den steigenden Wettbewerbsdruck, deutlich zugenommen. Faktoren wie zunehmende Projektgrößen, komplexere Gebäudegeometrie, kaum realisierbare Zeitpläne und zahlreiche Anforderungen an die Energie- und Ressourceneffizienz der Bauwerke führen zu einer wachsenden Anzahl der projektbeteiligten Akteure und damit verschiedenen Interessenslagen und Prozessanforderungen. Je nach Grad der Komplexität kommt es immer

[46] Ebd., S. 19.
[47] Ebd., S. 20f.

wieder zu Kostenunsicherheiten, Terminverschiebungen und Qualitätsproblemen im Planungs- und Bauprozess. Mit steigender Komplexität gewinnen Themen wie etwa die Integration der projektbeteiligten Akteure oder die Schaffung einer konsistenten und kompatiblen Datenumgebung zunehmend an Bedeutung. Insbesondere im Kontext einer vermehrt dezentralen Projektzusammenarbeit wird der Aspekt einer fach- und applikationsübergreifenden Interaktion und Integration zum zentralen Faktor für das Gelingen von projektbezogenen Kooperationen und damit für den Projekterfolg. Vor diesem Hintergrund hat in den letzten Jahren die Frage nach einer integrierten Planung und der Anwendung von BIM an Bedeutung gewonnen.

Nach der Ablösung des Zeichenbretts durch *Computer Aided Design* (CAD) soll nun der nächste Entwicklungsschritt im Planungs- und Erstellungsprozess von Bauwerken mit Hilfe eines digitalen Bauwerksdatenmodells gemacht werden, welches alle räumlichen Dimensionen und Bauteilparameter beinhalten und über den gesamten Lebenszyklus des Bauwerks bereitstellen soll. BIM wird von der Forschung und Praxis als geeignetes Werkzeug zur Unterstützung einer integrierten Planung und Erleichterung des Informationsaustausches zwischen den projektbeteiligten Akteuren gesehen, das zur Verbesserung der Effizienz und Qualität sowie zur Verringerung des Zeitaufwands führen kann.[48]

Je höher die validierte Informationsdichte zu Beginn des Planungsprozesses ist, umso differenzierter kann durch die Anwendung von BIM das Bauwerk virtuell konstruiert werden. Insbesondere können fachspezifische Fragen frühzeitig disziplinübergreifend beantwortet werden.[49] Die Beeinflussbarkeit der Kosten eines Bauwerks ist zu Beginn des Planungsprozesses am höchsten. Die Abb. 12 zeigt die sog. Aufwandsverschiebung nach Patrick MacLeamy, durch den Einsatz von BIM gegenüber der konventionellen CAD-Planungsmethode in Bezug auf die Kostenentwicklung im

[48] Vgl. Sebastian, R. & van Berlo, L., "Tool for Benchmarking BIM Performance of Design, Engineering and Construction Firms in The Netherlands", *Architectural Engineering and Design Management* 6, No. 4 (2010): S. 254-263.
[49] Vgl. Eastman, C., Teicholz, P., & Sacks, R., *BIM Handbook: A Guide to Building Information Modeling for Owners, Managers, Designers, Engineers and Contractors* (Hoboken, New Jersey: John Wiley & Sons, 2011), S. 163.

weiteren Projektverlauf. Danach ermöglicht die Anwendung der BIM-Methode, durch eine höhere Informationsdichte zu Beginn des Planungsprozesses, eine wesentlich bessere Einflussnahme auf die weitere Kostenentwicklung im Projekt. Während die herkömmlichen Planungsmethoden, mit einer vergleichsweise geringen Informationsdichte am Anfang der Planung, deutlich weniger Einflussnahme auf die weitere Kostenentwicklung im Projekt ermöglicht. Gleichwohl aber die Änderungskosten (bspw. infolge Änderungen der Planung in den späteren Projektphasen) exorbitant ansteigen.

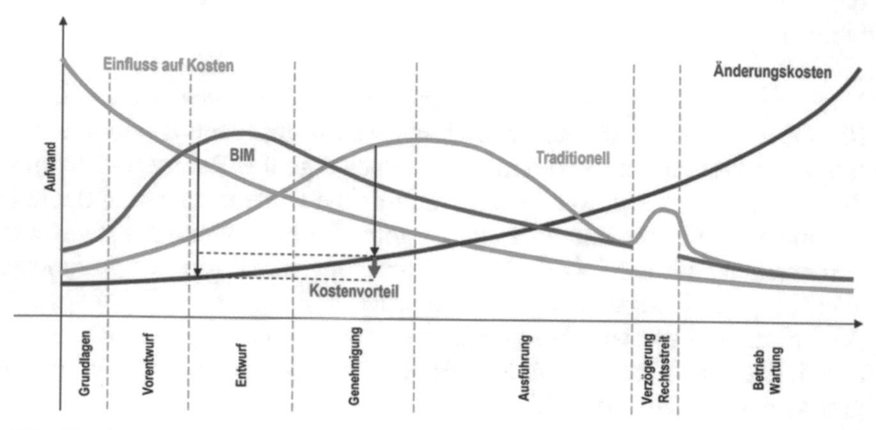

Abb. 12: Aufwandsverlagerung und ihr Einfluss auf die Kostenentwicklung im Projekt nach Patrick MacLeamy. In Egger et al. (2013): BIM-Leitfaden für Deutschland, S. 33.

Die Anwendung von BIM fördert die hohe und vor allem belastbare Informationsdichte zu Projektbeginn und damit die Anwendung den Gedanken eines integrierten Planungsprozesses. Nach Rekkola et al. (2010) ist für eine verstärkte integrative Praxis ein partizipativer Prozess nötig und die langsame Implementierung von BIM in der Praxis wird durch die Schwierigkeit der Verflechtung von Menschen, Prozess und Technik hervorgerufen.[50] Eastman et al. (2011) argumentieren, dass die Anwendung von BIM noch zahlreichen Hindernissen begegnet, wie bspw. technische Barrieren, haftungsrechtliche Aspekte oder fehlende Vorschriften und Standards.

[50] Vgl. Rekkola, M., Kojima, J., & Mäkeläinen, T., "Integrated Design and Delivery Solutions", *Architectural Engineering and Design Management* 6 (2010): S. 264-278.

Eine technische Barriere ist, dass die vorhandenen BIM-Werkzeuge noch nicht vollständig das Management und die Verfolgung von Änderungen am Modell unterstützen. Ebenso sind noch keine geeigneten Vertragsbedingungen definiert, um die kollektive Verantwortung zu regeln. Das ausgeprägte wirtschaftliche Interesse der Planer ist ein weiteres mögliches Hindernis der Anwendung von BIM, da nur ein geringer Teil des wirtschaftlichen Nutzens durch die Anwendung von BIM den Planern zugutekommt. Der größte Teil des Nutzens kommt den Bauunternehmern und Bauherren zugute. Die größte technische Barriere ist das Erfordernis ausgereifter interoperabler Werkzeuge. Die Entwicklung von Standards ist langsamer als erwartet. Die mangelnde Interoperabilität hat sich inzwischen zu einem Problem für einen integrierten Planungsprozess entwickelt.[51]

Barlish & Sullivan (2012) argumentieren, dass der unbestimmte nicht quantifizierte Nutzwert von BIM von den am Planungs- und Bauprozess beteiligten Akteuren oft als Hindernis für den Einsatz dieser Methode gesehen wird.[52]

1.3 Stand der Forschung

Der Einfluss der Anwendung von BIM auf die Projektleistungsdaten Kosten, Zeit und Qualität, unter besonderer Berücksichtigung der projektspezifischen BIM-Reife, wurde quantitativ bisher nicht untersucht. Die bisherigen Forschungsarbeiten konzentrieren sich im Wesentlichen auf qualitative Forschung zum Nutzwert von BIM, in Form von Umfragen und einige wenige Fallbeispiele mit kleiner Stichprobengröße. Quantitative Forschungsarbeiten mit repräsentativen Stichprobengrößen zum Nutzwert von BIM sind nicht vorhanden. Bereits in frühen qualitativen Forschungsarbeiten zum Nutzen von BIM wurde festgestellt, dass quantitative Untersuchungen mit repräsentativen Stichprobengrößen zum Nutzwert von BIM notwendig sind, um den Nutzen anwenderbezogen messbar zu machen und

[51] Vgl. Eastman, C., Teicholz, P., & Sacks, R., S. 382f.

[52] Vgl. Barlish, K. & Sullivan, K., “How to measure the benefits of BIM - A case study approach”, *Automation in Construction* 24 (2012): S. 154.

die weitere Implementierung von BIM voranzutreiben. Vgl. Becerik-Gerber & Rice (2010)[53], Chelson (2010)[54] oder Barlish & Sullivan (2012)[55]. Ilozor & Kelly (2012) empfehlen weitere Forschung mit quantitativen Methoden unter Verwendung aktueller Daten aus herkömmlichen (CAD) Projekten zusätzlich zu Daten aus BIM-Projekten und argumentieren, dass tatsächliche Projektdaten erforderlich sind, um die Wirkung von BIM bewerten zu können.[56] Im Jahr 2016 haben Ilozor & Kelly dann festgestellt, dass Schwierigkeiten bei der Erfassung von Projektleistungsdaten in ausreichender Menge viele Forscher bisher dazu veranlasst hat, sich auf qualitative Forschungsmethoden wie bspw. Umfragen und einige wenige Fallstudien zu stützen, um den Nutzen der Anwendung von BIM zu bewerten.[57] Die Studie von Kelly & Ilozor (2016) untersuchte erstmals die Wechselwirkung zwischen Projektergebnissen und dem Einsatz von BIM in einem multivariaten Kontext im Bereich der gewerblichen Bauwirtschaft. Die Studie von Bosch-Sijtsema et al. (2017) untersuchte mit einem gemischten Methodenansatz die Treiber und Hindernisse der Anwendung von BIM.

Besonders der Einfluss der projektbezogenen BIM-Reife auf die Projektzielgrößen Kosten und Zeit wurde bisher quantitativ nicht untersucht. Die bisherige Forschung konzentrierte sich im Wesentlichen auf die Entwicklung von BIM-Reifegradmodellen (s. Kap. 3.2.8) und den Vergleich der BIM-Reifegradmodelle untereinander, wie bspw. die Forschungsarbeiten von Bougroum (2016) oder Wu et al. (2017) aufzeigen. Dakhil & Alshawi (2014) untersuchten erstmals den Zusammenhang zwischen dem BIM-Reifegrad und den Vorteilen der Anwendung von BIM aus der Sicht des Bauherrn. Allerdings stellt diese Studie zunächst einen konzeptionellen

[53] Vgl. Becerik-Gerber, B. & Rice, S., "The perceived value of Building Information Modeling in the U.S. Building Industry", *Journal of Information Technology in Construction* 15 (2010): S. 185f.

[54] Vgl. Chelson, D.E., "The effects of BIM on construction site productivity" (Diss, University of Maryland, 2010), S. 203f.

[55] Vgl. Barlish, K. & Sullivan, K., S. 156f.

[56] Vgl. Ilozor, B.D. & Kelly, D.J., "Building Information Modeling and Integrated Project Delivery in the Commercial Construction Industry: A conceptual study", *Journal of Engineering, Project and Production Management* 2, No. 1 (2012): S. 23-36.

[57] Vgl. Kelly, D. & Ilozor, B., "A quantitative study of the relationship between project performance and BIM-use on commercial construction projects in the USA", *International Journal of Construction Education and Research* (2016): S. 1-15.

Rahmen vor, der erst mit tatsächlichen Projektdaten validiert werden muss. Smits, van Buiten & Hartmann (2016) untersuchten in einer Studie, wie sich die organisatorische Erfahrung mit der BIM-Methode auf die breite Implementierung von BIM und auf die Unternehmensleistung auswirkt. Aufbauend auf der Ressourcenabhängigkeitstheorie untersuchten Cao et al. (2017) in einer qualitativen Studie, wie die Implementierung von BIM in Bauprojekten die Leistungsfähigkeit der Projektbeteiligten durch die Verbesserung ihrer fachübergreifenden Kollaborationsfähigkeit beeinflusst.

1.4 Zielsetzung der Arbeit

Im Rahmen dieser Forschungsarbeit werden die Auswirkungen der Anwendung von BIM im Planung- und Bauprozess, unter der besonderen Berücksichtigung des projektbezogenen BIM-Reifegrades, im globalen Kontext und für verschiedene Projekttypologien untersucht. Der Reifegradbegriff in Bezug auf die BIM-Methode und die verschiedenen BIM-Reifegradmodelle werden in Kap. 3.2.8 ausführlich vorgestellt. Die Forschungsarbeit konzentriert sich dabei auf die Frage, welchen Einfluss die Anwendung von BIM im Allgemeinen und die projektbezogene BIM-Reife im Speziellen auf die Projektzielgrößen Kosten, Zeit und Qualität sowohl im Planungsprozess als auch im Bauprozess hat.

Dabei werden projektbezogene Einflussgrößen (wie bspw. Anwendungsregion, Projekttypologie, Projektgröße) und prozessbezogene Einflussgrößen (wie bspw. das Vorhandensein eines BIM-Abwicklungsplans, die Anwendung von 4D-BIM und 5D-BIM oder die aktive Beteiligung des Bauherrn und Bauunternehmers am Entwurfs- und Planungsprozess) untersucht. Wobei sich die Projektzielgröße Zeit auf die Planungs- und Bauzeit bezieht, jeweils in Konfrontation der Prognosewerte mit den tatsächlich erzielten Werten. Genauer gesagt: Welche prozessbezogenen unabhängigen Variablen haben einen signifikanten Einfluss auf die projektbezogenen abhängigen Variablen und welche Wechselwirkungen verbessern oder verschlechtern das Ergebnis? Mit Hilfe von multivariaten Analyseverfahren[58]

[58] Mit Hilfe von multivariaten Verfahren werden in der multivariaten Statistik mehrere Statistische Variablen oder Zufallsvariablen zugleich untersucht. Zusammenhangs- bzw.

werden die Auswirkungen der unabhängigen Variablen auf die abhängigen Variablen projektphasenbezogen analysiert. Unabhängige Variablen sind bspw. die Häufigkeit von Nacharbeiten infolge von Planungsfehlern und Auslassungen, die Anzahl der auftretenden RFIs (*Request for Information*), die Anzahl von Änderungsaufträgen (Nachträge) während der Bauphase oder die Dauer von eingetretener Terminverzögerungen in den einzelnen Projektphasen. Aber auch die aktive Beteiligung der projektbeteiligten Akteure (Bauherr, Fachplaner, Bauunternehmer, Facility Manager und Nutzer) am Entwurfs- und Planungsprozess des Architekten sowie das Vorhandensein eines BIM-Projektsteuerers können einflussrelevante Faktoren sein. Außerdem untersucht die Forschungsarbeit, ob und wann die Anwendung von BIM eine positive oder negative Auswirkung auf den Projektzeitplan und damit auf die Projektkosten hat.

Als Betrachtungsgegenstand werden 105 Bauprojekte der letzten 15 Jahre im internationalen Umfeld herangezogen. Das Untersuchungsgebiet umfasst ausgewählte Länder in den Anwendungsregionen Nordamerika, Australien, Europa, Asien, MENA[59] und Südamerika. Im Rahmen einer Querschnittsanalyse werden Primärdaten aus der Stichprobe entlang der Beschreibungsdimension erhoben und ausgewertet. Die Auswahl des Betrachtungsgegenstandes beruht auf zwei wesentlichen Leitgedanken:

- Der unterschiedlich fortgeschrittene Digitalisierungsgrad in den verschiedenen Anwendungsregionen und Projekttypologien lässt ein großes Erkenntnispotential im Hinblick auf anwendungsspezifische Unterschiede erwarten.

- Die Verfügbarkeit von Praxisbeispielen in ausreichender Menge und Qualität, durch den Zugang des Verfassers zu Projektdaten in

Abhängigkeitsstrukturen zwischen den Variablen können nur mit einer multivariaten, nicht aber mit einer univariaten Analyse erkannt werden.

[59] Das Akronym MENA wird häufig von westlichen Finanzexperten und Wirtschaftsfachleuten für *Middle East and North Africa* verwendet. Der Begriff bezeichnet die Region von Marokko bis zum Iran.

den verschiedenen Anwendungsregionen, lässt großes Erkenntnispotential im Hinblick auf regionale Unterschiede erwarten.

Die regionale Auswahl beruht auf den unterschiedlichen BIM-Reifegraden und Implementierungsständen im Untersuchungsgebiet. Während die Anwendung von BIM in den USA, Australien und der MENA-Region vergleichsweise weit verbreitet ist, gibt es in Europa bis auf einige skandinavische Länder und Großbritannien noch erkennbares Verbesserungs-potential. In Asien und Südamerika besteht indessen noch erheblicher Nachholbedarf.

Mit Hilfe dieser Forschungsarbeit erscheint es möglich, der zentrale Frage der Praxis nach dem quantifizierbaren Nutzen von BIM zumindest ansatzweise, unter Rückbezug auf die wesentlichen prozessbezogenen Parameter und den Einfluss der projektbezogenen BIM-Reife, zu beantworten. Dies ist insoweit sinnvoll, da die projektbeteiligten Akteure zur Erreichung der Projektziele regelmäßig Vertragsverhältnisse eingehen und infolgedessen die Identifizierung ergebnisrelevanter Wechselwirkungen von großem Interesse ist. Darüber hinaus könnten die Forschungsergebnisse als Motivator für die weitere Implementierung von BIM im Planungs- und Bauprozess dienen und weitere relevante Forschungsfragen aufzeigen.

Die Forschungsarbeit liefert außerdem ein umfassendes Werk über die theoretischen Grundlagen und Begriffe von BIM und den sog. integrierten Planungsprozess, auch *Integrated Design Process* (IDP) genannt, sowie einen historischen Überblick über die Entwicklung der Architekturvisualisierung vom Altertum bis zum heutigen digitalen Bauwerkinformationsmodell. Die Forschungsarbeit soll zu einem besseren Verständnis der Anwendung von BIM führen. Insbesondere im Hinblick auf die wirtschaftlichen Zusammenhänge und daraus resultierend einer zunehmenden und folgerichtigeren Implementierung der BIM-Methode in der Bauwirtschaft.

1.5 Vorgehensweise

Die Forschungsarbeit gliedert sich in die in Abb. 13 dargestellten Phasen: Theoretischer Teil, Operationalisierung, Empirischer Teil und Ergebnisse.

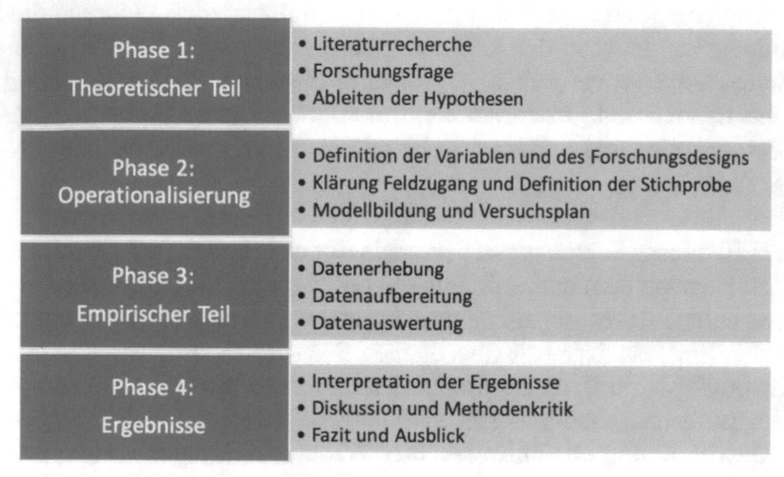

Abb. 13: Gliederung die Forschungsarbeit in vier Phasen.

Im theoretischen Teil (Phase 1) werden die für das Forschungsthema einschlägigen Publikationen analysiert, von der historischen Analyse der Architekturvisualisierung über die theoretischen Grundlagen und Begriffe bis hin zum aktuellen Stand der BIM-Praxis und BIM-Forschung im internationalen Kontext. Die Literaturrecherche dient der theoretischen Einbettung der Forschungsfrage und beinhaltet alle relevanten Themenbereiche. Sie gibt einen Überblick über bekannte Theorien und Methoden sowie den aktuellen Stand der Forschung und Praxis. Die Literaturrecherche mündet in die Präzisierung der aus der Literatur erarbeiteten Fragestellung und die Formulierung der daraus abgeleiteten Hypothesen.

Die Operationalisierung (Phase 2) umfasst die Entwicklung des Forschungsdesigns, mit dessen Hilfe die abgeleiteten Hypothesen überprüft werden und die Forschungsfrage beantwortet wird. Im Wesentlichen werden hier die zu untersuchenden Variablen und deren Ausprägung, die angewendete Erhebungsmethode und der Ablauf der Untersuchung definiert. Als Grundlage für die Forschung erfolgt in dieser Phase die Definition der

Stichprobe und die Klärung des Feldzugangs. Als Ausgangspunkt für die Datenanalyse im empirischen Teil der Forschungsarbeit erfolgt die Modellbildung und die Festlegung der statistischen Versuchsplanung.

Im empirischen Teil (Phase 3) werden mit Hilfe einer Querschnittsanalyse die Primärdaten aus der Stichprobe entlang der Bewertungskriterien (Variablen) erhoben und für die Datenauswertung aufbereitet. Die aufbereiteten Daten werden anonymisiert, von Ausreißern bereinigt und erforderlichenfalls statistisch und sachlogisch umgewandelt. Basierend auf einer primären deskriptiven Datenanalyse erfolgt eine inferenzstatistische (hypothesenprüfende) Datenanalyse mit Hilfe multivariater Verfahren, mit der statistische signifikante Abhängigkeiten aufgeklärt und grafisch dargestellt werden. Aus den Ergebnissen der Datenauswertung werden ergebnisrelevante Einflussgrößen und Handlungsempfehlungen abgeleitet.

Im Ergebnisteil (Phase 4) werden die Ergebnisse der deskriptiven und inferenzstatistischen Analyse, bezogen auf den Einfluss der unabhängigen (erklärenden) Variablen auf die abhängigen (erklärten) Variablen, unter Rückbezug auf die aufgestellten Hypothesen interpretiert. Schließlich werden die Forschungsergebnisse, deren theoretischer Bezug und Bedeutung für die Forschungsfrage diskutiert und die angewandte Forschungsmethode kritisch hinterfragt. Nicht berücksichtigte Forschungsaspekte werden identifiziert und daraus resultierende Ansätze für weiteren Forschungsbedarf aufgezeigt.

Abschließend noch ein Hinweis des Verfassers hinsichtlich der verwendeten Quellen und einer genderneutralen Formulierung. Das Forschungsthema BIM schließt eine Fülle englischsprachiger Quellen ein. Alle englischsprachigen Literaturquellen wurden vom Verfasser in die deutsche Sprache übersetzt. Die englischsprachigen Bildquellen wurden ebenfalls vom Verfasser in die deutsche Sprache übersetzt und zum Teil durch eigene Darstellungen ersetzt. In dieser Forschungsarbeit wird aus Gründen der besseren Verständlichkeit das generische Maskulinum gewählt. Weibliche und anderweitige Geschlechteridentitäten werden dabei ausdrücklich mitgemeint, soweit es für die jeweilige Aussage erforderlich ist.

1.6 Eingrenzung der Problemstellung

Die Forschungsarbeit konzentriert sich auf die Untersuchung der Auswirkungen durch die Anwendung von BIM im Planung- und Bauprozess unter besonderer Berücksichtigung des projektspezifischen BIM-Reifegrades. Dazu werden ergebnisbestimmende Faktoren für ein Bauprojekt im Hinblick auf die Projektleistungsdaten Kosten, Zeit und Qualität herangezogen und mit Hilfe statistischer Verfahren quantitativ analysiert.

Unter der Prämisse, dass für bestimmte Projektbeteiligte die Anwendung von BIM eine geeignete Methode zur Steigerung der Produktivität darstellen kann, ergibt sich die Notwendigkeit die Ausnutzung der mit dieser Planungsmethode verbundenen Verbesserungspotenziale zu untersuchen. Insbesondere auch für die weitere Ausgestaltung eines integrierten Planungsprozesses, mit dem Ziel einer lebenszyklusübergreifenden Steigerung der Effizienz in der Nutzung baulicher Anlagen, also über den Planungs- und Bauprozess hinaus. Vor dem Hintergrund, dass die Nutzungsphase von Gebäuden etwa 80 Prozent der Gesamtlebenszykluskosten ausmacht, erlangt diese Lebenszyklusphase besondere Bedeutung.

Aufgrund der vergleichsweisen noch geringen Erfahrungen mit der Planungsmethode BIM und der Unerfahrenheit in deren Handhabung konnten die Potentiale dieser Methode noch nicht vollständig ausgeschöpft werden. Die Verfügbarkeit wirtschaftlicher Kennzahlen zum Nutzwert von BIM könnte eine verstärkte Anwendung von BIM zur Folge haben und damit eine raschere Implementierung des integrierten Planungsprozesses (IDP) und letztlich einer integrierten Projektliefermethode (IPD) bewirken.

2 Historische Analyse

Architekturvisualisierung wird betrieben seit es Bauwerke gibt. Visualisierung (lat.: *visibilis* „sichtbar") bezeichnet im Allgemeinen abstrakte Daten und Zusammenhänge in eine graphisch, visuell erfassbare Form zu bringen. Im Speziellen bezeichnet Visualisierung den Prozess, sprachlich oder logisch schwer formulierbare Zusammenhänge in visuelle Medien (bspw. in Zeichnungen oder Modelle) zu übersetzen, um sie damit verständlich zu machen. Weiterhin wird Visualisierung eingesetzt, um einen bestimmten Zusammenhang deutlich zu machen, der sich aus einem gegebenen Datenbestand ergibt, aber nicht unmittelbar deutlich wird. In der Architektur bezeichnet der Begriff Visualisierung die bildliche Darstellung eines geplanten Bauwerks oder einer gebauten Umgebung.[60]

Während der Entwurfsphase dient die Architekturvisualisierung zunächst der ästhetischen Überprüfung und Sichtbarmachung der entwickelten Idee. Die Sichtbarmachung kann in verschiedenen Formen und Medien erfolgen. Die klassischen Formen sind die Architekturzeichnung und das Architekturmodell. In der Vergangenheit wurden beide Formen stets per Hand angefertigt. Heute kommen immer häufiger virtuelle 3D-Bauwerksmodelle und computergenerierte Architekturzeichnungen zum Einsatz. Im Gegensatz zur Bauzeichnung, mit dem originären Zweck als konkrete Vorlage für die Errichtung eines Bauwerks zu dienen, ist die Architekturzeichnung an keine Regeln gebunden. Bei der Architekturzeichnung kommt es vielmehr darauf an, die entwickelte Idee möglichst prägnant zu transportieren. Bei der Bauzeichnung geht es allein darum, die geometrischen und statischen Informationen des Bauwerks für die Bauausführung darzustellen, einschließlich aller räumlichen Ausmaße und Materialien.

Schon immer hat es die Bauherren bereits vor der Errichtung interessiert, wie ihr Gebäude aussehen wird. Gegen Ende des 19. Jahrhunderts wurden die traditionellen, analogen Darstellungsmethoden durch computerunterstützte, digitale Darstellungsmethoden abgelösten. Die Architekten der Moderne und Gegenwart revolutionierten diese Darstellungsform und

---

[60] Vgl. Seifert, J.W., *Visualisieren, Präsentieren, Moderieren*, Vol. 26 (Offenbach: Gabal, 2009), S. 11-46.

M. Stange, *Building Information Modelling im Planungs- und Bauprozess*,

machten sie zu ihrer eigenen Ausdrucksform. Seit dem 20. Jahrhundert kann das Abbild eines Bauwerks dreidimensional im virtuellen Raum erzeugt und bearbeitet werden. Mit Hilfe dieser Technik lassen sich, neben der Erzeugung der eigentlichen Bauzeichnungen und Schaubilder, nun auch mögliche Planungskonflikte erkennen. Die Digitalisierung hat den Entstehungsprozess von Architektur seit Ende des 20. Jahrhunderts epochal geprägt und verändert. Dabei äußert sich das „Digitale" nicht nur in beschleunigten Planungs- und Bauprozessen, sondern auch in der Art der Raumvorstellung und Raumwahrnehmung.

Diese grundlegenden Veränderungen in der Raumproduktion und neuen Darstellungsformen haben sich jedoch nicht unzusammenhängend herausgebildet. Mit Betrachtung der Geschichte im Hinblick auf die Medien und Methoden der Architekturvisualisierung wird deutlich, dass diese Entwicklung ein iterativer Prozess war, der sukzessiv Auswirkungen auf die Raumproduktion und den Raumbegriff hatte. In diesem Kapitel werden die Entwicklungsstufen der Architekturvisualisierung aus geschichtlicher und architekturtheoretischer Sicht analysiert. Im Fokus der Analyse steht eine Grundlagenforschung von der Entstehung der zweidimensionalen Zeichnung bis hin zur digitalen dreidimensionalen Darstellung von Bauwerken. Die Auslöser signifikanter Weiterentwicklungen, deren Bedeutung für nachfolgende Methoden und die Tradierung des Wissens über Epochen hinweg sind hierbei von besonderem Interesse. In Anbetracht der Komplexität des Untersuchungsgegenstandes kann es sich hierbei nur um einen Überblick des aktuellen Forschungsstandes in den wesentlichen Entwicklungsstufen ausgewählter Regionen handeln. Das Kapitel umfasst chronologisch strukturierte Abhandlungen, die das Bauwissen über die Medien und Methoden der Architekturdarstellung vom Altertum bis in die Gegenwart analysieren.

Die Analysen konzentrieren sich geografisch auf die zwei Regionen: Alter Orient und Ägypten in vorantiker Zeit und Europa in der Antike (Griechenland und das Römische Reich), im Mittelalter (v.a. Frankreich und Deutschland), in der Neuzeit (v.a. Italien und teilw. nördlich der Alpen) sowie in der Moderne und Gegenwart. Nicht berücksichtigt wurden die Kulturräume China, Südostasien, Afrika, Indien, die islamische Welt, die alten Hochkulturen Südamerikas, sowie das unter europäischem Einfluss stehende Amerika und Australien der Frühen Neuzeit. Die Gliederung nach Epochen und Kulturräumen wurde gewählt, da das Bauwissen historisch beständig spezifische Lösungen für Aufgaben lieferte, die für die natürlichen Bedürfnisse einer bestimmten Gesellschaft oder Kultur von fundamentaler Bedeutung waren. Jedoch wurde das den großen Bauleistungen der Vergangenheit zugrundeliegende Wissen über die Medien und Methoden der Architekturvisualisierung bisher kaum zum zentralen Gegenstand epochenübergreifender Untersuchungen gemacht.

Inhaltlich konzentriert sich die Analyse auf die Entwicklung der analogen Darstellungsmethoden (wie bspw. Zeichnungen und Modelle) sowie die Entwicklung der digitalen Darstellungsmethoden in der Architektur. Insbesondere die Frage nach den soziokulturellen bzw. gesellschaftspolitischen und wirtschaftlichen Veränderungen, als mögliche Auslöser für die Entwicklung neuer Darstellungsmedien und -methoden, wird analysiert. Daneben ist die Frage nach der Tradierung dieses Bauwissens ein wesentlicher Bestandteil der Analyse.

2.1 Altertum

Altertum ist ein Begriff der Geschichtswissenschaften und umfasst, für die mediterran-vorderasiatischen Zivilisationen, den Zeitraum vom Beginn des Neolithikums (um 5600 v. Chr.) bis zum beginnenden Mittelalter (um 600 n. Chr.). Räumlich bezieht sich das Altertum auf den Mittelmeerraum und Vorderasien. Das Altertum umfasst auch die klassische Antike sowohl zeitlich (je nach Abgrenzung ab 1700 oder 800 v. Chr. bis etwa 600 n. Chr.) als auch räumlich (Antikes Griechenland und Römisches Reich). Am Anfang des Altertums steht die Herausbildung der altorientalischen Hochkulturen Vorderasiens: Mesopotamien, Persien, Levante, Kleinasien und Ägypten. Das Altertum endet mit dem Zerfall des römischen Reiches während der Völkerwanderung, der Migration vor allem germanischer Stämme in Mittel- und Südeuropa im Zeitraum vom Vorstoß der Hunnen nach Europa um 375 n. Chr. bis zum Einfall der Langobarden in Italien um 568 n. Chr. Die Zeit der Völkerwanderung fällt damit in die Spätantike und bildet für die Geschichte des nördlichen und westlichen Mittelmeerraums den Übergang von der klassischen Antike in das europäische Frühmittelalter.[61]

2.1.1 Altorientalische Hochkulturen

Einige der wesentlichsten Veränderungen der Menschheitsgeschichte fanden in der Jungsteinzeit (Neolithikum) statt. Während in der Altsteinzeit (Paläolithikum) die Menschen ihren Lebensunterhalt durch das Jagen von Tieren und das Sammeln von Pflanzen bestritten, setzte sich um 4000 v. Chr. zunehmend Ackerbau und Viehzucht als Wirtschaftsgrundlage durch. Die Änderung der Subsistenzstrategie, von der Nahrungsaneignung zur Nahrungsproduktion, gilt als ein wesentliches Merkmal neolithischer Kulturen und begründete erstmals das Erfordernis einer sesshaften Lebensweise in Siedlungen statt wie bisher in Höhlen und damit für die Errichtung von Bauwerken. Der australisch-britische Archäologe und Archäologietheoretiker Vere Gordon Childe (1892-1957) prägte für diese Veränderungen den Begriff der sog. Neolithischen Revolution.[62]

Die ersten Zivilisationen entstanden aus dem voll entwickelten Neolithikum. Die Betrachtung möglicher Planungsvorgänge für das neolithische Bauen erfordert zunächst die Sinndeutung der Begriffe Bauplanung, Aufschnürung und Absteckung. Im Neolithikum stellten die vor dem eigentlichen Baubeginn im Kopf getroffenen Entscheidungen über Größe und Ausrichtung des Bauwerks sowie dessen Grundrissgestaltung bereits die Bauplanung dar. Der auf die Bauplanung unmittelbar folgende Schritt war die Übertragung des geplanten Grundrisses auf den Baugrund. Je nachdem ob dies mit Hilfe von Schnüren erfolgt, die den späteren Wandverlauf markieren oder ob nur ausgewählte Fluchtpunkte wie vor allem die Haus- und Raumecken mit Pflöcken oder ähnlichem markiert werden, wurde dieser Vorgang als Aufschnürung oder Absteckung bezeichnet.[63] Die wahrscheinlich wichtigste Studie zur Frage des Nachweises neolithischer Bau-

---

[61] Vgl. Gehrke, H.-J. & Schneider, H., *Geschichte der Antike*, Vol. 4 (Stuttgart/Weimar: Metzler, 2013).

[62] Vgl. Kurapkat, D., "Bauwissen im Neolithikum Vorderasiens" in *Wissensgeschichte der Architektur. Band I: Vom Neolithikum bis zum Alten Orient,* Hrsg. Renn, J., Osthues, W., & Schlimme, H. (Berlin: Edition Open Access, 2014), S. 57.

[63] Ebd., S. 88.

planungs-, Aufschnürungs- und Absteckungstechniken wurde von Ricardo Eichmann (1991) vorgelegt.[64] Seine Untersuchungen konzentrieren sich im Wesentlichen auf die Fragen zur Grundrissplanung und kommen zu dem Schluss, dass vielfach einfache Seitenverhältnisse wie bspw. 1:2 oder 2:3 die Darstellung der Planung erleichtert haben und insofern den Hinweis für eine nicht gezeichnete, sondern gedachte Grundrissplanung geben. Außerdem folgert er, dass festgelegte Maßeinheiten für das neolithische Bauen auszuschließen sind, die Anwendung der natürlichen Längenmaße „Fuß" und „Elle" mit regional abweichenden Werten für das neolithische Bauen aber sehr wahrscheinlich sind. Seine Untersuchungen stützen sich auf archäologische Funde von Bauwerksresten, eine echte Aufschnürung eines Grundrissplanes ist für das Neolithikum allerdings nicht belegt. Die Übertragung einer gedachten und durch Seitenverhältnisse definierten Planung erfolgte am wahrscheinlichsten durch das Auslegen des Grundrisses mit Bruchsteinen oder durch das Abstecken der Fluchtlinien.[65]

Die früheste bisher bekannte Aufschnürung ist für die Zikkurat des Gottes An nachgewiesen, eines der ältesten bekannten mesopotamischen Monumentalbauwerke der Uruk-Zeit (etwa 3900 bis 2900 v. Chr.).[66] Eine Zikkurat (babylonisch: „aufgetürmt" oder „Götterberg") ist ein gestufter Tempelturm in Mesopotamien. Die biblische Überlieferung des Turmbaus zu Babel geht nach heutiger Erkenntnis auf einen solchen Bau zurück.[67] Eine Ausführungs- oder Detailplanung ist für das Neolithikum sehr unwahrscheinlich.[68] Mit den Miniatur-Modellziegeln vom Tepe Gawra (s. Abb. 14) wurde erstmals um 5000 v. Chr. eine Art Detailplanung nachgewiesen,

---

64 Vgl. Eichmann, R., *Aspekte prähistorischer Grundrißgestaltung in Vorderasien. Baghdader Forschungen Vol. 12* (Mainz: Philipp von Zabern, 1991), S. 76-95.

65 Vgl. Kurapkat, D., S. 99f.

66 Vgl. Sievertsen, U., "Das Bauwesen im Alten Orient. Aktuelle Fragestellungen und Forschungsperspektiven" in *Fluchtpunkt Uruk. Archologische Einheit aus methodischer Vielfalt*, Hrsg. Kühne, H., Bernbeck, R., & Bartl, K. (Rahden, Westf.: Verlag Marie Leidorf, 1999), S. 201-214.

67 Vgl. Klengel-Brandt, E., *Der Turm von Babylon* (Leipzig: Koehler & Amelang, 1982), S. 52-56.

68 Vgl. Kurapkat, D., S. 100.

deren Zweck vermutlich im Wesentlichen die Konstruktionsplanung komplexer Mauerwerksdetails war.[69]

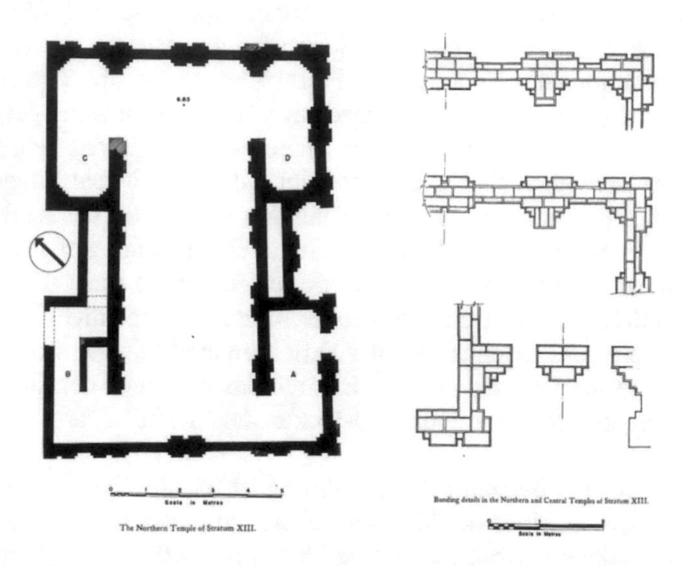

Abb. 14: Neolithischer Hausgrundriss und Mauerwerksverband von Tepe Gawra. In Tobler (1950): Excavations at Tepe Gawra Vol. 2, S. 292f.

Tepe Gawra ist ein Hügel in der heutigen irakischen Provinz Ninawa, der vom Keramischen Neolithikum (6600 bis 5500 v. Chr.) bis in die Bronzezeit (3500 bis 1200 v. Chr.) besiedelt war. Tepe Gawra wurde 1927 von dem US-amerikanischen Assyriologe Ephraim A. Speiser (1902-1965) gefunden und in der Zeit zwischen 1930 und 1937 von US-amerikanischen Archäologen der Universität von Pennsylvania ausgegraben.

In Ermangelung einer Schriftkultur kann ausgeschlossen werden, dass die neolithischen Menschen die Möglichkeit und ein Mittel hatten, ihr Bauwissen bewusst in materialisierter Form festzuhalten.[70] Mit den darauffolgenden Kulturen verbindet sich die Entwicklung der Schrift. Die ältesten schriftlichen Funde datieren in die Zeit um 3200 v. Chr. und stammen aus

[69] Vgl. Tobler, A., *Excavations at Tepe Gawra, Vol. 2* (Philadelphia: University of Pennsylvania Press, 1950), S. 34.
[70] Vgl. Kurapkat, D., S. 109-113.

Mesopotamien. Das Zweistromland zwischen Euphrat und Tigris gilt als die Wiege der Zivilisation. Das Volk der Sumerer lebte um 3000 v. Chr. im Gebiet von Sumer im südlichen Mesopotamien und gilt als erstes Volk, das den Schritt zur Hochkultur geschafft hat. Besonders die Erfindung der Keilschrift, die nach dem heutigen Stand der Wissenschaft als die erste Schrift der Menschheit betrachtet wird, gilt als eine herausragende Leistung der Sumerer.[71]

Seit der Erfindung der Schrift dienten auch Texte als Instrument der Bauplanung. Der Hauptgrund für ihre Schlüsselrolle lag in dem Umstand begründet, dass eine Abbildung der Bauaufgabe in vielen Kulturen zunächst nicht erforderlich war, da die Mehrheit der Bauwerke sich an einer kanonischen Bauweise (lat.: *canonicus* „regelgerecht") orientierte, die sich sowohl die Bauherren als auch die Baumeister leicht vorstellen konnten. Die Planung beschränkte sich daher auf die Klärung der benötigten Materialmengen und Arbeitskräften. Zur Dokumentation dieser Informationen waren Texte völlig ausreichend. Jedoch sind in ihnen oft nur die Größe des zu errichtenden Bauwerkes nicht aber gestalterische Details festgehalten.[72]

Der Bauplan hingegen lässt sich in den altorientalischen Quellen am schwierigsten nachweisen. Die erhaltenen Grundriss- oder Architekturzeichnungen, die seit der zweiten Hälfte des 3. Jahrtausends v. Chr. belegt sind, stellen weniger Entwürfe als vielmehr Aufmaße von verschiedenen Gebäuden dar. Dennoch sollten sie als Hinweis auf mögliche skizzenhafte Wiedergaben dreidimensionaler Raumvorstellungen bewertet werden. Informationen über die Anbringung von Zeichnungen auf kleinen Holz- oder Wachstafeln, die seit dem Ende des 3. Jahrtausends v. Chr. belegt sind, sind nur unpräzise vorhanden. Aus dem 2. Jahrtausend v. Chr. sind direkt auf der Wand angebrachte Vorzeichnungen bekannt. Wie etwa im Palast des Zimri-Lim in Mari, einem mesopotamischen Stadtstaat im heutigen Tell Hariri in Syrien, der bei der Eroberung Maris durch Hammurapi in der

---

[71] Vgl. Bührig, C., "Bauzeichnungen auf Tontafeln" in *Wissensgeschichte der Architektur. Band I: Vom Neolithikum bis zum Alten Orient*, Hrsg. Renn, J., Osthues, W., & Schlimme, H. (Berlin: Edition Open Access, 2014), S. 340f.

[72] Vgl. Renn, J. & Valleriani, M., "Elemente einer Wissensgeschichte der Architektur" in *Wissensgeschichte der Architektur. Band I: Vom Neolithikum bis zum Alten Orient*, Hrsg. Renn, J., Osthues, W., & Schlimme, H. (Berlin: Edition Open Access, 2014), S. 26.

Mitte des 18. Jahrhunderts v. Chr. zerstört wurde.[73] Skizzen auf Leder für Steinplatten oder Wandmalereien sind besonders für das 1. Jahrtausend v. Chr. belegt. Neben diesen Quellen sind auch Bauzeichnungen auf langlebigeren Tontafeln (s. Abb. 15) oder in Form einer naturmaßstäblichen Aufschnürung des Grundrisses unmittelbar am Bauwerk aus den frühen Hochkulturen in Mesopotamien bekannt.[74]

Abb. 15: Tontafel mit dem Grundriss eines Hauses aus Umma in Doppellinien (12 x 11,3 cm). In Bührig (2014): Bauzeichnungen auf Tontafeln, in *Wissensgeschichte der Architektur Band I: Vom Neolithikum bis zum Alten Orient*, S. 338.

Ob diesen Bauzeichnungen eine klar definierte Rolle im Entwurfsprozess zugeschrieben werden kann, ist in der Forschung umstritten. Auch für die Interpretation der Tontafeln an sich gibt es unterschiedliche Theorien. Es gilt aber als gesichert, dass die mesopotamischen Bauzeichnungen weiterführende Informationen über das Bauwesen vermitteln. Der zwar nicht umfassend ausgeschöpfte Quellenfundus erlaubt gleichwohl die Annahme, dass den Bauherren und Baumeistern sowohl Bauzeichnungen als auch textliche Baubeschreibungen als Planungs- und Kommunikationsmittel im Bauprozess gedienten haben.[75] Die Bauzeichnungen bleiben nicht allein grafisches Hilfsmittel der Bauausführung, wie etwa die Werkzeichnung,

[73] Vgl. Pientka-Hinz, R., "Architekturwissen am Anfang des 2. Jahrtausends v. Chr." in *Wissensgeschichte der Architektur. Band I: Vom Neolithikum bis zum Alten Orient*, Hrsg. Renn, J., Osthues, W., & Schlimme, H. (Berlin: Edition Open Access, 2014), S. 328f.

[74] Vgl. Bührig, C., S. 336.

[75] Vgl. Pientka-Hinz, R., 328ff.

sondern können zudem Entwurfsskizze oder Präsentationsmaterial als Entscheidungshilfe für den Bauherrn oder gar Aufmaß als Beleg für die vertragliche Werkleistung sein. Die mesopotamischen Bauzeichnungen beschränken sich auf die wichtigsten Informationen zum Bau, wie die Form und Größe der Räume, die Erschließung, die Himmelsrichtung und die Bezugspunkte für Maße. Im Gegensatz zur ägyptischen und in der Folge griechisch-römischen Steinarchitektur sind Detailpläne nicht bekannt. Ein Teil der vorhandenen Zeichnungen werden als Aufmaße gedeutet, eine Art Handskizzen, in die der Verwaltungsbeamte oder Baumeister seine Maße einträgt oder zur Schematisierung eines geplanten Bauwerks.[76]

Die bisherige Forschung zeigt die Bedeutung der Tontafeln sowohl für die Tradierung von Bauwissen als auch die Organisation des Bauens selbst. Allerdings bleibt die Interpretation der Tontafeln schwierig, da nur eine sehr geringe Anzahl überliefert ist und vor allem kein detaillierter Fundkontext besteht. Dessen ungeachtet kann davon ausgegangen werden, dass es wohl den Verfassern der Tontafeln in erster Linie um die richtige Wiedergabe der Proportionen ging, nicht um maßstäbliche Zeichnungen. Die auf den Tafeln eingetragenen Korrekturen lassen vermuten, dass diese Zeichnungen dazu dienten, Proportionen und die Organisation der Räume im Vorfeld der Arbeiten auf der Baustelle zu überprüfen und ihren jeweiligen spezifischen Bedingungen anzupassen. Angesichts der komplexen logistischen und organisatorischen Struktur auf den mesopotamischen Großbaustellen scheinen die Zeichnungen auch dazu gedient zu haben, den Baumeistern ihre Aufgaben im Gesamtkontext der Bauaufgabe zu erklären. Eine weitere Funktion der Tontafeln lag wohl auch darin, das erworbene Bauwissen zu überliefern.[77]

Ägypten gehört neben den mesopotamischen Kulturen und China zu den ältesten Hochkulturen. Die hohe Bedeutung des Bauens für die ägyptische Gesellschaft zeigt sich in dem reichen Textmaterial zum Bauwesen. Verwaltungstexte in Briefen, mathematische Schultexte mit Aufgabenstellungen zur Architektur, autobiografische Inschriften der Beamten sowie an den Bauten angebrachte Bauinschriften zeigen in welchem Umfang das

[76] Vgl. Bührig, C., S. 339.
[77] Ebd., S. 361.

Bauen den ägyptischen Staat durchzog. Baupläne und Skizzen sind in geringer Zahl erhalten, größer ist jedoch die Menge der erhaltenen Detailmodelle. So gut wie vergeblich sucht man hingegen nach Architekturbeschreibungen in überlieferten Schriften. Die Hauptquelle ist zweifellos die Architektur selbst, die in großer Fülle und überwältigenden Dimensionen erhalten ist. Die großräumliche Gesamtplanung der alten Ägypter scheint sich hauptsächlich in der Grundrissebene abgespielt zu haben, wobei einzelne Elemente wie Türen in die Grundrisse „aufgeklappt" wurden (s. Abb. 16). Die getrennte Darstellung von Aufriss und Grundrissebene ist spätestens ab dem 2. Jahrtausend v. Chr. in den überlieferten Werkzeichnungen sehr gut dokumentiert.[78]

Abb. 16: Platz der Schriftstücke des Pharaos, dargestellt im Grab des Tjaj in Theben West, Zeit des Merenptah, Ende 13. Jhd. v. Chr. In Fauerbach (2014): Bauwissen im alten Ägypten, in *Wissensgeschichte der Architektur. Band II: Vom Alten Ägypten bis zum antiken Rom*, S. 29.

Links dargestellt das Schreibbüro mit von Stützen getragenem Dach und Plätzen für die vor ihren Bücherkisten sitzenden Schreiber. Ein Vorgesetzter sitzt im Mittelgang und registriert die eingehenden Güter. In der Mitte opfert Tjaj dem Gott Thot als Patron der Schreib- und Rechenkunst, dessen Kapelle den rechten Gebäudeteil dominiert. Seitlich davon Archive mit Bücherkisten. Die Szene illustriert zum einen das Ideal eines Verwaltungs-

[78] Vgl. Fauerbach, U., "Bauwissen im alten Ägypten" in *Wissensgeschichte der Architektur. Band II: Vom Alten Ägypten bis zum Antiken Rom*, Hrsg. Renn, J. & Osthues, W. S., H. (Berlin: Edition Open Access, 2014), S. 53f.

gebäudes aus dem Neuen Reich, zum anderen die Darstellungsweise von Architektur in einer Kombination aus Grundriss (Stützen, Treppe vor der Kapelle) und Ansicht (Personen, Türen, Mobiliar) unter Auslassung sämtlicher Wandstärken. Die Punktlinien deuten Textzeilen an.[79] Aus dem Alten Ägypten sind Architekturzeichnungen und Modelle erhalten, die Rossi (2004) wie folgt kategorisiert hat.[80]

1. Schaupläne meist auf Papyrus, mit graphischen Elementen, erklärenden Beischriften und vereinzelten Maßen, in sich aber nicht maßhaltig.
2. Ausführungspläne selten auf Papyrus, häufiger in Stein geritzt, immer Details oder kleinere Bauteile betreffend, in Grundriss und Ansicht unterteilt und in sich maßhaltig.
3. Skizzen auf Tontafeln oder Wänden, meist grob in Tinte ausgeführt, oft mit Einzelmaßen, in sich nicht maßhaltig.
4. Architekturmodelle funktional den Plänen der Gruppe 1 und 2 zuzuordnen, betreffen fast immer die Darstellung von wesentlichen Bauwerksdetails.

Zur Planung der Gebäude hat vermutlich nur die zweite Gruppe gedient. Allerdings ist zweifelhaft, ob sich diese Erkenntnisse auf die Gesamtplanung eines Grundrisses oder einer Ansicht übertragen lassen. Diese erfolgte vermutlich zum Teil auf der Basis von Texten, zumindest waren textliche Notizen von Maßen ergänzend erforderlich. Ein Grund dafür könnte gewesen sein, dass die maßstäbliche Verkleinerung erst später entwickelt wurde und eine maßhaltige Zeichnung daher nur 1:1 erfolgen konnte. Ein Verfahren wie es beim Aufriss des Grundrisses auf die Fundamente während des Baus bereits bekannt war. Zu diesem Zeitpunkt müssen die Maße aber weitestgehend festgestanden haben. Eine Definition in Textform scheint auch deshalb sehwahrscheinlich, da die meisten Neuentwürfe lediglich Modifizierungen bestehender Entwürfe waren.[81] Modelle wurden ebenfalls für die Bauplanung verwendet, vorzugsweise für die Planung von

---

[79] Ebd., S. 29.
[80] Vgl. Rossi, C., *Architecture and Mathematics in Ancient Egypt* (Cambridge: Cambridge University Press, 2004).
[81] Vgl. Fauerbach, U., S. 56f.

Baudetails. Aus Ägypten ist ein Architekturmodell bekannt, das mehrere Räume im Zusammenhang darstellt. Das in Abb. 17 dargestellte Kalksteinmodell der Pyramide des ersten altägyptischen Pharaos der 12. Dynastie (Mittleres Reich), Amenemhat der III. in Hawara, zeigt das Gang- und Verschlusssystem.

Abb. 17: Kalksteinmodell des Gang- und Verschlusssystems in der Pyramide des Königs Amenemhet III. Dahschur, um 1900 v. Chr. In Fauerbach (2014): Bauwissen im alten Ägypten, in *Wissensgeschichte der Architektur. Band II: Vom Alten Ägypten bis zum antiken Rom*, S. 57.

Das etwa 72 Zentimeter lange Kalksteinobjekt bildet das Gangsystem der Pyramide ab, allerdings stark verkürzt und infolgedessen nicht maßhaltig. Weitaus häufiger waren Detailmodelle, bspw. von Türlaibungen oder Wasserspeiern und insbesondere von Säulen oder Säulenkapitellen, die in hoher Anzahl erhalten sind. Die Detailmodelle stellen oft verschiedene Arbeitsschritte dar und weisen Reste von Hilfslinien auf, so dass diese mit ziemlicher Sicherheit als Arbeitsmodell identifiziert werden können.[82]

Der Charakter mancher Pläne erweckt den Eindruck, dass die fertiggestellten Bauten zumindest zum Teil dokumentiert und archiviert wurden. Institutionalisiertes Bauwissen spielte im Alten Ägypten aber eine vergleichsweise geringe Rolle, da die Institutionen nur wenig spezialisiert waren. Im

[82] Ebd., S. 57.

gesamten altägyptischen Verwaltungsapparat gibt es keine Institutionen o-der Berufe, die allein auf das Bauen gerichtet waren. Es gibt aber eine Reihe von altägyptischen Institutionen, die generell als Orte des Wissens betrachtet werden können. Dies sind vor allem die Tempel, insbesondere die sog. Schriftrollenhäuser. Allerdings bezog sich das hier verankerte Wissen nicht primär auf das Bauen. Es wird zwar vermutet, dass objektiviertes Bauwissen, etwa in Form von Zeichnungen oder Musterbüchern in den Tempelarchiven gelagert wurde, allerdings ist nicht belegt, dass dieses Wissen in der Institution tiefer verankert war.[83]

2.1.2 Antikes Griechenland

Die Geschichte des antiken Griechenlands umfasst den Zeitraum vom 1600 v. Chr. bis 146 v. Chr. Während dorische Volksstämme nach Griechenland einwanderten ging um 1050 v. Chr. die mykenische Kultur zu Ende und es begann eine neue Zeit, die sog. geometrische Epoche von etwa 1100 bis 700 v. Chr. In der geometrischen Epoche entstanden Lehmziegelbauten mit Holztragkonstruktion auf Steinfundamenten in Form von sog. Apsis- und Oval-Bauten[84]. Der Zeitraum der geometrischen Epoche wird oft auch als „die dunklen Jahrhunderte" bezeichnet, da aus dieser Zeit keine Schriftquellen und vergleichsweise wenig Bauwerke erhalten sind. Daher ist weitaus weniger Bauwissen vorhanden als über die vorangegangene mykenische Epoche und die nachfolgende archaische Epoche. Dennoch wurde in der geometrischen Epoche, durch die Gründung der wichtigsten religiösen Zentren und Tempel, der Grundstein für den nachfolgenden gewaltigen kulturellen Aufschwung der archaischen Epoche gelegt.[85]

Die archaische Epoche umfasst den Zeitraum von etwa 800 bis 500 v. Chr. In dieser Zeit vollzog sich auf dem griechischen Festland, den Inseln der Ägäis und an der kleinasiatischen Küste ein bemerkenswerter kultureller Aufschwung. In der Architektur brachte die Stilepoche der Archaik, bei

[83] Ebd., S. 102ff.

[84] Die Apsis (von altgriechisch: *hapsis* „Gewölbe") ist ein im Grundriss halbkreisförmiger oder polygonaler, selten rechteckiger oder quadratischer Raumteil, der an einen Hauptraum anschließt und meist von einer Halbkuppel überwölbt wird.

[85] Vgl. Bringmann, K., *Im Schatten der Paläste: Geschichte des frühen Griechenlands* (München: C.H. Beck, 2016).

der das Hauptaugenmerk auf monumentalen Figuren anstelle von zierenden Ornamenten lag, die Systematisierung der dorischen und der ionischen Säulenordnung hervor. Im Verlauf des 6. Jahrhunderts v. Chr. wurde die dorische Ordnung bis zur Vollendung weiterentwickelt und zeichnete sich durch strenge, klar strukturierte Bauglieder und Formen aus, wie bspw. bei dem Ringhallentempel, den Tempeln in Korfu, Korinth und Delphi oder dem alten Athenatempel in Athen.[86]

Die darauffolgende klassische Zeit von etwa 500 bis 336 v. Chr. war die Zeit der großen kulturellen Entfaltung und legte das Fundament für das Abendland. Zu den großen Leistungen der klassischen Zeit zählen u.a. architektonische Monumente wie die Akropolis, bedeutende Skulpturen, zentrale Werke der Dichtkunst, die Philosophie der Antike sowie maßgebliche Erkenntnisse auf dem Gebiet der Mathematik, Geometrie und Optik. In der Architektur wurde der dorische Tempel zur Reife entwickelt. Planungen wurden erstmals über den einzelnen Baukörper hinaus komplex angelegt, wie bspw. die Propyläen der Akropolis von Mnesikles oder eine Stadtplanung als architektonisches Gesamtkunstwerk von Hippodamos.[87]

Die hellenistische Zeit umfasst die Epoche von 336 v Chr. bis 30 v. Chr. und wird geschichtlich als die Epoche vom Regierungsantritt Alexanders des Großen von Makedonien (356 v. Chr. bis 323 v. Chr.) bis zur Einverleibung des ptolemäischen Ägyptens, des letzten hellenistischen Großreiches, in das Römische Reich bezeichnet. In der Architektur des Hellenismus ist gegenüber der Klassik ein Fortschritt in der Raumbezogenheit und Fassadenbetonung erkennbar. Erstmals wurden dorische, ionische und korinthische Elemente in sakraler und profaner Baukunst eingesetzt. Nach dem römischen Sieg im Punischen Krieg um 201 v. Chr. wurde Rom zur mediterranen Vormacht, die immer mehr Künstler und Architekten anzog, was zur Durchdringung der griechischen und römischen Kunst führte.[88] Angesichts der großen Bedeutung der griechischen Architektur für die

[86] Vgl. Stein-Hölkeskamp, E., *Das archaische Griechenland: Die Stadt und das Meer* (München: C.H. Beck, 2015).
[87] Vgl. Schmidt-Hofner, S., *Das klassische Griechenland: Der Krieg und die Freiheit* (München: C.H. Beck, 2016).
[88] Vgl. Scholz, P., *Der Hellenismus: Der Hof und die Welt* (München: C.H. Beck, 2015).

europäische Baugeschichte ist nachvollziehbar, warum die Frage nach den griechischen Entwurfsverfahren von der Forschung schon sehr früh gestellt, und seither kontinuierlich diskutiert wurde. Die wichtigste Quelle für die Analyse antiker Entwurfsverfahren sind die Bauten selbst. Schriftquellen dazu waren in der griechischen Antike genügend vorhanden, allerdings sind alle diese Schriften verloren. Von ihrer Existenz wissen wir nur durch die Schrift *De architectura libri decem* (deu.: Zehn Bücher über Architektur) des römischen Architekten Marcus Vitruvius Pollio (etwa um 80 v. Chr. bis 15 v. Chr.), kurz Vitruv genannt. Eine besondere Stellung in diesem Kontext haben die Bauzeichnungen, die sich in Form von eingeritzten Zeichnungen auf einigen Bauteilen und Wänden erhalten haben.[89]

Im Hinblick auf ihre Bedeutung für die griechischen Architekten ist zunächst die Funktion dieser Zeichnungen zu unterschieden. Zum einen können Zeichnungen das Medium sein, in dem sich die eigentliche Entwurfsarbeit vollzogen hat, um bestimmende Proportionen im Grundriss und Aufriss durch geometrische Konstruktion (wie bspw. Zirkelschläge, Dreieckskonstruktionen oder Goldener Schnitt) zu entwickeln. Bei bestimmten Entwurfsaufgaben hatte das konstruierende Zeichnen gegenüber der rechnerischen Ermittlung von Maßen den Vorteil, wesentlich einfacher und schneller zum Ziel zu führen.[90]

Zum anderen können Zeichnungen das Medium sein, die Entwurfsidee gegenüber dem Bauherrn und den ausführenden Handwerkern zu visualisieren. Solche Präsentationszeichnungen waren in der Antike bekannt. Vitruv kennt sie als perspektivische Darstellung, unter dem griechischen Begriff *Scaenographia*. Da er keinen entsprechenden lateinischen Terminus angibt, kann man davon ausgehen, dass spätestens im Hellenismus solche Zeichnungen angefertigt worden sein müssen. Dafür spricht auch, dass der Begriff im Sinne von gemalten Bühnenbildern in den griechischen Quellen verwendet wurde. Im Sinne einer Architekturzeichnung ist dieser aber

[89] Vgl. Osthues, W., "Bauwissen im Antiken Griechenland", in *Wissensgeschichte der Architektur. Band II: Vom Alten Ägypten bis zum Antiken Rom*, Hrsg. Renn, J., Osthues, W., & Schlimme, H. (Berlin: Edition Open Access, 2014), S. 151.
[90] Ebd., S. 177.

nicht belegt. Daher ist nicht bekannt, ab wann griechische Architekten anhand solcher Zeichnungen ihre Entwurfsideen dargestellt haben.[91]

Neben den Zeichnungen geben auch die Inschriften der Bauwerke wichtige Hinweise auf die Arbeitsweise der griechischen Architekten. Die beiden Termini *Paradeigma* und *Anagraphé* spielen hierbei eine besondere Rolle. Für den Begriff *Paradeigma* gibt es in der Forschung zwei unterschiedliche Deutungen. Zum einen ein einzelnes Exemplar einer Menge gleichartiger Objekte und zum anderen das Muster für eine Menge entsprechender Objekte. Die letztgenannte Deutung ist vermutlich die, in den Bauinschriften gemeinte Bestimmung. Die ältere Deutung der Inschriften sah darin Modelle der Bauten in stark reduziertem Maßstab, die der Abstimmung zwischen Bauherrn und Architekten gedient haben. Im Allgemeinen wird die Deutung von *Paradeigma* im Sinne eines Modells von ganzen Gebäuden heute abgelehnt. Dies wird im Wesentlichen damit begründet, dass Modelle für die Abstimmung mit dem Bauherrn angesichts der kanonisierten griechischen Architektur kaum erforderlich gewesen sein können. Außerdem wären Modelle zur Darstellung des Entwurfs auf der Baustelle ungeeignet gewesen, da die Maßstabsreduktion das Abgreifen von Maßen direkt am Modell kaum ermöglicht hätte. Plausibler hingegen erscheint die Deutung von *Paradeigma* als Musterexemplar für die Anfertigung von Bauteilen komplexerer Form, die für ein Gebäude in Serien gefertigt werden mussten. Einzelne Bauteile waren durch Beschreibung oder zweidimensionale Zeichnung gar nicht vollständig darstellbar, wie bspw. das korinthische Säulenkapitell oder die aufwendigen Elemente der plastischen Bauornamentik.[92]

Weniger eindeutig interpretierbar in den Inschriften ist der Terminus *Anagraphé*. Das mag daran liegen, dass das zugehörige griechische Wort sowohl „aufschreiben“ (bspw. das Einmeißeln einer Inschrift in einen Stein) als auch „aufzeichnen“ (bspw. die graphische Darstellung eines Objekts) bedeuten kann. Bundgaard (1957) hat sich ausführlich mit der Deutung des Begriffs *Anagraphé* beschäftigt und kam zu keinem eindeutigen

[91] Ebd., S. 178.
[92] Ebd., S. 182f.

Ergebnis.[93] Maier (1961) deutet den Begriff als Aufrisse bzw. Baurisse und bezieht sich dabei auf die Prostoon-Inschrift.[94] Osthues (2014) sieht es am wahrscheinlichsten an, dass ein Werkriss gemeint ist, der das Profil darstellt, von dem die Steinmetze die einzelnen Maße mit dem Stechzirkel abgreifen konnten. Für die hellenistische Zeit ist belegt, dass *Anagraphé* nicht nur den Werkriss für den ausführenden Steinmetz bezeichnete, sondern auch eine Konstruktionszeichnung zum Zwecke der Formfindung durch den Architekten. Damit scheint die Bedeutung und Funktion der beiden Termini verständlich: *Paradeigma* bezeichnete ein voll ausgearbeitetes Musterstück, während *Anagraphé* einen Werkriss bezeichnet. Osthues (2014) folgert daraus, dass mit *Paradeigma* die dreidimensionale Darstellung eines Werkstücks gemeint war und mit *Anagraphé* die zweidimensionale Darstellung eines Profils oder Schnitts des Werkstücks.[95]

2.1.3 Römisches Reich

Die Gründung Roms und die frühe Phase des römischen Stadtstaates lässt sich historisch kaum bestimmen. Schon die antiken römischen und nichtrömischen Historiker trafen hier auf Schwierigkeiten, da die römische Geschichtsschreibung erst im 2. Jahrhundert v. Chr. einsetzt. Also rund ein halbes Jahrtausend nach dem von Marcus Terentius Varro (116 v. Chr. bis 27 v. Chr.), dem wohl bedeutendsten römischen Universalgelehrten, angegebenen Gründungsjahr 753 v. Chr. Demzufolge ist die Quellenlage zur römischen Frühzeit sehr begrenzt, da die schriftlichen Überlieferungen erst Jahrhunderte später einsetzen. Laut dieser Überlieferung wurde der neue Stadtstaat von den sog. *reges* beherrscht und geriet schließlich unter etruskische Herrschaft. Die römische Geschichtsschreibung bezeichnete mit *reges* diejenigen Männer, die alleinige Inhaber einer militärischen Befehlsgewalt waren. Die genauen Kompetenzen unterscheiden sich aber stark je nach dem jeweiligen Kontext.[96] Diese Phase der Entwicklung wird auch

[93] Vgl. Bundgaard, J., "Mnesicles - A Greek Architect at Work" (Diss., Universität Kopenhagen, 1957).

[94] Vgl. Maier, F., *Griechische Mauerbauinschriften. Band 1 und 2* (Heidelberg: Quelle & Meyer, 1961).

[95] Vgl. Osthues, W., S. 184f.

[96] Vgl. Hölkeskamp, K.-J., *Erinnerungsorte der Antike: Die römische Welt*, Hrsg. Stein-Hölkeskamp, E. (München: C.H. Beck, 2006).

als die Königszeit (753 v. Chr. bis 509 v. Chr.) bezeichnet, in der Rom zunächst ein Königtum nach etruskischem Vorbild war. Sie legten zu dieser Zeit bereits den Hauptplatz der Stadt an, das spätere Forum Romanum. Die Etrusker erlitten mit der Niederlage bei Kyme im Jahre 474 v. Chr. gegen die Griechen einen schweren Rückschlag, wodurch das etruskische Königtum gestürzt wurde und die Macht an die Adelsfamilien der Patrizier überging. In der Auseinandersetzung mit den Römern verloren die Etrusker ihre politische Macht und gingen, wie auch ihre Kunst und Architektur, im Römischen Reich auf.[97]

In der römischen Baukunst wirkte das griechische Vorbild insbesondere in architektonischen Details und Dekor auffallend nach. Die Römer übernahmen die griechischen Säulenordnungen und Tempelformen. Eigenständige Leistungen lagen in der Entwicklung neuer Bautypen. Wie etwa die der Foren, Thermen, Amphitheater, Podiumstempel und Triumphbögen, aber auch der typischen Formen des Straßen-, Brücken- und Wasserleitungsbaus. In der Grundriss- und Raumgestaltung machte die römische Baukunst große Fortschritte. Die Prinzipien der Symmetrie und Axialität setzten sich durch und wirkten gleichermaßen bei repräsentativen Bauwerken, monumentalen Platzanlagen und Sakralbauten. Einen wesentlichen Beitrag leisteten die Römer auch zur Stadtbaukunst. Die Weiterentwicklung der Axialität verbesserte die räumliche Organisation, was sich unverkennbar im System der *Via Appia* (Fernstraßen) und Aquädukte (Bauwerk zum Transport von Wasser) ausdrückte.[98]

Ab der augusteischen Zeit (30 v. Chr. bis 14 n. Chr.) ging die griechisch-hellenistische Architektur in weiten Teilen des Römischen Reiches zunehmend in der sich etablierenden römischen Architektur auf. Die überlieferten architektonische Zeugnisse sind bspw. das Marcellustheater, das Pantheon oder das Augustus-Mausoleum. Augustus (68 v. Chr. bis 14 n. Chr.) vollendete die herausragenden Unternehmungen, die unter Gaius Julius Cäsar (100 v. Chr. bis 44 v. Chr.) eingeleitet worden waren. Nero Claudius Caesar Augustus Germanicus (37 bis 68 n. Chr.) hatte nach dem großen

[97] Vgl. Aigner-Foresti, L., *Die Etrusker und das frühe Rom* (Darmstadt: Wissenschaftliche Buchgesellschaft, 2003).
[98] Vgl. von Hesberg, H., *Römische Baukunst* (München: C.H. Beck, 2005).

Brand im Jahr 64 n. Chr. die Möglichkeit und Aufgabe einer umfassenden Neugestaltung Roms. Marcus Ulpius Traianus (53 bis 117 n. Chr.), bekannt als Trajan, hatte noch anmutigere Bauten als seine Vorgänger veranlasst und setzte sich ein Denkmal durch den Bau des gewaltigen Trajansforums in Rom - das letzte, größte und prächtigste der Kaiserforen. Publius Aelius Hadrianus (76 bis 138 n. Chr.), bekannt als Hadrian, vollendete das Olympieion - den gewaltigen Tempel des olympischen Zeus in Athen. Bis zur Zeit Hadrians hielt sich der Stil der römischen Architektur auf gleichem Niveau. Die Bauten des Antoninus Pius (86 bis 161 n. Chr.) und des Marcus Aurelius (121 bis 180 n. Chr.) schließen die Blüte der römischen Architektur ab.[99]

Um zu verdeutlichen, auf welche Weise ein römischer Architekt seine Vorstellungen gegenüber einem Bauherrn darstellte, schildert Osthues (2014) eine Szene aus dem Werk *Noctes Atticae* (deu.: Attische Nächte) des römischen Schriftstellers Aulus Gellius (um 130 bis 180 n. Chr.). Die Szene schildert, wie er seinem offenbar wohlhabenden Freund Cornelius Fronto einen Besuch abstattet, als dieser erkrankt ist. In dessen Haus angekommen, trifft er auf eine Gesellschaft, zu der auch Architekten gehören:[100]

> „*An seiner Seite standen mehrere Baumeister, die aufgefordert worden waren, neue Bäder zu bauen, und verschiedene Pläne für Bäder zeigten, die auf kleinen Stücken Pergament gezeichnet waren. Als er einen Plan und ein Muster ihrer Arbeit ausgewählt hatte, erkundigte er sich, wie hoch die Kosten für die Fertigstellung des gesamten Projekts wären. Und als der Architekt gesagt hatte, dass es wahrscheinlich etwa dreihunderttausend Sesterzen erfordern würde, sagte einer von Frontos Freunden: "Und weitere fünfzigtausend, mehr oder weniger.*[101]“

---

[99] Vgl. Christ, K., *Geschichte der Römischen Kaiserzeit von Augustus bis Konstantin*, Vol. 6 (München: C.H. Beck, 2009).

[100] Vgl. Osthues, W., “Bauwissen im Antiken Rom“ in *Wissensgeschichte der Architektur. Band II: Vom Alten Ägypten bis zum Antiken Rom*, Hrsg. Renn, J., Osthues, W., & Schlimme, H. (Berlin: Edition Open Access, 2014), S. 284f.

[101] Ebd.

Auch Vitruv verlangt vom Architekten, dass er seine Entwürfe zeichnerisch darstellen kann und nennt die drei Arten der zeichnerischen Architekturdarstellung: *Orthographia, Ichnographia und Scaenographia* (Aufriss, Grundriss und perspektivische Ansicht). Die von Vitruv verwendeten griechischen Termini deuten darauf hin, dass das Entwerfen von Gebäuden anhand von Zeichnungen zunächst von griechischen Architekten entwickelt worden ist. Wahrscheinlich ist es eine Entwicklung aus der Zeit des Hellenismus, denn für die klassische Zeit gehen fast alle Forscher davon aus, dass die Entwürfe mit anderen Methoden erstellt worden sind. Diese Ansicht wird dadurch gestützt, dass sich Rom in der Zeit der späten Republik der Kultur des griechisch-sprachigen Ostens in einem Umfang geöffnet hat, der in dieser Ausprägung beispiellos ist. Protagonisten dieser Entwicklung waren einflussreiche, gebildete Mitglieder der römischen Nobilität, von denen die intellektuelle und künstlerische Überlegenheit der Kultur des Hellenismus offenbar ohne Einwand anerkannt wurde.[102]

Aus der Sicht von Vitruv ist die zeichnerische Darstellung der Entwurfsidee die Kernkompetenz des Architekten. Dies beschreibt er deutlich in einer Textpassage seines sechsten Buches:

> *„[...], dass, wenn ein Bauwerk handwerklich gelungen ist, es dem bauleitenden Handwerker zuzuschreiben sei. Dass, wenn der Bau prachtvoll ausgestattet ist, es der Finanzkraft des Bauherrn zuzuschreiben sei. Und wenn der Bau aber anmutig ausfällt, es der Ruhm des Architekten sei.[103]"*

Vitruv untermauert diese Aussage an gleicher Stelle:

> *„[...], dass nur der Architekt die Fähigkeit habe, noch bevor der Bau in der Realität Gestalt annimmt, sich bereits eine zutreffende und konkrete Vorstellung von dem Gebäude zu machen, so dass er Entwurfsentscheidungen bereits vorab zuverlässig beurteilen kann. Deshalb muss [wie in der Textpassage von Gellius - Anm. d. Verf.] der Architekt seinem Klienten eine Vorstellung des vor-*

[102] Ebd., S. 385.
[103] Vitruv, *De architectura*, zit. nach Osthues (2014), S. 285.

geschlagenen Bauentwurfes präsentieren, und dazu dienen Skizzen und Zeichnungen.[104] *"*

Neben der von Gellius zitierten Textpassage gibt es in den römischen Schriftquellen noch weitere Hinweise auf Architekturzeichnungen, bspw. von dem römischen Schriftsteller Sueton (70 bis 122 n. Chr.) der berichtet, dass Caesar mit seinen Mitarbeitern den Bau einer Gladiatorenschule anhand einer Grundrisszeichnung besprochen hat.[105] Allerdings trifft die naheliegende Vermutung, dass die römischen Architekten ihre Entwurfsideen anhand von Zeichnungen entwickelt haben, auf den Gegensatz, dass Vitruv für die Musterentwürfe der ionischen und dorischen Tempel in seinem dritten und vierten Buch, keine Zeichnungen verwendete. Er entwickelte die Musterentwürfe vollständig anhand von Berechnungen. Vitruv vertritt ein Entwurfskonzept, das auf dem sog. *Modulus* (deu.: Maß oder Maßstab) basiert. Einer Grundeinheit, in der alle Entwurfsmaße so zu wählen sind, dass die Ausgeglichenheit zwischen den Teilen und dem Ganzen sowie der Teile untereinander hergestellt ist. Vitruv bezeichnet dies als Symmetrie, die nach seiner Auffassung die Grundvoraussetzung der ästhetischen Qualität eines Bauwerks ist.[106]

Vor allem bei theoretischen Reflexionen über das Gebäude bedienten sich Architekten und Architekturtheoretiker der Metapher des menschlichen Körpers, der für lange Zeit sogar als ein unmittelbares symbolisches Abbild der Architektur und ihrer Teile galt. Im Sinne dieser Architekturauffassung wurden sowohl der menschliche Körper als auch das Gebäude mithilfe von Maßen, Zahlen, Proportionen und geometrischen Figuren exakt definiert, vor allem aber metaphorisch umschrieben. Fast alle Elemente des metaphorisch gemeinten Vergleichs zwischen dem Körper des Baus und dem Körper des Menschen, zwischen den architektonischen Maßen und denen des menschlichen Körpers, finden sich bereits in Vitruvs Architekturtraktat *De architectura libri decem* (s. Abb. 18).[107] Die umfangreichsten

---

[104] Ebd.
[105] Vgl. Osthues, W., "Bauwissen im Antiken Rom", S. 286.
[106] Ebd., S. 287.
[107] Vgl. Zöllner, F., "Anthropomorphismus - das Maß des Menschen in der Architektur von Vitruv bis Le Corbusier" in *Ist der Mensch das Maß aller Dinge? Beiträge zur Aktualität*

Ausführungen zum Maß des Menschen und zum Maß der Architektur finden sich zu Beginn seines dritten, dem Tempelbau gewidmeten Buches. Dort schreibt Vitruv, dass die Formgebung der Sakralarchitektur auf Symmetrie und Proportion beruhe und dass diese Formgebung der richtigen Zusammensetzung des menschlichen Körpers entspreche. Besonders seine Angaben hinsichtlich der Figuren von Kreis und Quadrat, des *homo ad circulum* und *homo ad quadratum*, haben der sog. Vitruvschen Proportionsfigur zu Berühmtheit verholfen.[108]

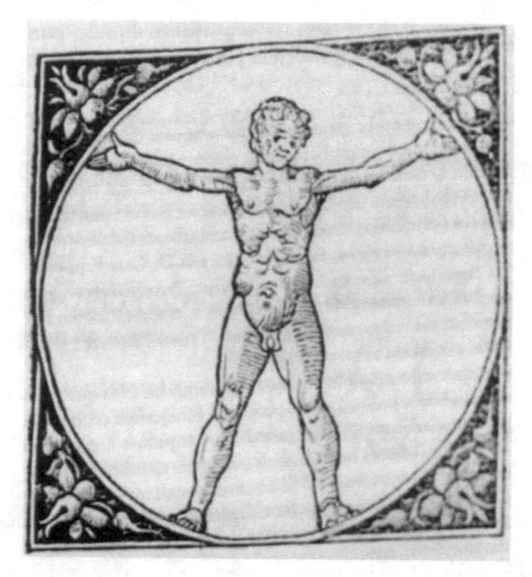

Abb. 18: Fra Giovanni Gioconde, Vitruvmann, Vitruv Edition 1511. In Zöllner (2004): Anthropomorphismus - Das Maß des Menschen in der Architektur von Vitruv bis Le Corbusier, S. 309.

Vitruvs Angaben zu den Maßen des menschlichen Körpers beruhen auf der antiken Baupraxis und auf der griechischen Metrologie, der Lehre von den Maßen. Die zentralen Begriffe sind *symmetria*, *proportio* und *eurythmia*. Ihre Bedeutung unterscheidet sich allerdings zum Teil erheblich von dem heutigen Verständnis. So gebraucht Vitruv bspw. den Begriff *symmetria* nicht im heutigen Sinne als Bezeichnung für Axialsymmetrie, sondern als

des Protagoras (Arianna Wunschbilder der Antike), Hrsg. Neumaier, O. (Möhnesee: Bibliopolis, 2004), S. 307f.

[108] Ebd., S. 308ff.

terminus technicus, der die Bedeutung der anthropomorphen, vom Menschen abgeleiteten Maßeinheiten für die Architektur beschreibt.[109]

Der Bauwerksentwurf anhand von Proportionen ist nicht nur in den Entwürfen von Vitruv nachweisbar, sondern auch anhand späterer Aufmaße römischer Gebäude. Jones (2000) kommt in seiner umfassenden Studie zur Entwurfspraxis der römischen Architekten zu dem Ergebnis, dass bestimmte Proportionen sich sogar als Standardkonstruktionen etabliert hätten. Die Hauptmaße vieler Gebäude sind demzufolge in einfachen Multiplen von fünf, zehn oder zwölf Fuß festgelegt worden. Als gesichert gilt, dass viele Detailformen von Baugliedern zeichnerisch-geometrisch konstruiert wurden. Detailformen wurden aber auch mit Hilfe sog. Mischformen, durch rechnerischen und geometrischen Ansatz konstruiert. Es kann also angenommen werden, dass alle vollständig ausgearbeiteten römischen Bauentwürfe mit Hilfe solcher Mischformen angefertigt wurden. Auch wenn die Hauptmaße rechnerisch entwickelt worden sind, gab es immer noch eine Vielzahl an Detailformen, die gar nicht anders als zeichnerisch hätten entwickelt werden können.[110]

Was für die Entwurfsarbeit der römischen Architekten aber nicht belegt ist, sind die perspektivischen Ansichten, die Vitruv unter dem Begriff *Scaenographia* kannte. In diesem Zusammenhang wird in den Quellen häufig auf die illusionistischen Architekturdarstellungen der Malerei, dem sog. Zweiten pompejischen Stil, verwiesen.[111] Der zweite Stil der römischen Wandmalerei wird auch Architekturstil genannt. Von 80 v. Chr. bis 20 v. Chr. wurde ein architektonischer Hintergrund auf die glatte Wand gemalt. Die Wand wurde durch axialsymmetrische Scheinarchitektur oder Ausblicke in Landschaften aufgelöst und so vergrößert. Vielleicht liegt gerade darin der Grund, warum die wissenschaftliche Disziplin der Optik, die wohl größte Bedeutung für Vitruv hatte. So hatten doch einige Thesen der Optik relevante Folgen für seine Entwurfslehre. Vitruvs Leitgedanke war, das Bild eines Bauwerks im Auge des Betrachters verkleinert wiederzugeben, je weiter das Bauwerk vom Standpunkt des Betrachters entfernt ist.

109 Ebd., S. 311f.
110 Vgl. Osthues, W., "Bauwissen im Antiken Rom", S. 288f.
111 Ebd., S. 290.

Also müsse die optische Täuschung der Verzerrung durch Berechnung künstlich ausgeglichen werden, so dass sich für den Betrachter das „richtige" Bild ergibt.[112] Auch Haselberger (1999) ist in seiner Veröffentlichung *Appearance & Essence: Refinements of Classical Architecture - Curvature* der Auffassung, dass die Methode, kalkulierbare Wahrnehmungsfehler im Entwurfsprozess von Bauwerken auszugleichen, zweifellos auf die ältere griechische Tradition der sog. *Optical Refinements* (deu.: optische Verfeinerung) zurückgeht.[113]

2.1.4 Tradierung des antiken Bauwissens

In der Antike gab es über die griechische Architektur eine umfangreiche Fachliteratur, allerdings sind alle diese Schriften verloren.[114] In der Einleitung zum siebenten seiner zehn Bücher über die Architektur vermerkt Vitruv, dass es über einzelne griechische Bauwerke Schriften gibt, deren Verfasser er namentlich nennt. Unter anderem nennt er Theodoros als Autor einer Schrift über den Heratempel von Samos, Pytheos als Autor einer Schrift über den Athenatempel von Priene sowie Chersiphron und Metagenes als Autoren einer Schrift über das Artemision von Ephesos.[115] Vitruv verwendet zur Charakterisierung der Schriften zwei Begriffe, die Rückschlusse auf den Inhalt zulassen: Zum einen spricht er von *commentarii*, womit offenbar monographische Arbeiten, über die von den Autoren selbst entworfene Bauten gemeint sind. Zum anderen spricht er davon, dass Autoren die *symmetriis* geschrieben haben. Damit sind offenbar systematische Darstellungen der Architekturordnungen gemeint, in denen die Proportionierung der Bauglieder thematisiert wurde.[116] Diese Schriften behandelten demnach Gestaltungsfragen in Bezug auf die Proportionierung der Bauglieder innerhalb der tradierten Architekturordnungen. Bei den Römern waren Architekturschriften, mit Ausnahme von Vitruvs Werk *De*

---

[112] Ebd., S. 291.
[113] Haselberger, L., "Appearance & Essence: Refinements of Classical Architecture - Curvature" in *Proceedings of the Second Williams Symposium on Classical Architecture, April 2-4, 1993* (Philadelphia: University of Pennsylvania, 1999).
[114] Vgl. Wesenberg, B., *Zu den Schriften der griechischen Architekten: Bauplanung und Bautheorie der Antike* (Berlin: Wasmuth, 1984), S. 39-48.
[115] Vitruv, *De architectura*, zit. nach Osthues (2014), S. 235f.
[116] Ebd.

architectura libri decem, kaum bekannt. Wir wissen aber durch Vitruv, dass es vor seinem Werk einzelne Texte über Architekturthemen gab, allerdings keine Gesamtdarstellung. Bekannt ist auch, dass der römische Universalgelehrte Marcus Terentius Varro (116 v. Chr. bis 27 v. Chr.) – ohne selbst Architekt zu sein – für seine *Disciplinarum libri IX* (deu.: Neun Bücher über die Fächer) auch ein Buch über Architektur geschrieben hat, das aber verloren ist. Vitruv nennt ansonsten nur zwei weitere römische Autoren, deren Werke ebenfalls verloren sind. Aus späterer Zeit ist nur eine einzige, ebenfalls verlorene Architekturschrift bekannt, die des griechischen Schriftstellers Apollodor von Athen (um 145 v. Chr. bis 120 v. Chr.) über den Bau der sog. Trajansbrücke. Die Tatsache, dass außer der Schrift von Apollodor sich kein Hinweis auf weitere Architekturschriften in der überlieferten römischen Literatur findet, legt die Vermutung nahe, dass es zumindest keine umfassendere, neuere Darstellung des Architekturwissens gab.[117]

2.2 Mittelalter

Mittelalter bezeichnet in der europäischen Geschichte die Epoche zwischen dem Ende der Antike und dem Beginn der Neuzeit, also zwischen dem 6. und 15. Jahrhundert. Die zeitliche Einordnung ist in der wissenschaftlichen Debatte nicht immer einheitlich. Es kommt darauf an, welche Aspekte der Entwicklung und welche Länder betrachtet werden.[118]

Das europäische Mittelalter erstreckt sich vom Ende der Völkerwanderung im Jahr 568 bis zum Beginn der Frühen Neuzeit etwa Mitte des 14. Jahrhunderts. Räumlich bezieht sich das folgende Kapitel im Wesentlichen auf das europäische Mittelalter in Frankreich und Deutschland. Der Begriff Mittelalter wurde erstmals im 14. Jahrhundert von italienischen Humanisten als *medium aevum* (deu.: mittleres Zeitalter) eingeführt, die damit in den beiden folgenden Jahrhunderten zugleich auch das Verständnis der eigenen Epoche als die Epoche der Wiedergeburt (Renaissance) begründeten. Aus humanistischer Sicht war das Mittelalter ein *aetas obscura* (deu.: dunkles Zeitalter) in dem der gesellschaftliche, technologische und

[117] Vgl. Osthues, W., "Bauwissen im Antiken Rom", S. 237.

[118] Vgl. Fried, J., *Das Mittelalter - Geschichte und Kultur*, Vol. 4 (München: C.H. Beck, 2009).

kulturelle Entwicklungsstand der griechisch-römischen Antike, bedingt durch den Einfall germanischer Völker und dem Ende des Weströmischen Reiches, vollständig verloren ging. Der Begriff Mittelalter bezieht sich in erster Linie auf die Geschichte des christlichen Abendlandes vor der Reformation, da der Begriff kaum im Zusammenhang mit außereuropäischen Kulturen verwendet wird.[119]

Im Mittelalter war der Kirchenbau die wesentlichste Bauaufgabe. Die organisatorischen und technischen Anforderungen waren gegenüber den profanen Bauwerken größer und haben den Profanbau beherrscht, so dass sich die nachfolgende Abhandlung primär auf den Kirchenbau konzentriert. Die Größe und Pracht der Gotteshäuser auf Erden soll weithin sichtbar, über den Ort mit seinen niedrigen Wohnhäusern (sog. Profanbauten), hinausragen und die Größe und Bedeutung der *ecclesia spiritualis* (deu.: geistigen Kirche) anzeigen. Es soll auch die besondere Stellung der Gott dienenden und die Kirche auf Erden führenden Personen verdeutlichen. Jene die sich durch Stiftung eines Kirchenbaus den Himmel erkaufen wollen, wie es Bischof Bernward von Hildesheim (um 950-1022) in seinem Testament von 1019 ausgedrückt hatte.[120]

Die heute noch beeindruckenden mittelalterlichen Bauwerke sind die Hinterlassenschaft bedeutender Bauherren und erfahrener Werkmeister. Dazu kam eine große Anzahl von Hilfsarbeitern, Zimmerleute, Maler, Eisenschmiede und Gießer, Goldschmiede und Verarbeiter von Edelsteinen, jeweils besonders Erfahrene in ihrer Kunstfertigkeit. Die Initiative zur Errichtung eines Bauwerks ging ausschließlich von einem theologisch gebildeten oder weltlichen, häufig politisch einflussreichen Bauherrn aus. Vom Bauherrn ging nicht nur die Initiative zur Errichtung eines Bauwerks aus, er bestimmte auch den Umfang der Bauaufgabe und hatte für die Durchführung sowie die finanziellen, materiellen und sachlichen Grundlagen zu sorgen. Eine wesentliche Aufgabe des Bauherrn war es, einen Bau-

[119] Vgl. Schwarz, J., *Das europäische Mittelalter: Grundstrukturen, Völkerwanderung, Frankenreich* (Stuttgart: Kohlhammer, 2006).
[120] Vgl. Binding, G., "Bauwissen im Früh- und Hochmittelalter" in *Wissensgeschichte der Architektur: Band III: Vom Mittelalter bis zur Frühen Neuzeit*, Hrsg. Renn, J., Osthues, W. & Schlimme, H. (Berlin: Edition Open Access, 2014), S. 9f.

verwalter zu bestimmen und einen geeigneten Werkmeister zu beschaffen.[121] Im Mittelalter ist der theologisch gebildete Bauherr der Ideengeber und der Werkmeister der praxiserfahrene Bauausführende. Der Bauverwalter leitet die *fabrica* (deu.: Bauhütte) und überwacht die Baumaßnahme finanziell und organisatorisch. Die Architektur galt im Mittelalter als eine Geheimwissenschaft. Aufzeichnungen wurden nur innerhalb der Bauhütten weitergegeben.[122] Die praktische und technische Bauausführung leitete ein erfahrener Baumeister, in den mittelalterlichen Quellen *magister operis* (deu.: Werkmeister) genannt. Die Werkmeister waren Maurermeister oder Steinmetzmeister, die während der Wanderschaft auf zahlreichen Baustellen, anfangs in Frankreich und später dann in Deutschland und England, durch mündlich überlieferte Erfahrungen anwendungsbasiertes Wissen gesammelt hatte und dieses dann bei einem Neubau einzusetzen verstand.[123]

2.2.1 Der mittelalterliche Werkriss

Die Antwort auf die Frage nach der Existenz und Gestalt von mittelalterlichen Bauplänen (sog. Werkrisse) ist deshalb von grundlegender Bedeutung, da zahlreiche Maß- und Proportionsforscher zum Teil komplizierte geometrische Formen und in vielfacher Weise durch Maßbeziehungen vorherbestimmte Grundrissanordnungen entdeckten, die nur durch maßstabsgerechte Planzeichnungen entwickelt und danach direkt auf das Bauwerk übertragen worden sein können. Im Allgemeinen galt, dass das Bauwerk *opus in mente conceptum* (deu.: im Geiste) konzipiert wurde. Die Form des geplanten Gebäudes existierte zunächst nur in der Vorstellung des theologisch gebildeten Bauherrn. Der Grundriss wurde danach vom Werkmeister unmittelbar auf dem Bauplatz aufgeschnürt und mit Pflöcken abgesteckt, ähnlich der Vorgehensweise im Neolithikum. Das Fehlen ausreichender Baupläne erfordert eine genaue verbale Aufstellung der verlangten Leistungen durch den Werkmeister. Kleine Skizzen auf Wachstafeln, konnten das im Geist vorhandene Bild von dem geplanten Gebäude festhalten. Vollständige Grundrisse sind als kolorierte Federzeichnungen in Hand-

---

[121] Ebd., S. 15.

[122] Vgl. Binding, G., *Der früh- und hochmittelalterliche Bauherr als sapiens architectus* (Darmstadt: Wissenschaftliche Buchgesellschaft, 1998), S. 51ff.

[123] Vgl. Binding, G., "Architectus, Magister operis, Wercmeistere: Baumeister oder Bauverwalter im Mittelalter“, *Mittellateinisches Jahrbuch* 34 (1999): S. 7ff.

schriften erst seit der Mitte des 9. Jahrhunderts überliefert.[124] In diesen Kontext gehört auch der in Kap. 2.2.2 betrachtete St. Galler Klosterplan. Ein um 820 auf der Insel Reichenau (im Bodensee) gezeichneter Idealplan eines karolingischen Benediktinerklosters, der durch nachträgliche Maßinschriften für Länge und Breite der Kirche diese erst konstruierbar machte. Ansichtszeichnungen sind ebenfalls handschriftlich als Illustration seit der Jahrtausendwende bekannt, bspw. in der *Psychomachia* des christlichen Dichters Prudentius im Vatikan (um 1000), im Hillinus-Codex des Kölner Doms (um 1025), in der Klosterkirche von Centula (um 1100) oder dem Wasserversorgungsplan des Klosters von Canterbury (um 1160).[125] Um 1260 entstand die älteste Straßburger Zeichnung für einen Teilaufriss der Westfassade des Münsters, der von den Querhausfassaden der Pariser Kathedrale beeinflusst ist (s. Abb. 19). Es folgten die Risse B um 1275 und D um 1280. Risse von anderen Baustellen stammen ebenfalls aus dem letzten Viertel des 13. Jahrhunderts.

Abb. 19: Straßburger Münster, Aufriss der südl. Hälfte der Westfassade Riss A. In Straßburger Münsterblatt (Juni 1912): Organ des Straßburger Münstervereins, S. 158.

So auch der älteste erhaltene Grundriss, der sog. Riss A, für den Südwestturm des Kölner Doms um 1280 und der sog. Riss F für die Westfassade

[124] Vgl. Binding, G., "Bauwissen im Früh- und Hochmittelalter," S. 37f.
[125] Ebd., S. 42.

des Kölner Doms aus dem Jahre 1248, vermutlich gezeichnet von Meister Arnold (s. Abb. 20).[126]

Abb. 20: Riss F der Westfassade des Kölner Doms. Quelle: https://www.koelner-dom.de (aufgerufen am 02.09.2018).

Der auf Pergament gezeichnete Plan ist eine von sieben erhaltenen, mittelalterlichen Architekturzeichnungen des Kölner Doms. Die Zeichnung der Westfassade des Kölner Doms, hebt sich durch ihre Größe von 4,05 Meter Zeichnungshöhe und ihre Präzision der von den Rissen des ausgehenden 13. Jahrhunderts unverkennbar ab. Der gesamte Riss setzt sich aus insgesamt 20 aneinandergeklebten Pergamenten zusammen.[127]

[126] Ebd.
[127] Ebd.

2.2.2 *Der St. Galler Klosterplan*

Der von dem niederländischen Historiker Heinrich Canisius (1557-1610) im Jahr 1605 in der Stiftsbibliothek St. Gallen entdeckte und bis heute unter der Bezeichnung *Codex Sangallensis 1092* verwahrt Plan wurde im Bibliothekskatalog als sog. „Martinsvita" geführt, welche im 12. Jahrhundert auf die bis dahin noch leere Rückseite eines Pergaments geschrieben wurde. Canisius entdeckte dieses Dokument und identifizierte den hier dargestellten Plan, entgegen dem Eintrag im Bibliothekskatalog, als eine Klosteranlage, die im direkten Zusammenhang mit der Abtei St. Gallen zu sehen ist. Ein zusätzlicher Vermerk bei jenem Katalogeintrag gab zudem den Hinweis, dass sich auf der Rückseite der Vita ein Abbild des Martinsklosters befinden würde.[128]

Fortan stand dieser Plan im Fokus der Öffentlichkeit und sollte seine Berühmtheit als „St. Galler Klosterplan" erlangen. Betrachtet man den *Codex Sangallensis 1092*, so hat man nach heutigem Stand der Forschung eine beinahe 1200 Jahre alte Architekturzeichnung vor Augen. Diese zeigt eine Klosteranlage im Grundriss, welche bis ins kleinste Detail Auskunft darüber erteilt, wie eine Abtei im frühen 9. Jahrhundert ausgestattet war (s. Abb. 21). Auf einem 5-teiligen Schafspergament wurden die Grundrisse von 52 Bauwerke mit einer roten Tusche aufgezeichnet. Zudem wurde der gesamte Plan ausführlich mit dunkler Tinte und in lateinischer Sprache beschriftet. Im Jahr 1604 fand der St. Galler Klosterplan erstmals Eingang in den wissenschaftlichen Diskurs. Damals unterzog Canisius speziell der Beschriftung des Planes einer genaueren Studie, die er anschließend in seinem mehrbändigen Werk „Die Lehren der alten Denkmäler der antiken Geschichte des Mittelalters" veröffentlichte. Canisius gelang es den Irrtum der St. Galler Bibliothekare aufzuklären. Zwar war der St. Galler Klosterplan spätestens seit dem Jahr 1461 in dem Bibliothekskatalog der Abtei St. Gallen erfasst, wollte man diesen allerdings finden, so musste man in jenem Verzeichnis nach einer sog. Martinsvita suchen. Denn der Klosterplan wurde zwischenzeitlich (gegen Ende des 12. Jahrhunderts) auf seiner

[128] Vgl. Jacobsen, W., "Der St. Galler Klosterplan - 300 Jahre Forschung" in *Studien zum St. Galler Klosterplan*, Hrsg. Schmuki, K. (St. Gallen: Historischer Verein des Kanton St. Gallen, 2002), S. 23f.

unbeschriebenen Rückseite mit einer Vita des heiligen Martin versehen und war unter diesem Titel auch in jenem Bibliothekskatalog eingetragen.[129]

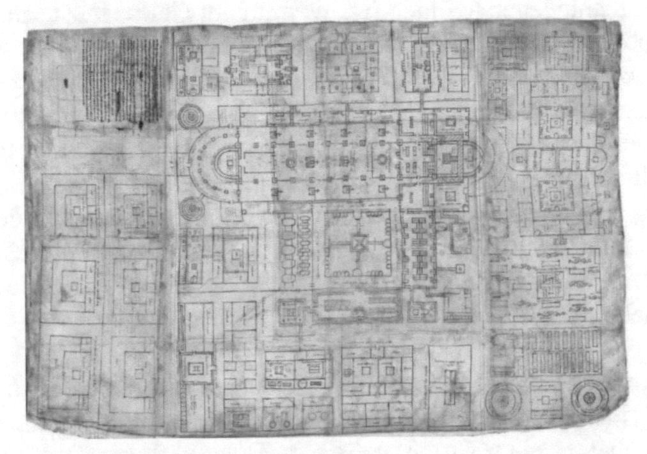

Abb. 21: St. Galler Klosterplan (*Codex Sangallensis 1092*). Quelle: https://www. campus-galli.de (aufgerufen am 02.09.2018).

Auf der Rückseite des Klosterplans wurde im 17. oder 18. Jahrhundert eine Leinwand aufkaschiert.[130] Nach dem Entfernen dieser Leinwand im Jahr 1949 identifizierte der Benediktinermönch Paul Lehmann diese Beschriftung als *Vita Sancti Martini*, die wahrscheinlich gegen Ende des 12. Jahrhunderts im Kloster St. Gallen verfasst wurde.[131] In einem zusätzlichen Vermerk wurde auf eine Zeichnung hingewiesen, welche als Darstellung des Martinsklosters von Tour angesehen wurde und sich auf der Rückseite der Vita befand. Canisius identifizierte den in der Widmung genannten

[129] Vgl. Jacobsen, W., *Der Klosterplan von St. Gallen und seine Stellung in der karolingischen Architektur. Entwicklung und Wandel von Form und Bedeutung im fränkischen Kirchenbau zwischen 751 und 840.* (Berlin: Deutscher Verlag für Kunstwissenschaft, 1992), S. 23f.

[130] Vgl. Fuchs, R. & Oltrogge, D., "Ergebnisse einer technologischen Untersuchung des St. Galler Klosterplans" in *Studien zum St. Galler Klosterplan*, Hrsg. Ochsenbein, P. & Schmuki, K. (St. Gallen: Historischer Verein des Kanton St. Gallen, 2002), S. 308.

[131] Vgl. Duft, J., "Die Sorge um den St. Galler Klosterplan" in *Studien zum St. Galler Klosterplan*, Hrsg. Ochsenbein, P. & Schmuki, K. (St. Gallen: Historischer Verein des Kanton St. Gallen, 2002), S. 59.

Filius Cozbertus als jenen Abt Gozbert, welcher als einziger mit diesem Namen dem Galluskloster in den Jahren 816 bis 837 vorstand.[132]

Canisius brachte jenen heiligen Gallus mit dem Gallus in Zusammenhang, der tatsächlich als Namenspatron für das Kloster St. Gallen fungierte und dort auch begraben war. Nach der neuesten Forschung war jener Gallus ein Mönch irischer Abstammung, der mit anderen Gefährten um 590 den Wanderabt Columban in das Reich der Merowinger begleitete und danach mit ihm in alemannische Gebiete bis nach Bregenz weiterzog. Um 612 zog Columban weiter über die Alpen in das Reich der Langobarden. Gallus musste jedoch fieberkrank zurückbleiben und baute sich am Wasserfall der Steinach eine Einsiedelei, die als Keimzelle des späteren Klosters St. Gallen angesehen wird.[133]

Somit konnte es sich hierbei nicht um eine Darstellung des Martinsklosters handeln, vielmehr musste der Plan direkt mit dem Kloster St. Gallen in Zusammenhang stehen. Der französische Benediktinermönch Jean Mabillon (1632-1707) publizierte im Jahr 1704 erstmals den Klosterplan in Form eines unvollständigen Kupferstichs im zweiten Band seiner „Chronik des Ordens St. Benedikt“ (s. Abb. 22).[134] Außerdem brachte er den Plan in Zusammenhang mit dem historisch belegten Neubau der St. Galler Klosterkirche unter Abt Gozbert in den Jahren 830 bis 835.[135] In der Folge wurde die Frage diskutiert, ob der Klosterplan nun ein Bauplan oder ein Idealplan sei. Diese wurde zur Grundsatzdiskussion, welche die Forschung buchstäblich in zwei Richtungen spaltete.[136]

---

[132] Vgl. Jacobsen, W., "Der St. Galler Klosterplan - 300 Jahre Forschung", S. 23f.

[133] Vgl. Duft, J., “Geschichte des Klosters St. Gallen im Überblick vom 7. bis 12. Jahrhundert“ in *Das Kloster St. Gallen im Mittelalter: Die kulturelle Blüte vom 8. bis 12. Jahrhundert,* Hrsg. Ochsenbein, P. (Darmstadt: Wissenschaftliche Buchgesellschaft, 1999), S. 12f.

[134] Vgl. Vogler, W., “Realplan oder Idealplan? Überlegungen zur barocken St. Galler Klostergeschichtsschreibung über den St. Galler Klosterplan“ in *Studien zum Klosterplan,* Hrsg. Ochsenbein, P. & Schmuki, K. (St. Gallen: Historischer Verein des Kanton St. Gallen, 2002), S. 75.

[135] Vgl. Jacobsen, W., “Der St. Galler Klosterplan - 300 Jahre Forschung“, S. 25.

[136] Vgl. Jacobsen, W., *Der Klosterplan von St. Gallen und seine Stellung in der karolingischen Architektur. Entwicklung und Wandel von Form und Bedeutung im fränkischen Kirchenbau zwischen 751 und 840*, S. 24f.

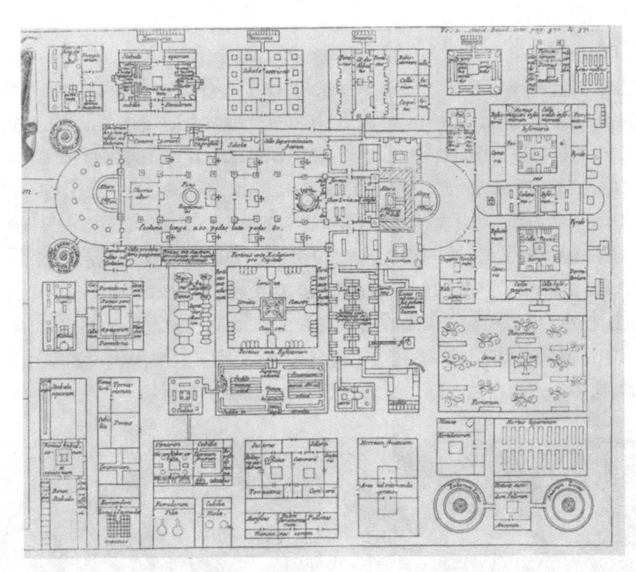

Abb. 22: Kupferstich des St. Galler Klosterplans. In Mabillon (1704): Annales Ordinus S. Benedicti, Band. 2, S. 570.

Durch Vermittlung des Basler Bischofs Haito (um 762-836), der gleichzeitig von 806 bis 823 Abt des Klosters Reichenau war, gelangte eine Kopie des Klosterplans nach St. Gallen. In dieser habe Haito das Plankloster mit der korrigierenden Maßinschrift versehen, wodurch der Klosterplan von einem Idealplan zum tatsächlichen Bauplan avancierte. Diese These erfuhr jedoch abermals in den 1950er Jahren eine Konkretisierung, indem sie das gezeichnete Kloster in seiner Form in die Bautradition von Saint-Denis und Reichenau-Mittelzell stellte. Der Plan müsste somit bei der ersten Aachener Reformsynode von 816 entstanden sein. Erst bei der zweiten Synode 817 seien die korrigierenden Maßinschriften von den Reformern in das Plankloster eingetragen und hernach als neuer verbindlicher Musterplan verabschiedet worden. Im Jahr 1952 erfolgte eine Faksimile-Edition des Plans in Form eines Achtfarbendrucks.[137] Das Faksimile ist eine originalgetreue Nachbildung oder Reproduktion einer Vorlage, häufig im Falle historisch wertvoller gedruckter oder handschriftlich erstellter Dokumente. Bischoff (1962) unterzog dem Plan bezüglich seiner Beschriftung,

[137] Ebd., S. 26.

einer paläographischen Untersuchung und konnte zwei verschiedene Schriftbilder nachweisen.[138] Bis zum Jahr 1996 wurden insgesamt vier Modellzeichnungen und fünf gebaute Modelle erschaffen, die in verschiedensten Artungen und Maßstäben den Klosterplan zu visualisieren versuchten. Die 1980er Jahre waren für die Erforschung des St. Galler Klosterplans von zentraler Bedeutung. 1979 erschien das außerordentliche Werk des US-amerikanischen Kunst- und Architekturhistorikers Walter Horn (1908-1995), der in Zusammenarbeit mit dem US-amerikanischen Architekten Ernest Born eine mehr als 1000 Seiten umfassende dreibändige Monographie über den Klosterplan verfasste und erstmalig ein dreidimensionales Modell der Klosteranlage (s. Abb. 23) erstellten.[139]

Abb. 23: Modell des Klosterplan St. Gallen von Horn & Born (1979). Quelle: http://www.stgallplan.org (aufgerufen am 02.09.2018).

In früheren Untersuchungen wurde zu beweisen versucht, dass aufgrund der zwischen 817 und 830 angesetzten Entstehungszeit des Klosterplans vermutlich die seinerzeit allgemein gebräuchliche Maßeinheit des karolingischen Fuß (32,00 cm bis 34,32 cm) auch der Zeichnung des Klosterplans zugrunde liegt.[140] Da die Rekonstruktionen des Rasters von Horn (1979) und die Maßanalysen von Hecht (1983) kein positives Ergebnis brachten, stellte sich die Frage, ob etwa eine andere Maßeinheit (wie bspw. ein antikes Quadratraster) vom Verfasser des Plans verwendet wurde. Wie bereits

[138] Vgl. Bischoff, B., "Die Entstehung des Klosterplanes in paläographischer Sicht" in *Studien zum St. Galler Klosterplan*, Hrsg. Duft, J. (St. Gallen: Fehr, 1962), S. 69.

[139] Horn, W. & Born, E., *The Plan of St. Gallen*, Vol. 2 (Los Angeles, London: Berkeley, 1979).

[140] Vgl. Hecht, K., *Der St. Galler Klosterplan* (Sigmaringen: Jan Thorbecke, 1983), S. 41ff.

zuvor von Hecht geschlussfolgert, gibt sich der Klosterplan demzufolge als realisierbarer Schnurplan zu erkennen, da er ohne die bis in das 17. Jahrhundert hinein gebräuchlichen antiken Planungsmethoden und Maße nicht möglich gewesen wäre. Im gesamten historischen Kontext der Architekturzeichnung wird sich der St. Galler Klosterplan als das bedeutendste mittelalterliche Bindeglied zwischen Antike und Renaissance erweisen.[141]

Das Wissen um die griechisch-römische Messkunst ist in der Spätantike und im Frühmittelalter nie verloren gegangen. Zahlreiche historische Hand- und Lehrbücher, die zum Teil heute noch vorhanden sind, wurden vor allem von den gelehrten Benediktinermönchen gesammelt und weiterverbreitet. Bei der Neukonzeption einer großen architektonischen Anlage (wie bspw. die eines Benediktinerklosters) konnte man daher auf viele herausragende alte Schriften zurückgreifen, in denen alle Arten von Land- und Bauvermessung beschrieben waren. Die Schriften von Gelehrten der griechischen Antike, wie bspw. Aristoteles seine Lehre von der Geodäsie oder Archimedes sein Prinzip vom statischen Auftrieb, wurden von den römischen und auch den frühmittelalterlichen Architekten angewandt. Auch der St. Galler Klosterplan lässt auf die Kenntnis dieses griechischen Gedankenguts schließen.[142]

Die Verwendung des Maßstabes 1:160 und des Quadratrasters zeugt von einer hervorragenden Kenntnis der altrömischen Schriften über Feldmesskunst und Architektur. Das Wissen um diese Fachgebiete ist in der Zeit zwischen dem 1. Jahrhundert v. Chr. und der karolingischen Zeit nicht verloren gegangen, wurde aber nicht konsequent angewendet, wie zahlreiche Schriftquellen und Bauten belegen.[143] Das Quadraturschema vieler mittelalterlicher Kirchen impliziert die Verwendung eines Rasters, in das der Grundriss und Aufriss relativ einfach eingetragen werden konnten. Ein Beispiel ist die einlinige Zeichnung des Grundrisses einer Zisterzienserkirche aus dem Bauhüttenbuch des Villard de Honnecourt. Einige der

---

[141] Vgl. Huber, F., "Der Sankt Galler Klosterplan im Kontext der antiken und mittelalterlichen Architekturzeichnung und Messtechnik" in *Studien zum St. Galler Klosterplan*, Hrsg. Ochsenbein, P. & Schmuki, K. (St. Gallen: Historischer Verein des Kanton St. Gallen, 2002), S. 236.

[142] Ebd., S. 254.

[143] Ebd., S. 256ff.

erhaltenen gotischen Bauzeichnungen weisen Messlinien auf, mit deren Hilfe man die Grundrisse und Aufrisse maßstäblich herstellen konnte und die in einigen Fällen auch als Basis für eine rasterartige Konstruktion dienten. Die These vieler Proportionsforscher, dass die Baumeister der Gotik ausschließlich mit Proportionsfiguren entworfen und gemessen hätten, hat unter anderem Hecht (1983) überzeugend widerlegt.[144]

Feststellungen, wie die des deutschen Kunsthistorikers Otto Kletzl (1897-1945) und vielen anderen Proportionsforschern, dass man im Mittelalter ausschließlich geometrisch konstruiert hat, sind in den meisten der untersuchten Fälle als unzutreffend erkannt worden. Aussagen wie: „*Alles geht mit dem Zirkel, nichts geht mit messen.*" sind unzutreffend und durch nichts belegt. Auch kann nach Kletzl (1939) die Vielfalt an Maßeinheiten, die besonders im Handelsbetrieb ab dem 15. Jahrhundert bemerkbar ist, nicht ohne weiteres auf die Baukunst übertragen werden.[145]

Nach der Auffassung von Huber (2006) sind falsche Maß- und Proportionsanalysen, wie sie auch der St. Galler Klosterplan erdulden musste, für das Entstehen der vielen mittelalterlichen Baumaße verantwortlich.[146] Ein Blick in die nachmittelalterliche Zeit zeigt, dass auch für viele Architekten der italienischen Renaissance das Quadratraster ein wesentlicher Bestandteil des Entwurfsprozesses und für die exakte und maßstäbliche Aufnahme antiker Bauten unerlässliche Voraussetzung war. Bereits Anfang des 15. Jahrhunderts bemaßten Filippo Brunelleschi und Donatello nahezu alle Gebäudeentwürfe in Rom, wobei sie quadrierte Skizzenblätter benutzten. Ebenfalls als Koordinatensystem dienten Leon Battista Alberti die *modelli con paralleli* (deu.: Modelle mit Parallelen) und Filarete das *disegno proporzionato e misurato* (deu.: proportionierte und gemessene Design). Auch Donato Bramantes *Rötelplan* für den Neubau von St. Peter in Rom ist für die Geschichte der maßstäblichen Architekturzeichnung von Bedeutung.[147]

---

144 Vgl. Hecht, K.

145 Vgl. Kletzl, O., *Plan-Fragmente aus der deutschen Dombauhütte von Prag in Stuttgart und Ulm* (Stuttgart: Krais, 1939), S. 17.

146 Vgl. Huber, F., S. 281f.

147 Ebd., S. 283.

2.2.3 *Das Bauhüttenbuch des Villard de Honnecourt*

Aufschluss über die Aufgaben eines hochmittelalterlichen Werkmeisters gibt auch das einzige aus dem Mittelalter erhaltene Bauhüttenbuch, dessen Zeichnungen Villard de Honnecourt (um 1200-1250) auf seinen Reisen teils nach der Realität und teils nach Bildvorlagen angefertigt hat.[148] Villard de Honnecourt arbeitete als Baumeister und erlernte den Kathedralbau an verschiedenen Bauhütten in Frankreich.[149]

Seine Skizzen geben wertvolle Hinweise auf die damaligen Planungstechniken. Besonders für die Kathedrale von Reims, die für die Entwicklung der Hochgotik formal-technisch und im Planungsverfahren selbst, durch das Aufkommen von sog. Baurissen, von höchster Bedeutung ist. Die Kathedrale von Reim stellte er auf sechs Blättern mit Innen- und Außenansichten sowie Detailzeichnungen dar. Er verwendete steilere Proportionen und gegenüber der Ausführung veränderte Details, wie bspw. für das Strebewerk. Bei dem Maßwerk zeigt er indessen genauestens die Verschiedenheiten zwischen den Chorkapellen einerseits und dem Langchor und Querschiff andererseits (s. Abb. 24, rechts).[150]

Es fällt auf, dass Villard de Honnecourt die Motive und Darstellungsformen vermischt. So befinden sich Plastiken und Zeichnungen häufig auf gleichen Seiten, sind aber nicht gleichzeitig entstanden, sondern müssen später eingefügt worden sein. Die Pläne dienen nicht als reale Baupläne, sondern stellen Diagramme dar, welche die Formkonzepte beschreiben. Die Ansichten der Kathedrale von Reims sind in einer merkwürdigen Klappansicht dargestellt, die ohne räumliche Verkürzung auskommt. Die Gesetze der Perspektive, die bei den Römern bekannt waren, sollten allerdings erst in der Renaissance wiederentdeckt werden. Die häufig geäußerte Ansicht, es habe sich eher um einen Theoretiker gehandelt, ist im Hinblick auf die Vielzahl der technischen Details in seinem Musterbuch eher unwahrscheinlich.[151]

---

[148] Vgl. Binding, G., *Baubetrieb im Mittelalter* (Darmstadt: Wissenschaftliche Buchgesellschaft, 1993).
[149] Vgl. Binding, G., "Bauwissen im Früh- und Hochmittelalter", S. 36.
[150] Ebd., S. 37.
[151] Ebd.

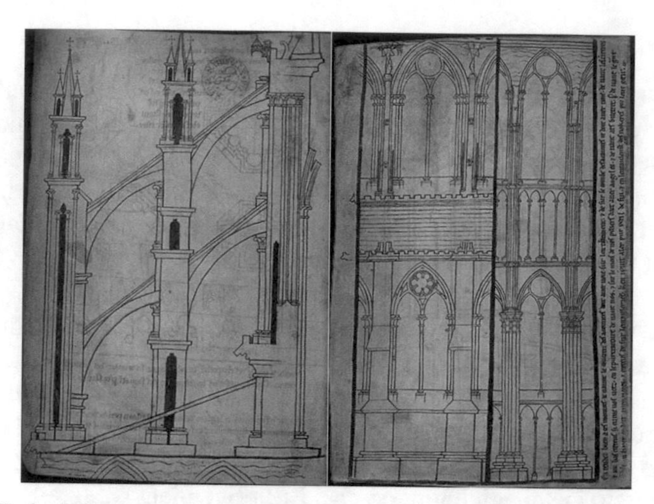

Abb. 24: Kathedrale von Reims, Strebewerk (links) und Maßwerkfenster des Chores (rechts). In Gagne (1972): Villard de Honnecourt - Kritische Gesamtausgabe des Bauhüttenbuches.

Auch der schematische Grundriss einer eckigen Kirche für den Bau eines Zisterzienserordens und der Chorentwurf, den Villard de Honnecourt gemeinsam mit seinem Weggefährten Pierre de Corbie (1215-1250) für den Chor der Zisterzienserkirche zu Vaucelles in der Nähe der nordfranzösischen Stadt Cambrai erfunden hat, zeigen in ihrer unterschiedlichen Darstellungsweise als Linienschema beziehungsweise horizontaler Mauerschnitt mit Gewölbeeintragung die Vielfalt der Darstellungsweisen (s. Abb. 25). Mit dem in mehreren Ebenen gemeinsam abgebildeten Grundriss und perspektivischen Aufriss eines der nach 1205 errichteten Westtürme von Laon zeigt Villard de Honnecourt, wie erschöpfend er ein architektonisches Element wiedergeben konnte (s. Abb. 26).[152]

[152] Ebd.

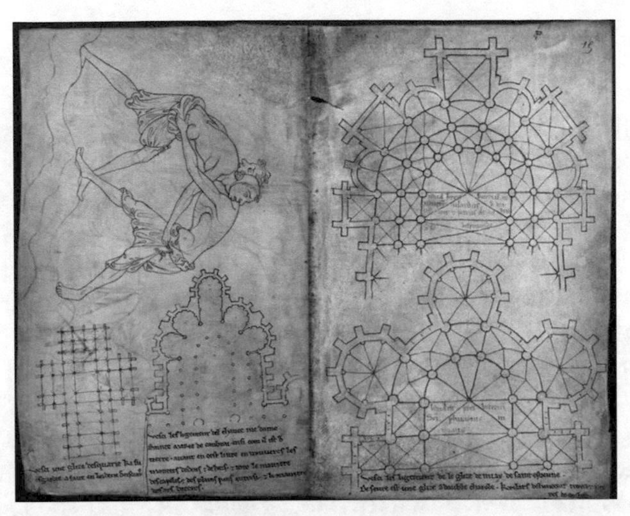

Abb. 25: Abbaye de Vaucelles, Schematischer Grundriss mit Chorentwurf. In Gagne (1972): Villard de Honnecourt - Kritische Gesamtausgabe des Bauhüttenbuches.

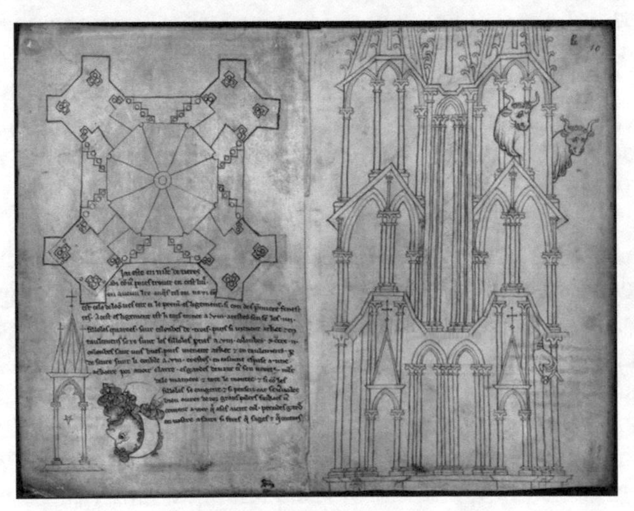

Abb. 26: Église de Laon, Grundriss und perspektivischer Aufriss. In Gagne (1972): Villard de Honnecourt - Kritische Gesamtausgabe des Bauhüttenbuches.

2.2.4 *Tradierung des mittelalterlichen Bauwissens*

Über die Formen des Bauwissens und dessen Überlieferung ist für das frühe und hohe Mittelalter kaum etwas bekannt. Die Werkmeister konnten weder lesen noch schreiben, sie waren sog. *illitteratus* (deu.: beherrschten kein Latein). Ihnen war deshalb der Zugang zu wichtigen Lehrbüchern wie *De architectura libri decem* von Vitruv, *Geometria* von Boethius oder *De universo* von Hrabanus Maurus nicht möglich. Die schriftliche Überlieferung stammt aus der Feder von Theologen, denen wiederum in der Regel die nötigen bautechnischen Kenntnisse fehlten, wie beispielsweise für den Abt Suger (1081-1151) von Saint-Denis nachgewiesen werden konnte.[153]

In Analogie zum Schöpfertum Gottes formten die mittelalterlichen Bauherren und Werkmeister jede Sache als Form nach dem gleichen Gesetz, nach dem Gott die Welt geschaffen hat: *Omnia mensura et numero et pondere disposuisti* (deu.: alle Dinge wurden nach Maß, Zahl und Gewicht geordnet). Ein besonderes Interesse galt den Zahlen, speziell die geometrische Deutung der Zahlen, wie sie der deutsche Theologe und Philosoph Hugo von St. Viktor (1096-1141) in seinem Werk *secundum formam dispositionis* (deu.: die Geometrie bestimmt die Form) in einem konkreten räumlichen Zusammenhang versteht. Demzufolge wird Gott als *Deus geometra* bezeichnet und steht damit in der Tradition von Platons Ausspruch: „Gott ist stets mit Geometrie befasst".[154]

Die Geometrie bietet damit das Grundwissen für die Vermessung des Bauwerks und ermöglicht auf diese Weise die räumliche Umsetzung der Form. Innovative Veränderungen im Planungs- und Erstellungsprozess von Bauwerken kamen in der ersten Hälfte des 13. Jahrhunderts auf, wie bspw. Schablonen und nicht zuletzt die Möglichkeit der Vorfabrikation der Schablonen über die Wintermonate in einer sog. Bauhütte. Das Musterbuch des Villard de Honnecourt verdeutlicht diesen Wandel. Dennoch basierten der Entwurfsprozess, das Wissen um Materialien und Bautechniken sowie die Organisation logistischer Bauabläufe zu dieser Zeit noch auf der verbalen Weitergabe von Informationen und den Erfahrungen während des

[153] Ebd., S. 82f.
[154] Ebd., S. 79.

Bauprozesses. Die rheinischen Bauhütten von Straßburg, Freiburg und Köln spielten bei der Rezeption der gotischen Architektursprache aus Frankreich eine zentrale Rolle. Zahlreiche frühe Baurisse, zum Teil noch aus dem 13. Jahrhundert, erweisen sich als wichtig für die Erforschung der gotischen Baukunst und die lobenswerten Anfänge der mittelalterlichen Architekturzeichnungen. Andere Zentren, die vor allem im späteren Mittelalter eine größere Bedeutung erlangten, sind Basel und Konstanz sowie Mainz und Frankfurt. Einbezogen wurden auch die bedeutenden Turmrisse, die sich in belgischen Sammlungen erhalten haben und die einen engen historischen Zusammenhang mit den rheinischen Bauhütten dokumentieren. Eine normative Architekturtheorie im Sinne der Antike oder später der Renaissance, wie beispielgebend von Alberti, Filarete oder Serlio, gab es im Mittelalter jedoch nicht.[155]

2.3 Neuzeit

Die Neuzeit bezeichnet in der europäischen Geschichte die Epoche zwischen dem Spätmittelalter etwa Mitte des 14. Jahrhunderts und dem Übergang vom 18. zum 19. Jahrhundert. Im Allgemeinen gilt die frühe Neuzeit als Anfang einer Zeitenwende, mit der sich ein neues Menschenbild in Europa verbreitete, in dessen Zentrum der selbstbestimmte Mensch und seine Fähigkeiten standen. So auch in den Bereichen Malerei, Bildhauerei und Baukunst, in denen sich die Menschen wieder an den Formen und Inhalten der Antike orientierten. Als Erstes lassen sich die Entwicklungen der Neuzeit in Italien feststellen, wo sie bereits im 14. Jahrhundert einsetzte und im darauffolgenden 15. Jahrhundert in Florenz zu ihrer kulturellen Blüte gelangte. Von dort aus verbreitete sie sich bis zum Beginn des 16. Jahrhunderts in ganz Europa. In der Kunst und Architektur spiegeln sich Zeitgeist und Gesellschaftsverständnis dieser Epoche wider. Die vorherrschenden Kunst- und Architekturstile sind die Renaissance und der Barock.[156]

Es wird zeitlich unterschieden in: Frührenaissance (von 1420 bis 1500), mit Bauwerken wie der Florentiner Doms Santa Maria del Fiore, der Palazzo Medici-Riccardi in Florenz, der Turm des Filarete in Mailand oder der

---

[155] Ebd., S. 82f.

[156] Vgl. Vocelka, K., *Geschichte der Neuzeit 1500-1918* (Wien: Böhlau-Verlag, 2009).

Palazzo Rucellai in Florenz, um nur einige Bauwerke zu nennen. Hochrenaissance (von 1500 bis 1550) ausgelöst von Donato Bramante und Michelangelo und Spätrenaissance (von 1520 bis 1610), auch Manierismus genannt, ausgelöst durch die späten Werke Michelangelos und der vorsichtigen Auflösung der Ordnungssysteme der Renaissance. Zu den Bauten gehörten bspw. die Villa Farnese in Caprarola und der Palazzo Pitti in Florenz. Nördlich der Alpen setzte die Renaissance erst ein Jahrhundert später ein. Die Architektur des Barocks ist durch üppige Prachtentfaltung mit Ornament und Bildhaftigkeit gekennzeichnet. Der Barock wird zeitlich unterteilt in: Frühbarock (von 1600 bis 1650) u.a. mit Bauwerken wie dem Palazzo Barberini oder dem Palazzo Spada in Rom, Hochbarock (von 1650 bis 1720) u.a. mit Bauwerken wie dem Palazzo Pesaro in Venedig oder dem *Dôme des Invalides* in Paris und Spätbarock (von 1720 bis 1770) u.a. mit Bauwerken wie dem Schloss Belvedere in Wien oder dem Winterpalast in Sankt Petersburg.

Im 18. und 19. Jahrhundert entwickelten sich dann die Stilepochen Klassizismus (von 1750 bis 1840) und Historismus (von 1840 bis 1900). Die Architektur des Klassizismus ist durch die Nachahmung der Bauformen der Antike, vorrangig der des griechischen Tempelbaus, gekennzeichnet. Es wird zeitlich unterschieden in Frühklassizismus (von 1750 bis 1770) und Klassizismus (von 1770 bis 1840). Die Architektur des Historismus ist durch den Rückgriff auf verschiedene ältere Stilrichtungen (auch Stilpluralismus genannt) gekennzeichnet. Es wird stilistisch unterschieden in: Neugotik (von 1840 bis 1900), Neorenaissance (von 1850 bis 1885), Neuromanik (von 1870 bis 1920er), Neumanierismus (von 1871 bis 1914), Neobarock (von 1880 bis 1920er) und Neoklassizismus (um 1890 bis 1930er). Letztere Stilrichtung bestand in den USA und in Osteuropa bis in die 1950er Jahre fort. Das Ende der Epoche und damit der Beginn der Moderne wird in der Geschichtswissenschaft übereinstimmend mit der Französischen Revolution ab 1789 angesetzt.

Mit dem ausgehenden 14. Jahrhundert wurden die antiken Bautypologien, Proportionen und Gliederungssysteme zum Vorbild für die Formensprache der Bauten der Frühen Neuzeit. Mit dem Paradigma Antike wurde auch die Figur des Architekten wieder anerkannt, dem theoretisch wie praktisch in zahlreichen Fächern ausgebildeten Kulturmenschen, wie Vitruv ihn beschreibt. Leon Battista Alberti ist in diesem Punkt pragmatischer und sieht die Qualifikation des Architekten nicht nur in der perfekten Beherrschung zahlreicher Fächer, sondern hebt die Bedeutung des Zeichnens und des Modellbaus sowie Kenntnisse der Malerei und der Mathematik noch hervor.[157] Wer sich im 15. und 16. Jahrhundert als Architekt betätigen wollte war aufgefordert, sich theoretisch mit Architektur zu beschäftigen und Vitruv sowie die antiken Bauten zu studieren. Entscheidend waren dabei die griechischen Säulenordnungen, in denen die Architekten der Renaissance das Hauptmerkmal antiker Formensprache erkannten. Vignolas Traktat *Regola delle cinque ordini d'architettura* (deu.: Regeln der fünf Ordnungen der Architektur) von 1562 widmete sich allein den Säulenordnungen und wurde eines der wichtigsten architekturtheoretischen Lehrbücher der Frühen Neuzeit.[158]

Die *Accademia et Compagnia dell'Arte del Disegno*, kurz: *Accademia del disegno* (deu.: Akademie für Design), wurde im Jahre 1563 unter Federführung von Giorgio Vasari und Vincenzo Borghini gegründet und in der Forschung bereits umfassend behandelt. Entscheidend ist der Begriff *disegno*, mit dem die Architekten der Renaissance die Künste verbanden und sich als Künstler verstanden. Der italienische Begriff *disegno* (lat.: *designare* „bezeichnen“ oder „zeichnen“) ist ein grundlegender Begriff der Kunsttheorie der Renaissance und deutet die Zeichnung sowohl als künstlerische Idee als auch geistiges Konzept. In der Renaissance stellten die Bildkünstler einen großen Anteil an der italienischen Architektenschaft, wie etwa die Bildhauer Filippo Brunelleschi, Antonio di Pietro Averlino (genannt Filarete) und Gian Lorenzo Bernini oder die Maler Donato Bramante und Giorgio Vasari. Es gab jedoch auch einige namhafte Architekten ohne künstlerische Ausbildung, wie etwa den Schriftsteller und Mathematiker Leon Battista Alberti. Die Architektur umfasste immer mehr Tätigkeitsfelder, die klar den Künsten des *disegno* zuzuordnen waren, allen

[157] Vgl. Schlimme, H., Holste, D., & Niebaum, J., “Bauwissen im Italien der Frühen Neuzeit“ in *Wissensgeschichte der Architektur. Band III: Vom Mittelalter bis zur Frühen Neuzeit*, Hrsg. Renn, J., Osthues, W. & Schlimme, H. (Berlin: Edition Open Access, 2014), S. 131.
[158] Ebd., S. 135.

voran der eigentliche Architekturentwurf. Aber auch solche Tätigkeiten, von denen die Akademiker sich deutlich abgrenzen wollten, wie etwa die Bauausführung.[159] So sollten bspw. Maurer und Festungsingenieure, die durch ihre Rollen und Zuständigkeiten auf den Baustellen letztlich alle irgendwie zu Architekten wurden, nicht in die *Accademia* aufgenommen werden, sondern nur Architekten, die auch Maler oder Bildhauer waren. Als sichtbares Arbeitsergebnis des Architekten galt mehr und mehr die in Zeichnungen veranschaulichte schöpferische Entwurfsidee, die dann in einem zweiten (separaten) Schritt verwirklicht (hergestellt) wurde.[160]

2.3.1 Die Entwicklung der Perspektive

Bereits in der Antike hatte man eine Vorstellung von der Perspektive. Die antike Konzeption der Wahrnehmung durch Sehen basiert auf der Annahme des griechischen Mathematikers Euklid (um 365 bis 300 v. Chr.): das Sehen erfolge durch Sehstrahlen, welche das Auge auf dem kürzesten Wege mit dem betrachteten Objekt verbinden. Auch Vitruv erkennt die Bedeutsamkeit der Perspektive. In seiner Schrift *De architectura libri decem* schreibt er, dass die Architekten der Perspektive unbedingt bedürfen, weil sie lehre, den verschiedenen Teilen der Gebäude abgemessene Verhältnisse zu geben, ohne bei der Ausführung fürchten zu müssen, dass sie etwa an ihrer mutmaßlichen Schönheit verlieren würden. Trotz der Kenntnisse über die Perspektive wird in der Antike weder eine schlüssige Fluchtpunkttheorie entwickelt noch erfolgt die Anwendung einer exakten perspektivischen Bildkonstruktion. Vitruv beschrieb zwar die Darstellungsverfahren, jedoch ohne diese in Gänze zu erläutern, wie bspw. die perspektivischen Verkürzungen.[161]

Im Mittelalter sind die Ansätze der perspektivischen Darstellung in Vergessenheit geraten. Das Realitätsverständnis im Mittelalter ist nicht auf die sinnlich-wahrnehmbare Welt gerichtet. Dem entspricht auch das irreale

[159] Ebd., S. 140f.
[160] Vgl. Burioni, M., "Die Architektur - Kunst, Handwerk oder Technik? Giorgio Vasari, Vincenzo Borghini und die Ordnung der Künste an der Accademia del Disegno im frühabsolutistischen Herzogtum Florenz." in *Technik in der frühen Neuzeit - Schrittmacher der europäischen Moderne*, Hrsg. Engel, G. (Frankfurt a. M.: Klostermann, 2004), S. 391ff.
[161] Vgl. Gull, E., *Perspektivlehre*, Vol. 6 (Basel: Birkhäuser, 1981), S. 9.

und zweidimensionale Weltbild von der Erde als Scheibe, über die Gott im Himmel walte.[162] Zeichnerische Darstellungen sind von kirchlichen Dogmen bestimmt. Meist werden wichtige Ereignisse wie bspw. Krönungen bebildert dargestellt, wobei zweidimensionale Figuren oder Szenen auf das Papier gezeichnet wurden. Die Bildoberflächen des Mittelalters sind undurchsichtige und undurchdringliche Arbeitsflächen, auf die das Bildinventar flächig und mit bewusster Abstraktion aufgetragen wird. Die Größenverhältnisse der Figuren werden nicht nach ihrer Positionierung im Raum festgelegt, sondern nach ihrer Wichtigkeit und ihren unterschiedlichen Funktionen. So werden Figuren wie Kaiser, Papst oder Gott gegenüber weniger bedeutsamen Personen übergroß gezeichnet. Daher bezeichnet man diese Art der Perspektive auch als sog. Bedeutungsperspektive.[163]

In der Renaissance wurde die Perspektive wiederentdeckt und durch die Mäzene in Florenz und anderen italienischen Städten gefördert. Der florentinische Bildhauer und Baumeister Filippo Brunelleschi (1377-1447) gilt als Entdecker der Perspektive. Nach einer Reihe von Experimenten am Anfang des 15. Jhd. entwickelt Brunelleschi die zentralperspektivische Projektion. Seine Entdeckung besteht im Wesentlichen in der Festlegung der Regeln, nach denen unter bestimmten Bedingungen perspektivische Verkürzungen der Räume und Körper berechnet werden können.[164] Das neue Verständnis vom Sehen und die Verbreitung von gemalten Bildern ermöglichten es, den Anblick der Natur als Abbild dessen zu begreifen, was sich dem Auge des Betrachters bietet. Nach dem strengen Beispiel der Konstruktionszeichnungen von Bauwerken wurde auch der Blick auf die Natur mit der Geometrie der Perspektive geordnet. Die betrachtete Welt wird zu einem visuellen Abbild, dem das Subjekt als Betrachter gegenübersteht.[165] Um 1420 demonstriert Brunelleschi in einem Experiment am

---

[162] Vgl. Russell, J.B., “The Myth of the Flat Earth“ (paper presented at the American Scientific Affiliation Meeting, Westmont College, Santa Barbara/CA, USA, 1997).

[163] Vgl. Ortmann, N., *Die italienische Frührenaissance und die Entdeckung der Perspektive in der Kunst* (Hamburg: Diplomica Verlag, 2014), S. 5.

[164] Vgl. Büttner, F., "Rationalisierung der Mimesis. Anfänge der konstruierten Perspektive bei Brunelleschi und Alberti." in *Mimesis und Simulation.*, Hrsg. Kablitz, A. & Neumann, G. (Freiburg i. Br.: Rombach Wissenschaften, 1998), S. 55-87.

[165] Vgl. Wolschner, K., "Geschichte des Sehens und der Bild-Kultur" *Texte zur Geschichte und Theorie von Medien & Gesellschaft* 10 (2016).

Domvorplatz des Baptisterium Santa Maria del Fiore von Florenz die Zentralperspektive, indem er mittels einer Spiegelapparatur und einem Tafelbild ein naturgetreues Abbild des Gebäudes schafft (s. Abb. 27).

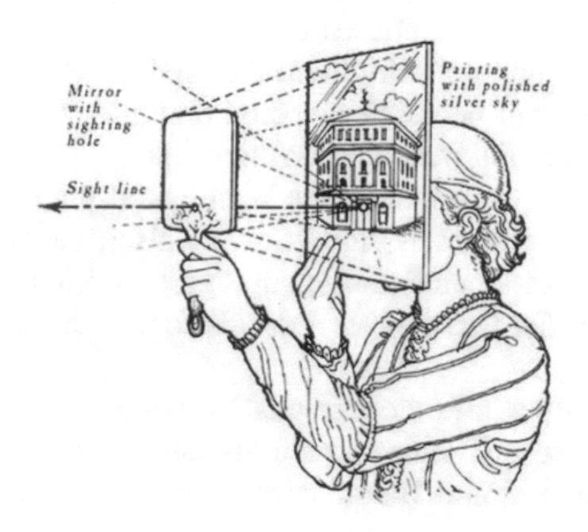

Abb. 27: Perspektivische Darstellung des Florentiner Baptisteriums von Filippo Brunelleschi um 1420. In Wolschner (2016): Geschichte des Sehens und der Bild-Kultur. Texte zur Geschichte und Theorie von Medien und Gesellschaft.

Nach den Beschreibungen des Zeitzeugen und Biografen von Filippo Brunelleschi, Antonio di Tuccio Manetti (1423-1497) sowie des Mathematikers Richard Krautheimer (1897-1994) ist das Experiment wie folgt abgelaufen: Zunächst sorgte Brunelleschi dafür, dass er einen Platz bestimmte, von wo aus er das Gebäude und die Platzsituation betrachten konnte. Er nahm eine Tafel als Zeichenfläche und einen Spiegel als Hintergrund, so dass der Himmel reflektiert wurde. Er machte ein Loch in die Tafel, auf der dieses Bild war, das sich in der Abbildung des Baptisteriums genau an der Stelle befand, wohin das Auge blickte - auf das Hauptportal. Das linsengroße Loch war sowohl Fluchtpunkt der perspektivischen Konstruktion des dargestellten Bauwerks als auch Augenpunkt des Betrachters, der die Reproduktion des Baptisteriums in dem gegenüberliegenden Spiegel in dem richtigen Größenverhältnis zum realen Ambiente des Domvorplatzes erblickte.[166] Nach dem Vermessen des Domvorplatzes zeichnete er

[166] Vgl. Manetti, A., *The Life of Brunelleschi*, Hrsg. Saalman, H., übers. Enggass, C. (University Park/PA: Penn State University Press, 1970).

Grundriss und Aufriss der Piazza und des Baptisteriums auf seine Tafel. Den Ort aller Punkte des horizontalen und vertikalen Bildausschnittes verband er durch Linien, welche die Sehstrahlen veranschaulichen, mit seinem Standort. Durch die Koordination der Schnittpunkte des Netzwerks aus horizontalen und vertikalen Linien auf der Bildwand, die jeweils den exakten Ort jedes Punktes des Gebäudes angaben, konnte er ein exakt perspektivisch konstruiertes Bild zeichnen. Diese Methode nennen die Theoretiker später *costruzione legittima* (deu.: gesetzmäßige Konstruktion).[167] Das praktische Experiment von Brunelleschi wird von Leon Battista Alberti (1404-1474) in seinem Malereitraktat *Delle pittura* (deu.: Der Malerei) aus dem Jahr 1435 theoretisch begründet und erstmals anhand seiner wissenschaftlichen Untersuchungen verschriftlicht.[168]

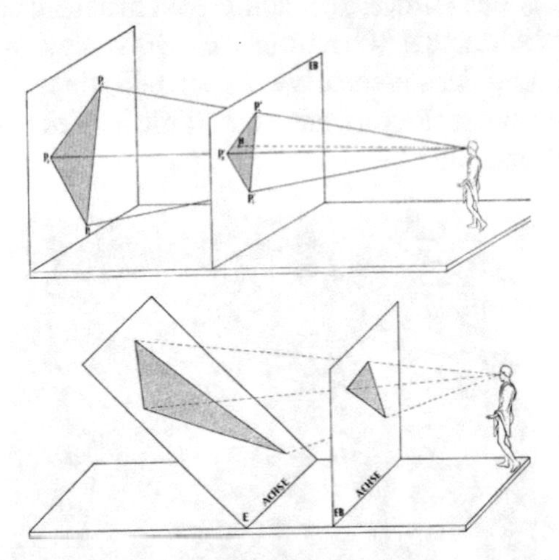

Abb. 28: Schnitt der dreiseitigen Sehpyramide mit der Gegenstandsebene bei paralleler Bildebene (Abb. oben) und Schnitt der dreiseitigen Sehpyramide mit der Bildebene bei nicht-paralleler Gegenstandsebene (Abb. unten). In Wolff (1936): Zu Leon Battista Albertis Perspektivlehre, *Zeitschrift für Kunstgeschichte* 5, S. 48.

Alberti verkürzt das perspektivische Darstellungsverfahren von Brunelleschi für die praktische Anwendung der Maler (s. Abb. 28). Nach den Grundsätzen von Alberti entsteht das optische Bild durch Sehstrahlen in

167 Vgl. Büttner, F., S. 57ff.
168 Vgl. Ortmann, N., S. 10-39.

Form eines Querschnitts einer Sehpyramide, wobei Größe und Form der Gegenstände, wie sie im optischen Bild erscheinen, durch die relative Lage der Sehstrahlen bestimmt werden. Mit dem Schnitt durch die Sehpyramide wird der Hauptsatz einer Theorie der malerischen Perspektive formuliert, der die darauffolgenden Lehrbücher erkenntnistheoretisch bestimmt.[169]

Der deutsche Maler, Mathematiker und Kunsttheoretiker Albrecht Dürer (1471-1528) brachte die Perspektive nach Deutschland und schrieb 1525 seine „*Underweysung der Messung, mit Zirckel und Richtscheyt*" (s. Abb. 29). Am Übergang vom Mittelalter zur Frühen Neuzeit sind Bilder vielfältig und auf neue Weise verwendet worden, um Geltungsansprüche zu behaupten und durchzusetzen. Eine wesentliche Voraussetzung dafür war ein veränderter Status des Bildes, das seinen Wahrheitsanspruch primär von einem grundsätzlich neuen Verhältnis des Bildes zur Wirklichkeit ableitete. Die Etablierung der Perspektive als unabdingbare Grundlage und geometrisch beweisendes Regelwerk der Wirklichkeitswiedergabe spielte dabei eine Schlüsselrolle.[170]

Abb. 29: Albrecht Dürer, „Der Zeichner der Laute", Holzschnitt aus „Underweysung der Messung mit dem Zirckel und Richtscheyt, Nürnberg 1525. In Büttner (2008): Die Macht des Bildes über den Betrachter, S. 26.

[169] Vgl. Wolff, G., "Zu Leon Battista Albertis Perspektivlehre", *Zeitschrift für Kunstgeschichte* 5, No. 1 (1936): S. 47-54.

[170] Vgl. Büttner, F., "Die Macht des Bildes über den Betrachter. Thesen zur Bildwahrnehmung, Optik und Perspektive im Übergang vom Mittelalter zur Frühen Neuzeit." in *Autorität der Form: Autorisierungen und institutionelle Autoritäten*, Hrsg. Osterreicher, W., Regn, G. & Schulze, W. (Münster: LIT Verlag, 2003), S. 17.

In der italienischen Kunst des 15. Jahrhunderts scheinen sich die Neuerungen in der Malerei und Architektur auf bemerkenswerte Weise wechselseitig zu unterstützen. Noch bevor sich die Renaissancearchitektur in der Baupraxis durchsetzt, dient ihre bildliche Darstellung der Entwicklung und Verbreitung einer neuen klassischen Baukunst. Dass die Architektur und Malerei in der Frührenaissance eine besonders enge Verbindung eingegangen sind, zeigt sich exemplarisch in Albertis bereits erwähntem Maleitraktat *Delle pittura*. Dort spricht Alberti häufig von Architektur, sei es über praktische Darstellungsprobleme oder die Verwendung von architektonischen Metaphern, um die Grundsätze des Bildes zu veranschaulichen. So dient ihm der eher beiläufige und später berühmt gewordene Vergleich von Bild und Fenster dazu, die Bedeutung der ersten Handlung des Malers, nämlich der Begrenzung des Bildausschnittes, zu beschreiben. Wie das Fenster einen Ausschnitt der Welt zeigt, so lädt ein Gemälde den Betrachter ein, die Aufmerksamkeit auf einen Teil des Ganzen zu richten, um vielleicht neue Einblicke in eine andere Welt zu bekommen.[171]

Zur Erläuterung der perspektivischen Konstruktion des Bildraumes beruft Alberti sich auf einen regelmäßig strukturierten Fußboden (dem sog. *pavimento*), den er mit Hilfe der Fluchtpunkt und Distanzmethode konstruiert (s. Abb. 30).[172]

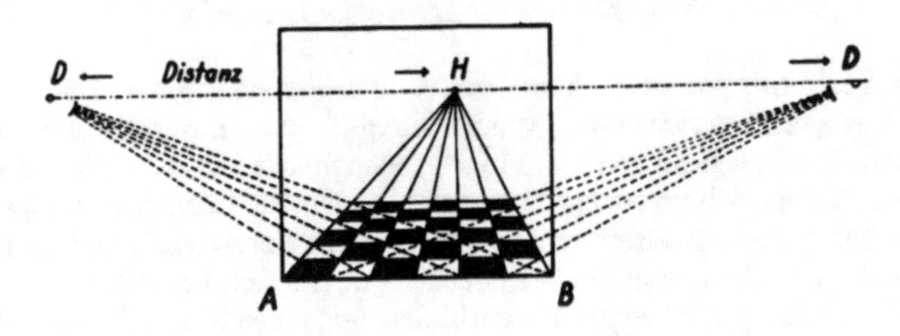

Abb. 30: Die Distanzmethode für die perspektivische Abbildung einer Fläche. In Wolff (1936): Zu Leon Battista Albertis Perspektivlehre, *Zeitschrift für Kunstgeschichte* 5, S. 51.

[171] Vgl. Grave, J., *Architekturen des Sehens: Bauten in Bildern des Quattrocento* (Paderborn: Wilhelm Fink Verlag, 2015), S. 9.
[172] Vgl. Wolff, G., S. 51.

Auch wenn sich an diesen Stellen in Albertis Traktat *Delle pittura* zeigt, in welchem Maße schon die ersten Arbeitsschritte des Malers durch die Architektur beeinflusst werden, scheint sich das Verhältnis von Malerei und Architektur an anderen Stellen des Traktats umzukehren. Es ist nicht allein die Architektur, der die Rolle zukommt, der Schwesterkunst die Grundlagen zu bieten. Vielmehr begreift Alberti die Malerei, aufgrund des ihr eigenen Vermögens zur Hervorbringung neuer Formen, als Lehrerin aller übrigen Künste - die Baukunst eingeschlossen.[173] Dies wird anhand folgender Textstelle in seinem Traktat deutlich:

> „*Der Architekt z.B. hat, wenn ich mich nicht irre, Gesimse, Kapitelle, Basen, Säulen, Giebel und den übrigen derartigen Gebäudeschmuck insgesamt beim Maler und nur bei ihm abgeschaut.*[174]“

Diese besondere Stellung attestiert Alberti der Malerei nicht nur in seinem Malereitraktat *Delle pittura*. Auch in seinem um 1452 verfassten Traktat über das Bauwesen *De re aedificatoria*, gilt ihm die Malerei als unverzichtbar für die Baukunst.[175] Dies wird auch hier anhand folgender Textstelle in seinem Traktat deutlich:

> „*Der Architekt werde der Malerei [...] ebenso wenig entbehren können, als der Dichter der Stimme und der Silben.*[176]“

Das Verhältnis zwischen Malerei und Architektur erscheint im Lichte dieser wenigen Zitate nicht nur als auffällig eng, sondern zeichnet sich auch durch eine komplexe wechselseitige Abhängigkeit aus. Was sich in den Traktaten von Alberti andeutet, lässt sich auch in der italienischen Malerei des Quattrocento beobachten. Architektonische Formen und Gefüge sind grundlegend für eine neue Darstellungsform, die sich besonders im Zuge der Etablierung der Perspektive ausbildete und einen entscheidenden Beitrag zur Malerei der Renaissance leistete.[177] Wie bei dem italienischen

[173] Vgl. Grave, J., S. 10.
[174] Alberti, L.B., "Delle pittura 1435", zit. nach Grave (2015), S. 10.
[175] Vgl. Grave, J., S. 10.
[176] Alberti, L.B., "De re aedificatoria", zit. nach Grave (2015), S. 10.
[177] Vgl. Grave, J., S. 10.

Maler und Architekt Raffaello Sanzio da Urbino (1483-1520), kurz Raffael genannt, in seinem Werk „Schule von Athen“ (um 1510/11). Das Bild ist ein Fresko, das Raffael in der *Stanza della Segnature* des Vatikans (dem Saal für die Unterschriftsleistung in den Privaträumen des Papstes) für Papst Julius II. anfertigte (s. Abb. 31).

Abb. 31: Die Schule von Athen, Raffaello Sanzio da Urbino (1510/11), Stanza della Segnatura, Vatikan. https://gemaeldeonline.wordpress.com (aufgerufen am 13.02.2019).

Anhand dieses Bildes lässt sich exemplarisch, wie auch bei zahlreichen anderen Bildern aus der Renaissance, die Zentralperspektive verdeutlichen. Neben den zum mittigen Fluchtpunkt laufenden Linien ist gut zu erkennen, wie das Verkürzen gleichartiger Objekte den Effekt verstärkt. In einem architektonischen Rahmen sind die maßgeblichen Philosophen der Antike sowie Fürsten und Künstler der Renaissance dargestellt. Die Figuren sind in ihrer Gesamtheit um die großen griechischen Denker Platon (428-348) und Aristoteles (384-322) angeordnet, die eine zentrale Rolle in der abendländischen Philosophie spielen und deshalb das perspektivische Zentrum des Bildes bilden. Beide halten jeweils eine ihrer Schriften in der linken Hand. Während Platon, der das Aussehen von Leonardo da Vinci trägt und mit seinem roten Gewand die Blicke auf sich zieht, mit dem Zeigefinger noch oben in die theoretische Welt der Ideen zeigt, verweist sein Schüler Aristoteles im blauen Gewand in die entgegengesetzte Richtung und damit wohl auf die Praxis des irdischen Daseins. Raffael hat in diesem

Fresko das geistige Erbe der Griechen, wie es sich in der Renaissance darstellte, in klassischer Form repräsentiert. Niemals vorher und niemals in der Folgezeit hat ein abendländischer Maler eine tiefenräumliche Perspektive mit den Gesetzen der Fläche so formvollendet in Übereinstimmung gebracht und zugleich eine solche Fülle frei bewegter Einzelfiguren so scheinbar mühelos zu einer Einheit verschmolzen.[178]

Auch das Universalgenie Leonardo da Vinci beschäftigte sich unter anderem mit der Perspektive, so entdeckte und beschrieb er bspw. die sog. Luft- oder Farbenperspektive. Sein in Secco-Technik ausgeführtes Werk „Das Abendmahl" wurde in den Jahren 1494-98 im Auftrag des Mailänder Herzogs Ludovico Sforza geschaffen. Es schmückt die Nordwand des Speisesaals im Dominikanerkloster *Santa Maria delle Grazie* in Mailand und gilt als Höhepunkt in seinem malerischen Schaffen (s. Abb. 32).

Abb. 32: Das Abendmahl, Leonardo da Vinci, 1494-98, Secco, 422 x 904 cm, Santa Maria delle Grazie, Mailand. Quelle: https://gemaeldeonline.wordpress.com (aufgerufen am 13.02.2019).

Die Seccomalerei von italienisch *a secco* (aufs Trockene) ist eine Technik der Wandmalerei. Im Gegensatz zum Malen *affresco* wird dabei nicht auf den frischen, noch feuchten Kalkputz, sondern auf den bereits trockenen Putz oder auf das trockene Mauerwerk gemalt. Leonardo da Vinci selbst

---

[178] Vgl. Reclams Kunstführer Band V, Rom und Italien, Hrsg. Manfred Wundram, Stuttgart 1981, S. 413f.

äußerte sich im seinem Codex Madrid, einer gebundenen Sammlung von Notizen, Skizzen und Zeichnungen, folgendermaßen zur Perspektive:

> *„[...] ein Auge, das eine Wandmalerei betrachtet, versetzt sich immer in die Mitte des Bildes. Für sich ist die Perspektive, die eine gerade Wand bietet, falsch, wenn sie nicht den Standort des betrachtenden Auges korrigiert, indem sie die Wand perspektivisch verkürzt zeigt.*[179]*“*

In der Geschichte perspektivischer Darstellungsweisen vollzog sich im 15. Jahrhundert der Sprung vom Gebrauch handwerklicher Erfahrungen zur Anwendung mathematisch fundierter Konstruktionstechniken. Das Abendmahl von Leonardo da Vinci ist ein Parade-beispiel dafür. Frank Zöllner (2015), Professor für Kunstgeschichte der Universität Leipzig und Experte für die Kunst der italienischen Renaissance und der Klassischen Moderne, beispielsweise schreibt:

> *„Wie schon die Florentiner Künstler vor ihm, stellt Leonardo das letzte Abendmahl des Herrn in einem nach Regeln der Zentralperspektive konstruierten bühnenartigen Raum dar.*[180]*“*

Zugleich aber wirkt die Darstellung von Architektur auf deren Verständnis zurück. Malerei und Zeichenkunst bedienen sich nicht allein architektonischer Formen, sondern transformieren die Baukunst. Diese Veränderungen im Verständnis der Architektur äußern sich nicht ausschließlich in ausgeführten Bauten. Mindestens ebenso wichtig sind die Transformationen, die sich nur im Medium des Bildes manifestieren, wenn bspw. die Malerei der Architektur Möglichkeiten entlockt, die in der Baukunst selbst nie realisiert werden könnten. Denn durch Ambivalenzen und gezielten Brüchen mit der architektonischen „Logik“, durch Interferenzen zwischen der dargestellten Architektur und dem realen baulichen Kontext, entfaltet die

---

[179] da Vinci, L., *Codex Madrid II: Tratados varios de fortificacion estatica y geometria escritos en italiano. Signatur 8936 (Faksimileausgabe)*, Vol. 2 (Frankfurt a.M.: Fischer, 1974).

[180] Zöllner, F. & Nathan, J., *Leonardo da Vinci: Sämtliche Gemälde und Zeichnungen* (Köln: Taschen, 2015).

Architekturdarstellung im Quattrocento ein Eigenleben, welche das vorherrschende Verständnis von Architektur und Malerei gleichermaßen herausfordert.[181]

In den am Anfang zitierten Bemerkungen Albertis deuten sich die Gründe für den besonderen Status der Architektur an. Im Zuge der Durchsetzung der Linearperspektive beschränkte sich die Bedeutung der Architektur nicht mehr nur darauf, ein Teil der Bilddarstellung zu sein, vielmehr prägte sie zugleich maßgeblich die Form der Darstellung. Indem die Architektur vom ersten Pinselstrich des Malers für dessen Werk von großer Bedeutung war. In ihrer Regelhaftigkeit, Messbarkeit und Proportionalität boten die linearen Grundformen der Architektur hervorragende Voraussetzungen, um die Regeln der Linearperspektive anzuwenden und im Bild zur Geltung zu bringen. Die auffallende Entwicklung der Baukunst in der Renaissance fügt sich gut in das Bild eines engen Zusammenhangs von Architektur und Perspektive ein. Durch den Rückgriff auf elementare geometrische Grundformen und durch eine erhöhte Sensibilität für harmonische Proportionen unterwarfen Brunelleschi, Alberti und andere Architekten der Renaissance ihre Bauten nachvollziehbaren und berechenbaren Prinzipien.[182]

2.3.2 *Die Anwendung von Perspektive und Orthogonalprojektion*

Im 15. Jahrhundert forderte Alberti die Anwendung der Orthogonalprojektion. Im Gegensatz zum Bild des Malers, das die Räumlichkeit durch Perspektive und Schattenwurf darzustellen versucht, stellen die Grundrisse und Ansichten des Architekten die Räumlichkeit in maßstäblicher Verkleinerung und wahren Winkeln dar. Damit löste Alberti die Perspektive aus Vitruvs Architekturzeichnungskanon *Ichnographia*, *Orthographia* und *Scaenographia* heraus und kritisierte damit die Vermischung zwischen Orthogonalprojektion und Perspektive. An dieser Stelle spielt der sog. Raffael-Brief an Papst Leo X. aus dem Jahr 1519 eine wichtige Rolle. In einem der Architekturzeichnung gewidmeten Passus wird - im Sinne Albertis - der Verzicht auf perspektivische Darstellung in Architekturzeichnungen gefordert. Mit Grundriss und Ansichten lasse sich alles Nötige darstellen.

[181] Vgl. Grave, J., S. 10f.
[182] Ebd., S. 11.

Bramante gilt als entscheidend für die Durchsetzung der Orthogonalprojektion in der Entwurfs- und Planungspraxis der Renaissance. Anfang des 16. Jahrhunderts war die Orthogonalprojektion dann ein fest etabliertes Planungsmittel, wie etwa bei dem italienischen Architekten und Festungsbaumeister Antonio da Sangallo dem Jüngeren (1484-1546).[183] Trotz der Bedeutung der Orthogonalprojektion für die Architektur behielt auch die perspektivische Darstellung für die Architekturzeichnung ihre Bedeutung. Als Wissenschaft vom Sehen war die Perspektive Teil der sog. *Septem Artes Liberales*, dem in der Antike entstandenen Kanon der „Sieben Freien Künste". Durch Euklid (um 300 v. Chr.) war das Wissen der Optik aus der griechischen Antike bekannt und wurde über die islamische Welt in den mittelalterlichen Westen vermittelt.

Erst im Rückblick ist die Rolle von Brunelleschi betont worden, der mit seinen Perspektivexperimenten vor dem Florentiner Baptisterium, die sein Biograph Antonio Manetti (1423-1497) ausführlich beschrieben hat, maßgeblich zur Perfektionierung der Darstellungstechniken beigetragen hat. Die Linearperspektive, wie sie von Alberti in seiner *Delle pittura* definiert wurde, geht von einem Grundriss und einem Aufriss aus und nicht vom dreidimensionalen Objekt. Das entscheidend Neue an der Linearperspektive war gerade nicht, bestehende Objekte abzubilden, sondern erfundene Objekte und Räume darzustellen.[184] Die Beherrschung der Perspektivkonstruktion, vor allem aber die Vervollkommnung der Orthogonalprojektion förderten die Entwicklung und Nutzungsbreite der Architekturzeichnung. In skizzenhafter, aber auch in einer mit dem Lineal aufgezeichneter Form wird der Entwurf auf dem Papier verständlich und kann kritisiert, variiert und durchdacht werden.

Diese Prozesse können auf demselben Blatt oder auf chronologisch aufeinanderfolgenden Blättern stattfinden. Dafür gibt es seit dem 15./16. Jahrhundert zahlreiche Beispiele, wie etwa bei der Planung für den Palazzo Farnese in Rom durch Antonio da Sangallo dem Jüngeren (s. Abb. 33). Die Zeichnung als Entwurfswerkzeug zu nutzen wird zentraler Bestandteil der Planung und als sog. interner Prozess bezeichnet. Sobald ein Entwurf das

---

[183] Schlimme, H., Holste, D., & Niebaum, J., S. 186f.
[184] Ebd., S. 188.

Stadium der Ausführbarkeit erreicht hat, wird eine Präsentationszeichnung für den Auftraggeber angefertigt, die exakt gezeichnet und mit einem Maßstab versehen wird. Dabei können auch gestalterische Entwurfsalternativen gegenübergestellt werden.[185]

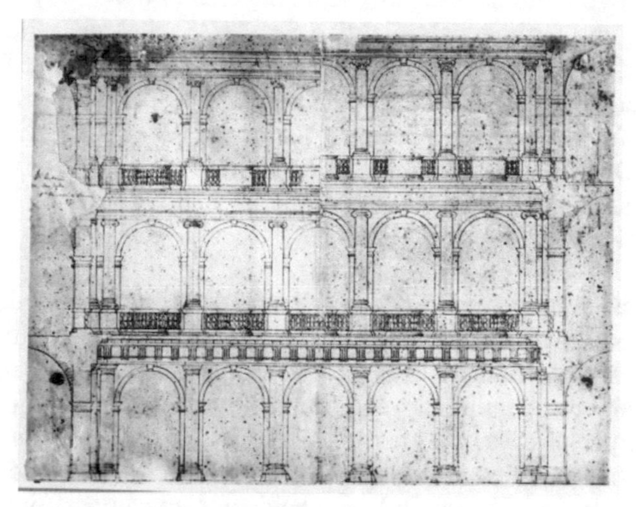

Abb. 33: Antonio da Sangallo der Jüngere, erstes Projekt für den Palazzo Farnese in Rom. Schnitt durch den Hof, um 1514. In Schlimme, Holste & Niebaum (2014): Bauwissen im Italien der Frühen Neuzeit, S. 187.

Neben der Präsentation eines Entwurfs dem Bauherrn und Publikum gegenüber dienten solche Zeichnungen in steigendem Maße auch dazu, die Fähigkeiten eines Architekten zu zeigen und potenzielle Auftraggeber zu überzeugen. Wie zuvor erwähnt wurde seit dem 15. Jahrhundert die Planung zunehmend von der Realisierung der Bauwerke getrennt und der in den Zeichnungen dargestellte Architekturentwurf wurde mehr und mehr das Hauptergebnis der Arbeit des Architekten. Die Architekturzeichnung spielte auch eine entscheidende Rolle als Bauplan, um den Entwurf auf der Baustelle an die Bauhandwerker zu kommunizieren. Besonders vor dem Hintergrund, dass im 15./16 Jahrhundert ein Durchplanen der Bauten vor der Bauausführung im Sinne einer heutigen Ausführungsplanung noch unüblich war. In einigen Fällen ist belegt, was auf Bauplänen dargestellt und

[185] Ebd.

wie die Information kodiert wurde. Wie bei dem ab 1560 nach den Plänen Vignolas errichteten, aber unvollendeten Palazzo Farnese in Piacenza (s. Abb. 34). Am Beispiel des Palazzo Farnese wird deutlich, dass die Bauherren ebenso wie die Bauleute dieselben Zeichnungen bekamen, auch wenn sich die grafische Ausgestaltung oder hinzugefügten Erläuterungen zwischen Präsentationszeichnung und Bauplan unterscheiden hat.[186]

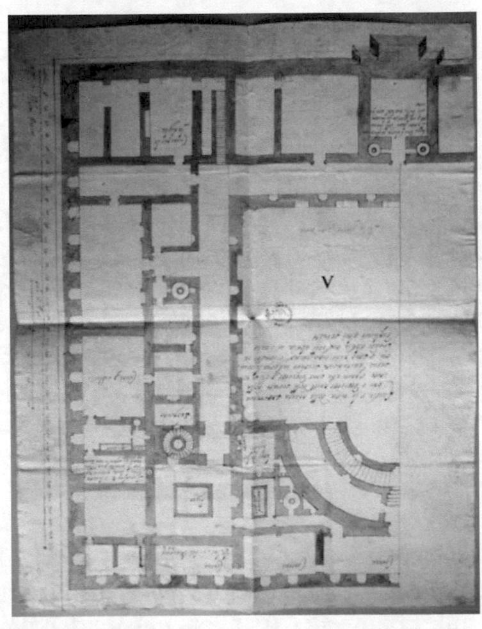

Abb. 34: Giacinto Barozzi da Vignola, Palazzo Farnese, Piacenza, Grundriss des Kellergeschosses, 1560 bis 1561. In Schlimme, Holste & Niebaum (2014): Bauwissen im Italien der Frühen Neuzeit, S. 189.

Welche Informationen die Baupläne enthielten ist ungeklärt. Sie enthielten die Lage und Abmessungen der Wände, die Lage und Öffnungsmaße für die Türen und Fenster sowie eine Maßstabsangabe und waren so exakt gezeichnet, dass man Maße auf ganze und halbe *palmi* (ein regional abweichendes Längenmaß, in Rom war 1 Palmo = 0,249 Meter) mit dem Stechzirkel abgreifen konnte. Die Zeichnungen des Palazzo Farnese wurden im

[186] Ebd., S. 188ff.

Maßstab 1 : 190 gezeichnet, für die Details der Säulen wurde der Maßstab 1 : 60 gewählt. Das praktische Planungswissen der Architekten bestand darin, in den Zeichnungen die für den Bau des Gebäudes erforderlichen Information anzugeben. Die wie zufällig wirkenden Maßstäbe sind ein Phänomen, das bis zum 18. Jahrhundert anhält und mit dem Wunsch erklärt werden kann, die Zeichnungsfläche möglichst gut auszunutzen.[187]

Auch Modelle wurden als Entwurfswerkzeug (in Form von Arbeitsmodellen) oder als Darstellungsmedium (in Form von Präsentationsmodellen) eingesetzt. Modelle wurden aufgrund ihrer großen Überzeugungskraft genutzt, hatten aber nicht allein die Funktion eines Präsentationsmediums, sondern wurden gleichrangig mit den Zeichnungen als gültige Entwürfe verstanden. Stand bspw. ein detailliertes Holzmodell als Grundlage für die Bauausführung zur Verfügung, so war die ständige Anwesenheit des Architekten auf der Baustelle entbehrlich. So war Filarete etwa beim Bau des Doms in Bergamo ebenso wenig zugegen wie Alberti bei der Errichtung des Tempio Malatestiano in Rimini. Für die Kuppel des Florentiner Doms sind allein 14 Modelle nachgewiesen. Einige dieser Modelle dienten dazu den Vorschlag von Brunelleschi zu testen, die Kuppel ohne tragendes Innengerüst zu errichten. Das bedeutet, dass es sich bei diesen Modellen bereits um technische Machbarkeitsstudien handelte.[188]

Eine Studie des deutschen Architekturhistorikers Lepik (1995) hat die Architekturmodelle der Frührenaissance in Italien analysiert. Die ersten Modelle, die ein gesamtes Bauwerk darstellen, entstanden für den Dom in Florenz (1367) und für San Petronio in Bologna (1390) im Maßstab 1 : 12, wobei es sich hierbei jeweils noch um Steinmodelle handelte. Für den Dom in Mailand ist um 1400 ein transportables Holzmodell nachgewiesen. Zu den italienischen Architekturmodellen des 16. Jahrhunderts gibt Millon (1995) einen Überblick. Darunter das von Antonio Labacco von 1539 bis 1546 nach den Entwürfen von Antonio da Sangallo dem Jüngeren gebaute Holzmodell im Maßstab 1:30, welches den Gesamtentwurf für St. Peter in Rom zeigt (s. Abb. 35).[189]

---

[187] Ebd., S. 190f.
[188] Ebd., S. 192f.
[189] Ebd.

Abb. 35: Holzmodell des St. Peter-Entwurfes von Antonio da Sangallo dem Jüngeren, Maßstab 1:30. In Schlimme, Holste & Niebaum (2014): Bauwissen im Italien der Frühen Neuzeit, S. 193.

Die zunehmende räumliche Komplexität der Architekturentwürfe im 17. und 18. Jahrhundert - die sich allein über Grundriss, Aufriss und Schnitt kaum mehr darstellen lässt - weist dem Modell eine führende Rolle im Entwurfsprozess zu. Nur im Dreidimensionalen des Modells werden die Entwurfsziele der Architekten sichtbar, so etwa das Spiel mit den Blickachsen oder die Wirkung von Licht, Raum und Farbe. Eine starke Detaillierung und farbige Gestaltung der Modelle sind für diese Zwecke unentbehrlich. Mit aufgeklebten Aquarellen wurden bspw. Fresken farbig simuliert. Vergoldungen, Stuck und sogar Skulpturen sind regelmäßig Teil der Modelle im 18. Jahrhundert, so auch beim Modell der Sakristei von St. Peter in Rom (1715) von Filippo Juvarra. Eine zentrale Rolle spielten die Modelle im Zusammenhang mit den Architekturwettbewerben, beginnend mit dem

Wettbewerb für die Sakristei von St. Peter in Rom. Architekturmodelle galten als Schlüssel zum Erfolg.[190]

Die gesellschaftlichen und künstlerischen Entwicklungen der Renaissance nahmen fortan auch Einfluss auf die Kriterien, nach denen man das Erscheinungsbild der Städte diskutierte. Dies führte neben der Rückbesinnung auf die Antike auch dazu, dass die Verfasser architekturtheoretischer Schriften sich vermehrt mit der Planung „idealer“ Städte auseinandersetzten. Sie begannen neuartige Stadtgrundrisse vorzuschlagen, die meist ohne konkreten Anlass konzipiert wurden und auf geometrischen Formen basierten. Der Gedanke einer planbaren idealen Stadt taucht innerhalb der frühneuzeitlichen Architekturtheorie unter Rückbeziehung auf antikes Gedankengut wahrscheinlich erstmals in Albertis Traktat *De re aedificatoria* auf. Alberti verknüpft in seiner Schrift funktionale und lebenspraktische Ansätze mit dem Anspruch an das ästhetische Äußere einer Stadt und definiert die Vorstellungen von der idealen Stadt.[191]

Der Erste, der in der Frühen Neuzeit die Idealstadt nicht nur andeutungsweise behandelte, sondern ausführlich beschrieb und abbildete, war Filarete. In seinem Architekturtraktat *Architettonico Libro* (1464) präsentierte Filarete dem Leser das Bild der oktogonalen, sternförmig befestigten, hierarchisch strukturierten Planstadt *Sforzinda*, deren Grundriss einem Kreis entspricht und deren inneres Wegesystem sich radial auf den Kreismittelpunkt ausrichtet (s. Abb. 36). Bei der Idealstadt *Sforzinda* handelt es sich um eine Art optimierter Residenzstadt, deren Bild sich dennoch an der Realität orientiert.[192] Nach de Bruyn (1996) kann die Idealstadt *Sforzinda* als eine frühe Variante vernunftgeleiteter Stadtplanung gesehen werden, die zusammen mit den Überlegungen von Alberti als architekturtheoretisches Fundament für eine rationale Urbanistik verstanden werden kann.[193]

---

[190] Ebd., S. 194f.

[191] Ebd., S. 201f.

[192] Ebd., S. 203.

[193] Vgl. de Bruyn, G., “Die Diktatur der Philanthropen: Entwicklung der Stadtplanung aus dem utopischen Denken“, *Bauwelt Fundamente* 110 (1996): S. 56.

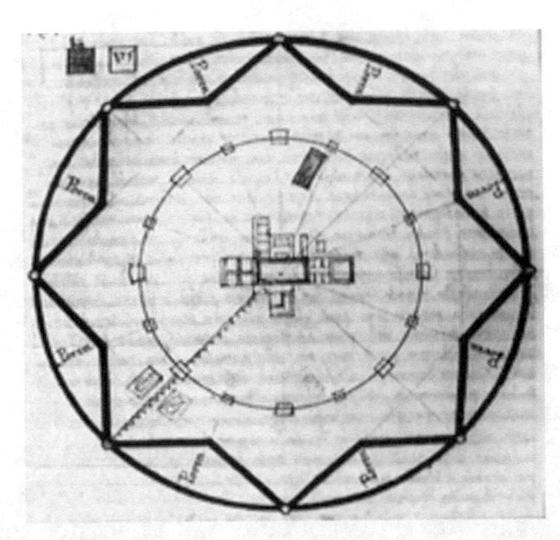

Abb. 36: Plan der Idealstadt Sforzinda, Filarete um 1457. In Hubert (2003): "In der Werkstatt Filaretes: Bemerkungen zur Praxis des Architekturzeichnens in der Renaissance", *Mitteilungen des kunsthistorischen Institutes in Florenz* Bd. 47, S. 311ff.

Die bildliche Rekonstruktion der Stadt geschah auf verschiedene Arten. Zum einen mit Hilfe von perspektivisch angelegten Veduten und Vogelperspektiven. Es fehlten aber noch die detaillierte Darstellung des Stadtorganismus und der Wegesysteme sowie die exakte Wiedergabe der Größenverhältnisse und Distanzen. Dies konnte nur von einem anderen, nicht perspektivisch, sondern orthogonal angelegten Grundrissplan geleistet werden. Diese Grundrisspläne entstanden in erster Linie aus militärischen Gründen und erforderten zu ihrer Herstellung nicht nur sehr viel Zeit und Geld, sondern auch die Mitarbeit unterschiedlicher Experten, wie bspw. Architekten, Militäringenieure und Kartographen. Deshalb besaßen nur wenige Städte im 16. und 17. Jahrhundert ihren eigenen Stadtplan. Erst im 18. Jahrhundert entstanden Stadtpläne, in denen die wichtigsten oder sogar aller Gebäude verzeichnet waren, wie etwa der Stadtplan von Rom von Giovanni Battista Nolli (1748).

Außerdem gab es plastische Darstellungen in Form von dreidimensionalen Stadtmodellen, meist als Flachreliefs. Das früheste bekannte Stadtmodell ist das Modell von Rhodos aus dem Jahr 1521, das für militärische Zwecke hergestellt wurde. In der Mitte des 17. Jahrhunderts war die Herstellung von Stadtmodellen weit verbreitet. Stichpublikationen traten im 16. Jahrhundert vor allem in Rom auf. Während des 17. und zu Beginn des 18. Jahrhunderts erreichten die Darstellungen einen immer höheren Perfektionsgrad, wie bspw. die Werke von Giovanni Battista Falda (1643-1678) oder Alessandro Specchi (1668-1729).[194]

Der Paradigmenwechsel in der räumlichen Organisation und Darstellung der Stadt, lässt sich sehr anschaulich am Beispiel von Turin darstellen. In Turin blieb wegen der militärischen Bedrohung noch lange ein äußerer Befestigungsring unerlässlich und eine städtebauliche Veränderung setzte erst im beginnenden 18. Jahrhundert ein. Die Umsetzung grundlegender Ideen städtischer Planung, wie sie hier stattgefunden hat, gilt in der europäischen Stadtplanungsgeschichte als vorbildhaft. Aus einer römischen Militärstadt mit rechtwinklig angelegtem Wegeraster und Hauptachsenkreuz hatte sich die Stadt allmählich zu einer charakteristischen spätbarocken Anlage entwickelt. Die Zeitspanne zwischen dem Sieg von Turin (1706) und der politischen Festigung der Stellung von Savoyen-Piemont[195] war auf dem Gebiet der Architektur durch zahlreiche Ideen und Entwürfe gekennzeichnet.[196]

Im Jahre 1714 wurde Filippo Juvarra (1678-1736), einer der wohl prägendsten Architekten seiner Zeit, in das befriedete Turin berufen, wo er noch im selben Jahres zum königlichen Architekten ernannt wurde. Seine Anwesenheit verstärkte die inzwischen angewachsenen Ambitionen im Hinblick auf die Umgestaltung der Stadt, deren architektonisches Bild der Herrscher neu definiert und gestaltet wissen wollte. Juvarras planerisches Denken im stadträumlichen Kontext wird anhand einer seiner Zeichnungen deutlich. Diese veranschaulicht, wie sich die räumliche Organisation des außerhalb der Stadt gelegenen Geländes durch die Lage der Basilika am Schnittpunkt der Achse Rivoli-Turin mit dem Hügelkamm in seiner Vorstellung herausgebildet haben muss. Das Beispiel verdeutlicht Juvarras veränderte Art der Raumdarstellung und seine Fähigkeiten, den Entwurf

[194] Vgl. Schlimme, H., Holste, D., & Niebaum, J., S.209f.

[195] Das Herzogtum der Savoyer war ein heterogenes Gebilde, das beiderseits der Westalpen die wesentlichen Savoyen, Piemont und Nizza umfasste. Die Residenzstadt war zunächst Chambéry, ab 1563 dann Turin.

[196] Vgl. Schlimme, H., Holste, D., & Niebaum, J., S. 219f.

zu kontrollieren. Charakteristisch für diese neue Art ist die Anwendung langer, nicht mehr nur axial, sondern vielmehr multiperspektivisch geführter Fluchten (s. Abb. 37).[197]

Abb. 37: Filippo Juvarra, Symbolische Darstellung des Sabaudischen Territoriums mit dem Schloss Rivoli, der Superga (rechts oben) und dem Konvent der Kapuziner (rechts im Vordergrund). In Schlimme, Holste & Niebaum (2014): Bauwissen im Italien der Frühen Neuzeit, S. 225.

Nach Jöchner (2003) experimentierte Juvarra mit der Abbildung der Wirklichkeit unter dem Einsatz jener Blickbezüge, die ihm bei der Darstellung der allseitigen Wirkung des Betrachtungsgegenstandes im umgebenden Raum helfen sollten. Dabei setzte er mehrerer Perspektiven auf ein und derselben Zeichnung ein und fasste die wechselnden Richtungen des Raumes zu einer Gesamtheit zusammen.[198] Folgt man den Gedanken von Jöchner, so wurde mit dieser Darstellungsmethode erstmals der Versuch einer mehrdimensionalen Darstellung in einem Bild unternommen. Juvarras Einsatz von unterschiedlichen Blickbezügen zur allseitigen Darstellung des Betrachtungsgegenstandes im Raum deutet auf bemerkenswerte Weise auf die spätere Raum-Zeit-Architektur von Theo van Doesburg hin (s. Kap. 2.4.2).

[197] Ebd., S. 222-225.

[198] Vgl. Jöchner, C., "Der Außenhalt der Stadt: Topographie und politisches Territorium in Turin" in *Politische Räume: Stadt und Land in der Frühneuzeit*, Hrsg. Jöchner, C. (Berlin: Akademie Verlag, 2003), S. 81f.

2.3.3 Der illusionistische Schein im Barock

Mit dem fortgeschrittenen 17. Jahrhundert wurde zunehmend ein gesteigerter Kunstanspruch in der Architekturdarstellung erkennbar. Farbig lavierte Flächen in den Präsentationszeichnungen verdeutlichten Materialien, Bauphasen oder Schnittflächen. Eine gefallende Gestaltung der Zeichnungen sollte die Auftraggeber für den Entwurf einnehmen. Aus dem Barock ist hierfür der Terminus „Appetitriss" belegt. Insbesondere die sog. Akademisierung der Architekturpraxis, wie bspw. durch die Gründung der französischen *Académie royale d'architecture* (deu.: Königlichen Akademie der Architektur) im Jahr 1671, begünstigte durch ihre Architekturwettbewerbe eine immer aufwendigere Darstellung von realen, aber auch fiktiven Bauwerken.[199]

Mit dem Barock verbindet sich die Vorstellung vom illusionistischen Schein im Gegensatz zur gegenständlichen Wirklichkeit, wie sie in der Renaissance dominierend war. Der Schweizer Kunsthistoriker Heinrich Wölfflin (1864-1945) formulierte diese Vorstellung im Jahre 1915 in seinem Werk „Kunstgeschichtliche Grundbegriffe" und stellt die Frage nach der Art der Wahrnehmung, die in den verschiedenen Stilen beabsichtigt war. Die Renaissance hält sich nach Wölfflin noch an die reale Substanz und vermittelt gewissermaßen ein „Tastbild". Der Barock hingegen kreiert, um optische Wirkung zu erzeugen, ein reines „Sehbild", dass nur im Auge wurzelt und sich nur an das Auge wendet.[200]

Aus dieser Gegenüberstellung leitet Wölfflin eine historische Entwicklung vom Sein zum Schein ab, die wie die natürliche Entwicklung eines Menschen verläuft:

> *„[...] wie das Kind sich abgewöhnt, alle Dinge auch anzufassen, um sie zu begreifen, so hat die Menschheit sich abgewöhnt, das Bildwerk auf das Tastbare hin zu prüfen*[201]*."*

[199] Vgl. Gerber, A., *Metageschichte der Architektur. Ein Lehrbuch für angehende Architekten und Architekturtheoretiker.* (Bielefeld: transcript, 2014), S. 181.
[200] Vgl. Günther, H., "Bildwirkung von Architektur in Renaissance und Barock" (Paper presented at the Kolloquium Architektur und Bild in der Neuzeit, Stuttgart, 2002), S. 1.
[201] Wölffin (1915): Kunstgeschichtliche Grundbegriffe, zit. nach Günther (2002).

Der illusionistische Schein des Barocks wird häufig mit Gian Lorenzo Bernini (1598-1680), einem der bedeutendsten italienischen Bildhauer und Architekten des Barocks, in Verbindung gebracht. Zwei Gedankenskizzen von Bernini zeigen deutlich, dass er die Wirkung seiner Architektur als eine eigenständige Komponente sah. Die eine Gedankenskizze zeigt die Kirche in Ariccia, mit Strahlen, die zum Auge des Betrachters führen, um zu kalkulieren, welches Bild sich für ihn ergibt (s. Abb. 38).

Abb. 38: Skizze für die Kirche von Ariccia, Gian Lorenzo Bernini, um 1664. In Günther (2002): Bildwirkung von Architektur in Renaissance und Barock, S. 17.

Die andere Gedankenskizze betrifft die Ausstattung der Peterskirche in Rom. Bernini hält in seiner Skizze fest, wie man durch den Baldachin über dem Hochaltar hindurch die *Cathedra Petri* (den Stuhl des Papstes) im Chor sieht.[202] Im Jahr 1665 thematisierte Bernini bei einem Besuch in Paris, wie sich die Wirkung von Architektur durch die Umgebung verändern kann. Das berichtete einer der besten Kunstkenner seiner Zeit, der französische Sammler und Förderer der Künste Paul Fréart de Chantelou (1609-1694). Bernini erklärte, dass ein und derselbe Gegenstand optisch ganz verschieden wirken kann. Er begründete es damit, dass die Gegenstände nicht nur bildhaften Wert haben, sondern ihre Erscheinung in hohem Maß durch die Nachbarschaft bestimmt und verändert wird. Beispielhaft führte Bernini seine Gestaltung des Petersplatzes in Rom an, bei der er mit dem

[202] Vgl. Günther, H., S. 2.

Problem konfrontiert war, dass die Fassade der Peterskirche in seiner Erscheinung zu flach und breitgelagert wirkte. Aus diesem Grund hat er Kolonnaden um den Platz herum aufgestellt und versucht, die Fassade durch den Kontrast der niedrigeren Glieder optisch zu erhöhen. Dadurch ist es Bernini gelungen der Fassade der Peterskirche eine erhabenere Bildwirkung zu verleihen. Aus der Entfernung betrachtet, steigt die Fassade der Peterskirche majestätisch über dem von Kolonnaden eingefassten Platz auf und wird von der Kuppel des Petersdoms bekrönt (s. Abb. 39).[203]

Abb. 39: Kolonnade des Platzes vor dem Petersdom in Rom, Gian Lorenzo Bernini, 1674. In Günther (2002): Bildwirkung von Architektur in Renaissance und Barock, S. 18f.

Im Jahr 1663 gestaltete Bernini die *Scala Regia* - eine Treppe, die den Hauptzugang zum Papstpalast im Vatikan bildet. Die Treppe befindet sich hinter dem Bronzetor und verbindet den Petersdom, die Stanzen[204] und die Sixtinische Kapelle. Die Aufgabe bestand darin eine Treppe anzulegen, die so feierlich ist, wie es der hohen Würde des Papstes entspricht. Es stand aber nur ein schmaler und langgestreckter Raum zur Verfügung, der schlecht zu beleuchten war. Bernini führte auf beiden Seiten der Treppe flankierende Säulenreihen ein, die das Gewölbe tragen, und verringerte

---

[203] Ebd., S. 2f.

[204] Die Stanzen des Raffael (ital.: *stanza*, „Zimmer“) sind Gemächer im Apostolischen Palast, die von Raffael malerisch ausgeschmückt wurden.

stetig die Größe und Abstände der Säulen nach hinten, so dass die optische Verkürzung verstärkt wird (s. Abb. 40).

Abb. 40: Scala Regia, Gian Lorenzo Bernini, 1663. In Günther (2002): Bildwirkung von Architektur in Renaissance und Barock, S. 20.

Durch die optische Täuschung erscheint die Treppe deutlich größer, als sie tatsächlich ist. Die feierliche Wirkung der Säulenreihen und die Wirkung der Längenausdehnung werden außerdem durch das Licht am Ende der Treppe verstärkt. Dadurch bietet sich dem Betrachter beim Antritt der Treppe ein Bild, das nicht der tatsächlich gebauten Situation entspricht.[205] Lotz (1956) indes argumentiert in seiner Veröffentlichung "Das Raumbild in der italienischen Architekturzeichnung der Renaissance", dass in den Darstellungen des Quattrocento und Barock die Architektur allgemein so dargestellt wird, dass der Baubestand mehr oder weniger sachlich gezeigt wird, so wie er tatsächlich gebaut ist.[206] Der Baubestand ist allenfalls durch

[205] Vgl. Günther, H., S. 3.

[206] Vgl. Lotz, W., "Das Raumbild in der italienischen Architekturzeichnung der Renaissance", *Mitteilungen des Kunsthistorischen Institutes in Florenz* (1956): S. 193-226.

verschiedene Darstellungsmethoden der optischen Wahrnehmung angenähert. Der Standpunkt des Betrachters ist überwiegend so gewählt, dass eine möglichst gute Übersicht erreicht wird. Bisweilen ist dieser an einer Stelle platziert, die kaum effektiver hätte eingenommen werden können. Mit analoger Sachlichkeit werden übertriebene Darstellungen wiedergegeben, die in den Bauten nicht wiederzufinden sind. Es bleibt auch dann bei dieser Art von Darstellung der Wirklichkeit, wenn es nicht darum geht architektonische Formen ins rechte Bild zu setzen, sondern die Architektur nur als Mittel eingesetzt wird, um die Vorstellung einer Szene zu vermitteln.[207]

Umgekehrt, wenn der Verfall des antiken Glanzes zum Ausdruck kommen soll, werden die Bauwerke häufig ruinierter dargestellt, als sie tatsächlich waren. Im 18. Jahrhundert veränderte sich die Art der Darstellung von Wirklichkeit. Es entstanden Bilder von Architektur, die mehr auf die Inszenierung einer besonderen Wirkung abzielten als auf die Darstellung des tatsächlichen Baubestands. Wie etwa durch den italienischen Kupferstecher und Architekt Giovanni Battista Piranesi (1720-1778), als er die *Magnificenza* des alten Rom in Szene setzte (s. Abb. 41).

Abb. 41: Magnificenza des alten Rom, Giovanni Battista Piranesi, 1761. In Günther (2002): Bildwirkung von Architektur in Renaissance und Barock, S. 35.

[207] Vgl. Günther, H., S. 11f.

Piranesi erfand keine Phantasiebauten und veränderte auch nicht den Baubestand, sondern steigerte die Wirkung der Ruinen ins Grandiose. Dafür nutzt er ein breites Spektrum von Darstellungsmethoden, wie bspw. interessante Blickwinkel, übertriebene Perspektiven, extreme Kontraste, besondere Beleuchtungen oder verwirrende Vielfalt.[208] Ähnlich dramatisch übersteigerte Effekte geben Piranesis Zeitgenossen Étienne-Louis Boullée (1728-1799) in seinen Architekturentwürfen und Pierre-Adrien Pâris (1745-1819) in seinen Bühnenbildern wieder.[209]

Das Traktat von Boullée, mit dem für einen Architekten ungewöhnlichen Motto *ed io anche son pittore* (deu.: auch ich bin Maler), ist hierfür exemplarisch. Boullée mag hiermit auf seinen ursprünglichen Berufswunsch ein Maler zu werden hingewiesen haben. Von wesentlich größerer Bedeutung ist aber seine programmatische Einleitung, in der er eingehend über Schatten und Licht in der Architektur spricht, sowie über die Rolle des Architekten als Schöpfer aller Welten. Denn wie der Maler könne der Architekt ähnlich dem Schöpfer etwas erschaffen, das Licht und Finsternis scheidet. Boullée führt weiter aus, dass jedes Gebäude, wie auch die in einem Gemälde dargestellten Objekte, den Bedingungen des Lichtes im Wandel der Jahreszeiten unterliegt. Im Frühjahr weiche und geschmeidige Umrisse, die ihre Form nur andeuten. Im Sommer die volle Prachtentfaltung, strahlend und voller Leuchtkraft. Im Herbst fröhlich heiterer Reichtum und im Winter Finsternis, die Umrisse sind kantig und hart.[210] Hier zeigen sich bemerkenswerte Parallelen, zu der von Alberti seinerzeit propagierten Verbindung zwischen Malerei und Architektur in der Renaissance.

Boullée zeigt in seinem Traktat, wie das Licht in Innenräumen durch den Wechsel der Tageszeiten und durch verschiedene Beleuchtungssituationen unterschiedliche Stimmungen erzeugt. Dem Innenraum seine „Metropolitankirche“ widmet er bei gleichem Bildausschnitt zwei eindrucksvolle Darstellungen, die identische bauliche Gegebenheiten in gänzlich gegensätzlichen Stimmungen wiedergeben. In der einen Darstellung herrscht nächtliche Finsternis, nur eine Lichtquelle am Altar setzt schlaglichtartige

---

[208] Ebd.

[209] Ebd., S. 12.

[210] Vgl. Hesse, M., "Charakter-Bauten", *Ruperto Carola* 7, No. 12 (2015): S. 123f.

Akzente auf den ansonsten tiefdunklen Kolonnaden. Diese Darstellung vergegenwärtigt die düstere Stimmung am Karfreitag Abend (s. Abb. 42).

Abb. 42: Entwurf einer Metropolitankirche, Innenansicht an Karfreitag, Etienne-Louis Boullée, 1781. In Hesse (2015): Charakter-Bauten, *Ruperto Carola* 7, No. 12, S. 121.

In der anderen Darstellung hingegen dringen die Strahlen des hellen Sonnenlichts aus der Höhe der Kuppel in den Altarraum (s. Abb. 43). Die heitere Stimmung entspricht dem Jubel und der Freude des Fronleichnamsfestes.[211]

Abb. 43: Entwurf einer Metropolitankirche, Innenansicht an Fronleichnam, Etienne-Louis Boullée, 1781. In Hesse (2015): Charakter-Bauten, *Ruperto Carola* 7, No. 12, S. 121.

211 Ebd.

Boullée demonstriert, wie lediglich durch den Wechsel der Tageszeiten und verschiedene Beleuchtungssituationen, ohne Veränderung der baulichen Situation, gänzlich gegensätzlichen Stimmungen er-zeugt werden können. Die Mehrzahl, der in dem Traktat von Boullée gezeigten Gebäude waren mit den Materialien und Techniken um 1800 nicht zu realisieren. Die Architektur existierte allein als Bild. So auch seine *Hommage à Newton* an den berühmten britischen Naturforscher und Verwaltungsbeamten Isaac Newton (1642-1726), mit dem Entwurf eines sog. Kenotaphs zu Ehren des britischen Forschers (s. Abb. 44).

Abb. 44: Kenotaph für Isaac Newton, Etienne-Louis Boullée, 1784 (Schnitt, Situation bei Tag und dunklem Innenraum). In Hessen (2015): Charakter-Bauten, *Ruperto Carola* 7, Nr. 12, S. 122.

Ein Kenotaph (griech.: kenotáphion „leeres Grab"), auch Scheingrab genannt, ist ein Bauwerk zu Ehren eines oder mehreren Verstorbenen. Im Gegensatz zu einem wirklichen Grab dient es ausschließlich der Erinnerung und enthält keine sterblichen Überreste.

Boullée entwarf dieses Kenotaph als ein Abbild des Universums, das alle vorstellbaren Dimensionen übertrifft. Es zeigt ein kugelförmiges Monument, das in einem ringförmigen Unterbau eingesetzt ist, ähnlich der kaiserlichen Mausoleen in Rom. Bei den beiden Außenansichten des Kenotaphs geht es wieder um Lichtstimmungen. Einmal bei Tag unter hellem, zerstreutem Sonnenlicht und einmal bei Nacht im blassen Mondschein. Ebenso wird der Innenraum des Kenotaphs zweimal vorgestellt. Bei Nacht erhellt durch eine riesige Lampe in Form einer Armillarsphäre[212], als Verweis auf Newtons wissenschaftlichen Leistungen zur Erklärung des Lichtes. Bei Tag bleibt das Innere des Kenotaphs dunkel. Das kugelförmige Monument ist jedoch von vielen kleinen Kanälen durchbrochen, durch die Tageslicht eindringt und sternenartige Lichtpunkte erzeugt, sodass der Besucher vom dunklen Sternenhimmel umgeben ist.[213]

Die neuen bildlichen Darstellungsformen, die sich damals in Architekturzeichnungen etablierten, wurden von zeitgenössischen Fachleuten auch kritisiert. So bemängelte etwa Jacques-Francois Blondel (1705-1774), einer der prominentesten akademischen Architekturlehrer der Epoche, dass die suggestive Darstellung der Bauten von der rationalen Prüfung des architektonischen Entwurfs ablenke. Seine Kritik macht einen bis in die Gegenwart geltenden Grundsatz bewusst, nämlich dass Bauten und Entwürfe zunehmend nur noch bildhaft wahrgenommen werden. Dieser Effekt wird durch die modernen (digitalen) Darstellungsformen noch verstärken. Es stellt sich nun die Frage, wodurch der Gegensatz in den zeitgenössischen Architekturdarstellungen in der Renaissance und im Barock ausgelöst wurde. Wie eingangs erwähnt richtete sich die Architekturtheorie der Renaissance an die Ratio und behandelte nur die rationalen Bestimmungen der Architektur. Im Wesentlichen ging es um die substanziellen Gesetzmäßigkeiten der Bauten. Entsprechend dem rationalen Anspruch sowohl in der Kunsttheorie als auch in der Architekturtheorie galt es in der Renaissance scheinbar nicht als angemessen, die sinnliche Wirkung von Architektur in Bildern wiederzugeben.[214]

Nach Pochat (1986) wurde der bildlichen Darstellung in der Kunsttheorie der Renaissance die Aufgabe zuerkannt, das Andenken an die Realität über die Zeiten hinweg zu bewahren.[215] Während es den Kunsttheoretikern früher um die rationalen Gesetzmäßigkeiten der Bauten ging, wandte sich ihr

---

[212] Eine Armillarsphäre (von lat. *sphaera* „Kugel“) oder Weltmaschine ist ein astronomisches Gerät zur Darstellung der Bewegung von Himmelskörpern. Vgl. Kern (2010), S. 227.

[213] Vgl. Hesse, M., S. 124ff.

[214] Vgl. Günther, H., S. 13f.

[215] Vgl. Pochat, G., *Geschichte der Ästhetik und Kunsttheorie* (Köln: DuMont, 1986), S. 225ff.

Interesse im Barock der sinnlichen Erscheinung zu.[216] Die Künstler sollten die wesentliche Substanz und nicht flüchtige Augenblicke festhalten. Die Darstellung spiegelt eben nicht nur wider, was man wahrnimmt, sondern wie man das Wahrgenommene wertet. Die bildhafte Wirkung von Architektur, wie sie Bramante und Raffael in ihre Entwürfe einbezogen, hat etwas Grundlegendes mit der zeitgenössischen Architekturtheorie gemein, sie ist maßvoll. Regelmaß, Harmonie und Ausgewogenheit bleiben bestimmend. Die Effekte in der Darstellungsform, die seit dem 18. Jahrhundert inszeniert wurden, übertreffen bewusst das bis dahin bekannte Maß. Momente wie Überraschung, Übertreibung, Schroffheit und andere Arten von Übertreibung werden bewusst eingesetzt, um die Ratio und damit die Vernunft zu überwältigen.[217]

2.3.4 Tradierung des neuzeitlichen Bauwissens

In der Frühen Neuzeit wurde das Bauwissen durch Traktate, Bücher, Manuskripte oder Stichpublikationen festgehalten. Die Architektur-traktate und kommentierten Übersetzungen von Vitruvs Schriften haben die Beschäftigung mit den Fragen des Bauens in einer bis dahin nicht bekannte Weise ermöglicht. Die Kanonisierung einer zunächst in Italien und schließlich in ganz Europa verbindlichen Architektursprache erklärt sich gerade auch vor diesem Hintergrund. Im 17. Jahrhundert wurde insbesondere die römische Architekturkultur in Schriften und Stichpublikationen verbreitet. Die Kenntnis einschlägiger Publikationen und der Besitz von Büchern wurden entscheidend für den beruflichen Erfolg der Architekten.[218] Die Architekturtraktate der Renaissance von Leon Battista Alberti (1485) oder Vincenzo Scamozzi (1615) stellten, wie die kommentierten Ausgaben von Vitruv, die Grundsätze der Architektur vor und sollten die abstrakte Idee von Architektur und den kulturellen wie praktischen Wert von Architektur vermitteln. Qualitätsbegriffe und Gestaltungsprinzipien der Antike ist das zentrale Thema dieser Traktate. Andere Traktate der Renaissance, wie etwa das von Sebastiano Serlio (1537), waren als Regelwerke und Erfahrungsberichte aus der Planungs- und Baupraxis anzusehen sind. Serlio stellte Entwurfsprozesse und Entwurfsprinzipien als Regeln vor. Neben

216 Ebd., S. 419ff.
217 Vgl. Günther, H., S. 14f.
218 Vgl. Schlimme, H., Holste, D., & Niebaum, J., S. 328.

der Theoretisierung von Entwurfsprozessen wurde in den Traktaten vor allem die antike Architektursprache systematisiert. Das Studium der Antike war für die Architekten obligatorisch und baute aufeinander auf, wie Günther (1988) nachvollzogen hat.[219] Zeitgenössische Architektur in Traktaten vorzustellen war keineswegs neu. Auch dafür ist letztlich wieder Serlio ein Vorläufer, der in seinem dritten Buch über die Architektur der Antike auch aktuelle Bauten und Projekte von Bramante, Raffael und Michelangelo vorgestellt hatte. Palladio hingegen präsentierte in seinem Traktat eigene Bauten. Vignola veröffentlichte 1573 seinen Entwurf für die Fassade der Il Gesù (Jesuskirche) in Rom als Einzelstich, der aber zugunsten eines Entwurfs des italienischen Architekten Giacomo della Porta (1532-1602) nicht realisiert wurde.

Im 17. Jahrhundert verstärkte sich die Tendenz zur Veröffentlichung von Bauten in Architekturtrakten. So auch Guarino Guarinis (1624-1683), einer der bedeutendsten Architekten des Spätbarocks, in seinem posthum im Jahre 1686 veröffentlichten Traktat *Architettura Civile*. Seine Abhandlungen *Placita Philosophica* (1665), *Euclides Adauctus* (1671) und *Architettura Civile* (1686) nehmen eine Vorreiterrolle in der darstellenden Geometrie ein. Neben diesen Traktaten gab es weitere Architekturpublikationen mit didaktischem Inhalt. Im frühen 18. Jahrhundert wurde insbesondere die neuzeitlich römische Architekturkultur in Publikationen und Vorlagenstichen verbreitet, wie etwa die Arbeiten von Valerianus Regnartius (1650) oder das von Giovanni Giacomo de Rossi im Jahr 1665 herausgegebene und von Giovanni Battista Falda im Jahr 1699 gestochene *Nuovo Teatro delle Fabbriche*. Aber auch die von Domenico De Rossi verfassten Traktate *Studio di architettura civile* aus den Jahren 1702 bis 1721.[220]

2.4 Moderne

In der *Querelle des Anciens et des Modernes* (1687), einer geistesgeschichtlichen Debatte in Frankreich an der Wende vom 17. zum 18. Jahrhundert, war die Moderne noch der Gegenbegriff zur Antike.[221] Es ging

[219] Ebd., S. 329.
[220] Ebd., S. 330.
[221] Vgl. Kapitza, P.K., *Ein bürgerlicher Krieg in der gelehrten Welt. Geschichte der Querelle des Anciens et des Modernes in Deutschland.* (München: Fink, 1981).

dabei um die Frage, ob die Antike noch das Vorbild für die zeitgenössische Kunst sein kann. Erst im 19. Jahrhundert wurde es üblich, mit dem Begriff Moderne die Gegenwart von der Vergangenheit allgemein abzugrenzen. Der wohl gebräuchlichste Begriff für die Moderne bezeichnet die Folgezeit nach der industriellen Revolution und den damit einhergehenden Veränderungen der Arbeits- und Lebensumstände sowie der daraus resultierenden wirtschaftlichen und sozialen Verhältnisse.

Nach Osterhammel (2009) wurden die geistigen Grundlagen der Moderne bereits während der frühen Neuzeit in Europa gelegt, frühestens im Zeitalter von Michel de Montaigne (1533-1592), spätestens in der Aufklärung (etwa 1650-1800).[222] Historisch bezeichnet die Moderne einen Umbruch in vielen Lebensbereichen gegenüber der Tradition, bedingt durch die industrielle Revolution, Auf-klärung und Säkularisierung (Verweltlichung). Kunsthistorisch betrachtet ist die Moderne die Epoche, die im 20. Jahrhundert in Europa mit den revolutionären Werken der *Fauves* (deu.: der Wilden), Kubisten, Futuristen, Expressionisten und Avantgardisten ihren Höhepunkt fand, zunächst in der Malerei und Bildhauerei, dann in der Neuen Musik und den Theaterkünsten. Das Ende der Moderne in Europa wurde durch die Machtergreifung der Nationalsozialisten in Deutschland herbeigeführt.[223] In der Architekturgeschichte bezeichnet die Moderne eine nicht eindeutig abgrenzbare Epoche. In den architekturgeschichtlichen Gliederungsschemen wird in Beginnende Moderne, Klassische Moderne und Postmoderne unterschieden, wobei sich innerhalb dieser Abgrenzungen eine Vielzahl von Stilrichtungen zum Teil gleichzeitig entwickelten. Auf die wesentlichen Stilrichtungen wird im Folgenden kurz eingegangen, da diese auch die Darstellung von Architektur maßgeblich beeinflusste haben.

In der Beginnenden Moderne entwickelte sich zunächst der Jugendstil (um 1880-1914), der durch dekorative Ornamente und das Aufgeben von Symmetrien gekennzeichnet war. Der Kubismus entstand aus einer Bewegung der Avantgardemalerei in Frankreich (1907) und erlangte Bedeutung durch

---

[222] Vgl. Osterhammel, J., *Die Verwandlung der Welt. Eine Geschichte des 19. Jahrhunderts.* (München: C.H. Beck, 2009).
[223] Vgl. Pedde, B., *Willi Baumeister 1889-1955. Schöpfer aus dem Unbekannten.* (Berlin: epubli, 2013).

seinen Einfluss auf die Architektur. Aus heutiger Sicht stellt der Kubismus die richtungweisendste Neuerung in der Kunst des 20. Jahrhunderts dar und bewirkte eine neue Denkordnung in der Malerei und Architektur. Der Einfluss kubistischer Werke war ausschlaggebend für die nachfolgenden Stilrichtungen.[224] Der Konstruktivismus (um 1910-1940er) ist eine Stilrichtung, die vor allem in der ehemaligen Sowjetunion in den 1920er und den frühen 1930er Jahren verbreitet war.[225] Die niederländische Stilrichtung *De Stijl* (1917-1930er), benannt nach einer Künstlervereinigung und deren Zeitschrift in Leiden, war geprägt durch geometrisch-abstrakte, asketische und funktionale Architektur ähnlich dem Bauhaus in Deutschland.[226] Der Expressionismus (1918-2000) war eine überwiegend in Deutschland vertretende Stilrichtung, die als moderne Nachfolge des Jugendstils galt.[227]

Die Klassischen Moderne (um 1920 bis heute) beginnt zunächst mit minimalistischen und funktionalen Tendenzen. Danach setzt sich diese Stilrichtung immer mehr durch.[228] Innerhalb der Klassischen Moderne entwickelte sich die sog. Neue Sachlichkeit, die als Abgrenzung vom Expressionismus der frühen 1920er Jahre bis in die ersten Nachkriegsjahre galt. In der Architektur sind damit insbesondere jene zweckbetonten Werke, die später als Bauhausstil oder Bauhausarchitektur berühmt wurden gemeint. Die Neue Sachlichkeit in der Architektur gehört gemeinsam mit weiteren Stilrichtungen zur Bewegung des Neuen Bauens.[229] Mit der Gründung des Deutschen Werkbundes (1907) wurden in Ausstellungen und Publikationen die Begriffe Sachlichkeit, Zweckhaftigkeit und Moderner Zweckstil zusammen mit den ersten Ansätzen zu einem *Industrial Design* in einer zunehmend breiteren Öffentlichkeit thematisiert.[230] Das Bauhaus wurde im

[224] Vgl. Gantefführer, A., *Kubismus* (Trier: Taschen, 2007), S. 19ff.

[225] Vgl. Zalivako, A., *Die Bauten des Russischen Konstruktivismus - Moskau 1919 bis 1932. Baumaterial, Baukonstruktionen, Erhaltung.* (Petersberg: Michael Imhof Verlag, 2012).

[226] Vgl. Warncke, C.P., *Das Ideal als Kunst. De Stijl 1917-1931.* (Köln: Taschen, 1990).

[227] Vgl. Pehnt, W., *Die Architektur des Expressionismus.* (Ostfildern-Ruit: Verlag Gerd Hatje, 1998).

[228] Vgl. Kleefisch-Jobst, U., *Architektur im 20. Jahrhundert.* (Köln: Dumont Verlag, 2003).

[229] Vgl. Huse, N., *Neues Bauen 1918 bis 1933* (München: Verlag H. Moos, 1975).

[230] Vgl. Campbell, J., *Der Deutsche Werkbund 1907-1934*, übers. Stolper, T. (München: dtv-Verlag, 1989).

Jahr 1919 von Walter Gropius (1883-1969) als Kunstschule in Weimar gegründet. Nach Art und Konzeption war es damals etwas völlig Neues und gilt bis heute weltweit als Heimstätte der Avantgarde der Klassischen Moderne. Als Stilrichtung fand der Begriff eine erweiterte Anwendung für eine Architektur der Neuen Sachlichkeit.[231] Als Funktionalismus wurde ein Stil bezeichnet, der für das Zurücktreten rein ästhetischer Gestaltungsprinzipien hinter dem die Form bestimmenden Verwendungszweck stand. Louis Sullivan (1896) prägte dafür den legendären Satz *Form Follows Function* (deu.: die Form folgt der Funktion). Dieses Architekturverständnis entwickelte sich in Deutschland erst mit der Gründung des Deutschen Werkbundes, das dann in die Baustile der Neuen Sachlichkeit, des Bauhauses und des Funktionalismus mündete.[232]

Die Postmoderne bezeichnet im Allgemeinen den Ausdruck der abendländischen Gesellschaft, Kunst und Kultur nach der Moderne. Die Debatte über die zeitliche und inhaltliche Bestimmung dessen, was genau postmodern sei, wird etwa seit Anfang der 1980er Jahre geführt. Postmodernes Denken will nicht als bloße Zeitdiagnose verstanden werden, sondern als kritische Denkbewegung, die sich gegen Grundannahmen der Moderne wendet und Alternativen aufzeigt.[233] In der Architekturdebatte wird der Begriff Postmoderne mit dem Entstehen einer postindustriellen Gesellschaft und den grundlegenden gesellschaftlichen Veränderungen in Verbindung gebracht. Die Postmoderne als Stilrichtung ist die Bezeichnung für eine Tendenz in der Architektur seit den 1970er Jahren, bei der ein Paradigmenwechsel gegen die Moderne angestrebt wurde.[234] Die Post-moderne ist eine Architektur der Erinnerung und sieht Tradition nicht als etwas, das überwunden werden muss, sondern betrachtet sie als Sammlung von Möglichkeiten, derer sie sich bedient. Die Rückbesinnung auf

---

[231] Vgl. Droste, M., *Bauhaus 1919-1933. Reform und Avantgarde.* (Köln: Taschen, 2006).

[232] Müller, S., *Kunst und Industrie. Ideologie und Organisation des Funktionalismus in der Architektur.* (München: Verlag Carl Hanser, 1974).

[233] Vgl. Preda, A.,“Postmodernism in Sociology“ in *International Encyclopedia of the Social and Behavioral Sciences*, Hrsg. Smelser & Baltes (Amsterdam: Elservier Science, 2002).

[234] Vgl. Jencks, C., *Die Sprache der postmodernen Architektur: Entstehung und Entwicklung einer alternativen Tradition*, übers. von Mühlendahl-Krehl, N. (Stuttgart: DVA, 1988).

geschichtliche Vorbilder und Wurzeln wurde somit, ähnlich der Rückbesinnung auf die Antike in der Renaissance, zum Leitgedanken der Postmoderne.[235] Auch innerhalb der Postmoderne entwickelten sich verschiedene Stil-richtungen. Beispielsweise der Dekonstruktivismus, eine Stilrichtung in der Architektur ab den 1980er Jahren, bei der geometrisch konstruierte Formen verändert und neu interpretiert werden.[236] Der Begriff wurde durch die Ausstellung *Deconstructivist Architecture* (1988) im Museum of Modern Art in New York geprägt. Als prägende Vertreter dieser Stilrichtung gelten bspw. Frank O. Gehry, Zaha Hadid, Daniel Libeskind oder Rem Koolhaas.

Der Minimalismus bezeichnet einen Architekturstil, der sich im Wesentlichen durch seine einfache Formensprache und durch den Verzicht auf Dekorationselemente auszeichnet. Die Ursprünge liegen in der Architekturmoderne der 1920er Jahre und bis heute bildet der Minimalismus die Entwurfsgrundlage für viele zeitgenössische Architekten.[237] Prominente Bauwerke wie etwa der Grande Arche in Paris (1989) von Johan Otto von Spreckelsen, das Kunsthaus in Bregenz (1997) von Peter Zumthor oder die Bibliothèque Nationale de France in Paris (1996) von Dominique Perrault sind Beispiele für diese Stilrichtung.

Parametrismus bezeichnet eine durch die Computertechnologie hervorgebrachte Stilrichtung, bei der parametrische Modelle architektonischer Formen und Strukturen computerbasiert erzeugt werden.[238] Der deutsche Architekt und Hochschullehrer Patrick Schumacher (geb. 1961) gilt als theoretischer Vordenker des Parametrismus in Architektur und Stadtplanung. Schumacher arbeitete von 1988 bis 2016 mit der Zaha Hadid zusammen und ist seit 2002 Partner bei Zaha Hadid Architects. Im Jahr 2006 war er

[235] Vgl. Klotz, H., *Moderne und Postmoderne: Architektur der Gegenwart 1960-1980* (Braunschweig, Wiesbaden: Vieweg & Teubner Verlag, 1987).
[236] Vgl. Johnson, P. & Wigley, M., *Dekonstruktivistische Architektur* (Stuttgart: Hatje, 1988).
[237] Vgl. Hensen, D., *Weniger ist mehr. Zur Idee der Abstraktion in der modernen Architektur.* (Berlin: Buan-Verlag, 2005).
[238] Vgl. Schumacher, P., "Parametrismus - Der neue international Style/Parametricism: A New Global Style for Architecture and Urban Design", *AD Architectural Design - Digital Cities* 79 (2009).

Gründungsdirektor des britischen AA Design Research Lab. Prominente gebaute Beispiele für den Parametrismus sind bspw. das Dubai Opera House von Zaha Hadid, der Pavillon für die Biennale 2011 in Salzburg sowie der Pavillon für die EXPO 2012 von Soma oder das Mercedes-Benz-Museum von UNStudio.

2.4.1 Die Ornamentdebatte im 19. Jahrhundert

Im Späthistorismus (ab 1890) wird die Orientierung an der Renaissance durch eine Orientierung am Neobarock abgelöst. Die strenge Orthographie der vorhergehenden Stilepochen löst sich zugunsten einer freieren Interpretation der Dekorelemente auf.[239] Der deutsche Architekt Wolfgang von Wersin (1882-1976) hat in seinem im Jahr 1940 erschienenen Buch „Das elementare Ornament und seine Gesetzlichkeit" versucht, die visuellen Eigenschaften des Ornaments zu analysieren. Mit einfachen Zeichnungen und Grafiken erklärt er die Gesetzmäßigkeiten ornamentaler Formen und geht auf den Ursprung des Ornaments ein. Er sieht die Wiederholung des Gleichförmigen und die Angleichung von Gegensätzlichkeit als Motivation und Leitgedanke für das Ornament. Ferner formuliert er Eigenschaften, die auf ornamentale Strukturen zutreffen, wie bspw. Einheit im Gegensatz, Rhythmus, Ordnung und Dynamik.[240]

Irmscher (1984) versucht die Grundbestimmungen des Ornaments zu systematisieren und nennt dabei folgende drei Funktionen:

- Das Ornament hat primär eine schmückende Funktion.
- Das Ornament veranschaulicht keine zeitliche oder perspektivische Dimension.
- Das Ornament existiert nur in der zweidimensionalen Fläche.

---

[239] Vgl. Evers, H.G., *Vom Historismus zum Funktionalismus* (Baden-Baden: Holle Verlag, 1967).

[240] Vgl. von Wersin, W., *Das elementare Ornament und seine Gesetzlichkeit. Eine Morphologie des Ornaments.* (Ravensburg: Otto Maier Verlag, 1940), S. 7ff.

Außerdem nennt er die Symmetrie als weiteres Merkmal der Ornamente.[241] Durch die wirtschaftlichen und gesellschaftlichen Veränderungen des 19. Jahrhunderts wurde eine rege Debatte über die Rolle des Ornaments in der Architektur ausgelöst. In fast allen Schriften, die sich mit dem Ornament in der beginnenden Moderne beschäftigen, findet man einen Hinweis auf den österreichischen Architekten und Architekturkritiker Adolf Loos (1870-1933) und seinen Vortrag „Ornament und Verbrechen" (1908) in Wien.[242]

Loos argumentierte auf verschiedenen Ebenen für die Abschaffung des Ornaments. Auf den ersten Blick wirken die von ihm hergestellten Bezüge grotesk. Doch unter Rückbeziehung auf die gesellschaftliche und wirtschaftliche Ausgangsposition seiner Zeit wird nachvollziehbar, wie in dem Ornament ein Feindbild gesehen werden konnte. Loos bezieht sich auf die Theorien seiner Vorgänger, wie etwa auf den vom österreichischen Kunsthistoriker Alois Riegl (1858-1905) hergestellten Bezug zum Körperornament im Sinne der Tätowierung. Vor dem Hintergrund, dass zu Beginn des 20. Jahrhundert besonders Angehörige der sozial schwächeren Gesellschaftsschichten tätowiert waren, wird deutlich, warum Loos das Ornament als verbrecherisch ansah und die Ansicht vertrat, dass die kulturelle Evolution mit dem Entfernen des Ornaments vom Gebrauchsgegenstand einhergehe.[243]

Letztendlich entwertet Loos das Ornament aufgrund seiner vermeintlich „femininen" Eigenschaften. Im Gegensatz zu funktionalen, minimal gestalteten Gegenständen können mit Ornamenten dekorierte Gegenstände nur eine bestimmte Zeit in Mode sein und unterliegen deshalb dem subjektiven Geschmack des Betrachters. Daher sieht Loos das Ornament vornehmlich in den Diensten der Frauen stehend. Gleichwohl sagt er, das Ornament nicht gänzlich abschaffen zu wollen, sondern dass sich niemand der Entwicklung des modernen Menschen und damit der Befreiung vom Ornament entgegenstellen könne. Durch die Argumentation von Loos wird

---

[241] Vgl. Irmscher, G., *Kleine Kunstgeschichte des europäischen Ornaments seit der frühen Neuzeit 1400-1900.* (Darmstadt: Wissenschaftliche Buchgesellschaft, 1984), S. 5ff.
[242] Vgl. Loos, A., *Gesammelte Schriften*, Hrsg. Opel, A. (Wien: Lesethek, 2010), S. 362.
[243] Ebd., S. 368.

deutlich, warum das Ornament in der Folgezeit offenbar nur zögerlich in der Architektur verwendet wurde - wird es doch als primitiv, verschwenderisch und überflüssig dargestellt. Zudem hatte besonders die Architektur unter der schnell voranschreitenden Industrialisierung im späten 19. Jahrhundert zu leiden und deshalb die originäre künstlerische Entwurfsidee durch das blinde Wiederholen historischer Stilelemente verloren ging.[244] Hier setzte der 1907 gegründete „Deutsche Werkbund" an, um in Anlehnung an die *Arts and Crafts* Bewegung der britische Kunstszene ein neues und eigenständiges Form- und Qualitätsbewusstsein zu schaffen. Der Deutsche Werkbund wurde von dem deutschen Architekten Hermann Muthesius (1861-1927) und dem belgisch-flämischen Architekten Henry van de Velde (1863-1957) in München gegründeten und verfolgte das Ziel einer Veredelung der gewerblichen Arbeit im Zusammenwirken von Kunst, Industrie und Handwerk.[245]

Auf der ersten, groß angelegten Deutschen Werkbundausstellung 1914 in Köln erreichten die Arbeiten ein breites Publikumsinteresse. Viel beachtete Ausstellungsgebäude wurden u.a. von Walter Gropius, Bruno Taut und Henry van de Velde präsentiert. Im gleichen Jahr entwickelte sich zwischen Muthesius und van de Velde eine öffentlich ausgetragene Debatte um die Frage, ob der Werkbund fortan einer standardisierten, industriellen Massenproduktion (nach Muthesius) oder einer individuellen, künstlerisch geprägten Haltung (nach van de Velde) folgen sollte.[246]

Die nachfolgende Verbreitung der Werkbundideen wurde durch weitere Ausstellungen in Berlin (1924), Stuttgart (1927), Breslau (1929) und Paris (1930) sowie die Jahrbücher (1912-1920) und die Zeitschrift „Die Form" erreicht. Der Deutsche Werkbund zählt neben dem Bauhaus zu den herausragenden Institutionen in der ersten Hälfte des 20. Jahrhunderts und legte die Grundlagen des modernen Designs und der modernen Architektur. Zu den angesehensten Kritikern des Deutschen Werkbundes gehörte der bereits erwähnte Architekturkritiker Adolf Loos und der deutsche Soziologe und Volkswirt Werner Sombart (1863-1941). Während Loos vor

[244] Ebd., S. 601.
[245] Vgl. Campbell, J., S. 73.
[246] Ebd.

allem den künstlerischen Anspruch des Vereins angriff und betonte, dass nur der unbedingte Funktionalismus zur Herausbildung zeitgemäßer Stile führen würde, hat Sombart vor allem darauf verwiesen, dass das pädagogische Programm des Werkbunds zwangsläufig zum Scheitern verurteilt sei.[247]

2.4.2 Der erweiterte Architekturbegriff im frühen 20. Jahrhundert

Architektur und Raum einerseits sowie Bewegung und Zeit andererseits wurden bis weit in das 19. Jahrhundert nicht in einem Zusammenhang diskutiert. Dabei war die Bewegung des Menschen im architektonischen Raum ein zentrales Thema der Architekturentwürfe in dieser Zeit. Durch die fortschreitende Industrialisierung und den damit verbundenen technischen Möglichkeiten stellte sich im 19. Jahrhundert die Frage nach einem veränderten Verhältnis von Raum und Zeit.[248] Der Deutsche Werkbund widmete sein Jahrbuch (1914) dem Thema Bewegung und diskutierte darin die Umsetzung von technischer Bewegung in einem architektonischen und stadträumlichen Kontext. Bewegung sei bedingt durch Antriebskraft und diese fordere wiederum die für sie geeignetste Formgestaltung.[249] Walter Gropius (1914) bezeichnete die Entwicklung von Körpern und Räumen als das primäre Ziel der Baukunst. Als bestimmendes Motiv der Zeit bezeichnete Gropius die Bewegung.[250]

Die neue Auseinandersetzung mit dem Bewegungsmotiv wirkte sich auf die architektonischen Entwürfe zunächst nur in Bezug auf die städtebauliche und stadträumliche Konzeptionen aus, also auf die Gliederung der Baumasse und Fassaden.[251] Die Einführung der Bewegung in den Innenraum gelang dem deutschen Architekten und Stadtplaner Bruno Taut (1880-1938) auf der Werkbundausstellung 1914 in Köln. Mit seinem sog.

---

[247] Ebd., S. 39ff.

[248] Vgl. Noell, M., "Bewegung in Zeit und Raum. Zum erweiterten Architekturbegriff im frühen 20. Jahrhundert." in *Raum - Dynamik: Beiträge zu einer Praxis des Raumes*, Hrsg. Hofmann, F., Lazaris, S., & Sennewald, J. (Bielefeld: Transcript Verlag, 2004), S. 301f.

[249] Vgl. Neumann, E., "Die Architektur der Fahrzeuge", *Jahrbuch des Deutschen Werkbundes* (1914): S. 48.

[250] Vgl. Gropius, W., "Der stilbildende Wert industrieller Bauformen", *Jahrbuch des Deutschen Werkbundes.* (1914): S. 39-42.

[251] Vgl. Noell, M., S. 304f.

Glashaus stellte er ein besonders zweckmäßiges Ausstellungsgebäude vor, um den Bewegungsfluss der Ausstellungsbesucher gleichfalls für die Raumwahrnehmung zu thematisieren.[252]

Auch der schweizerisch-französische Architekt Le Corbusier (1887-1965) thematisiert mit seiner Villa Savoye (1946) die sich verändernde Wahrnehmung des architektonischen Raumes während der Bewegung. Le Corbusier erzeugte die Ansichten von Architektur und Landschaft durch sorgfältig geplante Richtungen und Standpunkte. So führt seine *promenade architecturale* (deu.: architektonische Promenade) über die Rampe der Villa Savoye auf einen Wandausschnitt zu, der den Blick auf die Landschaft freigibt und diese wie ein Gemälde rahmt. Diese architektonische Promenade verbindet aber nicht Raum und Zeit. Letztendlich kommt Le Corbusier hier über die Gedanken von Alberti und des Deutschen Werkbundes nicht wesentlich hinaus, sondern verbindet die Architektur mit der Landschaft. Mit seiner Definition einer vierten Dimension als Moment scheint Le Corbusier indes näher an den raumzeitlichen Systemen seiner Zeitgenossen zu sein.[253]

Im Jahr 1904 hatte der niederländische Physiker Hendrik Antoon Lorentz (1853-1928) mit seiner sog. Lorentz-Transformation erstmals das bisherige Verständnis von Zeit durch das einer vom Bewegungs-zustand abhängigen Zeit ersetzt. Der deutsche Physiker Albert Einstein (1879-1955) veröffentlichte im Jahr 1905 seine Schrift „Elektrodynamik bewegter Körper“. Um 1907 erkannte der deutsche Mathematiker und Physiker Hermann Minkowski (1864-1909), dass die Arbeiten von Lorentz (1904) und Einstein (1905) im Kontext eines (nicht)euklidischen Raumes verstanden werden können. Er argumentiert, dass Raum und Zeit in einem vierdimensionalen Raum-Zeit-Kontinuum miteinander verbunden sind und verfasste mehrere Abhandlungen über eine vierdimensionale Elektrodynamik.[254] Nahezu alle Maler, Bildhauer und Architekten des frühen 20. Jahrhunderts,

[252] Ebd., S. 306.
[253] Ebd., S. 306f.
[254] Vgl. Minkowski, H., “Raum und Zeit“ in *Das Relativitätsprinzip: Eine Sammlung von Abhandlungen*, Hrsg. Lorentz, H. A. & Einstein, A. (Leipzig, Berlin: Teubner, 1913), S. 56ff.

die um eine künstlerische Neudefinition von Raum und Zeit bemüht waren, bezogen sich bei der Herleitung oder Begründung ihrer Positionen auf diese drei Wissenschaftler. Der niederländische Architekt Theo van Doesburg (1883-1931) versuchte bereits um 1919 eine neue Definition raumzeitlicher Architektur zu entwickeln. Im Jahr 1923 erkannte er gemeinsam mit dem niederländischen Architekt Cornelius van Eesteren (1897-1988), dass die Axonometrie gegenüber der Perspektive nicht mehr auf den Standpunkt des Betrachters und einen Fluchtpunkt festgelegt war. Sie ermöglichte damit eine Trennung vom individuellen Betrachter und damit von einer festen Position im Raum.[255]

Die Axonometrie ist ein geometrisches Verfahren, um räumliche Gebilde durch Parallelprojektion auf einer Ebene darzustellen. Man verwendet hierbei die Koordinaten wesentlicher Punkte und die Bilder der drei Koordinatenachsen in einer Zeichenebene (s. Abb. 45). Die Axonometrie weicht demnach von der als endlich geltenden Raumdarstellung der Perspektive insoweit ab, als dass sie eine unendliche und scheinbar allgemeingültige Darstellung des Raumes ermöglicht und zudem, durch die Möglichkeit der allseitigen Betrachtung, eine Drehung im Raum einschließt. Damit legte die Axonometrie gleichzeitig den Grundstein für die heutigen, digitalen Architekturvisualisierungen.

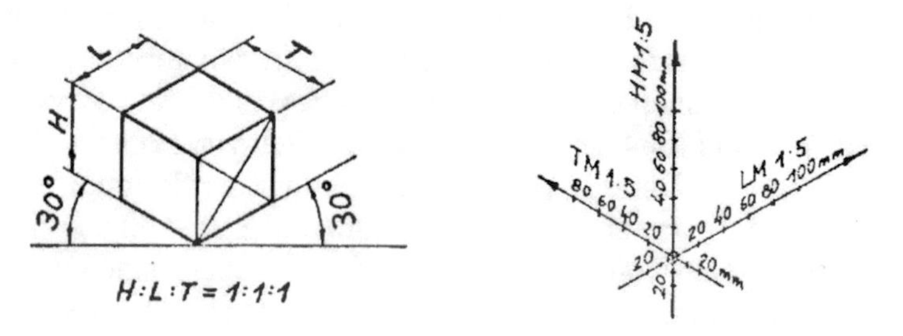

Abb. 45: Isometrische Axonometrie. Quelle: W. W. Thaler und H. Weber, Hildesheim.

Raum, Zeit und den Zustand der fortwährenden Bewegung drückte van Doesburg in der Anordnung von Axonometrien und Modellfotografien in

[255] Vgl. Noell, M., S. 308f.

räumlicher Drehung aus, wie bspw. bei dem in Abb. 46 dargestellten Entwurf für das *Maison d'Artiste* (deu.: Künstlerhaus).

Abb. 46: Maison d´Artiste, Theo van Doesburg, 1923. Quelle: https://www.onlinegalerij.nl (aufgerufen am 15.02.2019).

Van Doesburg argumentierte, dass die neue Architektur oder vielmehr die neue Darstellungsmethode der Axonometrie, das Vorn und Hinten, und auch das Oben und Unten gleichwertig gemacht hat. Sein Konzept einer sog. Raum-Zeit-Architektur kommt deutlich in dem Modell des unvollendeten *Maison d´Artiste* zur Geltung, bei der sich die Räume von einem Kern auf verschiedenen Ebenen diagonal in den Außenraum bewegen. Van Doesburg erkannte, dass das Gebäude ein Gegenstand wird, den man von allen Seiten umkreisen kann.[256] In seiner Veröffentlichung „Der Kampf um den Neuen Stil" in der Neuen Schweizer Rundschau (1929) prägte Theo van Doesburg den folgenden Ausspruch:

> *„Das Haus wird ein Gegenstand, den man von allen Seiten umkreisen kann, es erhält aber auch mehr oder weniger schwebenden Aspekt, der sozusagen die natürliche Schwerkraft aufzuheben versucht. Die Einheit von Zeit und Raum gibt der architektonischen*

[256] Ebd., S. 310.

Erscheinung einen neuen und vollständig gestaltenden Aspekt […].[257]"

An dem sich im Raum bewegenden Hyperwürfel (auch Tesserakt genannt) hatte van Doesburg den Zusammenhang der zeitlichen Komponente und der Architektur dargestellt (s. Abb. 47). Der Tesserakt, als eine Übertragung des klassischen Würfelbegriffs auf vier Dimensionen, bewegt sich im Raum und wird in allen Punkten abgebildet. Demzufolge beinhaltet er die zeitliche Dimension auch in flächengebundener Darstellung.[258]

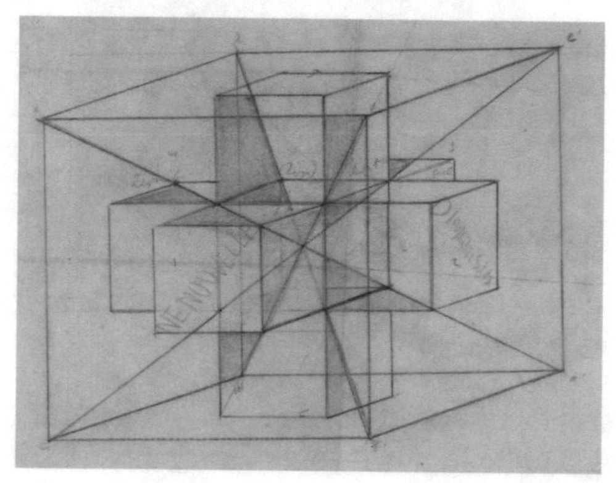

Abb. 47: Tesserakt, Theo van Doesburg, 1923. Quelle: https://krollermuller.nl (aufgerufen am 15.02.2019).

Auch der Entwurf des bereits erwähnten *Maison d'Artiste* entstand durch eine solche tesseraktische Verschiebung von Räumen in der vierten Dimension. Die Einbeziehung der Zeit sollte die Überwindung des Formbegriffs im Sinn eines vorgeprägten Typus ermöglichen, dies würde indes die Formlosigkeit nach sich ziehen. Theo van Doesburg thematisierte nicht mehr die Bewegung an der Architektur vorbei, sondern übertrug dem architektonischen Raum selbst die Aufgabe und Fähigkeit, die Zeit zu gestalten und zu beinhalten. Raum und Zeit bilden in der Architektur eine notwendige Einheit, die es sichtbar zu machen galt.[259] Lissitzky (1925)

[257] Theo van Doesburg (1929), zit. nach Noell (2004), S. 310f.
[258] Vgl. Noell, M., S. 311.
[259] Ebd.

publizierte in seinen Abhandlungen „K und Pangeometrie“ eine Reihe von Überschneidungen der modernen Kunst mit den Wissenschaften. Lissitzky bezeichnete den Übergang eines im Ruhezustand befindlichen Stabes zu einem zylindrischen Körper, durch eine einfache Rotationsbewegung als imaginären Raum (s. Abb. 48) und prägte folgenden Satz:

> *„Die Zeit wird von unseren Sinnen indirekt erfasst, die Veränderung der Lage eines Gegenstandes in dem Raum zeigt es an.*[260]“

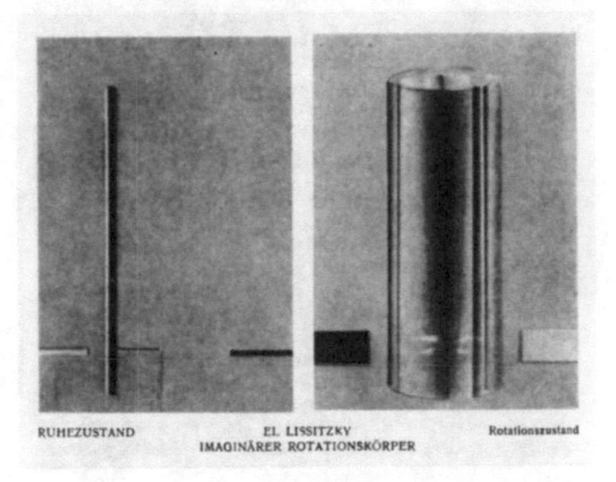

Abb. 48: Imaginärer Rotationskörper/Imaginärer Raum. In El Lissitzky (1925): K. und Pangeometrie, S. 110.

Lissitzky vertritt die Auffassung, dass die Zeit von unseren Sinnen indirekt erfasst wird und dies durch die Veränderung der Lage eines Gegenstandes im Raum angezeigt wird. Zeit und Bewegung sind als konstituierende Elemente des Raumes unerlässlich. Der imaginäre Raum des Zylinders von Lissitzky entspricht dem zeitlichen Raum der Tesserakte von Theo van Doesburgs, beide sind in einem „zeitlosen“ Moment nicht existent.[261] Die Umsetzung dieser theoretischen Überlegungen blieb zunächst schwer vorstellbar und kaum realisierbar. Erst am Bau seines eigenen Atelierwohnhaus in Meudon bei Paris konnte van Doesburg im Jahr 1929/30 diese Überlegungen umsetzen. Wie das zuvor erwähnte *Maison d'Artiste* setzt

[260] Lissitzky (1925), zit. nach Noell (2004), S. 311f.
[261] Vgl. Noell, M., S. 312.

sich auch das Atelierwohnhaus in Meudon aus verschiedenen Quadern zusammen, jedoch mit der Abweichung, dass sich der Grundriss nicht mehr in der Diagonalen entwickelt. Van Doesburg stellte dieser Drehbewegung in einer Dreifach-Axonometrie dar, in dieser werden drei „zeitlose" Ruhezustände übereinandergelegt - Zeit, Raum und Bewegung wurden in die Fläche übertragen (s. Abb. 49).[262]

Abb. 49: Dreifach-Axonometrie Atelierwohnhaus in Meudon, Theo van Doesburg, 1923. In Noell (2013): Das Leben ist in fortwährender Bewegung. Brandlhuber & Buhrs 2013 (Hrsg.): Im Tempel des Ich - das Künstlerhaus als Gesamtkunstwerk, S. 297.

Die formale Nähe des Atelierwohnhauses in Meudon zu der Darstellung des *Maison d'Artiste* zeigt, dass van Doesburg sein Zeit-Raum-Konzept in eine andere Darstellungsform übertragen hatte. Das Haus in Meudon ist als angehaltener Tesserakt sozusagen eine Momentaufnahme aus dem Raum-Zeit-Kontinuum. Verglichen mit dem *Maison d'Artiste* machte van Doesburg in Meudon den Verlust der Form wieder rückgängig, indem die Form am Gebäude wieder ablesbar ist. Die angehaltene Bewegung kommt im Innenraum allerdings wieder zum Tragen und van Doesburg hatte die Auflösung der Wand in Stützen gefordert. Die Wände sollten auf ihre grundlegenden Funktionen als innere Trennflächen und äußere Schutzflächen

[262] Ebd., S. 313.

reduziert werden.[263] Das im Jahr 1919 von Walter Gropius gegründete Bauhaus war, wie auch das Raum-Zeit-Kontinuum von Theo van Doesburg, nach Art und Konzeption etwas gänzlich Neues, da es die Zusammenführung von Kunst und Handwerk propagierte. Mit der Rückbesinnung auf das Handwerk war das gestalterische Bestreben damit verbunden, experimentell eine neue Formensprache zu entwickeln, die dem industriellen Herstellungsprozess gerecht wird. Das Leitbild war die Verbindung der Architektur als Gesamtkunstwerk mit den anderen Künsten. Architektur, Bildhauerei und Malerei sollten zum Handwerk zurückgeführt werden, um vereint den Bau der Zukunft zu gestalten.[264]

In seinem Gründungsmanifest (1919) skizzierte Gropius das Leitbild eines neuen Baus der Zukunft, der alles in einer Gestalt sein sollte: Architektur, Plastik und Malerei. Die Idee des Bauhauses als einer Art mittelalterliche Bauhütte sollte die Wiedervereinigung aller werkkünstlerischen Disziplinen erreichen. Das Gründungsmanifest hatte er mit dem symbolischen Bild einer gotischen Kathedrale, Lyonel Feiningers Holzschnitt „Die Kathedrale des Sozialismus", geschmückt und im Text indirekt die mittelalterliche Bauhüttenkultur des gotischen Sakralbaus als Leitbild der Verbindung von Kunst und Handwerk sowie der Vereinigung der verschiedenen Künste unter dem Dach der Architektur am Bauhaus hervorgehoben.[265]

In der Zeit der 1920er Jahre entstanden ideenreiche Avantgardebewegungen, die mit ihren Aktivitäten das gesamte Jahrhundert inspirierten, wie etwa der Dadaismus ab 1916, der Konstruktivismus ab etwa 1917 und eben das Bauhaus ab 1919. Die niederländische Gruppe *De Stijl* gehörte ebenfalls zu dieser Avantgardebewegungen. Die Gründungsmitglieder waren der bereits erwähnte Theo van Doesburg und der niederländische Maler Piet Mondrian (1872-1944). Weitere Mitglieder waren die Maler Bart von der Leck, Vilmos Huszár und Georges van Tongerloo sowie die Architekten Robert van't Hoff, Jacobus Johannes Pieter Oud und Jan Wils. Die Gruppe bekannte sich zu einer geometrisch-abstrakten, sparsamen Form

---

263 Ebd.

264 Vgl. Gropius, W., *Staatliches Bauhaus in Weimar 1919-1923*, Hrsg. Nierendorf, K. (Weimar, München: Bauhaus Verlag, 1923).

265 Vgl. Gropius, W., *Bauhaus Manifest* (Berlin, Weimar: Bauhaus-Archiv, 1919).

der Darstellung in Kunst und Architektur und einem auf Funktionalität beschränkten Purismus. Ihre Auffassungen standen unter dem Einfluss des Kubismus und den kunsttheoretischen Publikationen des russischen Malers Wassily Kandinsky. Die Gruppe *De Stijl* wollte sich gänzlich von den Darstellungsgrundsätzen der traditionellen Kunst abwenden und eine neue, gänzlich abstrakte Formensprache entwickeln. Diese sollte auf der Variation von wenigen elementaren Prinzipien der bildlichen Gestaltung beruhen, wie etwa waagerecht/senkrecht, groß/klein oder hell/dunkel. Das beinhaltete auch die Reduktion von Farben auf die drei Primärfarben Rot, Gelb und Blau sowie die Nichtfarben Schwarz, Grau und Weiß.[266]

Diese Ausdrucksformen hatten eine universelle Anwendung in der Malerei und Architektur, wobei nach van Doesburg das wesentliche Betätigungsfeld die Architektur sein muss.[267] Er hatte bereits in der Erstausgabe der Zeitschrift *De Stijl* auf die Notwendigkeit der Abstraktion und Vereinfachung hingewiesen. Van Doesburg und seine Mitstreiter wollten durch diese Formen gegen den Individualismus kämpfen und die Zeitschrift *De Stijl* hätte einen Befehl dazu. Alles, was nicht die Einheit in den einfachen geometrischen Formen anstrebte, wurde als „Barock“ verspottet. [268] Der Anlass für die Suche nach universellen Ausdrucksmitteln war die Reaktion auf die kulturelle Verwüstung durch den Ersten Weltkrieg. Die Kunst sollte von unwesentlichen Themen wie etwa Unwirklichkeit, Mehrdeutigkeit oder Subjektivität befreit werden.[269]

Nach der Auffassung von Theo van Doesburg war das Bauhaus mystisch und romantisch, womit er auf die mittelalterliche Bauhüttenstruktur anspielte. Die verklärende Struktur sei viel zu irrational für eine moderne Kunstrichtung. Daher griff van Doesburg massiv in den Alltag und das künstlerische Leben am Bauhaus ein, mit dem Ziel das Ausbildungsprogramm zu reformieren. Walter Gropius indes verhinderte, dass van Doesburg Meister am Bauhaus wurde. Wobei andere Lehrer seine Lehre am

---

[266] Vgl. Warncke, C.P.
[267] Vgl. Padovan, R., “Le Corbusier, Mies and De Stijl. Theo van Doesburg: Der Kampf um den neuen Stil“, *Neue Schweizer Rundschau* (1929): S. 41ff.
[268] Vgl. Jaffe, H.L., “De Stijl“, *De Stijl* 11 (1917): S. 13ff.
[269] Vgl. Heller, S. & Balance, G., *Graphic Design History* (New York: Allworth Press, 2001), S. 322.

Bauhaus durchaus wertschätzten. Van Doesburg besaß nie einen offiziellen Rang, hatte aber einen starken Einfluss auf die Schüler. Er veranstaltete Kurse außerhalb des regulären Stundenplanes, die insbesondere gegen den „wirren" Grundkurs von Johannes Itten gerichtet waren. Van Doesburgs unablässiges Einwirken ist unter anderem die Rückbesinnung auf die einfachen kubischen Formen zuzuschreiben.[270]

2.4.3 Die computergestützte Raumproduktion im 20. Jahrhundert

Die von dem deutschen Bauingenieur, Erfinder und Unternehmer Konrad Zuse (1910-1995) im Jahr 1941 gebaute Rechenmaschine Z3 wird als erster vollautomatischer, freiprogrammierbarer Computer der Welt bezeichnet und bildet in nahezu allen Bereichen den Ausgangspunkt der Digitalisierung. Die Grundlagen zur Vernetzung von Computern wurden in den 1960er Jahren gelegt und im Vorgänger des Internets (dem Arpanet) weiterentwickelt, um ab 1989 kommerziell genutzt zu werden. Das Internet hat seitdem weitreichende gesellschaftliche Veränderungen ausgelöst, so auch in den Arbeitsprozessen der Architektur und Bauwirtschaft. Nach den ersten geometrischen Formalisierungen in den 1950er Jahren und den ersten Zeichenansätzen in den 1960er Jahren, hat im Jahr 1985 das sog. *Computer Aided Design* (CAD) Einzug in die Planungspraxis der Architekten und Bauingenieure gehalten. Digitale Werkzeuge wurden zunächst für die Darstellung und Speicherung von Zeichnungen eingesetzt, wie zuvor die analog mit dem Tuschestift angefertigten Zeichnungen.

Moelle (2006) bezeichnet die Einführung von CAD als die erste digitale Revolution im Bauwesen und später dann den Wandel von der zweidimensionalen CAD-Technik zur dreidimensionalen Modellierung als die zweite digitale Revolution im Bauwesen.[271] Im 20. Jahrhundert wurde der Computer dann zum dominierenden Werkzeug zeitgenössischer Architekturproduktion. Bis heute wird der Computer zur Anfertigung von Architekturzeichnungen eingesetzt, die Entwurfsidee hingegen wird vielfach weiter

[270] Vgl. Oswalt, P., *Der Bauhaus-Streit 1919-2009 - Kontroversen und Kontrahenten.* (Ostfildern: Hatje Cantz, 2009).

[271] Vgl. Moelle, H., "Rechnergestützte Planungsprozesse der Entwurfsphasen des Architekten auf Basis semantischer Modelle" (Diss., Technische Universität München, 2006), S. 238.

anhand von Skizzen und physischen Arbeitsmodellen entwickelt. Neben der Möglichkeit einer dreidimensionalen Visualisierung der Entwurfsidee, über die sich erweiterte räumliche Vorstellungen gewinnen lassen, wird der Nutzen des Computers vor allem in der Beschleunigung des gesamten Arbeitsprozesses gesehen. Eine neue Stufe erreichte der Computer mit seiner Instrumentalisierung zur architektonischen Raumproduktion. Die von diesem Zeitpunkt an geführte Debatte, um die Vor- und Nachteile handwerklicher und computergestützter Entwurfs- und Darstellungsverfahren, teilt die beteiligten Akteure in oppositionelle Lager. Die Debatte an den deutschen Architekturfakultäten um die Fächer Zeichnen, Plastisches Gestalten und computergestütztes Entwerfen erinnert in ihrer Polarität an die Debatten zwischen den verschiedenen Stilrichtungen in der Architektur der Moderne.[272]

Auf der einen Seite setzen die Kritiker der digitalen Werkzeuge das Entwerfen am Computer mit Reduktion, Monotonie und Reproduzierbarkeit gleich, während das handwerkliche Zeichnen als Ausdruck von Spontanität, Kreativität und individueller Freiheit gesehen wird. Die Alternative des Computers gegenüber der traditionellen Architekturzeichnung führt die bestehenden gegensätzliche Lager, wie etwa technisches versus handwerkliches Produkt oder rationale versus freie Form, weiter. Auf der einen Seite werden die technischen Verfahren über angenommene Schwächen definiert und auf Eigenschaften festgelegt, die auf Vorurteilen beruhen. Auf der anderen Seite sind viele (Computer)Architekten durch das neue Entwurfswerkzeug scheinbar von einer Euphorie erfüllt, die an die technisch begründeten Wunschbilder der Architekten der Moderne erinnert. Mit ihrer Erklärung vom Ende des Handwerklichen und vom Beginn einer neuen wissenschaftlichen Architektur folgen sie den Vorstellungen der Moderne und ihrem Prinzip des „Entweder-oder“, das schon einmal einen arglosen Funktionalismus und orthodoxen Rationalismus begründet hat.[273]

Carolin Höfler untersucht in ihrer im Jahr 2009 veröffentlichten Dissertation die verschiedenen Arten des computergestützten Entwerfens am

[272] Vgl. Hilpert, T., “Die Polarität der Moderne“, *Archplus (Aachen)* 146 (1999): S. 25ff.
[273] Vgl. Höfler, C., “Form und Zeit - computerbasiertes Entwerfen in der Architektur“ (Diss., Humboldt-Universität zu Berlin, 2009), S. 6f.

Beispiel der zwei wohl prägendsten Protagonisten der experimentellen Architektur am Übergang vom analogen zum digitalen Entwurf. Auf sehr unterschiedliche Weise verbinden sie in ihren Projekten handwerkliche und technische sowie künstlerische und wissenschaftliche Entwurfsmethoden. In ihren Arbeiten zeigt sich deutlich, wie die analogen und digitalen Entwurfsmethoden sich gegenseitig bestimmen. Einerseits ermöglicht die digitale Computertechnologie die Gestaltung und Umsetzung geometrisch komplexer Bauformen, andererseits prägte die bis dahin analog bestimmte Entwurfstätigkeit die Art der Anwendung des Computers.[274]

Mit der Verbreitung des Computers bildeten sich auch unterschiedliche Einsatzformen in der Architektur- und Raumproduktion heraus. Der Computer wurde vor allem genutzt, um die dreidimensionale Vorstellungskraft des Anwenders zu stärken und seine Entwurfsidee planerisch umzusetzen. Er diente aber auch als Zeichenmaschine für die Erzeugung der Pläne und Schaubilder. Mit der Entwicklung komplexer 3D-Modellierungsprogramme und der Verbesserung der Rechenleistung fand der Computer außerdem Verwendung als Entwurfsmedium und Formgenerator. Die verschiedenen Arten der Nutzung des Computers in der Architektur- und Raumproduktion waren aber nicht nur von den technologischen Neuerungen, sondern auch von den gewohnheitsmäßigen Arbeitsweisen der Architekten abhängig. Vor allem die erste Hälfte der 1990er Jahre war durch eine generationsabhängige Überlagerung der Arbeitsweisen gekennzeichnet. Die Vertreter der älteren Generation verwendeten den Computer als Werkzeug zur rationellen Organisation und baulichen Umsetzung des Entwurfs, während die jüngere Generation den Computer als experimentelles Werkzeug für die Entwicklung neuer Entwurfsmethoden und außergewöhnlicher Formen einsetzte.[275]

Die konzeptionelle Auseinandersetzung mit dem Computer als Medium der architektonischen Raumproduktion fand zuerst vor allem in den renommierten US-amerikanischen Architekturschulen statt, später aber auch in den renommierten europäischen Architekturschulen. In den frühen 1990er Jahre entstanden zahlreiche computergestützte Entwürfe von frei

[274] Ebd.
[275] Ebd., S. 14f.

geformten Baukörpern. Zunehmend entdeckten die Architekten die Möglichkeit, über die Anwendung der modernen Computertechnologien, von den geometrischen Grundformen abzuweichen und einen Wandel der konventionellen Architekturformen herbeizuführen. Zwischen den 1950er und 1970er Jahren hatten die plastischen Materialien (wie bspw. Beton) zum Entwurf von Freiformen inspiriert. Allerdings wurde deren bauliche Umsetzung aufgrund fehlender Planungs- und Fertigungswerkzeuge erschwert. In den 1990er Jahren war mit dem Computer ein geeignetes Werkzeug gefunden, selbst geometrisch sehr komplexe Freiformen zu planen und baulich umzusetzen.[276]

In dieser Zeit war die Arbeit der Architekten von zwei unterschiedlichen Ansätzen, den Computer im architektonischen Entwurfsprozess einzusetzen, geprägt. Während die Architekten der älteren Generation ihre Entwürfe vornehmlich von Hand, mithilfe von Skizzen und Arbeitsmodellen gestalteten und erst danach in eine digitale Struktur übertrugen nutzten die Architekten der jüngeren Generation den Computer bereits als Werkzeug zur Formfindung. Anders als bei den analogen Entwurfsverfahren wird dabei ein räumliches Gebilde nicht mehr in getrennten Plandarstellungen (Grundriss, Aufriss und Schnitt) dargestellt, sondern direkt als dreidimensionales (Bauwerks) Modell im Computer erzeugt.

Frank O. Gehry ist ein herausragender Vertreter jener Architekten, die räumliche Komplexität mit dem Computer durchführen und überwachen, sie aber nicht mit ihm erzeugen. Seine Bauten der späten 1990er Jahre wurden aufgrund ihrer geschmeidigen Erscheinung und rechnergestützten Produktion oft als sog. Computerarchitektur missverstanden. Der französische Medientheoretiker und Philosoph Jean Baudrillard (1929-2007) bspw. bezeichnete das Guggenheim Museum in Bilbao (s. Abb. 50), in seinem 1999 in Graz gehaltenen Vortrag „Architektur - Wahrheit oder Radikalität“, als Prototyp einer virtuellen Architektur, die am Computer aus kombinierbaren Elementen und Modulen zusammengesetzt wurde.[277] Entworfen hat Gehry seine Ideen in all ihrer Komplexität trotzdem manuell. Gehry hielt an der manuellen Formfindung fest und vertrat die Ansicht, dass analoge

[276] Ebd.
[277] Ebd., S. 16.

Freihandskizzen für die konzeptionelle Entwurfsarbeit schneller und intuitiver sind als der Computer. Die Freihandskizzen ermöglichten ihm unbestimmte Raumvorstellungen zu materialisieren, das Kernstück des Entwurfs zu fassen und Alternativen zu entwickeln. In den Freihandskizzen studierte Gehry die Form, Bewegung und Komposition der Bauformen, wobei er die ununterbrochen durchgezogene Linie weniger zur Fixierung als zur Dynamisierung der Einzelformen einsetzte, wie am Beispiel Guggenheim Museum Bilbao deutlich zu sehen ist (s. Abb. 51).

Abb. 50: Guggenheim Museum Bilbao, Frank O. Gehry, Nordostseite, Luftfotografie, Standbild aus dem US-amerikanischen Dokumentarfilm *Sketches of Frank Gehry* von Sydney Pollak, 2005. In Höfler (2009): Form und Zeit - computerbasiertes Entwerfen in der Architektur, Abb. 12.

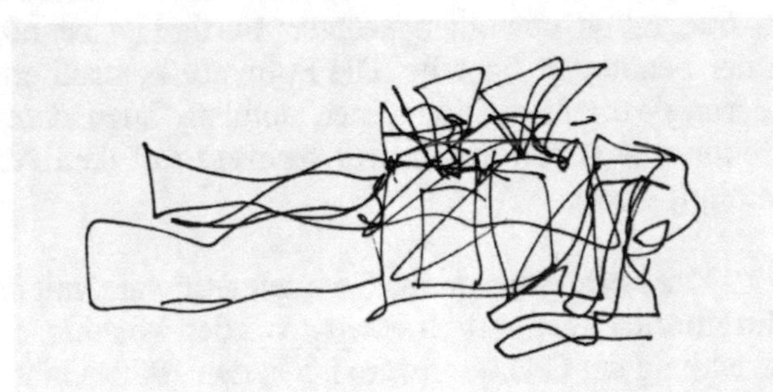

Abb. 51: Guggenheim Museum Bilbao, Frank O. Gehry, Tinte auf Papier, Zeichnung, Standbild aus dem US-amerikanischen Dokumentarfilm *Sketches of Frank Gehry* von Sydney Pollak, 2005. In Höfler (2009): Form und Zeit - computerbasiertes Entwerfen in der Architektur, Abb. 11.

Seine Architekturentwürfe entstanden zunächst in physischen Arbeitsmodellen aus der interpretierenden räumlichen Fassung seiner Freihandskizzen. Seine Bauwerke durchliefen zahlreiche Phasen der Modellierung, für die er eine Vielzahl plastischer Materialien wie bspw. Pappe, Polystyrol oder Holz verwendete. Die bauliche Umsetzung seiner komplexen, häufig mehrfach in sich verdrehten und verschachtelten Raumkompositionen veranlasste Gehry schließlich, den Computer in den Entwurfs- und Ausführungsprozess einzubeziehen.[278]

Gehry definierte den imaginären Raum über seine Oberflächen und legte mit Hilfe der Scanmethodik, eine Vorläufermethode des *Laser scanning*, die innere und äußere Begrenzung der Form fest. Nach der digitalen Erfassung wurden die Oberflächen mit der Software CATIA (*Computer Aided Three-Dimensional Interactive Application*) - einer u.a. im Flugzeugbau verwendeten Software - in den Maßstab des Bauwerks übersetzt und auf ihre ästhetische Erscheinung, technische Realisierbarkeit und Wirtschaftlichkeit hin überprüft. Anhand der überarbeiteten Daten wurde erneut ein physisches Modell angefertigt, um die veränderte Gestalt des Bauwerks räumlich und gestalterisch zu überprüfen. So entstand in einem dialektischen Arbeitsprozess zwischen analogen und digitalen Gestaltungsmethoden die endgültige Gebäudehülle. Der Nutzen von CATIA lag vor allem darin, dass sie die interaktive Modellierung und computergestützte Herstellung von frei geformten Flächen erlaubte. Darüber hinaus ermöglichte CATIA die Integration computergestützter Fertigungstechniken für die Produktion der benötigten Bauteile. Die Software kontrollierte nicht nur die Modellierung komplexer Baukörper, sondern auch deren anschließende Produktion, wodurch der Entwurfsprozess mit dem Ausführungsprozess verknüpft wurden.[279]

Anfang der 1990er Jahre gab es keine Computersoftware, mit der räumlich komplexe Freiformen geometrisch erzeugt werden konnten. Die Priorität bei der Entwicklung der CAD-Software lag in den 1980er Jahren nicht auf der Darstellung der geometrischen Komplexität, sondern auf der Beschreibung der semantisch-funktionalen Zusammenhänge der Bauteile. Die Bau-

[278] Ebd., S. 17f.
[279] Ebd., S. 19f.

elemente wurden mit einer objektbasierten „Intelligenz“ versehen, so dass sie ihre Funktion und Möglichkeiten sowie Grenzen der Kombination „kannten“. Eine Verwendung der Bauelemente gegen ihre Funktion erlaubten die Programme nicht. Diese eigenschaftenbasierten, parametrischen Modellierungssysteme dienten weniger der experimentellen Formfindung als der Vereinfachung und Automatisierung von Gebäudeplanung und Bauentwurf. Die Programme beruhten auf einer einfachen Volumenmodellierung, bei der durch simple Extrusion des Grundrisses auf das Volumen der Wandelemente geschlossen wurde.[280]

Die Verflechtung von Entwurfsprozess und Ausführungsprozess war für Gehry von besonderer Bedeutung, da sich seine Freiformen mit den damals vorhandenen Techniken im Bauwesen nur schwer und außerordentlich kostspielig umsetzen ließen. Für Gehry eröffnete die CATIA-Software einen Ausweg aus dem Dilemma, in das er regelmäßig geriet, wenn die Entwurfsplanung in die Ausführungsplanung überging. Vor dem Hintergrund der computergestützten Automatisierung der Fertigungsprozesse war die Einführung von CATIA und die frühe Anwendung der Software schon damals außergewöhnlich innovativ. Die Integration von CAD (*Computer Aided Design*) und CAM (*Computer Aided Manufacturing*) war ein komplexer Vorgang, der erst in den achtziger Jahren erfolgreich bewerkstelligt werden konnte.[281]

Während sich der analog entwerfende und digital bauende Gehry dem Computer anwendungsbezogen zuwandte und diesen erst dann einsetzte, wenn es um die detailplanerische Umsetzung seiner Entwürfe ging, verwendete Peter Eisenman den Computer bereits als konzeptionelles Entwurfsmedium im Formfindungsprozess. Oder anders gesagt: Während Gehry den Computer zum Erhalt der persönlichen Handschrift des Architekten einsetzte, verwendete Eisenman den Computer zu deren Überwindung. Das Interesse von Eisenman zielte weniger auf den Entwurf und die Raumproduktion als auf die Entwicklung geometrischer Formprozesse ab. Insofern war der Computer für ihn ein epochales Werkzeug, mit dem sich seine geometrisch entwickelten Architekturentwürfe umsetzen ließen.

[280] Ebd., S. 20.
[281] Ebd., S. 22.

Eisenman ging es aber weniger um eine bloße „Re-Geometrisierung“ als um eine grundlegende Neuformulierung der Architektur. Er hielt den Computer für auserkoren, das sogenannte „Projekt der Moderne“ in der Architektur zu verwirklichen.[282]

Die geometrische Auseinandersetzung mit der Form bildete für Eisenman den Ausgangspunkt für den architektonischen Entwurf. Um wirklich modern zu sein, müsste die Architektur die „Verschiebung des Menschen aus dem Zentrum seiner Welt“ thematisieren. Die Architektur sollte sich von idealistischen Forderungen wie etwa die Angemessenheit von Form und Funktion befreien, um ihrer eigenen formalen Logik zu folgen. Eisenman beklagte, dass die Architektur intellektuell noch gar nicht in der Moderne angekommen sei und sich im Unterschied zur Literatur oder bildenden Kunst den geistigen Herausforderungen eines metaphysik-kritischen Denkens seit Nietzsche nicht gestellt hat. Derartige Kritik an der zeitgenössischen Architekturtheorie äußerte Eisenman in vielen Schriften und Vorträgen, so auch auf den von ihm initiierten *Any-Conferences* in den 1990er Jahren. Die Schaffung einer zeitgenössischen Architektur erfordere nach seiner Auffassung eine radikale Anwendung der Moderne auf die Architektur und eine Selbstaufklärung über unreflektierte Traditionsbestände - über das, was er polemisch die „Metaphysik der Architektur“ nannte. [283]

Ausgehend von diesen Positionen entwarf Eisenman zwischen 1967 und 1975 eine Reihe von experimentellen Wohnhäusern, deren Formfindung er in einem formal-logischen Entwicklungsprozess vollzog. Das Zerlegen und Widerzusammensetzen von Strukturen nach bestimmten Regeln charakterisierte ein analytisches und ästhetisches Verfahren, das Eisenman als Transformation bezeichnete. Mit dem Terminus „Transformation“ charakterisierte er ein Verfahren schrittweiser Formentwicklung. Die Ergebnisse dieses Verfahrens waren aber weniger die Folgen einer vollständigen Verwandlung, als vielmehr das Festhalten von Formzuständen in verschiedenen Entwurfsstadien.[284] Diese Festhalten von Formzustände in verschiedenen Entwurfsstadien zeigen die sog. axonometrischen Diagramme seines

[282] Ebd., S. 30f.
[283] Ebd., S. 31f.
[284] Ebd., S. 32f.

House III (s. Abb. 52). Bei jedem dieser experimentellen Entwürfe legte Eisenman die Art und Anzahl der zu transformierenden Elemente sowie die Modi der Transformation fest. Bei seinem *House IV* organisierte er kubische Körper, vertikale Ebenen und ein räumliches Neun-Quadrat-Raster durch Verschiebung, Drehung, Kompression und Ausweitung. Die axonometrischen Diagramme für *House IV* veranschaulichen dies (s. Abb. 53).

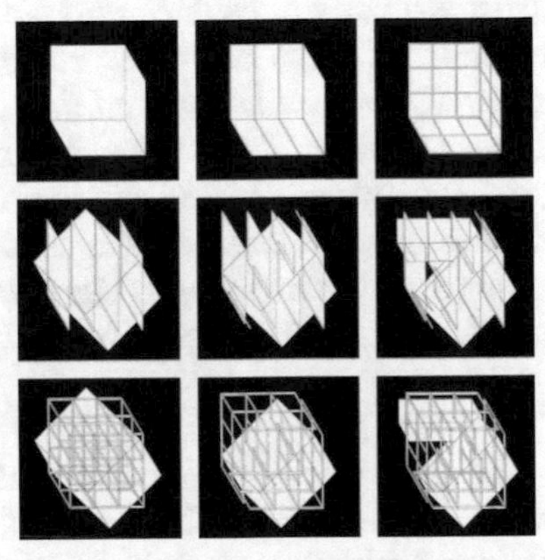

Abb. 52: House III, Lakeville/CT, USA, Peter Eisenman 1969-71. Axonometrische Diagramme und Modell. In Höfler (2009): Form und Zeit - computerbasiertes Entwerfen in der Architektur, Abb. 50.

Abb. 53:, House IV, Falls Village/CT, USA, Peter Eisenman, 1971. Axonometrische Diagramme. In Höfler (2009): Form und Zeit - computerbasiertes Entwerfen in der Architektur, Abb. 52.

In seinen Erläuterungen zu dem regelbasierten Entwurfsverfahren kündigte sich bereits das später von ihm vertiefte Konzept der digitalen Formerzeugung an:

> *„Die bei House IV angewandten Transformationsmethoden wurden eigens dafür entwickelt, weitestgehend selbstgenerierend und damit möglichst frei von externen Einflüssen zu sein. Dazu wurde eine „logische Formel", das heißt eine schrittweise Prozedur, geschaffen, mit den Grundelementen wie Linie, Ebene und Körper in Bewegung gesetzt wurden. Das führte zu einem Objekt, das sich scheinbar „selbst entwarf". [...] In diesem Sinn bestand die Aufgabe des Architekten nicht darin, ein Objekt zu entwerfen, sondern ein Transformationsprogramm zu finden und auszuarbeiten, das von traditionellen Beschränkungen des Schaffensprozesses frei war.*[285]"

Kennzeichnend für sein Entwurfsverfahren war, dass der Architekt das Verfahren zur Formbildung auslöste und einen Automatismus in Gang setzte, hinter dem er (der Architekt) scheinbar verschwand. Mit der Anwendung der Axonometrie als Darstellungsmethode folgte Eisenman den Wegbereitern der Moderne, wie etwa van Doesburg und El Lissitzky, die diese Art der zeichnerischen Darstellung in die Architektur des 20. Jahrhunderts eingeführt hatten. Eisenman nutzte die visuellen Eigenschaften der Axonometrie, um seiner Vorstellung des sog. aperspektivischen und entorganisierten Raumes ohne bevorzugte Richtung Ausdruck zu verleihen. Denn zu den wesentlichen Vorzügen der Axonometrie zählt, dass sie im Unterschied zur Perspektive eine geometrisch exaktere Sicht auf das Objekt ermöglicht, da sie messbare Verhältnisse von Linien, Flächen und Körpern vermittelt. Nach Ansicht von Eisenman gehört zur Wahrnehmung des architektonischen Objekts als formales System auch, dass die Axonometrie das Objekt und den Betrachter visuell integriert. Befindet sich also der Betrachter bei einer Perspektive vor der Bildebene und schaut in den Raum hinein, dann gehört er dem Raum, in dem sich das Objekt befindet, selbst an.[286] Mit der Abwendung von der Perspektive hin zur Axonometrie

---

[285] Eisenman (2004), zit. nach Höfler (2009), S. 33.
[286] Vgl. Höfler, C., S. 34.

wurde die Darstellungsmethode vom künstlerischen Wertbegriff zum Funktionsbegriff der exakten Ästhetik hin verschoben. In der Axonometrie scheint der Raum gegenüber der Funktion und visuellen Bezügen unabhängig zu sein. Geometrisch betrachtet sind alle Richtungen im Raum gleichwertig. Während die Perspektive nach Auffassung von El Lissitzky den Raum nach der Anschauung der Euklidischen Geometrie als starr dreidimensional erfasst, beschreibt die Axonometrie ihn als variables Gebilde von offener Gliederung. Zu den Leitgedanken der axonometrischen Darstellung gehören demzufolge vor allem raumzeitliche Sequenzen und Prozesse von Verdichtung, Schichtung und Überlagerung. Dieses raumzeitliche Verständnis lag den experimentellen Entwürfen der zuvor beschriebenen Wohnhäuser zugrunde. Jedes der Häuser trägt eine grafische „DNA" in sich, die sowohl auf die Herkunft als auch den Prozess seiner Entwicklung verweist.[287]

Eisenman ging es um einen Entwurfsprozess, der frei von der schöpferischen Idee, überwiegend in Eigendynamik das Unvorhersehbare und das Beliebige zu erzeugen vermag. Die sog. „Entsubjektivierung" des Entwurfsprozesses sollte eine Architektur als Erfahrungsraum hervorbringen, die nicht mehr nach den Grundsätzen der herkömmlichen Architekturrationalität aufgebaut war. Anregungen dafür erhielt Eisenman ab Ende der 1980er Jahre vor allem aus den Naturwissenschaften und der Mathematik. So ließ er sich bei seinen Entwurfsprozessen von mathematischen Phänomenen inspirieren, wie etwa ein durch Faltung und Solitonen erzeugtes Wellenpaket, das sich durch ein Medium bewegt und ohne Änderung seiner Form reproduziert. Gleichzeitig setzte er diese geometrischen Entwicklungsprozesse in Bezug zu historischen und topografischen Gegebenheiten des Ortes. Eisenman dient der Computer als Medium der Gestaltbildung und nutzte ihn im Entwurfsprozess für seine Projekte. Anders als Gehry ging es Eisenman bei der Einführung des Computers in die Architektur nicht um die handwerklichen Erleichterungen bei der Herstellung geometrisch anspruchsvoller Bauformen, sondern vielmehr um ein neues, konzeptionelles und formales Verständnis der Architektur. Eisenman sah in dem neuen Medium ein bahnbrechendes Werkzeug zur Hervorbringung einer

[287] Ebd., S. 35.

bis dahin unentdeckten Formensprache in der Architektur.[288] Die wesentliche Qualität des Computers sah Eisenman darin, Formzustände nach festgelegten Regeln, aber ohne festgelegtes Ziel variieren zu können. Mit seiner Vorstellung einer nicht zielgerichteten Formfindung wandte sich Eisenman sowohl gegen den herkömmlichen Begriff der Architekturgestaltung als auch gegen die gebräuchliche Auffassung vom computergestützten Entwerfen. Computergestützte Entwurfssysteme wurden bisher eingesetzt, komplexe und gegensätzliche Bedingungen zusammenhängend zu ordnen. Eisenman hingegen führte die computergestützten Entwurfssysteme ein, um zusammenhängenden Ordnungsstrukturen entgegenzuwirken, um Form und Funktion voneinander zu entkoppeln.[289]

In den 1970er Jahren hatte die Auseinandersetzung an den nordamerikanischen Architekturschulen einen gänzlich theoretisch-abstrakten Charakter, der vor allem durch die Trennung zwischen entwerfenden und bauenden Architekten geprägt wurde, ähnlich dem Phänomen in der Frühen Neuzeit. Vor diesem Hintergrund entwickelte sich in den USA eine theoretische Debatte, die sich kritisch mit der formalen Funktion der Architektur auseinandersetzte, sich aber gleichzeitig vom gesellschaftspolitischen Wandel löste. Die Initiative zu dieser Debatte ging vor allem von Eisenman aus. Im Jahr 1967 hatte er das *Institute for Architecture and Urban Studies* in New York gegründet, dem er dann bis 1982 vorstand. In den 1970er Jahren gehörte er der experimentellen Architektengruppe *New York Five* an und entwickelte konzeptionelle Architekturen. Im Jahr 1988 nahm er zusammen mit Gehry und anderen namhaften Vertretern dieser Zeit an der Ausstellung *Deconstructivist Architecture* teil, die auch der gleichnamigen architektonischen Bewegung ihren Namen gab.[290]

Einen weitaus größeren Einblick in die Vorstellung von Raum im Zeitalter des Computers gewähren die realen Entwürfe von Eisenman. Er erkannte den Computer als ein Werkzeug, um automatisierte Methoden der Gestaltbildung zu entwickeln. Gleichwohl sah Eisenman die Brauchbarkeit des Computers in der systematischen Organisation räumlicher Beziehungen.

[288] Ebd., S. 40f.
[289] Ebd., S. 42f.
[290] Ebd., S. 88f.

Die Fähigkeit des Computers logische Wirkungszusammenhänge zu erfassen und zu gestalten, erlaubte es Eisenman den architektonischen Raum als ein Beziehungssystem zu verstehen.[291] Dies zeigt sich beispielhaft in den oszillierenden Grundformen seines computererzeugten *Aronoff Center for Design and Art* der Universität von Cincinnati (s. Abb. 54).

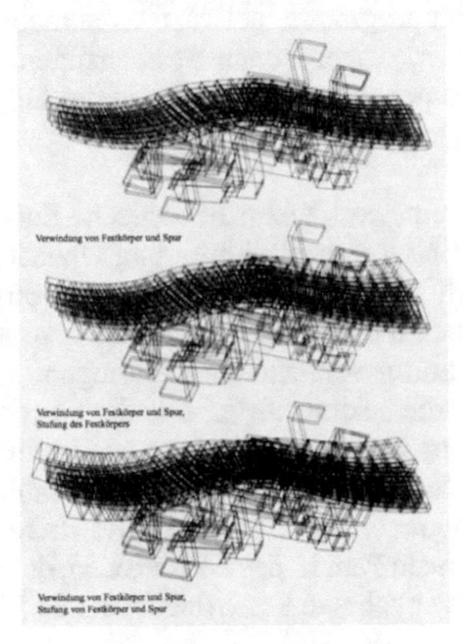

Abb. 54: Aronoff Center, Cincinnati/OH, USA, Peter Eisenman, 1991, Axonometrische Konzeptdiagramme mit Drahtgittermodellen. In Höfler (2009): Form und Zeit - computerbasiertes Entwerfen in der Architektur, Abb. 80.

Eisenman verknüpfte zwei verschiedenartige Formreihen: die eine winklig und voneinander abweichend, die andere wellenartig und kontinuierlich. Die damit erzeugte Zickzacklinie wurde anschließend zweifach multipliziert und verschoben. Parallel zu dieser gefalteten Linie erzeugte Eisenman eine doppelt oszillierte Kurve, die er aus den Linien der umgebenden Topografie gewann. Unter Einsatz des Computers wurde eine aus rechteckigen Gliedern zusammengesetzte oszillierte Kette variiert, multipliziert, gedreht und am Ende in die dritte Dimension übertragen. Eisenman führte dann die scheinbar gegensätzlichen Formen so zusammen, dass sie vom

291 Ebd., S. 668.

Betrachter weder als einzelne Figuren noch als einheitliches Ganzes wahrgenommen werden (s. Abb. 55).[292] Auf der Architekturbiennale 2004 in Venedig stelle Eisenman dann, den von topografischen Verwerfungen des Geländes kennzeichneten Entwurf für die *Cidade da Cultura e Creatividade Contemporánea de Galicia* in Santiago de Compostela vor. Für das anspruchsvolle Raumprogramm entwarf Eisenman eine faltenwerfende Architektur mit tief eingeschnittenen Straßenzügen. Sechs paarweise angeordnete Bauwerke nehmen die Topografie des Hügels auf und bildeten eine künstliche Bergkuppe (s. Abb. 56).

Als Andeutung auf seine architekturtheoretische Entwicklung verlangt Eisenman von seinen Entwürfen geschmeidiger Oberflächen. Eine sog. postsemiotische Sensibilität, worunter er die Abkehr von einer Kultur der zeichenhaften Repräsentation und die Hinwendung zu einer plastischen und beweglichen Affektkultur verstand. Zur Erzeugung dieser sog. affektiven Architektur setzte er die bekannte Methode der Überlagerung von Bezugssystemen ein und entwickelte daraus eine neue Formorganisation. Für das Projekt in Santiago de Compostela schichtete er zahlreiche Pläne zu einer Art Palimpsest, wovon er anschließend eine dreidimensionale Vektormatrix ableitete. Also ein Papier, das beschrieben, durch Schaben oder Waschen gereinigt und danach neu beschrieben wurde.[293]

Die Methode des Palimpsestierens, die schon in der Antike und im Mittelalter weit verbreitet war, wurde seit Mitte des 19. Jahrhunderts als Metapher für geistige und schöpferische Prozesse verwendet. Ausgehend von dieser dreidimensionalen Vektormatrix gestaltete Eisenman eine weich verformte und plastische Oberfläche, in der weder das Ausgangsmaterial noch deren Fügung zu erkennen ist. Die computergestützten Entwurfsmethoden zur Formfindung in den frühen 1990er Jahren schienen der Architektur neue Möglichkeiten zur Vereinigung von Raum und Zeit zu öffnen. Die von Eisenman propagierte Idee, die räumliche Gestalt in die Zeit zu übertragen, ließ sich durch den Computer unmittelbar umsetzen.[294]

[292] Ebd., S. 46f.
[293] Ebd., S. 71f.
[294] Ebd., S. 669.

Abb. 55: Aronoff Center, Cincinnati/OH, USA, Peter Eisenman, 1991. Präsentationsmodell mit Umgebung, Fotografie Westseite. In Höfler (2009): Form und Zeit - computerbasiertes Entwerfen in der Architektur, Abb. 82.

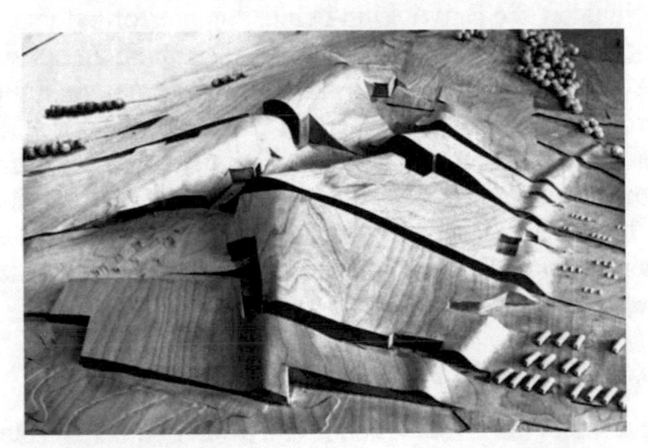

Abb. 56: Peter Eisenman, Cidade da Cultura e Creatividade Contemporánea de Galicia, Santiago de Compostela, Spanien, Wettbewerbsmodell von 1999, Fotografie. In Höfler (2009): Form und Zeit - computerbasiertes Entwerfen in der Architektur, Abb. 158.

Trotz der Auswirkungen des Computers auf den Raum geriet das digitale Entwerfen nach dem Jahr 2000 etwas in Stagnation. Zu dieser Stagnation trugen die (Computer)Architekten selbst bei, indem sie einerseits die technischen Möglichkeiten des Computers zum zentralen Gegenstand des Entwurfs machten und andererseits eine Architekturlehre etablierten, in der die Vorbereitung auf die architektonische Praxis vor allem im sicheren Umgang mit computergestützten Entwurfsmethoden gesehen wurde.[295] Van Berkel und Bos beschrieben diesen Zustand des technologischen Fortschritts und gestalterischen Stillstands in ihrem 2006 erschienenen Buch „Designmodelle“ folgendermaßen:

> *„Parametrische Entwurfsverfahren haben dazu geführt, dass das Technische ins Zentrum rückte, das gewünschte Resultat aus dem Blickfeld geriet und eine tödlich homogene Fülle von Avantgarde-Entwürfen entstand.*[296]“

Eine intensive Verbindung digitaler und analoger Entwurfsprozesse unternahmen die an der *Architectural Association, School of Architecture London* (AA) tätigen Architekten Michael Hensel und Achim Menges mit ihrem Konzept einer integralen Formfindung und Materialisierung. Das Konzept beinhaltet die Entwicklung einer sog. performativen Architektur, deren gegliederte Struktur eine formbare Anpassung an spezifische topografische Anforderungen erlauben soll. Als Weiterentwicklung der Formkonzepte von Eisenman versuchen sie die Zeit, die durch computergestützte Entwurfsverfahren zur zentralen Einflussgröße der Form geworden ist, auch im Material, aus dem die Form besteht, gestalterisch wirksam werden zu lassen. In dieser auf den ersten Blick traditionell scheinenden Auseinandersetzung mit dem körperhaften Material liegt das Entwicklungspotenzial für die digitale Form in der Architektur.[297]

2.4.4 Das digitale Bauwerksmodell im 21. Jahrhundert

In der Literatur ist eine große Anzahl von Modellen zur Beschreibung von Bauwerken sowie deren Visualisierung mit Hilfe von Informationstechnologien zu finden. Die Modelle unterscheiden sich stark in ihren Einsatzbereichen und Detaillierungsgraden. Es gibt drei wesentliche Merkmale von Modellen, die eine fachübergreifende Gültigkeit besitzen:

---

[295] Ebd., S. 672f.

[296] Van Berkel & Bos (2006), zit. nach Höfler (2009), S. 674.

[297] Vgl. Höfler, C., S. 676f.

- Modelle sind Abbildungen natürlicher oder künstlicher Originale, wobei die Originale selbst wiederum Modelle sein können. Sie können sowohl physische Objekte als auch Bestandteil einer Fiktion sein.

- Modelle sind für einen Verwendungszweck bestimmt. Sie werden von Personen für eine bestimmte Zeit verwendet, um darauf bestimmte gedankliche oder reale Handlungen abzubilden.

- Modelle enthalten jeweils nur eine bestimmte Menge von Merkmalen der Originale, die für den vorbestimmten Verwendungszweck von Bedeutung sind.[298]

Ein Modell wird zur Abstraktion und verallgemeinernden Reduktion der Beschreibung von Wirklichkeit herangezogen.[299] Im Bauwesen werden Modelle zur Beschreibung der unterschiedlichen Eigenschaften eines Bauwerks verwendet. Ausgehend von dem vorbezeichneten Modellbegriff sind demnach folgenden Repräsentationen als Modell zu deuten:

- das gedankliche Entwurfskonzept eines Architekten,
- die zweidimensionale Genehmigungsplanung zur Erlangung der Baugenehmigung,
- die digitale Repräsentation des Bauwerks zur Visualisierung,
- die Ausführungsplanung als Basis für die Bauausführung,
- die Leistungsverzeichnisse als textliche Aufstellung aller auszuführenden Bauleistungen zur Erstellung des Bauwerks,
- die mathematischen Berechnungsalgorithmen zur Vorhersage des Verhaltens von Tragwerkselementen sowie
- die digital repräsentierten Informationen für alle Lebensphasen des Bauwerks in Form eines Produktmodells.[300]

---

298 Vgl. Wender, K., "Das virtuelle Bauwerk als Informationsumgebung für die Planung im Bestand" (Diss., Bauhaus-Universität Weimar, 2009), S. 37.
299 Vgl. Stachowiak, H., *Allgemeine Modelltheorie* (Wien: Springer Verlag, 1973), S. 171ff.
300 Vgl. Wender, K., S. 38f.

Ein integriertes Produktmodell enthält alle relevanten Produktmerkmale, die in den einzelnen Lebenszyklusphasen des Produktes entstehen. Die Grundlage dafür bildet eine einheitliche, lebensphasenübergreifende und redundanzfreie Grundstruktur. Diese Grundstruktur wird als konzeptuelles Schema bezeichnet und die Verwaltung der Informationen erfolgt dabei in aller Regel datenbankgestützt, einzelne Dokumente werden als Überblicke auf die Datenbasis generiert. Dieser Ansatz steht im Gegensatz zur herkömmlichen Art der Repräsentation von Produkten in Form einzelner, unabhängiger Dokumente sowie zu deren Bearbeitung mit Hilfe von Applikationen, die ausschließlich implizite Modelle verwenden. Produktmodelle im Bauwesen basieren auf einem objektorientiert modellierten konzeptuellen Schema, das die lebenszyklusübergreifend erforderlichen Daten in ihrer Gesamtheit strukturiert beschreibt.[301]

Junge (2008) beschreibt Produktmodelle als eine strukturierte digitale Repräsentation von Informationen künstlich hergestellter Objekte, mit dem Hauptzweck einer computergestützten Verarbeitung dieser Informationen während des gesamten Lebenszyklus des repräsentierten Objektes.[302] Die theoretischen Wurzeln der Produktmodellierung können sowohl in der konzeptionellen Modellierung von Datenbankanwendungen als auch in der Objektorientierung gesehen werden. Beide Ansätze stützen sich auf Konzepte der formalen Repräsentation von Wissen.[303]

Petzold (2001) untersucht in seiner Dissertation anhand verschiedener Projekte die digitale Erfassung und Modellbildung einer computergestützten Bauaufnahme und nutzte dabei Methoden der Informatik und Geodäsie. Der Anspruch der Arbeit bestand darin, einen anwendungsspezifischen Ansatz zur strukturierten Aufnahme planungsrelevanter Daten abzuleiten und hierfür notwendige Anforderungen und Konzepte zu formulieren.[304] Petzold unterscheidet in Anlehnung an Liebich (1993) in folgende Modell-

[301] Vgl. Wender, K., S. 40f.

[302] Vgl. Junge, R., "Interoperabilität mit IFC - Entwicklung, Grundlagen, Schema. Vortrag zum BIM-Workshop am 6. November 2008" (Weimar: Bauhaus-Universität Weimar, 2008).

[303] Vgl. Wender, K., S. 41.

[304] Vgl. Petzold, F., "Computergestützte Bauaufnahme als Grundlage für die Planung im Bestand" (Diss., Bauhaus-Universität Weimar, 2001), S. 40.

kategorien, um bauliche Objekte zu beschreiben, in Bezug auf ihre Eigenschaften und ihre Beziehungen untereinander (s. Tab. 3).[305]

Modellkategorie	Klassifikation
Beschreibende Modelle	Umfassen die sprachliche Formulierung des aufgenommenen Bauwerkes (z.B. Raumbücher). Rein verbale Beschreibungen können allerdings verschieden interpretiert werden.
Analoge Modelle	Bilden das Bauwerk durch ein abstraktes Modell, das in seiner Gestalt keine direkte Ähnlichkeit mit dem abzubildenden Bauwerk aufweist, (z.B. Bubble-Diagramme, Schemata) ab.
Symbolische Modelle	Beschreiben das Modell in Form von Symbolen. Diese Modelle sind Berechnungsalgorithmen und Formeln, wie sie im Ingenieurwesen kennzeichnend für Berechnungsnachweise sind.
Ikonische Modelle	Stellen das System und seine geometrischen Strukturen als Abbildung der räumlichen Ausprägung unter Vernachlässigung einer Dimension dar. Diese Modelle stellen ein mehr oder weniger generalisierendes und bereits interpretiertes Abbild des aufgenommenen Objektes dar.
Wirklichkeitsnah-fotografische Modelle	Halten die Ist-Form des Aufzunehmenden objektiv und nachweislich im Bild sowie im Maß fest. Sie bilden virtuelle Abformungen der aufzunehmenden Objekte. Ein weiterer Vorteil ist die Homogenität der Genauigkeit ihrer Abbildung.
Physisch-nachbildende Modelle	Bilden das Bauwerk in seinen geometrischen Strukturen räumlich ab, so dass alle Dimensionen dem gleichen Maßstab entsprechen. Dieses Modell ist kennzeichnend für Architekturmodelle.
Rechnerintern-nachbildende Modelle	Geben das Bauwerk mit konkreten abstrahierten geometrischen Objekten wieder. Heutige CAAD-Systeme bilden das bauliche Objekt 2D in ikonischer Form und 3D als nachbildendes Modell ab

Tab. 3: Modellkategorien. Eigene Darstellung in Anlehnung an Petzold (2001), S. 42.

[305] Ebd., S. 42f.

Petzold nennt weiterhin folgende vier Informationsarten, die als Datenstrukturen in einem objektorientierten Bauwerksmodell vorkommen können: geometrische, formale, informale und relationale Informationen.[306] Die traditionell gewachsene Softwarelandschaft im Bauwesen ist durch Heterogenität und Inkompatibilität der unterschiedlichen Anwendungen geprägt. Die verfügbaren Softwareanwendungen betrachten jeweils nur einzelne Aufgaben oder Teilbereiche der Planung, herausgelöst aus dem Gesamtprozess und verwalten die dafür erforderlichen Informationen ausschließlich in eigenen Datenstrukturen.[307] Eastman (1999) identifiziert kritische Merkmale, die in der gegenwärtigen Praxis noch anzutreffen sind und nennt folgende schwächende Faktoren:

- die Vielfalt der verwendeten Softwareanwendungen,
- die anwendungsbezogenen Speicherformate für die Daten,
- die auf Teilaufgaben ausgerichteten Anwendungen und
- der nicht ohne manuelles Eingreifen möglich Informationsaustausch zwischen unterschiedlichen Anwendungen.[308]

Unter diesen Voraussetzungen ist ein durchgängiger Informationsfluss zwischen den verwendeten Anwendungen über alle Phasen des Planungs- und Erstellungsprozesses eines Bauwerkes nicht möglich. Der Austausch von Planungsinformationen zum Zweck der Weiterbearbeitung durch unterschiedliche Akteure gestaltet sich dadurch über den gesamten Planungs- und Erstellungsprozess von Bauwerken als besonders ineffizient und fehleranfällig. Eastman argumentiert, dass eine Integration die Einrichtung von entsprechendem Datenzugriff für die Interpretation der Planungsergebnisse und ggf. iterative Wiederverwendung sowie den Austausch mit anderen Mitgliedern des Planungsteams erfordert. Die Integration in Form eines durchgängig computergestützten Informationsaustausches zwischen verschiedenen Fachapplikationen ist theoretisch auf der Grundlage eines

---

[306] Ebd., S. 46.

[307] Vgl. Hannus, M., Karstila, K., & Tarandi, V., "Requirements on standardised building product data models" in *Proceedings of the European Conference on Product and Process Modelling in the Building Industy (ECPPM) 1994*, Hrsg. Scherer, R. J. (Rotterdam: Balkema, 1995).

[308] Vgl. Eastman, C.M., *Building Product Models. Computer Environments Supporting Design and Construction.* (Boca Raton: CRC Press, 1999), S. 6.

integrierenden und lebensphasenübergreifenden Bauwerksdatenmodells nach dem Ansatz integrierter Produktmodelle möglich. Die unmittelbare Herausforderung ist es, ein digitales Abbild eines Bauvorhabens zu entwickeln, das zunächst für die Überprüfung der Machbarkeit verwendet werden kann, dann für den Bauwerksentwurf, für die Herstellung und letztlich für die Nutzung und Wartung des Bauwerks. Und dies in einer Weise, die es allen beteiligten Akteuren ermöglicht, ihre Arbeit effizienter als gegenwärtig zu erledigen.[309]

Für die Entwicklung vom Produktmodell bis hin zum integrierten Bauwerksdatenmodell gab es verschiedene Ansätze. Die ersten Technologien für Bauwerksmodelle entstanden aus verschiedenen, voneinander unabhängigen Projekten zur Unterstützung des Entwurfsprozesses. Ausschlaggebend hierfür waren die daraus hervorgegangenen frühen CAD-Anwendungen für den Krankenhausbau in Großbritannien. Etwa Mitte der 1970er Jahren entstanden so die ersten CAD-Anwendungen OXSYS, CEDAR und HARNESS.[310] In OXSYS konnten bereits räumliche Strukturen abgebildet werden und Teile eines Bauwerks konnten in Bereiche untergliedert werden. Mit dem Projekt GLIDE (*Graphical Language for Interactive Design*) der US-amerikanischen Carnegie Mellon University wurden Anfang der 1980er Jahre erstmals Datentypen verwendet, die sowohl geometrische Daten als auch Attribute und Relationen enthalten konnten.

Die weiteren Entwicklungen führten zu einem ersten *Standard for the Exchange of Product Model Data* (STEP) für das Bauwesen. Dafür wurden einige der technischen Fortschritte für die Gebäudemodelltechnologie aus dem Projekt GARM (*General AEC Reference Model*) aus dem Jahr 1988 verwirklicht. Das *General AEC Reference Model* (GARM) wurde im Rahmen der ISO/STEP-Normung entwickelt, um den Datenaustausch zwischen den verschiedenen Computeranwendungen für das Design, die Herstellung und die Wartung von Produkten, einschließlich der Produkte für die AEC-Industrie, zu erleichtern. Der wesentliche Unterschied zwischen

[309] Ebd., S. 31.

[310] Vgl. Junge, R. & Liebich, T., "Product Data Model for Interoperability in an Distributed Environment" in *Proceedings of CAAD Futures 1997*, Hrsg. Junge, R. (Dordrecht, Boston, London: Kluwer, 1997a), S. 571ff.

STEP und anderen Datenaustauschformaten bestand darin, dass STEP-Dateien direkt von modernen Computeranwendungen ohne menschliche Interaktion interpretiert werden können. Die anderen Dateiformate ermöglichten nur den Austausch von Zeichnungen oder 3D-Geometriemodellen für die weitere Interpretation. Der hohe Abstraktionsgrad macht STEP für eine Vielzahl von Anwendungen und Produkten nutzbar und vereinfacht die Entwicklung oder Anpassung von generischen Softwareprodukten.[311]

Aufgrund seines allgemeingültigen Ansatzes kann STEP als modulares System aufgefasst werden, mit dessen Hilfe anwendungsspezifische Produktdatenmodelle unter Verwendung von Grundbausteinen nach definierten Regeln und genormten Methoden beschrieben werden. STEP ist für den Datenaustausch zwischen verschiedenen Computer- und Softwaresystemen geeignet. Innerhalb von STEP können Produktdateninformationen des gesamten Lebenszyklus abgebildet werden. Somit eignet sich der Einsatz von STEP für verschiedene Anwendungsbereiche, wie etwas CAD (*Computer Aided Design*) oder CAM (*Computer Aided Manufacturing*).[312]

Die Entwicklung eines global-integrierenden Schemas bildete einen wesentlichen Teil der frühen Forschungsarbeiten zu den Produktmodellen für das Bauwesen. Ende der 1990er Jahre setzte sich die Auffassung durch, dass die Entwicklung eines allgemeingültigen und standardisierten Schemas eine unrealistische Aufgabe sei. Anstelle eines einzelnen allumfassenden Schemas wurde von verschiedenen Autoren eine Zerlegung in mehrere Teilschemata und deren hierarchische Organisation auf mehreren Ebenen vorgeschlagen. Dieses Konzept fand im Wesentlichen Eingang in die IFC-Spezifikation, die mittlerweile als standardisiertes, fachübergreifendes Bauwerksmodellschema zur Verfügung stehen.[313] Dem Wunsch der Standardisierung von Produktmodellen im Bau-wesen folgend, wurde 1995 die *International Alliance for Interoperability* (IAI) gegründet. Die IAI ist eine globale Allianz von Firmen und Organisationen des Bauwesens, die sich

[311] Vgl. Göttig, R.M., "Informationssystem für den archiektonischen Planungsprozess auf Produktmodellbasis" (Diss., Technische Universität München, 2010), S. 16f.
[312] Ebd., S. 18.
[313] Vgl. Björk, B.C., "Requirements and Information structures for Building Product Data Models" (Diss., Helsinki University of Technology, 1995).

für eine koordinierte Veränderung zur Verbesserung der Produktivität und Effizienz in der Bauwirtschaft und im Facility Management einsetzen. Die Mitglieder engagieren sich in industriellen Programmen, um die Organisation und den Prozess der AEC-Industrie nutzbringend zu verändern. Die Entwicklung eines gemeinsamen IFC-Datenmodells dauert seither an und ist derzeit noch nicht abgeschlossen (s. Kap. 3.2.9). Die IFC soll ein semantisches Objektmodell zur Verfügung stellen, dass eine hierarchische Gliederung des Bauvorhabens in Projekt, Grundstück, Raum und Element beinhaltet.[314]

Mit den prägnanten Worten „*Begin with the End in Mind*" (deu.: Fang an und sei dir dem Ende bewusst) machte das Mitglied des Autodesk AEC Business Development Teams, Charles E. Mies, deutlich, dass bereits zu Beginn eines jeden Bauprojekts die Realisierbarkeit und ideale Nutzung des Gebäudes an erster Stelle stehen sollte. *Building Information Modelling* (BIM) scheint der Schlüssel zu sein, um disziplinübergreifend mehrdimensionale Problemstellungen virtuell abbilden und lösen zu können. Je mehr Informationen in diesem digitalen Abbild des Gebäudes enthalten sind, umso größer ist der Mehrwert im gesamten Projektverlauf.[315] Aber worin genau liegt der Mehrwert und welche Projektbeteiligten partizipieren davon und welche nicht?

2.5 Zusammenfassung

Seit der Entstehung erster Zivilisationen vor über 6000 Jahren bis zum heutigen digitalen Bauwerksinformationsmodell, war der Entstehungsprozess der bildlichen Darstellung eines geplanten Bauwerks durch gesellschaftliche und technologische Entwicklungen getrieben. Erstmals durch den Wechsel der Subsistenzstrategie der Menschen, von der Nahrungsaneignung (Jagen und Sammeln) zur Nahrungsproduktion (Ackerbau und Viehzucht) und einer sesshaften Lebensweise der neolithischen Kulturen. Im Neolithikum stellten die vor dem eigentlichen Baubeginn gedanklich

[314] Vgl. Liebich, T. & Wix, J., *IFC Techinical Guide*, Vol. 2 (UK: International Alliance for Interoperability, 2000).

[315] Vgl. Mies, C.E., "Begin with the End in Mind - A Guide to Process Transformation" in *BIM for LCS*, Hrsg. Achamer, C. & Kovacic, I. (Wien: Technische Universität Wien, 2013), S. 22ff.

getroffenen Entscheidungen über Größe und Ausrichtung des Bauwerks sowie dessen Grundrissgestaltung bereits die Bauplanung dar. Die Anwendung der natürlichen Längenmaße Fuß und Elle ermöglichte die Übertragung einer erdachten und durch Proportionen definierten Planung direkt auf den Baugrund, bspw. durch das Auslegen des Grundrisses mit Steinen oder durch das Abstecken von Fluchtlinien.

Später wurden diese erdachten und durch Proportionen definierten Planungen auf Wachstafeln aufgebracht oder in Tontafeln eingeritzt, um diese den Baumeistern für die Bauausführung zur Verfügung zu stellen. Mit der Erfindung der Keilschrift in Mesopotamien dienten zunächst auch Texte als Instrument der Bauplanung, da die meisten altorientalischen Bauwerke sich an einer kanonischen Bauweise orientierten, die sich sowohl die Bauherren als auch die Baumeister ohne Bauzeichnungen vorstellen konnten. Aus dem Alten Ägypten sind erstmals Schaupläne auf Papyrus, mit graphischen Elementen und erklärenden Beischriften sowie vereinzelten Maßen, überliefert. Ebenfalls sind in sich maßhaltige Detailmodelle aus Ton, etwa von Türlaibungen und Säulenkapitellen überliefert. Die herausragenden Leistungen der griechischen Antike u.a. auf dem Gebiet der Mathematik und Geometrie legten das Fundament für die kulturelle Entwicklung des Abendlandes. In der Architektur wurde der dorische Tempel zur Reife entwickelt und Planungen wurden erstmals über den einzelnen Baukörper hinaus komplex angelegt, wie bspw. die Stadtplanung als architektonisches Gesamtkunstwerk.

Eine besondere Stellung im antiken Griechenland nimmt die Bauzeichnung ein. Zum einen als Medium, in dem sich die eigentliche Entwurfsarbeit vollzogen hat, um bestimmende Proportionen im Grundriss und Aufriss durch geometrische Konstruktion zu entwickeln. Zum anderen als Medium, die Entwurfsidee gegenüber dem Bauherrn und den ausführenden Handwerkern zu visualisieren. Durch den römischen Architekten Vitruv wurde erstmals das Maß des Menschen mit dem Maß der Architektur in Beziehung gesetzt. Vitruv hat erklärt, dass die Formgebung der Architektur auf Symmetrie und Proportion beruht und dass diese Formgebung den Maßen des menschlichen Körpers gleichkommt. Vitruvs Angaben zu den Maßen des menschlichen Körpers beruhen auf der antiken Baupraxis und auf der griechischen Metrologie. Die zentralen Begriffe sind Symmetrie, Proportion und Rhythmus. Dies entspricht dem von Vitruv geforderten Anspruch der Ausgeglichenheit aller Maße eines Bauwerks. Es gilt als gesichert, dass die Formen der Bauglieder zwar zeichnerisch-geometrisch konstruiert wurden, gleichwohl wurde für viele Formen eine rechnerisch-geometrische Konstruktion notwendig. Insbesondere für Bauglieder, die zu diesem Zeitpunkt gar nicht anders als rechnerisch hätten entwickelt werden können.

Im Mittelalter ging der gesellschaftliche, kulturelle und technologische Entwicklungsstand der Antike vollständig verloren. Das Realitätsverständnis im Mittelalter war nicht auf die sinnlich-wahrnehmbare Welt gerichtet, sondern überwiegend auf irreale und zweidimensionale Weltbilder. Wie etwa das von der Kirche verbreitete Verständnis von der Erde als Scheibe, über die Gott im Himmel waltet. Im Mittelalter war der Kirchenbau die wesentlichste Bauaufgabe. Die Initiative zur Errichtung eines Bauwerks ging ausschließlich von einem theologisch gebildeten Bauherrn aus, der gleichzeitig der Ideengeber war. Die Architektur galt im Mittelalter als eine Geheimwissenschaft. Die technische Bauausführung leiteten Werkmeister, die während der Wanderschaft überliefertes Bauwissen gesammelt hatten und dieses bei den Neubauten einsetzten. Die Gestalt der mittelalterlichen Bauwerke existierte zunächst nur in der Vorstellung des theologisch gebildeten Bauherrn. Der Grundriss wurde danach vom Werkmeister unmittelbar auf dem Bauplatz aufgeschnürt und abgesteckt, ähnlich der Verfahrensweise beim neolithischen Bauen.

Das Fehlen einer zeichnerischen Darstellung der vielfach sehr komplexen, sakralen Bauaufgaben erforderte zunächst eine genaue verbale Mitteilung der verlangten Leistungen durch den Werkmeister, fortschrittliche Veränderungen im mittelalterlichen Planungs- und Bauprozess kamen erst in der ersten Hälfte des 13. Jahrhunderts auf, wie etwa die sog. Werkrisse auf Pergament oder Schablonen aus Holz. Gleichwohl ist das Wissen um die griechisch-römische Messkunst im Frühmittelalter nie verloren gegangen. Die Geometrie bot das Grundwissen für die Vermessung des Bauwerks und ermöglicht auf diese Weise die Umsetzung der Form. Im Mittelalter wurden die ersten maßstäblichen Baupläne angefertigt. Die frühe Neuzeit gilt im Allgemeinen als Anfang einer Zeitenwende, mit der sich ein neues Menschenbild in Europa verbreitete, in dessen Zentrum der selbstbestimmte Mensch und seine Fähigkeiten standen. So auch in der Malerei und Architektur, in denen sich die Menschen wieder an den Formen und Inhalten der Antike orientierten. Zuerst lassen sich die Entwicklungen der Neuzeit in der italienischen Renaissance feststellen, etwa durch die Entwicklung der perspektivischen Darstellung durch Brunelleschi oder später durch die von Alberti geforderte Orthogonalprojektion, basierend auf den Annahmen des griechischen Mathematikers Euklid. Mit dem Barock wurde im fortgeschrittenen 17. Jahrhundert mehr und mehr ein gesteigerter Kunstanspruch in der Architekturdarstellung erkennbar. Mit dem Barock verbindet sich gemeinhin die Vorstellung von illusionistischem Schein im Unterschied zur greifbaren Realität, die in der Renaissance präsentiert wird. Mit dem Barock kam die Fiktion in die Architekturdarstellung, bspw. durch die stadträumliche Inszenierung des Petersdoms mit den Kolonnaden von Gian Lorenzo Bernini oder die durch verschiedene Beleuchtungssituationen erzeugten Stimmungen von Etienne-Louis Boullée.

Die Moderne bezeichnet die Folgezeit nach der industriellen Revolution ab der zweiten Hälfte des 18. Jahrhunderts und den damit einhergehenden Veränderungen der Lebensumstände sowie der daraus resultierenden wirtschaftlichen und sozialen Verhältnisse. Im Späthistorismus Ende des 19. Jahrhunderts wird die Orientierung an der Renaissance durch eine Orientierung am Neobarock abgelöst. Die strenge Orthografie der früheren Stilepochen löst sich zugunsten einer freien Interpretation der Dekorelemente auf. Durch die gesellschaftlichen, kulturellen und wirtschaftlichen Veränderungen des 19. Jahrhunderts wurde eine Debatte über die Rolle des Ornaments in der Architektur ausgelöst. Durch den 1907 gegründeten Deutschen Werkbund wurde dann ein neues, eigenständiges Form- und Qualitätsbewusstsein geschaffen.

Der Deutsche Werkbund und das Bauhaus waren die beiden herausragenden Institutionen in der ersten Hälfte des 20. Jahrhunderts, die den Grundstein des modernen Designs und der modernen Architektur gelegt hatten. Durch die blühende Industrialisierung und den damit verbundenen technischen Möglichkeiten stellte sich im 19. Jahrhundert die Frage nach einem veränderten Verhältnis von Raum und Zeit. Theo van Doesburg versuchte bereits um 1919 eine neue Definition raumzeitlicher Architektur zu entwickeln und erkannte gemeinsam mit Cornelius van Eesteren, dass die Axonometrie gegenüber der Perspektive eine Trennung vom individuellen Betrachter und damit von einer festen Position im Raum ermöglicht. Die neu entdeckte Axonometrie weicht von der als endlich geltenden Raumdarstellung der Perspektive insoweit ab, dass sie eine unendliche und scheinbar allgemeingültige Darstellung sowie die Möglichkeit der allseitigen Betrachtung des Raumes ermöglicht.

Damit legte die Axonometrie den Grundstein für die computergestützte, dreidimensionale Architekturvisualisierung. Lissitzky bezeichnete im Jahr 1925 den Übergang eines im Ruhezustand befindlichen Stabes zu einem zylindrischen Körper durch eine einfache Rotationsbewegung als imaginären Raum und vertritt die Auffassung, dass die Zeit von unseren Sinnen indirekt erfasst wird und dies durch die Veränderung der Lage eines Gegenstandes im Raum angezeigt wird. Die computergestützte Raumproduktion im späten 20. Jahrhundert wurde durch den ersten frei programmierbaren Computer ermöglicht und bildet damit den Anfang der Digitalisierung. Nach ersten geometrischen Formalisierungen im Computer in den 1950er Jahren und ersten Zeichenansätzen in den 1960er Jahren, hat im Jahr 1985 das computerunterstützte Entwerfen Einzug in die Planungspraxis gehalten. Mit der Anwendung des Computers bildeten sich unterschiedliche Einsatzformen in der Architektur- und Raumproduktion heraus. Der Computer wurde vor allem genutzt, um die dreidimensionale Vorstellungskraft des Anwenders zu stärken und seine Entwurfsidee baulich umzusetzen. Er diente aber auch als Zeichenmaschine für Pläne und Schaubilder.

Zunehmend entdeckten die Architekten die Möglichkeit, über die Anwendung des Computers, von den geometrischen Grundformen abzuweichen und einen Wandel der konventionellen Architekturformen herbeizuführen. In den 1990er Jahren war mit dem Computer ein geeignetes Instrument gefunden, solche Freiformen präzise zu planen und baulich umzusetzen. Die computergestützten Entwurfssysteme hatten bis dahin das Ziel, eine zusammenhängende Ordnung als Reaktion auf komplexe Bedingungen herzustellen. Peter Eisenman führte den Computer in die Architekturproduktion ein, um ganzheitliche Ordnungsstrukturen zurückzuweisen, um die Form von der Funktion zu entkoppeln. Für ihn war der Computer ein wirksames Instrument zur Überwindung der Metaphysik der Architektur, wie er es nennt.

Das digitale Bauwerksdatenmodell im 21. Jahrhundert basiert auf dem Grundgedanken der Produktmodellierung zur Abstraktion und Beschreibung der Wirklichkeit. Ein integriertes Produktmodell enthält alle relevanten Produktmerkmale, die in den einzelnen Lebenszyklusphasen des Produktes entstehen. Die theoretischen Wurzeln der Produktmodellierung können einerseits in der konzeptuellen Modellierung von Datenbankanwendungen und andererseits in der Objektorientierung gesehen werden. Der Planungs- und Bauprozess führt auch in einer digitalen Welt, wie bereits zu Zeiten von Filippo Brunelleschi und Adolf Loos, zu einem Kulturwandel:

> „*Die Logik des 21. Jahrhunderts ist die von Kooperation, nicht von Konfrontation.*[316]“

Warum arbeiten wir also nicht wieder zusammen? Und verstehen wir alle das Gleiche unter dem, was wir sehen? *Building Information Modelling* (BIM) ermöglicht es erstmalig in der Geschichte der Architekturvisualisierung, die erforderlichen Informationen und Daten eines Bauwerks allen Beteiligten über den gesamten Lebenszyklus in Echtzeit zur Verfügung zu stellen. Darin liegt der Kulturwandel, oder auch Paradigmenwechsel.

---

[316] Frank-Walter Steinmeier, MdB (19.03.2014)

3 Theoretische Grundlagen

In diesem Kapitel werden die theoretischen Grundlagen und Begriffe im Zusammenhang mit der Planungsmethode BIM beschrieben. Speziell die Rolle von BIM im Zusammenhang mit der Produktivität in der Bauwirtschaft. Insbesondere wird erschlossen was BIM eigentlich bedeutet, warum BIM für die Bauwirtschaft von Bedeutung ist und wie BIM sinnvoll implementiert und angewendet werden kann. Zusammenfassend wird der gegenwärtige Status quo der BIM-Standards und der BIM-Forschung analysiert und zukünftige Anforderungen an die Anwendung von BIM im Planungs- und Bauprozess betrachtet.

3.1 Produktivität

Eine Tatsache vorweg: Die Bauwirtschaft hinkt bei der Digitalisierung deutlich hinterher (s. Kap. 3.3). Eine Ursache für die mangelnde Produktivität in der Bauwirtschaft ist der schleppende Fortschritt der Digitalisierung, sowohl in der Planung und Ausführung als auch dem Betrieb von Bauwerken. Laut dem Digitalisierungsindex des McKinsey Global Institute (2018) ist die Bauwirtschaft ein digitaler Nachzügler, mit einem ähnlichen Digitalisierungsgrad wie bspw. Landwirtschaft oder Gastronomie. Digitale Methoden und schlanke Prozesse, die in anderen Branchen die Entwicklung der vergangenen Jahre vorangetrieben haben, sind in der deutschen Bauwirtschaft kaum angekommen. Anders als in anderen Ländern, wo zumindest der Einsatz moderner Planungssoftware in der Bauwirtschaft weit verbreitet ist.[317]

Diese Feststellung entfaltet vor allem dann ihre Aussagekraft, wenn man bedenkt, dass gerade die innovativen, digitalen Lösungen die Produktivität in der Bauwirtschaft deutlich steigern können (vgl. Kap. 1.1). Gegenwärtige Informationstechnologien und Softwarelösungen können während der gesamten Dauer eines Bauprojekts zur Bauwerksdatenmodellierung genutzt werden. Bei der Anwendung von 4D-BIM und 5D-BIM lassen sich bautechnische Informationen mit den Dimensionen Zeit und Kosten kombinieren. Dadurch lassen sich bis zu 30 Prozent der Planungskapazitäten

---

317 Vgl. McKinsey Global Institute, "Infrastruktur und Wohnen - Deutsche Ausbauziele in Gefahr" (New York: McKinsey & Company, 2018), S. 12.

M. Stange, *Building Information Modelling im Planungs- und Bauprozess*,

einsparen und die Planungszeit deutlich beschleunigen. Auch werden Risiken in der Bauausführung frühzeitig erkannt, da die Konstruierbarkeit sehr früh im Planungsprozess geprüft werden kann.

In Deutschland steht die getrennte Vergabe von Planungs- und Bauleistung einer durchgängigen Digitalisierung des Planungs- und Bauprozesses mit Hilfe der BIM-Methode noch im Wege. Auch die geringe Anzahl an Großunternehmen, die über die finanziellen Mittel und die Erfahrung verfügen, digitale Arbeitsmethoden als Wegbereiter zu entwickeln und einzuführen, behindert den Digitalisierungsprozess in der Bauwirtschaft. Im internationalen Kontext liegt der Anteil von Großunternehmen, gemessen am Gesamtumsatz des Baugewerbes, in Deutschland bei knapp 12 Prozent. In anderen europäischen Ländern ist der Anteil deutlich höher, bspw. in Großbritannien (29 %), in den Niederlanden (27 %), in Schweden (25 %), in Frankreich (24 %) und in Österreich (23 %). Ein weiteres Problem stellt in vielen Ländern die Fragmentierung der Bauwirtschaft dar.[318]

Abgesehen von der schleppenden Digitalisierung und der Fragmentierung gibt es noch weitere Ursachen für die schwache Produktivität in der Bauwirtschaft, wie etwa der anhaltende Fachkräftemangel sowie ein zu komplexes Bau- und Vergaberecht. McKinsey nennen folgende fünf Möglichkeiten zur Steigerung der Produktivität in der Bauwirtschaft.[319]

- Steigerung der operativen Leistungsfähigkeit durch die flächendeckende Einführung von seriellem Bauen und *Lean Construction*.
- Bessere Ausrichtung auf die Möglichkeiten der Digitalisierung durch die Anpassung der regulatorischen Rahmenbedingungen und Vergabepraxis an die digitalen Methoden.
- Beschleunigung der Genehmigungsverfahren durch die Vereinfachung der Prozesse in den Genehmigungsbehörden.
- Verbessertes Management der Bauvorhaben durch die Festlegung von Erfolgskennzahlen vor dem Beginn der Projektbearbeitung.

[318] Ebd., S. 13.
[319] Ebd., S. 4f.

- Verbesserung von Rahmenbedingungen durch Vereinheitlichung der Bauvorschriften und Verschlankung der Prozesse innerhalb der Baubehörden.

Die Produktivität der Bauwirtschaft im globalen Kontext ist sehr heterogen. Rückblickend auf die letzten zwanzig Jahre gibt es deutliche regionale Unterschiede und erkennbare Stärke und Schwächen (s. Kap. 3.3).

3.1.1 Der Produktivitätsbegriff

Produktivität ist eine wirtschaftswissenschaftliche Kennzahl, die das Verhältnis zwischen produzierten Gütern oder Dienstleistungen und den dafür benötigten Produktionsfaktoren beschreibt. Produktionsfaktoren (auch *Input* genannt) sind alle materiellen und immateriellen Mittel und Leistungen, die an der Produktion von Gütern mitwirken. In der Volkswirtschaftslehre und Betriebswirtschaftslehre wird unter Produktivität eine volkswirtschaftliche oder betriebswirtschaftliche Kennzahl verstanden, die das Mengenverhältnis zwischen dem, was produziert wird (auch *Output* genannt), und den dafür beim Produktionsprozess eingesetzten Mitteln wiedergibt.[320] Die Gesamtproduktivität (bspw. eines Unternehmens) wird folgendermaßen ermittelt.

$$\text{Produktivität t} = \frac{\text{Ausbringungsmenge (Output)}}{\text{Einsatzmenge (Input)}}$$

Dabei wird die Ausbringungsmenge (Output) als Menge pro Zeiteinheit angegeben, also als eine Stromgröße betrachtet. Unter einer Stromgröße (auch: Bewegungsgröße oder Flussgröße) versteht man in der Wirtschaftsstatistik, die innerhalb eines bestimmten Zeitraumes in Geldeinheiten bewertete oder in physikalischen Einheiten gemessene Größe. Die Einsatzmenge (Input) kann auch eine Stromgröße sein, bspw. die Anzahl der aufgewendeten Arbeitsstunden in einem bestimmten Zeitintervall oder für eine bestimmte Aufgabe.

320 Vgl. Weber, H., *Rentabilität, Produktivität und Liquidität: Größen zur Beurteilung und Steuerung von Unternehmen*, Vol. 2 (Wiesbaden: Gabler, 1998), S. 87f.

Die Produktivität lässt sich wiederum nach den folgenden drei Produktionsfaktoren weiter untergliedern.

$$\text{Arbeitsproduktivität t} = \frac{\text{Ausbringungsmenge}}{\text{Eingesetzte Arbeitsstunden}}$$

$$\text{Maschinenproduktivität t} = \frac{\text{Ausbringungsmenge}}{\text{Eingesetzte Maschinenstunden}}$$

$$\text{Materialproduktivität t} = \frac{\text{Ausbringungsmenge}}{\text{Materialeinsatzmenge}}$$

Während sich die Produktivität gänzlich mit der Gegenüberstellung von Output und Input beschäftigt, setzt die Wirtschaftlichkeit den Aufwand (Kosten) und den Ertrag (Erlös) in die im Folgenden dargestellte ökonomische Beziehung miteinander.

$$\text{Wirtschaftlichkeit} = \frac{\text{Ertrag}}{\text{Aufwand}}$$

Wirtschaftlichkeit liegt dann vor, wenn der Zahlenwert aus Ertrag und Aufwand gleich oder größer eins (1) ist. Wirtschaftlichkeit erfordert also mathematisch das arithmetisch bewertete Verhältnis zwischen Ausbringungsmenge (Output) und Einsatzmenge (Input) durch eine Anzahl, eine Menge oder einen Geldwert. Der Wirtschaftlichkeit liegen daher wertmäßige Größen und der Produktivität mengenmäßige Größen zugrunde.[321]

3.1.2 Die Rolle von BIM

Das *US National BIM Standard Committee* (NBIMS-US) definiert BIM folgendermaßen:

> *„Eine digitale Darstellung der physikalischen und funktionalen Merkmale einer Anlage. Ein BIM ist eine gemeinsam genutzte Wissensressource für Informationen über eine Anlage, die über deren Lebenszyklus eine zuverlässige Grundlage für Entscheidungen*

[321] Ebd., S. 89f.

bildet; definiert als existent von den Anfängen der Konzeption bis zum Abriss. Eine Grundprämisse von BIM ist die Zusammenarbeit verschiedener Beteiligter in verschiedenen Phasen des Lebenszyklus der Anlage, um Informationen in das BIM einzuführen, zu extrahieren, zu aktualisieren oder zu modifizieren, um die Rollen des betreffenden Beteiligten zu unterstützen und zu reflektieren.[322]"

Das NBIMS-US erwähnt auch, dass BIM in der Praxis je nach Sichtweise verschiedene Aspekte repräsentieren kann:

- **BIM als Werkzeug für das Informationsmanagement:** BIM repräsentiert die Daten, die von den Projektbeteiligten hinzugefügt und gemeinsam genutzt werden. Im Prinzip bedeutet BIM die Übermittlung der korrekten Information an die richtige Person zum richtigen Zeitpunkt.
- **BIM als interoperabler Prozess für die Projektabwicklung:** BIM definiert im Wesentlichen, wie die beteiligten Teams zusammenarbeiten, um ein Projekt oder eine Anlage zu konzeptualisieren, zu planen, zu bauen und zu betreiben.
- **BIM als Planungswerkzeug:** BIM repräsentiert eine integrierte Planung, stellt eine technische Lösung bereit, fördert die Kreativität, liefert Feedback und stärkt das Team.

BIM gewinnt als Werkzeug für das Informationsmanagement und die Projektzusammenarbeit zunehmend an Bedeutung, da es eine problemlose Kommunikation ermöglicht und eine Plattform bietet, von der aus jeder Projektbeteiligte interdisziplinär in Echtzeit zusammenarbeiten kann.[323] Macdonald (2011) betont, dass eine bessere Zusammenarbeit wesentlich zur Steigerung der Effizienz beitragen kann. Dank dieser Eigenschaften fügt sich BIM optimal in die Anforderungen an eine sog. *Integrated Project Delivery* (kurz IPD) ein, im deutschsprachigen Raum auch Integrierte

[322] https://www.nationalbimstandard.org (aufgerufen am 20.09.2018)
[323] Ebd.

Planung oder Integrierte Projektabwicklung genannt ein (s. Kap. 3.3.3).[324] Das *American Institute of Architects* (AIA) definiert IPD folgendermaßen:

> *„Ein Projektabwicklungsansatz, der Personen, Systeme, Geschäftsstrukturen und Praktiken in einen Prozess integriert, der die Talente und Erkenntnisse aller Beteiligten bündelt, um die Projektresultate zu optimieren, den Wert für den Eigentümer zu steigern, Verschwendung zu reduzieren und die Effizienz in allen Phasen der Planung, Fertigung und des Baus zu maximieren.*[325]*“*

Im Leitfaden des *American Institute of Architects* (AIA) wurde auf die Beziehung zwischen IPD und BIM hingewiesen und erläutert, warum BIM sich optimal für die *Integrated Project Delivery* (IPD) eignet. Es besteht Einigkeit darüber, dass integrierte Projektabwicklung (IPD) und *Building Information Modelling* (BIM) unterschiedliche Ansätze sind - das Erste ein Konzept, das Zweite eine Methode. Natürlich werden integrierte Projekte auch ohne BIM abgewickelt und BIM wird auch in nicht-integrierten Prozessen angewandt. Das volle Potenzial von IPD und BIM wird jedoch nur ausgeschöpft, wenn sie zusammen eingesetzt werden.[326]

BIM und IPD ergänzen sich wechselseitig, indem sie das Management und die Zusammenarbeit der Beteiligten des Projekts durch erhöhten Datenaustausch verbessern. Dadurch werden ein geringeres Mängelrisiko und weniger Probleme in der Bauphase erreicht. BIM ist ein wichtiges technisches Hilfsmittel, das grundlegende Vorteile hinsichtlich Kosteneinsparung, Zeitersparnis und Gesamtproduktivität bieten kann. Um das vollständige Potenzial von BIM zu nutzen, muss es von allen Projektbeteiligten gemeinsam genutzt werden.[327]

---

[324] Vgl. Macdonald, J.A., “BIM - Adding value by assisting collaboration“ in *Lightweight Structures Association Australia Conference* (LSAA, 2011).
[325] https://www.aia.org (aufgerufen am 20.09.2018)
[326] Vgl. Ashcraft, H.W., “BIM - A Framework for Collaboration“, *Construction Lawyer* 28, No. 3 (2008).
[327] Vgl. Stirton, L. & Tree, J., “IPD and BIM - A New Dimension to Collaboration“, http://www.millsoakley.com.au (aufgerufen am 25.10.2018).

Neben der reinen Produktivitätsbetrachtung gibt es noch drei weitere Sichtweisen auf BIM, die im Folgenden näher betrachtet werden.

3.1.3 BIM als Marketingbegriff

BIM als Marketingbegriff wird überwiegend in Verbindung mit Softwareherstellern verwendet. Hier unterscheiden sich die Definitionen bereits unter den einzelnen Herstellern. Beispielsweise ist BIM für den Softwarehersteller Nemetschek eine integrierte Arbeitsweise der optimierten Planung, Ausführung und Bewirtschaftung von Gebäuden und Immobilien, womit deutlich die Anwendung und die Prozesse hervorgehoben werden. Der Softwarehersteller Graphisoft® indes versteht BIM als bauteilorientiertes Planen, das Speichern und Bereithalten digitaler und intelligenter Gebäudedaten in einer einzigen Datenbank ermöglicht, auf die alle Projektbeteiligten bei den unterschiedlichsten Aufgaben während des gesamten Planungs- und Bauprozesses zugreifen können. Die Basis einer BIM-gestützten Planung ist ein virtuelles, digitales Abbild des geplanten Gebäudes, das darüber hinaus als integrierte Datenbank alle relevanten Gebäudeinformationen enthält. Graphisoft® beschränkt sich damit nicht auf eine Sichtweise von BIM als Methode, sondern weist ausdrücklich auch auf die Bedeutung der vorhandenen Daten hin.[328]

Der Softwarehersteller Autodesk definiert BIM als einen intelligenten, modellbasierten Prozess, mit dem sich Bauprojekte über den gesamten Lebenszyklus effizienter, kostengünstiger und umweltfreundlicher durchführen und verwalten lassen. Die Verbindung zwischen dem virtuellen Bauwerksmodell und der Software wird von Autodesk folgendermaßen beschrieben:

> „*Building Information Modeling (BIM) ist ein intelligenter, auf einem 3D-Modell basierender Prozess, der Architekten, Ingenieuren und Bauunternehmern Informationen und Werkzeuge für effiziente Planung, Entwurf, Konstruktion und Verwaltung von Gebäuden und Infrastruktur bereitstellt. Die Prozesse im BIM verhelfen nicht*

[328] Vgl. Schatz, K. & Rüppel, U., “BIM in Forschung und Lehre“ (Paper presented at 2. Darmstädter Ingenieurkongress Bau und Umwelt, Darmstadt, 2013), S. 154.

nur zahlreichen Unternehmen in den verschiedensten Sektoren zu größerer Produktivität, sondern tragen auch zu höherer Arbeitsqualität bei [...].[329]"

Insgesamt ist festzustellen, dass sich einerseits die Definitionen durch ihre Betrachtungsweise unterscheiden, anderseits es aber auch viele Gemeinsamkeiten im Verständnis gibt. Der Fokus liegt aber auf der Wirkung von BIM auf den Arbeitsprozess, die Begleitung durch den gesamten Lebenszyklus und die Vielschichtigkeit der erfassten Daten.

3.1.4 BIM als Standardisierungsbestrebung

BIM als Standardisierungsbestrebung wird im deutschsprachigen Raum überwiegend durch die Organisation *buildingSMART* vorangetrieben und sieht in BIM eine richtungweisende Methode für die Planung und Durchführung von Bauvorhaben.[330] Nach Schatz & Rüppel (2013) manifestiert sich die BIM-Methode in der Vernetzung aller an der Planung, Errichtung und Nutzung von Bauwerken beteiligten Akteure. Das übergeordnete Ziel ist die Verbesserung der Interoperabilität. Eine homogene Definition von BIM ist aber auch hier schwierig, da sich im Hinblick auf die Interoperabilität drei Strömungen herauskristallisieren. Entweder durch den konsequenten Einsatz eines standardisierten Datenmodells, durch Programmschnittstellen oder aber durch eine verstärkte Zusammenarbeit der Hersteller mit Unterstützung der jeweiligen proprietären Datenformate.[331] BIM wird dabei nicht nur als digital-geometrisches Modell des Bauwerks verstanden, sondern mehr noch im Hinblick auf die Bereitstellung eines integrierten Bauwerksinformationsmodells zur Interaktion mit den verschiedenen Prozessbeteiligten.[332]

3.1.5 BIM in Forschung und Lehre

Eine dritte Sichtweise ist die der Forschung und Lehre. Sie wird in Deutschland wesentlich von der Arbeitsgruppe Bauinformatik unter der

---

[329] https://www.autodesk.de (aufgerufen am 20.09.2018).
[330] https://www.buildingsmart.de (aufgerufen am 20.09.2018).
[331] Vgl. Schatz, K. & Rüppel, U., S. 156.
[332] Vgl. von Both, P., Koch, V. & Kindsvater, A., S. 11.

Leitung der Technischen Universität Berlin getragen. Die Arbeitsgruppe Bauinformatik besteht aus Personen, die an Universitäten im deutschsprachigen Raum auf dem Gebiet der Bauinformatik lehren und forschen. Das Ziel der Arbeitsgruppe ist die gemeinsame Gestaltung und Vertretung der Bauinformatik an den Universitäten in Abstimmung mit allen Fachgebieten des Bauwesens und unter Berücksichtigung der Erfahrungen in der Baupraxis. Die Arbeitsgruppe Bauinformatik behandelt Methoden, Modelle, Prozesse und Systeme, die bei der computergestützten Simulation von Bauwerken und Bauprozessen in allen Fachgebieten des Bauwesens auftreten. Diese werden zur Gestaltung von Datenbasen, Algorithmen, Ingenieuroberflächen und Kommunikation in Datennetzen genutzt.[333]

Wesentliche Aktivitäten des Arbeitskreises sind die Definition der gemeinsamen Inhalte der Grundlagen der Bauinformatik an allen Universitäten, die Abstimmung bei der Entwicklung von Spezialgebieten der Bauinformatik an bestimmten Universitäten, die Planung und Vertretung gemeinsamer Forschungsvorhaben, die Förderung des wissenschaftlichen Nachwuchses sowie die Vertretung der Interessen des Fachgebietes gegenüber dem Staat, den akademischen Einrichtungen und der Bauwirtschaft.[334] Der Arbeitskreis setzt sich inzwischen intensiv mit dem Thema BIM auseinander. Neben den zahlreichen Forschungsaktivitäten der einzelnen Institute und Fakultäten werden universitätsübergeordnete BIM-Ausbildungskonzepte entwickelt. Die Technische Universität München bspw. beschreibt ihren Vertiefungszweig BIM folgendermaßen:

> „*Building Information Modeling (BIM) beschreibt die durchgängig modellgestützte Planung eines Bauwerks, die Nutzung des entstehenden Modells für unterschiedlichste Analysen und Simulationen sowie seine durchgängige Verwendung im Rahmen der Bewirtschaftung. Die Technologie etabliert sich zunehmend in der Praxis und es steht zu erwarten, dass es in den nächsten Jahren zu massiven Umwälzungen der bislang weitestgehend 2D-basierten Baubranche kommt und damit eine ähnliche technologische*

333 https://www.bauinformatik.tu-berlin.de (aufgerufen am 21.09.2018).
334 Ebd.

Revolution eingeleitet wird, wie sie im Maschinenbau bereits Anfang der 1990er Jahre stattgefunden hat.[335]"

Die in der Arbeitsgruppe Bauinformatik vertretenen Lehrstühle orientieren sich in ihrer Lehre im Wesentlichen an den methodischen Grundlagen für die objektorientierte geometrische und semantische Modellierung zur Beschreibung einer konsistenten Bauwerksgeometrie und konsistenter Bauwerksinformationen, die Prozessmodellierung; um eine systematische Modellierung und Analyse der einzelnen Prozesse wie bspw. Planung, Bau, Betrieb und Rückbau zu erreichen; und die Kooperationsmodellierung durch den Einsatz innovativer Kollaborationsmethoden.[336]

3.2 Was ist BIM?

Historisch betrachtet entwickelte sich die Idee von *Building Information Modelling* (BIM) nur zögerlich. Der BIM-Begriff im Sinne von *Building Information Model* wurde erstmals von van Nederveen und Tolman (1992) geprägt.[337] Die grundlegenden Gedankenzüge von BIM erschienen bereits wesentlich früher unter verschiedenen Begriffen in diversen Abhandlungen, wie etwa bei Engelbart (1962) vom US-amerikanischen *Air Force Office of Scientific Research.*[338]

Neben BIM wurden auch die Begriffe *Building Product Model* und *Product Information Model* verwendet. Die Umsetzung der BIM-Idee scheiterte allerdings zunächst an einer BIM-fähigen Software. Die erste datenbankbasierte Software *Building Description System* (BDS) wurde für ein Projekt von Charles Eastman (1975) angewendet. Die Entwicklung der Programme *RUCAPS* (1986) und *Building Design Advisor* (1993) waren weitere Meilensteine auf dem Weg zu einer BIM-fähigen Software. Im Jahr 2000 brachten die Entwickler Leonid Raiz und Gábor Bojár die BIM-Software *Revit* auf den Markt und im gleichen Jahr kaufte das US-

[335] https://www.cms.bgu.tum.de (aufgerufen am 21.09.2018).
[336] Vgl. Schatz, K. & Rüppel, U., S. 156.
[337] Vgl. van Nederveen, G.A. & Tolman, F., "Modelling Multiple Views on Buildings", *Automation in Construction* 1, No. 3 (1992): S. 215-224.
[338] Vgl. Engelbart, D.C., "Argumenting human intellect: A conceptual framework" (AFOSR-3233: Air Force Office of Scientific Research, 1962).

amerikanische Softwareunternehmen *Autodesk* die Firma von Raiz und Bojár auf und begann das Produkt *Revit* zu vermarkten.[339] Ab dem Jahr 2003 gewann das Thema BIM durch die Firma Autodesk an Popularität. Der amerikanische Konzern *Daniel, Mann, Johnson and Mendenhall* (kurz DMJM), ein globaler Anbieter von infrastrukturbezogenen Ingenieurdienstleistungen, sah eine Zukunft in BIM und wollte mit dem Softwarepaket von Autodesk die Idee in die Praxis umsetzen. Dies geschah mit dem Produkt *Revit* von der Firma Autodesk, das im selben Jahr weltweit in sieben Sprachen auf den Markt kam. Aus diesem Grunde wird auch heute noch das Thema BIM gern mit der Firma Autodesk in Zusammenhang gebracht. Hierzu ist allerdings anzumerken, dass die richtige Software zwar eine notwendige Voraussetzung für die Anwendung von BIM ist, aber auch andere Softwarehersteller das Thema BIM aufgegriffen haben und die Firma Autodesk keine Monopolstellung auf diesem Gebiet hat.[340]

Im Sinne von Bougroum (2016), der sich wiederum auf Barlish & Sullivan (2012) bezieht, hat sich der BIM-Begriff in den letzten zehn Jahren dahingehend entwickelt, dass er eine Vielzahl von Konzepten definiert und dabei möglicherweise seine Kerndefinition verliert. Da die unterschiedlichen Akteure innerhalb des AEC-Prozesses unterschiedliche Vorteile von BIM haben, variieren auch die Definitionen von BIM unter den Akteuren. Beispielsweise sehen Bauunternehmer die Vorteile von BIM in einer erweiterten Planung und Kostenschätzung sowie einem verbesserten Zeichnungsaustausch. Architekten hingegen neigen dazu, die Vorteile von BIM während der Planungsphase zu sehen, insbesondere im Hinblick auf eine bessere Koordination und Produktivität während des Planungsprozesses.[341]

Nach Cao (2015) kann das Konzept von BIM auf den von Eastman (1975) vorgeschlagenen Arbeitsprototyp *Building Description System* (BDS) zurückgeführt werden. Als Weiterentwicklung der Begriffe *Building Product Model* und *Building Information Model* wurde der Begriff *Building*

---

339 Vgl. Gasteiger, A., *BIM in der Bauausführung. Automatisierte Baufortschrittsdokumentation mit BIM, deren Mehrwert und die daraus resultierenden Auswirkungen auf die Phase der Bauausführung* (Innsbruck: Innsbruck University Press, 2015), S. 4f.

340 Ebd., S. 5.

341 Vgl. Bougroum, Y., “An analysis of the current BIM assessment methods“ (Diss., University of Bath, 2016), S. 6.

Information Modelling (BIM) erstmals von dem US-amerikanischen Branchenanalyst Jerry Laiserin (2002) vorgeschlagen.[342] Mit der weiteren Verbreitung von BIM haben verschiedene Forscher und Institutionen versucht das Konzept aus verschiedenen Perspektiven zu definieren:

> Eastman et al. (2011): „*Eine Modellierungstechnologie und eine Reihe von Prozessen zur Erstellung, Kommunikation und Analyse von Gebäudemodellen. Gebäudemodelle sind gekennzeichnet durch: (1) Gebäudekomponenten, die mit digitalen Darstellungen (Objekten) dargestellt werden, die berechenbare Grafik- und Datenattribute enthalten, die sie für Softwareanwendungen identifizieren sowie parametrische Regeln die es ihnen ermöglichen auf intelligente Weise manipuliert zu werden; (2) Komponenten, die Daten enthalten und beschreiben, wie sie sich verhalten und wie sie für Analysen und Arbeitsprozesse benötigt werden; (3) konsistente und nicht-redundante Daten, so dass Änderungen an Komponenten in allen Ansichten der Komponente und der Baugruppen, von denen sie ein Teil ist, dargestellt werden; und (4) Koordinierte Daten, so dass alle Ansichten eines Modells in einer koordinierten Weise dargestellt werden.*[343]"

> Singh et al. (2011): „*Ein fortschrittlicher Ansatz für objektorientiertes CAD, der die Möglichkeiten des traditionellen CAD-Ansatzes erweitert, indem intelligente Beziehungen zwischen den Elementen im Gebäudemodell definiert und angewendet werden. Modelle enthalten sowohl geometrische als auch nicht-geometrische Daten wie Objektattribute und Spezifikationen. Die integrierte Intelligenz ermöglicht die automatische Extraktion von 2D-Zeichnungen, Dokumentationen und anderen Gebäudeinformationen direkt aus dem BIM-Modell. Diese integrierte Intelligenz bietet auch Einschränkungen, die Modellierungsfehler reduzieren und*

[342] Vgl. Cao, D., "Institutional Drivers and Performance Impacts of BIM in Construction Projects - An Empirical Study in China" (Diss., Hong Kong Polytechnic University, 2015), S. 11f.

[343] Eastman, C., Teicholz, P., & Sacks, R., S. 15f.

technische Fehler im Design auf der Grundlage der in der Software kodierten Regeln verhindern können.[344]"

GSA (2007): „*Building Information Modelling ist die Entwicklung und Nutzung eines facettenreichen Computersoftware-Datenmodells, um nicht nur ein Gebäudedesign zu dokumentieren, sondern auch den Bau und Betrieb einer neuen oder einer modernisierten Anlage zu simulieren. Das resultierende Gebäudeinformationsmodell ist eine datenreiche, objektbasierte, intelligente und parametrische digitale Darstellung der baulichen Anlage, aus der Ansichten extrahiert und analysiert werden können, die den verschiedenen Benutzeranforderungen entsprechen, um eine Rückmeldung und Verbesserung des Designs zu erzeugen.*[345]"

NIBS (2007): „*Die Maßnahme der Erstellung eines elektronischen Modells einer baulichen Anlage zum Zweck der Visualisierung, Energieanalyse, Konfliktanalyse, Prüfung der Standards, der Kostenprognosen, der As-Built-Dokumentation, der Budgetierung und viele andere Zwecke.*[346]"

AGC (2006): „*Die Entwicklung und Verwendung eines Computermodells zur Simulation der Konstruktion und des Betriebs einer baulichen Anlage. Das resultierende Modell ist eine datenreiche, objektorientierte, intelligente und parametrische digitale Repräsentation der baulichen Anlage, aus der Ansichten und Daten extrahiert und analysiert werden können [...]. Um Informationen zu generieren, die verwendet werden können, um Entscheidungen zu treffen und den Prozess der Lieferung der baulichen Anlage zu verbessern.*[347]"

---

344 Singh, V., Gu, N., & Wang, X., "A theoretical framework of a BIM-based multidisciplinary collaboration platform", *Automation in Construction* 20, No. 2 (2011): S. 134.
345 GSA, *GSA Building Information Modeling Guide, Vol 1* (Washington: US General Service Administration, 2007), S. 3.
346 NIBS, *United States National Building Information Modeling Standard, Version 1, Part 1, Washington, USA* (Washington: National Institute of Building Sciences, 2007), S. 150.
347 AGC, *The Contractors' Guide to Building Information Modeling* (Arlington/VA, USA: Associated General Contractors of America, 2006), S. 3.

Die Analyse der angeführten Begriffsbestimmungen zeigt, dass es zwei Hauptrichtungen für die Definition von *Building Information Modelling* (BIM) gibt:

1. BIM als Technologie oder Ansatz, wie von Eastman et al. (2011) und Singh et al. (2011) vertreten wird.

2. BIM als Entwicklung und Anwendung objektorientierter Gebäudedatenmodelle, wie von AGC (2006), GSA (2007) und NIBS (2007) vertreten wird.

So kann die erstgenannte Definition als Softwareperspektive und die zweitgenannte Definition als Prozessperspektive gesehen werden. Die Organisation *buildingSMART*, eine internationale nichtstaatliche non-profit-Organisation, definiert BIM wie folgt:

> „*Building Information Modeling (BIM) ist ein neuer Ansatz, um die Informationen, die für den Entwurf, den Bau und den Betrieb von Anlagen erforderlich sind, beschreiben und anzeigen zu können. Es kann die verschiedenen Informationsfäden, die beim Bau verwendet werden, in einer einzigen Betriebsumgebung zusammenführen, wodurch die Notwendigkeit für die vielen verschiedenen Arten von derzeit verwendeten Papierdokumenten reduziert und oft eliminiert wird.*[348]“

Die *National Building Specifications* (NBS), ein britisches System von Bauvorschriften, um die Standards für die Ausführung von Bauprojekten zu beschreiben, definieren BIM folgendermaßen:

> „*Ein Gebäudeinformationsmodell ist ein umfassendes Informationsmodell, das aus potenziell mehreren Datenquellen besteht, deren Elemente über alle Beteiligten hinweg geteilt und über die gesamte Lebensdauer eines Gebäudes hinweg vom Beginn bis zum Recycling (Cradle to Cradle) verwaltet werden können. Das Informationsmodell kann Vertrags- und Spezifikationseigenschaften,*

[348] http://www.buildingsmart.org (aufgerufen am 01.11.2017)

> *Personal, Programmierung, Mengen, Kosten, Räume und Geometrie enthalten.*[349]"

Demnach muss BIM als eine Datenbank verstanden werden, in der sowohl die geometrischen Informationen der einzelnen Bauteile als auch die dem Bauteil zugeordneten Informationen gespeichert sind. Zusätzlich können ausführungs- und nutzungsrelevante Informationen, wie bspw. Bauzeiten, Baukosten oder Wartungsintervalle für die Bauteile, hinterlegt werden. Mit Hilfe von BIM werden die Bauteildaten allen prozessbeteiligten Akteuren in Echtzeit zur Verfügung gestellt und dienen als zentrale Entscheidungsgrundlage und Kontrollinstrument. Dies setzt eine kollaborative Zusammenarbeit der prozessbeteiligten Akteure voraus.

Diese Auffassung folgt der weithin akzeptierten Definition von Eastman et al. (2011), BIM als „*eine Modelltechnologie und zugehörige Reihe von Prozessen zur Herstellung, Kommunikation und Analyse von Gebäudemodellen*[350]" zu betrachten. Ein erzeugtes, kommuniziertes und analysiertes Gebäudedatenmodell ist durch die folgenden drei Eigenschaften charakterisiert.

1. Die Gebäudekomponente im Modell werden mit digitalen Objekten dargestellt, die nicht nur berechenbare Grafik- und Datenattribute enthalten, sondern auch parametrische Regeln enthalten, die eine intelligente Verwendung ermöglichen.

2. Die Komponenten des Modells umfassen nicht nur geometrische Daten, sondern enthalten auch verhaltensbezogene Daten wie Kosten und Zeit, die sich wiederum auf den gesamten Lebenszyklus des Gebäudes beziehen.

3. Alle Arten von Daten im Modell sind konsistent, koordiniert und nicht redundant.[351]

---

349 https://www.thenbs.com (aufgerufen am 01.11.2017)
350 Eastman, C., Teicholz, P., & Sacks, R., S. 16.
351 Ebd.; Vgl. auch Singh et al. (2011) und AGC (2006).

3.2.1 *BIM versus herkömmliche CAD-Methode*

Gegenwärtig ist der Planungs- und Bauprozess stark fragmentiert und basiert im Wesentlichen auf einer papierbasierten Dokumentation. Fehler und Auslassungen in Papierdokumenten verursachen oft unerwartete Kosten, Verzögerungen und Streitfälle zwischen den verschiedenen Parteien in einem Projektteam (vgl. Kap. 1.1). Zu den jüngsten Bemühungen diese Probleme anzugehen gehören auch alternative Organisationsstrukturen, wie bspw. die sog. Design-Build-Methode[352] und die Verwendung von internetbasierte Projekt-Plattformen für den Austausch und die gemeinsame Nutzung von Plänen und Dokumenten. Obwohl diese Methoden den Austausch von Informationen verbessert haben, haben sie wenig dazu beigetragen, die Schwere und Häufigkeit von Konflikten zu vermindern, die durch Papierdokumente verursacht werden.[353]

Eines der häufigsten Probleme im Zusammenhang mit papierbasierter Dokumentation während der Entwurfsphase ist der beträchtliche Zeit- und Kostenaufwand, der erforderlich ist, um kritische Bewertungsinformationen über ein vorgeschlagenes Design zu erstellen einschließlich der erforderlichen Kostenprognose und Energieverbrauchsanalyse, usw. Diese Analysen werden nach der konventionellen Planungsmethode - wenn überhaupt - erst im weiter fortgeschrittenen Entwurfsprozesses durchgeführt, wenn es häufig für die Durchführung ergebnisbestimmender Änderungen zu spät ist. Da diese iterativen Verbesserungen während der Entwurfsphase nicht stattfinden, muss hinterher ein sog. *Value Engineering* durchgeführt werden, um Planungskonflikte zu beheben. Dies wiederum führt dann häufig zu erforderlichen Kompromissen gegenüber dem ursprünglichen Entwurf.[354] *Value Engineering* ist eine strukturierte Denkmethode für die Entwicklung und Planung von Projekten oder die Weiterentwicklung und Verbesserung von Produkten. Ziel ist es dabei, den Wert und Nutzen unter geringstmöglichem Ressourceneinsatz zu optimieren. Außerplanmäßige Kosten bei der Anwendung herkömmlicher Methoden für die Planung und

---

[352] Die Design-Build-Methode wurde entwickelt, um die Verantwortung für die Planung und den Bau in einem einzigen Auftragnehmer zu konsolidieren und somit die Aufgaben für den Bauherrn zu vereinfachen. Vgl. auch Beard et al. (2005).

[353] Vgl. Eastman, C. et al., S. 2.

[354] Vgl. Ebd.

Errichtung von Bauwerken wurden durch verschiedene Forschungsstudien dokumentiert. Während die Gründe für die Abnahme der Produktivität nicht vollständig verstanden werden, weisen die Statistiken auf organisatorische Hindernisse innerhalb der Bauwirtschaft hin. Die Einführung neuer und verbesserter Methoden sowohl in der Planungsphase als auch in der Bauphase ist auffallend langsam und vor allem auf große Unternehmen beschränkt. Die Einführung neuer Technologien ist stark fragmentiert. Häufig bleibt es erforderlich auf papierbasierte zweidimensionale CAD-Zeichnungen zurückzugreifen, damit alle Mitglieder eines Projektteams miteinander kommunizieren können und die Anzahl der potenziellen Bauunternehmen, die für ein Projekt bieten sollen, ausreichend groß bleibt.[355]

Die bestehenden Probleme in der Bauwirtschaft beinhalten auch, die nicht mit der Verwendung fortschrittlicher Technologien zusammenhängenden Probleme, wie bspw. schwer umsetzbare Terminpläne oder häufig wechselnde Projektbeteiligte. Infolgedessen gibt es kaum Gelegenheiten mögliche Verbesserungen durch zeitliches und angewandtes Lernen zu realisieren. Vielmehr ist jeder der Projektbeteiligten primär darauf bedacht, sich vor potentiellen Disputen zu schützen. Ein weiterer Grund für die stagnierende Produktivität der Bauwirtschaft ist, dass der Bauprozess noch nicht wesentlich von der Digitalisierung profitiert hat. Dies wiederum schränkt ein, wie schnell neue und innovative Technologien übernommen werden. Auf der anderen Seite drängt sich der zunehmende Wettbewerbsdruck der Globalisierung auf, der es auswärtigen Firmen ermöglicht Dienstleistungen für lokale Projekte bereitzustellen.[356]

Bisher liegen die Einsatzschwerpunkte von CAD-Programmen für Architekten und Fachplaner in der Entwurfs-, Genehmigungs- und Ausführungsplanung. Jedoch wandelt sich diese Herangehensweise zunehmend, denn die Planungsmethode BIM und die damit zusammenhängenden Entwicklungen stellen neue Anforderungen an das computerunterstützte Design. Anliegen wie bspw. Kosten- und Terminsicherheit, eine bessere Planungs- und Ausführungsqualität, die Projektkoordination und der Projektdatenaustausch, die Vermeidung von Bauteilkollisionen und Planungsfehlern,

[355] Ebd., S. 9.
[356] Ebd., S. 10f.

die Bereitstellung nutzungsrelevanter Gebäudedaten, bauphysikalische, energetische und technische Gebäudeaspekte oder Lebenszyklusbetrachtungen stehen zunehmend im Fokus der Bauherren.[357]

BIM verändert und erweitert die Anforderungen an die heutigen Planungswerkzeuge. Im Mittelpunkt stehen immer häufiger Funktionen für die Erstellung und Bearbeitung sowie den Im- und Export von Bauteilen, die Auswertung von Daten sowie die Prüfung auf Kollisionen, Plausibilität und Konsistenz. BIM ist keine Software und CAD ist kein BIM. Was aber macht eine CAD-Software zu einem BIM-fähigen Planungswerkzeug? In erster Linie sind es die Funktionen für die Erstellung von Bauteilen als dreidimensionale, parametrisierbare Objekte und der Möglichkeit, diese mit vielfältigen alphanumerischen Informationen zu verknüpfen. Ebenso wichtig sind die Möglichkeiten für die Bauwerksstrukturierung, wie etwa die Gliederung nach Bauabschnitten, Geschossen oder Bauteilen. Weitere Merkmale sind das automatische Erzeugen von Plänen (das Generieren von Grundrissen, Schnitten oder Ansichten aus dem BIM-Modell), die Unterstützung von Auswertungen (mit Hilfe von Bauteillisten), die systemgenerierte Massen- und Mengenermittlung sowie die Bereitstellung eine Schnittstelle für den Austausch der BIM-Daten. Alle bauteilorientierten CAD-Programme sind grundsätzlich BIM-fähig und damit ein großer Teil des aktuellen Marktangebotes. Die Unterschiede liegen in der Benutzerfreundlichkeit, der Qualität von systemgenerierten Auswertungen und vor allem der Schnittstelle für den Austausch der BIM-Daten. Die BIM-fähige Software lässt sich in drei wesentliche Technologien unterteilen.[358]

- Dreidimensionale CAD-Technologie
- Objektorientierte Technologie
- Parametrische Entwurfstechnologie

Die Kombination dieser drei Technologien schafft eine Plattform für ein besseres Informationsmanagement, ein besseres Änderungsmanagement und eine bessere Interoperabilität für die Benutzer. Die ursprüngliche drei-

---

[357] Ebd.

[358] Vgl. Parvan, K., "Estimating the impact of BIM on Building Project Performance" (Diss., University of Maryland, 2012), S. 3f.

dimensionale CAD-Technologie erzeugt eine interaktive virtuelle Umgebung, die auf dem geometrischen 3D-Koordinatensystem basiert. In dieser Technologie sind die virtuellen Modellelemente die Zeichenobjekte. Aufgrund der objektorientierten Technologie von BIM existieren die Zeichenobjekte jedoch nicht mehr. Sie werden in architektonischen oder ingenieurtechnischen Objekten vereinigt, bspw. in Decken, Wände, Fenster, Träger oder Stützen.[359]

CAD-Systeme erzeugen Dateien, die im Wesentlichen aus Vektoren, verknüpften Linientypen und Ebenen bestehen. Im Zuge der Weiterentwicklung der CAD-Systeme wurden diesen Dateien zusätzliche Informationen hinzugefügt, um Datenblöcke und Textblöcke zu ermöglichen. Mit der Einführung der 3D-Modellierung wurden erweiterte Definitionen und komplexe Oberflächenwerkzeuge hinzugefügt. Als CAD-Systeme intelligenter wurden und immer mehr Benutzer die erzeugten Planungsdaten teilen wollten, verschob sich der Fokus von Zeichnungen und 3D-Bildern auf die Daten selbst. Ein von einer BIM-Software erzeugtes Bauwerksmodell kann mehrere verschiedene Ansichten (2D und 3D) der in einem Zeichnungssatz enthaltenen Daten unterstützen. Ein Bauwerksinformationsmodel kann durch seinen Inhalt - also welche Objekte es beschreibt - oder seine Fähigkeiten - also welche Anforderungen an die Information es unterstützen kann - beschrieben werden.[360]

Das Konzept parametrischer Objekte ist von zentraler Bedeutung für das Verständnis von BIM und seine Differenzierung von herkömmlichen 2D-Objekten. Parametrische Objekte bestehen aus geometrischen Definitionen und zugehörigen Daten und Regeln. Ihre Geometrie ist nicht redundant integriert und erlaubt keine Inkonsistenzen. Wenn ein Objekt in 3D dargestellt wird, kann die Form nicht intern redundant dargestellt werden. Abmessungen bzw. Maßabhängigkeiten können nicht zerstört oder beschädigt werden. Parametrische Regeln für Objekte ändern automatisch zugehörige Geometrien, wenn sie in ein Gebäudemodell eingefügt werden oder wenn Änderungen an assoziierten Objekten vorgenommen werden. Objekte können auf mehreren Aggregationsebenen definiert werden, wie

[359] Ebd.
[360] Vgl. Eastman, C. et al., S. 12f.

bspw. eine Wand und ihre zugehörigen Komponenten. Objekte können auf beliebig vielen Hierarchieebenen definiert und verwaltet werden. Objektregeln können identifizieren, wenn eine bestimmte Änderung die Durchführbarkeit des Objekts in Bezug auf seine Eigenschaften (bspw. Abmessungen) verletzt. Objekte können Attribute (bspw. Baumaterialien) mit anderen Anwendungen und Modellen verknüpfen.[361]

Die parametrische Entwurfstechnologie macht die virtuelle 3D-Umgebung funktionsfähig. Da die virtuellen Modelle in Bauprojekten hinsichtlich Anzahl der Elemente und ihrer Verbindung gewöhnlich sehr komplex sind, ist die Wiederherstellung der Modellintegrität bei Änderungen äußerst schwierig und erfordert einen hohen Aufwand. Die parametrische Entwurfstechnologie garantiert die Integrität des Modells bei Änderungen. Es verwendet parametrische Gleichungen, um die Verbindungen der Elemente zu erzwingen. Diese Gleichungen werden als sog. *Constraints* (deu.: Einschränkungen) bezeichnet. Wenn sich etwa eine Wand bewegt oder ausdehnt, werden die anderen Elemente, die mit der Wand verbunden sind (bspw. Decken oder Stützen) so angepasst, dass die Integrität der dreidimensionalen Geometrie erhalten bleibt.[362]

3.2.2 Der objektorientierte Ansatz der BIM-Methode

Als großer Fortschritt der BIM-Methode gegenüber der herkömmlichen CAD-Planungsmethode wird die Objektorientiertheit gesehen.[363] Durch die Verwendung von objektorientierten Informationen als durchgängige Wissensbasis ist es möglich, die benötigten Bauwerksinformationen zu strukturieren. Bei der Objektorientiertheit werden alle Objekte (Bauteile) des Bauwerks geometrisch digital abgebildet und detaillierte Informationen an die Bauteile angehängt.[364] Eines der wesentlichsten Merkmale der Objektorientiertheit ist die Fähigkeit, vorhandene Informationen formal zu

---

[361] Ebd., S. 14f.

[362] Vgl. Parvan, K., S. 3f.

[363] Vgl. Hallberg, D. & Tarandi, V., "On the use of open BIM and 4D-Visualisation in a predictive Life Cycle Management System for construction works", *Journal of Information Technology in Construction* 2 (2011).

[364] Vgl. Mansperger, T. et al., "BIM - Erfahrungen bei der Anwendung einer neuen Methode im Ingenieurbüro", *Bautechnik* 91, No. 4 (2014): S. 238.

beschreiben und eine wechselseitige Beziehung zwischen diesen Informationen herzustellen.[365] Die Objektorientiertheit steht im Bauwesen als Synonym für das Arbeiten nach der BIM-Methode. Ein digitales Bauteil kann somit neben den geometrischen Informationen auch nicht-geometrische (semantische bzw. alphanummerische) Informationen enthalten und verwalten.[366]

Bei der dreidimensionalen Modellierung spielen das Erzeugen und Darstellen der Geometrie eine wesentliche Rolle. Allerdings sind reale Objekte häufig komplexer, als diese sich durch geometrische Eigenschaften darstellen lassen. Ein rein geometrisches Bauwerksmodell ist zu diesem Zweck nicht ausreichend, da ihm semantische Informationen fehlen. In den Bereich der Semantik fallen u.a. Informationen zum Bauwerk und dessen Beschaffenheit, den verwendeten Materialien oder den Herstellungs- und Betriebsprozessen. Diese Informationen sind wesentlich, wenn man das Modell von den üblichen Modellen der Informatik, die aus Zahlenfolgen bestehen, abgrenzen und damit etwas Gegenständliches beschreiben will. Die reale Welt ist deutlich komplexer, als es sich mit einem Modell beschreiben lässt und die meisten Modellierungsansätze stoßen hier an ihre Grenzen. Mit der objektorientierten Modellierung versucht man einen Schritt in diese Richtung zu gehen, um u.a. Problemstellungen des Bauingenieurwesens realitätsnaher zu modellieren.[367] Alle Bauteile besitzen somit, im Gegensatz zur herkömmlichen geometrischen Modellierung, ein bauteilverwandtes und objektorientiertes Verständnis zum entstehenden Gesamtbauwerk. Das Bauwerksinformationsmodell repräsentiert demnach nicht nur eine dreidimensionale geometrische Beschreibung des entstehenden Bauwerks, sondern beinhaltet auch bauwerkstypische Bestandteile und Objekte mit allen Merkmalen und technische Spezifikationen.[368] Das

[365] Vgl. Björk, C., "A unified approach for modelling construction information", *Building and Environment* 27, No. 2 (1992): S. 173.
[366] Vgl. Ahn, S. et al., "Object-oriented modeling of construction operations for schedule-cost integrated planning based on BIM", *Proceedings of the International Conference on Computing in Civil Engineering, Nottingham, UK* (2010): S. 6.
[367] Vgl. Borrmann, A. et al., *Building Information Modeling. Technologische Grundlagen und Industrielle Anwendungen.* (Wiesbaden: Vieweg & Teubner Verlag, 2015).
[368] Vgl. May, M., *CAFM-Handbuch: IT im Facility Management erfolgreich einsetzen.* (Berlin: Springer Vieweg, 2013), S. 237.

Bauwerksinformationsmodell wird dadurch zu einer digitalen, objektorientierten und vor allem intelligenten Wissensbasis. Es beinhaltet alle erforderlichen Informationen, die zur Analyse und Bearbeitung sowie zur Entscheidungsfindung und Verbesserung des gesamten Prozesses zur Errichtung und Nutzung eines Bauwerks dienen.[369] Die Festlegung dieser Informationen erfolgt in einer sehr frühen Phase des Planungsprozesses, so dass diese für die weitere Bearbeitung allen am Planungs- und Bauprozess beteiligten Akteuren zur Verfügung gestellt werden können.[370]

Die objektorientierte Modellierung besteht aus den folgenden drei aufeinanderfolgenden Prozessen: (1) Objektorientierte Analyse, bei der man das Problem allgemein betrachtet und analysiert; (2) Objektorientierte Design, bei dem man sich Möglichkeiten überlegt, wie das Problem gelöst werden kann; und (3) Objektorientierte Programmierung, bei der dann die Möglichkeiten zur Problemlösung implementiert werden. (s. Abb. 57).[371]

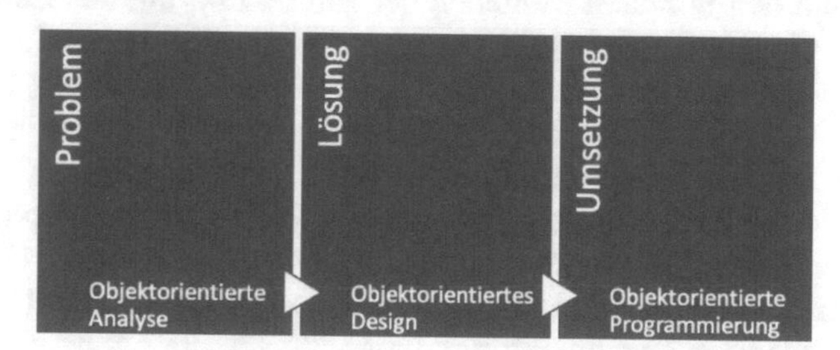

Abb. 57: Prozess der objektorientierten Modellierung. Eigene Darstellung in Anlehnung an Borrmann (2015).

Das grundlegende Prinzip der objektorientierten Modellierung besteht darin, dass sowohl die Daten als auch die Methoden, mit deren Hilfe der Daten ausgeführt werden können, in einem Objekt zusammengefasst und nach außen isoliert werden können, so dass Methoden fremder Objekte diese Daten nicht versehentlich manipulieren können. Wesentlich ist, dass dem Objekt bestimmte Eigenschaften (sog. Attribute) zugeordnet sind und

[369] Vgl. AGC.
[370] Vgl. Albrecht, M., *Building Information Modeling (BIM) in der Planung von Bauleistungen* (Hamburg: Disserta Verlag, 2014), S. 102.
[371] Vgl. Borrmann, A. et al.

es in die Lage versetzen, Informationen von anderen Objekten zu empfangen und an diese zu senden. Das Objekt stellt somit den wesentlichsten Bestandteil der objektorientierten Modellierung dar. Gleichartige Objekte, bei denen sich Attribute und Methoden ähneln, werden in sog. Klassen zusammengefasst.[372] Eines der wesentlichen Konzepte der objektorientierten Modellierung ist die sog. Vererbung. Die Vererbung dient dazu, aufbauend auf existierenden Klassen neue Klassen zu schaffen, wobei die Beziehung zwischen ursprünglicher und neuer Klasse bestehen bleibt (s. Abb. 58).

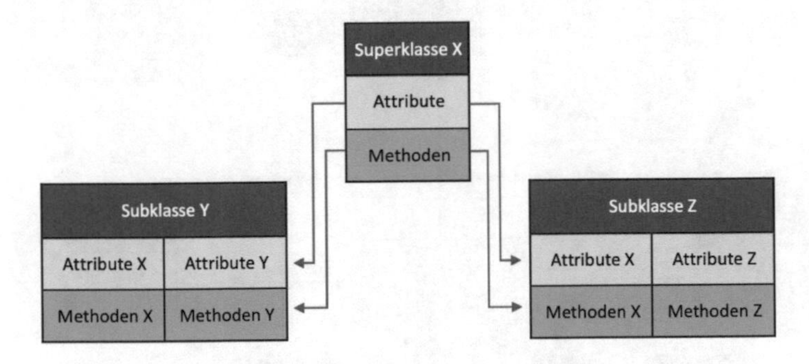

Abb. 58: Objektorientierte Vererbung. Eigene Darstellung in Anlehnung an Korneffel (2005).

Eine neue Klasse kann dabei eine Erweiterung oder eine Einschränkung der ursprünglichen Klasse sein. Hierbei stehen Objekte in einer hierarchischen Beziehung zueinander. Die Objekteigenschaften (Attribute und Methoden) können an sog. Subklassen, von einer oder mehrerer ihnen übergeordneten Superklassen, vererbt werden. Die Subklassen können aber trotzdem noch eigene Attribute und Methoden besitzen. Umgekehrt stellen die Superklassen eine Generalisierung aller Subklassen dar, was zu einem hierarchischen Klassifikationsschema führt. Darüber hinaus gibt es noch abstrakte Klassen, denen es nicht möglich ist, eigene Objekte zu erzeugen, die aber trotzdem ihre Eigenschaften vererben können. Außerdem unterscheidet man zwischen Einfach- und Mehrfachvererbung. Bei der Einfachvererbung hat die Subklasse nur eine einzige Superklasse, wobei einer Subklasse im Fall einer Mehrfachvererbung die Eigenschaften mehrerer

372 Ebd.

Superklassen weitergegeben werden.[373] Neben den hierarchischen, vertikalen Beziehungen zwischen Klassen gibt es auch noch horizontale Beziehungen, die zwischen Objekten gleichen Ranges bestehen können. Diese bezeichnet man als sogenannte Assoziationen (s. Abb. 59).

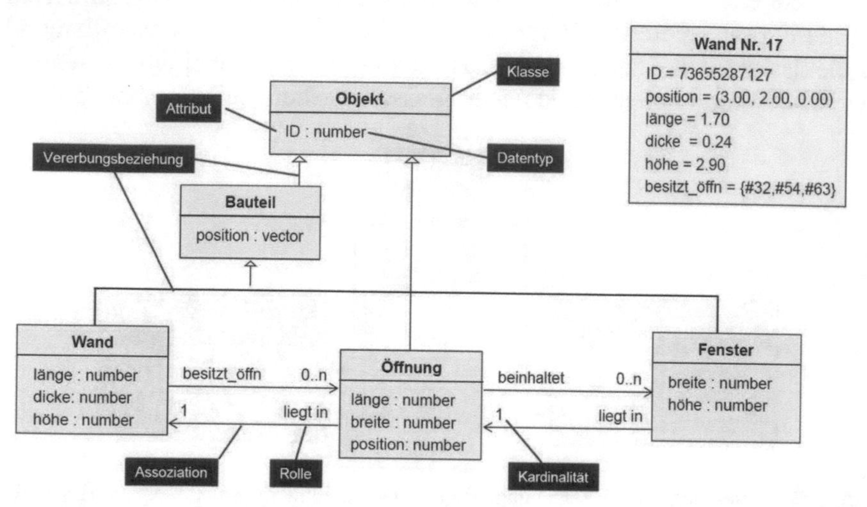

Abb. 59: Prinzip der UML-Darstellung nach Borrmann et al. (2015). In Tadesse (2016): BIM-basierte Auswertung von Bestandsbauten mit Hilfe von Visual Programming. S. 13.

Meist sind Assoziationen binär, finden also zwischen zwei Objekten statt, aber auch reflexive Assoziationen sind möglich, bei der sich die Beziehung auf nur ein Objekt bezieht. Um die Beziehung detaillierter zu beschreiben, lassen sich Wertigkeiten (sog. Kardinalitäten) einführen. Dabei definiert man, wie viele Objekte eines Typs mit Objekten eines anderen Typs in Verbindung stehen.[374] Die Wertigkeiten (Kardinalität) von Beziehungen in einer Datenbank definiert, wie viele Entitäten (Objekte) eines Entitätstyps mit genau einer Entität des anderen am Beziehungstyp beteiligten Entitätstyps (und umgekehrt) in Relation stehen können oder müssen. Alle diese Beziehungen lassen sich in sog. UML-Diagrammen (*Unified Modeling Language*) zur grafischen Darstellung von Klassen, Schnittstellen sowie deren Beziehungen abbilden. Beispielhaft besitzt die Wand Nr. 17 im oben

[373] Ebd.
[374] Ebd.

dargestellten UML-Diagramm als Attributnamen „ID“ und als Attributwert eine individuelle Identifikationsnummer. Eine andere Wand der gleichen Klasse hat zwar ebenfalls diese ID, aber nicht dieselbe ID-Nummer. Methoden hingegen dienen dazu, das Verhalten eines Objekts zu definieren. Da sie den ausführbaren Programmcode besitzen und von Klassen mit Attributen zusammengefasst werden, erfolgt der Lese- und Schreibzugriff auf Attribute indirekt über Methoden. Neben den Attributen spielen die Beziehungen zwischen Objekten eine entscheidende Rolle für die Semantik eines Objektmodells. Ferner gibt es zwei Sonderformen der Assoziationen, mit denen sich Beziehungen eines Teils zum Ganzen und umgekehrt modellieren lassen. Die Aggregation definiert: eine Beziehung „ist Teil von“ und die Komposition „besteht aus“. Dabei ist die Komposition eine stärkere Form der Aggregation, da hierbei ein Teil nicht ohne das Ganze existieren kann.[375]

3.2.3 Das Bauwerksmodell und dessen Einordnung

Digitale Bauwerksmodelle können das zentrale Werkzeug der Erzeugung, Verwaltung, Koordination und Weitergabe von Projektinformationen im Bauwesen sein. Der objektorientierte Aufbau der Bauwerksmodelle erlaubt dabei zusätzliche Informationen zu generieren, aus der Geometrie abzuleiten, zu speichern und zu verteilen. Die Modellelemente sind „intelligent“, das heißt sie kennen ihre Abhängigkeiten und Eigenschaften. Eine entsprechende Softwareanwendung ermöglicht die Informationsverteilung und das gleichzeitige Arbeiten mehrerer Projektbeteiligter am Bauwerksmodell. Gegenwärtige BIM-Softwarteanwendungen unterstützten neutrale Schnittstellen und gewähren einfachen Zugang zu den Informationen.

Dafür werden häufig mehrere fachspezifische Bauwerksinformationsmodelle erstellt, die eine abgestimmte und definierte Qualität aufweisen. Sie werden in regelmäßigen Abständen zu Koordinationszwecken zu einem Gesamtmodell (auch: Koordinationsmodell) zusammengeführt und dort geprüft. Durch das modellbasierte Arbeiten können nahezu alle projektbeschreibenden Informationen transparent visualisiert und dokumentiert werden. Im Vergleich zur herkömmlichen CAD-Planungsmethode können

---

[375] Ebd.

damit Fehler, Unvollständigkeiten und Kollisionen erkannt und vermieden werden. Mit einem Bauwerksinformationsmodell werden nur die Ziele erreicht, die vorher definiert wurden und es können nur die Informationen ausgewertet werden, die auch eingepflegt wurden und somit vorhanden sind.[376] Besonders der interdisziplinäre, kollaborative Zusammenschluss der projektbeteiligten Akteure ist ein wesentliches Merkmal und der Anspruch der BIM-Methode (s. Abb. 60).

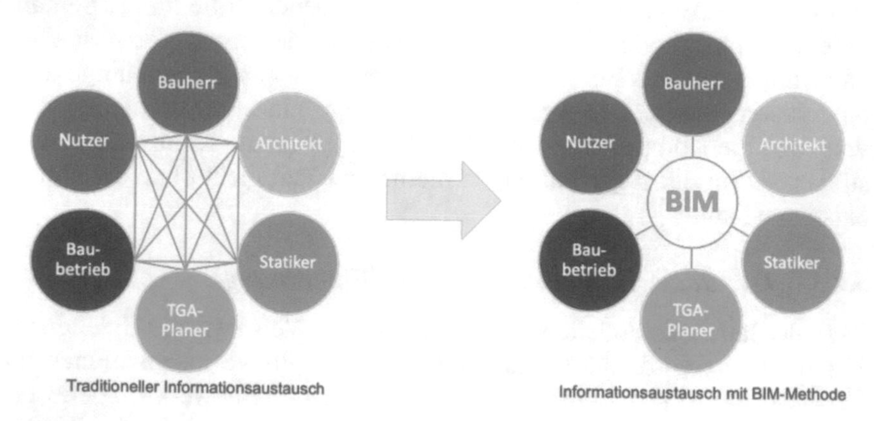

Abb. 60: Traditioneller Informationsaustausch versus Informationsaustausch mit BIM. Eigene Darstellung.

Hier hat sich in den letzten Jahren eine auffallende Entwicklung vollzogen. Zunächst erfolgte der Datenaustausch zwischen den beteiligten Akteuren noch weitestgehend dezentral und aufgabengebunden über die DXF- bzw. DWG-Schnittstelle. Diese unterstützen jedoch nicht den angestrebten Transfer intelligenter Daten mit ergänzenden geometrischen Informationen und objektspezifischen Parametern. Abhilfe schafft hier die von der Organisation *buildingSMART* im Jahr 2008, auf Basis des *Standard for the Exchange of Product model data* (STEP), entwickelte plattformübergreifende Objektsprache IFC (*Industry Foundation Classes*) zur Datenhaltung und für die automatische bidirektionale Datenübertragung zwischen

[376] Vgl. Egger, M. et al., "BIM-Leitfaden für Deutschland" in *Forschungsinitiative Zukunft Bau* (Berlin: Bundesinstituts für Bau-, Stadt- und Raumforschung BBSR, 2013), S. 19ff.

verschiedenen Softwaresystemen.[377] Die Version IFC 2x4 wurde im vierten Entwicklungsstadium zu der aktuellen Version IFC 4.0 umbenannt und im Jahr 2013 publiziert. Die Version IFC 4.0 ermöglicht erstmals, durch die Integration der sog. *Modell View Definition* (MVD), den interdisziplinären Austausch zwischen den unterschiedlichen Fachplanern, wie bspw. der Architekturplanung, Tragwerksplanung und Technische Gebäudeausrüstung. Die IFC-Schnittstelle überträgt die Projektstruktur des Grundstücks, des Bauwerks und der Bauteile. Die IFC enthält intelligente geometrische Bauteildaten und parametrische Bauteilinformationen, bspw. die Abmessungen und dreidimensionalen Koordinaten einer Wand sowie die Beziehungen zwischen dieser Wand mit anderen Bauteilen. Diese Fähigkeit ist einzigartig und eröffnet ein breites Spektrum neuer Möglichkeiten. Die in der IFC mitgelieferte Beziehung einer technischen Komponente zu dem Raum, in der sie sich befindet, liefert hierzu die Grundlage. Der direkte Zugriff aller Projektbeteiligten auf intelligente BIM-Daten durch die Objektsprache IFC vereinfacht den Datenaustausch erheblich und ermöglicht, dass alle Projektbeteiligten mit einer homogenen Datengrundlage arbeiten, einmal erfasste Daten an anderer Stelle nicht erneut eingegeben werden müssen, die Prozessabläufe weniger Zeit in Anspruch nehmen und weniger Abstimmungsfehler und Kommunikationsverluste entstehen.[378]

Außerdem bietet die IFC-Schnittstelle die Möglichkeit, dass alle Daten neutral an jedes CAD-System zurückgegeben werden können. BIM ermöglicht die Vereinfachung vieler Aufgaben, die zu erheblichen Einsparungen sowohl in monetärer als auch zeitlicher Hinsicht führen können. Die Implementierung von BIM erfordert jedoch ein geschultes Designteam, das genau nach den BIM-Systemprozeduren handelt.[379] Nach Oberwinter & Kovacic (2013) erfordert ein BIM-gestützter Planungsprozess eine sorgfältige Koordinierung und Standardisierung, um seinen vollen Nutzen entfalten zu können. Sowohl proprietäre als auch offene Datenaustauschschnittstellen haben große Probleme bei der Interpretation der

---

[377] Vgl. buildingSMART, *BIM/IFC-Anwenderhandbuch* (München: IAI Industrieallianz für Interoperabilität, 2008).
[378] Ebd.
[379] Vgl. Czmoch, I. & Pekala, A., "Traditional Design versus BIM Based Design", *Procedia Engineering* 91 (2014): S. 215.

Geometrie, was oft eine vollständige Überarbeitung des Architekturmodells im disziplinspezifischen Fachmodell erfordert. Die Erstellung von Bauwerksinformationsmodellen für eine umfassende und interdisziplinäre Nutzung ist immer noch mit grundlegenden Widersprüchen konfrontiert. Ungeachtet dessen wie ein Bauwerksinformationsmodell aufgebaut ist, scheint es dem einen oder anderen Fachplaner grundlegend Probleme zu bereiten, unabhängig von der verwendeten Software-Umgebung (s. Kap. 3.2.5) und dem BIM-Reifegrad (s. Kap. 3.2.8).[380]

Neben den technischen Aspekten zu den Schnittstellen für den Datenaustausch scheint die Vereinbarung darüber, wie detailliert ein BIM-Modell erstellt werden soll, eines der heikelsten Probleme für einen erfolgreichen BIM-unterstützten Planungsprozess zu sein. BIM-basierte Softwareprodukte, die eine interdisziplinäre Planungspraxis und eine ganzheitliche lebenszyklusorientierte Datenintegration vollständig unterstützen, sind selten. Für eine erfolgreiche Umsetzung von interdisziplinären Planungs- und Managementstrategien ist ein reibungsloser Datenaustausch ohne Informationsverluste von zentraler Bedeutung. Daher ist eine Weiterentwicklung der Software in Bezug auf offene Datenaustauschformate erforderlich.[381]

Butz (2016) argumentiert, dass das Datenvolumen zentral verwaltet, gespeichert und gesichert werden muss. Eine zentrale, projektbezogene Austauschplattform muss alle relevanten Informationen speichern und den Zugriff für die Projektbeteiligten ermöglichen, um einen schnellen Informationsaustausch zu gewährleisten. Insbesondere für den Informationsaustausch zwischen allen Beteiligten während des Projektablaufes sind effektive und qualitativ verlässlich umgesetzte Datenschnittstellen von zentraler Bedeutung. Austauschformate innerhalb der Softwareprogramme müssen ohne Kompatibilitätsprobleme funktionsfähig sein, um die Prozesskette effizient zu gestalten.[382] Mit diesem Ansatz wird, im Gegensatz zu dem von

---

380 Vgl. Oberwinter, L. & Kovacic, I., "Interdisciplinary BIM-supported planning process" (Paper presented at the Creative Construction Conference, Budapest, 2013).
381 Ebd.
382 Vgl. Butz, C., "Industrie 4.0 in der Bauwirtschaft - Potenziale und Herausforderungen von BIM für kleine und mittlere Unternehmen" (Berlin: Beuth Hochschule für Technik, 2016), S. 15.

Oberwinter & Kovacic (2013) vorgeschlagenen Ansatz, eine Entwicklung in Richtung *closed BIM* (s. Kap. 3.2.5) vorgeschlagen.

3.2.4 Der Einfluss der BIM-Methode auf die Planungskultur

Der Erfolg einer neuen Methode in der Planung, im Bau und der Nutzung von Bauwerken hängt im Wesentlichen von den vier Randbedingungen Menschen, Prozesse, Technologie und Richtlinien ab (s. Abb. 61). Auch bei der BIM-Methode ist es zielführend, möglichst alle diese Randbedingungen entsprechend aufeinander abzustimmen und langfristig zu fördern. Nur so ist eine effiziente Nutzung der BIM-Methode nachhaltig möglich. BIM erfordert ein kontinuierlich diszipliniertes und strukturiertes Arbeiten, sowie ein höheres Fachwissen bei gleichzeitig höherer Aufgeschlossenheit gegenüber neuen Methoden.[383]

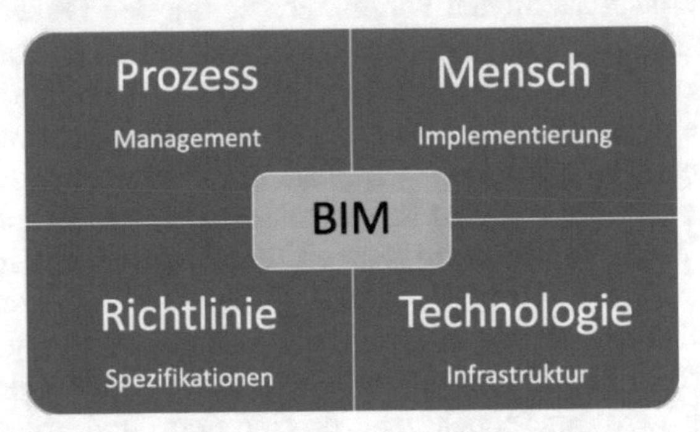

Abb. 61: Randbedingungen der BIM-Methode. Eigene Darstellung in Anlehnung an Egger et al. (2013), S. 21.

Durch die zentrale Verwaltung von Informationen verändern sich die Prozesse vor allem in der Kommunikation und Kooperation. Im Rahmen des Informationsmanagements werden engere Koordinationserfordernisse definiert und Bauwerksinformationsmodelle spielen dabei eine bedeutende Rolle. Nach Egger et al. (2013) sind noch folgende Fragen hinsichtlich ihrer Erstellung und Nutzung zu beantworten.[384]

---

383 Vgl. Egger, M. et al., S. 21f.
384 Ebd., S. 45.

- **Wer** erstellt die fachspezifischen Bauwerksinformationsmodelle und fügt sie zu einem Gesamtmodell zusammen?
- **Was** ist die Mindestqualitätsanforderung an die Bauwerksinformationsmodelle in Bezug auf den Detailierungsgrad?
- **Wann** müssen die Bauwerksinformationsmodelle in dem vereinbarten Detaillierungsgrad vorliegen?
- **Wie** werden die Bauwerksinformationsmodelle bereitgestellt?

Diese Fragestellungen sind weder neu noch BIM-spezifisch, bereits mit Einführung der zweidimensionalen CAD-Technik wurden CAD-Richtlinien zur gemeinsamen Festlegung von Projekterfordernissen eingeführt. Neu an dem BIM-Prozess ist die Höherwertigkeit der Informationen im Vergleich zur Zeichnung, sowohl in Bezug auf die Dimension (von 2D zu 3D) als auch die zusätzlichen Parameter, die mit den Objekten verknüpft werden. Dazu kommen noch die verschiedenen Strukturen und Gliederungen der Modelle. Während es bei der digitalen 2D-Zeichnung im Wesentlichen auf die Layer-Struktur beschränkt war, können Bauwerksinformationsmodelle nach verschiedenen Strukturen gegliedert werden, wie bspw. der räumlichen Struktur, der Anlagenstruktur oder der Komponentenstruktur. Auch zu deren Verwendung müssen Regelungen getroffen werden.[385]

Regelungen dienen dazu die vorhandene Qualität der eingegebenen Informationen und die Koordination untereinander regelmäßig prüfen zu können. Dadurch wird eine zunehmend disziplinierte und konstante Zusammenarbeit erforderlich. Für eine Zusammenarbeit sind aber auch die Definition der gemeinsamen Ziele und die Regeln für die Zusammenarbeit erforderlich. Ein sog. BIM-Abwicklungsplan (BAP) definiert die Ziele, die organisatorische Struktur und die Verantwortlichkeiten im Projekt. Der BAP, im engl. auch *BIM Execution Plan*, genannt stellt den Rahmen für das „Was“ (die BIM-Leistungen als definierte Fertigstellungsgrade) und das „Wie“ (die Prozess- und Austauschanforderungen an die projektbeteiligten Akteure). In seiner Anwendung fördert der BAP die Zusammenarbeit zwischen den Beteiligten und erhöht die Transparenz für das Planungsteam und den Bauherrn. Aber auch die Bauausführenden profitieren

[385] Ebd., S. 46.

durch eine verständliche und geregelte Dokumentation, wie bspw. bei einem Personalwechsel oder einer Projektunterbrechung.[386] Das „Was" beschreibt die konkreten Ergebnisse, die durch die projektbeteiligten Akteure gemäß BAP zu erzielen sind. Für eine genaue Beschreibung der BIM-Leistung, müssen die Inhalte der digitalen Bauwerksinformationsmodelle festgelegt und klassifiziert werden, um damit Ihre Bedeutung in den Anwendungen der Fachplaner zu bestimmen. Dies bezieht sich im Wesentlichen auf die Art, den Umfang und die Fertigstellungsgrade der Fachmodelle, die BIM-Klassifikation und geometrischen Detailierungsgrade der Modellelemente sowie die Standardisierung der alphanumerischen Eigenschaften (Attribute und Methoden) der Modellelemente.

Das „Wie" beschreibt die Prozesse, Werkzeuge und Aufgaben der einzelnen Projektbeteiligten, die in verschiedenen Rollen im BIM-Prozess zusammenarbeiten und an den transparenten Ergebnissen partizipieren. Konkrete Checklisten für den Auftraggeber, die Auftragnehmer und das BIM-Management dienen der Vorbereitung für ein BIM-Projekt. Dazu sind klare Vorgaben des Bauherrn sowie abgestimmte Arbeitsprozesse zwischen den Projektpartnern notwendig und müssen überall dort eingeführt werden, wo Informationen bzw. Modelle von einer Verantwortlichkeit in eine andere übergehen. Daneben müssen die technischen Schnittstellen benannt werden.[387]

Zur Definition von Regeln zählen auch die Klärung des Eigentums der zentral verfügbaren Informationen und die Haftung für die Richtigkeit der jeweiligen Modelle vor deren Weitergabe. Alle diese Faktoren sind vor Beginn des Projektes zu klären und vertraglich zu fixieren. Die Softwareanforderungen werden ebenfalls höher, neben der reinen Funktionalität einzelne Gewerke zu unterstützen, wird u.a. die Unterstützung neuer offener Schnittstellen erforderlich.[388] Die BIM-Methode definiert über einen integrierenden Ansatz einen Kulturwandel im Bauwesen, der einen Gegensatz zur traditionellen Herangehensweise bildet. Hierbei fällt das „Wir"

[386] Ebd., S. 49.
[387] Ebd., S. 50.
[388] Ebd., S. 22f.

ganz wesentlich ins Gewicht. Diesem Gedanken folgend, unterstützt die BIM-Methode:

- die Zusammenarbeit und Partnerschaft im Projekt,
- die ganzheitliche Lebenszyklusbetrachtung des Projekts,
- eine gemeinsame Zieldefinition,
- eine gemeinschaftliche Projektverantwortung,
- einen transparenten Umgang mit Problemstellungen,
- eine strategische Projektvorbereitung und
- eine detaillierte „Planung der Planung".[389]

Ein grundlegender Unterschied der BIM-Methode zu der herkömmlichen Planungsmethode ist die lebenszyklusübergreifende Betrachtung des Bauwerkes, von der Ideenfindung über die Planung, den Bau, die Nutzung bis zum Rückbau bzw. der Verwertung oder Umnutzung. Durch die Fokussierung auf eine konsistente Dokumentation von Informationen in jeder einzelnen Lebenszyklusphase und die Bereitstellung derselben als maschinenlesbare Datenbasis für die darauffolgende Lebenszyklusphase, hat die BIM-Methode beträchtliche Auswirkungen auf die Art und Weise der Informationsbeschaffung und Datenpflege. Hier ist eine systematische Arbeitsweise erkennbar, die sich auch in den einzelnen Richtlinien wiederfinden muss. Das Bauwerk ist das Ziel und die Information ist der Weg dorthin, der gemeinschaftlich zurückgelegt werden muss.

3.2.5 Klassifizierung von BIM

Aufgrund der am Markt vorhandenen Softwaresysteme und der damit verbundenen proprietären und nicht proprietären Schnittstellen ist eine Klassifizierung von BIM möglich. Zur Abgrenzung der Anwendungsfelder von BIM und der Skalierbarkeit der Methode werden zunächst folgende zwei Anwendungsfälle unterschieden.

1. **Durchgängigkeit der BIM-Anwendungen im Projekt:** Von einer Insellösung innerhalb eines Unternehmens oder einer Disziplin

[389] Ebd.

hin zur durchgängigen Lösung über den gesamten Lebenszyklus und im gesamten Projektteam.

2. **Offenheit der BIM-Anwendungen im Projekt:** Von einer geschlossenen, proprietären Softwarelösung von einem Hersteller hin zu einer offenen Softwarelösung verschiedener Hersteller.

Im internationalen Bereich spricht man auch von *little BIM* (einer Insellösung) und *big BIM* (einer durchgängigen Lösung).[390] Auf die Softwareanwendung bezogen wird auch die Terminologie *closed BIM* (einer geschlossenen Softwarelandschaft) und *open BIM* (einer offene Softwarelandschaft) gebraucht. Durch die Erweiterung *open* und *closed* ergeben sich vier Klassifikationen (s. Abb. 62).

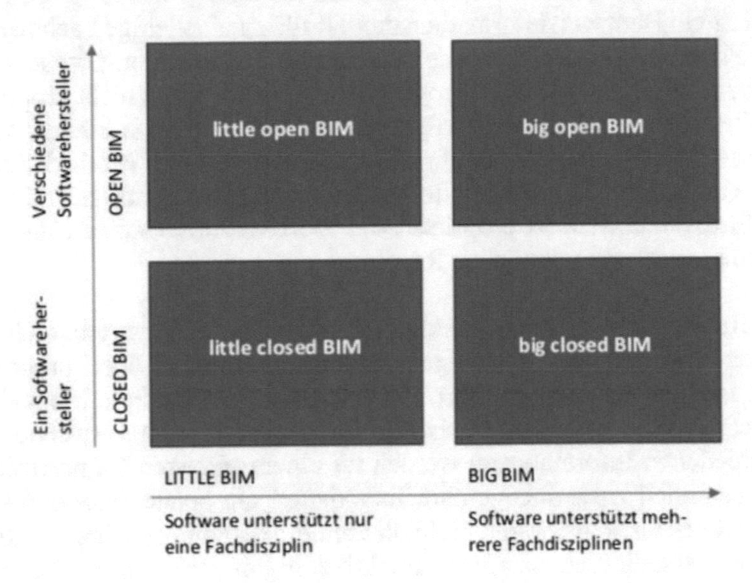

Abb. 62: Klassifizierung von BIM. Eigene Darstellung in Anlehnung an Liebich et al. (2011).

390 Vgl. Jernigan, F., *Little BIM and Big BIM - the practical approach to Building Information Modelling.* (Salisbury/USA, Site Press, 2007).

Bei *big BIM* handelt es sich um eine interdisziplinäre und durchgängige BIM-Anwendung. Es handelt sich hierbei um *open BIM*, die Anwendung von BIM wird durch nicht proprietäre Schnittstellen wie IFC unterstützt (s. Kap. 3.2.9). Somit ist es möglich, durch das *big open BIM* mit unterschiedlichen Softwareprodukten von verschiedenen Herstellern zu arbeiten. Als *little BIM* wird in der Regel das isolierte Arbeiten innerhalb einer Fachdisziplin mit wenigen Projektbeteiligten innerhalb weniger Phasen bzw. Disziplinen beschrieben.[391]

Liebich et al. (2011) folgend existiert bei *little closed BIM* ein isoliertes Bauwerksinformationsmodell, jedoch nur einmal für eine beliebige Fachdisziplin oder in einer beliebigen Phase. Es findet kein Informationsaustausch statt, das Softwareumfeld ist proprietär und der Informationsaustausch unterliegt keiner einvernehmlichen Regelung. Bei *little open BIM* existiert ein Bauwerksinformationsmodell für eine beliebige Fachdisziplin oder Phase. BIM wird ebenfalls nur für einen Bereich angewendet. Das Softwareumfeld ist ebenfalls proprietär, es stehen jedoch nicht proprietäre Schnittstellen wie IFC zur Verfügung. Die Informationen können so mit anderen Beteiligten ausgetauscht werden. Bei *big closed BIM* existiert ein Bauwerksinformationsmodell für mehrere Fachdisziplinen oder Phasen. Das Softwareumfeld ist proprietär, der Informationsaustausch unterliegt jedoch einer einvernehmlichen Regelung.

Das Bauwerksinformationsmodell wird als Koordinierungsmodell verwendet und mit den jeweiligen Fachinformationen über proprietäre Schnittstellen zusammengeführt. Bei *big open BIM* wird die Methode interdisziplinär in mehreren Fachdisziplinen oder Phasen verwendet. Die verschiedenen Informationen werden zu einem einzigen Bauwerksinformationsmodell zusammengeführt. Es existiert ein heterogenes und somit nicht proprietäres Softwareumfeld, in dem die disziplinspezifischen Informationen erstellt werden. Allen Projektbeteiligten steht ein ganzheitliches

[391] Vgl. Liebich, T., "BIM - Eine Methode der Projektabwicklung", *Vortrag zur Informationsveranstaltung BIM der Achitektenkammer und Ingenieurkammer NRW in Düsseldorf am 02.05.2013.*

Bauwerksinformationsmodell zur Verfügung. Es werden in der Regel nicht proprietäre Schnittstellen (IFC) verwendet.[392]

3.2.6 Dimensionen von BIM

Die BIM-Methode ist wegweisend daran beteiligt, das Paradigma der Bauwirtschaft von zweidimensionalen Zeichnungsinformationssystemen zu dreidimensionalen Objektinformationssystemen zu verlagern.[393] Diese Transformation verändert die Dokumentationsmethode, die beim Entwerfen und Konstruieren von Bauwerken verwendet wird. Von manuellen Abläufen, die für Menschen lesbar sind (2D)[394], über integrierte digitale Beschreibungen von Bauelementen mit zusätzlichen Informationen (3D-BIM) über die Zielgrößen Zeit (4D-BIM) und Kosten (5D-BIM) bis hin zu Lebenszyklus (6D-BIM) und Betriebsdaten (7D- BIM) sowie Sicherheitsinformationen (8D-BIM).[395] Die Stufen dieser Transformation werden in Dimensionen beschrieben (s. Abb. 63).

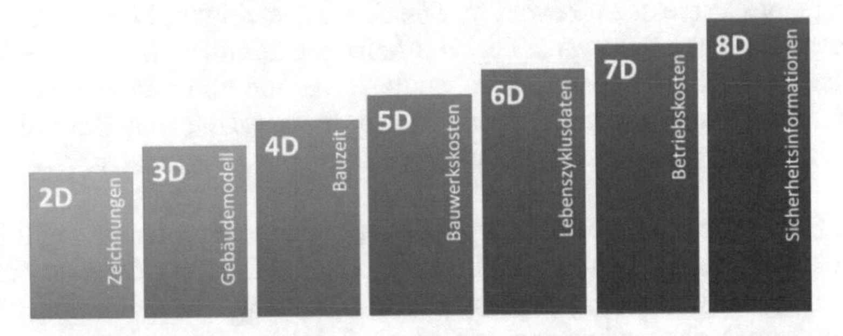

Abb. 63: Dimensionen von BIM. Quelle: Eigene Darstellung.

392 Vgl. Liebich, T., Schweer, C.S. & Wernik, S., "Die Auswirkungen von BIM auf die Leistungsbilder und Vergütungsstruktur für Architekten und Ingenieure sowie auf die Vertragsgestaltung" in *Forschungsinitiative Zukunft BAU, Schlussbericht vom 3. Mai 2011* (Berlin: Bundesinstituts für Bau-, Stadt- und Raumforschung BBSR, 2011), S. 45ff.

393 Vgl. Mihindu, S. & Arayici, Y., "Digital Construction through BIM System will drive the reengineering of construction business practices", *Int. Conf. Visualisation* 29 (2008).

394 Vgl. Smith, D.K. & Tardif, M., *BIM - A Strategic Implementation Guide for Architects, Engineers, Constructors and Asset Managers.* (Hoboken/NJ.: John Wiley & Sons, 2009).

395 Vgl. Egbu, C. & Sidawi, B., "BIM implementation and remote construction project issues, challenges and critiques", *ITcon* 12, No. 75 (2012).

Eastman et al. (2011)[396] und Kamardeen (2010)[397] haben die mehrdimensionale Kapazität von BIM als sog. nD-Modellierung definiert, da sie dem Bauwerksinformationsmodell eine nahezu unendliche Anzahl von Dimensionen hinzufügen kann. Das nD-Modell ist eine Erweiterung von BIM, die verschiedene Planungsinformationen enthält, die während des Lebenszyklus eines Bauwerkes generiert und benötigt werden, wie bspw. Bauzeit, Baukosten, energetische Aspekte oder Nachhaltigkeit. Mit nD-Modellen können Benutzer den gesamten Lebenszyklus eines Projektes simulieren und dabei helfen, die Unsicherheiten im Entscheidungsprozess zu reduzieren und frühzeitig effektive Analysen (bspw. hinsichtlich alternativer Planungslösungen) durchführen.[398]

Die Integration von 4D-BIM verknüpft die in Zeitplänen dargestellten Bauaktivitäten mit dem 3D-Modell, um eine grafische Simulation des Bauprozesses in Echtzeit zu entwickeln. Das Hinzufügen der vierten Dimension (Zeit) bietet die Möglichkeit, die Baubarkeit und Arbeitsablaufplanung eines Projekts zu bewerten. Die Projektbeteiligten können so Probleme in Bezug auf sequenzielle, räumliche und zeitliche Aspekte des Baufortschritts effektiv visualisieren, analysieren und kommunizieren. Infolgedessen können wesentlich zuverlässigere Zeitpläne und Baustellenlogistikpläne erstellt werden, um die Produktivität zu verbessern.[399]

Die Integration von 5D-BIM ermöglicht das Generieren von modell- bzw. objektbasierten Kostenbudgets im Zeitverlauf (4D-BIM). Dies erhöht die Genauigkeit der Kostenprognosen, minimiert mögliche Differenzen aufgrund von Mehrdeutigkeiten und ermöglicht den Kostenberatern, mehr Zeit für die Wertsteigerung aufzuwenden. Die Integration von 6D-BIM erlaubt die Erweiterung der BIM-Anwendung für das Facility Management. Das BIM-Modell bietet ein umfassendes Abbild der Gebäudeelemente und Ingenieurdienstleistungen und liefert eine integrierte Beschreibung für das

[396] Vgl. Eastman, C., Teicholz, P., & Sacks, R.
[397] Vgl. Kamardeen, I., "8D-BIM modelling tool for accident prevention through design" (Paper presented at the 26th Annual ARCOM Conference, 6-8 September 2010, Leeds, UK, 2010).
[398] Vgl. Fu, C. et al., "IFC model viewer to support nD model application", *Automation in Construction* 15, No. 2 (2006): S. 178-185.
[399] Vgl. Kamardeen, I., S. 285.

Bauwerk. Diese Funktion, zusammen mit der Bauwerksgeometrie sowie den Attributen und Methoden der Gebäudeelemente, befürwortet die Verwendung von BIM als eine Datenbank für das Facility Management. Durch die Integration von 7D-BIM werden Nachhaltigkeitskomponente durch das BIM-Modell generiert, die es bspw. ermöglichen CO_2-Ziele für bestimmte Bauwerkskomponente einzuhalten und die Entscheidungen im Entwurfsprozess entsprechend zu validieren oder verschiedene Optionen zu testen bzw. zu vergleichen. Die Integration von 8D-BIM berücksichtigt entwurfs- und konstruktionsrelevante Sicherheitsaspekte. BIM ermöglicht es, die Leistung von Projekten einfacher vorherzusagen, schneller auf Änderungen zu reagieren, Entwürfe mit Hilfe Analysen, Simulationen und Visualisierungen zu optimieren und dadurch Konstruktionsdokumentationen von höherer Qualität zu liefern.[400]

Die Zeit ist ein bestimmende, zunächst immaterielle Größe in Bauprojekten, die in verschiedenen Zusammenhängen präsentiert werden kann, einschließlich möglicher Zeit-Raum-Konflikte[401] und der Visualisierung von Bauzeitplänen.[402] Dementsprechende frühere Forschungen sind die Grundlagen für das gegenwärtige 4D-BIM zur Messung des Baufortschrittes.[403] Die Zeit wird logisch über die Kosten als vierte Dimension in BIM priorisiert, da die Kosten im Laufe der Zeit schwanken können. Es ist allerdings erkennbar, dass 4D-BIM nicht vollständig ist und mit den Kosten als fünfte Dimension (5D-BIM) ergänzt werden muss, um ein präziseres Projektergebnis vorhersehen und letztlich erzielen zu können. Die große Bedeutung der Genauigkeit von Kostenprognosen in der frühen Phase eines Bauprojektes ist allgemein bekannt. Die Kostenprognose ist besonders für die

[400] Ebd.

[401] Vgl. Akinci, B. et al., "Formalization and Automation of Time-Space-Conflict Analysis", *Journal of Computing in Civil Engineering* 16, No. 2 (2002): S. 124.

[402] Vgl. Chau, K.W., Anson, M., & Zhang, J.P., "Four-Dimensional Visualization of Construction Scheduling and Site Utilization", *Journal of construction, engineering and management* 130, No. 4 (2004): S. 598.

[403] Vgl. Kim, C., Son, H., & Kim, C., "Automated construction progress measurement using 4D-Building Information Model and 3D data", *Automation in Construction* 31 (2013): S. 75.

Bauherren zur Entscheidungsfindung von wesentlicher Bedeutung[404], da ungenaue Schätzungen zu Kostenüberschreitungen und Terminverzögerungen führen können.[405] Die frühzeitige, möglichst präzise Kostenschätzung ist ein wesentlicher Faktor bei der Entscheidung für oder gegen ein Projekt und wird häufig zur Grundlage für die endgültige Finanzierung eines Projekts gemacht.[406] Trotz der entscheidenden Bedeutung der Kostenprognose ist sie aufgrund fehlender Informationen in den frühen Projektphasen, in denen der Grundstein für die zukünftigen Bau- und Nutzungskosten gelegt wird, nur schwer vorzunehmen und nicht selten mit folgenschweren Ungenauigkeiten behaftet. Eine solche Informationslücke kann durch 5D-BIM zu Gunsten einer gesicherten Kapitalbedarfsermittlung und Projektfinanzierung[407] sowie Cashflow-Kontrolle[408] ausgefüllt werden. Mit Hilfe von BIM können die ergebnisrelevanten Bauwerksinformationen zur Verwendung durch die Projektbeteiligten aufeinander aufbauend horizontal und vertikal verknüpft werden (s. Abb. 64). Die Forschungsergebnisse von Lee et al. (2016) weisen eindeutig auf ein signifikantes Maß an Nutzen in allen vier Hauptstadien von 5D-BIM hin (s. Abb. 65). Die Integration von Informationen steigert nicht nur die Effizienz und Genauigkeit der Prozesse in allen Phasen, sondern ermöglicht den Entscheidungsträgern auch eine bessere Interpretation von Informationen, die mit dem herkömmlichen zweidimensionalen CAD-Arbeitsablauf nahezu unmöglich ist. Die Visualisierung von 5D-BIM wird die technischen Barrieren für die aktive Mitwirkung der Bauherren an den Projektphasen

---

[404] Vgl. Carr, R., “Cost Estimating Principles“, *Construction Engineering Management* 115 (1988): S. 545.

[405] Vgl. Kaming, P.F. et al., “Factors influencing construction time and cost overruns on high-rise projects in Indonesia“, *Construction Management and Economics* 15, No. 1 (1997): S. 83-94.

[406] Vgl. Trost, S.M. & Oberlender, G.D., “Predicting accuracy of early Cost Estimates using Factor Analysis and Multivariate Regression“, *Journal of construction engineering and management* 129, No. 2 (2003): S. 198.

[407] Vgl. Forgues, D. et al., “Rethinking the Cost Estimating Process through 5D-BIM: A Case Study“ (Paper presented at the Construction Research Congress 2012, West Lafayette, Indiana, USA 2012), S. 778.

[408] Vgl. Liu, H., Lu, M., & Al-Hussein, M., “BIM-based integrated framework for Detailed Cost Estimation and Schedule Planning of Construction Projects" (Paper presented at the 31st International Symposium on Automation and Robotics in Construction and Mining ISARC, Sydney, 2014), S. 286-294.

erheblich reduzieren. Dies wiederum wird die Zufriedenheit der Bauherren erhöhen, indem die Lücke zwischen Erwartungen und tatsächlich erzielten Projektergebnissen geschlossen wird.[409]

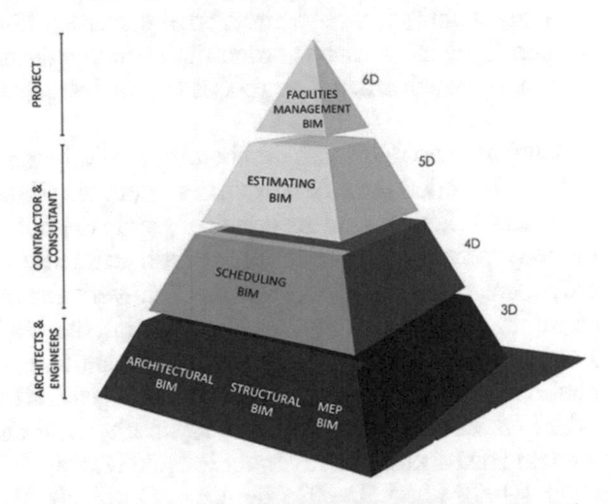

Abb. 64: Dimensionen von BIM. Quelle: Aristeo Construction, Livonia/MI, USA. http://www.aristeo.com (aufgerufen am 07.11.2017).

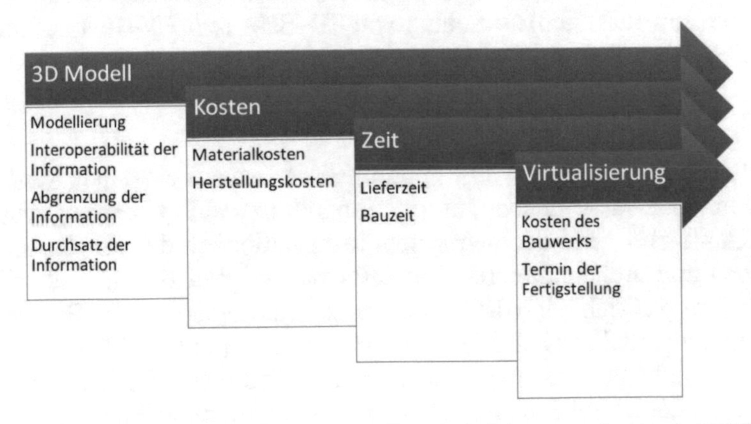

Abb. 65: Stadien von 5D-BIM. Eigene Darstellung in Anlehnung an Lee et al. (2016), S. 5.

409 Vgl. Lee, X.S., Tsong, C.W., & Khamidi, M.F., "5D-BIM: A Practicability Review" (Paper presented at the 4th International Building Control Conference IBCC, Kuala Lumpur, Malaysia, 2016), S. 5f.

Nach dem aktuellen Forschungsstand ergibt sich, dass bereits in den frühen Entwurfsphasen die Zeitplanung (4D) und die Kostenprognose (5D) beginnt, um sicherzustellen, dass das Gebäude in der vorgesehenen Zeit gebaut und die Kosten kontinuierlich weiterverfolgt werden können. Ebenfalls in den frühen Entwurfsphasen werden die Grundlagen für die in der Nutzungsphase (6D) entstehenden Kosten des Gebäudes gelegt.[410]

Während der Bauphase wird BIM von den beteiligten Akteuren verwendet, um ein virtuelles 3D-Modell ihrer Arbeit zu erstellen, um Planungskollisionen vor dem Bau zu erkennen und zu beheben sowie die nötigen Ausführungszeichnungen zu erzeugen. Die Bauphase kann mit Hilfe von 4D-BIM simuliert werden, um sicherzustellen, dass das Bauwerk termingerecht erstellt wird. Diese Prozesse werden dadurch begünstigt, dass BIM bereits in den frühen Entwurfsphasen verwendet wurde. BIM hat eine Wechselwirkung zwischen Planungs-, Bau- und Nutzungsphase geschaffen, die unter Anwendung der herkömmlichen CAD-Planungsmethode so nicht bestand. Mit zunehmendem BIM-Reifegrad in einem Projekt (s. Kap. 3.2.8) werden die Vorteile von 4D-BIM und 5D-BIM deutlich. Durch die nD-Dimensionen ist BIM in der Lage, den Planungs- und Bauprozess zu revolutionieren.[411] Im Rahmen dieser Forschungsarbeit wird unter anderem untersucht, welchen Einfluss die Anwendung von 4D-BIM und 5D-BIM auf die Projektzielgrößen Zeit und Kosten hat.

3.2.7 Der Modelldetaillierungsgrad

Digitale Bauwerksinformationsmodelle bestehen aus einzelnen Modellelementen, denen semantische Informationen hinzugefügt werden können. In der Kombination aus geometrischem Informationsgrad LOG (*Level of Geometry*) und alphanummerischem Informationsgrad LOI (*Level of Information*) ergibt sich der MDG (Modelldetaillierungsgrad) des Bauwerksinformationsmodells zu definierten Leistungszeitpunkten. Der geforderte MDG ist abhängig von der Leistungsphase und der Fachdisziplin. Inhaltlich muss der MDG den fachlich notwendigen Planungsinformationen der

---

[410] Vgl. Sacks, R. et al., “The Rosewood experiment - BIM and Interoperability for Architectural Precast Facades“, *Automation in Construction* 19 (2010): S. 419-432.
[411] Ebd.

jeweiligen Planungsphase entsprechen.[412] Das häufig verwendete Akronym LOD steht nach britischem Standard für *Level of Detail* und nach amerikanischem Standard für *Level of Development* und definieren den grafischen und nicht-grafischen Informationsgehalt in den verschiedenen Projektphasen, also die planungs- und nutzungsspezifischen Eigenschaften des Bauwerks.[413] Der LOD beschreibt den geometrischen Detailierungsgrad der Bauteile eines Bauwerks in Bezug auf die Projektphasen und liefert genaue Informationen über die geforderte geometrische Modellierungsgenauigkeit. Der LOI beschreibt den Informationsgrad eines Objektes, welcher im Bauwerksinformationsmodell erfasst ist.[414]

Das COBie (*Construction Operations Building Information Exchange*) ist ein international anerkanntes, nicht-proprietäres Datenformat für die Veröffentlichung einer Teilmenge aus Bauwerksinformationsmodellen, die sich auf die Bereitstellung von sog. *Data Drops* anstelle von geometrischen Informationen konzentriert. Das COBie ist in den britischen Standards BS 1192-4 spezifiziert und als eine Untergruppe der *Industry Foundation Classes* (IFC) formal definiert. Die COBie-konformen *Data Drops* werden auf die Projektphasen abgestimmt und geben den Modelldetaillierungsgrad (MDG) wieder, der in den vordefinierten Projektphasen verfügbar sein muss. Für jede Projektphase gibt es bestimmte Detaillierungsgrade, die im Modell enthalten sein müssen.

COBie bietet die Struktur zum Austausch von Bauwerksinformationen zwischen den projektbeteiligten Akteuren. Im Regelfall sind das der Bauherr, der Architekt, die Fachplaner sowie der Bauunternehmer und späterer Nutzer. COBie kann somit die Daten aller beteiligten Akteure enthalten und liefert die Informationen, die für einen effizienten Planungs- und Bauprozess sowie den effizienten Betrieb des Bauwerks oder der Anlage erforderlich sind. Die COBie-Datei besteht aus mehreren Tabellen, die sowohl die Attribute des Bauwerks, ihrer Anlagen und Systeme als auch die dazugehörigen Informationen wie bspw. Produktinformationen, Garantien oder Wartungsintervalle enthält. Bei der fortscheitenden Entwicklung des

[412] Vgl. VBI, *BIM-Leitfaden für die Planerpraxis* (Berlin: VBI, 2016), S. 10.
[413] Vgl. Bredehorn, J. et al. (2016), S. 5.
[414] Ebd., S. 6.

Projekts entlang der Projektphasen können zusätzliche Attribute und Details mit bestimmten Elementen verknüpft werden. Mit zunehmenden Projektfortschritt wird die geometrische Genauigkeit und Informationsdichte weiter zunehmen. Die Zuordnung, welcher LOI wann zur Anwendung kommt, wird in den sog. *Employer´s Information Requirements (EIR)*, im deutschsprachigen Raum auch Lastenheft genannt, geregelt.[415] COBie erhöht nicht den Informationsbedarf, sondern strukturiert die Informationen, so dass diese einfacher zu verarbeiten sind. Die wesentlichen Ziele sind:

- die Bereitstellung eines Formats für den einfachen Austausch von Informationen im Planungs- und Bauprozess,
- die Identifizierung von eindeutigen Anforderungen und Verantwortlichkeiten,
- die Reduzierung der Kosten gegenüber papierbasierten Arbeitsmethoden,
- die Anwendbarkeit für Projektbeteiligte jeder Art und Größe,
- die Bereitstellung aller für die Bauausführung relevanten Informationen und
- das Ermöglichen eines direkten Informationstransfers in das FM-Datensystem des späteren Bauwerksnutzers.[416]

COBie vereinfacht die Bereitstellung der erforderlichen Informationen, wodurch der Aufwand und damit die Kosten für Architekten, Fachplaner und Bauunternehmen reduziert werden. Am Ende der Bauphase werden Informationen über Ausrüstung und Standort sowie Systembeschreibungen und Garantieinformationen erfasst. Eigentümer und Nutzer, die ein computerunterstütztes Gebäudemanagement (*Computer Aided Facility Management CAFM*) nutzen, können alle im Bauwerksinformationsmodell erfassten Informationen verwenden und austauschen.[417] Der COBie wurde im Jahr 2007 von E. William East vom *United States Army Corps*

[415] Ebd., S. 9.
[416] Vgl. Brodt, W., East, E.W. & Kirby, J.G., "buildingSMART with COBie: The Construction Operations Building Information Exchange" in *Engineering, Construction and Facilities Asset Management: A Cultural Revolution* (Washington DC, USA: The National Academics, 2006), S. 2.
[417] Ebd., S. 3ff.

of Engineers als Pilotstandard entwickelt, um die Übergabe von Informationen an Gebäudeeigentümer, Nutzer und Betreiber insoweit zu verbessern, so dass diese ihre Bauwerke und damit ihre Vermögen effizienter verwalten können. Im Mai 2011 veröffentlichte die britische Regierung die *Government Construction Strategy* und forderte darin die Anwendung der modellbasierten 3D-Modellierung BIM Level 2 bis zum Jahr 2016 und dass die nötigen Informationen im COBie-Format verfügbar sein müssen. Die Einordnung der Modelldetaillierung in die international angewandten Projektphasenmodelle: RIBA Plan of Work 2013 des Royal Institute of British Architects, CIC des British Construction Industry Council, AIA des American Institute of Architects und Honorarordnung für Architekten und Ingenieure (HOAI) in Deutschland ist in Abb. 66 dargestellt.

	RIBA 2013	CIC	AIA	HOAI	LOD	LOI	MDG	COBie
Preparation	Strategic Definition		Pre-Design	Grundlagen-ermittlung	000	000	010	
	Preparation and Brief	Brief						
				Vorplanung			100	1
Design	Concept Design	Concept	Concept Design	Entwurfs-planung	100	100	200	
	Developed Design	Developed Design	Design Development	Genehmigungs-Planung	200	200	210	
	Technical Design	Production	Final Design	Ausführungs-planung	300	300	300	2
Pre-Construction		Installation		Vorbereitung der Vergabe			310	
				Mitwirkung bei der Vergabe			320	3
Construction		As con-structed	Construction	Objekt-überwachung	400	400	400	
	Construction							
	Handover and Closeout							4
Use	Use and Aftercare	In use	Building Operations	Objekt-betreuung	500	500	500	5

Abb. 66: Modelldetailierungsgrade bezogen auf verschiedene, international angewandte Planungsphasenmodelle. Eigene Darstellung.

Die *Data Drops* werden an wesentlichen Meilensteinen im Verlauf von Projekten benötigt, um eine anwendbare Validierung und Kontrolle sicherzustellen, so dass der Auftraggeber die verfügbaren Daten bezüglich technischer Konformität sowie die Einhaltung von Kosten, Terminen und Qualitäten überprüfen kann. Der Data Drop 1 beinhaltet die Anforderungen und Einschränkungen, der Data Drop 2 die vollständige Planungslösung, der Data Drop 3 die vollständige Konstruktionslösung, der Data Drop 4 die Nutzungs-/Wartungsinformationen und der Data Drop 5 die Nachnutzung, mit den in Tab. 4 dargestellten Informationen. [418]

Data Drop	Informationen
1	Klassifizierung von BIM (open/closed BIM, etc.), Dimensionen von BIM (4D-BIM, 5D-BIM, etc.), Projektteam, Rollen & Verantwortlichkeiten, Modell-Ownership, BIM-Eingaben und BIM-Ausgaben, Referenzmodell & Modellanalyse und wichtige Modellelemente wie bspw. vorgefertigte Elemente oder parametrische Objekte auf Konzeptebene für Hauptelemente.
2	Daten für die *Design-Coordination*-Analysis und Links zwischen Fachmodellen, generische und spezifische Design-Komponenten, BIM-Daten für die Umweltperformance und Flächenanalyse, Data Sharing für technische Analysen und das Hinzufügen von Spezifikationsdaten, Datenexport für Planungsapplikation und 4D bzw. 5D Bewertungen.
3	Daten für die Gebäudeleittechnik, Detailanalyse mit Subunternehmern, Erstellen parametrischer Objekte auf Produktionsebene für alle wichtigen Elemente, Datenfreigaben und Modellabnahmen, 4D-BIM Bauablauf für den Auftragnehmer und Zugriff auf das Modell durch den Auftragnehmer und Integration von Subunternehmer.
4	*As-built*-Gebäudedatenmodell mit Herstellerangaben und Funktion für den Datenexport.
5	*As-built* und Erkenntnisse aus Betrieb und Wartung im Vergleich zu *Data Drop 1* hinsichtlich: Standort, Funktion, Nutzungsmix, Qualität, Kosten für Instandhaltung und Betrieb, Wert der Immobilie, Umwelt- und Nachhaltigkeit.

Tab. 4: Modelldarstellung und Informationen der COBie Data Drops. Eigene Darstellung in Anlehnung an die UK Government Construction Strategy (2011).

[418] Vgl. UK GOV Cabinet Office, "Government Construction Strategy" (London, UK: Efficiency and Reform Group of the Cabinet Office and the Construction Sector Unit of BIS, 2011), S. 13f.

Aufbauend auf den Arbeiten des AIA veröffentlichte das *US Department of Veterans Affairs* und später die australische NATSPEC Organisation eine Matrix mit Anforderungen an nicht-grafische Objekteigenschaften für 28 Modellelementtypen. Alle Objekteigenschaften werden in Gruppen kategorisiert und den IFC-Spezifikationen zugeordnet. Die niederländische Organisation für angewandte naturwissenschaftliche Forschung (TNO) hat einen Vorschlag für eine Reihe von Informationsebenen entwickelt, die sich hauptsächlich auf den Zweck konzentrieren, für den ein Modell verwendet werden kann.

In Großbritannien hat die *British Standards Institution* (BSI) in seinem PAS-Standard (2013) eine Reihe von Modellstufen definiert, um Anforderungen auf Modellebene für grafische und nichtgrafische Inhalte auf der Grundlage von Beschreibungen zu definieren. Die BIM-Toolkit-Lösung der britischen *National Building Specifications* (NBS 2015) zielt darauf ab, die PAS-Modellstufen zu verwenden, um individuelle Anforderungen für Modellelementtypen in verschiedenen Entwurfsstadien zu definieren. Einige andere Lösungen, wie bspw. COBIM von *buildingSMART* Finnland, New Zealand BIM Handbook und die BIM Minimum Modelling Matrix der US Army, wurden ebenfalls eingeführt. Die meisten anderen Konzepte sind entweder in ihren Modellanforderungen eingeschränkt oder basieren auf den Prinzipien eines der obigen Lösungen.[419]

In Deutschland liegen noch keine allgemein anerkannten Standards für den Modelldetaillierungsgrad vor.[420] Ziel ist die einheitliche und durchgängige Beschreibung der Objektdaten in Bezug auf die Detaillierung und Attribute. Diese Ziele werden in einem sog. Lastenheft beschrieben. Bredehorn et al. (2016) beschreiben in Anlehnung an das BIMForum (2015) die Definition, Inhalte und Ziele der Modellgenauigkeiten für den LOD und LOI 100 bis 500.[421] Der LOD erlaubt einen einfachen Ansatz, um die Anforderungen an den Inhalt von objektorientierten Modellen in einem BIM-Prozess zu spezifizieren. Frühere Untersuchungen, wie etwa jene von van

[419] Ebd., S. 3.
[420] Vgl. Egger, M. et al.
[421] Vgl. Bredehorn, J. et al., S. 6-11.

Berlo, Bomhof & Korpershoek (2014)[422] oder Hooper (2015)[423] haben jedoch ergeben, dass dies eine enorme Herausforderung darstellt. Unterschiedliche Planungsdisziplinen und Projektorganisationsmodelle erfordern unterschiedliche Informationen, die in den unterschiedlichen Projektphasen verfügbar sein müssen, so dass es eine Granularität (also eine hierarchische Aggregation von Daten) innerhalb des Rahmens von LOD geben muss. Hooper (2015) vertritt die Auffassung, dass mit dem zunehmenden Spektrum von Optionen für die Spezifikation von Anforderungen an den LOD auch die Komplexität der Definition von Anforderungen steigt und die Herausforderung darin besteht, mit solchen Ansätzen einen tatsächlichen zusätzlichen Wert für das Projekt zu generieren. Van Berlo et al. (2014) beschreiben eine erhebliche Verwirrung darüber, wann ein BIM-Modell tatsächlich einen bestimmten LOD erreicht und es scheint, dass eine wesentliche Herausforderung immer noch das Missverständnis der Modelldetaillierung als eine Definition für die Modellentwicklung ist.[424]

Nach Latiffi et al. (2014) kann eine Verbesserung der BIM-Prozesse in Bauprojekten in der Anwendung der LOD gesehen werden. Der Umfang der in Bauprojekten angewandten LOD zeigt den Grad des BIM-Verständnisses und die Fähigkeit der projektbeteiligten Akteure bei der Verwaltung von Bauprojekten mit Hilfe von BIM. Darüber hinaus zeigt die Erweiterung von LOD 100 auf LOD 500 auch das Bewusstsein der Beteiligten für die Reduzierung der Defizite im Planungs- und Bauprozess.[425] Entscheidungen sind ein wichtiger Teil des Bauprozesses. Vereinfacht gesagt, kann der Erfolg eines Bauvorhabens als das Ergebnis aller während des Bauprozesses getroffenen Entscheidungen gesehen werden.[426] Die Strukturierung

[422] Vgl. van Berlo, L., Bomhof, F., & Korpershoek, G., "Creating the Dutch National BIM Levels of Development" (Paper presented at the International Conference on Computing in Civil Engineering, Orlando/FL, USA, 2014).

[423] Vgl. Hooper, M., "Automated model progression scheduling using LOD" *Construction Innovation* 15, No. 4 (2015).

[424] Vgl. Treldal, N., Vestergaard, F., & Karlshøj, J., S. 1.

[425] Vgl. Latiffi, A. et al., "Building Information Modeling (BIM): Exploring Level of Development (LOD) in Construction Projects" (Paper presented at the International Integrated Engineering Summit 2014, Johor, Malasyia, 2015), S. 933-937.

[426] Vgl. Howell, I., "The value information has on decision making", *New Hampshire Business Review* 38, No. 19 (2016): S. 20.

der Prozesse ist ein zentraler Aspekt zur Steigerung der Produktivität im Planungs- und Bauprozess.[427] Der LOD wird als mögliche Lösung zur Verbesserung der Entscheidungsstruktur diskutiert, da die Kommunikation der beteiligten Akteuren dadurch verbessert werden kann.[428] Gryttinga et al. (2017) argumentieren, dass Entscheidungsdefizite die zentrale Herausforderung im Entwurfsprozess sind und ein Grund dafür, könnte das Fehlen eines Entscheidungsplanes sein.[429] Diese Entscheidungsdefizite können als Beitrag zur schlechten Produktivität in der Bauwirtschaft gesehen werden.[430]

3.2.8 BIM-Reifegradmodelle

Die Messung von Leistungsdaten ist für viele Industriezweige und Arbeitsgebiete ein relevantes Thema, so auch für die Bauwirtschaft. Mit der Verbreitung von BIM, als neues Werkzeug für Technologie und Innovation in der Bauwirtschaft, wird es notwendig, die Anwendung von BIM zu bewerten.[431] Die Herausforderungen bei der Implementierung von BIM haben sich von der Überwindung technischer Schwierigkeiten, hin zu einer gesamtheitlichen Integration von BIM in die Arbeitsprozesse der Bauindustrie und einer kontinuierlichen Verbesserung dieser Prozesse verschoben.[432] Um diese Herausforderungen zu überwinden, müssen die BIM-Anwender auf Organisations- und Projektebene zunächst Verbesserungspotentiale identifizieren, die den Anforderungen der Anwender entsprechen.[433] Trotz der steigenden Anzahl von BIM-Werkzeugen und BIM-Prozessen befindet sich die Forschung zur Evaluierung der BIM-Reife noch in den Anfängen

---

427 Vgl. Fosse, R. & Ballard, G., "Lean design management in practice with the last planner system" (Paper presented at the 24th Annual Conference of the International Group for Lean Construction (IGLC), Boston, USA, 2016).

428 Vgl. Hooper, M., S. 428-448.

429 Vgl. Gryttinga, I. et al., "Use of LOD Decision Plan in BIM projects", *Elsevier Procedia Engineering* 196 (2017): S. 408.

430 Ebd., S. 413.

431 Vgl. Succar, B., "An integrated approach to BIM compency assessment, acquisition and application", *Automation in Constuction* 35 (2013): S. 174-189.

432 Vgl. Li, J., Xiao, B., & Cao, W., "Research of BIM Application and Development Barriers in China", *Construction Science and Technology* 17 (2015): S. 59f.

433 Vgl. Luu, T.V. et al., "Performance measurement of construction firms in developing countries", *Construction Management and Economics* 26, No. 4 (2008): S. 373-386.

und die Industrie muss Standards für die Messung der BIM-Reife definieren.[434] Der BIM-Reifegrad bezieht sich auf den Grad der Qualität, Wiederholbarkeit und Durchgängigkeit der Bereitstellung einer BIM-Leistung[435] und ist als Methode zur systematischen Bewertung des BIM-Implementierungsgrades auf Unternehmensebene zu verstehen.[436] Vollständige Bewertungen auf Unternehmens- und Projektebene helfen sowohl die Stärken und Schwächen der BIM-Leistung zu identifizieren als auch geeignete Werkzeuge und Prozesse auszuwählen, welche die Anforderungen erfüllen. Zudem können diese Bewertungen bei der Entwicklung neuer Werkzeuge durch Bereitstellung wertvoller Erfahrungen genutzt werden. Forschungen zur detaillierten Bewertung der BIM-Leistung auf Unternehmens- und Projektebene sind jedoch kaum vorhanden.[437]

Individuelle Kompetenzen sind die erforderlichen Bausteine organisatorischer Kompetenz. Gemeinschaftlich formieren sie eine Reihe von Prozessen, die für die Planung, das Management und die Entwicklung von Ressourcen verwendet werden können. Individuelle Kompetenzen sind entscheidend für das Management und die Leistung einer Organisation. Die Analyse individueller Kompetenzen in der Bauwirtschaft hat sich bislang auf die Planung und das Bauprojektmanagement konzentriert. Diese Untersuchungen unterstreichen die Notwendigkeit eines umfassenden Ansatzes, die für Modellierungs-, Kollaborations- und Integrationsaktivitäten entscheidenden Kompetenzen zu identifizieren und zu klassifizieren. Die Identifizierung und anschließende Organisation generischer Kompetenzen wird nicht nur die Implementierung von BIM erleichtern, sondern auch die komplexen Aktivitäten der multidisziplinären Zusammenarbeit klären.

---

[434] Vgl. Dib, H., Chen, Y., & Cox, R., "A framework for measuring BIM-maturity based on perception of practioneers and academics outside the USA" (Paper presented at the CIB 29th International Conference, Beirut, Lebanon, 2012), S. 246.

[435] Vgl. Kassem, M., Succar, B., & Dawood, N., "A proposed approach to comparing the BIM maturity of countries" (Paper presented at the CIB 30th International Conference on the Applications of IT in the AEC Industry, Beijing, China, 2013), S. 1.

[436] Vgl. Mom, M. & Hsieh, S.H., "Toward performance assessment of BIM technology implementation" (Paper presented at the 4th International Conference on Computing in Civil and Buidling Engineering ICCCBE, Moscow, Russia, 2012), S. 1.

[437] Vgl. Wu, C. et al., "Overview of BIM maturity measurement tools", *Journal of Information Technology in Construction ITcon* 22 (2017): S. 35.

Eine Vielzahl dieser Aktivitäten erfordern das Mitwirken verschiedener Projektbeteiligter. Dabei ist die wechselseitige Abhängigkeit der aufwendigste Teil der Koordination, da die beteiligten Akteure häufig kommunizieren müssen und gegenseitige Anpassungen während der Ausführung der Aufgabe vornehmen müssen.[438]

Um diese Anpassungen so effizient wie möglich zu gestalten, wird die Standardisierung von Aufgaben empfohlen. Dies gilt sowohl für die selbständig ausgeführten Arbeitsaufgaben als auch die wechselseitig voneinander abhängigen Aufgaben. Die Standardisierung und damit Klärung der Definition und Organisation von BIM-Kompetenzen wird wesentlich zur Verringerung ineffizienter Abhängigkeit zwischen Teams und Organisationen beitragen.[439] Mit Hilfe von Reifegradmodellen können verschiedene Managementpraktiken verglichen und quantifiziert werden.[440] Reifegradmodelle beschreiben die Entwicklung einer Funktionseinheit im Verlauf der Zeit. Als Funktionseinheit kann sowohl ein Individuum (ein Projektbearbeiter) als auch ein Team (ein Projekt) oder eine Organisation (ein Unternehmen) gesehen werden. Die Reifegradmodelle zeigen einen Weg der Leistungsverbesserung auf, können aber auch als Instrument für den Vergleich von Funktionseinheiten angewendet werden.[441]

BIM-Reifegradmodelle wurden entwickelt, um die BIM-Reife von Einzelpersonen, Projekten oder Organisationen während der Implementierung und Anwendung von BIM zu bewerten. Die Bewertungsmethoden wurden sowohl von der Wissenschaft als auch von der Industrie unabhängig voneinander entwickelt.[442] Da die BIM-Reifegradmodelle auf der Grundlage

---

[438] Vgl. Succar, B., S. 174.

[439] Vgl. Lavikka, R., Smeds, M., & Smeds, R., "Towards coordinated BIM based design and construction processes, e-Work and e-Business in Architecture, Engineering and Construction", *CRC Press* (2012): 513-520.

[440] Vgl. Zeb, J., Froese, T., & Vanier, D., "Infrastructure Management Process Maturity Model: Development and Testing", *Journal of Sustainable Development* 6, No. 11 (2013): S. 2.

[441] Vgl. Klimko, G., "Knowledge management and maturity models: Building common understanding" (Paper presented at the 2nd European Conference on Knowledge Management, Slovenia, 2001), S. 277f.

[442] Vgl. Bougroum, Y., S. 4.

separater Forschung entwickelt wurden, gibt es keinen integralen Rahmen für die Messung der BIM-Reife, speziell hinsichtlich der Klassifizierung von Maßnahmen und des Umfangs der Messung.[443]

Die am häufigsten in der Literatur erwähnten Ansätze werden auf den folgenden Seiten beispielhaft vorgestellt. Das erste BIM-Reifegradmodell, das sog. *BIM Capability Maturity Model (CMM)* wurde im Jahr 2007 vom US-amerikanischen *National Institute of Building Science (NIBS)* - als Teil der US-amerikanischen *National BIM-Standards (US-NBIMS)* - entwickelt, um den BIM-Reifegrad auf Projektbearbeitungsebene zu bestimmen.[444]

Zu diesem Zweck hat bspw. das US-amerikanische *National Institute of Building Science (NIBS)* in seinem *BIM Capability Maturity Model (CMM)* die in Tab. 5 dargestellten Interessensbereiche für die Bewertung der einzelnen BIM-Leistungen definiert.

[443] Vgl. Wu, C. et al., S. 36f.
[444] Vgl. Bougroum, Y., S. 22ff.

Nr.	Interessensbereich	Beschreibung
1	Reichhaltigkeit der Daten	Beurteilt die Vollständigkeit des Gebäudeinformationsmodells.
2	Lebenszyklusbetrachtung	Bewertet das Maß der Implementierung von BIM während der verschiedenen Lebenszyklusphasen eines Projektes.
3	Rollen oder Disziplinen	Bewertet die Abhängigkeit der am Projekt beteiligten Akteure und Disziplinen, die an einem BIM-Projekt beteiligt sind.
4	Änderungsmanagement	Bewertet die Methodik zur Änderung von Geschäftsprozessen, die für ein Projekt entwickelt wurden.
5	Geschäftsprozess	Bewertet die Fähigkeit der vorhandenen Geschäftsprozesse, Echtzeitdaten zu sammeln und diese in das BIM-Modell zu integrieren.
6	Aktualität & Antwortdaten	Bewertet die Aktualität und Häufigkeit von Informationsaktualisierungen. Dies wiederum wirkt sich auf die Reaktionsfähigkeit und Genauigkeit von Fragen und Problemen aus.
7	Bereitstellungsmethode	Überprüft die Verfügbarkeit von Daten in einem zentralisierten, strukturierten Netzwerk und ermöglicht den Zugriff für alle Beteiligten.
8	Grafische Information	Bewertet, in welchem Maß das Gebäudeinformationsmodell 2D-, 3D- und objektbasierte Zeichnungen enthält.
9	Räumliche Information	Bewertet die Kompatibilität der verschiedenen im Modell enthaltenen Elemente und ihre relative Verwendbarkeit.
10	Informationsgenauigkeit	Bewertet die Richtigkeit der für den Zweck von BIM gesammelten Informationen.
11	Interoperabilität	Bewertet die IFC-Nutzung und den Informationsaustausch der Akteure, die an einem BIM-Projekt beteiligt sind.

Tab. 5: Interessensbereiche des BIM Capability Maturity Model (CMM). Eigene Darstellung in Anlehnung an NIBS (2007).

Jedem Interessensbereich ist auf einer Reifegrad-Skala von 1 bis 10 ein Merkmal zugeordnet, das für den jeweiligen Interessensbereich bestimmend ist.[445] Zur Bewertung der BIM-Reife eines Bauprojekts wird den 11 Interessensbereichen - die bewertet werden sollen - jeweils ein Reifegrad zwischen 1 und 10 zugeordnet. Zusätzlich wird jedem Interessensbereich eine gewichtete Bedeutung zugeordnet, aus der sich der sog. *Credit* je Interessensbereich ergibt. Die Summe der *Credits* aus den 11 Interessensbereichen bildet dann die *Credit Sum* - den BIM-Reifegrad im Projekt. Das CMM liefert auch die Ausgabe einer grafischen Darstellung der erreichten BIM-Reife je Interessensbereich (s. Abb. 67).

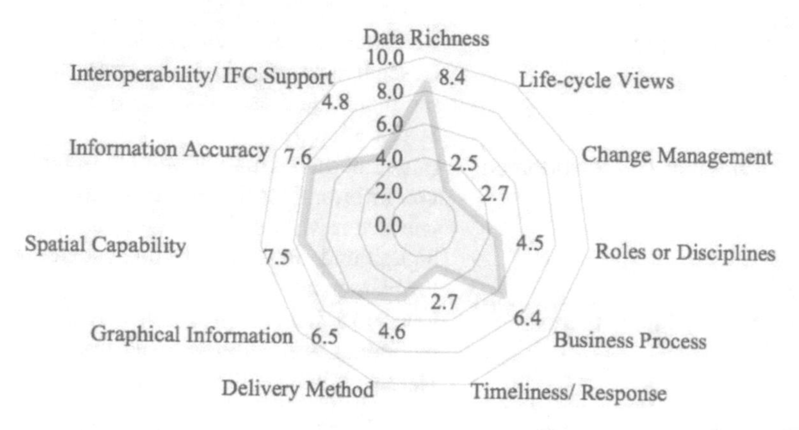

Abb. 67: Area of Interest Chart nach CMM (Beispiel). In Bougroum (2016): An analysis of the current BIM assessment methods, S. 25.

Dies ermöglicht einen schnellen Überblick in Bezug auf die Stärken und Schwächen der BIM-Anwendung in einem Bauprojekt und die Identifizierung potenzieller Verbesserungsbereiche.[446] Der sich ergebende arithmetische Reifegrad wird in einem Bewertungssystem kategorisiert und in eine qualitative Gesamtaussage, den projektbezogenen BIM-Reifegrad, übersetzt (s. Tab. 6).

[445] Ebd.

[446] Bougroum, Y., S. 25.

Credits	BIM-Reifegrad
0 – 19,9	Not certified
20 – 59,9	Minimum BIM
60 – 69,9	Certified
70 -79,9	Silver
80 – 89,9	Gold
90 - 100	Platinum

Tab. 6: BIM-Reifegrade nach CMM. Eigene Darstellung in Anlehnung an NIBS (2007).

Das von Bew und Richards (2008) vorgestellte, BIM-Reifegradmodell *BIM Evolutionary Ramp* (s. Abb. 68) hat sich als Hauptkomponente der britischen BIM-Implementierungsstrategie etabliert.[447]

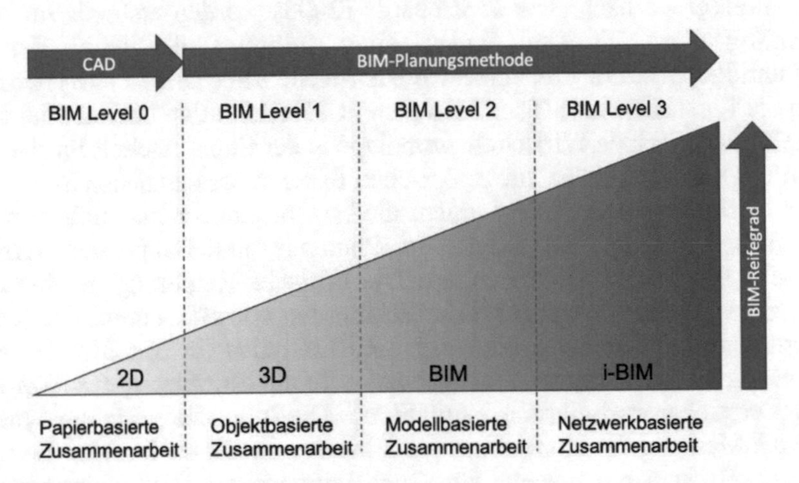

Abb. 68: BIM-Reifegradmodell. Eigene Darstellung in Anlehnung an Bew & Underwood (2010).

Die *BIM Evolutionary Ramp* wurde entwickelt, um eine klare Kommunikation der Standards und Leitlinien zu gewährleisten, ihre Beziehung zueinander und wie sie auf Projekte in der Industrie angewendet werden

---

447 Vgl. Succar, B. & Kassem, M., "Macro-BIM adoption: Conceptual structures", *Automation in Construction* 57 (2015): S. 64-79.

können.[448] Die *BIM Evolutionary Ramp* identifiziert verschiedene BIM-Reifegrade (*BIM-Level*) im Hinblick auf die Art der Modellierung (zeichnungsbasierte, objektbasierte, modellbasierte oder netzwerkbasierte Modellierung), die angewandten Standards und Richtlinien sowie die Klassifizierung und Bereitstellungsmethode der BIM-Leistung im Lebenszyklus der Bauwerke. Die Forscher identifizieren den BIM-Reifegrad Level 0 als CAD, der nicht als die Anwendung der BIM-Methode angesehen wird.[449] In dieser Phase wird das Objekt mit Hilfe von Linien auf einer zweidimensionalen Ebene beschrieben. Der Informationsaustausch erfolgt mit Hilfe von papierbasierenden Zeichnungen und Plänen.[450]

Die Reifegrade nach Bew & Richards (2008) wurden erstmals im *BIM Working Party Strategy Paper*, einer Initiative der University of Cambridge, erwähnt. Die einzelnen BIM-Reifegrade (*BIM-Level*) definieren die Forscher wie in Tab. 7 dargestellt. Die Initiative hat das Ziel eine intelligente, digitale Wirtschaftsgrundlage in der Bauwirtschaft für die Zukunft zu schaffen, indem die praktischen Erkenntnisse zu neuen Standards und Leitlinien führen. Diese sollen die Nutzung neuer Technologien ermöglichen und die Produktivität im Planungs- und Bauprozess verbessern.[451] Der Bericht dokumentiert: Die britische Regierung möchte den höchsten Wachstumseffekt bei der Einführung von BIM, durch die Komplettierung der fehlenden Standards und Leitfäden für das BIM-Level 2 sowie die Entwicklung neuer Regelwerke für die Einführung des BIM-Level 3 erreichen und gibt die Empfehlung: Die Industrie sollte ein Modell für die Messung der Kompetenz von Firmen und Teams im BIM-Level 2 entwickeln und ein Schema für Qualifizierung der BIM-Kompetenzen

---

[448] Vgl. Underwood, J. & Bew, M., "Delivering BIM to the UK Market" in *Handbook of research on Building Information Modeling and Construction Informatics: Concepts and Technologies.* (New York: IGI-Global, 2009).

[449] Vgl. Bew, M. et al., "e-Work and e-Business in Architecture, Engineering and Construction" in *e-Work and e-Business in Architecture, Engineering and Construction*, Hrsg. Zarli, A. & Scherer, R. (Boca Raton/FL, USA: CRC Press, 2008).

[450] Vgl. Isikdag, U., Underwood, J., & Kurugolu, M., *Building Information Modelling* (New York/NY, USA: John Wiley & Sons, 2012).

[451] Vgl. BIM Industry Working Group, "Building Information Modelling (BIM) Working Party Strategy Paper" (UK Government Construction Client Group: BIM Task Group und Business Innovation & Skills, 2011), S. 16f.

bereitzustellen. Messbare Standards werden als notwendig erachtet, damit die BIM-Methode professionell eingesetzt werden kann.[452] BIM-Level 2 erfordert die Anwendung von dreidimensionalen BIM-Fachmodellen. Diese Modelle dürfen nicht nebeneinander existieren, sondern müssen in einem einzigen Modell vorliegen.[453]

Reife-grad	Definition	Art der Modellierung
Level 0	Nicht verwaltetes CAD, 2D mit Papier als wahrscheinlichstem Datenaustauschmechanismus.	Zeichnungsbasierte Zusammenarbeit
Level 1	Verwaltetes CAD, 2D oder 3D unter Verwendung von BS1192:2007, mit gemeinsamer Datenumgebung und einigen Standarddatenstrukturen. Kommerzielle Daten, verwaltet durch eigenständige Kostenverwaltung ohne Integration.	Objektbasierte Zusammenarbeit
Level 2	Verwaltete 3D-Umgebung in separaten BIM-Fachmodellen mit angehängten Daten. Geschäftsdaten, die von Enterprise-Resource-Planning (ERP) verwaltet werden. Integration auf der Basis von proprietären Schnittstellen. Der Ansatz kann 4D-Programmdaten und 5D-Kostenelemente verwenden.	Modellbasierte Zusammenarbeit
Level 3	Vollständig offene, internetbasierte Prozess- und Datenintegration durch Webservices, die den neuen IFC/IFD-Standards entsprechen und von einem kollaborativen Modellserver verwaltet werden. Könnte als integriertes BIM (iBIM) angesehen werden, welches parallele Engineering-Prozesse einsetzen kann.	Netzwerkbasierte Zusammenarbeit

Tab. 7: Definition der BIM-Level. Eigene Darstellung in Anlehnung an Bew & Richards (2008).

[452] Ebd., S. 81.
[453] Ebd., S. 81-85.

Die von der US-amerikanischen Indiana University im Jahr 2009 entwickelte *BIM Proficiency Matrix* (BPM) soll die Fähigkeiten eines Bauunternehmens bei der Umsetzung der BIM-Prozesse messen. Mit Hilfe einer Microsoft-Excel basierten Matrix werden die Fähigkeiten und Kenntnisse des Unternehmens beim Arbeiten in einer BIM-Umgebung in folgenden acht Kategorien bewertet. Modellgenauigkeit, IPD-Methodik, Berechnungsmethode, Standortkenntnis, Inhaltserstellung, Konstruktionsdaten, *As-built*-Modellierung und Reichhaltigkeit der FM-Daten. In jeder Kategorie wird eine Bewertung von 1 bis 4 Punkten vergeben und zu einer Gesamt-BIM-Reifebewertung addiert. Durch die Bewertung entlang des Bewertungsmaßstabes identifiziert die Matrix folgende fünf BIM-Reifegrade: Working towards BIM (der niedrigste Standard), Certified BIM, Silver, Gold und Ideal (der höchste Standard).[454]

Das im Jahr 2010 von der niederländischen Organisation für Angewandte Naturwissenschaftliche Forschung (TNO) entwickelte *BIM Quick Scan-Tool* zielt darauf ab, als Standard-Benchmark-Werkzeug in den Niederlanden zu dienen. Den Namenszusatz *Quick* verdankt das Tool der Maßgabe, den Scan in einer begrenzten Zeit von maximal einem Tag durchführen zu können. Der *BIM Quick Scan* besteht aus 4 Hauptbereichen und 44 Maßnahmen, die in Form eines Multiple-Choice-Fragebogens organisiert sind.[455] Das *BIM Quick Scan Tool* gliedert sich für die Bewertung der BIM-Reife in folgende vier Bereiche: Organisation und Management, Mentalität und Kultur, Informationsstruktur und Workflow, Werkzeuge und Technologie.[456] Jedes dieser Kapitel enthält eine Reihe von *Key Performance Indicator* (auch: KPI oder Leistungskennzahl genannt) in Form eines Multiple-Choice-Fragebogens. Für jeden KPI gibt es eine Reihe von möglichen Antworten, für die eine Punktzahl und ein Gewichtungsfaktor zugewiesen wird. Die Summe aller gewichteten Teilergebnisse stellt die Gesamtpunktzahl einer Organisation oder ihrer beteiligten Akteure dar.[457] Der von Gao

[454] Vgl. IU, "BIM Design & Construction Requirements. Presentation follow-up Seminar" (Bloomington/IN, USA: Indiana University, 2009a), S. 15f.
[455] Vgl. Sebastian, R. & van Berlo, L., S. 258f.
[456] Vgl. van Berlo, L. et al., "BIM QuickScan: Benchmark of Performance in the Netherlands" (Paper presented at the 29th International Conference on Applications of IT in the AEC industry, Beirut, Lebanon, 2012), S. 214f.
[457] Ebd., S. 215-220.

(2011) im Rahmen seiner Dissertation vorgeschlagene *Characterization Framework* eröffnet neue Möglichkeiten für die Messung der BIM-Reife auf Projektebene. Das in Tab. 8 dargestellt Klassifizierungsschema besteht aus 3 Kategorien (A bis C), 14 Faktoren und 74 Maßnahmen. Der *Characterization Framework* analysiert die Projektdaten in Bezug auf den Zusammenhang, in dem BIM angewendet wird und die wahrgenommenen Auswirkungen (Leistungseinflüsse).[458]

Kategorien	**Faktoren**	
Kontext (A)	A1	Projektkontext
	A2	Unternehmenskontext
Anwendung (B)	B1	Modellverwendung
	B2	Projektphase mit BIM
	B3	Beteiligung der Akteure
	B4a	Modellierte Daten: Modellumfang
	B4b	Modellierte Daten: Modellstruktur
	B4c	Modellierte Daten: LOD
	B4d	Modellierte Daten: Datenaustausch
	B5a	Software: Funktionalität
	B5b	Software: Interoperabilität
	B6	Arbeitsablauf
	B7	Aufwand und Kosten
Leistungseinflüsse (C)	C1	Auswirkungen auf das Projekt
	C2	Auswirkungen auf das Unternehmen
	C3a	Auswirkungen auf den Planungsprozess
	C3b	Auswirkungen auf den Bauprozess
	C3c	Auswirkungen auf die Nutzungsphase
	C4	Quantifizierbare Leistungsverbesserungen während der Projektlaufzeit
	C5	Quantifizierbare Leistungsverbesserungen nach Projektabschluss

Tab. 8: Klassifizierungsschema. Eigene Darstellung in Anlehnung an Gao (2011). A Characterization framework to document and compare BIM implementations on construction projects, S. 63f.

---

458 Vgl. Gao, J., “A Characterization Framework to document and compare BIM-implementations on construction projects“ (Diss., Stanford University, 2011), S. 63f.

Entlang dieses Klassifizierungsschemas wurden faktorbezogene Maßnahmen zur Bewertung der BIM-Reife in den drei Kategorien vorgeschlagen. Im Folgenden werden beispielhaft einige der Maßnahmen aufgelistet.

Kategorie A (Kontext):

- Projekttypologie, Vertragsart, Vertragswert, Projektstandort, Projektbeginn und Fertigstellung, Projektgröße und Standortbeschränkungen

Kategorie B (Anwendung):

- Zweck der BIM-Anwendung
- Projektphasen der BIM-Anwendung
- Anzahl der beteiligten BIM-Anwender
- Anzahl der Fachmodelle und Planungsalternativen
- Datenstruktur und Datenebenen
- Modelldetaillierungsgrad
- Verwendete BIM-Software
- Workflow des BIM-Prozesses
- Zeit und Kosten für Erstellung und Verwaltung von BIM

Kategorie C (Leistungseinflüsse):

- Verbesserte Genauigkeit der Kostenprognose und Steuerung der Nutzungskosten
- Verbesserte Kollaboration der Projektbeteiligten in den frühen Projektphasen
- Erleichterung der Entscheidungsprozesse für den Bauherrn
- Verbesserte Ermittlung von Planungsalternativen
- Beschleunigung der Entscheidungsprozesse und Planungskoordination
- Erleichterung des iterativen Planungsprozesses zwischen den Fachdisziplinen
- Beschleunigte Ermittlung der Baukosten

- Erhöhter Grad der Vorfertigung
- Beschleunigung der Baugenehmigung
- Erleichterung des Änderungsmanagementprozesses
- Erleichterung der Beschaffungs- und Fertigungsprozesse
- Erleichterung der Kommunikation des Projektstatus
- Frühzeitige Identifizierung von Interferenzen
- Reduzierung von Koordinationsaufwand, Planungskollisionen und Planungsmängel (Nacharbeit), Anzahl von Informationsanfragen (RFIs)
- Höhere Genauigkeit der Kostenprognose
- Reduzierte Anzahl von Änderungsaufträgen (Nachträgen)
- Reduzierung von Konstruktionsvorlaufzeiten
- Verbesserung der Konstruktionsfähigkeit
- Verbesserte Genauigkeit der Bieterangebote.[459]

Gao schlägt die Entwicklung einer besseren Methode zur Quantifizierung und Differenzierung des Nutzens durch die Anwendung von BIM für verschiedene Interessengruppen vor. Ebenso die Untersuchung der Vorteile und Einsatzmöglichkeiten von BIM in verschiedenen Organisationen. Ferner wird die Durchführung weiterer Fallstudien anhand von neueren Projekten zur Erweiterung des Anwendungsbereichs von BIM und zur Untersuchung der organisationsübergreifenden Implementierung und Anwendung von BIM im Hinblick auf einen erleichterten Datenaustausch und der Interoperabilität von Informationen vorgeschlagen.[460]

Inspiriert durch den *Characterization Framework* von Gao wurde von der Stanford University im Jahr 2012 die *VDC Scorecard* entwickelt, um eine methodische, adaptive, quantifizierbare, ganzheitliche und praktische Bewertung von Projekten oder Organisationen durchzuführen.[461] Die *VDC Scorecard* ist ein Evaluierungs-Werkzeug, das die Implementierung von VDC (*Virtual Design and Construction*) anhand der Gesamtpunktzahl aus

---

[459] Ebd., S. 76-83.
[460] Ebd., S. 141ff.
[461] Vgl. Wu, C. et al., S. 38.

den vier Bereichen: Planung, Einführung, Technologie, Leistung.[462] Der Bereich Planung umfasst die Definition von Zielen und Standards sowie die Verfügbarkeit von technologischen Ressourcen, um die Erreichung der Projektziele zu fördern. Der quantitative und qualitative Erfolg bei der Erreichung dieser Ziele wird im Performance-Bereich gemessen. Der Bereich Einführung (*Adoption*) bewertet die organisatorischen und prozesstechnischen Aspekte für die Übernahme der Technologie, während der Bereich Technologie die Organisations- und Prozessmodelle bewertet, die über die folgenden fünf Reifegrade hinweg implementiert wurden.[463]

- Konventionelle Praxis
- Typische Praxis
- Fortgeschrittene Praxis
- Beste Praxis
- Innovative Praxis

Aufgrund erkannter Unsicherheiten bei der Bewertung der Leistung wurden sog. *Confidence Levels* (Vertrauensstufen) für die *VDC Scorecard* eingeführt.[464] Der *Confidence Levels* werden durch folgende sieben Faktoren bestimmt.

- Anzahl und Kenntnisstand der befragten Fachkräfte
- Anzahl der beteiligten Akteure
- Zeitpunkt (Projektphase) der Leistung
- Nachweis der Dokumentation
- Häufigkeit der Nutzung der *VDI Scorecard*
- Gesamtdauer der Interviews pro Zeitraum
- Vollständigkeit des Eingabeformulars für die Umfrage

Die kontinuierliche Validierung der *VDC Scorecard* liefert den wichtigsten Anstoß für die laufende Forschung in naher Zukunft. Bis Ende 2012

[462] Vgl. Kam, C. et al., "The VDC Scorecard: Formulation and Validation" in *CIFE Working Paper* (Stanford University, 2014), S. 10.
[463] Ebd., S. 23.
[464] Ebd., S. 14.

wurde die *VDC-Scorecard* verwendet, um 108 Projekte zu bewerten. Für ein Scoring-System, das ausschließlich auf empirischen Daten basiert, sind jedoch mehr Daten erforderlich. Daher muss auch die Korrelation zwischen den einzelnen Maßnahmen und den Gesamtpunkten bewertet werden.[465] Der substanzielle Nutzen von BIM kann daher nicht auf einem niedrigen Reifegrad realisiert werden, da es dort keine Koordinierung und Zusammenarbeit mit anderen BIM-Anwendern gibt. In die zukünftige Forschung sollte parallel dazu die Komplexität des sozio-technischen Zusammenspiels zwischen Menschen, Technologie und den damit verbundenen neuen Prozessen einbezogen werden.[466]

Succar et al. (2012) argumentieren, dass die Anwendung der BIM-Methode bewertbar sein muss, damit die Produktivitätsverbesserungen, die sich daraus ergeben sollen, deutlich werden. Ohne Metriken zur Bewertung der BIM-Leistungen können weder Individuen und Projektteams noch Organisationen ihre Potentiale und Schwächen kontinuierlich messen. Metriken ermöglichen es Projektteams und Organisationen, ihre eigenen Kompetenzen bei der Anwendung von BIM zu bewerten und ihre Fortschritte mit denen anderer BIM-Anwender zu vergleichen. Darüber hinaus bilden stabile BIM-Metriken die Grundlage für formale Zertifizierungssysteme, die von den Bauherren zur Vorauswahl von BIM-Dienstleistern genutzt werden können. Neben der Entwicklung von Metriken für die BIM-Leistungsbewertung ist es ebenso wichtig, dass diese Metriken an verschiedene Anwendererfordernisse angepasst werden können.[467]

Die Forscher identifizierten fünf Metriken (auch: Framework Komponente) als diejenigen, die erforderlich sind, um eine präzise und konsistente BIM-Leistungsmessung zu ermöglichen: BIM-Fähigkeitsstufe, BIM-Reifegrade, BIM-Kompetenzsätze, Organisationsmaßstab und Grad der Granularität.[468] Der folgende Abschnitt gibt eine Einführung in jeden dieser

[465] Ebd., S. 23f.
[466] Vgl. Sackey, E., Tuuli, M., & Dainty, A., "BIM Implementation: From capability maturity models to implementation strategy" (Paper presented at the Sustainable Building Conference, Graz, Austria, 2013), S. 205f.
[467] Vgl. Succar, B., Sher, W., & Williams, A., "Measuring BIM performance: Five metrics", *Architectural, Engineering and Design Management* 8 (2012): S. 122.
[468] Ebd., S. 124.

Framework-Komponente sowie den Ablauf der BIM-Reifegradbewertung. Die Forscher definieren die BIM-Fähigkeit als die grundlegende Fähigkeit, eine BIM-Leistung auszuführen oder einen BIM-Prozess bereitzustellen. Die BIM-Fähigkeitsstufe definiert die geringsten BIM-Anforderungen, die von Projektteams oder Organisationen bei der Anwendung von BIM erreicht werden müssen. Die Forscher definieren drei Stufen der BIM-Anwendung, die den Status der Implementierung und Anwendung von *Pre-BIM* hin zu *Post-BIM* beschreiben (s. Abb. 69).

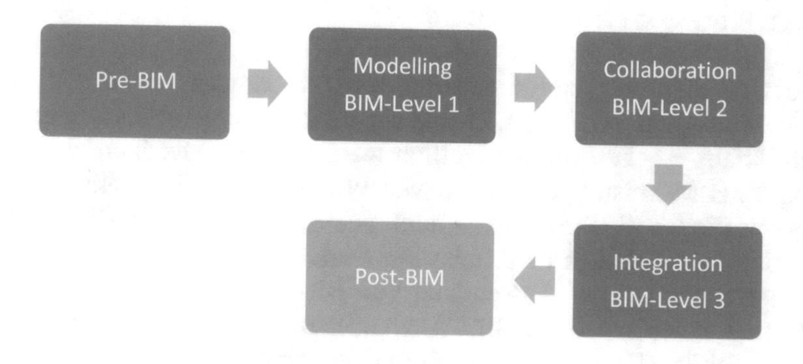

Abb. 69: Stufen der Anwendung von BIM. Eigene Darstellung in Anlehnung an Succar et al. (2012): Measuring BIM performance - Five metrics, S. 125.

Während *Pre-BIM* den Status vor der BIM-Implementierung definiert, repräsentiert *Post-BIM* einen variablen Endpunkt, der das sich ständig weiterentwickelnde Ziel darstellt, einen virtuell integrierten Planungs-, Bau- und Nutzungsprozess zu etablieren. Ausgangspunkt hierfür sind die drei BIM-Fähigkeitsstufen in Anlehnung an den Ansatz von Bew & Richards (2008): BIM-Level 1, BIM-Level 2 und BIM-Level 3.[469] Jede dieser drei Fähigkeitsstufen kann in weitere Kompetenzschritte unterteilt werden. Die Kompetenzschritte, die bei der Arbeit in einem BIM-Level enthalten sind, werden durch verschiedene Vorteile und Herausforderungen innerhalb

[469] Succar, B., Sher, W., & Williams, A., S. 124.

jeder BIM-Stufe gesteuert.[470] Die BIM-Reife bezieht sich auf die Qualität, Wiederholbarkeit und die besondere Güte einer Leistung bzw. eines Prozesses innerhalb einer BIM-Fähigkeit. Im Gegensatz zu einer Fähigkeit (engl.: *capability*), die eine bestimmte Befähigung an sich definiert, beschreibt die Reife (engl.: *maturity*) - bezogcn auf BIM - das Ausmaß dieser Fähigkeit bei der Bereitstellung einer BIM-Leistung bzw. eines BIM-Prozesses.[471] Die BIM-Reifegrade sind Stufen, die von Projektteams und Organisationen angestrebt werden. Im Allgemeinen zeigt die Steigerung von niedrigeren zu höheren Reifegraden eine verbesserte Kontrolle, die sich aus weniger Abweichungen zwischen Leistungszielen und tatsächlichen Ergebnissen, verbesserter Vorhersagbarkeit bezüglich Erreichung der Projektziele, größerer Effektivität bei der Erreichung definierter Ziele und der Festlegung neuer anspruchsvollerer Ziele ergibt.[472]

Die BIM-Reifegrade helfen den projektbeteiligten Akteuren, ihre Fähigkeiten zu verbessern und von diesen Prozessverbesserungen zu profitieren. Zu den beispielhaften Vorteilen gehören eine höhere Produktivität sowie geringere Kosten und Mängel nach der Leistungserbringung.[473]

Die Analyse der existierenden Reifegradmodelle hat ergeben, dass die meisten Ansätze, in ihrer Eignung für die Entwicklung eines BIM-spezifischen Reifegrades, breit angelegt sind und so die Basis für eine Reihe von BIM-bezogenen Prozessen bilden können. Jedoch ist keiner der Ansätze problemlos auf die unterschiedlichen Größen von Organisationen skalierbar. Aus terminologischer Sicht gibt es auch keine ausreichende Unterscheidung zwischen dem Begriff der Fähigkeit (engl.: *capability*) im Sinne einer Fähigkeit zur Ausführung einer Aufgabe und der Reife (engl.: *maturity*) im Sinne eines Grades dieser Fähigkeit bei der Ausführung einer

470 Vgl. Taylor, J. & Levitt, R.E., "Interorganizational knowledge flow and innovation diffusion in project-based industries" (Paper presented at the 38th International Conference on System Sciences HICSS, Hawaii, USA, 2005).

471 Vgl. Succar, B., "Building Information Modelling framework: A research and delivery foundation for industry stakeholders", *Automation in Construction* 18 (2009): 357-375.

472 Vgl. Succar, B., Sher, W., & Williams, A., S. 124f.

473 Vgl. Hutchinson, A. & Finnemore, M., "Standardized process improvement for construction enterprises", *Total Quality Management,* 10 (1999): S. 576-583.

Aufgabe.[474] Der von Succar et al. entwickelte BIM-Reifegradindex *BIM Maturity Index* (BIMMI) soll die besonderen Merkmale der BIM-Fähigkeit sowie die Implementierungsanforderungen, Leistungsziele und Qualitätsanforderungen ausdrücken. Die in Abb. 70 dargestellten fünf Ebenen des BIMMI reflektieren die in vielen Reifegradmodellen verwendete Terminologie, um einerseits für die Anwender leicht verständlich zu sein und andererseits die kontinuierlichere Verbesserung der BIM-Reife von *ad-hoc* (spontan) bis hin zu *optimized* (optimiert) auszudrücken.[475]

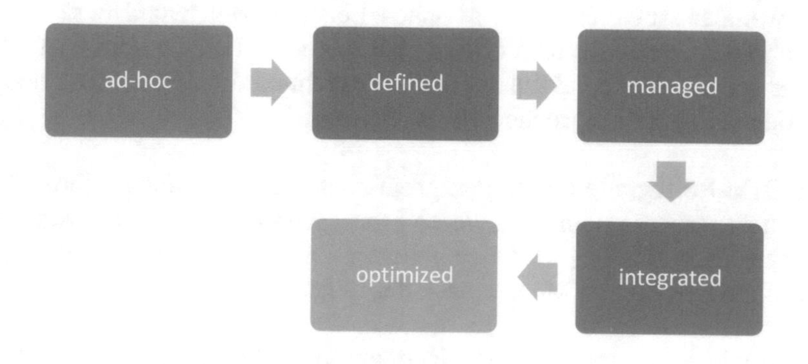

Abb. 70: BIM-Reifegrade in den BIM-Stufen. Eigene Darstellung in Anlehnung an Succar et al. (2012): Measuring BIM performance - Five metrics, S. 133.

Der BIM-Reifegrad *ad-hoc* ist durch die Abwesenheit einer ganzheitlichen Strategie sowie ungenügend definierter Prozesse und Rahmenbedingungen charakterisiert. Die BIM-fähige Software wird nicht systematisch und ohne vorangegangene Analysen und Vorbereitungen eingesetzt. Die Einführung der BIM-Methode wird durch vereinzelte Projektbeteiligte, ohne konsistente und aktive Unterstützung durch das Management, partiell erreicht. Die Kollaborationsfähigkeit ist inkompatibel mit jener der Projektpartner und erfolgt ohne vordefinierte Prozessleitfäden, Standards oder Austauschprotokollen. Es gibt keine definierten Rollen und Verantwortlichkeiten der Projektbeteiligten. Der BIM-Reifegrad *defined* (definiert)

[474] Vgl. Succar, B., Sher, W., & Williams, A., S. 125.
[475] Ebd., S. 133.

wird durch das Management mit einer ganzheitlichen Vision geführt. Die durch BIM entstehenden Potentiale in den Prozessen werden identifiziert, jedoch noch nicht genutzt. Die Bedeutung der individuellen BIM-Kompetenz steigt, eine Produktivitätssteigerung in der Projektbearbeitung ist jedoch noch nicht messbar. Allgemeine Prozessleitfäden, Standards und Austauschprotokolle stehen zur Verfügung. Die Anforderungen an Mitarbeitertrainings und -schulungen sind klar definiert und werden nach Bedarf angeboten. Die Kollaboration zwischen den Projektbeteiligten zeigt erste Anzeichen des wechselseitigen Vertrauens und die vordefinierten Prozessleitfäden, Standards und Austauschprotokolle werden angewendet. Die Rollen und Verantwortlichkeiten der Projektbeteiligten sind verteilt und Risiken werden durch vertragliche Regelungen minimiert.

Beim BIM-Reifegrad *managed* (verwaltet) ist die BIM-Vision kommuniziert und durch die meisten Projektbearbeiter verstanden. BIM wird als ein Zusammenhang von Technologie, Prozess und Veränderung verstanden, der gesteuert werden muss - ohne Innovationen zu verhindern. Die durch BIM entstehenden Geschäftsmöglichkeiten werden erkannt und genutzt. Die Strategie der Implementierung von BIM ist gekoppelt an genaue Maßnahmenpläne und deren kontinuierliche Kontrolle. Die Rollen und Verantwortlichkeiten der Projektbeteiligten sind institutionalisiert und Leistungsziele werden konsequent erreicht. Die Modellierung, Mengen- und Massenauswertungen, Spezifizierungen und Eigenschaften des 3D-Modells werden durch Standards und Qualitätssicherungspläne verwaltet.

Beim BIM-Reifegrad *integrated* (integriert) sind die BIM-Anforderungen und BIM-Prozesse in die organisatorischen, strategischen, geschäftlichen und kommunikativen Unternehmensprozesse integriert. Die durch BIM entstehenden Möglichkeiten sind ein Wettbewerbsvorteil der Organisation bzw. Projektteams und werden zur Bindung oder Generierung neuer Kunden genutzt. Die Auswahl und Einführung der Software folgt strategischen Zielen und nicht nur operativen Anforderungen. Die Werkzeuge und Kenntnisse sind in die organisatorischen Systeme integriert und werden einfach zugänglich bereitgestellt. Die Rollen, Verantwortlichkeiten und Kompetenzziele der Projektbeteiligten sind innerhalb der Organisation eingebettet, die Produktivität ist konstant und vorhersehbar. Standards und

Leistungskennzahlen sind in das Qualitätsmanagement und in Systeme zur Leistungsverbesserung integriert. Die Kollaboration zwischen den Projektbeteiligten enthält die nachgelagerten Akteure und ist durch die Beteiligung von Schlüsselrollen in den frühen Projektphasen charakterisiert.

Beim BIM-Reifegrad *optimized* (optimiert) haben die Organisation und die Projektbeteiligten die BIM-Vision verinnerlicht und erreicht. Die Anwendung von BIM und dessen Auswirkung auf die organisatorischen Geschäftsmodelle wird kontinuierlich überprüft und mit anderen Strategien neu ausgerichtet. Veränderungen innerhalb der Prozesse oder Rahmenbedingungen werden proaktiv umgesetzt, Prozesslösungen werden gesucht und gezielt verfolgt. Der Nutzen von Softwareprodukten wird kontinuierlich überprüft, um die Produktivität zu verbessern und die strategischen Ziele anzugleichen. Die Ergebnisse der Modellierung werden regelmäßig über-prüft und optimiert, um einen Mehrwert durch neue Softwarefunktionen zu generieren. Die Rollen, Verantwortlichkeiten und Kompetenzziele der Projektbeteiligten werden kontinuierlich überprüft und angeglichen. Die bestehenden Vertragsmodelle werden modifiziert, um die größtmögliche Wertschöpfung für alle Beteiligten zu erreichen. Leistungskennzahlen werden kontinuierlich überprüft, zur Sicherstellung der größtmöglichen Prozess-, Produkt- und Dienstleistungsqualität.[476]

Die Analyse hat ergeben, dass die aktuellen BIM-Reifegradmodelle in folgende drei Gruppen unterteilt werden können.

1. **Projektorientierte Modelle**, die sich auf die Messung der Implementierung und Anwendung von BIM in Projekten konzentrieren, wie bspw. das *BIM Capability Maturity Model* von NIBS (2007), die *BIM Evolutionary Ramp* von Bew & Richards (2008), der *Characterization Framework* von Gao (2011) oder die *VDC Scorecard* der Stanford University (2012).

2. **Organisationsorientierte Modelle**, die sich auf interne Messungen innerhalb von Organisationen konzentrieren, wie bspw. der Ansatz von Succar et al. (2012).

[476] Vgl. Succar, B., Sher, W., & Williams, A., S. 133.

3. **Mischformen**, die sowohl die BIM-Reife der beteiligten Akteure in Projekten als auch die BIM-Reife der Organisation in der sie arbeiten messen können, wie bspw. das *BIM Quick Scan-Tool* von der TNO (2010) oder die *BIM Proficiency Matrix* (BPM) der Indiana University (2009).

Wenn sich die BIM-Implementierung noch in der Anfangsphase befindet, werden für Projekte die *BIM Proficiency Matrix* und die *CMM* empfohlen. Im Gegensatz dazu benötigen große Unternehmen (wie bspw. EPC-Auftragnehmer mit komplexen Hierarchien und mehreren laufenden Projekten) umfassende Werkzeuge, um die aktuellen BIM-Leistungen zu messen. In diesem Fall kann die Anwendung von *VDC Scorecard* oder *Characterization Framework* nützlich sein. Je nach spezifischen Anforderungen können Anwender bestimmte Maßnahmen aus den BIM-Reifegradmodellen herauslösen, um die Leistungsfähigkeit zu erhöhen oder die Nachteile einzelner Maßnahmen auszuschließen.[477]

Bougroum (2016) argumentiert, dass der BIM-Reifegrad nur als ein Bestandteil des gesamten BIM-Implementierungsprozesses betrachtet werden sollte. Größtenteils wird die Bewertung des BIM-Reifegrads als ein unabhängiges Verfahren betrachtet, das ausschließlich zum Zweck der Erfüllung einer vertraglichen Verpflichtung durchgeführt wird. Um einen größeren Nutzen aus der Bewertung zu ziehen, müssen die Ergebnisse in einer Weise definiert werden, die mit der gesamten BIM-Strategie der Organisation in Einklang steht. Ferner mangelt es an verfügbaren Fallstudien, in denen die Effizienz der BIM-Reifegradmodelle untersucht wird. Die zukünftige Forschung muss darauf ausgerichtet sein, den Einsatz von BIM-Reifegradmodellen in realen Projekten anhand von Fallstudien zu untersuchen und die Ergebnisse zu analysieren. Ferner sollte daran gearbeitet werden, ein branchenweites Benchmark-System für jede der drei Bewertungskategorien (Individuum, Projekte und Organisationen) zu schaffen.[478]

Wu et al. (2017) sehen in der Bestimmung eines allgemein verständlichen Quantifizierungsgrades das zentrale Problem, das neue BIM-Reifegrad-

477 Vgl. Wu, C. et al., S. 58.
478 Vgl. Bougroum, Y., S. 35f.

modelle berücksichtigen müssen. Die Quantifizierung erhöht die Zuverlässigkeit der Messung. Basierend auf den bisherigen Erkenntnissen können quantifizierbare Fragen zur Bewertung von Modellierungstechniken, lieferbaren Qualitäten und Interaktionsprozessen inbegriffen werden. Prozesse der Validierung und Optimierung müssen berücksichtigt werden. Daher werden verschiedene Ansätze für neue Instrumente empfohlen, insbesondere für die Messung nichttechnischer Aspekte, bei denen sowohl quantitative als auch qualitative Fragen zu umfassenderen Ergebnissen führen. Diese sollten sich auf die Untersuchung der Eigenschaften von BIM-Anwendern in Bezug auf ihr Kerngeschäft, ihre BIM-Erfahrungen und ihre Ressourcenverfügbarkeit konzentrieren.[479]

Im Rahmen dieser Forschungsarbeit wird der Einfluss des BIM-Reifegrades, als eine von 7 projektbezogenen und 11 prozessbezogenen unabhängigen Variablen, auf die Projektleistungsdaten Kosten, Zeit und Qualität sowie deren Wechselwirkung mit anderen Einflussgrößen untersucht. Für die Bewertung der projektbezogenen BIM-Reife wird das *BIM Capability Maturity Model* (CMM) herangezogen, da dieses Modell die Bewertung der BIM-Reife in gewichteten Interessensbereichen ermöglicht und eine 10-fach differenzierte Bewertung je Interessensbereich ermöglicht.

3.2.9 Interoperabilität

Unter dem Begriff Interoperabilität existieren gegenwärtig folgende zwei unterschiedliche, jedoch sinngleiche Definitionen.[480]

- Als Interoperabilität bezeichnet man die Fähigkeit zur Zusammenarbeit von verschiedenen Systemen, Techniken oder Organisationen. Dazu ist in der Regel die Einhaltung gemeinsamer Standards notwendig.

- Interoperabilität ist die Fähigkeit unabhängiger, heterogener Systeme, möglichst nahtlos zusammenzuarbeiten, um Informationen

[479] Vgl. Wu, C. et al., S. 59f.

[480] Vgl. Hura, M. et al., “A Continuing Challenge in Coalition Air Operations“ (Santa Monica, USA, 2000).

auf effiziente und verwertbare Art und Weise auszutauschen bzw. dem Benutzer zur Verfügung zu stellen, ohne dass dazu gesonderte Absprachen zwischen den Systemen notwendig sind.

McGraw Hill (2007) definicrt Interoperabilität als die Grundlage der digitalen Kommunikation, die einen durchgängigen und fehlerlosen Einsatz der digitalen Informationstechnologie im Bauwesen ermöglicht.[481] Die Basis dieser Kommunikation ist eine Schnittstelle.[482] Ist die Schnittstelle von nur einem Softwarehersteller definiert, so ist die Möglichkeit eines gemeinsamen Informationsaustausches mit allen Projektbeteiligten meist nur innerhalb der Softwareanwendung dieses einen Herstellers möglich. In diesem Fall handelt sich um eine proprietäre Schnittstelle, die für den Informationsaustausch verwendet wird. Um die für BIM notwendige Interoperabilität zu erreichen, muss dagegen eine nicht proprietäre Schnittstelle vorhanden sein.[483]

In der Bauwirtschaft, in der verschiedene Akteure intensiv an temporären Projekten zusammenarbeiten, ist es unerlässlich kompatible Anwendungen für den Datenaustausch in den Projekten zu haben. Weithin akzeptierte und ausgereifte technische Plattformen, die vorzugsweise auf offenen Standards basieren, sind erforderlich, um die Kommunikation und Zusammenarbeit zwischen Projektteilnehmern zu ermöglichen, ohne dass diese eine spezielle proprietäre Anwendung benötigen.[484] Die innovativen Funktionen der BIM-Anwendungen haben dazu beigetragen, die Art und Weise, wie Informationstechnologie in der Bauwirtschaft eingesetzt werden kann, zu erweitern. Die technischen Möglichkeiten reichen von der einfachen visuellen Darstellung des Gebäudes hin zu einem integrierten, semantischen Bauwerks- und Prozessmodell. Der Austausch von BIM-Daten wird noch

[481] Vgl. McGraw Hill, "Interoperability in the Construction Industry, Design and Construction Intelligence" in *Smart Market Report* (New York, USA, 2007).

[482] Vgl. David, P. & Greenstein, S., "The economics of compatibility standards: An introduction to recent research", *Economics of Innovation and New Technology* 1, No. 1 (1990).

[483] Vgl. Sullivan, B. & Keane, M., "Specification of an IFC-based intelligent graphical user interface to support building energy simulation" (Paper presented at the Building Simulation 2005, Montreal, Canada, 2005), S. 875-882.

[484] Vgl. Laakso, M. & Kiviniemi, A., "The IFC Standard - A review of history, development and standardization", *Journal of Information Technology in Construction* 17 (2012): S. 135.

von proprietären Anwendungen dominiert, dadurch basieren die meisten integrierten Bauprojekte auf einer Softwareanwendung, bei der alle Projektbearbeiter die Software eines oder eines kompatiblen Softwareherstellers nutzen.[485]

Ein Bauwerksinformationsmodell kann als Wissensbasis betrachtet werden, in dem alle relevanten Bauwerks- und Projektinformationen zentral vorhanden und verfügbar sind. Durch die Interoperabilität auf einem nicht proprietären Standard ist diese Wissens- oder Informationsbasis für alle verfügbar. Aus dieser Sichtweise ergeben sich zwei Modellspezifikationen, das werkzeugspezifische (dezentrale) und das informationsspezifische (zentrale) Modell. Bei dem werkzeugspezifischen Modell werden die Informationen dezentral gespeichert und beinhaltet spezifische Informationen, die mit anderen Informationen korrelieren. Diese können allerdings infolge fehlender Schnittstellen nicht automatisch verbunden werden. Es entstehen isolierte Informationen, die über proprietäre Schnittstellen miteinander vernetzt sind. Bei dem informationsspezifischen Modell erfolgt der Informationsfluss über ein zentrales Modell, in dem alle relevanten Bauwerks- und Projektinformationen zentral vorhanden und verfügbar sind. Redundanzen werden beseitigt und es entsteht Interoperabilität. Die IFC-Schnittstelle, ein offener Standard zur digitalen Beschreibung von Gebäudemodellen, könnten die Verbindungen zwischen den Beteiligten und den Projektphasen in einer für die Bauindustrie typischen, fragmentierten Projektumgebung herstellen. Bei IFC handelt es sich, um den einzigen ganzheitlichen international gültigen und funktionierenden, nicht proprietären Standard zum Austausch von Informationen mit Hilfe von BIM.[486]

Der IFC-gestützte und modellbasierte Prozess hat das Potenzial, die Grundlagen der Bauprozesse zu transformieren. Das Potenzial für eine höhere Produktivität ist beträchtlich. Eine offene Interoperabilität für die Modellierung von Gebäudeinformationen würde den nahtlosen Fluss aller bauwerksrelevanten Informationen ermöglichen, wodurch Redundanzen

---

[485] Ebd.

[486] Vgl. Liebich, T., "Unveiling IFC 2x4 - The next Generation of Open-BIM" (Paper presented at the 27th International Conference Applications of IT in the AEC Industry, Cairo, Egypt, 2010), S. 1.

verkleinert und die Effizienz während des gesamten Gebäudelebenszyklus vergrößert wird.[487] Im Jahr 1984 begann die Entwicklung des *Standard for the Exchange of Product Model Data* (STEP) durch die *International Organization for Standardization* (ISO).[488] Dieser Standard verwendete neue Erkenntnisse und Entwicklungen der damaligen Informationsmodellierung[489] und war eine der größten Entwicklungsaufgaben, die von der ISO unternommen wurde. STEP wurde 1994 unter dem Namen ISO 10303 veröffentlicht und deckte verschiedene Produkttypen und Lebenszyklusphase ab, die unter ISO 103030 AP (*Application Protocol*) referenziert wurden. Ein *Application Protocol* beinhaltet die Definition, den Kontext sowie die Anforderungen an die Information und ist anwendbar auf eine oder mehrere Lebenszyklusphasen einer bestimmten Produktklasse.[490] Auf der Grundlage der bereits vorhandenen Anerkennung des STEP-Standards durch die *International Organization for Standardization* (ISO) wurde im Jahr 1994 mit der Entwicklung des IFC-Standards auf Basis des STEP-Standards begonnen und in der Folge weiter vorangetrieben.[491]

Die erste Version IFC 1.0 wurde im Jahr 1997 publiziert. Diese war jedoch auf den geometrischen Teil begrenzt. Zusätzlich wurden gebäudetechnische Prozesse (Heizung, Lüftung, Klima, Sanitär) sowie Prozesse des Facility Managements und der Konstruktion abgebildet.[492] Die Version IFC 1.0 wurde für den Austausch von Prototypen genutzt, um eine sichere

---

[487] Vgl. Laakso, M. & Kiviniemi, A., S. 135.
[488] Vgl. Eastman, C.M., S. 129.
[489] Vgl. Wix, J., Nisbet, N., & Liebich, T., "Using Constraints to validate and check Building Information Models" (Paper presented at the 7th European Conference on Product and Process Modeling in the Building Industry ECPPM, Nice, France, 2008), S. 467-476.
[490] Vgl. Pratt, M.J., "Introduction to ISO 10303 - the STEP Standard for Product Data Exchange", *Journal of Computing and Information Science in Engineering* 1, No. 1 (2001): S. 102f.
[491] Vgl. IAI, "IFC Technical guide, enabling interoperability in the AEC/FM-Industry" (International Alliance for Interoperability IAI, 2000), S. 39.
[492] Vgl. Kiviniemi, A., "IAI and IFC State of the art" (Paper presented at the 8th International Conference on Durability of Building Materials and Componends, Vancouver, Canada, 1999).

Version IFC 1.5 zu erreichen.[493] Die IFC 1.5 wurde Ende des Jahres 1997 publiziert. Aufgrund von Problemen bei der Implementierung wurde bereits 1998 die Version IFC 1.51 publiziert, erfolgreich implementiert und in der Bausoftwarebranche etabliert. Die Version IFC 1.51 wurde jedoch aufgrund von Informationsverlusten bei der Übergabe, Verzerrungen in der Geometrie, zu großen Dateigrößen und insbesondere der unmöglichen Verwaltung und Nutzung der objektorientierten Informationen als für den Informationsaustausch nicht geeignet verworfen.[494]

Die Version IFC 2.0 wurde im Jahr 1999, mit erweiterten Umfängen hinsichtlich der Integration von Schemata für die Gebäudetechnik und von Kostenparametern für die Bauplanung publiziert.[495] Auch hier wurden generelle Probleme im Bereich der Struktur, Modularität und Erweiterbarkeit im Schema des Gebäudemodells identifiziert. Diese Erkenntnis führte dann zu der Veröffentlichung der IFC 2x Plattform und weiteren Modifikationen, die fortwährend zu Folgeversionen führten. Seit der Einführung der 2x Plattform ist es möglich die IFC-Dateien ebenfalls als XML-Datei zu speichern. Durch die Verwendung des XML-Schemas wurde eine höhere Kompatibilität und bessere Zusammenarbeit in der Bauindustrie erreicht. Die Interoperabilität der IFC-Schnittstelle wurde durch die Verwendung der XML-Technologie weiter erhöht.[496]

Die IFC 2x3 ist die erste Version, in die über 100 Softwareanwendungen implementiert wurden. Die IFC Version 2x4 wurde im vierten Entwicklungsstadium im September 2012 durch die Organisation *buildingSMART International* zu IFC 4.0 umbenannt und im März 2013 publiziert. Während bei den Vorgängerversionen die Sichtweise auf die IFC-Struktur oftmals nur schwierig darstellbar und unverständlich war, wurde in die Version IFC 4.0 die sog. *Modell View Definition* (MVD) integriert. Zusätzlich

---

[493] Vgl. Laakso, M. & Kiviniemi, A., "A Review of IFC standardization - interroperability through complementary approaches" (Paper presented at the CIB Joint Conference Computer Knowledge Building, Sophia Antipolis, France, 2011).
[494] Vgl. Laakso, M. & Kiviniemi, A., "The IFC-Standard - A review of history, development and standardization", S. 134-161.
[495] Vgl. Liebich, T., "Unveiling IFC 2x4 - The next Generation of Open-BIM."
[496] Vgl. Akin, O., *Embedded Commissioning of Building Systems* (Norwood, USA: Artech House Verlag, 2004), S. 131.

wurde der Standard ISO 12006-3, als Grundlage für das *International Framework for Dictionaries* (IFD) entwickelt. Das IFD ist eine offene, semantische Terminologie-Datenbank für das Bauwesen, welche die objektorientierten Produktinformationen formuliert.[497]

Als nächster Entwicklungsschritt wurde das *Information Delivery Manual* (IDM) entwickelt, das mindestens zwei verschiedene Softwareanwendungen sowie die Informationen, die zwischen diesen Anwendungen ausgetauscht werden, beschreibt. Ein IDM enthält die Beschreibung des Prozesses, in dem der Austausch stattfinden soll und die Anforderungen an die auszutauschenden Informationen sowie das Pflichtenheft, welches die Austauschanforderungen an das Modell definiert. Die Informationen des IDM zusammen mit dem MVD geben Auskunft über das Szenario des Informationsaustauschs des IFC-Modells.[498] Die wichtigsten IFC-Spezifikationen wie Architektur, Gebäudetechnik und statische Elemente wurden mit neuen geometrischen und parametrischen Informationen ausgestattet. Neue BIM-Features, wie etwa der Austausch von 4D und 5D Informationen, Produktbibliotheken sowie verbesserte thermische Simulationen und Nachhaltigkeitsbewertungen wurden implementiert. Das ifcXML4-Schema wurde vollständig in die IFC-Beschreibung integriert. Die technischen Probleme der Version 2x3 wurden behoben. Die Möglichkeit der IFC-Erweiterung um den Teil der Infrastruktur wurde eingebaut.[499]

IFC 4.0 hat viele der Probleme und Einschränkungen früherer Versionen behoben und dient als Grundlage für die zukünftige Entwicklung und Forschung rund um *open BIM*. Es ist daher wichtig, dass die Entwicklung des IFC-Standards weitergeht, damit das angestrebte Ziel von *open BIM* nicht mit IFC 4.0 endet. Die wichtigste Bemühung zur Erreichung der Interoperabilität ist die Weiterentwicklung des IFC - ein Schema, welches entwickelt wurde, um einen implizierenden und erweiterbaren Datensatz der

[497] Vgl. Loureiro, G. & Curran, R., *Complex Systems Concurrent Engineering: Collaboration, Technology Innovation and Sustainability* (Berlin: Springer Science & Business Media, 2007), S. 530.
[498] Vgl. Wix, J., "Information Delivery Manual Guide to Components and Development Methods" (buildingSMART International, 2007).
[499] Vgl. Liebich, T., "Unveiling IFC 2x4 -The next Generation of *openBIM*", S. 5.

Repräsentation von Bauwerken zu definieren und den Datenaustausch zwischen den beteiligten Softwareanwendungen zu erleichtern. Obwohl die IFC-Schnittstelle eine notwendige Bedingung für den Austausch von Lebenszyklusdaten ist, ist sie nicht in der Lage, eine vollständige Interoperabilität zwischen verschiedenen BIM-Anwendungen zu erreichen, sondern muss durch eine Reihe anderer Datenstandardisierungsbemühungen wie etwa MDV ergänzt werden.[500] Keenliside, Liebich und Grobler (2012) haben die Entwicklungsstufen des IFC in Reifegraden ausgedrückt und mit der Entwicklung eines Kleinkindes verglichen (s. Abb. 71).

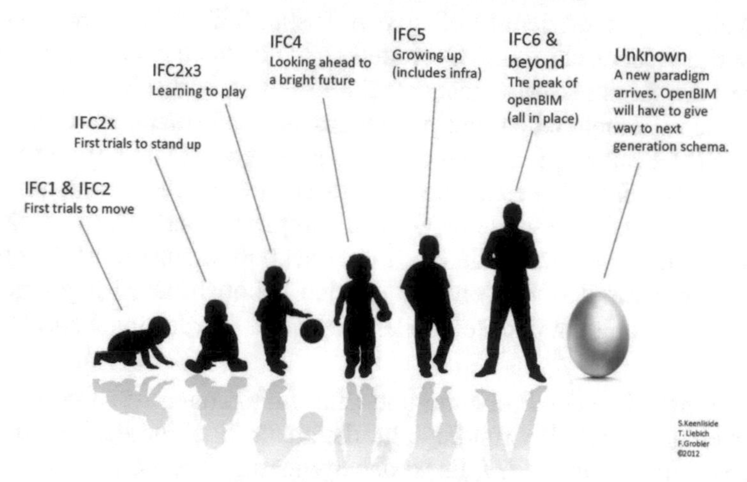

Abb. 71: IFC Levels of Maturity. Quelle: Keenliside, Liebich und Grobler (2012), https://www.buildingsmartcanada.ca (aufgerufen am 13.02.2018).

Mirarchi et al. (2017) stellen in ihrer Studie automatisierte IFC-basierte Prozesse vor, um die Interoperabilität in BIM-Umgebungen zu verbessern. Die Vorteile der vorgeschlagenen Lösungen betreffen: die begrenzte Größe der BIM-Modelle, die Möglichkeit zur Speicherung von Informationen, die im IFC-Schema nicht berücksichtigt werden und die begrenzten IT-Kenntnisse, die für den Aufbau und das Betreibern des interoperablen

[500] Eastman, C., Teicholz, P., & Sacks, R.

Informationsaustausches notwendig sind. Die durchgeführten Tests konzentrierten sich ausschließlich auf nicht-geometrische Informationen. Daher können Probleme auftreten, wenn parametrische mit geometrischen Informationen geteilt werden müssen. Die Untersuchung zeigt jedoch, dass die vorgeschlagene Methode in der Lage ist, die Kontinuität der Daten aus dem ursprünglichen Modell zu gewährleisten, selbst für Benutzer ohne spezifische IT-Fähigkeiten.[501]

3.3 Warum BIM anwenden?

Die gebaute Umgebung bildet das größte ökonomische Vermögen der Industrienationen. Allein in Deutschland beträgt der Gesamtwert aller Bauwerke circa 9,2 Billionen Euro. Die Prozesse in der Bauindustrie sind durch eine hohe Komplexität, eine häufig unscharfe Zieldefinition sowie die Beteiligung einer großen Anzahl von Akteuren mit verschiedenen Interessenslagen gekennzeichnet. Zudem sind die meisten Bauwerke Unikate und weisen im Sinne eines Produktes eine überdurchschnittlich hohe Lebensdauer auf. Dieses gesellschaftlich bedeutsame Vermögen wird von einer Branche bewirtschaftet, die zwar in ihren Teilbereichen (Planung, Bau und Nutzung) in sich schlüssig und qualifiziert arbeitet, ihre Leistungen bisher aber nicht in ausreichendem Maße fachübergreifend (horizontal) und im zeitlichen Verlauf (vertikal) konsistent miteinander verknüpfen konnte. Die Folge sind Defizite im Prozess, in der Wertschöpfung und in der Qualität der Produkte.[502]

Wie eingangs beschrieben, ist die Bauwirtschaft noch immer von erheblichen Problemen, wie Kostenüberschreitungen, Terminverzögerungen oder Baumängeln, und damit einer mangelnden Produktivität gekennzeichnet. Hauptsächlich die Bauherren und Bauwerksnutzer sehen sich in der Bau- und Nutzungsphase mit höheren Kosten als eigentlich nötig konfrontiert, verursacht durch eine fehlende vertikale Integration der projektbeteiligten Akteure. Mangelnde Kommunikation und Datenpflege, Fehler in der Vor-

---

501 Vgl. Mirarchi, C. et al., "Automated IFC-based processes in the construction sector: A method for improving the information flow" (Paper presented at the Joint Conference on Computing in Construction, Heraklion, Greece, 2017), S. 497f.

502 Vgl. von Both, P., Koch, V., & Kindsvater, A., S. 3.

bereitung der Projekte, unzureichende Standardisierung und Überwachung der Prozesse führen zu erhöhten Bau- und Nutzungskosten.[503]

Nach einer Studie von McKinsey (2017) werden derzeit weltweit etwa 10 Billionen US-Dollar pro Jahr für Gebäude, Infrastruktur und Industrieanlagen ausgegeben. Für das Jahr 2025 werden Ausgaben in Höhe von 14 Billionen US-Dollar für Gebäude, Infrastruktur und Industrieanlagen prognostiziert. Die Bauwirtschaft ist damit eine der bedeutungsvollsten Branchen der Weltwirtschaft und beschäftigt sieben Prozent der Erwerbstätigen weltweit. Insbesondere durch ihre strukturelle und infrastrukturelle Bedeutung, kann die Bauwirtschaft branchen- und länderübergreifend als Grundlage für eine leistungsfähige gesamtwirtschaftliche Entwicklung gesehen werden. Gleichwohl leidet die Bauwirtschaft seit Jahrzehnten unter einer schlechten Arbeitsproduktivität.[504] Weltweit betrug das Wachstum der Produktivität in der Bauwirtschaft in den letzten zwei Jahrzehnten durchschnittlich nur 1 Prozent pro Jahr, verglichen mit einem Wachstum von 2,7 Prozent für die gesamte Weltwirtschaft und 3,6 Prozent für das produzierende Gewerbe (s. Abb. 72).[505]

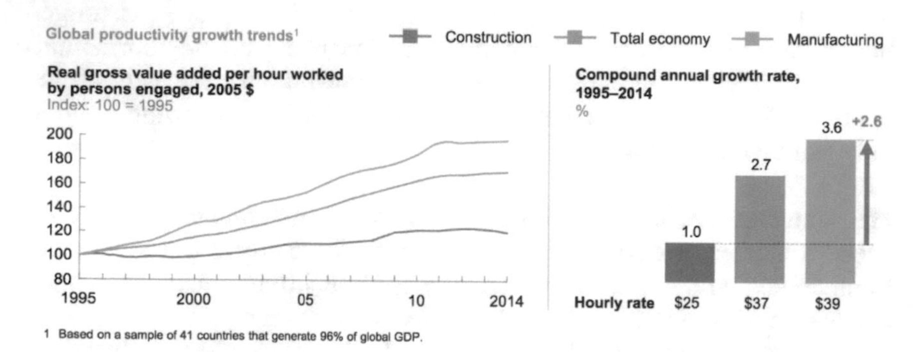

Abb. 72: Globale Wachstumstrends der Produktivität. In McKinsey Global Institute (2017): Reinventing Construction - A route to higher productivity, S. 2.

503 Vgl. Gallaher, M.P. et al., "Cost Analysis of Inadequate Interoperability in the US Capital Facilities Industry" (Gaithersburg, USA, 2004), S. 107f.

504 Vgl. McKinsey Global Institute, "Reinventing Construction: A route to higher productivity" (New York, USA, 2017), S. 1f.

505 Ebd., S. 2.

Die Produktivität der Bauwirtschaft im globalen Kontext ist sehr heterogen. Rückblickend auf die letzten 20 Jahre gibt es deutliche regionale Unterschiede und erkennbare Stärke und Schwächen sowohl bei den Investitionsvolumen als auch der Arbeitsproduktivität. Die US-amerikanische Bauindustrie macht ein Drittel der in dieser Studie ermittelten Wachstumsmöglichkeiten für die globale Produktivität aus. Die Produktivität der europäischen Bauindustrie tritt nahezu auf der Stelle (s. Abb. 73).[506]

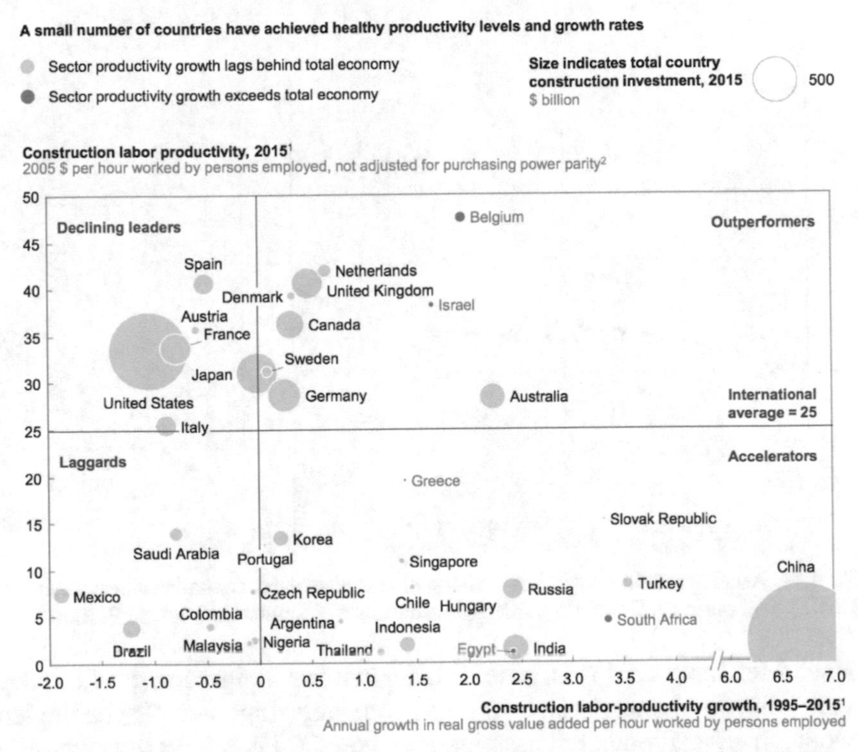

Abb. 73: Wachstum der Arbeitsproduktivität im Bausektor von 1995 bis 2015. In McKinsey (2017): Reinventing Construction: A route to higher productivity, S. 3.

506 Ebd., S. 3.

Die in Abb. 74 dargestellte Arbeitsproduktivität je Erwerbstätigen in Deutschland zeigt ein ähnliches Bild wie die globale Betrachtung von McKinsey. Das Baugewerbe (grüne Kurve) liegt deutlich hinter der Entwicklung des produzierenden Gewerbes (blaue Kurve) und der Dienstleistungsbranche (rote Kurve) sowie der volkswirtschaftlichen Gesamtentwicklung (schwarze Kurve).

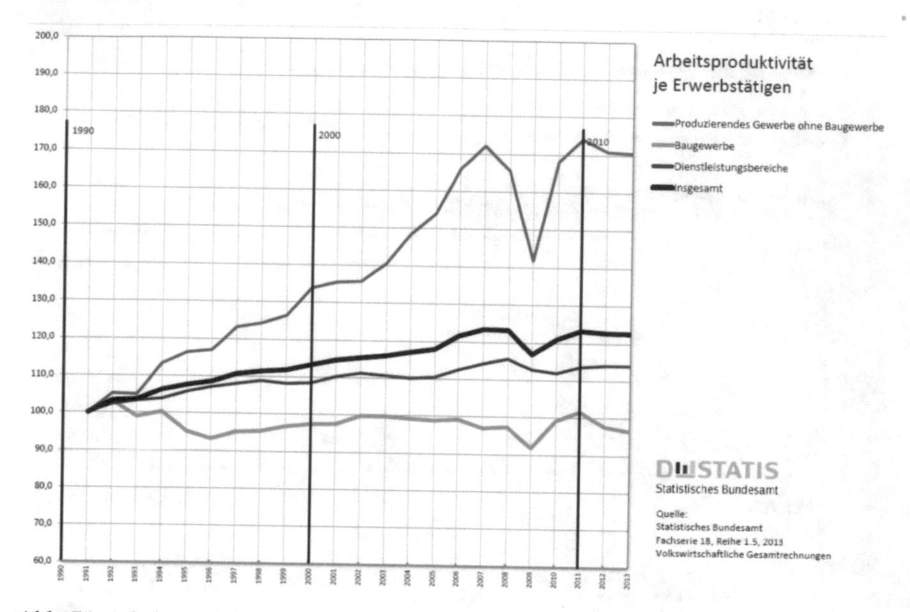

Abb. 74: Arbeitsproduktivität je Erwerbstätigen in Deutschland. In Statistisches Bundesamt (2013): Fachserie 18, Reihe 1.5 „Volkswirtschaftliche Gesamtrechnung“, S. 92ff.

Nach McKinsey (2017) ist eine Möglichkeit zur Steigerung der Produktivität die Implementierung und Anwendung digitaler Technologien, wodurch eine Produktivitätssteigerung von 14 bis 15 Prozent erwartet wird. BIM spielt hierbei eine wesentliche Rolle. Dabei können die beteiligten Akteure die BIM-Methode universell im Projekt einsetzen. Beispielsweise als digitales Werkzeug zur verbesserten Kooperation im Projekt, als Plattform zur Verbesserung der Transparenz im Hinblick auf Termine (4D-BIM) und Kosten (5D-BIM), als Analysewerkzeug zur verbesserten Überwachung der Material- und Arbeitsproduktivität auf der Baustelle und zur digitalen Kooperation für das Baumanagement, um Fortschritte besser verfolgen und in Echtzeit zusammenarbeiten zu können.[507]

Nach Eastman et al. (2011) ermöglicht BIM die frühzeitige Integration der am Planungs- und Bauprozess beteiligten Akteure und erleichtert deren engere Zusammenarbeit. Die Anwendung der BIM-Methode wird dazu beitragen, den gesamten Planungs- und Bauprozess schneller, weniger kostspielig, zuverlässiger und weniger anfällig für Fehler und Risiken zu machen. Wirtschaftliche, technologische und gesellschaftliche Faktoren werden die künftige Entwicklung von Planungswerkzeugen und Planungsabläufen beeinflussen. Dazu gehören insbesondere die Globalisierung sowie die Spezialisierung und Standardisierung von Ingenieur- und Architekturdienstleistungen, der Umstieg auf schlanke Konstruktionsmethoden, die zunehmende Realisierung von GU-Vergabemodellen sowie der Bedarf an Bauwerksinformationen für das Facility Management.[508] Ein GU-Vergabemodell ist die Methode ein Bauprojekt zu liefern, bei dem die Planungs- und Bauleistungen an ein einziges Unternehmen (einen Generalübernehmer) beauftragt werden.

Der vielleicht wichtigste wirtschaftliche Treiber für die Anwendung der BIM-Methode ist der immanente Wert der Information für die Projektbeteiligten, insbesondere für die Eigentümer und Nutzer von Gebäuden. Verbesserte Informationsqualität und Kostenprognosen sowie umfassende Visualisierungs- und Analysewerkzeuge werden zu einer besseren Entscheidungsfindung während des Entwurfsprozesses führen. Der Wert von Gebäudemodellen für Wartung und Betrieb wird möglicherweise einen Schneeballeffekt auslösen, bei dem Kunden die Verwendung der BIM-Methode in ihren Projekten explizit verlangen.[509] Laut der Studie von McKinsey (2017) wird sich das seit dem Ende der globalen Finanzkrise beobachtete Wachstum im Bausektor von durchschnittlich 9,5 Billionen US-Dollar im Jahr 2014 bis zum Jahr 2025 auf 14 Billionen US-Dollar fortsetzen (s. Abb. 75). Der Bedarf an Bauwerken bleibt also weiter bestehen. Die baubezogenen Ausgaben entsprechen 13 Prozent des weltweiten

507 Vgl. Ebd., S. 9.
508 Vgl. Eastman, C. et al., S. 286.
509 Ebd., S. 309.

Bruttoinlandsprodukts und treiben die Wirtschaftstätigkeit in vielen Sektoren an. Ein Bericht des *US-Bureau of Economic Analysis* hat ergeben, dass im Jahr 2012 durch jeden im Bausektor zusätzlich investierten Dollar weitere 0,86 Dollar an wirtschaftlicher Gesamtaktivität generiert wurden. Damit gehört der Bausektor zu den Branchen mit den größten wirtschaftlichen Übertragungseffekten.

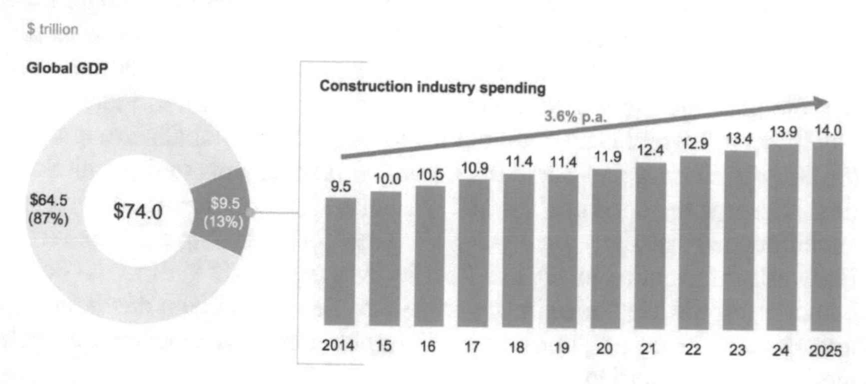

Abb. 75: Globales Bruttoinlandsprodukt und baubezogene Ausgaben. In McKinsey Global Institute (2017): Reinventing Construction: A route to higher productivity, S. 16.

Die drei größten Anlageklassen bilden dabei: der Bau- und Immobiliensektor sowie die soziale Infrastruktur, mit insgesamt 62 Prozent aller Investitionsausgaben; die zivile Infrastruktur, mit 25 Prozent aller Investitionsausgaben und der Industriebau, mit 13 Prozent aller Investitionsausgaben.[510] Infolgedessen beinhaltet die Steigerung der Produktivität im Bausektor durch den Einsatz moderner Technologien gleichwohl eine volkswirtschaftliche Dimension, die weit über den eigentlichen Planungs- und Bauprozess hinausgeht und zukünftig den gesamten Lebenszyklus Bau beeinflussen wird. Eine erhöhte Beeinflussbarkeit der Lebenszykluskosten besteht zum Zeitpunkt des Beschaffungsprozesses, je nach Beschaffungsmodell liegt dieser in einer früheren oder späteren Phase (vgl. Abb. 12, S. 22). Während der Planungs- und Bauprozess in der Regel nicht länger als ein oder wenige Jahre dauert, wird das Bauwerk im Anschluss über viele

[510] Vgl. McKinsey Global Institute, "Reinventing Construction: A route to higher productivity", S. 15.

Jahrzehnte genutzt. So ist die Analyse der in der Nutzungsphase entstehenden Kosten hinsichtlich Betriebes, Wartung und Rückbau für die Bauherren bereits zu Projektbeginn oder bestenfalls schon vorher als Entscheidungsgrundlage von zentraler Bedeutung.[511]

3.3.1 Potentiale der BIM-Methode

Die Effizienzsteigerung und damit die Steigerung der Produktivität im Planungsprozess ist eines der zentralen Qualitätsmerkmale der modellorientierten Arbeitsweise nach der BIM-Methode. Nach einer gewissen Einarbeitungszeit und unter Verwendung entsprechender Werkzeuge, die für eine erfolgreiche Einführung der BIM-Methode erforderlich werden, sind deutliche Effizienzsteigerungen zu erwarten.[512] Dies hat eine qualitative Studie von v. Both, Koch & Kindsvater (2013), als Teil der Forschungsinitiative Zukunft Bau im Auftrag des Bundesamts für Bauwesen und Raumordnung, ergeben. Im Rahmen dieser Studie wurden die Erfahrungen der BIM-Anwender in neun Themenkomplexen des Planungs- und Bauprozesses untersucht (s. Abb. 76).

Die Umfrageteilnehmer wurden gebeten, ihre Erfahrungen mit der Anwendung der BIM-Methode jeweils auf einer neunstufigen Skala anzugeben. Die Skala zeigt Verbesserungswerte von bis zu 100 Prozent, 0 Prozent für keine Veränderung und Verschlechterungswerte von bis zu 100 Prozent. Positive Prozentwerte veranschaulichen eine Verbesserung, negative Prozentwerte eine Verschlechterung der Situation durch die Anwendung von BIM. Hinsichtlich einer zeitlichen Effizienzsteigerung im Planungsablauf wurden qualitative Umfragen zum Ressourceneinsatz für die Projektbearbeitung, dem zeitlichen Aufwand für die Projektbearbeitung und dem zeitlichen Aufwand bei Projektänderungen durchgeführt. Zusammenfassend betrachtet ergeben sich durch die modellorientierte Arbeitsweise mit Hilfe der BIM-Methode nur relative geringe Verbesserungen beim Ressourceneinsatz für die Projektbearbeitung. Der vergleichsweise geringe Anteil der positiven Bewertungen, von minus 6 Prozent durch die TGA-Planer bis zu 25 Prozent durch die Investoren/Bauherren, sind ein Anzeichen dafür, dass

[511] Vgl. Egger, M. et al., S. 23f.
[512] Vgl. von Both, P., Koch, V., & Kindsvater, A., S. 111f.

einige Anwender noch Probleme bei der Umstellung auf die modellorientierte Arbeitsweise haben. Die Verminderung des Zeitaufwandes für die Projektbearbeitung und insbesondere die zeitliche Effizienz bei Projektänderungen wurden als signifikant festgestellt. Besonders die Sekundärprozesse, wie etwa das Aktualisieren der Zeichnungen infolge Änderungen an den Modelldaten, sorgen für erhebliche Effizienzsteigerungen, da dadurch die zeitaufwendigen manuellen Änderungen entfallen.[513]

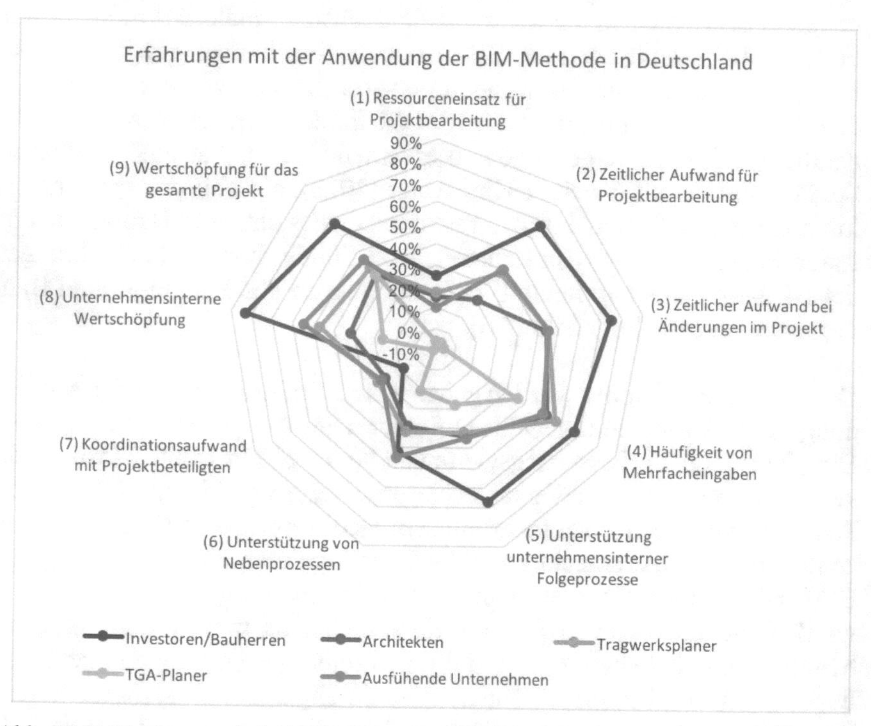

Abb. 76: Erfahrungen mit der Anwendung der BIM-Methode in Deutschland. Eigene Darstellung in Anlehnung an v. Both, Koch & Kindsvater (2013).

Bei der modellorientierten Arbeitsweise wird immer das Modell bearbeitet. Wenn Änderungen eingepflegt werden, so geschieht dies am Modell. Auf diese Art werden Mehrfacheingaben vermieden und zugleich Fehler-

[513] Ebd., S. 117.

quellen beseitigt. Die Reduzierung von Mehrfacheingaben führt daher sowohl zu einer höheren Effizienz der Planungsabläufe als auch zur Reduzierung möglicher Fehlerquellen und somit auch zu einer höheren Planungsqualität. Die Investoren/Bauherren gaben eine Reduzierung von Mehrfacheingaben von 67 Prozent an, gefolgt von den Tragwerksplanern (57 %), den Architekten (52 %), den ausführenden Unternehmen (50 %) und den TGA-Planern (36 %).[514]

Zur Analyse der Frage, ob durch die Anwendung der BIM-Methode unternehmensinterne Folgeprozesse unterstützt werden können, gaben die Investoren/Bauherren eine Verbesserung von 67 Prozent an. Die Architekten (34 %), Tragwerksplaner (32 %) und ausführenden Unternehmen (35 %) gaben eine etwas geringere Verbesserung der unternehmensinternen Folgeprozesse durch die Anwendung der BIM-Methode an. Etwas weniger Verbesserungspotential wird hier bei den TGA-Planern (18 %) gesehen.[515] Die Bewertung des Koordinationsaufwandes mit Projektbeteiligten wird von einem großen Teil der Befragten als nahezu unverändert angegeben: nur 8 Prozent der Investoren/Bauherren gaben hier eine Verbesserung an, gefolgt von den Architekten (18 %) und den ausführenden Unternehmen (20 %). Das größte Verbesserungspotential sehen hier die Tragwerksplaner (22 %). Die TGA-Planer (-9 %) sehen hier sogar eine gegenläufige Entwicklung. Die annähernd neutralen Bewertungen sowie die negative Bewertung der TGA-Planer sind ein Indikator dafür, dass bei der Planungskoordination mit Projektbeteiligten hemmende Faktoren vorliegen.[516]

Die Frage, ob die integrierte Planungsmethode BIM, durch geregelte Handlungsabläufe, Verantwortlichkeiten und verlässliche Planungsgrundlage, die Kosten- und Vertragssicherheit über den gesamten Planungszyklus fördert, wurde aus der Unternehmens- und Projektperspektive betrachtet. Die unternehmensinterne Wertschöpfung durch die Anwendung von BIM wurde insgesamt sehr positiv bewertet: die Investoren/Bauherren sehen hier eine Verbesserung von 83 Prozent, gefolgt von den ausführenden Unternehmen (55 %) und Tragwerksplanern (47 %) sowie den Architekten

[514] Ebd.
[515] Ebd., S. 119.
[516] Ebd., S. 121.

(32 %). Die geringste Verbesserung von nur 16 Prozent wird von den TGA-Planern gesehen. Die Bewertung der Wertschöpfung für das gesamte Projekt fiel bei allen Befragten ebenfalls sehr positiv aus: die Investoren/Bauherren sehen hier eine Verbesserung von 67 Prozent, gefolgt von den ausführenden Unternehmen (45 %) und Tragwerksplanern (40 %). Die Architekten und TGA-Planer gaben hier jeweils eine Verbesserung von 36 Prozent an. In Zusammenfassung betrachtet haben die modellorientiert arbeitenden Umfrageteilnehmer in der Summe die angenommenen Potenziale bestätigt, wenn auch nicht alle Zielgruppen in gleichem Maße.[517]

Insgesamt gaben die Investoren/Bauherren und ausführenden Unternehmen die positivsten Bewertungen für die modellorientierte Arbeitsweise mit Hilfe von BIM an, dicht gefolgt von den Tragwerksplanern und Architekten. Bei den TGA-Planern konnten die Verbesserungspotentiale der modellorientierten Arbeitsweise nicht in diesem Maße bestätigt werden. In den Bereichen des Ressourceneinsatzes, des Zeitaufwandes für die Projektbearbeitung, des Zeitaufwandes bei Änderungen im Projekt sowie beim Koordinationsaufwand mit Projektbeteiligten gaben die TGA-Planer vergleichsweise negative Erfahrungen an. Die Tragwerksplaner gaben in der Gruppe der Planer - wenn auch mit geringem Abstand - die positivsten Bewertungen ab. In den Bereichen des Ressourceneinsatzes für die Projektbearbeitung sowie beim Koordinationsaufwand mit Projektbeteiligten wurden zwar in der Summe positive Erfahrungen berichtet, jedoch fallen diese im Vergleich zu den übrigen Verbesserungspotenzialen am geringsten aus. In diesen Bereichen können die Potentiale der modellorientierten Arbeitsweise offenbar noch nicht ausgeschöpft werden. Insgesamt betrachtet, ziehen die BIM-Anwender in Deutschland jedoch eine positive Bilanz für den Einsatz von BIM.[518]

Ergänzend dazu gibt es im internationalen Kontext eine Reihe qualitativer Studien, die sich mit den Potentialen und dem Einfluss der Anwendung von BIM auf einzelne, ergebnisrelevante Projektleistungsdaten beschäftigen. Eine Studie von McGraw Hill (2015) untersuchte, im Rahmen einer Befragung von 40 Bauherren, 183 Architekten, 68 Fachplanern und 100

[517] Ebd., S. 122f.
[518] Ebd., S. 125f.

Bauunternehmern in Nordamerika, den Einfluss der Anwendung der BIM-Methode in 10 Themenbereichen komplexer Hochbauprojekte rückblickend bis zum Jahr 2007 (s. Abb. 77).[519]

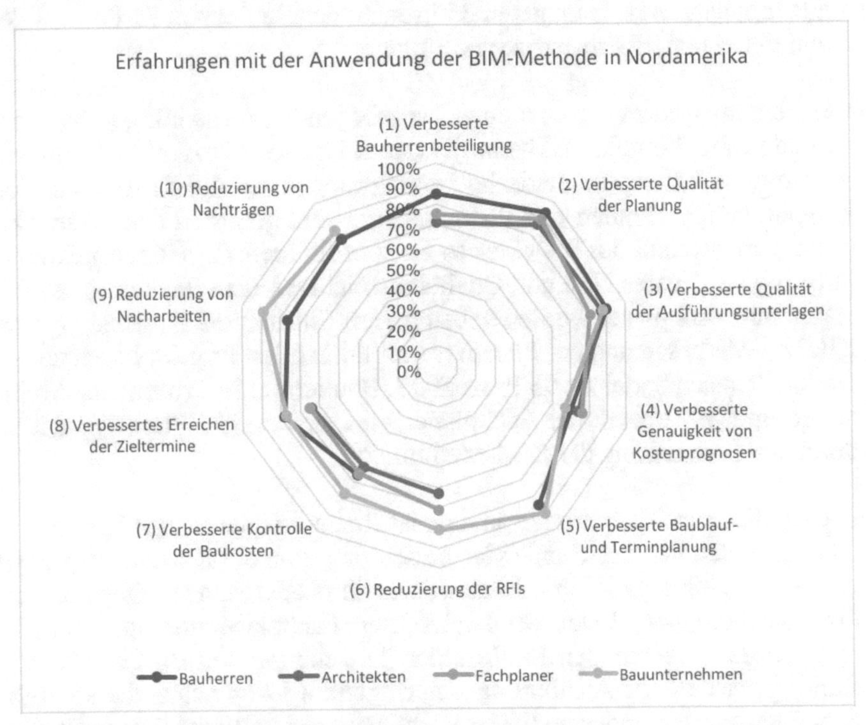

Abb. 77: Erfahrungen mit der Anwendung der BIM-Methode in komplexen Hochbauprojekten in Nordamerika nach McGraw Hill (2015). Eigene Darstellung.

Von der Forschung und Praxis ist weithin anerkannt, dass komplexe Projekte in der Regel dann erfolgreicher sind, wenn der Bauherr aktiv am Planungsprozess des Architekten beteiligt ist und das Konzept sowie die vorgeschlagene Entwurfslösung versteht. Dies trägt nicht nur zur Optimierung der Funktionalität des Bauwerks, sondern auch dazu bei, die Erwartungen des Bauherrn enger an die Projektziele zu knüpfen. Bauherren, Architekten

519 Vgl. McGraw Hill, "Measuring the impact of BIM on complex buildings" (New York, 2015), S. 7.

und Fachplaner wurden befragt, ob durch die Anwendung von BIM eine aktivere Beteiligung des Bauherrn am Planungsprozess festzustellen ist. Einen positiven Einfluss von BIM auf die aktive Beteiligung des Bauherrn am Planungsprozess berichteten 85 Prozent der Bauherren, 71 Prozent der Architekten und 75 Prozent der Fachplaner.[520]

Der Planungsprozess ist von einer grundlegenden Dynamik geprägt, insbesondere bei komplexen Bauprojekten mit hohen Nutzeranforderungen. Änderungen können dramatische Auswirkungen auf die Kosten und den Zeitplan haben. Bauherr und Planungsteam sind gefordert den Leistungsumfang im Verlauf des Projektes so zu koordinieren, dass die Projektziele in Bezug auf Kosten, Zeit und Qualität erreicht werden. Bauherren, Architekten und Fachplaner wurden gebeten, den Einfluss der Anwendung von BIM zur Verbesserung der Planungsqualität in allen Projektphasen zu bewerten. Danach berichten 93 Prozent der Bauherren, 86 Prozent der Architekten und 89 Prozent der Fachplaner eine verbesserte Planungsqualität durch die Anwendung der BIM-Methode.[521]

Die Qualität der Ausführungsplanung ist für zahlreiche nachgelagerte Projektaktivitäten von entscheidender Bedeutung, von der Kostenberechnung und Ausschreibung bis hin zur Anzahl der RFIs oder dem Umfang notwendiger Nacharbeiten. Bauherren, Architekten, Fachplaner und Bauunternehmen wurden gebeten, den Einfluss der Anwendung von BIM auf die Erstellung verbesserter Ausführungsunterlagen im Vergleich zu herkömmlichen Planungsmethoden zu bewerten.[522] Durchschnittlich 87 Prozent aller Befragten berichten eine verbesserte Qualität der Ausführungsunterlagen durch die Anwendung von BIM. Das größte Potential wird bei den Bauherren (90 %) und Bauunternehmern (88 %) gesehen, gefolgt von den Architekten (87 %) und Fachplanern (81 %). Die verbesserte Qualität der Ausführungsunterlagen hat einen positiven nachgelagerten Einfluss auf die Genauigkeit der Kostenprognosen: 70 Prozent der Bauherren, 74 Prozent der Architekten, 76 Prozent der Fachplaner und 67 Prozent der Bauunternehmen berichtete einen positiven Einfluss der Anwendung von BIM auf

[520] Ebd., S. 8.
[521] Ebd., S. 9.
[522] Ebd., S. 10.

die Genauigkeit der Kostenprognosen.[523] Die modellbasierte Planung von Projektphasen und Zielterminen (4D-BIM) wird von der aktuellen BIM-Forschung durchgängig als zentrales Instrument zur Steigerung Prozessgenauigkeit gesehen. Bauherren und Bauunternehmer wurden aufgefordert, die Auswirkungen der Anwendung von BIM auf eine verbesserte Bauablaufplanung und Erreichung von Zielterminen zu bewerten. Sowohl die Bauherren (85 %) und die Bauunternehmer (90 %) berichten fast einstimmig eine erhöhte Genauigkeit der Bauablaufplanung und verbesserte Erreichung von Zielterminen durch die Anwendung der BIM-Methode.[524]

Der direkte nachgelagerte Nutzen einer verbesserten Qualität der Ausführungsplanung ist ein verbessertes Planungsverständnis durch den Bauunternehmer. Dies wiederum sollte eine Reduzierung der RFIs (*Request for Information*) während der Bauphase zur Folge haben. RFIs werden von den Bauunternehmen angewendet, um die Interpretation eines Planungsdetails oder einer Spezifikation bestätigt zu bekommen und eine dokumentierte Erklärung durch den Architekten, Fachplaner oder Bauherrn zu sichern. Ein vom Generalunternehmer geschriebener RFI, der vom Auftraggeber oder vom Architekten beantwortet und an alle Projektbeteiligten verteilt wurde, wird gemeinhin als Änderung des Arbeitsumfanges anerkannt. Auch ist es üblich und akzeptiert, dass Auftragnehmer einen RFI verwendet, um Bedenken hinsichtlich einer fehlerhaften Konstruktion oder eines ungeeigneten Produkts anzuzeigen und um weitere Klärung zur beabsichtigten Verwendung zu verlangen.

RFIs können folgenschweren Kosten- und Zeitaufwand im Planungsprozess verursachen. In der Praxis sind RFIs, häufig in Verbindung mit einer Behinderungsanzeige, ein beliebtes Mittel der Bauunternehmen eigene Schwierigkeiten, wie etwa die Einhaltung von zeitlichen Projektvorgaben, zu verschleiern. Architekten, Fachplaner und Bauunternehmer wurden befragt, ob durch die Anwendung von BIM das Planungs- und Entwurfsverständnis der Bauunternehmer verbessert wird und sich dadurch die Anzahl der RFIs während der Bauphase reduziert. Eine Reduzierung der RFIs durch die Anwendung von BIM wird von den Bauunternehmern (81 %)

[523] Ebd., S. 11.
[524] Ebd., S. 12.

am stärksten wahrgenommen, gefolgt von den Fachplanern (71 %) und den Architekten (63 %).[525]

Eine verbesserte Qualität der Ausführungs- und Ausschreibungsunterlagen sowie eine genauere Kostenprognose ermöglichen eine bessere Kontrolle der Baukosten während des Beschaffungsprozesses. Durchschnittlich 67 Prozent der Befragten berichten eine verbesserte Kostenkontrolle der Baukosten. Das größte Potential wird bei den Bauunternehmen (77 %) gesehen, gefolgt von den Bauherren (66 %) und Fachplanern (65 %) sowie den Architekten (61 %). Bauherren, Architekten, Fachplaner und Bauunternehmer wurden gebeten, den Beitrag von BIM zur verbesserten Erreichung von Zielterminen zu bewerten. Eine verbesserte Erreichung der Zieltermine berichten 78 Prozent der Bauherren, 64 Prozent der Architekten, 65 Prozent der Fachplaner und 77 Prozent der Bauunternehmer. Das relativ geringe Bewusstsein der Architekten und Fachplaner zeigt, dass diese immer noch den Nutzwert von BIM isoliert auf planungsrelevante Themen wie bspw. verbesserte Ausführungsunterlagen oder eine verbesserte Planungskoordination betrachten. Ähnlich die Bauherren und Bauunternehmer, die den Nutzwert von BIM zunächst in den für sie ergebnisrelevanten Themen sehen.[526]

Der berichtete Nutzwert von BIM im Planungsprozess infolge verbesserter Ausführungsunterlagen, einer verbesserten Planungsqualität, höherer Kosten- und Terminsicherheit oder die Reduzierung von RFIs sollte die Vorhersehbarkeit von Änderungen im Bauprozess erhöhen und damit eine Reduzierung von Nacharbeiten und zusätzlichen Leistungen (Nachträgen) zur Folge haben. Bauherren und Bauunternehmer wurden gebeten zu bewerten, ob die Anwendung von BIM zu einer Reduzierung von Nacharbeiten und zu einer Reduzierung von zusätzlichen Leistungen in Form von Änderungsaufträgen (Nachträgen) führt. Etwa 9 von 10 Bauunternehmern (89 %) berichten eine Reduzierung von Nacharbeiten durch die Anwendung von BIM. Die Bauherren (76 %) berichten etwas verhaltener, ein Grund hierfür könnte die geringere Prozessbeteiligung sein. Ähnlich sieht es bei den zusätzlichen Leistungen in Form von Änderungsaufträgen aus. Hier

[525] Ebd., S. 13.
[526] Ebd., S. 14f.

berichten 83 Prozent der Bauunternehmer und 78 Prozent der Bauherren eine Reduzierung von Änderungsaufträgen (Nachträgen) durch die Anwendung von BIM.[527]

Die Studie von McGraw Hill (2015) zeigt, dass die Einflüsse im Projekt durch die Anwendung von BIM vielfältig sind. Der berichtete qualitative Nutzwert ist auch hier stark vom jeweiligen Anwender abhängig. Wie auch bei der Studie in Deutschland wird das größte Potential von den Bauherren und ausführenden Bauunternehmen gesehen, dicht gefolgt von den Architekten und Fachplanern. Wobei die Architekten und Fachplaner zu einigen Themen, wie bspw. eine verbesserte Bauablauf- und Terminplanung oder die Reduzierung von Nachträgen, keine Angaben machten. Eine ganzheitliche Betrachtung der Anwendung von BIM, wie sie bspw. für den Lebenszyklus von Bauwerken propagiert wird, ist für den Planungs- und Erstellungsprozess der Bauwerke noch nicht erkennbar. Umso wichtiger erscheint es, zunächst einen integrierten Ansatz mit Hilfe der BIM-Methode im Planungs- und Bauprozess zu etablieren und im zweiten Schritt den lebenszyklusorientierten Ansatz dort zu implementieren (s. Kap. 3.3.3).

Zhang et al. (2015) untersuchten anhand eines Krankenhausprojektes in Georgia (USA), ob durch die Anwendung der BIM-Methode das Prinzip von *Lean Construction* und damit eine verbesserte Produktivität im AEC-Prozess erreicht werden kann. *Lean Construction* ist die Adaptierung der aus dem Toyota-Produktionssystem stammenden Lean-Prinzipien auf die Baubranche. *Lean Construction* beschreibt den kontinuierlichen Prozess zur Beseitigung von Verschwendung, der Fokussierung auf den gesamten Wertstrom und dem Streben nach Perfektion über den gesamten Lebenszyklus von der Planung über die Bauausführung und Nutzung bis hin zu Umwidmung oder Rückbau. Die Studie hat ergeben, dass mit Hilfe des BIM-Modells die Bearbeitungszeit von RFIs gegenüber der herkömmlichen CAD-Planungsmethode von bisher circa zwei Wochen auf drei Tage reduziert werden konnte. Im Bereich der Technischen Gebäudeausrüstung (TGA) ermöglichte die BIM-basierte Planung einen deutlich höheren Vorfertigungsgrad: bei den elektrotechnischen Anlagen wurde ein Vorfertigungsgrad von etwa 50 Prozent erreicht, bei der Heizungs-, Lüftungs- und

[527] Ebd., S. 16.

Klimatechnik sogar 75 bis 80 Prozent und beim Sanitärsystem 40 bis 50 Prozent. Die haustechnischen Installations-arbeiten auf der Baustelle konnten 4-mal schneller abgeschlossen werden als bei der herkömmlichen CAD-Planungsmethode. Die Planungskollisionen konnten mit Hilfe von BIM drastisch reduziert werden, so wurden allein auf einem halben Gebäudegeschoss 10-mal weniger Kollisionen festgestellt. Dies wiederum reduzierte zeitaufwendige Nacharbeiten in allen Planungsdisziplinen. Die Forschungsergebnisse zeigen, dass BIM nicht nur bei der Kollisionserkennung hilfreich war, sondern auch bei der Entwicklung wertschöpfender Arbeitsabläufe durch Koordinierung und Kommunikation von Arbeitsteams geholfen hat. Die Annahme, dass BIM als Werkzeug zur Erreichung von *Lean Construction* verwendet werden kann, wurde durch die Ergebnisse dieser Forschung unterstützt.[528]

Laut dem britischen NBS National BIM Report (2016) erwarten 95 Prozent der am Planungs- und Bauprozess beteiligten Bauherren, Architekten, Fachplaner und Bauunternehmer in Großbritannien innerhalb der nächsten drei Jahre die Anwendung von BIM[529] und verbinden damit einen Kostenvorteil sowie verbesserte Ergebnisse auf der Kundenseite.[530] Dem NBS National BIM Report (2017) zufolge glauben 60 Prozent der am Planungs- und Bauprozess beteiligten Akteure in Großbritannien, dass die BIM-Methode dazu beitragen wird, die Gesamtlaufzeit der Projekte zu reduzieren und 70 Prozent glauben, dass eine Kostenreduzierung in der Planung sowie dem Bau und Betrieb der Gebäude realisiert wird.[531]

Wong et al. (2018) untersuchten die BIM-bezogenen Faktoren, die zu einer Reduzierung der Häufigkeit von Planungsfehlern und damit zu einer Verbesserung der Produktivität in chinesischen Bauprojekten führten. Auf der Basis der Umfrageergebnisse mit 120 Experten wurden sieben Indikatoren als bestimmende Faktoren für Planungsfehler identifiziert. Die statistische Analyse der Antworten zeigt: von allen sieben Indikatoren erhielten die

---

528 Vgl. Zhang, X., Azhar, S., & Nadeem, A., “Using Building Information Modeling to achieve Lean Principles by improving efficiency of work teams" in *8th Intern. Conference on Construction in the 21st Century CITC* (Thessaloniki, Greece 2015), S. 7.
529 Vgl. NBS, "National BIM Report 2016", S. 30.
530 Vgl. Ebd., S. 37.
531 Vgl. NBS, "NBS National BIM Report 2017", S. 11.

Kollisionserkennung (4,41) und die Koordination der Planung (4,29) die höchste Bewertung im Scoring Modell. Die Befragten gaben bei diesen beiden Indikatoren das größte Potential an, die Häufigkeit von Planungsfehlern zu reduzieren. Darauf folgen die Indikatoren Fehler/Auslassungen in den Zeichnungen (4,17), Konstruierbarkeit und Praktikabilität (4,03) und Fehler in der Bearbeitung (3,92). Bei der Zusammenarbeit der Projektbeteiligten (3,88) und dem Wissens- und Informationsaustausch (3,88) wurde bei den Befragten das geringste Potential der BIM-Methode gesehen, die Häufigkeit von Planungsfehlern zu reduzieren (s. Abb. 78).[532]

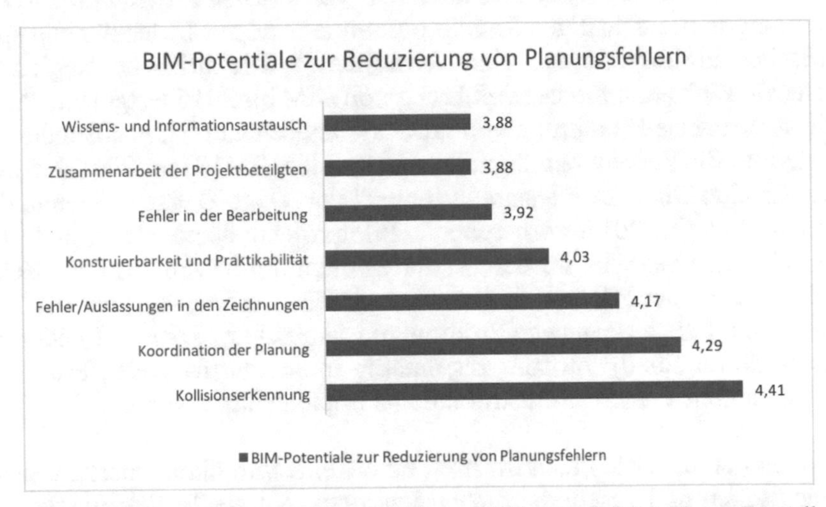

Abb. 78: Indikatoren zur Reduzierung der Planungsfehler durch BIM. Eigene Darstellung in Anlehnung an Wong et al. (2018). Exploring the linkage between the adoption of BIM and Design error reduction, S. 114.

Im Rahmen der vorliegenden Forschungsarbeit werden, die durch qualitative Forschung wahrgenommenen Verbesserungspotentiale von BIM mit Hilfe quantitativer Forschungsmethoden verifiziert. Ziel ist es, die Potentiale und Wechselwirkungen von BIM projektphasenübergreifend und

532 Vgl. Wong, J.K.W., Zhou, J.X., & Chan, A.P.C., "Exploring the linkage between the adoption of BIM and design error reduction", *International Journal for Sustainable Development and Planning* 13, No. 1 (2018): S. 113f.

anwenderbezogen zu quantifizieren sowie Einflussfaktoren und deren Auswirkung zu identifizieren.

3.3.2 Treiber und Hindernisse der BIM-Implementierung

Weltweit wurden Zielsetzungen für die Einführung der Planungsmethode BIM festgelegt. Die US-amerikanische *General Services Administration* (GSA) hat bereits im Jahr 2003, für alle größeren Projekte, die ab dem Jahr 2007 und danach staatlich gefördert werden, die Anwendung von BIM gefordert. Gleichzeitig wurde das nationale 3D/4D-BIM Programm, zur Validierung von nachhaltigen Raumprogrammen und zur Unterstützung spezifischer Projektanforderungen, formuliert.[533] Die britische Regierung hatte ein Zieldatum für die Einführung von BIM bis 2016 festgelegt.[534] Für die schrittweise Einführung von BIM in Deutschland hat das Bundesministerium für Verkehr und digitale Infrastruktur (BMVI) im Jahr 2015 den „Stufenplan Digitales Planen und Bauen“ vorgelegt. Danach sollen in der ersten Stufe (bis 2017) vorbereitende Pilotprojekte durchgeführt und wissenschaftlich begleitet werden. In der zweiten Stufe (von 2017 bis 2020) soll die Zahl der Pilotprojekte deutlich erhöht werden, um über die Planung- und Bauphase hinweg Erfahrungen sammeln zu können. In der dritten Stufe (ab 2020) soll BIM regelmäßig in neu zu planenden Projekten des gesamten Verkehrsinfrastrukturbaus implementiert werden.[535]

Eastman et al. (2011) identifizieren eine Reihe von ökonomischen, technologischen und gesellschaftlichen Faktoren, die als Treiber für die zukünftige Entwicklung der BIM-Werkzeuge und BIM-Prozesse wirken. Dazu gehören Globalisierung, Spezialisierung, Nachhaltigkeit, die Kommerzialisierung der Ingenieur- und Architektenleistungen, die Entwicklung von *Lean Construction* Methoden, die zunehmende Anwendung von Generalunternehmer-Vergabemodellen und *Integrated Project Teams* sowie der Bedarf an Informationen für das Facility Management. Die Globalisierung ermöglicht den freien Zugang zu internationalen Märkten. Die

---

[533] Vgl. GSA, S. 2f.

[534] Vgl. Egan, J., “Rethinking Construction“ (London, Department of Trade and Industry, 1998).

[535] Vgl. BMVI, “Stufenplan Digitales Planen und Bauen“ (Berlin: Bundesministerium für Verkehr und digitale Infrastruktur, 2015), S. 5.

Möglichkeit der Produktion (wie bspw. von Gebäudefertigteilen) in kostengünstigeren Weltregionen wird den Bedarf an präzisen und belastbaren Planungsinformationen erhöhen, da die Bauteile aufgrund der aufwändigen Frachtwege eine zuverlässige Passgenauigkeit aufweisen müssen. Spezialisierung und die Kommerzialisierung der Ingenieur- und Architektenleistungen sind weitere ökonomische Faktoren, die eine Anwendung von BIM begünstigen. Nachhaltigkeit ermöglicht neue Dimensionen im Hinblick auf die Kosten und den Wert der Gebäude. Die tatsächlichen Nutzungskosten der Gebäude, aus Sicht der globalen Nachhaltigkeit, sind noch nicht im Markt etabliert und die Anforderungen an die Energieeffizienz werden weiter steigen. Von den Architekten und Ingenieure wird die Planung energieeffizienter Gebäude, unter der Verwendung recyclingfähiger Baumaterialien, erwartet. Dadurch werden präzise Analysen zu Beginn der Planung nötig und BIM ermöglicht diese.[536]

Design-build-Projekte und *Integrated Project Delivery* (IPD) erfordern eine enge Zusammenarbeit zwischen der Planung und den am Bau beteiligten Unternehmen (s. Kap. 3.3.3). Diese Kooperationen werden die Anwendung von BIM fördern. Letztlich sind das wirtschaftliche Interesse der Softwarehersteller und deren Wettbewerb wesentliche Treiber für die Verbesserung und Weiterentwicklung von BIM. Der vielleicht wichtigste ökonomische Treiber für BIM ist der intrinsische Wert der Informationen, die dem Gebäudeeigentümer zur Verfügung gestellt werden. Verbesserte Gebäudeinformationen, Produktinformationen, Kostenprognosen und eine Visualisierung des Gebäudes führen zu einer verbesserten Entscheidungsfindung im Planungsprozess und reduzierten Baukosten sowie anschließend reduzierten Nutzungskosten.[537]

Demgegenüber begegnet die Anwendung von BIM aber auch einigen Hindernissen. Dazu gehören technische Barrieren, rechtliche Aspekte, Haftungsfragen, Vorschriften, ungeeignete Geschäftsmodelle, die Zurückhaltung bestehende Planungsmuster zu ändern und das Erfordernis der Schulung für eine große Anzahl von Mitarbeitern. Eine technische Barriere ist, dass die BIM-Werkzeuge noch nicht vollständig das Management und die

[536] Vgl. Eastman, C., Teicholz, P., & Sacks, R., S. 380f.
[537] Ebd., S. 381f.

Verfolgung von Änderungen am Modell unterstützen. Ebenso sind noch keine geeigneten Vertragsbedingungen definiert, um die kollektive Verantwortung zu regeln. Das ausgeprägte wirtschaftliche Interesse der Planer ist ein weiteres mögliches Hindernis der Anwendung von BIM, da den bisherigen qualitativen Studien zufolge nur ein geringer Teil des wirtschaftlichen Nutzens den Planern zugutekommt. Der größte Teil des Nutzens kommt den Bauunternehmern und Bauherren zugute. Die größte technische Barriere ist das Erfordernis ausgereifter interoperabler Werkzeuge. Auch die Entwicklung von Standards erfolgt langsamer als erwartet. Die mangelnde effektive Interoperabilität hat sich inzwischen zu einem ernsthaften Problem für einen integrierten Planungsprozess entwickelt.[538]

Eine Studie von Azhar et al. (2012) untersuchte anhand von drei Fallstudien die Vorteile der Anwendung von BIM in der Planungs-, Bau- und Nutzungsphase von Universitätsgebäuden in den USA, bezogen auf die beteiligten Akteure: Bauherr, Planer, Bauunternehmer und Facility Manager. Neben einigen Vorteilen von BIM für die Projektbeteiligten gibt es noch zahlreiche Hindernisse bei der Implementierung. Die BIM-bezogenen Hindernisse können in technologische und prozessbezogene Hindernisse kategorisiert werden.[539]

Das größte technologische Hindernis ist das Fehlen von BIM-Standards für die Modellintegration und Modellverwaltung durch multidisziplinäre Teams. Die Integration multidisziplinärer Informationen in einem einzigen BIM-Modell erfordert einen Mehrbenutzerzugriff auf das Modell. Dieser erfordert die Einrichtung von Protokollen zu Beginn des Projekts, um die Konsistenz der Informationen sicherzustellen. Da keine Standardprotokolle zur Verfügung stehen, wendet jedes Unternehmen seine eigenen Standards an. Dies führt zu inkonsistenten BIM-Modellen und macht häufige Modellprüfungen erforderlich, um Fehler zu vermeiden. Wenngleich die Interoperabilitätsprobleme in den letzten fünf Jahren erheblich reduziert wurden, beinhalten sie aber immer noch ein großes Risiko.[540] Zu den

[538] Ebd., S. 382f.

[539] Vgl. Azhar, S., Khalfan, M. & Maqsood, T., “BIM: Now and Beyond“, *Australasian Journal of Construction Economics and Building* 12, No. 4 (2012): S. 24.

[540] Ebd.

prozessbezogenen Hindernissen gehören hauptsächlich rechtliche, vertragliche und organisatorische Hindernisse, wie bspw. die rechtlich noch ungeklärte Frage nach dem Eigentum an den BIM-Daten und der Notwendigkeit, diese durch Urheberrecht zu schützen. Ein wesentliches vertragliches Hindernis ist die Frage nach der Haftung für die Eingabe von Daten in das Modell und damit für etwaige Fehler oder Ungenauigkeiten. Die Vergütungen bei Falscheingaben sowie Gewährleistungen und Haftungsausschlüsse von beteiligten Akteuren sind wichtige Verhandlungspunkte, die vor Verwendung der BIM-Methode gelöst werden müssen. Das integrierte Konzept von BIM verwischt die Verantwortungen in einem Maße, dass Risiko und Haftung schließlich erhöht werden. Eine der effektivsten Möglichkeiten, mit solchen Hindernissen umzugehen, sind Projektlieferverträge mit dem Ansatz der integrierten Planung. Dabei werden die Risiken und Vorteile der Anwendung von BIM unter den Projektbeteiligten geteilt und gemeinsam getragen.[541]

Egger et al. (2013) haben im Rahmen ihrer Projektrecherche zum BIM-Leitfaden für Deutschland folgende Probleme bei der Umsetzung von BIM identifiziert.[542]

- Den Anwendern ist nicht bewusst, welche Faktoren in der Projektabwicklung durch BIM beeinflusst werden.
- BIM-Vorgaben werden nicht vollständig verstanden und softwarespezifische BIM-Richtlinien beschränken den Wettbewerb.
- Die BIM-Leistungen werden nicht von Beginn an vertraglich vereinbart.
- Die Erwartungshaltung an das Projektteam und die Werkzeuge ist zu hoch.
- Aufgrund fehlender Erfahrung und Richtlinien kann der Arbeitsaufwand nicht zuverlässig eingeschätzt werden. Das notwendige Prozesswissen fehlt, so können die technischen Möglichkeiten nicht bewertet und in Gänze genutzt werden.

---

541 Ebd., S. 25.
542 Vgl. Egger, M. et al., S. 28f.

- Aufgrund fehlender Angaben und einem fehlerhaften Modellaufbau, ist eine strukturierte Modellauswertung nicht möglich.
- Teilbeauftragung, besonders der ersten Leistungsphasen, hemmt die Durchgängigkeit und somit die Vorteile der BIM-Methode.

In der Literatur wurden zahlreiche Treiber und Hindernisse der Anwendung von BIM identifizierten. Allerdings gibt es nur wenige Forschungsergebnisse zur Bewertung der Bedeutung jeder dieser Faktoren, um eine fundierte Entscheidungsfindung während der Implementierung und Anwendung von BIM zu ermöglichen. Eadie et al. (2014) identifizierten anhand einer umfangreichen Literaturrecherche zehn Hindernisse für die Implementierung und Anwendung der BIM-Methode und ordnen diese nach ihrer Bedeutung, auf der Grundlage einer webbasierten Umfrage bei 74 führenden Bauunternehmen in Großbritannien (s. Tab. 9).

Es wurden zwei Gruppen befragt: Akteure, die bereits BIM verwenden und Akteure, die BIM noch nicht verwenden. Die Ergebnisse zeigen, dass die Hindernisse nach der Einführung von BIM an Bedeutung verlieren. Da die wesentlichen Hindernisse, wie die Änderung der Planungskultur, der Zweifel an den Vorteilen durch BIM oder die Erstinvestition in Software und Mitarbeiterqualifikation überwunden wurden, womit der Faktor "Zurückhaltung" verringert wurde.[543]

[543] Vgl. Eadie, R. et al., “Building Information Modelling Adoption: An Analysis of the Barriers to Implementation.“, *Journal of Engineering and Architecture* 2, No. 1 (2014): S. 87.

Rang	Hindernis	Literaturquelle
1	Änderung der Planungskultur, mangelnde Flexibilität	Yan & Damian (2008), Rowlinson et al. (2009), Jordani (2008), Mihindu & Arayici (2008), Watson (2008)
2	Fehlendes Supply-Chain-Management[544]	Aouad et al. (2006)
3	Zweifel an den Vorteilen durch BIM	Arayici et al. (2011), Lee et al. (2012), Coates et al. (2010)
4	Kosten für Softwareanschaffung	Thompson & Miner (2010), Azhar (2011), Crotty (2012), Efficiency & Reform Group (2011), Giel et al. (2010), Lee et al. (2012)
5	Kosten für Mitarbeiterqualifizierung	Yan & Damian (2008), Coates et al. (2010), Azhar (2011), Crotty (2012), Efficiency & Reform Group (2011)
6	Mangel an technischer Expertise	Arayici et al. (2009), Yan & Damian (2008), Aouad et al. (2006)
7	Zurückhaltung der Mitarbeiter BIM anzuwenden	Arayici et al. (2009), Yan & Damian (2008)
8	Konkurrierende Initiativen	Cabinet Office (2012)
9	Rechtliche Unsicherheiten	Udom (2009), Oluwole (2011), Christensen et al. (2007), Race (2012), UK BIM Industry Working Group (2011), Chao-Duivis (2009), Furneaux & Kivvits (2008)
10	Fehlende Unterstützung durch die Geschäftsleitung	Jung & Joo (2011), Arayici et al. (2011), Coates et al. (2010)

Tab. 9: Hindernisse bei der Implementierung und Anwendung von BIM. Eigene Darstellung in Anlehnung an Eadie et al. (2014): Building Information Modelling Adoption: An Analysis of the Barriers to Implementation, S. 87ff.

544 Supply-Chain-Management ist ein prozessorientierter Managementansatz, der alle Flüsse von Rohstoffen, Bauteilen, Halbfertig- und Endprodukten sowie Informationen entlang der Wertschöpfungskette vom Lieferanten bis zum Endkunden umfasst und das Ziel der Ressourcenoptimierung für alle Prozessbeteiligten verfolgt.

Die drei größten Hindernisse, die von denjenigen wahrgenommen wurden, die bereits BIM anwenden, waren:

1. Zweifel an den Vorteilen durch BIM
2. Änderung der Planungskultur und mangelnde Flexibilität
3. Kosten für Mitarbeiterqualifizierung

Im Gegensatz dazu waren die drei am wenigsten wichtigen Hindernisse für diejenigen, die BIM bereits implementiert hatten, in der Reihenfolge ihrer Wichtigkeit:

1. Rechtliche Unsicherheiten
2. Zurückhaltung der Mitarbeiter BIM anzuwenden
3. Mangel an technischer Expertise

Die drei am wenigsten wichtigen Hindernisse für diejenigen, die BIM nicht implementiert hatten, waren:

1. Fehlende Unterstützung durch das Management
2. Andere konkurrierende Initiativen
3. Kosten für Mitarbeiterqualifizierung

Dies zeigt, dass dem Management der Bedeutung der Fristen bewusst ist und die Umstellung auf BIM unterstützt wird.[545] Das in Tab. 9 dargestellte Ranking zeigt die Gesamtwertung aus der Kombination der beiden Gruppen. Diese zeigt, dass die Änderung der Planungskultur und mangelnde Flexibilität die größten Hindernisse für die Implementierung von BIM darstellen. Fehlendes Supply-Chain-Management sowie Zweifel an den Vorteilen von BIM stehen jeweils an zweiter und dritter Stelle, gefolgt von den Kosten für Softwarebeschaffung und Mitarbeiterqualifikation. Dies deutet darauf hin, dass Organisationen hinsichtlich ihrer eigenen Fähigkeiten und denen in ihrer Lieferkette unsicher sind und unterstreicht das Erfordernis, die Vorteile von BIM aufzuzeigen und zu fördern, um sowohl den kulturellen Wandel als auch den Wandel von Fähigkeiten zu ermöglichen.[546]

[545] Vgl. Eadie, R. et al., S. 91.
[546] Ebd., S. 93.

Eine Studie von Bosch-Sijtsema et al. (2017) im Umfeld mittelständischer Bauunternehmen in Schweden offenbart ein ähnliches Bild. Die Ergebnisse zeigen, dass mehr als die Hälfte der Befragten die BIM-Methode in einigen Projekten eingesetzt haben. Die wahrgenommenen Hindernisse für die Anwendung von BIM zeigen einige gemeinsame Merkmale. Das größte Hindernis für die Implementierung und Anwendung von BIM sehen diejenigen, die BIM bereits nutzen, in den hohen Kosten für die Softwarebeschaffung, gefolgt von den Kosten für erforderliche Mitarbeiterqualifikation und der Benutzerfreundlichkeit im Projekt. Diejenigen, die BIM noch nicht nutzen, sehen das größte Hindernis darin, dass der Auftraggeber bzw. Bauherr die Anwendung von BIM nicht fordern, gefolgt von der Benutzerfreundlichkeit im Projekt und Zweifel an den Vorteilen von BIM.[547]

In Bezug auf die Treiber für die Anwendung von BIM wurde die technische Weiterentwicklung zum Erreichen von Wettbewerbsvorteilen am höchsten bewertet. Interne und externe Anforderungen erhielten die geringsten Bewertungen. Einige der Aussagen zeigen signifikante Unterschiede zwischen Nutzern und Nicht-Nutzern von BIM. Wobei die Nutzer im Allgemeinen die Treiber wesentlich höher einschätzen als die Nicht-Nutzer. Die Ergebnisse deuten darauf hin, dass die wesentlichen Hindernisse für die BIM-Implementierung in einem Mangel an normativem Druck zu sehen sind. Während die wesentlichen Treiber primär auf der subjektiven Bewertung von BIM beruhen, anstelle auf einer externen oder internen Motivation die BIM-Methode anzuwenden.[548]

Govender et al. (2018) untersuchten in einer qualitativen Studie das gegenwärtige Bewusstsein der südafrikanischen Bauindustrie für die Anwendung von BIM und *Integrated Project Delivery* (IPD) in Bezug auf die damit verbundenen Vorteile und Hindernisse. Die Studie wurde mit Architekten, Ingenieuren und Bauunternehmen in Südafrika durchgeführt und konzentrierte sich auf die aus der Literatur ermittelten vier grundlegenden Probleme der Bauwirtschaft: Terminverzögerungen, Konstruierbarkeit,

[547] Vgl. Bosch-Sijtsema, P. et al., “Barriers and facilitators for BIM-use among Swedish medium-sized contractors. We wait until someone tells us to use it.“ *Visualization in Engineering* 5, No. 1 (2017): S. 9f.
[548] Ebd., S. 11.

Kostenüberschreitungen und Änderungsaufträge (Nachträge) während der Bauphase. Die Ergebnisse zeigen, dass die Methoden BIM und IPD dazu beitragen können, die zuvor genannten Probleme zu lösen.[549] Gleichwohl identifizieren die Forscher 12 Hindernisse für die Einführung von BIM und IPD, in Form einer prozentualen Bewertung auf einer Skala von 1 für geringfügig bis 5 für schwerwiegend. Die Hindernisse auf den Plätzen 1 bis 10 wurden zwischen 2,63 und 3,84 bewertet, was darauf hindeutet, dass die Befragten diese Hindernisse als besonders groß für die Einführung von BIM und IPD wahrgenommen haben. (s. Abb. 79).

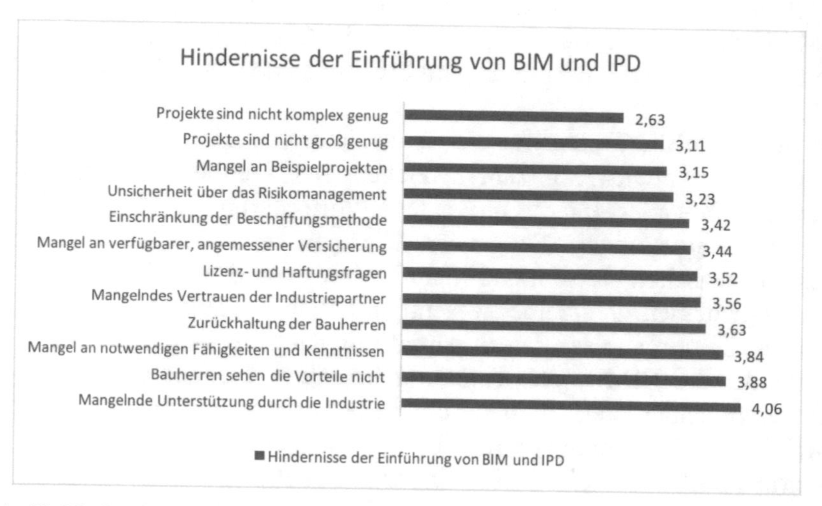

Abb. 79: Hindernisse der Einführung von BIM und IPD in der südafrikanischen Bauindustrie. Eigene Darstellung in Anlehnung an Govender et al. (2018). The awareness of Integrated Project Delivery and Building Information Modelling - Facilitating Construction Projects, S. 126.

Die Hindernisse sind zum Teil miteinander verbunden. Wie etwa mangelnde Unterstützung, wenn Bauherren die Vorteile nicht sehen und die Anwendung von BIM und IPD nicht zulassen, fehlendes Vertrauen bei den Industriepartnern, nicht verfügbare Informationen bezüglich Fragen zum

---

549 Vgl. Govender, K. et al., “The awareness of Integrated Project Delivery and Building Information Modelling facilitating Construction Projects.", *International Journal for Sustainable Development and Planning* 13, No. 1 (2018): S. 121f.

Urheberrecht und zur Haftung sowie eingeschränkte Beschaffungsmethoden. Diese Hindernisse werden durch den Mangel an notwendigen Fähigkeiten und Kenntnissen sowie das Fehlen geeigneter Technologien noch begünstigt.[550] Die Hindernisse auf den Plätzen 11 bis 12 wurden zwischen 3,88 und 4,06 bewertet, was darauf hindeutet, dass die Befragten diese Hindernisse als eher unkritisch für die Einführung von BIM und IPD wahrgenommen haben. Die Unsicherheit über das Risikomanagement und der Mangel an Projektbeispielen begünstigen den Mangel an Unterstützung durch die Industrie. Die Befragten gaben an, dass ihre Projekte häufig verspätet geliefert werden, das Kostenbudget übersteigen und mit Leistungssteigerungen infolge Abweichungen konfrontiert sind. Gleichwohl kennen die Befragten die potenziellen Vorteile von BIM. Allerdings verhindert der Mangel an Verständnis sowie die unzureichenden Fähigkeiten und Kenntnisse der Anwender die Einführung dieser neuen Methode.

Der erste Schritt zur Implementierung von BIM und IPD ist die Sensibilisierung der beteiligten Akteure, sich mit dem Denkansatz hinter diesen Konzepten zu identifizieren. Voraussetzung dafür ist ein ausreichendes Verständnis der Konzepte und der damit verbundenen Vorteile. Die Implementierung und Anwendung von BIM wird aufgrund der erhofften Vorteile international propagiert und zunehmend umgesetzt. Die südafrikanische Bauindustrie liegt jedoch bei der Implementierung von BIM deutlich hinter anderen Ländern zurück.[551]

Der Verein Deutscher Ingenieure e.V. (2017) konstatiert in seiner BIM-Richtlinie zur Zielerreichung folgendes:

> *„In Deutschland ist das Thema BIM im internationalen Vergleich eher untergeordnet. Zwar sind die Werkzeuge und das Wissen vorhanden, die Nutzung von BIM wird allerdings dadurch erschwert, dass beispielsweise Begriffe nicht eindeutig definiert oder unterschiedlich verwendet werden, das Datenmanagement und die Datenrechte nicht transparent sind, Schnittstellen nicht beschrieben sind und Zuständigkeiten nicht geklärt sind. Bislang wurde das*

[550] Ebd., S. 125.
[551] Ebd., S. 126ff.

Thema BIM an vielen Stellen diskutiert. Es fehlte jedoch eine gemeinsame, neutrale Plattform, welche die bestehenden Aktivitäten bündelt, den Austausch zwischen den beteiligten Fachdisziplinen ermöglicht und ein gemeinsames Sprachrohr zum Thema darstellt.[552]"

Der Verein Deutscher Ingenieure e.V. (2017) argumentiert weiter:

„*Das Aufstellen von Regeln und die Standardisierung von Prozessen und Abläufen erleichtern die Arbeit und Verständigung in Unternehmen und Wissenschaft. Normen und Standards sind die Sprache der Technik und dienen der Vereinheitlichung von Anforderungen an materielle und immaterielle Güter. Damit schaffen sie Vergleichbarkeit und erleichtern die Marktdurchdringung, da ein Waren- und Dienstleistungsverkehr im globalen Handelsnetzwerk nur mit gemeinsamen Standards funktioniert.*[553]"

Basierend auf den Ergebnissen vorheriger Studien lassen sich die drei wesentlichen Treiber der Implementierung und Anwendung von BIM folgendermaßen zusammenfassen.

1. Verbesserung der Projektergebnisse
2. Steigerung der Produktivität im eigenen Unternehmen
3. Etablierung von IPD mit Hilfe der BIM-Methode

Demgegenüber lassen sich die drei wesentlichen Hindernisse der Implementierung und Anwendung von BIM folgendermaßen zusammenfassen.

1. Zweifel an den Vorteilen durch die Anwendung von BIM
2. Mangelnde Bereitschaft zur Änderung der Planungskultur
3. Kosten der Implementierung von BIM

---

552 VDI, "Building Information Modeling: VDI-Richtlinie zur Zielerreichung" (Düsseldorf: Verein Deutscher Ingenieure e.V., 2017), S. 2.

553 Ebd.

Ein integrierter Planungsprozess (s. Kap. 3.3.3) scheint in Verbindung mit der Implementierung und Anwendung von BIM eine geeignete Methode zur Verbesserung der Projektergebnisse und damit zur Steigerung der Produktivität zu sein. Dies kann eine schnellere und flächendeckendere Implementierung und Anwendung der BIM-Methode im Planungs- und Bauprozess zur Folge haben.

3.3.3 Der integrierte Planungsprozess

Der integrierte Planungsprozess, im engl. Sprachraum als *Integrated Design Process* (IPD) bezeichnet, ist eine Interventionsmethode in den frühen Phasen des Planungsprozesses, die das Planungsteam dabei unterstützt, weniger optimale Planungslösungen zu vermeiden. IDP ist kein neues Konzept und wurde in der Vergangenheit von einigen Planungsteams eigens zu diesem Zweck angewendet. Die formale Umsetzung des integrierten Planungsprozesses ist aber eine Entwicklung, die in den letzten 15 Jahren stattgefunden hat. Ursprung der formellen Umsetzung sind die Erfahrungen aus dem *Design-Support-Process* eines kanadischen Demonstrationsprogramms für Hochleistungsgebäude, dem *C-2000-Programm*, das von der Organisation *Natural Resources Canada* (NRCan) im Jahr 1993 entwickelt wurde und bis 1999 offiziell in Betrieb war.[554]

Die technischen Anforderungen konzentrierten sich im Wesentlichen auf die Energieeffizienz und Funktionalität sowie eine Reihe anderer damit zusammenhängender Faktoren. Zu den Leistungskriterien zählten u.a. eine Reduzierung des Energieverbrauchs um bis zu 50 Prozent und des Trinkwasserverbrauchs um bis zu 40 Prozent. Die ambitionierten Leistungsziele veranlassten die Initiatoren zu der Annahme, dass die zusätzlichen Kosten für die Planung und den Bau dieser Projekte, aufgrund des Einsatzes neuer und kostenintensiver Technologien, erheblich sein werden. Nach den ersten sechs Projekten wurde allerdings festgestellt, dass die zusätzlichen Kosten geringer ausfielen als erwartet, obwohl die Planer weniger neue und kostenintensive Technologien einsetzten. Sie befürchteten nämlich, dass neue Systeme betriebliche Probleme zur Folge haben könnten und

[554] Vgl. Larsson, N., “The Integrated Design Process (IDP): History and Analysis“ (Paper presented at the International Initiative for a Sustainable Built Environment, Paris, 2009), S. 1.

dies wiederum zu unzufriedenen Kunden und zusätzlichen Kosten führen würde. Dennoch erreichten die ersten Projekte die geforderten Leistungsziele. Übereinstimmend war man der Meinung, dass die Anwendung des vom *C-2000-Programm* geforderten Entwurfsprozesses der Hauptgrund dafür war. Es zeigte sich auch, dass der größte Nutzen der Intervention in den frühen Phasen des Planungsprozesses, während des Konzeptphase, erzielt wurde. Dies war eine überraschende Erkenntnis und führte zu einer Umstrukturierung des Programms. Der im Rahmen des *C-2000-Programms* verwendete *Design-Support-Process* wurde nun als *Integrated Design Process* (IDP) bezeichnet und alle Projektinterventionen im Programm konzentrierten sich darauf, den Planungsprozess bereits in einem sehr frühen Stadium zu beraten. Andere Organisationen haben den IDP als eine Möglichkeit zur Erreichung hoher Leistungsziele angenommen, bspw. vergibt das *US Green Building Council* in seinem LEED-Programm zusätzliche Punkte bei der Zertifizierung für die Verwendung von IDP.[555]

Das US-amerikanische *Green Building Council* (USGBC) ist eine im Jahr 1993 von Mike Italiano, David Gottfried und Rick Fedrizzi in Washington D.C. gegründete gemeinnützige Organisation, die sich für umweltfreundliche und nachhaltige Konzepte in Bauwerken einsetzt. Daraufhin wurden später weltweit weitere Nachhaltigkeitszertifizierungssysteme ins Leben gerufen, wie etwa DGNB in Deutschland, BREEAM in Großbritannien, das österreichische Prüfzeichen IBO oder das Schweizer Gütesiegel GI.

Um den *Integrated Design Process* (IDP) zu verstehen, ist es nützlich zuerst den konventionellen Planungsprozess zu charakterisieren. Der konventionelle Planungsprozess beginnt in aller Regel damit, dass der Architekt und der Bauherr sich auf ein Entwurfskonzept einigen. Dieses wird häufig durch ein allgemeines Massenmodell sowie Grundrisse, Schnitte und Ansichten, eine räumliche Orientierung und dem allgemeinen äußeren Erscheinungsbild sowie die verwendeten Grundmaterialien bestimmt. Die Ingenieure der Technischen Gebäudeausrüstung werden dann aufgefordert geeignete Systeme vorzuschlagen und zu dimensionieren. Obwohl dies stark vereinfacht ist, folgt eine große Mehrheit der Architekten und Planer einem solchen Prozess und begrenzen damit die erreichbare Leistung auf

[555] Ebd., S. 1f.

das herkömmliche Niveau. Der herkömmliche Planungsprozess ist aufgrund der sukzessiven Beiträge der Planungsbeteiligten linear strukturiert und bietet nur begrenzte Optimierungsmöglichkeiten (s. Abb. 80). Eine Optimierung in den späteren Phasen des Planungsprozesses ist häufig aufwendig oder sogar unmöglich. Die Ergebnisse im herkömmliche Planungsprozess scheinen vergleichsweise schnell und einfach erreichbar zu sein, tatsächlich aber sind häufig die Ergebnisse hohe Betriebskosten und eine Funktionalität, die nicht dem Standard entspricht und nachhaltig angelegt ist. Diese Faktoren können den langfristigen Vermögenswert einer Immobilie erheblich reduzieren. Da der herkömmliche Entwurfsprozess gewöhnlich keine Computersimulationen des zukünftigen Energiebedarfs beinhaltet, werden Nutzer häufig von hohen Betriebskosten überrascht.[556]

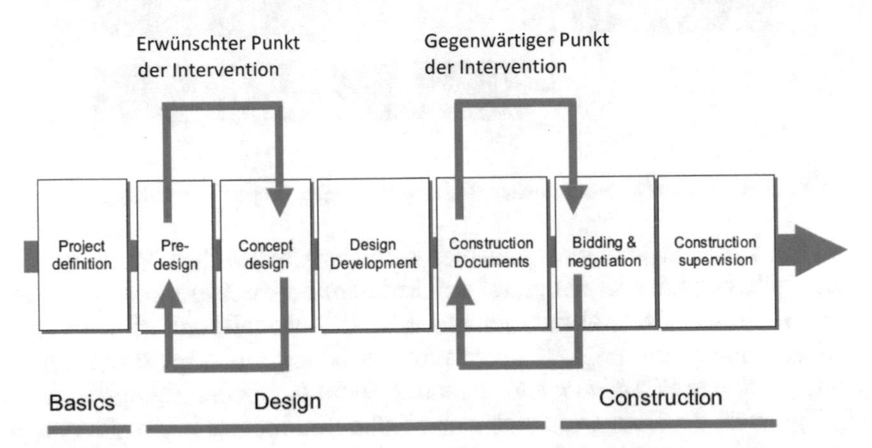

Abb. 80: Vereinfachte Darstellung eines konventionellen Planungsprozesses. Modifizierte Darstellung in Anlehnung an Larsson (2009): The Integrated Design Process (IDP) - History and Analysis, S. 4.

Nach Larsson (2009) können Architekten und Ingenieure zwar fortschrittliche und leistungsstarke Gebäudesysteme vorschlagen, ihre Einbeziehung in einer späten Phase des Planungsprozesses wird allerdings nur noch marginale Leistungssteigerungen und beträchtlichen Kapitalkosten zur Folge haben. Eine Vielzahl von Projektbeispielen zeigt, dass fortschrittliche und

[556] Ebd., S. 3.

leistungsstarke Gebäudesysteme, die später in den Entwurfsprozess integriert wurden, die Nachteile der anfänglich ungünstigen Entwurfsentscheidungen nicht ausgleichen können.[557] Der *Integrated Design Process* (IDP) unterscheidet sich deutlich von dem in Abb. 81 dargestellten herkömmlichen Planungsprozess.

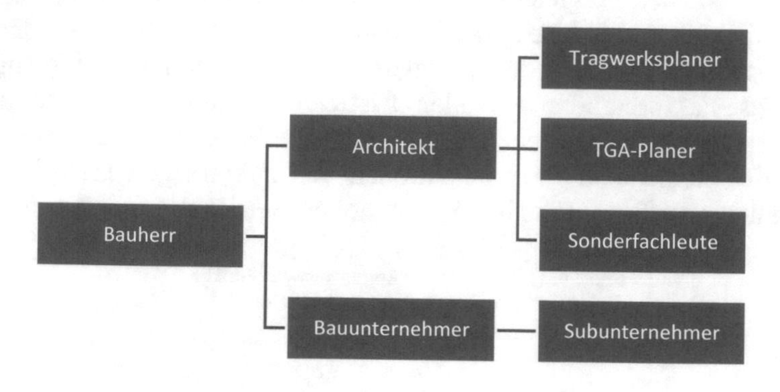

Abb. 81:Beispiel eines konventionellen Planungsprozesses. Eigene Darstellung.

Neben diesem idealisierten Beispiel eines herkömmlichen Planungsprozesses gibt es noch abweichende Projektliefermodelle, bspw. sog. GU-Modelle mit einem Generalunternehmer oder GÜ-Modelle mit einem Generalübernehmer, im engl. Sprachraum auch *Engineering Procurement Construction (EPC)-Contractor* genannt. Beim *Integrated Design Process* (IDP) nimmt der Bauherr, durch seine frühe Einbindung in den Planungsprozess, eine wesentlich aktivere Rolle als bisher ein. Der Architekt wird zum zentralen Koordinator und nicht mehr allein zum Entwurfsverfasser. Die Fachplaner der Tragwerksplanung und vor allem der Technischen Gebäudeausrüstung nehmen aktive Rollen in den frühen Entwurfsphasen ein. Der IDP umfasst immer die Einbindung eines Energieberaters in den Entwurfsprozess. Der IDP enthält keine gänzlich neuen Elemente, sondern integriert bewährte Ansätze in einen systematischen Gesamtprozess (s. Abb. 82). Die Fähigkeiten und Erfahrungen der am Planungsprozess beteiligten Akteure werden von Beginn an in den Entwurfsprozess integriert. Dies führt zu einem Gebäudeentwurf, der hocheffizient ist und minimale oder

[557] Ebd., S. 4.

bestenfalls keine zusätzlichen Kapitalkosten sowie verringerte Betriebs- und Wartungskosten mit sich bringt. Die Erfahrung zeigt, dass die interdisziplinäre Diskussion und der synergetische Ansatz vielfach zur Verbesserung des funktionalen Raumprogramms sowie zu einer verbesserten Auswahl des Tragwerks und der technischen Gebäudeausrüstung führen. Der IDP basiert auf der Beobachtung, dass Korrekturen zu Beginn des Entwurfsprozesses vergleichsweise einfach sind, während die Einflussnahme im weiteren Verlauf des Prozesses immer schwieriger wird.[558]

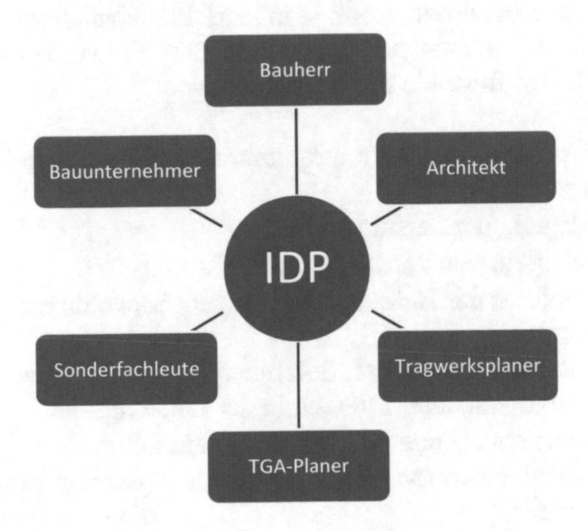

Abb. 82: Beispiel eines Integrated Design Process. Eigene Darstellung.

Ein typischer IDP-Ansatz umfasst folgende Elemente.

- Die interdisziplinäre Zusammenarbeit zwischen Architekten, Fachplanern und anderen relevanten Akteuren ab Projektbeginn.
- Die Einbindung von Fachleuten in den Bereichen Kostenrechnung, Energietechnik und Energiesimulation.
- Die Einbindung weiterer Fachleute nach Bedarf, bspw. für Tageslicht, Wärmespeicherung oder Materialauswahl.

[558] Ebd.

- Die Diskussion der relativen Bedeutung verschiedener Maßnahmen und Abstimmung mit dem Bauherrn.
- Die klare Formulierung der Leistungsziele und Strategien, sowie der Aktualisierung während des gesamten Prozesses.
- Das Testen verschiedener Entwurfsvarianten mit Hilfe von Simulationen.[559]

Basierend auf den Erfahrungen in Nordamerika zeichnet sich der IDP durch eine geregelte Prozessabfolge in jeder Planungsphase aus, an der ergebnisrelevante Faktoren beteiligte sind. Der Entwurfsprozess für Gebäude sieht bspw. folgende Prozessabfolge vor.[560]

- Überprüfung der Raumprogramme auf Funktionalität und Einsparpotentiale
- Festlegung der Leistungsziele
- Nutzbarkeit von vorhandenen Strukturen
- Minimieren der Heiz- und Kühllasten, bspw. durch eine effiziente Gebäudehülle
- Maximale Nutzung von Solarenergie sowie anderer erneuerbarer Technologien unter Einhaltung der Leistungsziele
- Wiederverwendung vorhandener Materialien
- Verwendung von Materialien mit einem geringen Anteil an grauer Energie[561]
- Entwicklung von mindestens zwei Entwurfsalternativen in Bezug auf die Energiesimulationen
- Implementierung einer Qualitätssicherung und Durchführung von Schulungen für das spätere Betriebspersonal

Der *Integrated Design Process* (IDP) und die Anwendung von BIM können aber auch unabhängig voneinander stattfinden. Gleichwohl wird BIM von der Forschungsgemeinschaft als geeignete Methode zur Umsetzung

---

[559] Ebd., S. 5.

[560] Larsson, N., S. 5.

[561] Als graue Energie wird die Energiemenge bezeichnet, die für Herstellung, Transport, Lagerung, Verkauf und Entsorgung eines Produktes benötigt wird.

einer sog. *Integrated Project Delivery* (IPD), basierend auf dem *Integrated Design Process* (IDP), gesehen. Die Anwendung des IDP hat gezeigt, dass er im Gegensatz zu anderen Planungsmethoden für eine Vielzahl von Situationen und Gebäudetypen anwendbar ist. Ein logischer nächster Schritt wäre die Zusammenführung von IDP mit BIM, um eine solide Verbindung zur computerunterstützten Planung herzustellen.[562]

Die zunehmende Nutzung von Bauwerksinformationsmodellen in der Bauindustrie ermöglicht eine wesentlich bessere Zusammenarbeit zwischen den Projektbeteiligten und wird als wichtiges Werkzeug zur Steigerung der Produktivität während des gesamten Bauprozesses betrachtet.[563] Mit Hilfe von Ideen, die der Automobilhersteller Toyota auf der Grundlage von Lean Prinzipien in seinem *Toyota Production System* entwickelt hat, wurde der IPD-Ansatz zur Lösung dieser Schlüsselprobleme konzipiert.[564] Im Fokus des IPD-Ansatzes steht der endgültige Wert, der für den Eigentümer oder Bauherr geschaffen wird. Der Ansatz bringt alle projektbeteiligten Interessensgruppen frühzeitig zusammen, um einerseits den Wert für den Eigentümer zu maximieren und andererseits gemeinschaftliche Anreize für einen erfolgreichen Projektabschluss zu schaffen. Dieser kollaborative Ansatz ermöglicht eine fundierte Entscheidungsfindung frühzeitig im Projekt, wo die größte Wertschöpfung im Lebenszyklus eines Gebäudes geschaffen werden kann.[565]

Das *American Institute of Architects* (AIA) definiert den IPD-Ansatz folgendermaßen:

> „*[...] einen Projektansatz, der Menschen, Systeme, Geschäftsstrukturen und -praktiken in einen Prozess integriert, der die Fähigkeiten und Erkenntnisse aller Beteiligten nutzt, um die Projektergebnisse zu optimieren, den Wert für den Eigentümer zu*

[562] Ebd., S. 7.
[563] Vgl. Pressman, A., “Integrated practice in perspective: A new model for the architectural profession“, *Architectural Record* 5 (2007).
[564] Vgl. Yoders, J., “Integrated Project Delivery builds a brave, new BIM world“ *Building Design and Construction* 4 (2008).
[565] Vgl. Gallaher, M.P. et al.

steigern, Unwirtschaftlichkeit zu reduzieren und die Effizienz durch alle Phasen von Planung, Herstellung und Bau zu maximieren.[566]"

Nach Ilozor & Kelly (2012) verfolgt der IPD-Ansatz eine Neukonfiguration des Planungsprozesses, indem ergebnisrelevante Planungsentscheidungen auf frühere Projektphasen verschoben werden (s. Abb. 83).[567] Die USA sind bei der Umsetzung von Lean Management im Bauwesen weltweit führend, insbesondere im Hinblick auf eine ganzheitliche Umsetzung im Rahmen eines Lean Project Delivery Systems. In den USA ist die *Integrated Form of Agreement* (IFOA) entwickelt und im Jahr 2005 veröffentlicht worden.[568]

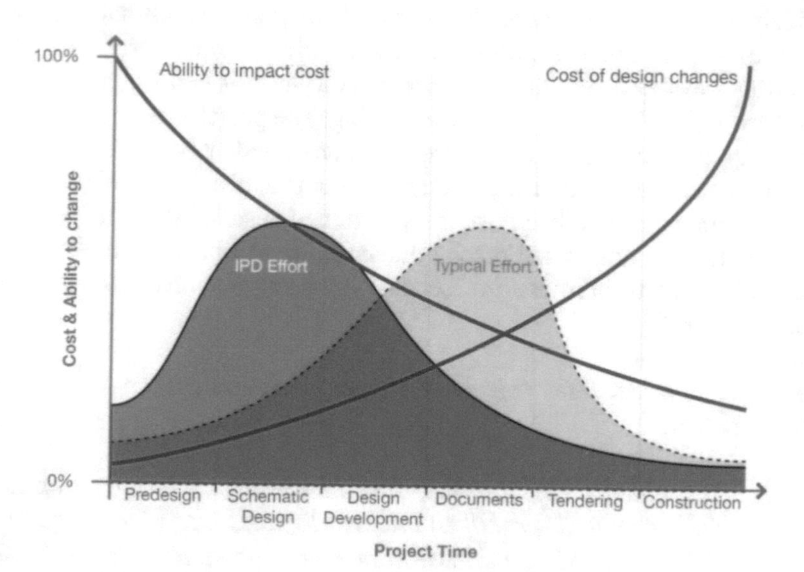

Abb. 83: MacLeamy Kurve. In Ilozor & Kelly (2012): Building Information Modelling und integrierte Projektabwicklung in der gewerblichen Bauindustrie, S. 30.

566 AIA, "Integrated Project Delivery - A Guide" (American Institute of Architects AIA, 2007), S. 2.

567 Vgl. Ilozor, B.D. & Kelly, D.J., S. 30.

568 Vgl. Heidemann, A., "Kooperative Projektabwicklung im Bauwesen unter der Berücksichtigung von Lean-Prinzipien" (Diss., Karlsruher Institut für Technologie KIT, 2010), S. 50.

Die IFOA zielt auf eine gemeinsame Projektabwicklung ab, die es dem Bauherrn ermöglicht, die Entwicklung permanent zu beeinflussen, Fehler rechtzeitig zu erkennen und gemeinsam im Team zu korrigieren. Der Grundgedanke besteht darin, den Fokus des Teams auf eine gemeinsame Realisierung eines erfolgreichen Projektes zu lenken. Dieses Vertragsmodell stellt eine wesentliche Veränderung im Bauvertragswesen dar und ist im Jahr 2007 von der amerikanischen Zeitschrift *Engineering News-Record (ENR)* als eine der Top-Neuerungen des Jahres im Bauwesen anerkannt worden.[569]

Deutschland steht im internationalen Vergleich, insbesondere mit Ländern wie den USA und Großbritannien sowie einigen skandinavischen Ländern, in Bezug auf die Anwendung und Umsetzung von Lean Management im Bauwesen noch am Anfang. Dennoch sind auch in Deutschland erste Schritte bereits gemacht und einzelne Pilotprojekte erfolgreich durchgeführt worden. Besonders in der Planungsphase konnte festgestellt werden, dass Projektziele oftmals nicht klar definiert sind. Die Deutsche Bahn ProjektBau AG hat bereits 2007 begonnen, das *Last Planner System*™ bei verschiedenen Pilotprojekten in der Ausführungsplanung und Objektüberwachung einzuführen. Besonders positiv wurde aufgenommen, dass die Planung gemeinsam im Team mit den verschiedenen Beteiligten durchgeführt wird und so unnötige Wartezeiten eliminiert werden können. Die HOCHTIEF Construction AG hat im Jahr 2010 fünf Pilotprojekte in Deutschland durchgeführt, bei denen Lean-Prinzipien auf Baustellen im Bereich Hochbau umgesetzt wurden.[570]

Succar (2009) argumentiert, im Einklang mit den Analysen des AIA (2007)[571] und Froese (2010)[572], dass eine *Integrated Project Delivery* (IPD) das gewünschte Ziel der Implementierung von BIM sein sollte und, dass die langfristige Vision von BIM die Verschmelzung von Technologien,

---

569 Vgl. Post, N., "Sutter Health unlocks the door to a new process - team contract, with shared risk and reward, fosters »all-for-one, one-for-all« spirit.", *Engineering News-Record* (2007): S. 81f.

570 Vgl. Heidemann, A., S. 18f.

571 Vgl. AIA, S. 10f.

572 Vgl. Froese, T.M., "The impact of emerging Information Technology on Project Management for construction", *Automation in Construction* 19, No. 5 (2010).

Prozessen und Richtlinien sein sollte.[573] Nach Ilozor & Kelly (2012) ist *Integrated Project Delivery* (IPD) eine Methode zur Realisierung komplexer Bauprojekte und impliziert eine ausdrückliche Zusammenarbeit aller beteiligten Akteure während der Entwurfs-, Planungs- und Bauphase. Das Ziel von IPD besteht darin den Bauherren und Planern sowie Nutzern bei der Reduzierung der Planungs- und Baukosten sowie der Nutzungskosten und dadurch der Steigerung der Produktivität zu helfen.[574] Die Literatur deutet darauf hin, dass BIM und IPD die Projektleistung von der Konzeptualisierung über das Gebäudemanagement bis hin zum laufenden Betrieb deutlich verbessern können.[575]

Allerdings wurden große Lücken im Vorhandensein quantitativer Analysen hinsichtlich der erwarteten Vorteile dieser Methoden identifiziert. Daher werden weitere Studien zum besseren Verständnis der Wechselwirkung zwischen diesen beiden Methoden und den Projektleistungsdaten Kosten, Zeitplan und Qualität empfohlen. Hierfür wird die Verwendung von Daten aus herkömmlichen Projekten zusätzlich zu Daten aus Projekten, in denen BIM oder IPD angewandt wurde, empfohlen. Eine Analyse der Wechselwirkungen zwischen den beiden Methoden wird ebenfalls empfohlen. Um die Auswirkungen beider Methoden auf die Industrie richtig messen und bewerten zu können, ist weitere Forschung mit quantitativen Methoden und realen Projektdaten erforderlich.[576]

3.3.4 Fazit

Den vorherigen Argumentationen folgend, liegt der Schwerpunkt des *Integrated Design Process* (IDP) auf der Teamarbeit, einer Betrachtung des Bauwerks über seinen gesamten Lebenszyklus und der gezielten Anwendung moderne computergestützte Planungshilfsmittel. Die Beeinflussbarkeit der Kosten sinkt mit fortschreitendem Planungsverlauf. Der integrierte Planungsprozess legt daher den Schwerpunkt der gesamten Planungsaktivitäten auf die frühen Projektphasen, in denen noch genügend Raum für

---

[573] Vgl. Succar, B., “Building Information Modelling framework: A research and delivery foundation for industry stakeholders“, S. 365.
[574] Vgl. Ilozor, B.D. & Kelly, D.J., S. 28.
[575] Ebd., S. 33.
[576] Ebd., S. 34.

die Entwicklung ganzheitlicher Lösungsansätze besteht und fokussiert dabei stark auf die frühzeitige Einbindung der benötigten Kompetenzen. Hierfür hat sich der Begriff der „horizontalen Integration“ etabliert.[577]

Ein besonderes Augenmerk wird dabei auf die Zieldefinition gelegt. Planungsqualität ist dabei nicht nur auf den gestalterischen Aspekt bezogen, sondern bindet auch ökologische, ökonomische, technische, funktionale und soziale Fragestellungen des gesamten Lebenszyklus eines Bauwerks ein und wird als „vertikale Integration“ bezeichnet. Der integrierte Planungsprozess kann so als ein in Abb. 84 dargestellter, iterativer Prozess der Schritte Problemanalyse, Systemsynthese und Systemanalyse verstanden werden.[578]

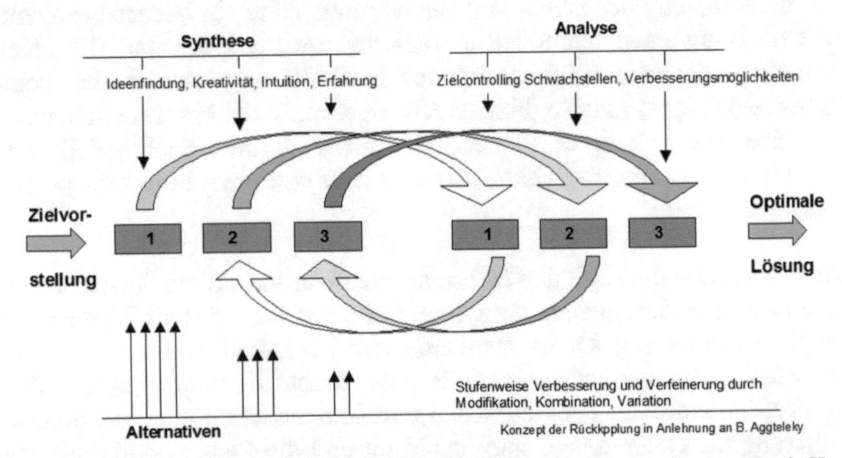

Abb. 84: Iterativer Problemlösungszyklus in Anlehnung an B. Aggteleky. In v. Both, Koch, Kindsvater (2013): BIM Potentiale, Hemmnisse und Handlungsplan, S. 24.

Wie in Kap. 3.2 ausgeführt, ist eine zentrale Voraussetzung für die Anwendung solcher Prozesse das Vorhandensein einer durchgängigen geometrischen und semantischen Beschreibung der Planungslösungen, mit Hilfe eines digitalen und damit validierbaren Bauwerksdatenmodells. Dieses kann

[577] Vgl. Kohler, N., Forgber, U. & Müller, C., “Zwischenbericht des Projektes RETEx 2/INTESOL für das Jahr 1997“ (Universität Karlsruhe: Institut für Industrielle Bauproduktion ifib, 1998).
[578] Vgl. von Both, P., Koch, V., & Kindsvater, A., S. 23.

die verschiedenen konstruktiven, funktionalen und technischen Zusammenhänge abbilden und zudem als Datenbasis für Simulation und Evaluierungen dienen. Das strategische Ziel der Bestrebungen auf dem Gebiet *Building Information Modelling* (BIM) ist die Entwicklung eines integrierten Bauwerksdatenmodells zur digitalen Abbildung bauwerksbeschreibender Informationen über den gesamten Lebenszyklus eines Objektes. Einem integrierten Ansatz folgend, sollen über das Bauwerksdatenmodell alle relevanten objektbezogenen geometrischen und semantischen Informationen abbildbar sein und den am Prozess beteiligten Akteuren bereitgestellt werden. Das Bauwerksdatenmodell dient als Informationsbasis für den Zusammenschluss aller am Prozess beteiligten Akteure. Demzufolge stellen generierte Grundrisszeichnungen, Ansichts- und Schnittdarstellungen sowie Bauteillisten oder Schal- und Bewehrungspläne nur bedarfsbezogene, aus dem Bauwerksdatenmodell extrahierte Informationen dar. Die Idealvorstellung der prozessübergreifenden Modellierung kann derzeit keine Softwarelösung vollumfänglich gerecht werden. In der Praxis erstellen und bearbeiten die beteiligten Planer individuelle digitale Fachmodelle und verwalten die geometrisch-semantischen Informationen in jeweils proprietären Formaten.[579]

Zur Weitergabe der digitalen Informationen werden offene Austauschformate oder proprietäre Formate genutzt, die auf Grund ihrer Verbreitung den Status eines sog. Quasi-Standards erreicht haben. Der Aufbau eines konsistenten Bauwerksdatenmodells wird zudem dadurch limitiert, dass mit der Zunahme der geometrischen und semantischen Konstruktionsdetaillierung die Datenmenge stark zunimmt und die Planer häufig auf eine dreidimensionale Modellierung verzichten. Stattdessen werden aus dem dreidimensionalen Bauwerksdatenmodell zweidimensionale Sichten generiert und für die weiteren Planungsschritte verwendet. Diese sind zwar für die Fertigung und den Bau ausreichend, bilden aber die Bauwerksinformationen nicht vollständig ab. Dadurch können weiterführende Planungsschritte, die auf ein vollständiges Bauwerksdatenmodell angewiesen sind, nur mangelhaft ausgeführt werden.[580] Die Baubranche arbeitet in einzelnen Bereichen hochwertig und effizient. Gleichwohl können die an den Bau-

[579] Ebd., S. 24.
[580] Ebd., S. 29.

prozessen beteiligten Akteure bis heute ihre Leistungen weder fachübergreifend (horizontal) noch lebenszyklusphasenübergreifend (vertikal) in zufriedenstellendem Maße miteinander verknüpfen. Die Schaffung standardisierter Schnittstellen ist daher ein Schlüsselfaktor für die Interoperabilität und damit für die Realisierung einer konsistenten, unternehmensübergreifenden Prozessintegration. Nur dann wird der BIM-Ansatz von der datentechnischen Betrachtung auf Modellebene im Kontext der Geschäftsprozesse eingebettet.[581]

Die Realität in der Bauindustrie sieht heute noch anders aus. Eine technische Unterstützung in Form standardisierter Schnittstellen und unterstützender Softwareprodukte kann nur gelingen, wenn die am Prozess beteiligten Akteure von der inhaltlichen Konsistenz und Redundanzfreiheit der übergebenen Daten ausgehen können. Dazu bedarf es Mechanismen, welche die inhaltliche Richtigkeit und Konfliktfreiheit nachvollziehbar und überprüfbar machen. Die ausgetauschten Daten haben Dokumentcharakter und sind somit auch von rechtlicher Bedeutung.[582]

Im Rahmen dieser Forschungsarbeit werden die bisherigen qualitativen Forschungsergebnisse, in Bezug auf die erkannten Potentiale der BIM-Methode, durch einen quantitativen Ansatz ergänzt. Die Auswertung realer Projektdaten aus verschiedenen Anwenderperspektiven und Planungskulturen soll Erkenntnisse darüber liefern, wie die Treiber der Anwendung von BIM gefördert und Hindernisse überwunden werden können. Die gewonnenen Erkenntnisse sollen einerseits zu einem besseren Verständnis der Beziehung zwischen der Anwendung von BIM und den Projektleistungsdaten führen. Andererseits sollen die Erkenntnisse dazu beitragen, die Auswirkungen von BIM und IPD für die beteiligten Akteure messbar und damit bewertbar zu machen. Dies soll wiederum dazu beitragen, die bestehenden Zweifel der Anwender im Hinblick auf den Nutzen von BIM auszuräumen oder zumindest einzudämmen.

[581] Ebd., S. 33f.
[582] Ebd., S. 35.

3.4 Wie BIM anwenden?

Für eine erfolgreiche Projektdurchführung sind zahlreiche Faktoren zu berücksichtigen. Ziel der BIM-Methode ist es, von Beginn an klar definierte Projektziele zu verfolgen und durch eine möglichst abgestimmte Koordination auf einer konsistenten Datenbasis den Projekterfolgt zu sichern. Trotz einiger Abweichungen zu herkömmlichen Planungsmethoden sind die notwendigen Planungsleistungen zur Errichtung von Bauwerken vergleichbar. Der Zeitpunkt und die Art und Weise ihrer Leistungserbringung sind dagegen unterschiedlich. Die übergreifende Einführung von BIM stellt hohe Anforderungen an die am Planungs- und Bauprozess beteiligten Akteure, bspw. müssen Führungskräfte und Fachkräfte neue Prozessstrategien entwickeln und diese auf die Fähigkeiten der Projektbeteiligten sowie der eingesetzten Software abstimmen. Ziel ist es, dass alle Projektbeteiligten auf gleichem Wissensstand arbeiten. Es wäre indes aber nicht zielführend, ein Bauwerksdatenmodell mit zu vielen Informationen auszustatten, wenn diese nicht sinnvoll genutzt werden können oder für die Erreichung der Projektziele nicht erforderlich sind. Die konventionellen Anforderungen (bspw. 2D-Pläne, statische Berechnungen, Raumbücher, etc.) bleiben jedoch bestehen, nur werden diese nun aus dem Bauwerksdatenmodell heraus generiert.[583]

3.4.1 Rollen, Verantwortlichkeiten und Informationsmanagement

In BIM-Projekten wird eine hohe Anzahl von Informationen zwischen den beteiligten Fachdisziplinen sowie anderer fachlich Beteiligter abgestimmt. Art und Umfang der Rollen und Verantwortlichkeiten in einem BIM-Projekt sind sehr unterschiedlich und von der Projektgröße, den BIM-Zielen, den BIM-Reifegraden sowie den Leistungsbildern abhängig. Die Rollen und Verantwortlichkeiten in einem BIM-Projekt können technischer und organisatorischer Natur sein. Die Aufgabengebiete werden aber nicht isoliert betrachtet, da die einzelnen Aufgabengebiete kollaborativ zusammenarbeiten. In einem kleineren Projekt können demnach mehrere Rollen in einer Person zusammengefasst werden, während in komplexeren Projekten eine Rolle durchaus von mehreren Personen verteilt wahrgenommen werden kann. Von übergreifender und organisatorischer Bedeutung ist vor

---

[583] Vgl. Egger, M. et al., S. 27.

allem die Rolle des BIM-Managers.[584] In der aktuellen Forschung wird für das BIM-Management zunehmend der Begriff BIM-Projektsteuerung verwendet, wie etwa in den BIM-Leistungsbildern von Kapellmann und Partner (2017)[585] oder im BIM-Prozessleitbild von Bahnert, Heinrich, & Johrendt (2018)[586]. Der BIM-Projektsteuerer (auch: BIM-Manager) erstellt die BIM-Strategie, vereinbart diese mit dem Auftraggeber, definiert die vertraglichen Anforderungen und gewährleistet die Einhaltung sowie die regelmäßige Weiter-entwicklung der BIM-Projektstandards an die jeweilige Planungsphase. Er entwirft eine Zielsetzung und Strategie für die Qualitätssicherung des Bauwerksinformationsmodells und der Arbeitsabläufe. Durch vordefinierte Kontrollen stellt er den geforderten Modelldetaillierungsgrad und Modellinformationsgehalt sicher.[587]

Grundlage hierfür sind die sog. Auftraggeber-Informations-Anforderungen (AIA), im engl. Sprachraum auch *Employer's Information Requirement* (EIR) genannt. Der Auftraggeber soll in den AIA genau festzulegen, welche Daten er wann in welcher Genauigkeit und in welchem Datenformat benötigt, damit er auf der Grundlage dieser Daten notwendige Entscheidungen treffen kann. Die angeforderten Daten sollten nicht nur die geometrischen Daten, sondern auch weitere für ihn relevante alphanummerische Angaben enthalten. Der Auftraggeber kann darüber hinaus festlegen, dass auch die digitale Beschreibung des Bauprozesses an sich (4D-BIM) und die Aufgliederung der Kosten (5D-BIM) in der Leistung enthalten sein müssen. Die Erstellung der AIA sollte im Einklang mit den späteren Nutzeranforderungen erfolgen. Die Auftraggeber-Informations-Anforderungen (AIA) münden inhaltlich in einen sog. BIM-Abwicklungsplan (BAP), im englischen Sprachraum auch *BIM Execution Plan* genannt.[588]

---

[584] Ebd., S. 30ff.

[585] Vgl. Eschenbruch, K., Bodden, J.L., & Elixmann, R., *BIM-Leistungsbilder* (Düsseldorf: Kapellmann und Partner Rechtsanwälte, 2017), S. 9.

[586] Vgl. Bahnert, T., Heinrich, D., & Johrendt, R., "Prozessbeteiligte, Grundlagen und Erläuterungen zur Entwicklung des BIM-Prozessleitbildes", *Der Sachverständige*, No. 7-8 (2018): S. 195.

[587] Vgl. Egger, M. et al., S. 30ff.

[588] Vgl. BMVI, "Stufenplan Digitales Planen und Bauen", S. 9f.

Der BAP legt bspw. die Zeitpunkte für das Zusammenführen der Fachmodelle fest, um die Kollisionsprüfungen durchzuführen. Ebenso welche Teile der Planung in welcher Genauigkeit zu welchem Zeitpunkt verfügbar sein müssen. Damit bildet der BAP den Fahrplan und die Grundlage für eine gemeinsame Datenumgebung zur organisierten Erstellung, Bereitstellung und Verwaltung von Bauwerksinformationen, auf die alle Projektbeteiligten zugreifen können. Auch wenn die Prozesse gelegentlich projektbezogene Abweichungen aufweisen, kann dennoch ein übergeordneter Referenzprozess festgelegt werden, der allgemeingültig die zu durchlaufenden Projektphasen unter der Anwendung von BIM beschreibt. Der Referenzprozess gibt eine grobe Struktur vor, auf deren Grundlage der BAP zur Festlegung eines projektspezifischen Prozesses aufgebaut werden kann.

Der in Abb. 85 dargestellt BIM-Referenzprozess des BMVI (2015) bspw. basiert auf traditionellen, gewachsenen und bewährten Erfahrungen des Bauprojektmanagements. Durch die konsequente Anwendung dieses Prozesses lassen sich die beschriebenen Vorteile der BIM-Methode erreichen, wie etwa die Verbesserung der Planungssicherheit, Transparenz und Effizienz im Projekt.[589] Die Erstellung und Bereitstellung von Gebäudedaten während der Planungs- und Bauphasen (hier hell- und dunkelblau dargestellt) erfolgt gemäß der im BAP definierten Prozesse auf der Grundlage der Auftraggeber-Informations-Anforderungen (AIA).

Die Zeitpunkte der Informationsbereitstellung sind durch die roten Punkte gekennzeichnet und können in Abhängigkeit der Projektphasenmodelle projektspezifisch variieren. Die AIA zu Beginn des Projekts (hier grün dargestellt) beziehen sich auf die Anwendung der BIM-Methode, da Visualisierungen dem Auftraggeber helfen soll, die von ihm bevorzugte Projektvariante auszuwählen. Im Vergabeverfahren ist sicherzustellen, dass die Auftragnehmer über den zur Leistungserbringung notwendigen BIM-Reifegrad verfügen und zu einer partnerschaftlichen Zusammenarbeit bereit sind. Der BIM-Reifegrad sollte daher bei der Vergabeentscheidung gewertet werden. Jedoch muss auch der Auftraggeber mit den Voraussetzungen

[589] Ebd., S. 10f.

und Anforderungen von BIM vertraut sein, um die Ausschreibungsunterlagen sachgerecht erstellen zu können.[590]

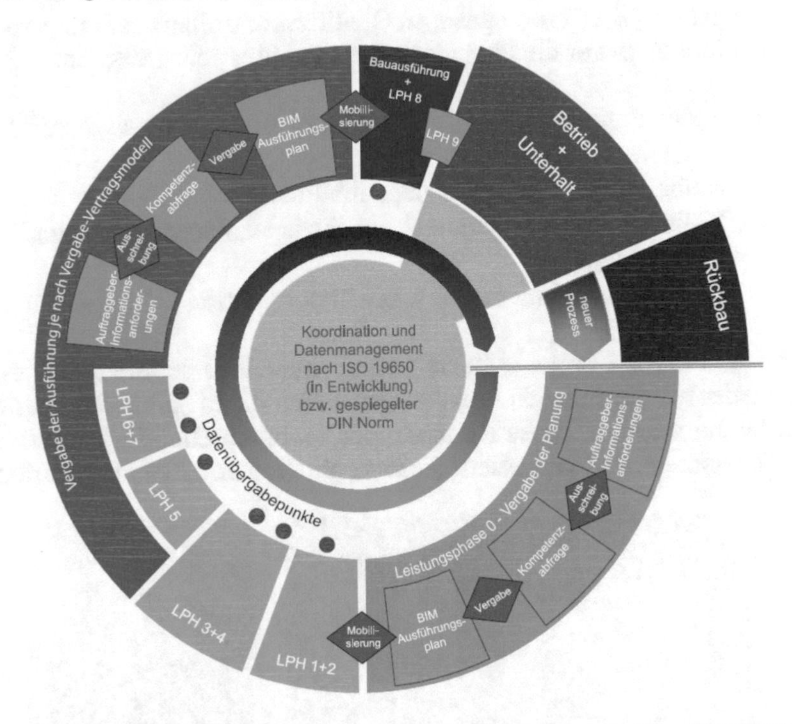

Abb. 85: Schematische Darstellung des BIM-Referenzprozesses. In BMVI (2015): Stufenplan Digitales Planen und Bauen, S. 11.

Weiterführend ist auch die Rolle der BIM-Gesamtkoordination von organisatorischer Bedeutung. Der BIM-Gesamtkoordinator ist in einer dem BIM-Projektsteuerer untergeordneten Rolle dafür verantwortlich, die BIM-Prozesse auf projektebene zu kontrollieren und umzusetzen. Der BIM-Koordinator jeder Fachdisziplin hingegen ist allein für sein Fachmodell verantwortlich. Speziell in Bezug auf die Einhaltung der BIM-Standards und Richtlinien, die Datensicherheit, die Datenqualität sowie die Archivierung und Bereitstellung zu Projekt-Meilensteinen. Vergleichbar zum BIM-Projektsteuerer sollen aber auch hier standardisierte Routinen und

[590] Ebd.

regelmäßige Kontrollen die Datenqualität sicherstellen. Der BIM-Koordinator innerhalb der Fachplanung ist dafür verantwortlich, die im BIM-Abwicklungsplan (BAP) vorgegebenen Qualitätskontrollen des Datenmodells durchzuführen, bevor die Planungsunterlagen übergeben werden.

Die folgenden Punkte sind bei der Qualitätssicherung zu bewerten.[591]

- Einhaltung der Modellierungsrichtlinien
- Validierung der BIM-Daten zur fachspezifischen und interdisziplinären Nutzung
- Kollisionsprüfung für die Modellkoordination

So werden in BIM-Projekten neue Aufgabenbereiche definiert, die gespiegelt zu der herkömmlichen Projektorganisation die in Abb. 86 dargestellte Gliederung ergeben. Diese Kompetenzen in einem BIM-Projekt erhöhen die Transparenz und verbessern die Koordination und Kommunikation.[592]

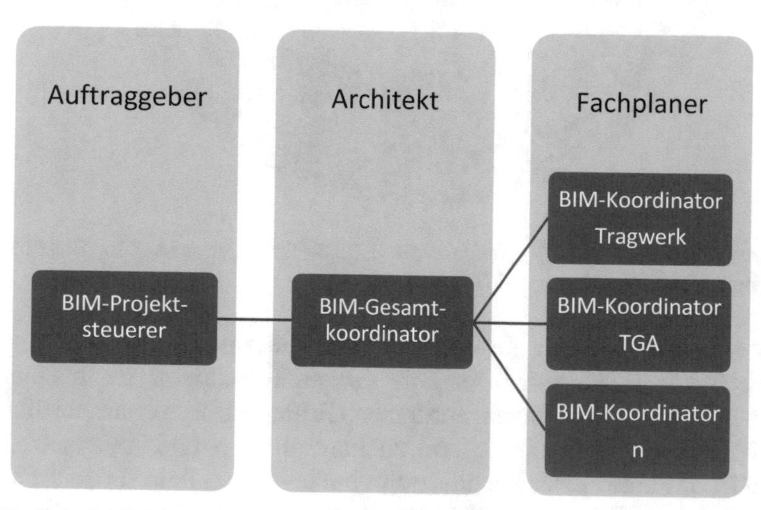

Abb. 86: Beispiel BIM-Projektteamstruktur. Eigene Darstellung in Anlehnung an Egger et al. (2013). BIM-Leitfaden für Deutschland, S. 31.

[591] Vgl. Egger, M. et al., S. 32.
[592] Ebd., S. 30f.

In einem interdisziplinären BIM-Projekt gibt es je Fachbereich ein eigenes Fachmodell. Die Fachmodelle bilden die Grundlage für ein Gesamt-Bauwerksinformationsmodell, welches in festgelegten zeitlichen Abständen vom BIM-Projektsteuerer eingefordert und vom BIM-Gesamtkoordinator zusammengeführt wird, um den gesamten Planungsfortschritt im Projekt zu kontrollieren und zu dokumentieren.[593]

Die im Informationsmanagement zu klärenden Fragen sind sowohl die Anforderungen an den BIM-Prozess als auch die Anforderungen an die Struktur, den Inhalt und die Qualität der relevanten Informationen und technische Parameter. Diese prinzipiellen Fragestellungen sind nicht BIM-spezifisch, bereits mit der Einführung zweidimensionaler CAD-Systeme wurden Richtlinien als gemeinsame Festlegung für die Projektbeteiligten eingeführt. Das Neue am BIM-Prozess ist die Höherwertigkeit der Informationen im Bauwerksmodell im Vergleich zur CAD-Zeichnung. Einerseits durch die dritte Dimension (von 2D zu 3D) und andererseits durch die zusätzlichen Merkmale, die mit den Modellelementen verknüpft werden. Das "I" im BIM-Begriff beinhaltet die alphanumerischen (semantischen) Informationen im Bauwerksdatenmodell, die für die Nutzung in verschiedenen Prozessen erforderlich sind, wie etwa dem Facility Management.[594]

Der BIM-Abwicklungsplan (BAP) wird häufig als Vertragsbestandteil zwischen dem Auftraggeber und den Projektbeteiligten vereinbart. Im internationalen Kontext wurden bereits eine Reihe von Vorlagen für BIM-Projektabwicklungspläne veröffentlicht. Der am häufigsten zugrunde gelegte BIM-Projektabwicklungsplan ist, der von der *CIC Research Group* der US-amerikanischen Penn State University im Jahr 2010 veröffentlichte *BIM Execution Plan*. Dieser enthält ein Handbuch und eine Vorlage zum BIM-Projektabwicklungsplan sowie spezielle Vorlagen zur Bestimmung der projektspezifischen BIM-Ziele, der BIM-Prozessanalyse sowie der Datenaustauschanforderungen und Verantwortlichkeiten. Die folgenden Festlegungen sollten vor Projektbeginn im BAP getroffen werden.

[593] Ebd., S. 32.
[594] Ebd., S. 45f.

- **BIM-Ziele im Projekt** und deren Priorisierung, bspw. die Kollisionsprüfung während der Entwurfs- und Ausführungsplanung (hohe Priorität) und das Erstellen eines Raumbuches (hohe Priorität) oder das Generieren von Bauteillisten (mittlere Priorität).

- **Art und Umfang der BIM-Anwendung** in den Projektphasen, bspw. der Modelldetaillierungsgrad der Fachmodelle, Modellkoordination und Modellübergabe an Bauunternehmer und Facility Manager.

- **Rollen und Verantwortlichkeiten** im Projekt, bspw. die namentliche Benennung der Personen für die Modellprüfung und Modellkoordination.
- **BIM-Zusammenarbeitsstrategie**, bspw. Anzahl, Zeitraum und Teilnehmer für die Kollisionsprüfungen oder durch wen, wann und wo das BIM-Fachmodell bereitgestellt wird.

- **BIM-Datenübergaben**, bspw. Entwurfsmodell nach Modellierungsrichtlinie des Auftraggebers, mit aktuellen Raumangaben und Flächen laut DIN 277 sowie Rohbaumengen für die Kostenschätzung.

- **BIM-Softwareauswahl**, bspw. Auswahl BIM-fähiger Software, Festlegung der verwendeten Dateiformate für den Datenaustausch und Nutzung von Modell- bzw. Dokumentmanagementsystemen.

- **BIM-Qualitätsmanagement**, bspw. die geometrische Prüfung, Vollständigkeitsprüfung der alphanumerischen Informationen, Durchführung der Kollisionsprüfungen, Prüfung der Einhaltung der Bauvorschriften, Prüfung der Softwarenutzung, Kollisionsprüfung, Bauregelüberprüfung und Datenaustauschformate.[595]

[595] Ebd., S. 47f.

3.4.2 *Fachspezifisches Arbeiten*

Das kollektive Bauwerksinformationsmodell, an dem alle Beteiligten in Echtzeit arbeiten und sofort alle Änderungen zurückgemeldet bekommen, existiert unter realen Bedingungen nicht. Die verschiedenen Fachmodelle werden weiterhin separat durch die jeweiligen Fachplaner bearbeitet und in festgelegten Abständen zu einem Koordinationsmodell zusammengeführt. Das Referenzmodell wird durch die Architekturplanung erzeugt und den beteiligten Fachplanungen zur weiteren Bearbeitung zur Verfügung gestellt. Der geometrische Detaillierungsgrad (LOD) und alphanummerische Informationsgehalt (LOI) der Modelle nimmt mit Projektfortschritt zu. Die ausführenden Bauunternehmen setzen auf der Grundlage dieser Fachmodelle ihre Ausführungsmodelle um. Am Ende des Planungs- und Bauprozesses entsteht ein ganzheitliches Bauwerksinformationsmodell für die Objektdokumentation. Dieses bildet die Grundlage für die Anwendung von BIM in der Nutzungsphase des Bauwerks (s. Abb. 87).[596]

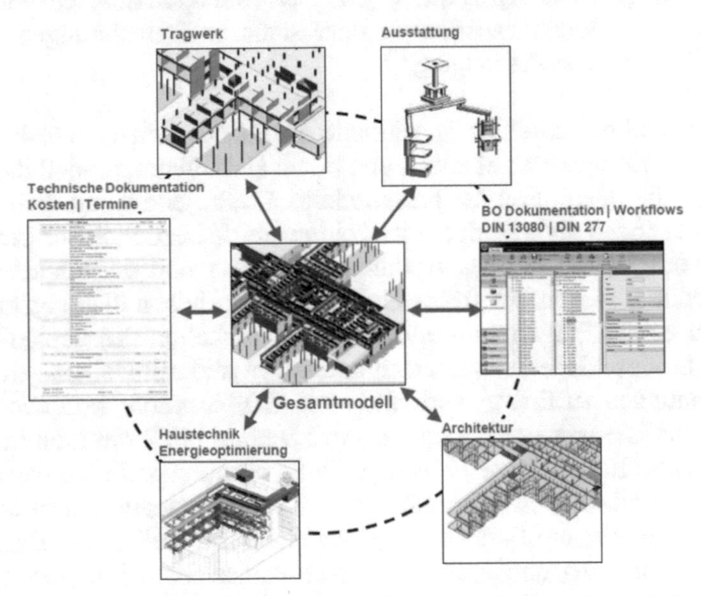

Abb. 87: Dezentrale Planung und zentrale Koordination von Informationen. In Egger et al. (2013): BIM-Leitfaden für Deutschland, S. 21.

[596] Ebd., S. 50f.

Mit Hilfe der Fachmodelle können konsistente Pläne und Zeichnungen erstellt und abgeleitet werden. Beim Fachmodell der Architekturplanung können bspw. jederzeit die geforderten Grundrisse, Schnitte und Ansichten aus dem Modell generiert werden. Diese sind daher immer aktuell, auf dem neuesten Planungsstand und untereinander widerspruchsfrei. Im Großen und Ganzen zeigt die aktuelle Praxis, dass dieser Nutzen bereits heute im Sinne von *little BIM* erzielt wird (vgl. Kap. 3.2.5). Gleichwohl kann es in Teilen noch Herausforderungen an die Software und den Kenntnissen bzw. Fähigkeiten des Anwenders geben. Der zweite, heute schon konkret erzielbare Nutzen sind die verschiedenen Auswertungsmöglichkeiten aus dem jeweiligen Fachmodell, die sich auf den semantischen Informationsgehalt beziehen. So können bspw. Stücklisten, Fenster- und Türlisten automatisch aus dem Architekturmodell generiert werden und müssen nicht zusätzlich parallel in Excel-Tabellen erfasst und mühsam aktuell gehalten werden. Daneben gibt es noch eine Reihe aus anderen Fachmodellen generierte Auswertungen, wie bspw. thermische Berechnungen aus dem Modell der Technischen Gebäudeausrüstung oder statische Berechnungen aus dem Modell der Tragwerksplanung.[597]

Das Architekturmodell ist das virtuelle Abbild des geplanten Gebäudes. Es entsteht im Projektablauf zuerst und bildet als Referenzmodell die Grundlage für die Integration der Fachmodelle. Zu Projektbeginn dient das Architekturmodell als wichtige Entscheidungshilfe bezüglich der Umsetzung des Raumprogramms, des Architekturkonzepts und der städtebaulichen Einordnung. Wesentlich früher als bei herkömmlichen Planungsmethoden können bspw. Fragen zum energetischen Verhalten des geplanten Bauwerks in verschiedenen Varianten untersucht und mittels Analysen sowie Berechnungen zu Energieverbrauch und CO_2-Ausstoß vergliche werden. Als Visualisierung unterstützt das Architekturmodell die räumliche Darstellung des Entwurfs, beschleunigt die Entscheidungsfindung und fördert ein einheitliches Entwurfsverständnis im Planungsteam und in der Kommunikation mit dem Bauherrn. Das Architekturmodell ist die Datenquelle für Flächenauswertungen, Energieberechnungen sowie Mengen- und Bauteillisten. Es unterstützt die Ausschreibung der Bauleistung durch automatische Mengenübernahme in die Leistungsverzeichnisse und ermöglicht

[597] Ebd., S. 52.

eine erste Regelüberprüfung bis hin zur späteren Kollisionsprüfung im Koordinationsmodell.[598]

Das Tragwerksmodell ist das Fachmodell der tragenden Elemente des Bauwerks und wird auf der Grundlage des Architekturmodells erstellt. Es dient dem statischen Verständnis des Entwurfs und liefert die Ausgangsdaten für das statische Berechnungsmodell und die geforderten statischen Nachweise. Das Tragwerksmodell dient somit auch der Koordination mit dem Architekturmodell und den weiteren Fachmodellen, wie bspw. für die Planung der Wand- und Deckendurchbrüche im Fachmodell der Technischen Gebäudeausrüstung (TGA). Als detailliertes Fachmodell für den Stahlbetonbau enthält es die 3D-Bewehrungsplanung einschließlich Positions- und Schalungsplanung. Als detailliertes Fachmodell für die Vorfertigung die Einbauteile und als Stahlbaumodell enthält es die konstruktiven Bauteilanschlüsse einschließlich der Befestigungen.[599]

Das TGA-Modell ist die Grundlage für die Fachmodelle der Haustechnik in allen Anlagengruppen und wird ebenfalls auf der Grundlage des Architekturmodells erstellt. Das Architekturmodell wird übernommen und als Referenz mitgeführt. Eine wesentliche Grundlage für das TGA-Modell ist das architektonische Raumprogramm, welches als Teilmodell (Raummodell) innerhalb des Architekturmodells vorliegen muss. Es dient der Zuordnung der haustechnischen Komponenten zu den Räumen. Das Rohbau- und Ausbaumodell hingegen ist bei der Trassenplanung für die verschiedenen haustechnischen Medien (bspw. Wasser, Abwasser, Heizung, Lüftung, Klimatisierung, Starkstrom, Schwachstrom und ggf. technische Gase) erforderlich. Wie zuvor beschrieben ist hierfür das Tragwerksmodell als Koordinationsmodell ebenfalls von großer Bedeutung. Typische TGA-Modelle sind Fachmodelle für die Heizungs-, Klima- und Lüftungsplanung, für die Sanitärplanung und für die Elektro- und Fernmeldetechnik. Neben den haustechnischen Komponenten werden auch die Anlagen in den Fachmodellen als logische Strukturen modelliert und räumlich zugeordnet. Diese Zuordnung ist über die Planung hinaus von Bedeutung, da

598 Ebd., S. 53f.
599 Ebd., S. 55.

diese später für das Facility Management relevant ist.[600] Von den Bauunternehmen werden nach Möglichkeit die Fachmodelle der Planer direkt oder als Referenz übernommen, aber auch eigene Fachmodelle sog. Bau- und Montagemodelle für die Ausführung erstellt. Baustelleneinrichtungsmodelle enthalten zusätzliche zeitbezogene Informationen. Diese zeitbezogenen Informationen ermöglichen die chronologische Simulation, Planung und Dokumentation von Bauabläufen. Die 4D-BIM Bauablaufplanung unterstützt die zeitlich optimierte Bestellung, Lieferung und Lagerung von Baumaterialien sowie die Baufortschrittsüberwachung. Am Ende des Ausführungsprozesses werden die einzelnen fachspezifischen Modelle und Teilmodelle dem tatsächlich gebauten Zustand angepasst und entsprechend aktualisiert. Die Maße, Einrichtungen und Ausstattungen müssen dem tatsächlich errichteten Gebäude entsprechen. Die technischen Ausstattungen müssen die für die Bewirtschaftung relevanten Merkmale enthalten. Diese Modelle werden dann in einem *As-built* -Modell zusammengefasst und dem Eigentümer bzw. Auftraggeber für die Objektdokumentation übergeben.[601]

Das *Computer-Aided Facility Management* (CAFM)-Modell ist das Gesamtbauwerksmodell zur Übergabe und Nutzung an das Facility Management (FM). Insbesondere das Raummodell und das Ausbaumodell sowie wesentliche Teile des TGA-Modells werden als Basis für das Facility Management verwendet und müssen in das CAFM-System des Betreibers übernommen werden. Das FM-Bewirtschaftungsmodell ist häufig rein alphanumerisch bzw. referenziert das Dokumentationsmodell für die Darstellung der Lage der Räume und technischen Ausstattungen.[602]

3.4.3 Fachübergreifendes Arbeiten

Damit der Austausch der Fachmodelle und das Zusammenfügen zu einem Koordinierungsmodell mit allen Projektbeteiligten gelingt, müssen die im BIM-Abwicklungsplan (BAP) festgehalten Modellierungsvorschriften von allen Beteiligten eingehalten werden. Der entscheidende Vorteil der BIM-Methode liegt in der modellbasierten Koordination während der

[600] Ebd., S. 55f.
[601] Ebd., S. 56f.
[602] Ebd.

Planungs- und Ausführungsphase sowie in der Übergabe eines koordinierten Dokumentationsmodells für den Betrieb bzw. die Nutzung des Gebäudes. Allein die Möglichkeit der visuellen und automatisierten Kollisionsprüfung zwischen den Fachmodellen, insbesondere der Architektur und Tragwerksplanung mit der Technischen Gebäudeausrüstung, rechtfertigt häufig schon den für die modellbasierte Koordination notwendigen Aufwand. Der BIM-Projektsteuerer ist für die modellbasierte Koordination verantwortlich. Für die Erstellung der dazu notwendigen fachspezifischen Modelle sind die jeweiligen Modellautoren (Architekten, Tragwerksplaner, TGA-Planer, ausführenden Bauunternehmen) verantwortlich. Nach der Koordinierung werden die geprüften Fachmodelle bzw. ein Gesamt-Bauwerksdatenmodell durch den BIM-Projektsteuerer auf Übereinstimmung mit dem BIM-Ablaufplan (BAP) geprüft und freigegeben.[603]

Da die Planung mit Hilfe der BIM-Methode nicht bedeutet, dass alle Beteiligten in einem gemeinsamen Modell arbeiten, ist das Koordinationsmodell das entscheidende Modell für den gemeinsamen Workflow. Wann, in welcher Verantwortlichkeit und wie oft dieses Koordinationsmodell zu entstehen hat, ist in der Regel wieder eine Frage der Vereinbarung zu Projektbeginn, die im BIM-Abwicklungsplan (BAP) festgehalten werden sollte. So werden zu definierten Zeitpunkten innerhalb des Planungsprozesses die Fachmodelle nach einer Qualitätsprüfung in einem Koordinationsmodell zusammengefasst. Diese Zusammenfassung dient der Projektkoordination, der fachübergreifenden Kollisionsüberprüfung sowie der Regelüberprüfung über die einzelnen Fachmodelle hinaus. Durch das Koordinierungsmodell können bereits frühzeitig interdisziplinäre Fehler bemerkt und korrigiert werden, die in der konventionellen Planungsmethode möglicherweise erst auf der Baustelle auffallen würden.[604]

Von größter Wichtigkeit für ein funktionierendes Koordinationsmodell ist die Einhaltung der Modellierungsvorschriften durch die beteiligten Fachplaner in den Fachmodellen. Nur so können die Modelle genau zusammengefasst werden. Das Koordinationsmodell besteht temporär in einer separaten Softwareumgebung, der Stand wird vom BIM-Projektsteuerer in

603 Ebd., S. 66ff.
604 Ebd., S. 68.

Modellversionen dokumentiert und an sämtliche Projektbeteiligte freigegeben. Diese Form der Zusammenarbeit über Koordinationsmodelle wird durch die IFC-Schnittstelle bereits sehr gut unterstützt. Neben der modellbasierten Koordinierung ermöglicht das fachübergreifende Arbeiten nach der BIM-Methode eine große Anzahl weiterer Möglichkeiten der Zusammenarbeit. Je nach Zielsetzung sind für diese Anwendungsfälle unterschiedliche Fachmodelle in entsprechenden Qualitäten und Detaillierungsgraden notwendig. Diese Anforderungen sollten im eingangs erwähnten BIM-Abwicklungsplan (BAP) vereinbart werden, da nachträgliche Anpassungen immer mit erhöhtem Aufwand verbunden sind.[605]

In Tab. 10 sind einige Beispiele dieser Anwendungsfälle dargestellt, die im weiteren Verlauf etwas ausführlicher beschrieben werden.

Anwendungsfall	**BIM-Ziel**	**BIM-Leistung**
Kollisionsprüfung, Baugelprüfung	Fachübergreifende Koordination	Architekturmodell, Tragwerksmodell, TGA-Modell
Mengen-/Flächenermittlung und Leistungsverzeichnisse	Mengenermittlung	Fachspezifische Modelle und entsprechende Attribute
Energieberechnung	Thermische Berechnung, Energienachweise	Architekturmodell, Thermisches Raummodell
Statische Berechnungen	Ableiten des Tragwerksmodells und nachführen der Änderungen	Architekturmodell und Tragwerksmodell einschl. Attribute der tragenden Bauteile
Heizungs-, Kühlungs-, Lüftungs- und Sanitärplanung	Übernahme des Raummodells in das TGA-Modell und nachführen der Änderungen	Architekturmodell, TGA-Modell und das gemeinsam bearbeitete Teil (Raum)-Modell

Tab. 10: Zuweisung der Anwendungsfälle zu den BIM-Zielen und BIM-Leistungen. Eigene Darstellung in Anlehnung an Egger et al. (2013). BIM-Leitfaden für Deutschland, S. 69f.

[605] Ebd., S. 69.

Wenn nicht im gesamten Projektteam mit der BIM-Methode gearbeitet wird und man nur bidirektional kommuniziert, bspw. lediglich zwischen der Architektur- und Tragwerksplanung, dann kann dieser Workflow auch ohne ein zentrales Koordinationsmodell funktionieren. Wichtig hierbei ist, dass die Übertragung des Fachmodells in einer sog. referenzierten Sicht auf das Modell vorgenommen wird. Dabei wird das jeweils andere Fachmodell nicht in den eigenen Arbeitsraum übernommen, sondern als sog. externe Referenz hinterlegt. Die Referenzmodelle werden geprüft und ausgewertet, erforderliche Änderungen müssen angefragt werden. Die Änderung an sich erfolgt dann wieder durch den verantwortlichen Modellautor in seiner Softwareumgebung. Ein weiteres Beispiel für diese Arbeitsweise ist die Durchbruchplanung für die haustechnischen Anlagen. Mit dem TGA-Modell werden die Durchbruchsvorschläge exportiert, in das Architekturmodell übernommen, bestätigt und dann als Decken- bzw. Wandöffnungen eingetragen. Die Überprüfung der erforderlichen Durchbrüche erfolgt wiederum im Architektur- oder Koordinierungsmodell.[606]

Beim gemeinsamen Arbeiten an einem Teilmodell wird ein neuer Aspekt angewendet, nämlich wenn Teile aus einem Modell nicht in eindeutiger Verantwortung einer einzelnen Fachapplikation liegen. Beispielsweise bei den Änderungsrechten in der Zusammenarbeit zwischen Architekten und TGA-Planer. Wenn es eine gemeinsame Verantwortung für ein Modellelement innerhalb des BIM-Modells gibt, muss man den Teil des Raummodells auch gemeinsam bearbeiten. Hierbei muss die Information in beiden BIM-Modellen bereitstehen und nach dem Datenaustausch wieder als vollumfängliches Modellelement nutzbar sein. Dies ist derzeit nur bei Standardbauteilen gegeben, bei komplexeren Bauteilen kann die Parametrik und Konstruktionslogik nicht vollständig übertragen werden.

Bei der Übergabe des Modells zur Berechnung wird nicht am Originalmodell gearbeitet, sondern mit einer Transformation dieses Modells. Bei der thermischen Berechnung bspw. wird das dreidimensionale Volumenmodell in ein Flächenmodell der thermischen Übertragungsflächen transformiert und die Räume werden in thermischen Zonen zusammengefasst. Erst dann kann die Information in die thermische Applikation zur Berechnung

[606] Ebd., S. 69f.

übertragen werden. Zwei offene Standards stehen derzeit für diesen Workflow zur Verfügung: IFC und gbXML. Bei einer komplexen Bauwerksgeometrie muss aber mit Einschränkungen gerechnet werden, die Modellübergabe muss in diesem Fall genau vorbereitet werden.[607] Die Ergebnisse aus dem Berechnungsmodell müssen wieder in die Fachmodelle zurückfließen. Hierbei können aber nicht einfach die Räume des Architekturmodells ersetzt werden, da das Architekturmodell inzwischen weiterentwickelt wurde. Somit muss es eine Möglichkeit für ein Modell-Update geben, wobei neue Merkmale zu den BIM-Elementen hinzugefügt, die Elemente dabei aber nicht einfach überschrieben werden. Die Unterstützung dieses Workflows mit offenen Standards befindet sich derzeit noch in der technischen Entwicklung.[608]

3.4.4 BIM-Leistungsbilder

Die Rechtsanwälte Kapellmann und Partner, eine der in Deutschland führenden Kanzleien auf dem Gebiet des Baurechts, engagieren sich auch im Bereich BIM und beraten u.a. das Bundesministerium für Verkehr und digitale Infrastruktur (BMVI) bei der Einführung von BIM in Deutschland. In Zusammenarbeit mit der Architektenkammer Nordrhein-Westfalen hat Kapellmann und Partner das erste BIM-Leistungsbild für der HOAI entwickelt und auf der Expo Real 2016 vorgestellt. Dieses Leistungsbild wurde von der Bundesarchitektenkammer fortgeführt und in Zusammenarbeit mit Kapellmann und Partner um besondere Leistungen ergänzt.[609]

Der von Kapellmann und Partner (2017) vorgestellte Leitfaden berücksichtigt den Stand der Technik des digitalen Planens und Bauens und die Vorgaben des Stufenplans Digitales Planen und Bauen des Bundesministeriums für Verkehr und digitale Infrastruktur BMVI (2016). Die erste Auflage dieses Leitfadens enthält Vorschläge für die Leistungsbilder BIM-Objektplanung, BIM-Projektmanagement und BIM-Management. Mit der zweiten Auflage wurden die bisherigen Vorschläge weiterentwickelt und ergänzt. Durch die Berücksichtigung der BIM-spezifischen Besonderen Leistungen können nun die von den HOAI-Honoraren umfassten BIM-

[607] Ebd., S. 71f.
[608] Ebd., S. 72.
[609] Vgl. Eschenbruch, K., Bodden, J.L., & Elixmann, R., S. 3f.

Leistungen von den nicht dem Preisrecht unterliegenden Besonderen Leistungen besser abgegrenzt werden. Darüber hinaus wurden die wichtigsten Fachplanungsleistungen für den Hochbau (Tragwerksplanung und TGA) aufgenommen. Alle Leistungsbilder folgen einer einheitlichen Struktur und haben ihren Ursprung in den bestehenden HOAI-Leistungsbildern für die Objektplanung, die Tragwerksplanung und die Technische Ausrüstung. Der Einsatz einer neuen Planungsmethodik erfordert aus juristischer Sicht nicht zwingend eine Abänderung oder Erweiterung der HOAI-Leistungsbilder. Gleichwohl enthalten die vorgeschlagenen Leistungsbilder wichtige Hinweise im Hinblick auf die besonderen Anforderungen im BIM-Planungsprozess. Das HOAI-Leistungsbild für die Objektplanung ist grundsätzlich methodenneutral aufgebaut. Gleichwohl empfiehlt es sich für die Anwendung von BIM zu verdeutlichen, an welchen Stellen des Planungsprozesses spezifische Anforderungen ergänzend zu bewältigen sind. Das grundlegende Verständnis bleibt aber, dass der Architekt werkvertraglich tätig ist und die Bearbeitungstiefe auch bei der modellgestützten BIM-Bearbeitung an den Projekterfordernissen orientiert bleibt. Dabei ist der Architekt nicht grundsätzlich auf einen allgemein vordefinierten geometrischen Detaillierungsgrad (LOD) und eine Informationsdichte (LOI) festgelegt. Dennoch bieten die BIM-Leistungsbilder die Möglichkeit auf im Bedarfsfall anzuwendende LOD, sog. Mindest-LOD zurückzugreifen.[610]

Der Architekt behält auch im BIM-Planungsprozess die Führungsrolle und Koordinationspflicht. Das bedeutet, dass er ein Referenzmodell erstellt, welches dann von den weiteren an der Planung beteiligten Fachdisziplinen verwendet wird. Dabei hat der Architekt die übrigen an der Planung fachlich Beteiligten zu koordinieren und deren Planungsergebnisse in seine Planung zu integrieren. Organisatorisch wird dies dadurch sichergestellt, dass der Architekt die BIM-Gesamtkoordination und die Koordination der weiteren an der Planung beteiligten BIM-Fachkoordinatoren übernimmt. Der Architekt hat dabei auch die Zusammenführung der Fachmodelle zu einem Koordinierungsmodell und die im BAP definierten Kollisions- und Modellprüfungen vorzunehmen, die zur Qualitätssicherung im BIM-Planungsprozess dienen.[611] Für die Arbeitsergebnisse, die mit Hilfe der BIM-

---

[610] Ebd.
[611] Ebd., S. 13.

Methode erzeugt wurden und den Grundleistungen der HOAI-Leistungsbilder entsprechen, gilt das Preisrecht nach der HOAI. Die Anwendung der Planungsmethode BIM hat also keine unmittelbaren Auswirkungen auf die Vergütung des Architekten, unabhängig davon, ob er mit CAD oder mit Hilfe der BIM-Methode plant. Soweit der Architekt über die Grundleistungen hinausgehende Planungsergebnisse - also besondere Leistungen - zu erarbeiten hat, greift das Preisrecht nicht ein. Die Vertragsparteien können dann eine freie Preisvereinbarung treffen, die sich typischerweise am voraussichtlichen Mehraufwand orientiert. Die Einzelheiten ergeben sich aus den Vorschlägen für das BIM-Leistungsbild der Objektplanung und den Regelungen zu den besonderen Leistungen.[612]

Die Planungsleistungen der Technischen Ausrüstung (TGA) und der Tragwerksplanung sind eng mit der Planungstätigkeit des Architekten verknüpft. Die Planungsleistungen der Fachplaner setzen auf den Planungsergebnissen des Architekten auf. Die Systematik und die in der HOAI vorgegebenen Abstimmungs- und Koordinierungsprozesse bleiben von der BIM-Methode unberührt. Vielmehr veranlasst die Anwendung der BIM-Methode die Beteiligten früher im Planungsprozess, die vorgegebenen Prozessmodelle und Planungsabläufe einzuhalten und „erzwingt" quasi die Mitwirkung des TGA-Planers in den frühen Leistungsphasen. Bei der Tragwerksplanung sind zusätzliche Aspekte zu berücksichtigen, wie etwa die Frage, ab welcher Leistungsphase der Tragwerksplaner mit einem eigenen Fachmodell arbeitet. Die Einzelheiten ergeben sich aus den Vorschlägen für das BIM-Leistungsbild der Fachplanung TGA und dem BIM-Leistungsbild der Fachplanung Tragwerk.[613]

Die erfolgreiche Anwendung von BIM in Bauprojekten kann allein mit diesen ergänzenden BIM-Leistungsbildern nicht gewährleistet werden. Vielmehr setzt der Einsatz von BIM speziell in der frühen Projektphase strukturierte Vorgehensweisen und Prozesse voraus, die mit den Auftraggeber-Informationsanforderungen (AIA) und einem BIM-Abwicklungsplan (BAP) definiert werden. Die BIM-Methode ermöglicht eine klare Strukturierung des Planungsprozesses, die Grundlagen hierfür werden zu

[612] Ebd.
[613] Ebd., S. 14.

Projektbeginn geschaffen.[614] Auf der Grundlage dieser Vorarbeiten der Architektenkammer Nordrhein-Westfalen in Zusammenarbeit mit externen Fachleuten hat die Bundesarchitektenkammer (BAK) zusammen mit dem erweiterten Arbeitskreis BIM AKNW/BAK im Jahr 2018 einen Vorschlag für die Leistungsbilder der Architekten- und Ingenieurleistungen unter Anwendung der BIM-Methode erarbeitet. Es gehört zu den häufigsten Fehlinterpretationen der HOAI, die Grundleistungen in den einzelnen Leistungsbildern als Leistungsrecht zu sehen. Auch weiterhin gilt die vom Verordnungsgeber angelegte Trennung von Preisrecht nach der HOAI 2013 und Leistungsrecht nach dem Bürgerlichen Gesetzbuch (BGB). In der Einführung zu den BIM-Leistungsbildern wird betont, dass der Arbeitskreis mit der Ausarbeitung keine inhaltlichen Änderungen zu dem vom Verordnungsgeber in Kraft gesetzten Leistungsbild der Objektplanung nach der HOAI (2013) begründen will. Bei der Analyse der Umsetzung der Vorschläge zu den Leistungsbildern fällt allerdings auf, dass die bisherige Trennung zwischen Grundleistungen und frei zu vergütenden Besonderen Leistungen aufgegeben wird. Unter der Kategorie „Grundleistungen“ wird nun eine Mischung von im Preisrecht der HOAI geregelten Grundleistungen und nicht dem Preisrecht unterliegenden BIM-spezifischen Besonderen Leistungen vorgenommen.[615]

Bahnert, Heinrich & Johrendt (2018) schlagen vor, durch den Austausch von zwei Begriffen die Pionierarbeit des erweiterten Arbeitskreises BIM AKNW/BAK, hinsichtlich der Definition von Leistungsbildern bei Projekten mit BIM, aus dem Konflikt mit dem Preisrecht der HOAI 2013 zu nehmen und damit die klare Trennung zwischen Leistungs- und Preisrecht wiederherzustellen. Bahnert, Heinrich & Johrendt schlagen vor, den Begriff „Grundleistungen“ durch den Begriff „Regelleistungen“ und den Begriff „Besondere Leistungen“ durch den Begriff „Optionale Leistungen“ zu ersetzen. Die Regelleistungen werden in aller Regel bei der Planung mit BIM erforderlich. Optionale Leistungen können je nach Projekt im Bedarfsfall hinzukommen. Damit bleiben die auf Basis des Gesetzes zur Regelung von Ingenieur- und Architektenleistungen, mit dem Schutz der

[614] Ebd., S. 16.
[615] Vgl. Bahnert, T., Heinrich, D., & Johrendt, R., "Leistungsbilder unter BIM", *Der Sachverständige*, No. 7-8 (2018): S. 203.

Verbraucher begründeten Eingriffe in den freien Markt unberührt. Preisrecht bleibt reines Preisrecht und die vorgeschlagenen Leistungsbilder bleiben mit der Einteilung in Regelleistungen und Optionale Leistungen reines Leistungsrecht. Ferner wird der möglichen Fehlinterpretation entgegen-gewirkt, dass BIM-spezifische besondere Leistungen im Regelfall nicht zu gesondert zu honorierenden „neuen Grundleistungen" werden.[616]

3.4.5 Probleme und Handlungsfelder

Unter Berücksichtigung der bisherigen Veröffentlichungen lassen sich eine Reihe von Problemen in Bezug auf die Anwendung vom BIM identifizieren. Diese lassen sich in die folgenden zwei Bereiche einteilen.

- Juristische Handlungsfelder
- Technisch-wirtschaftliche Handlungsfelder

Innerhalb dieser beiden Handlungsfelder existieren wiederum verschiedene Problembereiche, die im Folgenden näher beschrieben werden.[617] Für die Einführung der BIM-Methode in Deutschland werden in den juristischen Handlungsfeldern im Wesentlichen das geltende Preisrecht der HOAI, die Vereinbarkeit von BIM mit dem Vergaberecht und der Vertragsgestaltung, die Schnittstellendefinition, die qualitätsgerechte Übergabe der Planungsergebnisse, die Haftungsfragen und das Urheberrecht am Bauwerksdatenmodell als elementare Problemfelder angesehen.[618]

Im Rahmen der Studie von Eschenbruch & Malkwitz (2014) wurden Bauverwaltungen, Architekten, Tragwerksplaner, TGA-Planer und Bauunternehmer in Deutschland zur Bedeutsamkeit der juristischen Handlungsfelder für die zukünftige Implementierung und Anwendung von BIM befragt. Hierfür wurde eine Bewertungsskala von (1) für nicht kritisch; (2) für wenig kritisch; (3) für mittelmäßig kritisch; (4) für ziemlich kritisch bis (5) für sehr kritisch zugrunde gelegt (s. Abb. 88).

---

[616] Ebd., S. 205.

[617] Vgl. Eschenbruch, K. & Malkwitz, A., "Gutachten zur BIM-Umsetzung" in *Forschungsinitiative Zukunft Bau* (Berlin: Bundesministeriums für Verkehr, Bau und Stadtentwicklung BMVBS, 2014), S. 23.

[618] Ebd., S. 37-75.

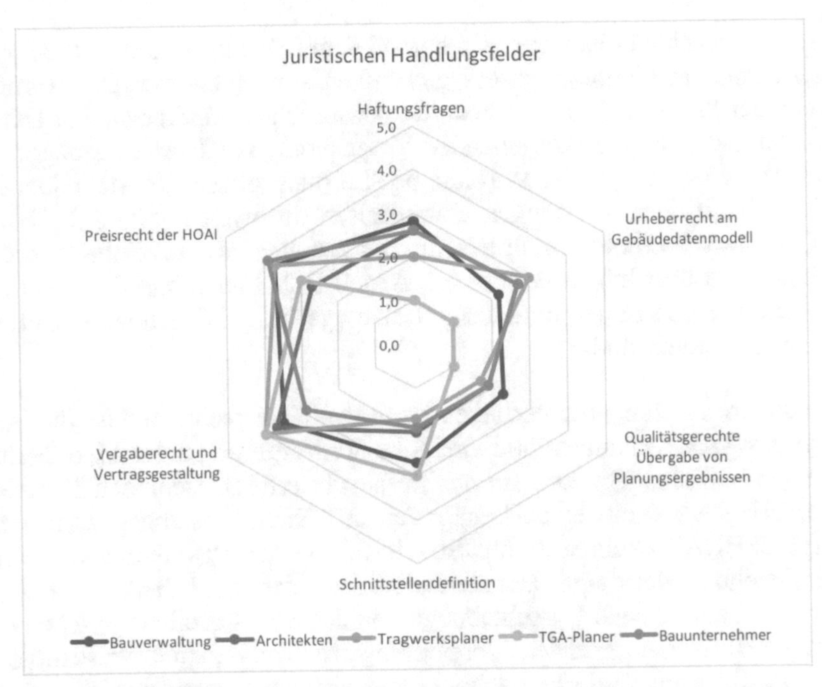

Abb. 88: Bewertung der juristischen Handlungsfelder. Eigene Darstellung in Anlehnung an Eschenbruch & Malkwitz (2014). Gutachten zur BIM-Umsetzung, S. 25-74.

Als ein elementares Problem für die Einführung der BIM-Methode in Deutschland wird das in der HOAI geregelte Preisrecht für Architekten- und Ingenieurleistungen gesehen, da in der gültigen Fassung der HOAI die notwendigen BIM-Leistungsbilder, analog COBie-konformer *Data Drops* in dem erforderlichen Modelldetaillierungsgrad, nicht abgebildet sind. Hier wird grundlegender Anpassungsbedarf gesehen, da die HOAI nicht mit dem kooperativen Ansatz von BIM und der von MacLeamy (2013) festgestellten Verlagerung des Aufwands auf die frühen Projektphasen korrespondiert.[619] Dies wiederum bedeutet, dass bei Anwendung von BIM in den frühen Projektphasen umfangreichere und damit kostenintensivere Planungsleistungen erbracht werden müssen, als das HOAI-Leistungsbild und Vergütungsmodell vorsieht. Für die Planer besteht das Risiko, dass

[619] Ebd., S. 25.

bereits erbrachte Leistungen, die gemäß dem Leistungsbild der HOAI erst viel später im Planungsprozess geschuldet sind, nicht vergütet werden, wenn der Planer nicht weiter beauftragt wird. Nach Einführung der HOAI 2013 und der damit einhergehenden Verankerung von BIM-Leistungen als besondere Leistung in der Vorplanung (Leistungsphase 2) besteht aber die Möglichkeit diese Leistungen einzupreisen. Insoweit regelt § 3 Abs. 3 HOAI, dass die Honorare für besondere Leistungen frei vereinbart werden können. Darüber hinaus erlaubt § 3 Abs. 3 HOAI auch die Vereinbarung Besonderer Leistungen in anderen Leistungsphasen, denen sie eigentlich nicht zugeordnet sind.[620]

Besondere Leistungen unterliegen nicht dem Preisrecht, so dass die Vereinbarung der Leistungen und die Höhe der Vergütung unter Marktbedingungen und ohne Bindung an das Preisrecht erfolgt. Demnach führt das Vorverlegen von einzelnen Leistungen in frühere Leistungsphasen nicht zu einer HOAI-Inkompatibilität. So wie sich bei der Anwendung vom BIM vereinzelte Teilleistungen aus den Leistungsbildern der HOAI verschieben können, kann es auch Verschiebungen an den Schnittstellen zwischen der Architekturplanung und den Fachplanungen geben. Beispielsweise müssen die Detaillierungsgrade der Fachplanungsleistungen gegebenenfalls vorgezogen werden, um die Arbeit an einem einheitlichen Bauwerksinformationsmodell zu ermöglichen. Auch dies führt nicht zu einer grundsätzlichen Inkompatibilität mit der HOAI, sondern allenfalls zu einer vorgezogenen Vergütung der vorzeitig erbrachten Grundleistungen und ggf. Besonderen Leistungen nach HOAI-Maßstäben.[621]

Eschenbruch & Malkwitz (2014) argumentieren in ihrem Gutachten zur BIM-Umsetzung folgendermaßen:

> *„Erst nachdem vertiefte Erfahrungen mit dem BIM-Einsatz und den damit verbundenen Auswirkungen auf den Einsatz der Planungsbeteiligten gewonnen worden sind, wird zu prüfen sein, ob und in welchem Umfang diese Erkenntnisse in die Novellierungs-*

---

[620] Vgl. Koeble, W., "HOAI, 2013, § 3 Rn.18" in *Kommentar zur HOAI,* Hrsg. Lochner, H., Koeble, W., & Frik, W. (Düsseldorf: Werner-Verlag, 2013).
[621] Vgl. Eschenbruch, K. & Malkwitz, A., S. 33ff.

bemühungen zur HOAI eingehen können. Jedenfalls belässt die HOAI 2013 ausreichende Spielräume und Möglichkeiten, mit der BIM-Anwendung sachangemessen umzugehen. Der Vereinbarung BIM-gerechter Leistungsmodelle steht die HOAI von vornherein nicht entgegen. Bei der Festlegung der HOAI-Vergütung im Anwendungsbereich des gesetzlichen Preisrechts bedarf es einiger, bereits in der HOAI 2013 angelegter Bewertungen für Mehr- und Minderleistungen in einzelnen Leistungsphasen.[622]"

Die Vereinbarkeit der Planungsmethode BIM mit Fragen des Vergaberechts und der Vertragsgestaltung wurde ebenfalls kritisch gesehen. Dieses Problem wurde vor allem von den Bauverwaltungen als sehr kritisch angesehen, da die Vorgaben des Vergaberechts die Anwendung von BIM erschweren können. Es wird prognostiziert, dass der Einsatz modellgestützter Planungssysteme zu einer Marktveränderung führt. Die Anwendung von BIM wird die Kernfunktionen des Planens auf hochspezialisierte Teams konzentrieren und die Auftraggeber werden zunehmend nach Planungsunternehmen suchen, die BIM-erfahrene Planungsteams bereitstellen können. Wettbewerbliche Anpassungszwänge könnten besonders zwei Firmenstrukturen begünstigen: einerseits hochspezialisierte kleine und mittlere Planungsbüros und andererseits große Generalplanungsbüros, die das Know-how der BIM-Anwendung bündeln und bereitstellen können. Die BIM-Methode könnte folglich zu einer Marktbegrenzung führen.[623]

Neben den Fragen des Vergaberechts stellt insbesondere die Vertragsgestaltung ein bedeutendes Handlungsfeld bei der Anwendung von BIM dar. Die sich aus der Anwendung von BIM ergebenden vertragsrechtlichen Fragen werden überwiegend als nicht kritisch angesehen. Die vertragliche Festlegung der Anforderungen an die BIM-Umsetzung erfolgt zweckmäßigerweise unter Verwendung einer BIM-Richtlinie und einheitlichen BIM-bezogenen Besonderen Vertragsbedingungen (BIM-BVB).[624] Indes wurde die Frage, wie man die Mitwirkung aller Planungsbeteiligten an der Erstellung und Nutzung des Bauwerksinformationsmodells sicherstellen

[622] Ebd., S. 36.
[623] Ebd., S. 37.
[624] Ebd., S. 53f.

kann, als kritisch angesehen. In diesem Zusammenhang wurde wiederholt der Begriff der Hol- und Bringschuld verwendet. Der kollaborative Ansatz der BIM-Methode erfordert die gemeinsame Arbeit am Bauwerksinformationsmodell und deshalb muss verhindert werden, dass einzelne Planungsbeteiligte ausscheren und bspw. aus Termingründen weiter mit herkömmlichen Planungsmethoden arbeiten. Vor diesem Hintergrund muss vertraglich sichergestellt werden, dass alle Planungsbeteiligten am Bauwerksinformationsmodell mitarbeiten und die notwendigen Daten und Informationen bereitstellen. Die vertragliche Umsetzung dieser Anforderung kann ebenfalls durch die BIM-BVB erfolgen.[625]

Ebenfalls muss die genaue Definition von Schnittstellen zwischen den verschiedenen Verantwortungsbereichen vertraglich geregelt sein, um zu verhindern, dass es im Laufe der Projektbearbeitung zu Konflikten in Bezug auf die Zuständigkeiten kommt. Von grundlegender Bedeutung ist außerdem die Bestimmung von Zugriffs-, Nutzungs- und vor allem Änderungsrechten am Gebäudedatenmodell. Hier sollte eine eindeutige Struktur mit klaren, möglichst differenzierten Rechten vorgesehen werden, um zu verhindern, dass unkoordinierte Modelländerungen vorgenommen werden können. Die Datenhoheit muss durch die BIM-BVB geklärt werden, um die Modellintegrität sicherzustellen.[626]

Bei BIM-Projekten arbeiten unterschiedliche Projektbeteiligte an einem gemeinsamen virtuellen Bauwerksinformationsmodell, das sich als solches schwer in eigentumsrechtliche Kategorien einordnen lässt. Der Auftraggeber muss sicherstellen, dass er für die Umsetzung von BIM die Datenhoheit innehat, er die Vertraulichkeitsebenen definiert und einzelne Projektbeteiligte von bestimmten Daten ausschließen kann. Liefert bspw. ein Planungsbeteiligter das Modell, so muss sich der Auftraggeber die Zugriffsrechte sowie das Recht zur Erstellung von Sicherungskopien gegenüber diesem Vertragspartner vertraglich einräumen lassen. Im Falle der Kündigung eines der Projektbeteiligten muss sichergestellt sein, dass der Auftraggeber über das Bauwerksinformationsmodell verfügen kann. Daher

[625] Ebd., S. 60.
[626] Ebd., S. 62.

sind verpflichtend auch Eintrittsrechte des Auftraggebers in Softwareverträge für den Fall vorzeitiger Kündigung vorzusehen.[627]

Die Frage der Haftung für etwaige Planungsfehler und daraus resultierende Schäden wird ebenfalls als kritisch angesehen, da die Arbeit nach der BIM-Methode einen Paradigmenwechsel darstellt. Anstelle einzelner, klar unterscheidbarer Planungs- und Interessenssphären wird die Erzeugung eines gemeinsamen und übergreifenden Bauwerksinformationsmodells angestrebt. Die Arbeit nach der BIM-Methode führt zu höheren Anforderungen an die Planungsbeteiligten und erfordert eine sehr disziplinierte und kooperative Arbeitsweise, mit einem sehr hohen Abstimmungsbedarf zwischen allen Beteiligten. Durch die höheren Anforderungen an die Planungsbeteiligten wird das bestehende Haftungssystem nicht prinzipiell verändert. Wer also solche anspruchsvollen Aufgaben übernimmt und hierfür eine Vergütung vereinbart, muss die Leistung nach objektiven Kriterien ordnungsgemäß erbringen. Gleichwohl geht mit höheren Planungsanforderungen durch die Anwendung von BIM eine höhere Haftungsgefahr einher und veranlasst die Beteiligten, größeres Augenmerk auf Haftungsbegrenzungsvorschriften zu richten und Versicherungen in angemessener Höhe zu vereinbaren.[628]

Im Hinblick auf eine intensivere, kollaborative Zusammenarbeit besteht die Gefahr, dass die Grenzen zwischen den Planungsbeiträgen der einzelnen Beteiligten und damit auch die Haftungsgrenzen verwischen. Etwa wenn sich die vom Fachplaner TGA in das Modell eingestellte und für sich betrachtet fehlerfreie Planung durch nachfolgende Änderungen des Architekten am Gebäude entweder automatisch ändert und dadurch teurer und schwieriger umzusetzen wird. Die Haftungsgrenzen zwischen den Beteiligten lassen sich einfacher herausarbeiten, wenn bei der BIM-Anwendung einzelne Fachmodelle zu einem Gesamtmodell zusammengeführt werden. In diesem Fall liefert jeder Planungsbeteiligte sein eigenes Fachmodell und ist für dieses verantwortlich. Der BIM-Gesamtkoordinator übernimmt die wiederkehrend vom BIM-Projektsteuerer eingeforderte Zusammenführung der Fachmodelle zu einem Gesamt-Bauwerksinformationsmodell. In

627 Ebd., S. 63f.
628 Ebd., S. 68.

diesem Fall ist eine klare Verantwortungs- und Haftungszuordnung nach klassischem Werkvertragsrecht möglich. Es bleibt also auch bei der Anwendung der BIM-Methode dabei, dass jeder Planungsbeteiligte für die rechtzeitige und vertragsgemäße Erbringung seiner Leistungen verantwortlich ist und haftet. Das bestehende Haftungssystem muss daher nicht angepasst werden.[629]

Der mit BIM einhergehende Paradigmenwechsel in der Planungskultur, hin zu einer Lebenszyklusbetrachtung eines Bauwerks, kann sich auch auf Nachbesserungsverpflichtungen des Auftragnehmers auswirken. So wird bei einem idealtypischen Verständnis von BIM das Bauwerksinformationsmodell nicht nur als Grundlage für die Bauausführung, sondern darüber hinaus auch als Grundlage für die spätere Bewirtschaftung des Gebäudes dienen. Damit hat der Auftraggeber eines solchen Bauwerksinformationsmodells auch nach Errichtung des Gebäudes noch ein eigenständiges rechtliches Interesse an der Nachbesserung mangelhafter Planungsleistungen. Zumindest im Falle einer umfassenden Anwendung der BIM-Methode, im Sinne von *big open BIM*, wäre dem Auftraggeber damit auch nach Errichtung des Bauwerks noch ein entsprechender Anspruch auf Nacherfüllung gemäß § 635 BGB zuzubilligen.[630]

Als ein weiteres Handlungsfeld im Zusammenhang mit der Anwendung von BIM wird häufig das Urheberrecht an Zwischen- und Endprodukten der Planungen angeführt. Architekten- und Ingenieurleistungen können als geistige Leistungen nach § 1 und 2 UrhG ein Urheberrecht begründen. Neben dem Bauwerk als Ergebnis einer Architektenleistung können auch die Baupläne als solche dazu zählen. Erforderlich ist jedoch, dass die Werke eine persönlich geistige Schöpfung darstellen und damit eine gewisse Schöpfungshöhe aufweisen. In Bezug auf Architekten- und Ingenieurleistungen kann zur Ermittlung der Urheberrechtsfähigkeit auf folgende Formel zurückgegriffen werden: Ein für den Architekten urheberrechtlich geschütztes Werk der Baukunst ist eine mit den Mitteln der Architektur verwirklichte Schöpfung, die Gestaltung und Individualität aufweist.[631] Die

[629] Ebd., S. 69.
[630] Ebd., S. 70f.
[631] Ebd., S. 73f.

bisherigen Ausführungen beziehen sich auf den idealtypischen Fall, dass ein Werk von nur einem Urheber erstellt wird. Gerade bei der Erstellung von Bauwerken ist es aber so, dass mehrere Urheber gemeinschaftlich ein Werk erstellen, so auch bei der Anwendung der Planungsmethode BIM. Der Gesetzgeber hat hierauf mit § 8 UrhG reagiert. Danach sind alle Beteiligten, die ein Werk gemeinsam geschaffen haben, ohne dass sich ihre Beiträge einzeln verwerten lassen, als Miturheber des entstandenen Gesamtwerkes anzusehen. Dies kann auch dann der Fall sein, wenn die Beiträge nicht nebeneinanderstehen, sondern wie bei der BIM-Methode aufeinander aufbauen. Nach § 8 Abs. 2 UrhG steht ihnen in diesem Fall das Urheberrecht an dem Werk nur gemeinsam zu. Für die Bauwirtschaft bedeutet dies, dass der Auftraggeber das Recht erhalten muss, nach den urheberrechtlich geschützten Plänen des Architekten bauen zu können.[632]

Wird ein Architekt mit der Erbringung sämtlicher Planungsleistungen beauftragt, so geht nach herrschender Rechtsprechung das Nutzungsrecht auf den Auftraggeber über und wird mit Begleichung des Architektenhonorars abgegolten. Wesentlich schwieriger zu beurteilen sind die Fälle, in denen nur eine Teilleistung beauftragt wird. Hier stellt sich die Frage, ob der Auftraggeber etwa auf der Basis der Vorplanung eines Architekten von einem anderen Architekten ohne Weiteres bauen lassen darf. Für den Auftraggeber kann der Zugriff auf die urheberrechtsschutzfähigen Planungsergebnisse durch die Einräumung von Nutzungsrechten bspw. durch eine Urheberrechtsschutzklausel in den Allgemeinen Vertragsbedingungen (AVB) oder in den BIM-BVB abgesichert werden.[633]

Neben den hier betrachteten juristischen Handlungsfeldern werden in den wirtschaftlichen Handlungsfeldern vornehmlich die Qualifikation der Projektbearbeiter, die Kommunikation und Zusammenarbeit der Projektbeteiligten, die Koordination der BIM-Leistungen, die Zusatzkosten für Software und Mitarbeiterschulungen, die fehlende Quantifizierung der erzielten Einsparungen durch BIM sowie die Vermeidung von Nachträgen/Änderungsaufträgen durch BIM gesehen (s. Abb. 89).[634] Ein häufig genannter

[632] Vgl. Eschenbruch, K. & Malkwitz, A., S. 74.
[633] Ebd., S. 75.
[634] Ebd., S. 91ff.

Aspekt ist die mangelnde Qualifikation der Projektbearbeiter in Bezug auf der Anwendung von BIM. Ein großer Teil der Befragten beurteilte die Schulung der Projektbearbeiter als wesentliche Voraussetzung für die erfolgreiche Einführung und Anwendung der BIM-Methode. Diese Einschätzung wurde damit begründet, dass die in Deutschland gegenwärtig noch festzustellenden Akzeptanzprobleme auch darauf zurückzuführen sind, dass vielfach Unkenntnis darüber besteht, welche Potentiale sich mit der BIM-Methode realisieren lassen und welche Vorteile sich für die Projektbeteiligten ergeben könnten.

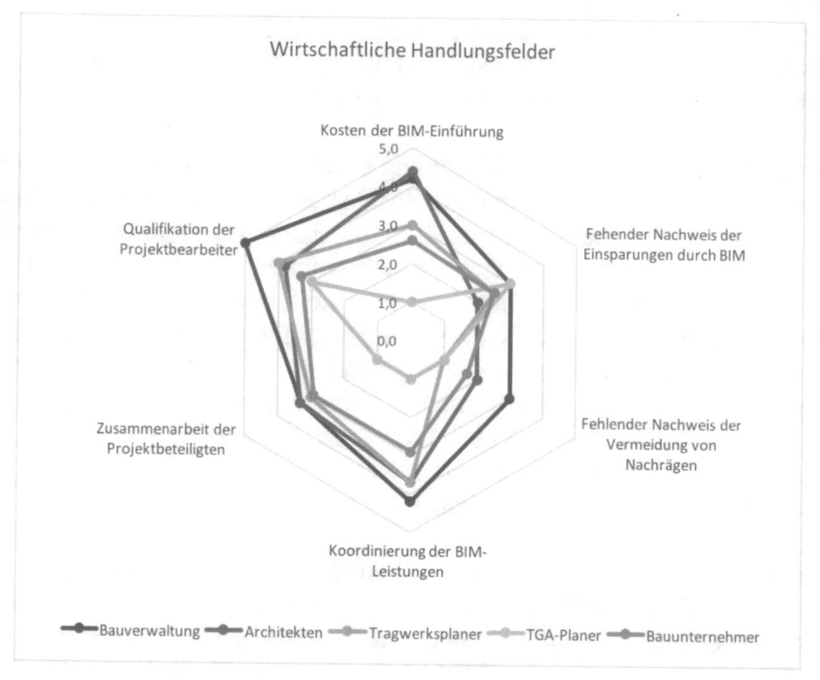

Abb. 89: Bewertung der wirtschaftlichen Handlungsfelder. Eigene Darstellung in Anlehnung an Eschenbruch & Malkwitz (2014). Gutachten zur BIM-Umsetzung, S. 76-93.

Die Projektbeteiligten neigen dazu, die bisherigen Prozesse und Methoden beizubehalten, auch wenn allen Beteiligten die zum Teil erheblichen Probleme der Projektabwicklung bewusst sind. Vielfach fehlen die nötigen Kenntnisse sowohl im Umgang mit der Software als auch in Bezug auf die

BIM-Prozesse an sich. Aus diesem Grund wurde zunächst die Erarbeitung der entsprechenden Kenntnisse durch die Schulung der Projektbearbeiter als wesentliche Voraussetzung einer erfolgreichen Anwendung der BIM-Methode angesehen. Nur durch die erforderlichen Kenntnisse und die genaue Definition von Anforderungsprofilen ist eine effiziente Anwendung dieser Methode möglich. Die Einführung von BIM-Regelwerken sowie standardisierten und zielgruppenbezogenen Schulungskatalogen erscheint damit notwendig.[635]

Neben der Qualifikation der Projektbearbeiter ist auch die Zusammenarbeit der Projektbeteiligten untereinander ein entscheidendes Handlungsfeld, da die BIM-Methode ganz wesentlich auf der Kooperation aller Prozessbeteiligten aufbaut. Die Zusammenarbeit verschiedener Projektbeteiligter, auch wenn sie unterschiedlichen Unternehmen angehören, stellt in der Regel kein gravierendes Problem dar. Von Bedeutung sind gut eingeführte Strukturen für die Kommunikation und Zusammenarbeit, wie bspw. das Organisieren von *Jour-fixes* oder die Anwendung eines gut strukturierten Protokollwesens sowie verbindliche Regeln, Rollen und Verantwortlichkeiten für die Arbeit mit dem BIM-Modell.[636]

Ein weiteres Handlungsfeld stellt die Koordination der Planungsbeiträge der fachlich beteiligten Planer dar. Hier erstaunt die unkritische Bewertung der TGA-Planer, belegt die Projekterfahrung doch gerade viele Unstimmigkeiten und hohen Abstimmungsbedarf zwischen der Architekturplanung und der TGA-Fachplanung. Die BIM-Methode fördert ein kollaboratives Arbeiten und setzt dieses auch voraus. Für eine effiziente Zusammenarbeit ist es erforderlich, dass die Beiträge der Planungsbeteiligten koordiniert und hinsichtlich Qualität und Vollständigkeit geprüft werden. Die Bestimmung der zu übernehmenden Koordinationsaufgaben unterliegt der vertraglichen Ausgestaltung. Bei zugrunde legen der HOAI-Leistungsbilder kommt es darauf an, die bereits bestehenden Koordinationspflichten des Objektplaners zu konkretisieren und abzugrenzen. Der Objektplaner schuldet schon im herkömmlichen Planungskontext - ohne Anwendung der BIM-Methode - die Koordinierung der beteiligten Fachplaner. Diese Rolle

---

[635] Ebd., S. 77f.
[636] Ebd., S. 79ff.

wird er auch bei der Arbeit nach der BIM-Methode als BIM-Gesamtkoordinator zu übernehmen haben. Gleichwohl kann die Koordinierung aller am BIM-Modell beteiligten Planer einem BIM-Projektsteuerer übertragen werden. Die Verortung der Tätigkeit des BIM-Projektsteuerers ist dabei nicht unbedingt bei den objektbezogenen Planern zu sehen, da seine Tätigkeit am BIM-Modell projektbezogen und eben nicht objektbezogen ist. Insofern spricht das für eine Verortung des BIM-Projektsteuerers auf der Seite des Auftraggebers, der diese Tätigkeit bei Bedarf auch in den Aufgabenumfang eines Projektsteuerers nach AHO geben könnte. Durch die Entkoppelung von Koordination und Planung können auch mögliche Interessenkonflikte vermieden werden. Folgerichtig könnte die Tätigkeit des BIM-Projektsteuerers bei einer Auftragsvergabe auf der Ebene des Projektsteuerers nach AHO angesiedelt werden, falls ein solcher beauftragt wird. Da dieser ohnehin mit der Koordinierung der Beiträge der einzelnen Projektbeteiligten beauftragt ist. Die Entkopplung von BIM-Projektsteuerung und Planung wurde von den Befragten als sinnvoll erachtet.[637]

Eine durch große Bauunternehmen bereits praktizierte Alternative ist das BIM-Management, die dann in aller Regel als Generalübernehmer auftreten. Allerdings ist zu beachten, dass die Beauftragung eines Generalübernehmers meist auf der Grundlage einer bereits angefertigten Planung erfolgt, so dass die wesentlichen Planungsentscheidungen bereits getroffen worden. Idealerweise sollte das BIM-Management die Planung aber von Beginn an begleiten, um auf die wesentlichen Planungsentscheidungen Einfluss nehmen zu können. Das BIM-Management durch den Generalübernehmer ist daher als eine weniger optimale Lösung anzusehen.[638]

Als ein wesentliches Handlungsfeld für die Einführung von BIM werden die dadurch ausgelösten zusätzlichen Kosten gesehen, da vielfach angenommen wird, dass durch die Umstellung auf die BIM-Methode erhebliche Investitionen in Hardware und Softwarepaketen sowie die Fortbildung von Mitarbeitern erforderlich werden. Bei diesen zusätzlichen Kosten kann zwischen den Kosten für den Umstieg von der herkömmlichen Planungsmethode auf BIM und den Kosten für die laufende Anwendung von BIM

[637] Ebd., S. 82f.
[638] Ebd., S. 83f.

unterschieden werden. Darüber hinaus erfordert der konsequente Einsatz der BIM-Methode die Anpassung der Geschäftsprozesse, was ebenfalls zusätzlich Kosten verursachen kann. Neben den einmalig anfallenden Kosten für den Umstieg können auch bei der Anwendung der BIM-Methode zusätzliche Kosten anfallen. Dies betrifft im Wesentlichen die durch BIM neu hinzukommenden Leistungen, wie etwa die Administration des Bauwerksinformationsmodells.[639]

Umgekehrt haben zahlreiche qualitative Studien gezeigt, dass der Einsatz von BIM mittelfristig dazu beitragen kann, die Projektkosten in erheblichem Umfang zu senken. Bisweilen werden Einsparungen bis zu 30 Prozent durch die Anwendung der BIM-Methode genannt. Auch wenn es grundsätzlich plausibel erscheint, dass durch den konsequenten Einsatz der BIM-Methode erhebliche Kostenersparnisse zu realisieren sind, so existieren hierzu bislang keine ohne Weiteres auf Deutschland übertragbare Untersuchungen. Bei einer theoretischen Annäherung an das Thema wird deutlich, dass der Begriff der Einsparungen nicht pauschal betrachtet werden kann. Vielmehr erscheint es sinnvoll, nach den einzelnen Lebenszyklusphasen eines Gebäudes zu unterscheiden. Insbesondere deshalb, weil nicht zwingend der Zeitpunkt des durch BIM nach vorn verschobenem Aufwand auch der Zeitpunkt sein muss, an dem möglicherweise die Effizienzgewinne realisiert werden. Deshalb erscheinen gegenwärtig Einsparungen im Bereich der Planung, bspw. durch die Vermeidung von Planungskollisionen, erzielbar zu sein.[640]

Inwiefern sich die Vergütung der Projektabwicklung insgesamt verändern muss, ist noch unklar. Denn trotz des zusätzlichen Aufwands können die positiven Effekte der BIM-Methode den Gesamtaufwand und damit die Gesamtprojektkosten senken. In welchem Umfang dies möglich ist, muss durch weitere Forschung bewertet werden. Derzeit existieren keine belastbaren Untersuchungen, die zeigen, wie sich der Projektaufwand insgesamt durch die Anwendung von BIM verändert.[641] Ein wesentlicher Punkt, der durch BIM entstehenden oder zu vermeidenden Kosten, ist die Frage nach

---

[639] Ebd., S. 89f.
[640] Ebd., S. 91f.
[641] Ebd., S. 93.

den Änderungsaufträgen (Nachträgen). Unter einem Nachtrag wird im Bauwesen die Geltendmachung eines über die ursprünglich vereinbarte Vergütung hinausgehenden Anspruchs auf Mehrvergütung des Auftragnehmers für eine vom Bau-Soll abweichende Leistung verstanden.[642] Nach der VOB Teil B entstehen Änderungsaufträge entweder auf Grund von geänderter Leistungen (§ 2 Abs. 5 VOB/B) oder aufgrund zusätzlicher Leistungen (§ 2 Abs. 6 VOB/B).[643]

In den Umfragen wurde wiederholt die Auffassung vertreten, dass durch die Anwendung von BIM die Gefahr von Nachträgen ausführender Firmen aufgrund geänderter Leistungen deutlich vermieden werden kann. Begründet wurde diese Einschätzung damit, dass mit Hilfe der BIM-Methode zu einem wesentlich früheren Zeitpunkt als derzeit üblich Entscheidungen in Bezug auf die bauteilbezogenen Mengen und Massen herbeigeführt werden können. Durch die Anwendung von BIM können etwaige Kollisionen bereits vor Beginn der Bauausführung bemerkt werden und so kostentreibende Umplanungen vermieden werden. Dies betrifft besonders die sehr komplikationsanfällige TGA-Planung, welche im Bauwerksinformationsmodell bereits zu einem sehr frühen Zeitpunkt umfassend simuliert werden kann. Bisweilen wird sogar die Meinung vertreten, dass bei konsequenter Anwendung der BIM-Methode die Nachtragsproblematik vollständig entschärft werden kann. So würde BIM die Qualität der Ausschreibungsunterlagen dahingehend erhöhen, dass späteren Nachtragsforderungen weniger Angriffsfläche geboten wird.[644]

Neben den hier betrachteten juristischen und wirtschaftlichen Handlungsfeldern werden in den technischen Handlungsfeldern vornehmlich gesehen: die Auswahl und Funktionalität der BIM-Software, die Durchgängigkeit der Planung, die Softwarekompatibilität, die Softwarekomplexität, die Datensicherheit sowie die Nutzer- und Akzeptanzprobleme gesehen (s. Abb. 90).[645] Der Bauwirtschaft steht zur Umsetzung der BIM-Methode

---

642 Vgl. Reister, D., “Nachträge beim Bauvertrag“ in *Einführung in die VOB/B*, Hrsg. Kapellmann, K. D. & Langen, W. (Düsseldorf: Werner Verlag, 2007), S. 227.
643 Vgl. Eschenbruch, K. & Malkwitz, A., S. 93.
644 Ebd., S. 94f.
645 Ebd., S. 97-105.

eine große Auswahl an Softwareprodukten zur Verfügung, allerdings werden durch die Unternehmen sehr viele unterschiedliche Softwareprodukte genutzt.[646] Das Umfrageergebnis von v. Both, Koch & Kindsvater (2013) bestätigt diese Feststellung.[647] Dies wiederum erklärt den gegenwärtigen Stand der Anwendung von BIM als sog. Insellösung (vgl. Kap. 3.2.5).

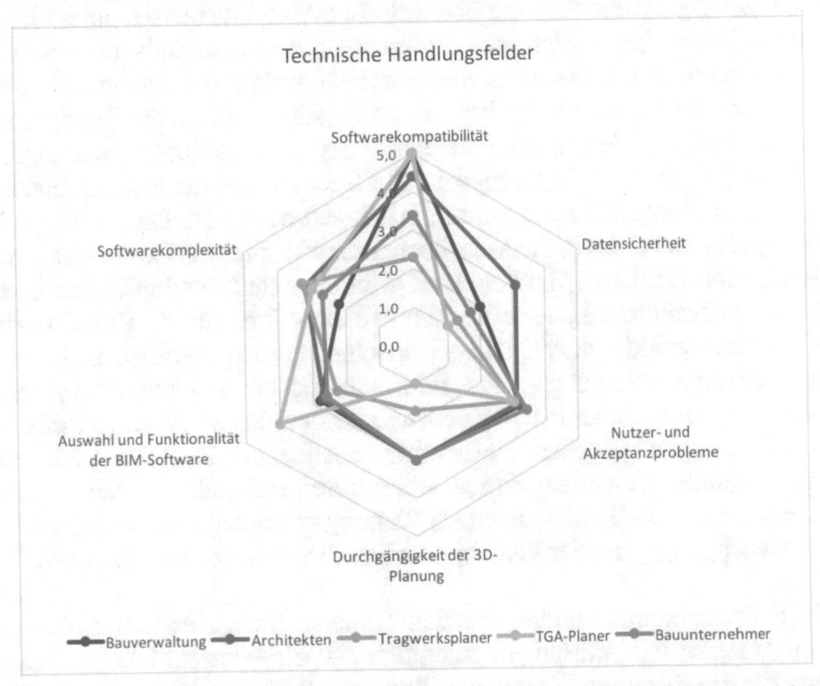

Abb. 90: Bewertung der technischen Handlungsfelder. Eigene Darstellung in Anlehnung an Eschenbruch & Malkwitz (2014). Gutachten zur BIM-Umsetzung, S. 97-105.

Die Experten sehen die Auswahl und die Funktionalität der BIM-Software zumeist als unkritisch an. Aus den Umfragen geht hervor, dass vor allem große Unternehmen ihren Fokus nicht auf ein spezielles Softwareprodukt legen, sondern mit der Software unterschiedlicher Hersteller arbeiten. Die Unternehmen können so flexibler auf die Softwareanforderungen der Auftraggeber reagieren. Kleinere Unternehmen stehen der Auswahl und der

646 Ebd., S. 97.
647 Vgl. von Both, P., Koch, V., & Kindsvater, A., S. 68.

Funktionalität der Software etwas kritischer gegenüber und begründen dies damit, dass die zur Verfügung stehenden Softwareprodukte nicht ausreichend an die Anforderungen kleinerer Unternehmen angepasst ist.[648]

Eine wesentliche Voraussetzung für die Anwendung von BIM ist die Durchgängigkeit der Planung über alle Lebenszyklusphasen eines Gebäudes sowie die Verknüpfung des digitalen Bauwerksmodells mit Bauteilinformationen. In der Praxis ist die Durchgängigkeit der Planung in dieser Form jedoch noch nicht gegeben. Im Durchschnitt sahen die Befragten die Durchgängigkeit der Planung als wenig bis mittelmäßig kritisch an. Auffällig ist jedoch, dass die Gruppe der Architekten und der Bauunternehmen dieses Handlungsfeld als zunehmend kritisch bewerten. Die Auftraggeber sind häufig nicht bereit, die Mehrkosten für ein solches Bauwerksinformationsmodell zu tragen. Wird ein BIM-Modell erstellt, verbleibt dieses vielfach beim Architekten, der es nur am Projektanfang für die Visualisierung seiner Entwurfsidee nutzt. Die erwünschten Synergieeffekte zu Gunsten der anderen am Planungs-, Bau- und Nutzungsprozess beteiligte Akteure werden somit nicht realisiert. Die Bauunternehmen sehen das Problem in unvollständigen Modellen, die ab einem bestimmten Zeitpunkt nicht mehr weiter aktualisiert werden, da aus dem dreidimensionalen Modell lediglich zweidimensionale Zeichnungen als Planungsgrundlage abgeleitet werden. Die Durchgängigkeit der Planung wird an dieser Stelle unterbrochen.[649]

Die Softwarekompatibilität, die den Datenaustausch zwischen den verschiedenen Softwarelösungen unterstützt, ist eine wesentliche Voraussetzung für die Zusammenarbeit aller Projektbeteiligten an einem gemeinsamen Bauwerksinformationsmodell und das Ziel von BIM. Gegenwärtig erweist sich die Kompatibilität der Softwareprodukte häufig noch als unzureichend und stellt für die Umsetzung der BIM-Methode ein großes Hindernis dar. Die befragten Experten, ausgenommen die Tragwerksplaner und Bauunternehmen, bewerten die Softwarekompatibilität als äußerst kritisch. Die positive Bewertung der Tragwerksplaner und Bauunternehmer mag daran liegen, dass diese weniger auf die Softwarekompatibilität angewiesen sind als etwa die TGA-Planer, mit ihren fachspezifischen Software-

[648] Vgl. Eschenbruch, K. & Malkwitz, A., S. 97.
[649] Ebd., S. 98f.

produkten und Berechnungsprogrammen. Die Leistungen der Tragwerksplaner und Bauunternehmer bauen im Wesentlichen auf dem Referenzmodell der Objektplanung auf.[650]

Neben der Softwarekompatibilität stellt auch die Softwarekomplexität ein wichtiges Handlungsfeld dar, das von den Befragten gleichwohl als wenig bis mittelmäßig kritisch bewertet wurde. In der Parallelität der Daten wurde indes ein Problem gesehen. Je mehr Projektbeteiligte gleichzeitig an einem Bauwerksinformationsmodell arbeiten, desto höher ist die Wahrscheinlichkeit möglicher Konflikte. Ein weiteres Problem wird in der ansteigenden Informationsdichte gesehen. Je mehr Informationen im Bauwerksinformationsmodell zu integrieren sind, desto höher ist die Anzahl der davon abhängigen projektbeteiligten Akteure.Die Datensicherheit wurde von den Befragten als nicht bis wenig kritisch angesehen.[651]

Neben den bisher genannten objektiven Faktoren gibt es auch eine Reihe subjektiver Faktoren, wie bspw. generelle Vorbehalte und fehlende Akzeptanz in Bezug auf die Einführung dieser neuen Planungsmethode. Insgesamt sahen die Befragten den in Deutschland vorherrschenden Grad der Akzeptanz der BIM-Methode als zumindest mittelmäßig kritisch bis sehr kritisch an. Diese Bewertung reflektiert auch den Stand der Anwendung von BIM in Deutschland und Europa. Die Befragten gaben an, dass das Potential der BIM-Methode noch nicht vollständig erkannt wird und das Bauwerksinformationsmodell von den Architekten nur zu Visualisierungszwecken erstellt wird, ohne den Mehrwert des Modells für den Planungs-, Bau- und Nutzungsprozess zu auszunutzen. Auch die erzielbaren Effizienzpotentiale und Kosteneinsparungen durch die Anwendung von BIM sind aufgrund der in Deutschland vorherrschenden Trennung zwischen Planungs- und Ausführungsphase weniger erkennbar als in anderen Ländern, in denen es aufgrund anderer Vergabestrategien diese Trennung nicht gibt.[652] Auch der Verein Deutscher Ingenieure e.V. (VDI) stellt dieses Thema in den Fokus seiner im Jahr 2017 veröffentlichten BIM-Richtlinie zur Zielerreichung und stellt die Handlungsfelder Mensch, Technologie,

[650] Ebd.
[651] Ebd., S. 101f.
[652] Ebd., S. 103f.

Prozesse und Rahmenbedingungen in das Zentrum des Interesses der Richtlinienreihe VDI 2552 zum Thema BIM (s. Tab. 11).

Handlungsfeld	Themen innerhalb der Handlungsfelder
Mensch	BIM-Beteiligte Rollen und Verantwortlichkeiten Qualifizierung der beteiligten Akteure Partnerschaft Zusammenarbeit und Kommunikation
Technologie	Automation BIM-Controlling (4D-BIM und 5D-BIM) Datenaustausch und Datenmanagement Mengenermittlung Variantenuntersuchungen Visualisierung
Prozesse	Anforderungen an die Planung und den Ablauf BIM-Modell Datenaustausch Nachhaltigkeit Datenmanagement Qualitätskriterien für die Information Sicherheit
Rahmenbedingungen	Ausschreibungen Begriffe Eigentum und Haftung am Modell gemeinsame Standards HOAI-Konformität Vertragsübergreifende Konsistenz

Tab. 11: Handlungsfelder in Fokus der BIM-Richtlinie zur Zielrichtung. Eigene Darstellung in Anlehnung an VDI (2017), S. 6.

Die Fragestellungen innerhalb der Handlungsfelder reflektieren im Wesentlichen die Ergebnisse des zuvor analysierten Gutachtens zur BIM-Umsetzung von Eschenbrunn & Malkwitz (2014) und die Ergebnisse der Studie von v. Both, Koch, Kindsvater (2013) zu den Potentialen und Hemmnissen bei der Umsetzung einer integrierten Planungsmethodik mit Hilfe von BIM in der deutschen Bauwirtschaft.[653] Im internationalen Kontext

[653] Vgl. VDI, S. 6.

gibt es verschiedene Studien, die sich mit einzelnen Handlungsfeldern der Anwendung von BIM befassen. Beispielsweise entwickelten Dakhil & Alshawi (2014) einen konzeptionellen Rahmen, der den Zusammenhang zwischen den Vorteilen der Anwendung von BIM und dem BIM-Reifegrad der Kundenorganisation darstellt. Dieser Rahmen soll den Kunden helfen, die Vorteile von BIM durch den Projektlebenszyklus vollständig zu verstehen und zu überwachen. Der Ansatz überprüft zunächst die marktüblichen BIM-Anwendungen und stellt die Vorteile der Anwendungen heraus, die den Kunden in der Erreichung der gewünschten Projektziele unterstützen. Darüber hinaus werden die Anforderungen herausgestellt, die für die Erreichung der Projektziele erfüllt sein müssen und welche der verfügbaren Reifegradmodelle diese Anforderungen bewertbar machen. Folgt man den Feststellungen von Eastman et al. (2011), können insbesondere die Bauherren bei ihren Bauprojekten einen wesentlichen Nutzen durch die Anwendung von BIM erzielen, wenn sie die Methode als Prozess und Werkzeug auf den gesamten Lebenszyklus des Gebäudes anwenden. Damit reagierte bereits dieser Forschungsansatz auf das Handlungsfeld der noch bestehenden Akzeptanzprobleme.[654]

Der NBS International BIM Report (2016) untersuchte im Rahmen einer qualitativen Studie die Einführung und Anwendung von BIM in Ländern, die sich in verschiedenen Stadien des BIM-Anwendung befinden: Kanada, Japan, Großbritannien, Dänemark und die Tschechische Republik. Die Studie befasst sich mit der Einführung sowie der aktuellen und zukünftigen Anwendung von BIM sowie der Einschätzung von Risiken und Chancen für jedes Land (s. Abb. 91). In allen Ländern, mit Ausnahme der Tschechischen Republik (50 %), ist das Bewusstsein über die Vorteile der BIM-Methode mit über 90 Prozent nahezu allumfassend. Die Anwendung der BIM-Methode ist in Dänemark am höchsten und in der Tschechischen Republik am niedrigsten. Sowohl Kanada als auch Dänemark berichten von einer Mehrheit, die BIM zumindest in einigen Projekte genutzt haben. In Japan und Großbritannien beträgt diese Zahl knapp die Hälfte. Diese

[654] Vgl. Dakhil, A. & Alshawi, M., "Building Information Modelling: Benefits-Maturity Relationship from Client Perspective", *Information and Knowledge Management* 4, No. 9 (2014): S. 8ff.

Zahlen deuten darauf hin, dass BIM in einer Reihe von Ländern zunehmend angewendet wird.[655]

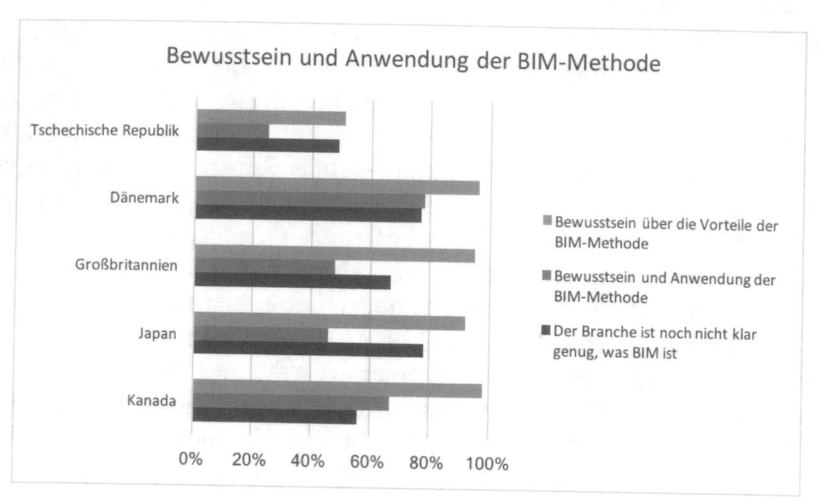

Abb. 91: Bewusstsein und Anwendung der BIM-Methode. Eigene Darstellung in Anlehnung an NBS International BIM Report (2016), S. 7.

Der Trend zu einer verstärkten Akzeptanz von BIM wird sich fortsetzen. Innerhalb der nächsten fünf Jahren erwarten alle Länder, dass über 80 Prozent der Akteure die BIM-Methode anwenden. Die Befragten aus der Tschechischen Republik gaben den schnellsten Zuwachs an, wobei die Zunahme der BIM-Anwendung am gleichmäßigsten über einen Zeitraum von einem Jahr verteilt ist. Im Gegensatz dazu sehen Großbritannien, Kanada und Dänemark die BIM-Anwendung innerhalb eines Zeitrahmens von drei oder sogar fünf Jahren (s. Abb. 92).[656] In den analysierten Ländern gibt es eine starke Vergleichbarkeit, aber auch signifikante Unterschiede hinsichtlich des Verständnisses von BIM (s. Abb. 93).

[655] Vgl. NBS, "NBS International BIM Report" (Newcastle: NBS, 2016), S. 7.
[656] Ebd., S. 8.

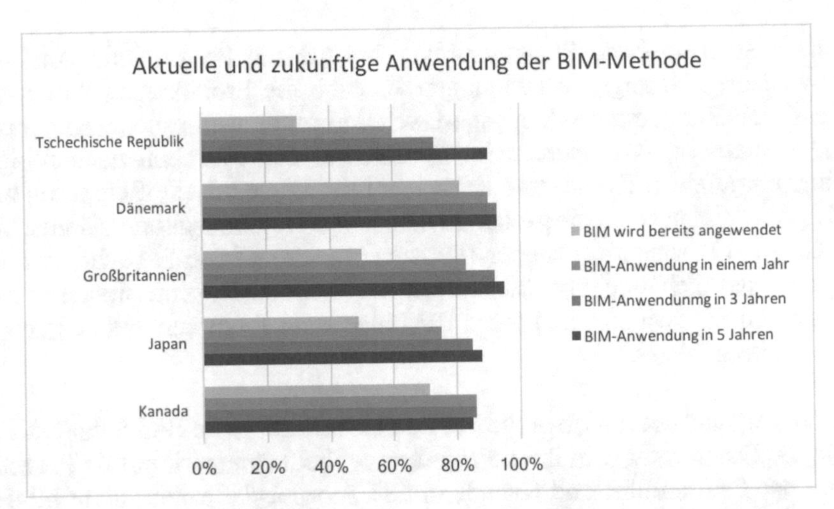

Abb. 92: Aktuelle und zukünftige Anwendung der BIM-Methode. Eigene Darstellung in Anlehnung an NBS International BIM Report (2016), S. 7f.

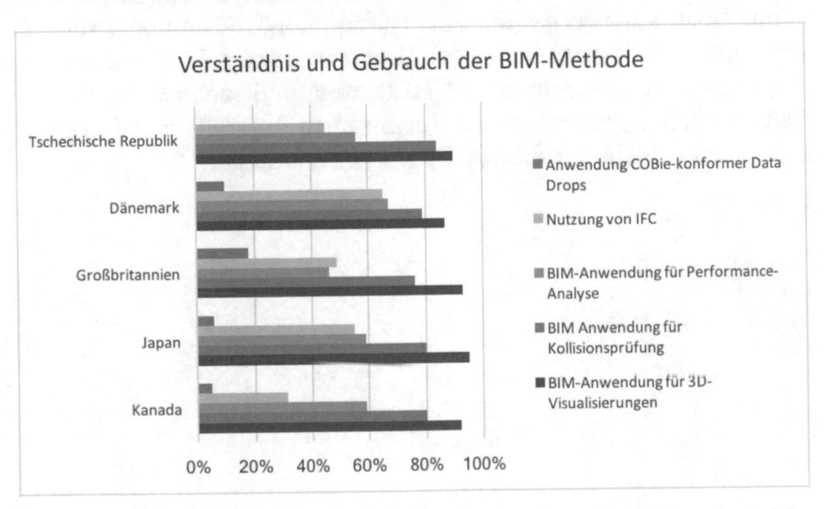

Abb. 93: Verständnis und Gebrauch der BIM-Methode. Eigene Darstellung in Anlehnung an NBS International BIM Report (2016), S. 9.

Etwas 90 Prozent der Befragten oder mehr nutzen BIM, um 3D-Visualisierungen zu erstellen. Die Kollisionsprüfung wird in allen Ländern von mehr als 75 Prozent der BIM-Anwender verwendet. BIM ermöglicht auch eine leistungsbasierte Planungspraxis, bei der die Performance-Analyse sowohl die Planungsentscheidungen als auch die Produktauswahl beeinflusst. Die Performance-Analyse ist weit verbreitet, wenn auch weniger als 3D-Visualisierung. Dänemark ist hier führend, dem Anschein nach infolge einer ehrgeizigen Klima- und Energiepolitik. Die dänische Regierung hat sich zum Ziel gesetzt, die gesamten dänischen Treibhausgasemissionen bis 2020 um 40 Prozent gegenüber 1990 zu reduzieren. In Anbetracht der Tatsache, dass Gebäude circa 36 Prozent der Treibhausgasemissionen in der gesamten EU ausmachen, könnte BIM hier einen fassbaren und bedeutenden Beitrag leisten.[657]

Allerdings nutzen nur etwa die Hälfte der Befragten die IFC-Schnittstelle für den Datentransfer in ihren Projekten, wobei Dänemark mit 65 Prozent hier das Feld anführt und Kanada mit 31 Prozent das Schlusslicht bildet. Bemerkenswert ist hier die Nutzung von IFC in der Tschechischen Republik, mit 45 Prozent. Im Vergleich, in Großbritannien beträgt dieser Wert 49 Prozent. Noch geringer ist die Anwendung der COBie-konformen *Data Drops* in den Projekten. Hier liegt Großbritannien mit 18 Prozent erster Stelle, gefolgt von Dänemark mit 10 Prozent und Japan 6 Prozent sowie Kanada mit nur 5 Prozent. In der Technischen Republik wurde keine Anwendung der COBie-konformen *Data Drops* berichtet.[658]

.

[657] Ebd., S. 9f.
[658] Ebd., S. 10f.

4 Stand der BIM-Praxis

Die Implementierung und Anwendung von BIM ist im internationalen Kontext unterschiedlich weit fortgeschritten. In einigen Ländern existieren bereits verpflichtende Normen und Standards, mit denen die Art und der Umfang der BIM-Anwendung definiert werden. In anderen Ländern wird das Arbeiten mit der BIM-Methode lediglich empfohlen, aber nicht verpflichtend vorgeschrieben.

In dem folgenden Kapitel werden die Implementierung und Anwendung von BIM sowie die Entwicklung von BIM-Standards und Richtlinien in globalem Kontext analysiert. Als Grundlage für die Analyse wurden die Studie von Jung & Lee (2015) und die Studie von Cheng & Lu (2015) sowie verschiedene *Smart Market Reports* von McGraw Hill herangezogen. Anhand dieser wurde eine Eingrenzung der Länder vorgenommen, in denen die BIM-Methode bereits angewendet wird bzw. noch nicht vollständig implementiert ist. Die genannten Quellen geben Auskunft über die theoretische Entwicklung von BIM-Standards und bewerten die praktische Implementierung und Anwendung der BIM-Methode.

Die Studie von Cheng & Lu (2015) betrachtet die Entwicklung von BIM-Standards und Guidelines im internationalen Kontext, dessen Treiber und Hindernisse sowie transregionale Zusammenhänge der Anwendung von BIM-Standards.[659] Die Studie von Jung & Lee (2015) hingegen betrachtet die globale, praktische Implementierung und Anwendung von BIM in Nordamerika, Australien, Europa, Asien, Afrika und Südamerika.[660] In den *Smart Market Reports* von McGraw Hill wird die praktische Implementierung und Anwendung von BIM in den Vereinigten Staaten von Amerika[661],

---

[659] Vgl. Cheng, J.C.P. & Lu, Q., "A review of the efforts and roles of the public sector for BIM-adoption worldwide", *Journal of Information Technology in Construction* 20 (2015).

[660] Vgl. Jung, W. & Lee, G., "The Status of BIM Adoption on Six Continents", *International Journal of Civil, Structural, Construction and Architectural Engineering* 9, No. 5 (2015).

[661] Vgl. McGraw Hill, "The Business Value of BIM in North America. Multi-Year Trend Analysis and User Ratings 2007-2012."

M. Stange, *Building Information Modelling im Planungs- und Bauprozess*,

Australien und Neuseeland sowie Japan, Südkorea, Kanada, Großbritannien, Frankreich, Deutschland und Brasilien betrachtet.[662]

4.1 BIM-Standards

Der in den folgenden Kapiteln veranschaulichte Entwicklungsstand der internationalen BIM-Standards und Richtlinien konzentriert sich auf dominierende Länder in den Anwendungsregionen: Nordamerika, Australien, Europa, Asien, die MENA-Region[663] und Südamerika sowie den Zeitpunkt der Einführung der länderbezogenen Standards und Richtlinien.

Einleitend wird zunächst ein chronologischer Überblick, von der Veröffentlichung der ersten BIM-Standards und Richtlinien im Jahr 2007 bis zum gegenwärtigen Stand, gegeben (s. Abb. 94).

Im Folgenden werden die länderbezogenen Standards und Richtlinien in den Anwendungsregionen im Einzelnen analysiert. Dieser Überblick zeigt die Entwicklungsschritte in einem globalen Kontext und gibt einen Einblick in die Standardisierungsbemühungen in den verschiedenen Anwendungsregionen. Darüber hinaus ermöglicht der Überblick eine Einschätzung der gegenwärtigen BIM-Praxis und der zu erwartenden BIM-Reifegrade in den hier forschungsgegenständlichen Untersuchungsgebieten.

---

[662] Vgl. McGraw Hill, "The business value of BIM for construction in global markets"
[663] Das Akronym MENA wird häufig von westlichen Finanzexperten und Wirtschaftsfachleuten für *Middle East and North Africa* verwendet. Der Begriff bezeichnet die Region von Marokko bis zum Iran.

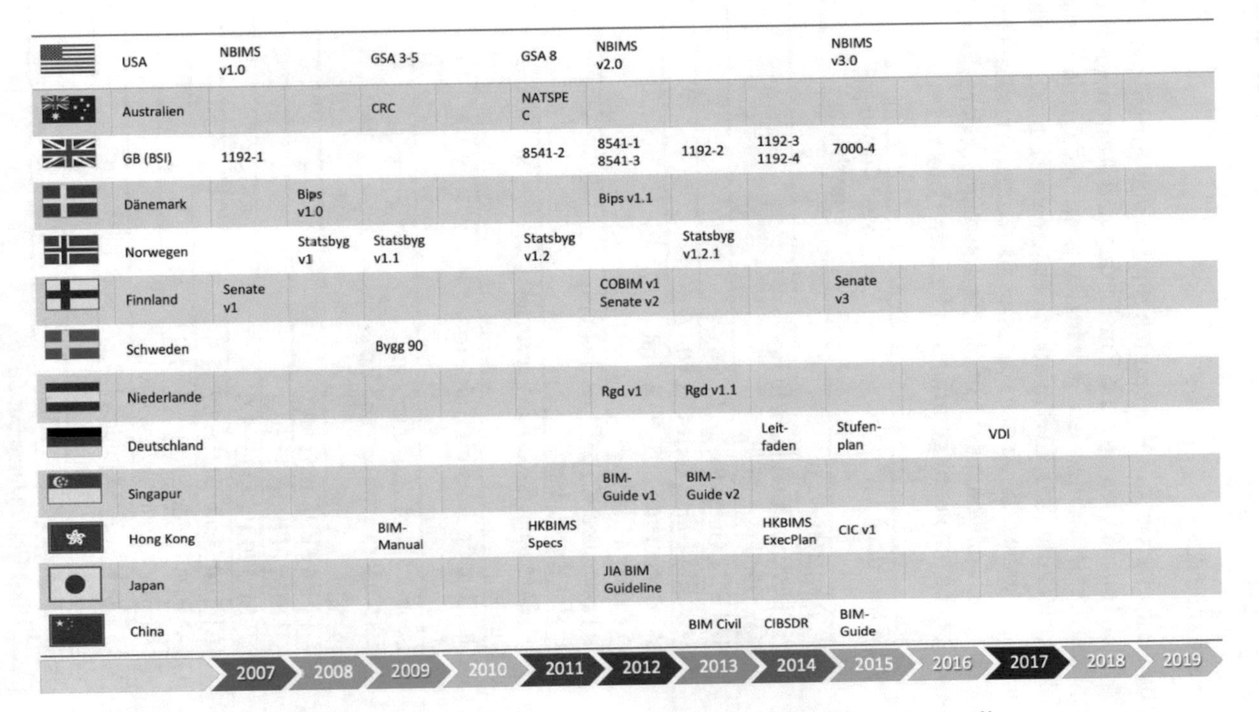

Abb. 94: Überblick über die wichtigsten internationalen BIM-Standards. Eigene Darstellung

4.2 Nordamerika

In Nordamerika werden die Vereinigten Staaten von Amerika und Kanada betrachtet (s. Tab. 12), da hier die Einführung und Anwendung von BIM an weitesten fortgeschritten ist. In Mexiko sowie den zentralamerikanischen Ländern (Costa Rica, El Salvador, Guatemala, Honduras, Nicaragua, Panama, usw.) sowie den Ländern der Karibik (Kuba, Jamaika, Dominikanische Republik, Antigua, usw.) spielt die Anwendung der BIM-Methode gegenwärtig noch eine untergeordnete oder keine Rolle.

Jahr	BIM Standard	Modellierungs-methodik	LODs
2007	[NIBS] NBIMS v1.0	x	
2007	[NIST] General Buildings Information Handover Guide	x	
2007	[GSA] BIM Guide Series 01 v0.6		
2007	[GSA] BIM Guide Series 02 v0.96	x	
2007	[AIA] Document E201™ Digital Data Protocol Exhibit		
2007	[AIA] Document C106™ Digital Data Licensing Agreement		
2008	[AIA] Document E202 BIM protocol exhibit	x	x
2008	[AGC] The Contractor's Guide to BIM v1	x	x
2009	[Wisconsin] BIM Guidelines and Standards for Architects and Engineers	x	
2009	[PSU] BIM PEP Guide v0.1	x	
2009	[PSU] BIM PEP Guide v0.2	x	
2009	[PSU] BIM PEP Guide v1.0	x	
2009	[GSA] BIM Guide Series 03 v1.0	x	
2009	[GSA] BIM Guide Series 04 v1.0	x	
2009	[GSA] BIM Guide Series 05 v1.0	x	
2010	[VA] The VA BIM Guide v1.0	x	x
2010	[LACCD] LACCD BIMS v3	x	
2010	[PSU] BIM PEP Guide v2.0	x	
2010	[AGC] The Contractor's Guide to BIM v2	x	x

Jahr	BIM Standard	Modellierungs-methodik	LODs
2011	[PSU] BIM PEP Guide v2.1	x	
2011	[UF] BIM Execution Plan v1		
2011	[University of Connecticut] CAD Standards Guideline		
2011	[GSA] BIM Guide Series 08 v1.0	x	
2011	[Ohio] State of Ohio BIM Protocol	x	
2012	[NIBS] NBIMS v2.0		
2012	[NYC DDC] BIM Guidelines	x	x
2012	[IU] BIM Guidelines and Standards for Architects Engineers and Constructors	x	x
2012	[PSU] BIM Planning Guide for Facility Owners v1.0	x	x
2012	[PSU] BIM Planning Guide for Facility Owners v1.01	x	x
2012	[PSU] BIM Planning Guide for Facility Owners v1.02	x	x
2012	[University of Albany] AECM BIM Guidelines 2012	x	x
2013	[NYC DOB] BIM Site Safety Submission Guidelines and Standards	x	x
2013	[NYC SCA] BIM Guidelines and Standards for Architects and Engineers v1.1	x	x
2013	[SPU/SDoT] CAD Manual SPU/SDoT Inter-Departmental CAD Standard		
2013	[Tennessee] BIM Requirements V1.0	x	
2013	[PSU] BIM Planning Guide for Facility Owners v2.0	x	x
2013	[PSU] The Uses of BIM v0.9	x	
2013	[NYC DDC] Design Consultant Guide Appendix	x	
2013	[AIA] Document E203™–2013, BIM and Digital Data Exhibit		
2013	[AIA] Document G201™–2013, Project Digital Data Protocol Form		

Jahr	BIM Standard	Modellierungs-methodik	LODs
2013	[AIA] Document G202™–2013, Project BIM Protocol Form		x
2013	[AIA] Guide, Instructions and Commentary to the 2013 AIA Digital Practice Documents		x
2013	[AGC, BIMForum] Level of Development Specification v2013	x	x
2015	[AGC, BIMForum] Level of Development Specification v2015 (draft)	x	x
2015	[NIBS] NBIMS v3.0	x	x
2015	[GSA] BIM Guide Series 06 v1.0	x	x
2015	[GSA] BIM Guide Series 07 v1.0	x	x

Tab. 12: BIM-Standards in Nordamerika. Eigene Darstellung in Anlehnung an Cheng & Lu (2015). A review of the efforts and roles of the public sector for BIM-adoption worldwide, S. 445ff.

4.2.1 BIM in den Vereinigten Staaten von Amerika

Die Vereinigten Staaten von Amerika gehören zu den Pionieren für die Anwendung von BIM. Der wesentlichste Unterschied bei der BIM-Einführung zwischen den Vereinigten Staaten und anderen Ländern besteht darin, dass verschiedene Ebenen des öffentlichen Sektors in den Vereinigten Staaten, von nationalen Organisationen bis hin zu Universitäten, zur Implementierung von BIM beitragen. Im Jahr 2006 veröffentlichte das United States Army Corps of Engineers (USACE) ein Papier zur Implementierung von sog. MILCON Transformationsprojekten innerhalb der US-Armee, in der sich das USACE eine führende Rolle bei der Implementierung und Anwendung von BIM auferlegte.[664] Bereits im Jahr 2007 hat sich die General Services Administration (GSA) der Vereinigten Staaten zum Ziel gesetzt, die Anwendung von BIM zur Verbesserung der Planungsqualität und Bauausführung zu verlangen. Damit hat erstmals eine Organisation im Projekt-

[664] Vgl. Brucker, B. et al., “Building Information Modeling (BIM): A road map for implementation to support MILCON transformation and civil works projects within the US Army Corps of Engineers.“ (Washington: DTIC, 2006).

maßstab eine derart öffentlich bedeutsame Zielsetzung bekanntgegeben.[665] Das United States Department of Veterans Affairs (VA) hat ab dem Jahr 2009 die Anwendung von BIM für alle Bau- und Renovierungsprojekte über 10 Mio. US-Dollar Baukosten gefordert.[666] Neben den nationalen Regierungsorganisationen setzen sich auch Bundesstaaten und Universitäten eigene BIM-Ziele. Im Juli 2009 veröffentlichte bspw. der Bundesstaat Wisconsin die Richtlinie, die den Einsatz von BIM bei allen Sanierungsprojekten im Gesamtwert von mehr als 5 Mio. US-Dollar und Neubauprojekten von mehr als 2,5 Mio. US-Dollar verlangt.[667] Die Indiana University (IU) verlangte für alle Bauprojekte ab einer Gesamtprojektfinanzierung von 5 Mio. US-Dollar die Anwendung von BIM.[668]

Bereits 2003 hat die General Services Administration (GSA) das nationale 3D/4D-BIM-Programm eingerichtet und in mehr als 200 aktiven Projekten implementiert. Mit Unterstützung der Industrie hat die GSA in den vergangenen zehn Jahren acht BIM-Leitfäden veröffentlicht. Der bisherige Erfolg der GSA im Bereich der Implementierung und Anwendung von BIM könnte ein Fahrplan für andere Länder oder sogar der ganzen Welt sein. Das USACE veröffentlichte 2012 ein aktualisiertes Papier für die Anwendung von BIM in militärischen Bauprojekten. Das National Institute of Building Sciences (NIBS) hat das NBIMS-Projektkomitee gegründet, um die nationalen US-BIM-Standards zu entwickeln.[669]

Um die BIM-Methode in den Vereinigten Staaten effektiv zu implementieren, haben verschiedene Institutionen des öffentlichen Sektors BIM-Standards veröffentlicht. Im Jahr 2015 waren bereits 47 BIM-Standards entwickelt und verfügbar: 17 von Regierungsbehörden und 30 von Non-Profit-Organisationen. Die meisten Standards decken die Modellierungs-

---

[665] Vgl. Hagan, S., Ho, P., & Matta, H., "BIM: The GSA story", *Journal of Building Information Modeling* Spring ed. (2009).

[666] Vgl. VA, "The VA BIM Guide v1.0" (Washington: U.S. Department of Veterans Affairs, 2010).

[667] Vgl. Beck, K., "The State of Wisconsin: BIM digital FM handover Pilot Projects", *Journal of Building Information Modeling* Spring ed. (2012).

[668] Vgl. IU, "BIM Guidelines and Standards for Architects Engineers and Constractors", (Bloomington/IN, USA: Indiana University Architect's Office, 2012).

[669] Vgl. Cheng, J.C.P. & Lu, Q., S. 445f.

methodik sowie die Komponentenpräsentation und Datenorganisation ab. Die größte Lücke besteht in der LOD-Kategorisierung. So liefert etwa die Hälfte der Standards keine detaillierten Informationen darüber, wie groß die grafische Skalierung jedes Modells sein sollte. Gleichwohl enthalten einige der Standards, wie bspw. jene von der Pennsylvania State University (PSU) und der Association of General Contractors (AGC) diese Art von Informationen.[670]

Die General Services Administration (GSA) der Vereinigten Staaten hat zur Unterstützung seines nationalen 3D/4D-BIM-Programms acht BIM Guide Serien veröffentlicht. Jede Serie ist eigenständig, aber mit den anderen BIM Guide Serien verwandt. Die Serie 01 (Überblick) ist ein einführendes Dokument, das als Grundlage für die Unterstützung der BIM-Technologie dient. Die Serie 02 (Räumliche Raumprogrammvalidierung) beschreibt die Werkzeuge, Prozesse und Anforderungen für die effektive Nutzung von BIM-Technologien. Die Serie 03 (3D Bildgebung) enthält drei Abschnitte und Richtlinien für die Abfrage von Bewertungskriterien für 3D-Bilder. Die Serie 04 (4D Stufen) stellt die Werkzeuge und Prozesse vor, mit denen untersucht werden kann, wie sich zeitbezogene Informationen auf die Projektentwicklung und mögliche Vorteile der 4D-Modellierung auswirken.

Die Serie 05 (Energieleistung) behandelt BIM in der Energiemodellierung für die Planung sowie den Bau und Betrieb. Die Serie 06 (Verkehr und Sicherheit) konzentriert sich auf die Anwendung der BIM-Methode zur Erleichterung von Planungsentscheidungen und zur Sicherstellung, dass die getroffenen Planungsentscheidungen den Anforderungen entsprechen. Die Serie 07 (Bauelemente) erläutert verschiedene Formen von Gebäudeinformationen und gibt Hinweise, wie diese Informationen erzeugt, geändert und gepflegt werden sollten. Speziell damit sie von mehreren nachgelagerten Geschäftsprozessen genutzt werden können, wie bspw. für den Betrieb und die Wartung von Anlagen sowie das Raum- und Anlagenmanagement. Die Serie 08 (Facility Management) enthält Implementierungsleitlinien von BIM für das Facility Management und gibt die minimalen technischen Anforderungen an, die BIM-Modelle dahingehend erfüllen sollten. Das US

[670] Ebd., S. 446f.

National Institute of Building Sciences (NIBS) veröffentlichte im Jahr 2007 den National Building Information Modelling Standard (NBIMS-USTM) Version 1.0 (Überblick, Prinzipien und Methoden) und im Jahr 2012 die Version 2.0 mit der Zielsetzung, weitere produktive Praktiken aller Akteure im Lebenszyklus eines Projekts zu fördern. Im Mai 2015 veröffentlichte building-SMART Alliance die neueste Ausgabe des National Building Information Modelling Standard (NBIMS-USTM) Version 3.0. Dieser offene Standard baut auf den früheren Ausgaben des Standards auf. Das Dokument hat den Anwendungsbereich des Standards verdoppelt und besteht aus 19 Referenzstandards, Begriffen und Definitionen sowie 9 Standards für den Informationsaustausch und acht Praxisrichtlinien, um Anwender bei der Umsetzung von BIM zu unterstützen.

Das American Institute of Architects (AIA) hat im Jahr 2007 eine Anleitung zur Verwendung von BIM veröffentlicht. Es enthält zwei Dateien: Dokument E201™ (Digital Data Protocol Exhibit) und Dokument C106™ (Digital Data Licensing Agreement). Das Dokument E201 sind vertragliche Vereinbarungen zur Festlegung der Verfahren für den digitalen Austausch zwischen den Projektbeteiligten. Das Dokument C106 ist eine separate Vereinbarung zwischen zwei Parteien, in der die datenübertragende Partei der datenempfangenden Partei die Lizenz für die Verwendung der digitalen Daten erteilt. Im Einklang mit der zunehmenden Anwendung von BIM veröffentlichte das AIA im Jahr 2008 das Dokument E202™ (Building Information Modeling Protocol), um fünf Level für die Modelldetaillierung (LOD) zu definieren. Im Jahr 2013 aktualisierte das AIA seine Dokumente zur digitalen Praxis und veröffentlichte einen Leitfaden mit Anweisungen und Kommentare zu den AIA Digital Practice Documents.[671]

Das US Department of Veterans Affairs (VA) und zwei weitere gemeinnützige Organisationen, das National Institute of Standards and Technology (NIST) und die Association of General Contractors (AGC), veröffentlichten ebenfalls BIM-Richtlinien. Der projektorientierte BIM-Leitfaden VA BIM Guide v1.0 des Department of Veterans Affairs (VA) definiert den Lebenszyklusgedanke der BIM-Methode und führt einen BIM-Management Plan sowie Modellierungsrichtlinien ein. Der BIM-Leitfaden

[671] Ebd., S. 448.

des National Institute of Standards and Technology (NIST) identifiziert den Bedarf der Bauindustrie an Leitlinien für die Übergabe von Informationen zwischen den Projektbeteiligten und veröffentlichte im Jahr 2007 einen Informationsleitfaden für allgemeine Gebäude mit Grundsätzen, Methoden und Fallstudien. Der BIM-Leitfaden der Association of General Contractors (AGC) soll Auftragnehmern dabei helfen, den Einstieg in die BIM-Methode besser zu verstehen. Das sog. BIM Forum, ein Forum mit dem Schwerpunkt auf der virtuellen Planung in der AEC-Industrie, veröffentlichte 2013 seinen ersten BIM-Standard (Level of Development Specification), der dann im Jahr 2015 weiterentwickelt wurde. Die LOD-Spezifikationen wurden im Rahmen einer Vereinbarung mit AIA entwickelt und nutzten die grundlegenden LOD-Definitionen des AIA-Dokuments G202-2013 (Building Document Information Modelling Protocol Form).[672]

Neben den Entwicklungen auf Landesebene haben sich auch einige US-Stadtverwaltungen an der Ausarbeitung und Veröffentlichung von BIM-Richtlinien für die öffentliche Nutzung beteiligt. Das NYC Department of Design and Construction (DDC) in New York bspw. veröffentlichte im Jahr 2012 einen städtischen BIM-Leitfaden und ein Jahr später einen ergänzenden Projektleitfaden. Im Jahr 2013 schlossen sich immer mehr öffentliche Organisationen in New York, wie etwa die NYC School Construction Authority (SCA) und das NYC Department of Buildings (NYC DOB), bei der Veröffentlichung ihrer eigenen BIM-Richtlinien an. Ende 2013 koproduzierten die städtischen Geschäftsstellen Seattle Public Utilities und Seattle Department of Transportation einen abteilungsübergreifenden CAD-Standard, den ersten Standard für Zivilprojekte in den Vereinigten Staaten. Der Standard wurde entwickelt, um Konstruktionsdaten mit GIS-Daten kompatibel zu machen und im Ergebnis 3D-kompatible Dateien liefern zu können. In den Vereinigten Staaten haben außerdem öffentliche Universitäten ihre eigenen BIM-Standards veröffentlicht. Die Pennsylvania State University (PSU) bspw. hat seit 2009 mehrere BIM-Standards veröffentlicht, darunter den BIM-Leitfaden zur Projektdurchführung BIM PEP Guide. Der BIM PEP Guide kann als strategischer Leitfaden betrachtet werden und bietet praktische Arbeitsweisen für Projekt-

[672] Ebd., S. 449.

teams, eigene BIM-Strategien zu entwickeln. Im Jahr 2012 begann die PSU mit der Ausarbeitung des BIM-Planungsleitfadens für Betreiber von Anlagen (Computer Integrated Construction Research Program) und veröffentlichte 2013 die Version 2.0. Dieser Leitfaden enthält u.a. Methoden zur effektiven Integration von BIM in eine Organisation einschließlich der strategischen Planung, Implementierung und Beschaffung.

Ebenfalls im Jahr 2013 veröffentlichte die PSU ein System für die Klassifizierung der Anwendung von BIM. Das Los Angeles Community College District (LACCD) veröffentlichte im Jahr 2010 den LACCD Building Information Modeling Standard. Der Standard definiert die Anforderungen an die BIM-Modelle in den verschiedenen Phasen von Design-Build Projekten. Die Indiana University (IU) hat im Jahr 2012 die IU BIM Guidelines and Standards als Voraussetzung für alle universitären Bauprojekte mit einer Gesamtfinanzierung von mehr als 5 Millionen US-Dollar veröffentlicht. Die University of Florida veröffentlichte im Jahr 2011 einen BIM Execution Plan ebenfalls für universitäre Bauprojekte. Im Gegensatz zu den BIM-Standards, die von anderen US-Universitäten entwickelt wurden, forderten die BIM Guidelines 2012 der University at Albany New York bereits die elektronische Einreichung von BIM-Dateien und damit verbunden definierte Anforderungen für die elektronische Einreichung von BIM-Dateien.[673]

4.2.2 BIM in Kanada

Die kanadische Bauwirtschaft liegt bei der Einführung der BIM-Methode deutlich hinter den Vereinigten Staaten zurück. In Kanada ist die Einführung der BIM-Methode, wie auch in anderen Ländern, stark von den Bauherren abhängig. Wobei in diesem Fall die Kunden aus dem öffentlichen Sektor häufig der Ansicht sind, dass der kanadische Markt für BIM nicht bereit ist und die Projektkosten durch die Begrenzung des Wettbewerbs ansteigen.[674] Poirier (2015) untersuchte in seiner Dissertation den kontextuellen Charakter von Innovation bei der Einführung und Implementierung von BIM in kleinen und mittleren Unternehmen. Aufgrund der großen

---

673 Ebd., S. 450f.

674 Vgl. Porwal, A. & Hewage, K.N., “Building Information Modeling (BIM) partnering framework for public construction projects“, *Automation in Construction* 31 (2013): S. 204.

Anzahl von kleinen und mittleren Unternehmen in der Lieferkette der kanadischen AEC-Industrie ist dieser Bereich besonders wichtig. Denn etwa 99 Prozent der kanadischen Bauwirtschaft besteht aus kleinen Unternehmen zwischen 5 und 99 Mitarbeitern bzw. Kleinstunternehmen mit weniger als 5 Mitarbeitern. Die Mehrheit dieser kleinen oder mittleren Unternehmen implementiert keine Innovationen in ihren Organisationen und investieren wenig in Forschung und Entwicklung. Die Notwendigkeit zur Steigerung der Innovationsfähigkeit und zur Implementierung von BIM in kleinen oder mittleren Unternehmen in Kanada ist daher von großer Bedeutung. Die Perspektive der Auftragnehmer ist dabei von besonderem Interesse, da das Potenzial für signifikante Produktivitätsgewinne durch den Einsatz von BIM in diesem Bereich gesehen wird.[675]

Die Nähe zum US-amerikanischen Markt und die daraus gezogenen Lehren aus dem Implementierungsprozess von BIM sowie die steigende Verfügbarkeit von Software und Schulungen ermöglichen es, den Implementierungsprozess von BIM in Kanada voranzutreiben. In anderen Märkten wie bspw. Großbritannien und Singapur ist BIM bereits verpflichtend. Dies ist im kanadischen Markt noch nicht der Fall, da die erforderlichen Strukturen zunächst auf Branchenebene entwickelt werden müssen. Dazu fehlt in Kanada der durch große öffentliche Auftraggeber geforderte Übergang zur BIM-Methode, wie er bspw. in den USA und Großbritannien zu finden ist.[676]

Im Jahr 2011 initiierte die kanadische Organisation CanBIM bilaterale Gespräche mit dem britischen AEC (UK) Committee, um ein paralleles Protokoll basierend auf dem im Jahr 2009 veröffentlichten AEC (UK) Protocol zu entwickeln. Die Organisation CanBIM ist der Ansicht, dass die kanadische BIM-Gemeinschaft besser bedient werden kann, wenn bereits bestehende und funktionierende Standards in Kooperation genutzt werden, anstatt einen eigenen Standard für Kanada neu zu entwickeln. Es wurde festgestellt, dass nur sehr wenige Bereiche des AEC (UK) BIM-Protocols

---

[675] Vgl. Poirier, E.A., "Investigating the impact of Building Information Modeling on collaboration in the AEC and Operations Industry" (Diss., École de Technologie Supérieure Universiité du Québec, 2015), S. 150f.
[676] Ebd., S. 162.

überarbeitet werden mussten, um es für Kanada anwendbar zu machen. In der Folge plante CanBIM durch die fortgesetzte Kooperation mit dem AEC (UK) Committee, gleichzeitige Updates in Großbritannien und anderen Ländern zu veröffentlichen, die das AEC (UK) BIM-Protocol als Rahmen zu übernehmen begann.[677] Im Laufe der Zeit hat sich das AEC (CAN) BIM-Protocol zu einem starken eigenständigen Dokument entwickelt. Das AEC (CAN) BIM Protocol v1.0 baut auf den vom AEC (UK) Committee definierten Richtlinien und Rahmenbedingungen auf. Es konzentriert sich insbesondere auf die Anpassung von bestehenden Standards für die praktische und effiziente Anwendung von BIM in Kanada, insbesondere in den frühen Entwurfsphasen eines Projekts. Folgende Ziele werden verfolgt:

1. **Die Steigerung der Produktivität** durch einen koordinierten und konsistenten Ansatz für die Arbeit mit BIM.

2. **Das Definieren von Standards** zur Gewährleistung einer höheren Datenqualität und einheitlichen Planungsqualität.

3. **Das Einrichten einer gemeinsamen BIM-Datenstruktur** zur effizienten Nutzung von Daten in einer kollaborativen und multidisziplinären Umgebung.

Das im Jahr 2014 veröffentlichte AEC (CAN) BIM Protocol v2.0 bildet das zentrale Dokument einer vollständigen, softwarebasierten Lösung. Die ergänzenden Dokumente enthalten die zusätzlichen Details und Verbesserungen, die zur Implementierung dieser Protokolle mit einer spezifischen BIM-Software erforderlich sind, wie bspw. das AEC (CAN) BIM-Protocol für Autodesk Revit oder zukünftige softwarespezifische Versionen und unterstützende Dokumente einschließlich White Papers und Vorlagen.[678] Im Jahr 2015 veröffentlichten das Institute for BIM in Canada (IBC) und die Organisation buildingSMART die neuesten nationalen BIM-Standards, unter dem Dach der buildingSMART alliance des US-amerikanischen

677 Vgl. CanBIM, "AEC(CAN) BIM Protocol v1" (Toronto: Canada BIM Council, 2012), S. 4.
678 Vgl. CanBIM, "AEC(CAN) BIM Protocol v2" (Toronto: Canada BIM Council, 2014), S. 6f.

National Institute of Building Sciences (NIBS). Die Veröffentlichung des neuen nationalen BIM-Standards war ein bedeutender Schritt in der Entwicklung von Standards für die BIM-Anwender in Kanada. Das IBC und die Organisation buildingSMART Canada arbeiten weiterhin an der Entwicklung von Normen. Dazu gehört auch die Zusammenarbeit mit internationalen Organisationen wie buildingSMART International oder die Beziehungen zu Organisationen wie dem US National Institute of Building Sciences (NIBS). Das Institute for BIM in Canada (IBC) und die Organisation buildingSMART Canada verpflichten sich, die BIM-Methode in Kanada so zu implementieren, dass alle Beteiligten ihre Rollen und Verantwortlichkeiten bei der Nutzung dieser Technologie verstehen.[679]

4.3 Australien

In der kontinentalen Großregion Australien und Ozeanien werden die Länder Australien und Neuseeland betrachtet (s. Tab. 13), da hier die Einführung und Anwendung von BIM an weitesten fortgeschritten ist. In der aus über 7500 Inseln bestehenden Inselwelt im Pazifik nordöstlich von Australien spielt die Anwendung von BIM gegenwärtig noch keine Rolle.

Jahr	BIM Standard	Modellierung-methodik	LODs
2009	[Australia, CRC] National Guidelines for Digital Modelling	x	x
2011	[Australia, NATSPEC] National BIM Guide v1.0	x	x
2011	[Australia-New Zealand, ANZRS Committee] ANZRS_family compliance pack portfolio_Version2		
2012	[Australia, NATSPEC] BIM-Management Plan Template v1.0	x	x
2012	[Australia-New Zealand, ANZRS Committee] ANZRS V3		

679 buildingSMART Canada, https://www.buildingsmartcanada.ca (aufgerufen am 02.04.2018).

Jahr	BIM Standard	Modellierung-methodik	LODs
2015	[Australia, buildingSMART Australia] Industry Protocols for Information Exchange	x	x
2015	[Australia-New Zealand, ANZRS committee] ANZRS V4	x	x
2015	[Australia, buildingSMART Australia] Australian Technical Codes and Standards for BIM	x	x

Tab. 13: BIM-Standards in Australien und Ozeanien. Eigene Darstellung in Anlehnung an Cheng & Lu (2015). A review of the efforts and roles of the public sector for BIM-adoption worldwide, S. 464.

4.3.1 BIM in Australien

Australien hat in seinem Bericht der nationalen BIM-Initiative buildingSMART Australia (2012) mehrere nationale Zielvorgaben für die Implementierung und Anwendung von BIM genannt. Dabei liegt der Kerngedanke in den folgenden drei Empfehlungen.

1. Die Anwendung von BIM für alle öffentlichen Bauaufträge der australischen Regierung bis zum 1. Juli 2016.

2. Die Ermutigung der australischen Bauindustrie, ein vollständiges open BIM zu verlangen.

3. Die Umsetzung der nationalen BIM-Initiative building-SMART Australia (2012).

Es wurde außerdem vorgeschlagen, dass die australische Regierung die Anwendung von BIM als einen wichtigen Teil des Regierungsprozesses betrachtet. Darüber hinaus haben einige australische Industriekonsortien wesentlich zur Einführung von BIM beigetragen. Beispielsweise hat die Air-Conditioning & Mechanical Contractors' Association (AMCA) die BIM-MEPAUS Initiative ins Leben gerufen, um die Implementierung von BIM und Integrated Project Delivery (IPD) innerhalb der australischen

Bauindustrie zu erleichtern.[680] Wie in Tab. 13 dargestellt, wurden acht BIM-Standards veröffentlicht: drei von der Regierung und weitere fünf von Non-Profit-Organisationen. Das Australia Cooperative Research Centre (CRC) für Bauinnovation veröffentlichte im Jahr 2009 seine National Guidelines for Digital Modelling (CRC-CI, 2009), um die Einführung von BIM in der australischen AEC-Industrie zu fördern. Die Richtlinien bieten einen Überblick über BIM und Empfehlungen für Schlüsselbereiche der Modellbildung und Modellentwicklung sowie der Simulation und Leistungsmessung. Die von der Regierung unterstützte Non-Profit-Organisation Construction Information Systems Limited (NATSPEC) veröffentlichte im Jahr 2011 ihren BIM-Leitfaden NATSPEC National BIM Guide (NATSPEC, 2011). Er definiert die Verwendung von BIM, Modellierungsmethoden, Präsentationsstilen und lieferbare Anforderungen. Darüber hinaus wurde der Leitfaden aus dem VA BIM Guide 2010 (VA, 2010) übernommen. Im Jahr 2012 veröffentlichte NATSPEC die Vorlage für einen projektbezogene BIM Management Plan (NATSPEC, 2012), als ergänzendes Dokument zum National BIM Guide.[681]

4.3.2 BIM in Neuseeland

Eine Studie über die Entwicklung von BIM in Neuseeland wurde im Jahr 2013 von Masterspec, einem der Markführer für Bausoftware, veröffentlicht. Der Studie mit dem Namen „New Zealand National BIM Survey Report 2013" wurde im Auftrag der Bauindustrie erstellt und von den NBS UK sowie dem Building and Construction Productivity Partnership finanziert. Diese berichtet u.a. über mögliche Hindernisse der BIM-Einführung sowie fehlende branchenweite Protokolle.[682] In dem im Jahr 2012 veröffentlichten Report „Building Industry Performance Measures" wird BIM als eine Möglichkeit aufgezeigt, die Produktivität in der Bauwirtschaft bis 2020 um 20 Prozent zu erhöhen.[683] Das Building and Construction Productivity Partnership veröffentlichte im Jahr 2014 das New Zealand BIM Handbook (MBIE, 2014). Das BIM-Handbuch hat das Ziel, den Einsatz

---

[680] Vgl. Cheng, J.C.P. & Lu, Q., S. 464.
[681] Ebd., S. 465.
[682] masterspec, https://masterspec.co.nz (aufgerufen am 02.04.2018).
[683] Vgl. Page, I.C. & Curtis, M.D., "Building Industry Performance Measures" (Judgeford, New Zealand: Branz Building Research Levy, 2012), S. 5.

von BIM während des gesamten Projektlebenszyklus zu fördern, eine gemeinsame Sprache in der Bauindustrie zu schaffen, die Aufgaben des Architekten und der Fachplaner zu verdeutlichen, die Verbesserung der Koordination in der Planungs- und Bauphase, einen ganzheitlichen Projektansatz des Facility Management zu fördern und klare Wege für zukünftige Entwicklungen aufzuzeigen. Das innerhalb des Building and Construction Productivity Partnership angesiedelte BIM Acceleration Committee hat die Aufgabe die Anwendung vom BIM in Neuseeland zu fördern. Die neuseeländische Regierung agiert nach dem Vorbild der Länder Großbritannien, Australien und Singapur.[684]

4.4 Europa

In Europa nehmen Länder wie Finnland, Norwegen, Dänemark, die Niederlande und Großbritannien eine führende Rolle in der Anwendung von BIM ein. Besonders ambitioniert agieren die Briten. Großbritannien will zukünftig weltweit eine federführende Rolle in der Anwendung von BIM einnehmen und hat bereits verschiedene BIM-Standards und Richtlinien entwickelt, die bereits heute in internationale Normen einfließen. Es erscheint daher vorstellbar, dass diese Richtlinien auch für Deutschland verpflichtend werden, obwohl die deutsche Bauwirtschaft nicht an deren Entwicklung beteiligt war. Im Vergleich zu den zuvor genannten europäischen Ländern hinkt die deutsche Bauwirtschaft bei der Implementierung der BIM-Methode um Jahre hinterher.

Während bei einigen europäischen Nachbarn bereits vor Jahren von staatlicher Seite die Weichen für den digitalen Wandel gestellt wurden, verabschiedete die deutsche Gesetzgebung erst Ende 2015 den sog. Stufenplan Digitales Planen und Bauen. Danach tritt eine Verfügung zur Anwendung von BIM auf einem festgelegten Leistungsniveau in allen Verkehrsinfrastrukturprojekten erst im Jahr 2020 in Kraft. In Norwegen ist BIM seit dem Jahr 2013 in staatlichen Projekten verpflichtend, in Dänemark sogar bereits seit dem Jahr 2007. Selbst in Spanien ist ab Juli 2019 die Anwendung von

---

684 Vgl. Baier, C.K., “Entwicklung eines Prozessmodells für den holistischen Einsatz der BIM-Methodik im nachhaltigen öffentlichen Bauen.“ (Diss., Universität Cantabria, 2016), S. 64f.

BIM in allen staatlichen Infrastrukturprojekten verpflichtend. Die Situation in Deutschland zeichnet sich aktuell dadurch aus, dass sich viele Initiativen und Unternehmen autark mit dem Thema BIM beschäftigen und es für sich nutzen. Diese Akteure gilt es zusammenzubringen, um die BIM-Methode für die deutsche Bauwirtschaft insgesamt zu etablieren und eigene Standards zu entwickeln.

Jahr	BIM Standard	Modellierungsmethodik	LODs
2007	[Denmark, Bryggestyrelsen] 3D CAD Manual 2006	x	x
2007	[Denmark, Bryggestyrelsen] 3D Working Method 2006		
2007	[Denmark, Bryggestyrelsen] 3D CAD Project Agreement 2006		
2007	[Denmark, Bryggestyrelsen] Layer and Object Structures 2006		
2007	[Finland, Senate Properties] Senate Properties' BIM Requirements for Architectural Design		
2007	[UK, BSI] BSI 1192:2007		
2008	[Norway, Statsbygg] BIM Manual v1.0		
2009	[Sweden, SSI] Bygghandlingar 90		
2009	[Norway, Statsbygg] BIM Manual v1.1		
2009	[UK, AEC] BIM Standard v1.0	x	x
2010	[UK, BSI/CPIC] Building Information Management: A Standard Framework and Guide to BS1192	x	
2011	[Norway, Statsbygg] BIM Manual v1.2	x	x
2011	[Norway, Norwegian Home Builders´ Association] BIM Manual v1	x	
2011	[UK, BSI] BSI 8541-2		
2012	[Finland, Senate Properties] Common BIM Requirements 2012 v1	x	
2012	[UK, BSI] BSI 8541-1		

Jahr	BIM Standard	Modellierungsmethodik	LODs
2012	[UK, BSI] BSI 8541-3		
2012	[Norway, Norwegian Home Builders´ Association] BIM Manual v1		
2012	[UK, AEC] BIM Protocol v2	x	x
2012	[UK, AEC] BIM Protocol v2 for Autodesk Revit v2	x	x
2012	[UK, AEC] BIM Protocol for Bentley AECOsim Building Designer v2	x	x
2012	[Netherlands, Rijksgebouwendienst] Rgd BIM Norm v1	x	x
2012	[Norway, Norwegian Home Builders´ Association] BIM Manual v2		
2013	[UK, BSI] PAS 1192-2: 2013	x	x
2013	[UK, CIC] Best Practice Guide for Professional Indemnity Insurance when using BIM v1		
2013	[UK, CIC] Building Information Model (BIM) Protocol v1	x	x
2013	[UK, AEC] BIM Protocol v2 for Graphisoft ArchiCAD v1	x	x
2013	[UK, CIC] Outline Scope of Services for the Role of Information Management v1		
2013	[Norway, Statsbygg] BIM Manual v1.2.1	x	
2013	[Netherlands, Rijksgebouwendienst] Rgd BIM Norm v1.1	x	x
2014	[UK, BSI] PAS 1192-3: 2014		
2014	[UK, BSI] BS 1192-4: 2014		
2015	[UK, BSI] BS 7000-4: 1996	x	x

Tab. 14: BIM-Standards in Europa. Eigene Darstellung in Anlehnung an Cheng & Lu (2015). A review of the efforts and roles of the public sector for BIM-adoption worldwide, S. 453f.

4.4.1 BIM in Großbritannien

Großbritannien ist eines der Länder, das in der Implementierung und Anwendung der BIM-Methode am weitesten fortgeschritten ist. Im Jahr 2011 verlangte die sog. Government Construction Strategy der britischen Regierung von allen zentralen Regierungsbehörden die Anwendung von BIM-Level 2 bis zum Jahr 2016. Um dieses Ziel zu erreichen, wurde im Jahr 2011 die BIM Task Group gegründet. Die BIM Task Group ist ein Konsortium, um die Expertise aus der Industrie und Regierung sowie den Institutionen und Universitäten zusammenzubringen. Durch die BIM Task Group wurden verschiedene Arbeitspakete definiert, um das für 2016 gesetzte Ziel der Regierung zu erreichen.

Ein Arbeitspaket schlägt eine Reihe von BIM-Briefing Sitzungen vor und veröffentlichte das erste BIM Learning Outcomes Framework, um frühzeitig Informationen bereitzustellen. Ein weiteres Arbeitspaket konzentriert sich auf die Möglichkeit der Anwendung von COBie-konformen Data Drops für die zivile Infrastruktur. Ende 2013 veröffentlichte die BIM Task Group einen Bericht über die Anforderungen, die COBie-konforme Data Drops erfüllen sollte, um den Informationsaustausch in zivilen Infrastrukturprojekten zu gewährleisten. Zahlreiche andere öffentliche Stellen in Großbritannien haben sich ebenfalls um die Implementierung von BIM bemüht, um das für 2016 gesetzte Ziel der Regierung zu erreichen. Beispielsweise erarbeitete der Construction Industry Council (CIC) ein BIM-Protokoll zur Unterstützung der Arbeitsschritte im BIM-Level 2. Darüber hinaus hat das British Standards Institution B/555 Committee für Konstruktion, Modellierung und den Austausch von Daten verschiedene BIM-Aktivitäten und BIM-Standards zur Unterstützung der für 2016 gesetzten Ziele der Regierung veröffentlicht.[685]

Wie in Tab. 14 beschrieben, wurden 34 BIM-Standards in Europa veröffentlicht, von denen 18 BIM-Standards aus Großbritannien stammen. Die meisten von ihnen enthalten Modellierungsmethodik sowie Präsentationsstile für Komponenten und Datenorganisation, um die Nutzung von BIM-Daten und BIM-Modellen zu erleichtern. Für den öffentlichen Sektor in

[685] Vgl. Cheng, J.C.P. & Lu, Q., S. 451f.

Großbritannien haben das Construction Industry Council (CIC) und die BIM Task Group als Reaktion auf das für 2016 gesetzte Ziel der Regierung einige BIM-Leitlinien veröffentlicht. Das erste BIM-Protocol v1 (CIC, 2013b) identifiziert Anforderungen, die Projektteams in BIM-Projekten für alle üblichen Bauaufträge erfüllen sollten. Der zweite Best Practice Guide for Professional Indemnity Insurance When Using BIM v1 (CIC, 2013a) fasst die wichtigsten Risiken zusammen, die Berufshaftpflichtversicherer bei BIM-Projekten eingehen würden.[686]

Darüber hinaus veröffentlichten gemeinnützige Organisationen in Großbritannien, wie die BSI und das AEC-UK Committee, eigene BIM-Standards. Die BSI hat seit dem Jahr 2007 mehrere Standards für die digitale Definition und den Austausch von Lebenszyklusdaten in der Bauindustrie veröffentlicht. So spezifiziert bspw. der Standard PAS 1192-2: 2013 (BSI, 2013) einen Informationsmanagementprozess zur Unterstützung von BIM-Level 2 in der Planungs- und Bauphase, während sich der Standard PAS 1192-3: 2014 (BSI, 2014) auf die Betriebsphase von Vermögenswerten konzentriert. Daneben veröffentlichte das BSI gemeinsam mit dem Construction Project Information Committee (CPIC) im Jahr 2010 einen Standard-Leitfaden zum Building Information Management. Das AEC-UK Committee veröffentlichte im Jahr 2009 die erste Version des BIM-Standards (AEC-UK, 2009) und im Jahr 2012 das BIM-Protokoll, Version 2.0 (AEC-UK, 2012c). Seit 2012 hat das AEC-UK Committee verschiedene Softwareplattformen untersucht, darunter Autodesk Revit (AEC-UK, 2012a), Bentley (AEC-UK, 2012b) und ArchiCAD (AEC-UK, 2013).[687]

4.4.2 *BIM in den skandinavischen Ländern*

Die skandinavischen Länder haben ebenfalls eine führende Rolle in der Implementierung und Anwendung von BIM eingenommen. Norwegen, Dänemark und Finnland bspw. haben die ArchiCAD-Software schon früh übernommen und gehörten zu den ersten Ländern, die sich für eine modellbasierte Planung und Interoperabilität sowie offene Standards (bspw. IFC) einsetzten. Diese Länder waren ein wesentlicher Bestandteil bei der

---

[686] Ebd., S. 452.

[687] Ebd.

Entwicklung des IFC-Standards und der Einführung der BIM-Methode in Europa.[688] Im Jahr 2010 verpflichtete sich die norwegische Regierung zur Einführung der BIM-Methode. Daraufhin starteten zahlreiche öffentliche Stellen in Norwegen verschiedene BIM-Programme, bspw. hat das norwegische Verteidigungsministerium drei BIM-Pilotprojekte gestartet. Um die Einführung von BIM zu fördern, hat Statsbygg - eine Verwaltung des öffentlichen Sektors in Norwegen - mehrere Forschungs- und Entwicklungsprojekte mit dem Ziel durchgeführt, die BIM-Methode für effizientes Bauen sowie standortbasierte Simulationen und Energieberechnungen einzusetzen. Die norwegische Home Builders Association startete das sog. boligBIM Project, um eine Richtlinie für ein BIM-Handbuch zu entwickeln. Ab dem Jahr 2008 begann der öffentliche Sektor in Norwegen mit der Ausarbeitung und Veröffentlichung seiner BIM-Standards. Insgesamt sechs BIM-Standards, von denen vier von norwegischen Behörden und zwei von einer gemeinnützigen Organisation veröffentlicht wurden. Statsbygg hat im Jahr 2008 zunächst die Anforderungen an eine IFC-kompatible Anwendung der BIM-Methode beschrieben und in einem BIM-Handbuch veröffentlicht. Die neueste der vier Versionen des BIM-Handbuchs Statsbygg Building Information Modeling Manual v1.2.1 (SBM) wurde im Jahr 2013 veröffentlicht.[689]

Das SBM ist das Ergebnis staatlicher Initiativen und für staatliche Projekte verpflichtend. Es enthält die allgemeinen Anforderungen von Statsbygg und disziplin-spezifische Anforderungen für die Anwendung von BIM in Projekten. Es wurde als Best Practice für die Anwendung von BIM in Norwegen im gesamten AEC-Bereich positioniert. Die Norwegische Home Builders Association veröffentlichte im Jahr 2011 ihr BIM Manual Version 1 und im Jahr 2012 die Version 2, die eine allgemeine Modellierungsmethodik für verschiedene Softwareprodukte zusammenfasst und sich auf vier Hauptbereiche konzentriert: Energiesimulationen, Kostenkalkulation, Lüftung und Dachkonstruktion.[690] In Dänemark initiierte die Regierung im Jahr 2007 das Projekt Det Digitale Byggeri (deu.: Das digitale Bauen). Mit

[688] Vgl. Smith, P., "BIM-Implementation - Global Strategies", *Elsevier Procedia Engineering* 85 (2014): S. 485.
[689] Vgl. Cheng, J.C.P. & Lu, Q., S. 454.
[690] Ebd.

dem Projekt werden Anforderungen an die Informations- und Kommunikationstechnologie sowie die Anwendung von BIM in Regierungsprojekten gestellt. Seit dem Jahr 2007 haben staatliche Auftraggeber (wie die Palaces & Properties Agency, die Danish University Property Agency und der Defence Construction Service) die BIM-Methode in ihren Projekten erprobt und die Anforderungen des Projekts Det Digitale Byggeri umgesetzt. Im Auftrag des Projekts Det Digitale Byggeri veröffentlichte die Nationale Agentur für Unternehmen und Bauwesen Erhvervs og Byggestyrelsen im Jahr 2007 vier Richtlinien für die Arbeit mit 3D-CAD und BIM-Anwendungen: 3D-CAD Manual 2006, 3D Working Method 2006, 3D CAD Project Agreement 2006 sowie Layer and Object Structures 2006.[691]

In Finnland verwendet die staatliche finnische Immobilienagentur Senate Properties, das größte staatliche Unternehmen des finnischen Finanzministeriums, seit dem Jahr 2007 die BIM-Methode in seinen Projekten. Im selben Jahr veröffentlichte die Senate Properties die sog. BIM Requirements for Architectural Design. Im Jahr 2012 entwickelten Senate Properties, mit Unterstützung mehrerer Bau- und Beratungsunternehmen, die finnischen nationalen BIM-Richtlinien (COBIM) und generierten die Common BIM Requirements 2012 v1.0. Die Common BIM Requirements 2012 v1.0 enthalten 13 Anforderungen, die von praktizierenden Unternehmen oder Organisation mit entsprechender BIM-Erfahrung aufgezeigt wurden. Nach der Veröffentlichung der COBIM-Anforderungen veröffentlichte der finnische Betonverband im Jahr 2012 die BIM-Richtlinien für Betonstrukturen BIM guidelines for concrete structures.[692]

In Schweden wird BIM seit einigen Jahren von der Bauindustrie eingesetzt. Die schwedische Regierung begann mit der Förderung der Anwendung von BIM, als die schwedische Transportbehörde Swedish Transportation Administration (STA) im Jahr 2013 erklärte, dass sie BIM in den nächsten Jahren Schritt für Schritt einsetzen werde. Die STA sah auch vor, dass ab dem Jahr 2015 in allen Investitionsprojekten die BIM-Methode angewendet werden soll. Infolgedessen hat die STA ein BIM-Implementierungsprojekt ins Leben gerufen, um einerseits die internen Prozesse zu

[691] Ebd., S. 455.
[692] Ebd.

standardisieren und andererseits externen Lieferanten die Möglichkeiten einzuräumen, die BIM-Methode anzuwenden. Das Swedish Standards Institute (SSI) veröffentlichte im Jahr 2009 die sog. Bygghanlingar 90, die eine Reihe von digitalen Leistungen für den Bau und das Facility Management sowie CAD-Richtlinie für die Bereitstellung und Verwaltung digitaler Informationen innerhalb schwedischer Bauprojekten umfassen. Da die BIM-Standards Bygghanlingar 90 (BH90) lediglich eine administrative Richtlinie vorgaben und es an spezifischen Beispielen sowie strategischen Perspektiven fehlte, wurde im Jahr 2009 die OpenBIM Organization gegründet, um BIM-Standards in Schweden zu etablieren.[693]

4.4.3 BIM in den Niederlanden

In den Niederlanden hat die Anwendung von BIM in den letzten Jahren durch öffentliche Auftraggeber deutlich zugenommen. Beispielsweise hat die niederländische Generaldirektion für öffentliche Arbeiten und Wasserwirtschaft Rijkswaterstaat (RWS) das BIM-Programm 2012-2014, mit einem Gesamtbudget von 12 Millionen Euro, für die Beteiligung von Forschungsinstituten und Interessengruppen bei der Entwicklung von BIM in den Niederlanden entwickelt. Die niederländische Regierungsbehörde Rijksgebouwendienst (Rgd) beauftragte im Jahr 2011 verschiedene Bauprojekte mit einer Bruttogeschossfläche von insgesamt 7 Millionen Quadratmetern, in denen die Anwendung der BIM-Methode verpflichtend war. Auf der Grundlage der gemachten Projekterfahrungen hat die Rijkswaterstaat (RWS) im Jahr 2012 die erste Version des Rijksgebouwendienst BIM Standard veröffentlicht. Der Rijksgebouwendienst BIM Standard beschreibt die Spezifikationen und Anforderungen der BIM-Anwendung. Im Jahr 2013 veröffentlichte die niederländische Regierungsbehörde Rijksgebouwendienst die BIM Norm Version 1.1.[694] Aber auch in anderen europäischen Ländern ist die Implementierung und Anwendung der BIM-Methode in den letzten Jahren weiter fortgeschritten. Aus der Sicht der Europäischen Union haben eine Reihe von Ländern nationale Programme zur Förderung der Anwendung von BIM initiiert. Die EU-Kommission unterstützt die EU BIM Task Group in den Ländern bei der Finanzierung eines

[693] Ebd., S. 457.
[694] Ebd.

gemeinsamen europäischen Netzwerks zur Nutzung von BIM in öffentlichen Bauaufträgen.[695]

4.4.4 BIM in Frankreich

Die französische Regierung hat die BIM-Methode bis zum Jahr 2017 in 500.000 Wohnungsbauprojekten eingesetzt. Die Arbeitsgruppe Le Plan Transition Numérique dans le Bâtiment (deu.: Initiative zur Digitalisierung des Bauwesens) hat im Jahr 2014 die französische BIM-Roadmap und im Jahr 2015 die sog. operational Roadmap veröffentlicht. Letztere enthält fünf Schlüsselaktivitäten: die Unterstützung der OpenBIM-Standardisierung, die Anwendung des Properties of Product for BIM (ppBIM)-Standards, die Digitalisierung von Regelwerken (Code Compliance Checking), die juristischen Aspekte der Digitalisierung und die Zertifizierung von Produkten und Prozessen. Im Jahr 2016 veröffentlichte die Arbeitsgruppe mehrere Empfehlungen für Bauherren, darunter eine allgemeine BIM-Einführung, allgemeine Empfehlungen für die Auftraggeber-Informationsanforderungen (AIA), BIM-Anwendungsfälle sowie juristische und monetäre Aspekte. Im Jahr 2017 veröffentlichte die Arbeitsgruppe ein Strategiepapier zur Standardisierung von BIM-Prozessen und Datenaustausch sowie generischen BIM-Objekten.[696]

4.4.5 BIM in Deutschland, Österreich und der Schweiz

In Deutschland wurde im Jahr 2013 die sog. Reformkommission für den Bau von Großprojekten gegründet und der BIM-Leitfaden für Deutschland erstellt. Im Jahr 2015 wurde die Organisation „planen-bauen 4.0“ gegründet. Die Initiative arbeitet darauf hin, dass allen am Planungs- und Bauprozess Beteiligten die Effizienzpotentiale des digitalen Bauens zugänglich gemacht werden. Die Digitalisierung aller relevanteren Bauwerksdaten und die Vernetzung in virtuellen Bauwerksinformationsmodellen bergen aus der Sicht von planen-bauen 4.0 erhebliches Innovationspotential. Die planen-bauen 4.0 wird als nationale Plattform, als Kompetenzzentrum und

695 Vgl. Hore, A., McAuley, B. & West, R., “BIM Innovation Capability Programme of Ireland“ (Paper presented at the Proceedings of the Joint Conference on Computing in Construction, Heraklion, Greece, 2017), S. 762.

696 Ebd.

als der Gesprächspartner im Bereich der Forschung, Regulierung und Implementierung von BIM verstanden. Die Gesellschaft soll die Rolle der Wegbereiterin bei der Einführung von BIM in der deutschen Bauwirtschaft übernehmen.[697] Darauf aufbauend wurde ebenfalls im Jahr 2015 vom Bundesministerium für Verkehr und digitale Infrastruktur (BMVI) der Stufenplan Digitales Bauen und Planen aufgestellt, mit den Zielsetzungen: Erhöhung der Planungsgenauigkeit und Kostensicherheit, Optimierung der Kosten im Lebenszyklus und Umsetzung der Kernempfehlungen der Reformkommission Bau von Großprojekten. Darin wird die schrittweise Einführung von BIM-Praktiken bis zum Jahr 2017 beschrieben. Diese soll von 2017 bis 2020 mit weiteren Pilotprojekten fortgesetzt werden und nach 2020 zur vollständigen Umsetzung von BIM führen.[698]

In Österreich wurde im Jahr 2015 von Austrian Standards der in Österreich erarbeitete Standard ÖNORM A 6241-2 (Digitale Bauwerksdokumentation BIM-Level 3) vorgestellt. Der Standard schafft die Grundlagen für einen umfassenden, einheitlichen und systematisierten Datenaustausch und der zugehörigen grafischen Informationen auf Basis von IFC und Building Smart Data Dictionary (BSDD). Hierfür wurde gemeinsam mit dem Forschungsprojekt „freeBIM Tirol“ ein Merkmal-Server entwickelt, auf dem die Eigenschaften von Bauteilen und Materialien gesammelt, standardisiert und den Planungsphasen zugeordnet wurden.[699] In der Schweiz wurde im Jahr 2015 ein Open BIM-Leitfaden veröffentlicht, der eine BIM-Methodik in Zusammenarbeit mit den bestehenden Standards der Schweizerischen Ingenieur- und Architektengesellschaft (SIA) vorschlägt.[700]

4.4.6 BIM in Südeuropa

In Italien wurden von der italienischen Normungsstelle (UNI) die Teile 1 bis 4 und im Jahr 2017 der Teil 5 der Nationalen BIM-Norm UNI 11337 veröffentlicht. Diese Normen befassen sich mit den notwendigen digitalen

[697] buildingSMART, https://www.buildingsmart.de (aufgerufen am 05.04.2018).
[698] Vgl. BMVI, “Stufenplan Digitales Planen und Bauen“, S. 7f.
[699] Vgl. WKÖ, “Building Information Modelling“ (Wien: Wirtschaftskammer Österreich, Geschäftsstelle Bau, 2016), S. 8.
[700] Vgl. Maier, C., “Grundzüge einer open BIM Methodik für die Schweiz“ (Zürich: Ernst Basler & Partner AG, 2015), S. 3ff.

Informationsmanagementprozessen im Bauwesen. In Spanien wurde im März 2018 ein BIM-Mandat eingeführt, das bis Juli 2019 eine verpflichtende Anwendung der BIM-Methode in Infrastrukturprojekten vorsieht. Außerdem wurde der Lenkungsausschuss *Comisión para la Implantación de la Metodología* (deu.: Kommission für die Umsetzung der Methodik) zur Förderung der Anwendung von BIM eingerichtet.

4.4.7 BIM in Osteuropa

Die Tschechische Republik veröffentlichte im Jahr 2013 das BIM-Handbuch *Příručka pro zavádění BIM evropským veřejným sektorem* (deu.: Handbuch zur Implementierung von BIM durch den europäischen öffentlichen Sektor) basierend auf dem Programm der EU-Kommission. In den übrigen osteuropäischen Ländern spielt BIM derzeit noch eine untergeordnete Rolle. [701]

4.5 Asien

Ismail, Chiozzi & Drogemuller (2017) haben eine Studie über die Implementierung von BIM in den Ländern China, Indien, Malaysia, Indonesien, Thailand, Myanmar, Sri Lanka, Mongolei, Vietnam und Pakistan veröffentlicht. Die Forscher haben zusammenfassend festgestellt, dass die meisten Länder in Asien eine geringe Implementierung von BIM in ihren jeweiligen Regionen aufweisen, der Nutzen der Planungsmethode BIM aber erkannt wurde. In den asiatischen Ländern wurden unterschiedliche und ähnliche Ansätze verfolgt, um die Nutzung von BIM in ihren Regionen zu verbessern. Regierungsmandate könnten zweifellos einer der Haupttreiber sein, um die Akteure der Baubranche zu ermutigen die BIM-Methode in ihre Praxis einzubinden. Die BIM-Mandate für Bauprojekte durch staatliche Behörden stellen partiell die Bereitschaft eines Unternehmens oder einer Einzelperson dar, die BIM-Methode freiwillig zu implementieren und daraus zu lernen. Abgesehen von der Stärkung des partiellen Interesses an der Implementierung von BIM wird den Nutzern aber nicht bewusst, wie die BIM-Methode nachhaltig ihre Praxis verbessern kann. Dies könnte der Grund für die Zurückhaltung sein, die BIM-Methode anzuwenden. Darüber hinaus sind die Kosten bei der Bereitstellung von BIM insbesondere

[701] Vgl. Hore, A., McAuley, B., & West, R., S. 763.

bei kleinen Unternehmen häufig die größte Herausforderung. Die mangelnde Bereitschaft in Software und Hardware zu investieren, basiert in der Regel auf einer mangelnden Überzeugung im Hinblick auf den Nutzen dieser Investition. Tatsächlich verlangen heutzutage immer mehr Kunden die Anwendung der BIM-Methode, da sie das Potenzial der Methode für einen höheren Nutzen in ihren Projekten erkannt habe.[702] Diese Feststellungen werden durch die neuerliche Studie von Chin et al. (2018) bestätigt.[703]

In Asien nehmen Singapur, Südkorea und Hong Kong eine führende Rolle in der Anwendung von BIM ein. In Singapur bspw. nutzen 80 Prozent der AEC-Industrie seit dem Jahr 2015 die BIM-Methode in ihren Projekten. In Hong Kong wird bereits seit dem Jahr 2014 die BIM-Methode in allen Neubauprojekten angewendet. In Südkorea ist die Anwendung von BIM seit dem Jahr 2016 für alle staatlichen Projekte verpflichtend.[704] Die nachfolgende Tab. 15 zeigt die Entwicklung der BIM-Standards in Asien.

Jahr	**BIM Standard**	**Modellierungs-methodik**	**LODs**
2008	[Singapore, BCA] BIM e-Submission Guideline for Architectural Discipline v3.0	x	
2009	[HK, HA] BIM Standards Manual v1.0	x	
2009	[HK, HA] BIM User Guide	x	x
2009	[HK, HA] BIM Library Components Design Guide v1.0	x	
2009	[Korea, MLTM] National Architectural BIM Guide		

702 Vgl. Ismail, N.A., Chiozzi, M., & Drogemuller, R., "An Overview of BIM Uptake in Asian Developing Countries" (Paper presented at the Proceedings of the 3rd International Conference on Construction and Building Engineering ICON-BUILD, Palembang/ Indonesia, 2017), S. 5f.

703 Vgl. Chin, L. et al., "The Potential Cost Implications and Benefits from Building Information Modeling (BIM) in Malaysian Construction Industry." (Paper presented at the Proceedings of the 21st International Symposium on Advancement of Construction Management and Real Estate, Singapore, 2018), 1439-1454.

704 Vgl. Cheng, J.C.P. & Lu, Q., S. 459f.

Jahr	BIM Standard	Modellierungs-methodik	LODs
2010	[HK, HA] BIM Library Components Reference v1.0		
2010	[Taiwan, NTU] AEC (UK) BIM Standards for Autodesk Revit (translation)	x	x
2010	[Korea, PPS] Guideline v1: Architectural BIM Guide		
2010	[Singapore, BCA] BIM e-Submission Guideline for Architectural Discipline v3.5	x	
2011	[Singapore, BCA] BIM e-Submission Guideline Structural v2.1	x	
2011	[Singapore, BCA] BIM e-Submission Guideline MEP v3	x	
2011	[Korea, KICTEP] BIM Guideline		
2011	[Korea, KICT] National Level Built Environment BIM Guideline		
2011	[Korea, PPS] Guideline v2: BIM Cist Management Guide		
2011	[HK, HKIBIM] BIM Project Specification	x	x
2011	[Taiwan, NTU] AEC (UK) BIM Standards for Bentley Building (translation)	x	x
2012	[Japan, JIA] BIM Guidelines		
2012	[Singapore, BCA] BEG for BIM Adoption in an Organization		
2012	[Singapore, BCA] BEG for BIM Execution Plan		
2012	[Singapore, BCA] BEG for Architectural Consultants	x	
2012	[Singapore, BCA] BEG for Contractors	x	
2012	[Singapore, BCA] BEG for CS Consultants	x	
2012	[Singapore, BCA] BEG for MEP Consultants	x	

Jahr	BIM Standard	Modellierungs-methodik	LODs
2012	[Singapore, BCA] BIM Guide v1.0	x	
2013	[Singapore, BCA] BIM Guide v2.0	x	x
2013	[China, Beijing Exploration and Design Association] BIM Standard for Civil Building	x	x
2013	[Japan, JFCC] Guidelines for BIM Collaboration in Construction Stage	x	
2013	[Japan, buildingSMART Japan et al.] BIM Guideline for Public Building	x	
2013	[Korea, KICTEP] BIM Standard Development and Application for Super Tall Buildings	x	x
2014	[China, CIBSDR] Deliver Standard of Building Design- Information Modeling	x	x
2014	[China, CIBSDR] Standard for classification and coding of building constructions design information model		
2014	[HK, CIC] CIC Building Information Modelling Standards Draft 6.2	x	x
2014	[Taiwan, NTU] Level of Development Specification (V.2014)		x
2014	[Taiwan, NTU] Facility Owner's Guide for Preparing BIM Guidelines (V .2014)	x	x
2015	[China, Shanghai] Shanghai Building Information Modeling Application Guide		

Tab. 15: BIM-Standards in Asien. Eigene Darstellung in Anlehnung an Cheng & Lu (2015). A review of the efforts and roles of the public sector for BIM-adoption worldwide, S. 460.

4.5.1 *BIM in Singapur*

Innerhalb von Asien war Singapur der erste BIM-Anwender und der Erste in der Welt, der im Jahr 2008 die BIM e-submission einführte und im Jahr 2010 eine BIM-Roadmap veröffentlichte. Bereits im Jahr 1995 hat Singapur begonnen, das Projekt Construction Real Estate NETwork (CORENET) durchzuführen, um den Einsatz von BIM für verschiedene Genehmigungsstufen in der AEC-Industrie zu fördern. Später beteiligten sich mehrere Regierungsbehörden in Singapur, einschließlich der Building and Construction Authority (BCA), am e-submission-System. Diese elektronische Form der Übermittlung von Planungsdaten und Planungsdokumenten erfordert BIM und IFC. Daher wurden verschiedene BIM e-submission Richtlinien veröffentlicht, um die wichtigsten Anforderungen an die Einreichung zu definieren.[705]

Im Jahr 2010 implementierte die BCA eine BIM-Roadmap mit der Zielsetzung, dass bis zum Jahr 2015 mindestens 80 Prozent aller Neubauprojekte mit einer Größe von mehr als 5000 Quadratmeter Bruttogeschossfläche BIM e-submission nutzen. Dieses Ziel ist auch Teil der staatlichen Zielsetzung, die Produktivität der Bauindustrie in Singapur im nächsten Jahrzehnt durch die Anwendung von BIM, um bis zu 25 Prozent zu steigern. Nach der Umsetzung der BIM-Roadmap hat die BCA im Jahr 2010 den Center for Construction IT (CCIT) eingerichtet, um die Bauherren, Planer und Bauunternehmer bei der Anwendung von BIM zu unterstützen. Im Jahr 2011 wurde dann eine Reihe von BIM-Pilotprojekten, BIM-Schulungsprogrammen und BIM-Konferenzen organisiert, um die gesamte Branche auf BIM vorzubereiten. Angeführt von der Real Estate Developer's Association of Singapore (REDAS) und großen öffentlichen Beschaffungsstellen hat die BCA ein BIM-Lenkungskomitee gegründet, um die BIM-Anforderungen und -Richtlinien zu entwickeln.[706]

Singapur ist ein führendes Land bei der Einführung von BIM und der Entwicklung von BIM-Standards in Asien und international. Insgesamt gibt es 35 BIM-Standards aus Asien, von denen 12 aus dem öffentlichen Sektor

---

[705] Vgl. Hore, A., McAuley, B. & West, R., S. 764.
[706] Vgl. Cheng, J.C.P. & Lu, Q., S. 457f.

in Singapur stammen. Die meisten der 12 BIM-Standards umfassen Modellierungsmethodik sowie Komponentenpräsentationsstil und Datenorganisation. In den Normen fehlen jedoch häufig Detaillierungsgrade. Eine Ausnahme bildet, die im Jahr 2013 von der BCA veröffentlichte BIM Guide Version 2.0, die Rollen und Aufgaben der Projektbeteiligten bei der Anwendung von BIM in den verschiedenen Projektphasen beschreibt. Bereits im Jahr 2008 wurde mit Unterstützung der staatlichen Regulierungsbehörden die erste Version der BIM e-Submission Guideline zur Unterstützung des CORENET-Projekts entwickelt. Im Jahr 2010 veröffentlichte die BCA dann offiziell die BIM e-submission Guideline for Architectural Discipline, die Anforderungen und Anleitungen für die Erstellung spezifischer BIM-Objekte sowie deren Eigenschaften und Darstellungsstile beschreibt.[707]

4.5.2 BIM in Südkorea

In Südkorea hat die Anwendung von BIM in staatlichen Bauprojekten in den letzten Jahren rasant zugenommen. Im Januar 2012 veröffentlichte das Korean Ministry of Land, Transport & Maritime Affairs (MLTM) eine BIM-Roadmap für die Implementierung von 4D-BIM in allen wichtigen Bauprojekten im Zeitraum von 2012 bis 2015 und der Maßgabe, dass bis zum Jahr 2016 in allen öffentlichen Projekten die BIM-Methode angewendet wird. Der staatliche Public Procurement Service (PPS) hat im Jahr 2011 ein BIM-Programm mit dem Ziel aufgesetzt, bis zum Jahr 2015 in allen schlüsselfertigen Projekten über 50 Millionen US-Dollar Bausumme die BIM-Methode anzuwenden und bis zum Jahr 2016 die Anwendung von BIM in allen Projekten des öffentlichen Sektors verpflichtend einzuführen.

Das MLTM hat seit dem Jahr 2009 mehrere BIM-Forschungsprojekte initiiert und finanziert, wie bspw. das Projekt SEUMTER und das sog. openBIM Information Environment Technology for Super-High Buildings Project sowie die Etablierung einer offenen BIM-basierten Planungsumgebung zur Verbesserung der Planungsproduktivität. Der PPS hat im Jahr 2011 das BIM-Forschungsprojekt Cost Management Consulting initiiert und finanziert. Ziel des Projekts war es, Kosteneinsparung und Green

[707] Ebd., S. 458f.

Construction in öffentlichen Bereichen zu fördern, indem BIM für Energieeffizienzanalysen, Simulationen und modellbasierte Mengenerfassungen eingesetzt wurde.[708]

Südkorea hat insgesamt sechs BIM-Standards veröffentlicht. Die koreanischen Regierungsbehörden MLTM, PPS und das Korea Institute of Construction and Transportation Technology Evaluation and Planning (KICTEP) sowie eine Universität und das Korea Institute of Construction Technology (KICT) engagieren sich aktiv in der Entwicklung von BIM-Richtlinien. Im Jahr 2009 wurde das Projekt National Architectural BIM Guide von MLTM ins Leben gerufen und von buildingSMART Korea und der Kyung Hee Universität Seoul durchgeführt. Der BIM-Leitfaden enthält drei Ebenen: BIM Working Guide, Technical Guide und BIM Management Guide. Im Jahr 2010 hat PPS mit der Entwicklung einer BIM-Roadmap und BIM-Richtlinien begonnen. Die Entwicklung wurde von buildingSMART Korea und der Kyung Hee Universität Seoul unterstützt und führte zu zwei Ergebnissen: der im Jahr 2010 veröffentlichten PPS Guideline v1 (Architectural BIM Guide) und der im Jahr 2011 veröffentlichten PPS Guideline v2 (BIM-based Cost Management Guide).[709]

4.5.3 BIM in Japan

In Japan gab das Ministry of Land, Infrastructure and Transport (MLIT) im Jahr 2010 den Start mehrerer BIM-Pilotprojekten für Regierungsgebäude bekannt. Danach haben immer mehr Abteilungen des MLIT damit begonnen, BIM in ihren Projekten anzuwenden. Neben der japanischen Regierung begannen auch einige Industriekonsortien in Japan die BIM-Methode zu nutzen, wie bspw. eine BIM-Sonderabteilung des japanischen Dachverbands der Bauunternehmer Japan Federation of Construction Contractors (JFCC). Die BIM-Sonderabteilung zielte darauf ab, die Spezifikationen und die Verwendung von BIM zu standardisieren, um die Vorteile der BIM-Anwendung in der Bauphase zu erhöhen. Im Jahr 2011 hat der JFCC eine Studie über die gegenwärtige Anwendung von BIM in Japan durchgeführt. In Zusammenarbeit mit dem Building Research Institute of

[708] Ebd., S. 459.
[709] Ebd.

Japan (BRI) veranstaltete der JFCC im Jahr 2013 ein internationales Seminar zum Thema Integrated Design & Delivery Solutions (IDDS) und BIM, speziell im Hinblick auf die elektronische Einreichung von Bauanträge (BIM e-submission). Die Entwicklung von BIM-Richtlinien geschieht in Japan indessen vergleichsweise langsam. Erstmals im Jahr 2012 veröffentlichte das Japan Institute of Architects (JIA) ein BIM-Handbuch für Architekten, das zunächst BIM-Verfahren und BIM-Anforderungen enthält. Im Jahr 2013 entwickelte der JFCC die Guidelines for BIM Collaboration in Construction Stage.[710]

4.5.4 BIM in China (Festland)

In China veröffentlichte die Regierung im Jahr 2012 den 12. Nationalen Fünfjahresplan, in dem die Rahmenbedingungen für die Anwendung von BIM festgelegt wurden. Das *Ministry of Housing and Rural Urban Development* der chinesischen Regierung hat sich das Ziel gesetzt, die Anwendung von BIM innerhalb der nächsten fünf Jahre (bis 2017) umzusetzen und die Unternehmen zu bestärken, BIM für verschiedene Anwendungen zu nutzen, darunter Kollisionsanalyse, 4D-BIM und Visualisierung. Im Jahr 2012 startete das *Ministry of Housing and Rural Urban Development* gemeinsam mit dem *China Institute of Building Standard Design & Research (CIBSDR)* sowie anderen Forschungsinstituten und BIM-Anwendern ein Programm zur Entwicklung von zwei nationalen BIM-Standards: den Deliver Standard of Building Design - Information Modeling (CIBSDR, 2014a) und den Standard for Classification and Coding of Building Constructions Design Information Model (CIBSDR, 2014b). Daneben entwickelten einige lokale Regierungen ihre eigenen lokalen BIM-Standards, wie bspw. Peking im Jahr 2013 den Building Information Modeling Design Standard for Civil Building und Shanghai im Jahr 2015 den BIM Application Standard.[711]

Eine Studie von Cao et al. (2015) hat ergeben, dass die Anwendung von BIM in China noch weitgehend auf die Visualisierung von Planungskollisionen beschränkt ist. Die Mehrheit der Befragten betreiben immer noch

[710] Ebd., S. 460f.
[711] Ebd., S. 461.

die herkömmliche Art der Projektdurchführung in BIM-basierten Projekte. Bo et al. (2015) kamen zu dem Schluss, dass BIM-Standards sowie politische und kommerzielle Modelle entscheidend sind, um die Anwendung von BIM in China zu fördern. Eine Studie von Jin et al. (2015) hat gezeigt, dass die Anwendung von BIM in Peking eher zu negativen als zu positiven Auswirkungen geführt hat. Kultureller Widerstand, Lernschwierigkeiten und längere Prozesse waren hier die wichtigsten Herausforderungen bei der Implementierung von BIM.[712]

Liu et al. (2017) haben die aktuelle Anwendung von BIM in China überprüft und festgestellt, dass die Entwicklung von Richtlinien nicht abgeschlossen ist. Gleichwohl ist die Rolle der chinesischen Regierung für die Förderung der BIM-Anwendung von entscheidender Bedeutung und es wird erwartet, dass die chinesische Regierung den Fokus mehr auf die Formulierung entsprechender Richtlinien legen wird, um den weiteren Fortschritt von BIM zu fördern.[713]

Nach Hongyang et al. (2017) befindet sich China, unter Berufung auf eine von Dodge Data & Analytics (2015) durchgeführte Studie, noch am Anfang der Einführung von BIM. Danach befinden sich fast die Hälfte (46 %) der Architekten und circa ein Drittel (31 %) der Bauunternehmen in China derzeit auf dem niedrigsten Stand der BIM-Implementierung, da in weniger als 15 Prozent der Projekte die BIM-Methode angewendet wird. Dennoch ist die Verpflichtung der chinesischen AEC-Industrie zur Implementierung und Anwendung von BIM ein bedeutender Schritt. Dies ist zum Teil auf die nationalen und provinziellen Anforderungen an Innovation und Entwicklung zurückzuführen. Obwohl die chinesische AEC-Industrie eine starke Nachfrage nach BIM hat, ist die Umsetzung nicht einfach. Verschiedene Hindernisse haben bisher die Entwicklung von BIM in China behindert. Eine genaue Identifizierung dieser Faktoren ist ein wesentliches Erfordernis zur Verbesserung der BIM-Praxis und damit der Wirksamkeit

[712] Vgl. Ismail, N.A., Chiozzi, M. & Drogemuller, R., S. 2.

[713] Vgl. Liu, B. et al., "Review and prospect of BIM policy in China" (Paper presented at the IOP Conf. Series: Materials Science and Engineering, Guangzhou, China, 2017), S. 6f.

der gesamten Branche.[714] Im Mittelpunkt stehen dabei vor allem die Rolle der Regierung und des Marktes bei der Unterstützung der Einführung von BIM und die Bedeutung von Regierungsmandaten angesichts des politischen, sozialen, wirtschaftlichen und vor allem kulturellen Umfelds in China. Die traditionelle chinesische Kultur fördert ein mehrdeutiges Denken und Handeln, was der Betonung der Genauigkeit von BIM entgegensteht. Die konventionelle Managementphilosophie in China schenkt den Menschen mehr Aufmerksamkeit, wobei Technik weniger wichtig ist. Dies hat zu einem unzureichenden Verständnis von BIM bei den Unternehmen und insbesondere den Bauherren geführt.[715]

4.5.5 BIM in Taiwan

In Taiwan gab es bis zum Jahr 2015 keine öffentliche Verpflichtungserklärung der Regierung für die Einführung von BIM in der AEC-Industrie. Die Regierung hat jedoch ihr Engagement für die Einführung von BIM durch die Finanzierung zahlreicher BIM-Forschungsprogramme und Industrieprojekte gezeigt, wie bspw. die Taipei City Metro und verschiedene New Taipei City Sports Centres. Auch einige nationale Universitäten, wie bspw. die National Taiwan University (NTU) und die National Kaohsiung University of Applied Sciences (KUAS) engagieren sind bei der Einführung von BIM und haben universitäre BIM-Zentren eingerichtet. Bereits im Jahr 2009 hat die NTU das Forschungszentrum Building & Infrastructure Information Modeling and Management (BIIMM) eingerichtet, um die Zusammenarbeit von Industrie, Wissenschaft und Regierung bei der Einführung von BIM zu erleichtern. Neben der Durchführung von Forschungsprojekten hat das Forschungszentrum BIIMM eine Reihe von BIM-bezogenen Aktivitäten ins Leben gerufen, wie bspw. Konferenzen, Foren, Schulungsworkshops und Publikationen. Die NTU hat bereits 1998 drei Bücher über den Einsatz der BIM-Software Revit in der Architekturplanung, Tragwerksplanung und TGA-Planung veröffentlicht. Im Jahr 2010 hat die NTU außerdem die AEC (UK) BIM-Standards for Autodesk Revit und für Bentley Building in die taiwanesische Sprache übersetzt. Im

[714] Vgl. Hongyang, L. et al., "Barriers to BIM in the Chinese AEC-Industry" (Paper presented at the Proceedings of the Institution of Civil Engineers & Municipal Engineer, London, UK, 2017), S. 4.
[715] Ebd., S. 9.

Jahr 2014 hat die NTU, basierend auf den LOD-Spezifikationen des US-amerikanischen AGC BIM Forum, ihre eigenen LOD-Spezifikationen entwickelt und veröffentlicht. Im gleichen Jahr wurde das Handbuch für die Erstellung von BIM-Richtlinien Facility Owner's Guide for Preparing BIM Guidelines (V.2014) veröffentlicht. Allerdings gibt es derzeit keinen strategischen BIM-Plan oder nationalen BIM-Standard, der vom öffentlichen Sektor in Taiwan veröffentlicht wurde.[716]

4.5.6 BIM in Hong Kong

Hong Kong hat vor nahezu einem Jahrzehnt damit begonnen, die BIM-Methode zu implementieren. Gleichwohl ist die Implementierung von BIM in Hong Kong noch immer nicht abgeschlossen. Der öffentliche Sektor wie die Housing Authority (HA), das Architectural Services Department (ArchSD), der Construction Industry Council (CIC) sowie einige gemeinnützige Organisationen wie das Hong-Kong-Institute of Building Information Modelling (HKIBIM) nutzen aktiv BIM und versuchen die immanenten Potentiale der Methode zu entdecken. Beispielsweise ist die Housing Authority (HA), die für den Bau von öffentlichem Wohnraum verantwortlich ist, einer der Pioniere der Einführung von BIM in Hong Kong. Seit dem Jahr 2006 hat die Housing Authority (HA) die BIM-Methode in über 19 öffentlichen Wohnbauprojekten eingeführt und hauseigene BIM-Standards (HA, 2009c) sowie ein BIM-Benutzerhandbuch (HA, 2009d), einen Planungsleitfaden für Bibliothekskomponenten (HA, 2009a) und BIM-Referenzen (HA, 2009b) entwickelt.[717]

Die hauseigenen Standards der Housing Authority (HA) sind die ersten BIM-Standards, die in der AEC-Industrie von Hong Kong weithin akzeptiert wurden. Das Architectural Services Department (ArchSD) richtete im Jahr 2013 eine BIM-Entwicklungsabteilung ein und bot BIM-Schulungen für seine Mitarbeiter an. Darüber hinaus hat das ArchSD die BIM-Methode in den zwei Projekten, Studios RTHK und Yau Ma Tei Theatre Center, angewendet, die allgemein als Pilotprojekte für die Anwendung der BIM-Methode angesehen werden. Die MTR Corporation, ein Unternehmen mit

[716] Vgl. Cheng, J.C.P. & Lu, Q., S. 461f.
[717] Ebd., S. 462.

staatlicher Beteiligung, hat ebenfalls die BIM-Methode in zahlreichen Projekten eingesetzt, wie bspw. dem West Kowloon Terminus Railway Project.[718] Wong (2018) untersuchte im Rahmen einer qualitativen Studie die BIM-Wertrealisierung und den BIM-Beteiligungsgrad der projektbeteiligten Akteure in Hong Kong, unter dem Gesichtspunkt des BIM-Implementierungsansatzes und der Beschaffungs- bzw. Vergabestrategie. Die Expertenbefragungen und die Literaturrecherche haben ergeben, dass die meisten Projekte in Hong Kong die BIM-Reife der Stufe 1 (vgl. Tab. 7, S. 203), mit einem einseitigen Verwaltungsprozess erreichen. Obwohl ein gewisses Maß an Projektzusammenarbeit erzielt werden konnte, ist die AEC-Industrie in Hong Kong noch weit von der Nutzung des vollen Potenzials von BIM entfernt. Es wird vorgeschlagen, die Ressourcenauslastung bei der Planung der BIM-Ausführung stärker zu berücksichtigen, um durch den Einsatz von BIM eine höhere Produktivität zu erreichen.[719]

4.5.7 BIM in Malaysia

Die meisten Bauprojekte in Malaysia basieren auf dem herkömmlichen Bauprozess, der eng mit den Problemen Kostenüberschreitungen, Zeitverzögerungen und Nacharbeiten sowie mangelnde Kommunikation und Koordination verbunden ist. Dieses Faktum hat das Construction Industry Development Board Malaysia (CIDB) dazu veranlasst im Jahr 2013 mit der Erarbeitung einer BIM-Roadmap zu beginnen. Ziel war es, die Umsetzung von BIM in Malaysia mit der nationalen Strategie der Regierung in Einklang zu bringen. Nämlich bis zum Jahr 2020 durch die Übernahme von BIM der veränderten Nachfrage in der Bauwirtschaft zu begegnen.[720] Die malaysische BIM-Roadmap basiert auf den Vorbildern aus Australien, Singapur und Hong Kong, der strategischen Umsetzungspläne der australischen Praxis, der Praxis in Singapur und der Praxis in Hong Kong. Die Roadmap wurde im März 2015 vom CIDB veröffentlicht und umfasst

---

[718] Ebd.

[719] Vgl. Wong, S.Y., "A review on the execution method for Building Information Modelling projects in Hong Kong" (Paper presented at the Proceedings of the Institution of Civil Engineers - Management, Procurement and Law, 2018).

[720] Vgl. Hadzaman, N.A.H., Takim, R., & Nawawi, A.H., "BIM roadmap strategic implementation plan: Lesson learnt from Australia, Singapore and Hong Kong." (Paper presented at the 31st Annual ARCOM Conference, Lincoln/UK, 2015), S. 611f.

folgende sieben Punkte: Standards und Akkreditierung, Zusammenarbeit und Anreize, Ausbildung und Bewusstsein, eine nationale BIM-Bibliothek, BIM-Richtlinien und rechtliche Fragen, besondere Interessengruppe sowie Forschung und Entwicklung.[721] Die malaysische BIM-Roadmap hat die meisten Anforderungen, die aus Australien, Singapur und Hongkong zusammengeführt wurden, unter Berücksichtigung der malaysischen Baupraktiken eingearbeitet. Zur Verbesserung der malaysischen BIM-Roadmap sollten aber noch strategische Analyseelemente, wie bspw. Leistungsfähigkeit und Nutzwert für die zukünftige Entwicklung der BIM-Prozesse eingebettet werden, wie es bspw. Singapur bei der Aktualisierung seiner BIM-Roadmap bereits praktiziert.[722]

Musa et al. (2016) untersuchten anhand einer Literaturrecherche den Stand der Implementierung von BIM in der malaysischen AEC-Industrie hinsichtlich der Anwendung, Vorteile und Herausforderungen diese Methode. Die Studie hat ergeben, dass die Anwendung von BIM innerhalb des Lebenszyklus Bau zwar in Abhängigkeit der Projektanforderungen variiert, aber dennoch das Potenzial zur Verbesserung der Produktivität in der Bauwirtschaft hat. Die malaysische Bauindustrie treibt die Implementierung von BIM zwar voran, trotzdem ist der Implementierungsgrad noch gering. Deshalb müssen die malaysische Regierung und die Akteure der Bauwirtschaft die weitere Implementierung fördern, um die künftigen Anforderungen an die Planungskultur, Prozesse und Standards zu bewältigen.[723]

4.6 MENA-Region

Forschungsarbeiten zur Anwendung von BIM in der MENA-Region sind aktuell kaum vorhanden. Die wohl bedeutendsten Studien sind die von Mehran (2016) und Gerges (2017). Für den afrikanischen Kontinent zeigt sich ein ähnliches Bild. Hier sind die wohl bedeutendsten Studien die von

[721] Ebd., S. 614ff.
[722] Ebd., S. 619.
[723] Vgl. Musa, S. et al., "Building Information Modelling (BIM) in Malaysian Construction Industry: Benefits and Future Challenges" (Paper presented at the Proceedings of the 3rd International Conference on Applied Science and Technology, Georgetown/Penang, Malaysia, 2016), S. 7.

Ogwueleka (2015) und Kekana (2014). Die folgenden Kapitel stützen sich daher auf diese Studien.

4.6.1 BIM in den Golfstaaten

Die Stadtverwaltung von Dubai (Dubai Municipality) war die erste öffentliche Behörde im Mittleren Osten, die im Jahr 2013, mit der sog. Guideline for BIM Implementation No. 196, die Anwendung von BIM für die meisten Großprojekte im Emirat Dubai verpflichtend vorschrieb. Ein Bericht der Organisation buildingSMART hat bereits im Jahr 2011 die Anwendung von BIM in der gesamten Region Naher und Mittlerer Osten angekündigt. Der Bericht befasste sich mit der Anwendung von BIM im Rahmen des Gulf Cooperation Council (GCC) - also in den Mitgliedstaaten Bahrain, Katar, Kuwait, Oman, Saudi-Arabien und den Vereinigten Arabischen Emiraten - und empfiehlt, die Anwendung von BIM zukünftig zu erhöhen. Eine dem Bericht zugrundeliegende Studie hat ergeben, dass die Anwendung von BIM die Qualitätskontrolle, die Produktivität und die Reduzierung von Planungsfehlern deutlich verbessert hat. Darüber hinaus wurde festgestellt, dass das Fehlen von BIM-Spezialisten ein wesentliches Problem darstellt, die Anwendungsrate zu erhöhen.[724]

Aus den Ergebnissen der Studie von Gerges et al. (2017) im Vergleich zu dem Bericht von buidlingSMART (2011) lässt sich feststellen, dass die Anwendung von BIM im Mittleren Osten deutlich zugenommen hat. Die Vereinigten Arabischen Emirate sind unter allen Ländern des Mittleren Ostens das Land, in dem die meisten BIM-Projekten umgesetzt werden, gefolgt von Katar und Saudi-Arabien, die seit dem Jahr 2010 einen deutlichen Anstieg der Anwendung von BIM in ihren Projekten zu verzeichnen hatten. Im Rahmen dieser Studie berichteten 65 Prozent der Befragten von einer Anwendung der BIM-Methode in sog. Megaprojekten (über 1 Milliarde US-Dollar Investitionskosten) und 23 Prozent der Befragten berichteten von einer Anwendung von BIM in Großprojekten. Es wird erwartet, dass die Implementierung und Anwendung von BIM speziell in Katar, aufgrund der wachsenden Bevölkerung sowie als Hauptstadt und Gastgeber-

---

[724] Vgl. Gerges, M. et al., “An investigation into the implementation of Building Information Modeling in the Middle East“ *Journal of Information Technology in Construction ITcon* 22 (2017): S. 3.

zentrum vieler internationaler Organisationen, weiter zunehmen wird. Nach Katar folgt Kuwait, wo die Implementierung von BIM nach dem Jahr 2011 deutlich zugenommen hat.[725]

Vergleicht man die Ergebnisse der Studie von Gerges et al. (2017) mit dem Bericht von buildingSMART (2011) ist festzustellen, dass die Anzahl der Projektbeteiligten, die BIM für ihrer Projektarbeit einsetzen, deutlich gestiegen ist. Darüber hinaus haben die Unternehmen im Mittleren Osten damit begonnen, BIM in kleineren Projekten zu testen und die Vorteile zu nutzen, die sich daraus für die Planungs- und Bauphase ergeben. Obwohl der BIM-Prozess noch nicht vollständig implementiert ist, sondern lediglich seine Werkzeuge verwendet wurden, haben die Befragten eine Steigerung der Produktivität, eine Reduzierung der Planungsfehler und eine bessere Kommunikation zwischen den Projektbeteiligten gesehen. In mehr als drei Projekten war der zu erwartende Gewinn aus der Investition in die BIM-Methode eine Motivation für deren Implementierung, da die Unternehmen aus früheren Projekten gelernt hatten, die Vorteile von BIM zu nutzen.[726]

Eine Studie von Mehran (2016) hat gezeigt, dass das Fehlen von BIM-Standards zusammen mit den hohen Implementierungskosten und den noch ungewissen Nutzwert der BIM-Methode die wesentlichen Faktoren für den Nichteinsatz von BIM in den Vereinigten Arabischen Emiraten sind. Gleichwohl haben Fachleute, Universitäten und Organisationen damit begonnen, BIM-Softwaretools zu übernehmen und ihre eigenen Projektlieferungssysteme dahingehend anzupassen, um den Anforderungen des Marktes zu entsprechen. Eine Standardisierung des BIM-Prozesses als Ganzes, mit einheitlichen BIM-Standards und BIM-Protokolle für die Bauindustrie in den Vereinigten Arabischen Emiraten, ist allerdings noch nicht erfolgt. Obwohl die BIM-Implementierung in den Vereinigten Arabischen Emiraten bereits begonnen hat, fehlen immer noch BIM-Vertragsdokumente. Die Industrie muss Prozesse und Richtlinien in Bezug auf das BIM-Vertragsmanagement und Risikomanagement sowie die Urheber- und Haftungsfragen entwickeln, um die Anwendung von BIM zu fördern. Die

[725] Ebd., S. 11.
[726] Ebd., S. 12.

Studie zeigt auch, dass nur wenige Veröffentlichungen über die Implementierung und Anwendung von BIM in den Vereinigten Arabischen Emiraten existieren.[727]

4.6.2 BIM in afrikanischen Ländern

In Afrika ist die Anwendung von BIM, aufgrund der hohen Anzahl von Entwicklungsländern[728], vergleichsweise gering. Beispielsweise ist das Bewusstsein für die Einführung von BIM in Nigeria zwar hoch, die Implementierung sowohl der BIM-Prozesse als auch der BIM-Technologie ist jedoch sehr gering.[729] Ein weiteres Beispiel ist Südafrika, wo die Implementierung von BIM eine große Herausforderung hinsichtlich geeigneten Personals, in Bezug auf Ausbildung und Kompetenzentwicklung, darstellt. Ebenso wie das Bevölkerungswachstum und die fehlende Infrastruktur, um die zielgerichtete Implementierung von BIM zu ermöglichen.[730] In Anbetracht des gegenwärtigen globalen Status, kann argumentiert werden, dass viele Frameworks und Ansätze vorgeschlagen wurden. Die ganzheitliche Umsetzung von BIM sowie quantitative und praktische Erkenntnisse zur Annahme und Umsetzung von BIM fehlen aber noch.

4.7 Südamerika

Die Implementierung und Anwendung von BIM in Südamerika konzentriert sich im Wesentlichen auf die Länder Brasilien und Chile. Auch hier existieren derzeit kaum Veröffentlichungen. Die wohl wichtigsten Studien sind die von Silva et al. (2016) und Hore, McAuley & West (2017). Die folgenden Kapitel stützen sich daher auf diese beiden Studien.

---

[727] Vgl. Mehran, D., “Exploring the adoption of BIM in the UAE construction industry for AEC firms“ *Elsevier Procedia Engineering* 145 (2016): S. 1116f.

[728] Als Entwicklungsland wird ein Land bezeichnet, bei dem die Mehrzahl seiner Bewohner hinsichtlich der wirtschaftlichen und sozialen Bedingungen einen messbar niedrigeren Lebensstandard haben. Der Begriff Entwicklungsland entstammt der Fach- und Umgangssprache der Entwicklungspolitik. Eine allgemein anerkannte Definition existiert nicht.

[729] Vgl. Ogwueleka, A.C., “Upgrading from the use of 2D CAD systems to BIM technologies in the construction industry: consequences and merits.“ *International Journal of Engineering Trends and Technology IJETT* 28, No. 8 (2015): S. 403-411.

[730] Vgl. Kekana, T.G., “Building Information Modelling (BIM): Barriers in Adoption and Implementation Strategies in the South Africa Construction Industry.“ *International Conference on Emerging Trends in Computer and Image Processing* (2014), S. 15f.

4.7.1 BIM in Brasilien

In Brasilien wurde im Jahr 2010 die ABNT/134 EEC Special Commission, eine Sonderkommission zur Untersuchung der Implementierung von BIM, ins Leben gerufen. Im Jahr 2011 wurde die Anwendung von BIM zunächst im öffentlichen Sektor verbreitet.[731] Das brasilianische National Department of Transport Infrastructure unterstützt die Implementierung und Anwendung von BIM, um Kosteneinsparung von Prozent während des gesamten Gebäudelebenszyklus zu erzielen. Die brasilianische AEC-Industrie, die im Wesentlichen der Privatwirtschaft angehört, hat erst vor kurzem mit der Implementierung von BIM begonnen. Nach einer Studie von Souza et al. (2013) haben mehrere brasilianische Institutionen eine Reihe von Studien- und Arbeitsgruppen gegründet, um die Umsetzung von BIM innerhalb der AEC-Industrie konzeptionell zu fördern. Im Jahr 2014 haben Dr. Mohamad Kassem und der BIM-Experte Professor Sergio Leusin einen Bericht erstellt, der den brasilianischen Entscheidungsträgern wichtige Schlussfolgerungen und Empfehlungen für die Umsetzung von BIM in Brasilien in die Hand gibt.[732]

4.7.2 BIM in Chile

Die chilenische Regierung hat einen BIM-Plan mit einer Laufzeit von 10 Jahren eingeführt, um die BIM-Anforderung für öffentliche Projekte bis zum Jahr 2020 und für private Projekte bis zum Jahr 2025 zu definieren. Das BIM Forum Chile ist die wichtigste Institution in Chile rund um die Implementierung und Anwendung von BIM. Das BIM Forum Chile generiert BIM-Projekte, entwickelt Standards und zeigt den Mehrwert der BIM-Anwendung für die Unternehmen auf. Weiterhin wurde eine Reihe von Arbeitsgruppen gegründet, die sich auf Standardisierung und Technologietransfer stützen.[733] Loyola & López (2018) bewerteten anhand von zwei nationalen Studien die Einführung von BIM in Chile. Die vorgestellte Längsschnittanalyse basiert auf zwei im Oktober 2013 und April 2016 durchgeführten nationalen Erhebungen. Beide Umfragen wurden von den

---

[731] Vgl. Silva, M.J.F. et al., “Roadmap Proposal for implementing Building Information Modelling (BIM) in Portugal“ *Open Journal of Civil Engineering* 6 (2016): S. 476.
[732] Vgl. Hore, A., McAuley, B., & West, R., S. 764.
[733] Ebd.

Autoren durchgeführt und waren in ihrer Methodik nahezu identisch. In beiden Umfragen wurde ein Online-Fragebogen an Fachleute der 10 führenden Berufsverbände der chilenischen AEC-Industrie verschickt: die Chilean Association of Architects, die Chilean Association of Civil Engineers, die Chilean Association of Construction Engineers, die Association of Architecture Firms, die Association of Structural Engineers, die Chilean Chamber of Construction, die Corporation of Technology Development und das BIM Forum Chile. Die Stichprobengröße betrug 810 Fachleute in der Umfrage von 2013 und 1.338 Fachleute in der Umfrage von 2016, mit einer Antwortrate von jeweils circa 5 Prozent.[734]

Die Studie hat ergeben, dass die positive BIM-Akzeptanzrate der Branche in den nächsten Jahren weiter zunehmen wird. Die Studie hat auch gezeigt, dass die Anwendung von BIM trotz zunehmender Verbreitung alles andere als ideal ist. Bei den verschiedenen Disziplinen der Bauwirtschaft wurden dramatische Unterschiede in der BIM-Expertise beobachtet, was wiederum zu Heterogenen und nicht kollaborativen BIM-Praktiken führt. Die BIM-Methode wird hauptsächlich für grundlegende Funktionen (bspw. die Visualisierung) verwendet, ohne die Synergien zu nutzen, die sich aus der Integration multidisziplinärer Vorgänge in ein einziges Modell ergeben.

Darüber hinaus gibt es keine nationalen BIM-Standards und keine substanziellen Anstrengungen, um solche Standards kurzfristig zu schaffen. Diese Aussichten könnten sich in den nächsten Jahren jedoch ändern. Die chilenische Regierung hat einen Plan angekündigt, der die Verwendung von BIM in allen öffentlichen Projekten bis 2020 vorschreiben soll. Dieser hat das Ziel, die technologischen Lücken zwischen den verschiedenen Disziplinen der Bauwirtschaft abzubauen und die Zusammenarbeit zu fördern. Die Entwicklung eines branchenweiten BIM-Standards scheint das Schlüsselelement für die Steigung der Anwendung von BIM in Chile zu sein.[735]

[734] Vgl. Loyola, M. & López, F., "An evaluation of the macro-scale adoption of Building Information Modeling in Chile: 2013-2016." *Revista de la Construccion Civil* 17, No. 1 (2018): S. 160f.
[735] Ebd., S. 168.

4.8 Zusammenfassung

In vielen Ländern, wie bspw. den USA, Großbritannien, den Niederlanden und den skandinavischen Ländern ist BIM bereits gut etabliert und bildet einen festen Bestandteil der Baupraxis. Die wohl umfassendste Studie hinsichtlich der räumlichen Verbreitung von BIM wurde durch Lee & Jung (2015) an der Yonsei University in Seoul durchgeführt. Die Forscher erfassten in einer Umfrage mit 156 Teilnehmern die Verbreitung und den Entwicklungsstand von BIM auf sechs Kontinenten. Die Studie hat ergeben: Nordamerika war bei der Einführung und Anwendung von BIM am weitesten fortgeschritten, gefolgt von Australien und Europa. Auf dem vierten und fünften Platz wechselte sich je nach Kriterium Asien mit der MENA-Region ab. Das Schlusslicht bildete Südamerika.[736]

Etwas fundierter als die Studie von Lee & Jung (2015) ist der britische NBS International BIM Report 2016. Für diesen wurden zwischen 2014 und 2015 Umfragen unter Branchenexperten in Großbritannien, Kanada, Dänemark, Tschechien und Japan durchgeführt, mit Teilnehmerzahlen zwischen 157 (Dänemark) und 244 (Japan). In der Anwendung von BIM nahm Dänemark mit 78 Prozent den Spitzenplatz ein, gefolgt von Kanada mit 67 Prozent. Während Großbritannien (48 %) und Japan (46 %) etwa gleich lagen, befand sich Tschechien (25 %) weit abgeschlagen auf dem letzten Platz.[737]

Dass Dänemark die Gruppe anführte, ist kein Zufall. Bereits im Jahr 2007 legten die Skandinavier, nach dem Vorbild anderer „Early Adopters“ (wie bspw. Norwegen und Finnland), die Anwendung von BIM in öffentlichen Bauprojekten gesetzlich fest. Im Jahr 2013 wurde der verpflichtende Charakter diese Regelungen noch einmal verstärkt. Aufgrund dieser frühen Initiativen gehört Dänemark auch in der Anwendung des IFC-Standards zur internationalen Spitzengruppe. Welchen Antrieb die Legislative in der Einführung und Anwendung von BIM entfalten kann, lässt sich am Beispiel Großbritanniens darstellen. Dort wurde im Jahr 2011 in der Government Construction Strategy festgelegt, dass ab 2016 die Planung und

[736] Vgl. Jung, W. & Lee, G., S. 408.
[737] Vgl. NBS, “NBS International BIM Report“, S. 7.

Errichtung öffentlicher Hochbauten unter Verwendung von BIM-Level 2 erfolgen muss.[738] Im Jahre 2011 nutzten gerade einmal 13 Prozent der AEC-Branchenvertreter in Großbritannien die BIM-Methode, während 43 Prozent noch nie davon gehört hatten. Im Jahr 2016 hingegen lag der Grad der BIM-Anwendung bereits bei 54 Prozent. Weiteren 42 Prozent war die BIM-Methode zumindest bekannt und planten nahezu geschlossen, in den nächsten ein bis fünf Jahren ebenfalls BIM zu verwenden.[739]

Im Vergleich zu Dänemark oder Großbritannien liegt die deutsche Bauwirtschaft in der Implementierung von BIM um Jahre zurück. Einer Studie des Fraunhofer-Institut für Arbeitswirtschaft und Organisation (IAO) zufolge verwendeten im Jahr 2015 nur ein Drittel der Planer, Bauunternehmer und Projektsteuerer, in Projekten mit einem Projektvolumen von über 25 Mio. Euro, die BIM-Methode. Von etwa 39 Prozent der Befragten, die nicht mit BIM arbeiten, wurde angegeben, dass für ihre Projekte die herkömmliche Planungsmethoden ausreichend sind. Beinahe 40 Prozent der Befragten gehen davon aus, dass sich die Planungsmethode BIM in zehn Jahren flächendeckend durchgesetzt haben wird, während 13 Prozent der Ansicht sind, dass dies bereits in fünf Jahren der Fall sein wird. Indes gaben 17 Prozent der Befragten an, dass sich die Planungsmethode BIM gar nicht durchsetzen wird. Gleichwohl stimmten 47 Prozent der Befragten der Aussage zu, dass sich durch die Anwendung von BIM die Kommunikation im Planungs- und Bauprozess verbessert hat. Fast genauso viele der Befragten bestätigen, dies in Puncto Kostenprognose und Kostenkontrolle. Jeder zweite vertritt die Meinung, dass der höhere Aufwand für das Erstellen der Bauwerksinformationsmodelle in der HOAI anders berücksichtigt werden muss.[740]

Aber auch in Deutschland haben die Entwicklungen zur Implementierung und Anwendung von BIM an Dynamik gewonnen. Die Reformkommission Bau von Großprojekten (2015) hat die umfassende Einführung von

[738] Vgl. UK GOV Cabinet Office, S. 14.
[739] Vgl. NBS, "NBS International BIM Report", S. 8ff.
[740] Vgl. Braun, S., Rieck, A., & Köhler-Hammer, C., "BIM-Studie für Planer und Ausführende: Digitale Planungs-und Fertigungsmethoden" (Stuttgart: Fraunhofer Institut für Arbeitswirtschaft und Organisation IAO, 2015), S. 5f.

BIM empfohlen, um die Komplexität großer Bauvorhaben besser beherrschbar zu machen. Die Bundesregierung hat sich mit dem Stufenplan Digitales Planen und Bauen (2015) und dem Motto „Erst virtuell, dann real bauen" dem Thema BIM angenommen und führt erste Pilotvorhaben im Infrastrukturbereich durch. Daneben wurde eine Reihe von VDI-Gremien und ein DIN-Arbeitsausschuss ins Leben gerufen, um die Treiber und Hindernisse der Implementierung und Anwendung von BIM zu identifizieren und die Ausarbeitung deutscher Normen und Richtlinien zum Thema BIM voranzutreiben. Die BIM-Technologie baut auf wissenschaftlichen Grundlagen auf, die unter starker Mitwirkung der Bauinformatik entstanden sind. Aufbauend auf den Konzepten von *Building Information Modelling* (BIM) wurden in den letzten Jahren in Analogie zur „Digitalen Fabrik" Konzepte zur Realisierung der „Digitalen Baustelle" entwickelt.[741]

Unter der digitalen Baustelle wird im Allgemeinen ein Abbild der realen Baustelle verstanden, um die darin ablaufenden Bau- und Logistikprozesse modellieren, simulieren, visualisieren und steuern zu können. Der Fokus liegt dabei auf den Herstellungs- und Montageprozessen sowie der Organisation der Baustelle. Die Berücksichtigung der benötigten Materialen, Personen und Baumaschinen sowie die logistischen und projektspezifischen Randbedingungen ist von zentraler Bedeutung, um die Bauprozesse virtuell analysieren zu können.[742] Im Mittelpunkt der „Digitalen Baustelle" liegt die virtuelle Realität von Bauprozessen und Bauwerksinformationen, wie bspw. Bauablaufpläne, Bauteile und Baumaterialien. Durch die Weiterentwicklung der Technologien im Kontext von *Virtual and Augmented Reality* können Informationen realitätsnah und interaktiv abgebildet werden. Anwendungsfälle der virtuellen Realität sind bspw. eine vorausgehende interaktive Simulation der Bauprozesse[743] oder der virtuelle Rundgang durch die Gebäude zur Überprüfung der Planungsergebnisse und der

---

[741] Vgl. Dombrowski, U., Tiedemann, H., & Bothe, T., "Visionen für die Digitale Fabrik", *Zeitschrift für wirtschaftlichen Fabrikbetrieb* 3 (2001): S. 96-100.

[742] Vgl. Günthner, W.A. & Borrmann, A., *Digitale Baustelle - innovativer Planen, effizienter Ausführen. Werkzeuge und Methoden für das Bauen im 21. Jahrhundert.* (Berlin/ Heidelberg: Springer Verlag, 2011).

[743] Vgl. Rahimian, F.P., Arciszewski, T., & Goudling, J.S., "Successful education for AEC professionals: Case study of applying immersive game like virtual reality interfaces." *Visualization in Engineering* 2, No. 4 (2014).

räumlich-geometrischen Funktionalität[744], aber auch Aspekte das Wartungs- und Instandhaltungsmanagement können durch *Virtual and Augmented Reality* sehr gut unterstützt werden.[745] Ein weiterer Forschungsansatz beschäftigt sich mit der Erfassung von Ressourcen mit Hilfe automatischer Identifikation und Datenerfassung[746] oder mit der Analyse von Laserscans und digitalen Bildern[747], bspw. für die Bestandsaufnahme und Baufortschrittserfassung. Auf der Grundlage der erfassten Daten können dann Risiken und Verzögerung im Rahmen der Bauausführung erkannt und die Bauablaufplanung gezielt angepasst werde.[748]

Ein weiterer Schwerpunkt ist die Analyse neuer Methoden und Konzepte für die Bauwerksüberwachung und die Übertragung dieser in die Baupraxis. Die aktuellen Fragestellungen in Bezug auf Datenmanagement und Datenaustausch, die durchgängige digitale Dokumentation sowie die Analyse der anfallenden, heterogenen und nahezu unüberschaubaren Datenmengen können nur mit Bauwerksinformationsmodellen effizient gelöst werden.

Zusammenfassend kann festgestellt werden, dass in den letzten Jahren wesentliche Grundlagen für die Digitalisierung im Bauwesen entwickelt wurden, bspw. in der Modellierung von Bauwerksinformationsmodellen und modellbezogenen Zusammenarbeit sowie der „Digitalen Baustelle“ und kabellosen Bauwerksüberwachungssystem. Diese Technologien und Konzepte können die Produktivität der Bauindustrie signifikant steigern und werden in den nächsten Jahren verstärkt Einzug in die internationale Baupraxis halten.

---

[744] Vgl. Chen, H.-T., Wu, S.-W., & Hsieh, S.-H., “Visualization of CCTV coverage in public building space using BIM technology.“ *Visualization in Engineering* 1, No. 5 (2013).
[745] Vgl. Koch, C., “Natural markers for augmented reality-based indoor navigation and facility maintenance.“, *Automation in Construction* 48 (2014): S. 18-30.
[746] Vgl. Dzeng, R.-J., Lin, C.-W., & Hsiao, F.-Y., “Application of RFID tracking to the optimization of function-space assignment in buildings.“, *Automation in Construction* 40 (2014): S. 68-83.
[747] Vgl. Zhang, C. & Arditi, D., “Automated progress control using laser scanning technology.“, *Automation in Construction* 36 (2013): S. 108-116.
[748] Vgl. Szczesny, K. & König, M., “Reactive scheduling based on actual logistics data by applying simulation-based optimization.“, *Visualization in Engineering* 3, No. 10 (2015).

5 Stand der BIM-Forschung

In den folgenden Kapiteln wird zunächst ein allgemeiner Überblick über die wichtigsten internationalen BIM-Forschungsarbeiten gegeben, die für diese Forschungsarbeit und angrenzende Forschungsgebiete von wesentlicher Bedeutung sind. Dabei wird der Zeitraum zwischen 2004 und 2019 betrachtet.

Darauf aufbauend werden die bisherigen, einschlägigen internationalen Forschungsarbeiten zu den Potentialen der Anwendung von BIM im Allgemeinen und unter besonderer Berücksichtigung des projektbezogenen BIM-Reifegrades im Speziellen vorgestellt.

5.1 Internationaler Überblick

Der folgende allgemeine Überblick über die wichtigsten internationalen BIM-Forschungsarbeiten konzentriert sich auf die folgenden drei Themenbereiche.

1. Implementierung und Anwendung von BIM und BIM-Reifegrad (s. Abb. 95)

2. BIM in der Planungsphase und BIM in der Bauphase (s. Abb. 96)

3. Potentiale und Nutzen von BIM sowie Treiber und Hindernisse von BIM (s. Abb. 97)

M. Stange, *Building Information Modelling im Planungs- und Bauprozess*,

	2004 - 2007	2008 - 2009	2010 - 2011	2012 - 2013	2014 -2015	2016 - 2017	2018 - 2019
Implementierung und Anwendung von BIM	Latiffi, Mohd & Kasim (2007); Hartmann & Fischer (2007)	Kiviniemi et al. (2008); Eastman e al. (2008); Maunula, Smeds & Hirvensalo (2008); Bew, Underwood & Wix (2008); Succar (2009); Wong, Wong & Nadeem (2009); Arayici, Coates & Koskela (2009); Aranda-Mena et al. (2009)	Coates et al. (2010); Wong & Nadeem (2010); Kreider, Messner & Dubler (2010); Gu & London (2010); Jung & Joo (2011); Arayici et al. (2011); Eastman et al. (2011)	Azhar et al. (2012); Ju & Seo (2012); Gledson, Henry & Bleanch (2012); Khosrowshahi & Arayici (2012); Ahmad, Demian & Price (2012); Ilozor & Kelly (2012); Eadie et al. (2013); Kiani & Ghomi (2013); Giel & Issa (2013); Zahrizan et al. (2013); Kassem, Iqbal & Dawood (2013)	Eschenbruch et al. (2014); Miettinen & Paavola (2014); Navendren et al. (2014); Smith (2014); Talebi (2014); Yamazaki (2014); Masood, Kharal & Nasir (2014); Abdirad (2014); Jin et al. (2015); Cao et al. (2015); Cheng & Lu (2015); Jung & Lee (2015); Kassem, Succar & Dawood (2015); Shou et al. (2015); Azhar, Khalfan & Maqsood (2015)	Abdirad (2016); Cao et al. (2016); Kim et al. (2016); Gledson & Greenwood (2016); Hosseini et al. (2016); Latiffi et al. (2016); Succar & Kassem (2016); Silva et al. (2016); Miettinen & Pavoola (2016); Gerges et al. (2017); Cao et al. (2017); Kassem & Succar (2017); Abdirad (2017); Cao, Li & Wang (2017); Kassim et al. (2017); Rowlinson (2017); Ismail, Chiozzi & Drogemuller (2017)	Liao et al. (2018); Zou et al. (2018); Nadeem et al. (2018); Hosseini, Pärn & Edwards (2018); Zhao, Pienaar & Gao (2018); Govender et al. (2018); Kalfa (2018); Tang et al. (2018); Ferron & Turkan (2018); Liao & Teo (2018); Yang & Chou (2018); Loyola & Lopez (2018); Shah et al. (2018); Telaga (2018); Wong (2018)
BIM-Reifegrad	NBIMS (2007); Bazjanac (2007)	Bew & Richards (2008); McCuen (2008); Succar (2009); IU (2009)	Sebastian & van Berlo (2010); Succar (2010); Jung & Joo (2010); Haron, Marshall-Ponting & Aouad (2010); Gao (2011); McCuen & Suermann (2011)	Chen, Dib & Cox (2012); Succar, Sher & Williams (2012); van Berlo et al. (2012); CIC (2012); Kassem, Succar & Dawood (2013); Kam et al. (2013); Succar, Sher & Williams (2013); Giel & Issa (2013)	Dakhil & Alshawi (2014); Chen, Dib & Cox (2014); Du, Liu & Issa (2014); Abdirad & Bozorgi (2014); Giel & Issa (2015); Kelly (2015); Azzouze et al. (2015); Adamu, Emmitt, Soetanto (2015)	Bougroum (2016); Dakhil, Underwood & Al Shawi (2016); Wu et al. (2017); Borrmann et al. (2017); Smits, van Buiten & Hartmann (2017); Bradley, Lamb & Li (2017); Azzouz & Hill (2017); Guerriero et al. (2017); Dakhil (2017)	Siebelink, Voordijk & Adriaanse (2018); Hosseini et al. (2018); Ahankoob et al. (2018); Azzouz, Lu et al. (2018); Hill & Papadonikolaki (2018); Mollasalehi et al. (2018); Rezahoseini et al. (2019)

Abb. 95: Internationale BIM-Forschungsarbeiten zur Implementierung und Anwendung von BIM und zum BIM-Reifegrad. Eigene Darstellung.

	2004 - 2007	2008 - 2009	2010 - 2011	2012 - 2013	2014 - 2015	2016 - 2017	2018 - 2019
BIM in der Planungsphase	Fischer & Kunz (2004); Braunes & Donath (2006); Scherer, Weise & Katranuschkov (2007); Sullivan (2007)	Penttilä (2008); Schinler & Nelson (2008); Ham et al. (2008); von Both (2009); Koch (2008); Larson (2009)	Knight, Roth & Rosen (2010); Owen et al. (2010); Sacks et al. (2010); Pihlak et al. (2011); Baumgärtel et al. (2011); Shourangiz et al. (2011)	Kanters & Horvat (2012); Cho, Chen & Woo (2012); Fuchs et al. (2013); Oberwinter & Kovacic (2013); Wang et al. (2013); Clevenger & Khan (2013); Koch (2013); Borrmann (2013)	Czmoch & Pekala (2014); Albrecht (2014); Wang et al. (2014); Borrmann (2015); Yarmohammadi & Ashuri (2015); Rokooei (2015); von Liebchen (2015); Petzold et al. (2015)	Abdirad & Dossick (2016); Sommer (2016); Lin et al. (2016); Bütz & Ergün (2016); Hjelseth (2016); Hausknecht & Liebich (2016); Ciribini, Ventura & Paneroni (2016), Cao, Li & Wang (2017); Huber (2017); Liu, van Nederveen & Hertogh (2017); Scherer (2017)	Pärn, Edwards & Sing (2018); Huber (2018); Schober (2018); Kröger (2018); Arayici et al. (2018); Mattern & König (2018); Paavola & Miettinen (2018); van Treeck et al. (2019); Kovacic, Honic & Rechberger (2019); Gunay, Shen & Newsham (2019)
BIM in der Bauphase	Love & Edwards (2004); Aouad et al. (2005); Thompson (2006); Khemlani (2006); Olofson et al. (2007)	Suermann (2009); Arayici et al. (2009); Vozzola, Cangialosi & Lo Turco (2009); Hardin & McCool (2009); Meadati (2009); Zuppa, Issa & Suermann (2009); Suermann & Issa (2009)	Arayici & Aouad (2010); Sulankivi et al. (2010); Kamardeen (2010); Rowlinson et al. (2010); Chelson (2010); Hallberg & Tarandi (2011); Liu et al. (2011); Günthner & Borrmann (2011); Xu & Lu (2011), Ku & Taiebat (2011)	Ahankoob et al. (2012); Chavada, Dawood & Kassem (2012); Arayici, Egbu & Coates (2012); Liu, Gao & Wang (2012); Wang, Love & Davis (2012); Liu & Li (2013); Lee, Yu & Jeong (2013); Mohd & Latiffi (2013); Zhang et al. (2013); Park et al. (2013)	Chen & Luo (2014); Ma & Liu (2014); Trani et al. (2014); Tsai, Hsieh & Kang (2014); Zhao & Wang (2014); Sun, Man & Wang (2015); Liu et al. (2015); Bräthen & Moum (2015); Zhang et al. (2015); Wang & Chong (2015); van Berlo & Natrop (2015); Shen & Marks (2015); Matthews et al. (2015)	Getuli et al. (2016); Ma, Dawood & Kassem (2016); Lu, Won & Cheng (2016); Zhang et al. (2016); Leite (2016); Bockstael & Issa (2016); Lee, Chong & Wang (2017); Chou & Yang (2017); Gledson (2017); Ling (2017); Matthews et al. (2017); Nalawade (2017); Svalestuen et al. (2017)	Malacarne (2018); Li et al. (2018); Pan (2018); Kröger (2018); Marzouk et al. (2018); Milyutina (2018); Lau et al. (2018); Ayinde & Damilare (2018); Martinez-Aires et al. (2018); Miettinen & Paavola (2018); Teizer et al. (2018); Borhani et al. (2019); Oliveira, Júnior & Correa (2019); Bademosi & Issa (2019)

Abb. 96: Internationale BIM-Forschungsarbeiten zur Anwendung von BIM in der Planungsphase und Bauphase. Eigene Darstellung.

	2004 - 2007	2008 - 2009	2010 - 2011	2012 - 2013	2014 - 2015	2016 - 2017	2018 - 2019
Potentiale und Nutzen von BIM	Sullivan (2007); Laine, Hänninen & Karola (2007); Autodesk (2007)	Guillermo et al. (2008); Clayton (2008); McCuen (2008); Aranda-Mena et al. (2008); McGraw Hill (2009); Zuppa, Issa & Suermann (2009); Glick & Guggemos (2009); Aranda-Mena et al. (2009); Suermann (2009)	Becerik-Gerber & Rice (2010); McGraw Hill (2010); Lu & Korman (2010); Cerda & Marin (2010); Won & Lee (2010); Chelson (2010); Azhar (2011); Love et al. (2011); Giel & Issa (2011); Eastman et al. (2011)	Barlish & Sullivan (2012); McGraw Hill (2012); Lu et al. (2012); Parvan (2012); Bryde, Broquetas & Volm (2013); Giel, Issa & Olbina (2013); Wong et al. (2013); von Both, Koch & Kindsvater (2013); Albrecht (2013)	Gyarteng (2014); Li et al. (2014); McGraw Hill (2014); Lu et al. (2014); Stowe et al. (2014); Ketzel (2014); McGraw Hill (2015); Kiviniemi et al. (2015); Lavy & Saxena (2015); Zhang & Azhar (2015); Johansen (2015); Farnsworth et al. (2015); Huang & Hsieh (2015)	Azhar, Hein & Sketo (2016); Doumbouya, Gao & Guan (2016); Kelly & Ilozor (2016); Butz & Ergün (2016); Sanchenz. Hampson & Vaux (2016); Chou & Chen (2017); Kim et al. (2017); Vass (2017); Chin et al. (2017); Ferrandiz, Banawi & Pena (2017); Gerrish et al. (2017)	Antwi-Afari, Pärn & Edwards (2018); Wong et al. (2018); Enshassi, Hamra & Alkilani (2018); Hosseini & Yeoh (2018); Ismail et al. (2018); Shin, Lee & Kim (2018); Tahir et al. (2018); Chin et al. (2018); Garcia (2018); Neukirchen (2018); Ghannadpour et al. (2019); Röck et al. (2019); Jalilzadehazhari & Johansson (2019)
Treiber und Hinternisse von BIM	Aouad et al. (2005); Wakefield, Aranda-Mena, et al. (2007); Fraser et al. (2007)	Yan & Damian (2008); Aranda-Mena et al. (2008); Gu et al. (2008); Wakefield & Froese (2009)	Lu & Korman (2010); Watson (2010); Martins & Abrantes (2010); Ikerd (2010); Morrison (2010); Olatunji (2011); Kiviniemi (2011)	Kassem, Brogden & Dawood (2012); von Both (2012); He et al. (2012); Liu et al. (2012); Eadie et al. (2013); von Both, Koch & Kindsvater (2013); Migilinskas et al. (2013); Kiviniemi (2013)	Chien, Wu & Huang (2014); Eadie et al. (2014); Stanley & Thurnell (2014); Chan (2014); Elmualim & Gilder (2014); Rodgers et al. (2015); Hardi & Pittard (2015); Succar & Kassem (2015)	Cheng et al. (2016); Kassem & Brodgen (2016); Chen et al. (2017); Ahmed, Kawalek & Kassem (2017); Li et al. (2017); Bosch-Sijtsema et al. (2017); Hatem, Abd & Abbas (2017); Ahmed, Kawalek & Kassem (2017); Hongyang et al. (2017); Ghaffarianhoseini et al. (2017)	Ahmed (2018); Ahuja et al. (2018); Malacarne et al. (2018); Hatem, Abd & Abbas (2018); Bühlmeier (2018); Ahuja et al. (2018); John (2018); Ahmed & Kassem (2018); Sardroud, Ranjbardar & Tavasani (2018); Agyekum-Kwatiah (2018); Gunay, Shen & Newsham (2019); Bosch-Sijtsma, Gluch & Sezer (2019)

Abb. 97: Internationale BIM-Forschungsarbeiten zu den Potentialen und Nutzen von BIM soeie Treiber und Hindernisse von BIM. Eigene Darstellung.

5.1.1 Forschung zu den Potentialen der Anwendung von BIM

Wie in Kapitel 1.3 ausgeführt wurde der Einfluss der Anwendung von BIM auf die Projektleistungsdaten Kosten, Zeit und Qualität bisher nicht vollständig untersucht. Die bisherige Forschung konzentrierte sich im Wesentlichen auf qualitative Analysen zum Nutzwert von BIM und einige wenige quantitative Analysen anhand von Fallbeispielen mit kleiner Stichprobengröße. Quantitative Forschungsarbeiten mit repräsentativen Stichprobengrößen zum anwenderbezogenen Nutzwert von BIM sind nicht vorhanden. Die internationale BIM-Gemeinschaft empfiehlt weitere Forschung mit quantitativen Methoden, unter Verwendung aktueller Daten aus konventionellen Projekten zusätzlich zu Daten aus BIM-Projekten, um die Wirkung beider Methoden bewerten zu können. Schwierigkeiten bei der Erfassung von Projektleistungsdaten in ausreichender Menge haben viele Forscher bisher dazu veranlasst, sich auf qualitative Forschungsmethoden (bspw. durch Umfragen) zu stützen, um den Nutzen der Anwendung von BIM zu bewerten.

Die zentralen Forschungsarbeiten der letzten zehn Jahre, im Zusammenhang mit dem Nutzen der Anwendung vom BIM im Allgemeinen und unter besonderer Berücksichtigung der projektbezogenen BIM-Reife, werden im folgenden Kapitel analysiert. Die Analyse soll die bestehende Forschungslücke in Bezug auf den Einfluss der Anwendung von BIM auf die Projektleistungsdaten Kosten, Zeit und Qualität im Allgemeinen und den Einfluss der projektbezogenen BIM-Reife im Besonderen aufklären. Hierzu werden die wesentlichsten internationalen Forschungsarbeiten herangezogen.

Yan & Damian (2008) untersuchten in einer qualitativen Umfrage, mit etwa 70 Vertretern aus der AEC-Industrie in Großbritannien und den USA, die wahrgenommenen Vorteile und Barrieren bei der Einführung der BIM-Methode. Die Studie zielt darauf ab, die bereits gewonnenen Erkenntnisse und die Erwartungen bei der Anwendung von BIM in Großbritannien und den USA zu untersuchen. Nach den Umfrageergebnissen dominieren die US-amerikanischen Unternehmen der AEC-Industrie die Anwendung von BIM gegenüber den britischen Unternehmen: 16 Prozent der Unternehmen aus Großbritannien und 33 Prozent der Unternehmen aus den USA verwenden BIM. Die Ergebnisse in Bezug auf die Vorteile und Barrieren bei der Anwendung von BIM in Großbritannien und den USA sind in Abb. 98 und Abb. 99 gegenübergestellt.[749]

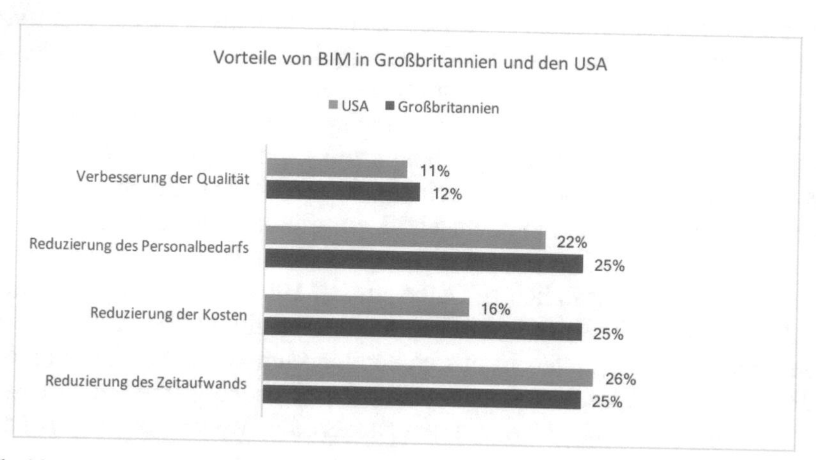

Abb. 98: Vorteile von BIM in Großbritannien und den USA. Eigene Darstellung in Anlehnung an Yan & Damian (2008). Benefits and Barriers of Building Information Modelling, S. 3f.

Beispielsweise gaben 25 Prozent der Befragten in Großbritannien eine Reduzierung des Personalbedarfs und Zeitaufwands sowie der Gesamtprojektkosten an. Demgegenüber glauben 24 Prozent dem britischen Befragten, dass BIM für ihre aktuellen Projekte nicht geeignet ist. Die US-amerikanischen Befragten sehen den größten Vorteil von BIM in der Reduzierung des Personalbedarfs und des Zeitaufwands. Gleichzeitig wird die größte Barriere im Zeitbedarf für die Einführung von BIM gesehen. Etwa 40 Prozent der Befragten aus den USA und etwa 20 Prozent der Befragten aus Großbritannien glauben, dass ihre Unternehmen viel Zeit und Personal für den Schulungsprozess aufwenden müssen. Die AEC-Industrie zögert noch in die BIM-Methode zu investieren, da es keine Fallstudien zum monetären Nutzen der Anwendung von BIM gibt. Die Ergebnisse der Studie zeigen, dass BIM als neue Planungsmethode noch nicht ganz angenommen

[749] Vgl. Yan, H. & Damian, P., "Benefits and barriers of Building Information Modelling" (Paper presented at the Proceedings of the 12th International Conference on Computing in Civil and Building Engineering ICCCBE XII & International Conference on Information Technology in Construction INCITE 2008, Beijing, China, 2008).

wurde: 24 Teilnehmer der Studie gaben an nichts über BIM zu wissen, 31 Teilnehmer gaben an sehr wenig über BIM zu wissen und nur 13 Teilnehmer gaben an viel über BIM zu wissen. Das Ergebnis spiegelt auch wider, dass die Reduzierung des Zeitaufwands in der Projektbearbeitung als der wesentlichste Vorteil der Anwendung von BIM gesehen wird. Die größte Barriere in der Einführung von BIM wird im Zeitaufwand für BIM-Schulungen in den Unternehmen und Organisationen gesehen.

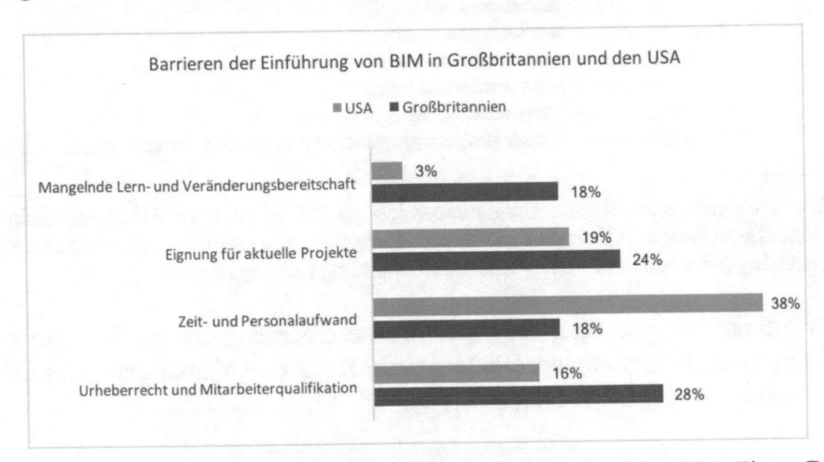

Abb. 99: Barrieren der Einführung von BIM in Großbritannien und den USA. Eigene Darstellung in Anlehnung an Yan & Damian (2008). Benefits and Barriers of Building Information Modelling, S. 3f.

Becerik-Gerber & Rice (2010) machten durch eine disziplinübergreifende Umfrage bei 424 Vertretern der US-amerikanischen Bauwirtschaft einen ersten Schritt in Richtung Verständnis und Benchmarking der Vorteile von BIM. Die Befragten wurden gebeten, spezifische BIM-Projekte auszuwählen und kosten- und nutzenbezogene Fragen für das jeweilige Projekt zu beantworten. Die Anwendung von BIM konzentrierte sich bei den Befragten auf eine Vielzahl von Gebäudetypen. Wobei festzustellen ist, dass BIM vornehmlich für gewerbliche Projekte, Wohnbauprojekte, Bildungsbauten und Projekte des Gesundheitswesens eingesetzt wurde (s. Abb. 100).[750]

[750] Vgl. Becerik-Gerber, B. & Rice, S., S. 185ff.

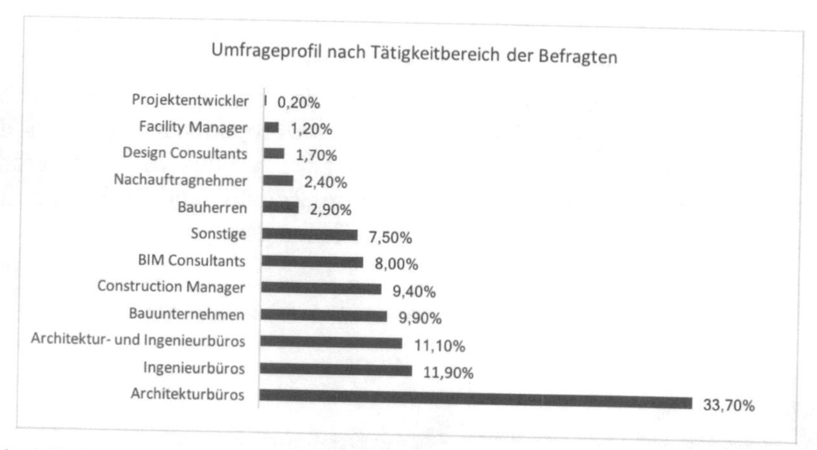

Abb. 100: Umfrageprofil nach Tätigkeitsbereich der Befragten in der US-Bauwirtschaft. Eigene Darstellung in Anlehnung an Becerik-Gerber & Rice (2010). The perceived value of Building Information Modeling in the U.S. Building Industry, S. 188.

Für Infrastrukturprojekte, Projekte der Energieerzeugung und Energieverteilung oder Industriebauprojekte wurde BIM zum damaligen Zeitpunkt nur verhalten eingesetzt (s. Abb. 101).

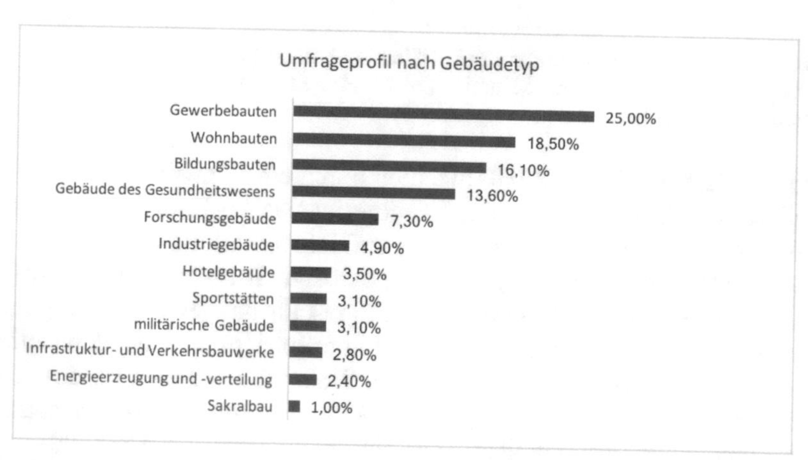

Abb. 101: Umfrageprofil nach Projekttyp in der US-Bauwirtschaft. Eigene Darstellung in Anlehnung an Becerik-Gerber & Rice (2010). The perceived value of Building Information Modeling in the U.S. Building Industry, S. 189.

Dennoch deuten die Ergebnisse nicht zwingend darauf hin, dass die Anwendung der BIM-Methode für einen Gebäudetyp besser geeignet ist als für einen anderen Gebäudetyp. Nach der Projektgröße betrachtet (s. Abb. 102), hier bezogen auf das Bauinvestitionsvolumen, wurde BIM hauptsächlich in Projekten mit weniger als 20 Mio. US-Dollar Bauinvestition (45,1 %) angewendet, gefolgt von Projekten mit mehr als 100 Mio. US-Dollar Bauinvestition (29,1 %), 40-100 Mio. US-Dollar Bauinvestition (14,1 %) und 20-40 Mio. US-Dollar Bauinvestition (11,7 %).

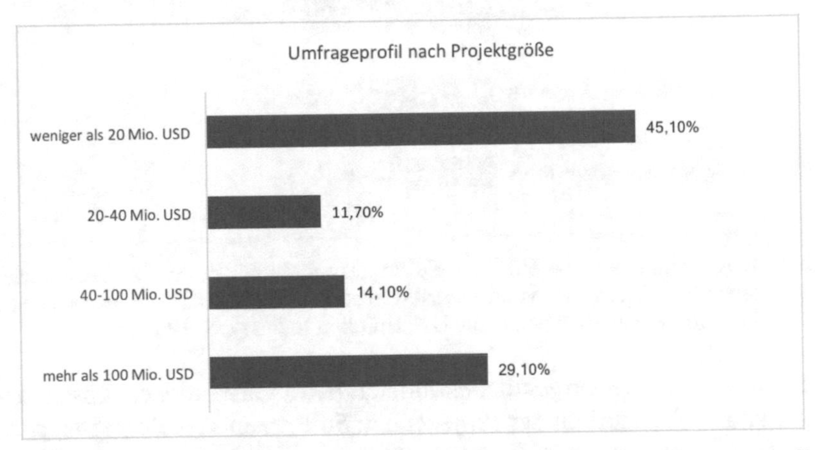

Abb. 102: Umfrageprofil nach Projektgrößen in der US-Bauwirtschaft. Eigene Darstellung in Anlehnung an Becerik-Gerber & Rice (2010). The perceived value of Building Information Modeling in the U.S. Building Industry, S. 190.

Hinsichtlich der Projektrentabilität haben nahezu 41 Prozent der Befragten mit der Anwendung von BIM eine Steigerung der Rentabilität der Projekte festgestellt, während knapp 12 Prozent der Befragten einen Rückgang angegeben haben. Annähernd 20 Prozent der Befragten stellten keine Veränderung fest und fast 28 Prozent der Befragten konnten hierzu keine Angaben machen (s. Abb. 103).[751] Von den Befragten, die BIM durchgängig in allen Projekten anwenden, berichteten 73 Prozent eine Steigerung und nur 3 Prozent einen Rückgang der Projektrentabilität. Die Ergebnisse unterstützen das Argument, dass von denjenigen Befragten, die mehr Erfahrung

[751] Vgl. Becerik-Gerber, B. & Rice, S., S. 188ff.

bei der Implementierung und Anwendung von BIM hatten, eine höhere Rentabilität wahrgenommen wurden.[752]

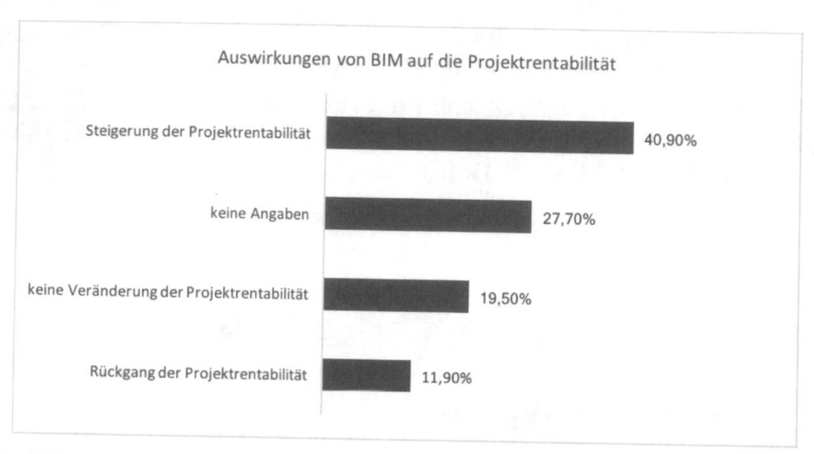

Abb. 103: Auswirkungen von BIM auf die Projektrentabilität in der US-Bauwirtschaft. Eigene Darstellung in Anlehnung an Becerik-Gerber & Rice (2010). The perceived value of Building Information Modeling in the U.S. Building Industry, S. 196.

Die Reduzierung der Projektdauer und der damit verbundenen Kosten trägt teilweise zur Rentabilität des Projekts bei: 50 Prozent der Befragten gaben an, dass die Projektkosten um bis zu 50 Prozent reduziert wurden und 58 Prozent der Befragten stellten fest, dass die Gesamtdauer des Projekts um bis zu 50 Prozent reduziert wurde (s. Abb. 104).

Diese Aussage ist substanziell, wenn sie in Bezug auf die Dauer von Projekten und ihre Kosten gesetzt wird. Wenn bspw. ein Projekt von der Planung bis zur Nutzung vier Jahre dauert und dieser Zeitraum um die Hälfte reduziert wird, dann bedeutet dies eine Zeitersparnis von 24 Monaten. Während diese Zahlen am oberen Ende des untersuchten Spektrums liegen, ist selbst ein Viertel dessen bemerkenswert. Bei einer Reduzierung der Projektdauer um 12,5 Prozent ergibt sich immer noch eine Einsparung von sechs Monaten. Demgegenüber gaben 12 Prozent der Befragten an, dass die Projektkosten um bis zu 50 Prozent erhöht wurden und 10 Prozent der

752 Ebd., S. 195ff.

Befragten gaben an, dass die Gesamtdauer des Projekts um bis zu 50 Prozent erhöht wurde. Diese Bewertungen könnten u.a. auf eine geringe projektbezogene BIM-Reife zurückzuführen sein (Anm. d. Verf.). Nahezu konvergent gaben 11 Prozent der Befragte keine Veränderung der Projektkosten und 10 Prozent der Befragten keine Veränderung der Projektdauer an. Bei der Analyse der einzelnen Projektphasen, nehmen die Vorplanung und die Entwurfsplanung bei der Anwendung von BIM etwas mehr Zeit in Anspruch, während die Dauer der Ausführungs- und Detailplanung verkürzt wird. Etwa 50 Prozent der Befragten glauben, dass die Ausführungs- und Detailplanung durch die Anwendung von BIM weniger Zeit in Anspruch nimmt.[753]

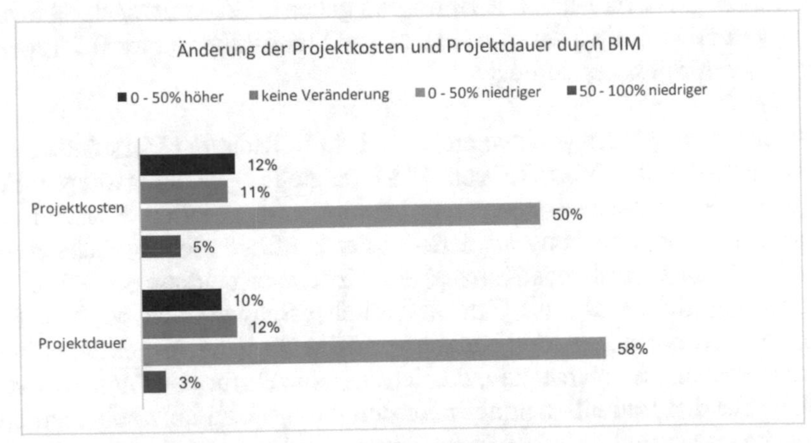

Abb. 104: Änderung der Projektkosten und Projektdauer durch die Anwendung von BIM. Eigene Darstellung in Anlehnung an Becerik-Gerber & Rice (2010). The perceived value of Building Information Modeling in the U.S. Building Industry, S. 197.

Dies könnte darauf zurückzuführen sein, dass BIM-Projekte anfänglich mehr Zeit für die Erstellung des digitalen Bauwerksinformationsmodells benötigen und Informationen, die ansonsten erst in späteren Planungsphasen hinzugefügt werden, bereits in den frühen Phasen der Vorplanung bzw. Entwurfsplanung bereitgestellt werden. Fast alle Befragten sind sich einig, dass die Phase der Werkplanung bei der Anwendung der BIM-Methode in

[753] Ebd.

der herkömmlichen Form nicht mehr existiert, da jede Änderung am Bauwerksinformationsmodell direkt an die Datenbank weitergegeben wird und Werkpläne nicht mehr einzeln nachbearbeitet und aktualisiert werden müssen. Unter den Befragten bestand auch Einigkeit darüber, dass die Qualität der erstellten Planungsdokumente bei der Anwendung von BIM erheblich verbessert wird. Es gibt weniger Fehler oder Auslassungen und die Anwendung von BIM erhöht die Genauigkeit der Dokumente, wenn auch mit zusätzlichem Aufwand in den frühen Planungsphasen. Die Umfrage untersucht auch das monetäre Verhältnis von Änderungsaufträgen infolge zusätzlicher oder geänderter Leistungen, Forderungen aus Streitigkeiten sowie notwendigen Korrekturen infolge Planungsfehlern im Verhältnis zu den Gesamtprojektkosten. Die Befragten gaben an, dass unter der Anwendung von BIM die Kosten für jede dieser Maßnahmen unter 0,5 Prozent der Gesamtprojektkosten liegt.[754]

Während diese Umfrage einen ersten Schritt in Richtung Verständnis und Benchmarking der Vorteile von BIM darstellt, gibt es weiteren Forschungsbedarf. Beispielsweise wurden die immateriellen Vorteile und Kosten im Zusammenhang mit BIM in der Umfrage nicht berücksichtigt. Darüber hinaus wurde das Konzept der Kostenvermeidung als Mittel zur Einsparung nicht analysiert. Ein wesentlicher Schwerpunkt weiterer Forschung sollte darin liegt, den Nutzen von BIM für jeden projektbeteiligten Akteur einzeln zu untersuchen, da sich der Nutzen für den Bauherrn vom Nutzen für den Bauunternehmer oder den Architekten unterscheidet. Ferner wäre es sinnvoll, die Umfrage international zu verteilen, um die Anwendung und den Nutzen von BIM für verschiedene Weltregionen zu analysieren. Mehrere der Befragten gaben an, dass es für die Bestimmung des Nutzens von BIM zu früh ist (Stand 2010) und weitere fünf bis acht Jahren erforderlich sind, um den Nutzen von BIM fundiert zu untersuchen.[755]

Giel, Issa & Olbina (2010) untersuchten anhand von zwei Fallstudien unterschiedlicher Projektgröße und Komplexität die Einsparungen durch die Anwendung von BIM aus der Sicht der Bauherren. Als Betrachtungs-

[754] Vgl. Becerik-Gerber, B. & Rice, S., S. 197f.
[755] Ebd., S. 199.

gegenstand wurde je Fallstudie ein BIM-unterstütztes und ein herkömmliche geplantes Bauprojekt herangezogen (s. Tab. 16 und Tab. 17).[756]

Parameter	**Projekt A (konventionell)**	**Projekt B (BIM-unterstützt)**
Nutzungsart	Lagerhaus mit Mietflächen	Lagerhaus mit Mietflächen
Vertragswert	7.128.000 USD	8.844.073 USD
Änderungsaufträge (Nachträge)	376.837 USD	271.851 USD
Geplante Projektdauer	12 Monate	12 Monate
Verzögerung	7 Tage	0 Tage

Tab. 16: Ergebnisse der ersten Fallstudie. Eigene Darstellung in Anlehnung an Giel, Issa & Olbina (2010). Return on investment analysis of using building information modeling in construction, S. 3.

Parameter	**Projekt C (konventionell)**	**Projekt D (BIM-unterstützt)**
Nutzungsart	Mischnutzung mit Parkgarage	Mischnutzung mit Parkgarage
Vertragswert	41.757.618 USD	44.400.000 USD
Änderungsaufträge (Nachträge)	5.097.222 USD	513.632 USD
Geplante Projektdauer	601 Tage	652 Tage
Verzögerung	426 Tage	0 Tage (60 Tage früher)

Tab. 17: Ergebnisse der zweiten Fallstudie. Eigene Darstellung in Anlehnung an Giel, Issa & Olbina (2010). Return on investment analysis of using building information modeling in construction, S. 5.

Das Untersuchungsergebnis zeigt Einsparpotentiale durch die Anwendung von BIM, insbesondere in einer reduzierten Anzahl von Änderungsaufträgen und weniger Terminüberschreitungen. Insgesamt erwies sich BIM in beiden Fallstudien als eine lohnende Investition für die Bauherren. Die

756 Vgl. Giel, B., Issa, R., & Olbina, S., “Return on Investment (ROI) Analysis of using BIM in construction”, *Journal of Computing in Civil Engineering* 27, No. 5 (2010): S. 513-516.

qualitativen Vorteile reduzierter Zeitüberschreitungen und geringerer Änderungsauftragskosten waren messbar. Die Wirtschaftlichkeitsbetrachtung hat auch gezeigt, dass der wirtschaftliche Ertrag durch die Anwendung von BIM bei dem größeren und komplexeren Projekt signifikant höher war. Die Ergebnisse legen nahe, dass die Entscheidung der Bauherren, in die Implementierung von BIM als zusätzlichen Service zu investieren, stark von der Projektgröße und Komplexität abhängen wird. Jedoch sind die bereits messbaren Vorteile, die bei den beiden BIM-unterstützten Projekten festgestellt wurden, ein Argument für die Investition in die BIM-Methode.

Chelson (2010) analysierte in seiner Dissertation, anhand von acht Fallstudien in den USA, den Einfluss der Anwendung von BIM auf die Produktivität im Bauprozess. Eine Umfrage bei 26 Generalunternehmern, mit einem Umsatzvolumen zwischen 250 Mio. und einer Milliarde US-Dollar pro Jahr, untersucht das Ausmaß der Produktivitätsänderungen durch die Implementierung von BIM. Speziell zur Beantwortung der Fragestellung: Wieviel Zeit und Geld wird in Bezug auf den Bauprozess eingespart? Die Umfrage konzentrierte sich auf die Faktoren: die Anzahl der in BIM-Projekten vermiedenen RFIs, die Reduzierung der in BIM-Projekten vermiedenen Nacharbeiten infolge Planungskollisionen, die Anzahl und der Umfang der in BIM-Projekten vermiedenen Änderungsaufträge (Nachträge) während der Bauphase und der Prozentsatz der Abweichung gegenüber dem ursprünglichen Zeitplan.

Die Anzahl der RFIs bei BIM-Projekten wurde, gegenüber ähnlichen Projekten ohne BIM-Anwendung, um mehr als 90 Prozent reduziert. Diese deutliche Verbesserung ist auf den Rückgang von Kollisionen zwischen den verschiedenen Gewerken zurückzuführen, da die konventionellen 2D-Zeichnungen zahlreiche Unstimmigkeiten nicht gezeigt haben. Allerdings haben drei der Befragten angegeben, dass es insgesamt mehr RFIs in BIM-Projekten gibt, diese jedoch informell während der Planungsphase und nicht in der Bauphase vorkommen. Die BIM-erfahrenen Generalunternehmer hingegen berichteten, dass die RFIs im Allgemeinen abgenommen haben, weil die Planung nicht nur die Konflikte im Bauprozess reduzierte, sondern auch konstruktive Probleme während der Ausführungs- und Detailplanung aufdeckt. Die Studie hat ergeben, dass in Projekten ohne BIM-

Anwendung durchschnittlich 155 RFIs pro 10 Mio. US-Dollar Bausumme auftraten, während in BIM-Projekten durchschnittlich nur 10 RFIs pro 10 Mio. US-Dollar Bausumme auftraten.[757]

Die Fallstudien haben auch gezeigt, dass in mehrere Fälle die Bauherren 4 bis 5 Prozent der Projektkosten für BIM aufgewendet haben, um frühzeitig detailliert zu modellieren. Basierend auf sehr genauen Konstruktionsinformationen konnten ausführbare Konstruktionsziele festgelegt und entsprechende Bauaufträge vergeben werden. Die Fallstudien haben auch gezeigt, dass die Anzahl der RFIs mit zunehmender Projekterfahrung des BIM-Managers bzw. BIM-Projektsteuerers abnimmt. Diese Feststellung stützt die in den vier Fallstudien gemachte Beobachtung, nämlich dass die Lernkurve für die Anwendung von BIM zwischen einem und fünf Projekten liegt. Indessen gab es bei der Erfahrung des Projektteams mit BIM-Projekten weniger Korrelationen mit der Anzahl von RFIs. Beispielsweise hatten zwei Projektteams zuvor nur ein BIM-Projekt durchgeführt: das eine Projektteam hatte die höchste (35) und das andere Projektteam die niedrigste (2) Anzahl von RFIs in ihrem Projekt. Die Befragten stellten übereinstimmend fest, dass Nacharbeiten während der Bauphase aufgrund von planungsursächlichen Konflikten bei BIM-Projekten nahezu vollständig beseitigt wurden. Bei der Mehrheit der Befragten reduzierten sich die Nacharbeit auf wenige Prozent der Lohnkosten: 79 Prozent der Befragten berichteten sehr wenig Nacharbeiten und 13 Prozent der Befragten berichteten eine Verbesserung unter der Anwendung von BIM. Letztere waren sich jedoch nicht über die Menge einig. Die restlichen 8 Prozent der Befragten konnten hierzu keine Angaben machen.[758]

Die Anzahl von Änderungsaufträgen während der Bauphase, aufgrund von mangelhaften bzw. unvollständigen Planungsunterlagen, wurde drastisch reduziert. Die Bauherren berichteten, dass die Anzahl der Änderungsaufträge während der Bauphase in BIM-Projekten praktisch gegen null geht. Im Fall einer stärkeren Beteiligung des Bauherrn am Planungsprozess betragen die Änderungsaufträge während der Bauphase infolge Planungskonflikten weniger als 1 Prozent. Von den Bauherren und Bauunternehmer

[757] Vgl. Chelson, D.E., S. 209f.
[758] Ebd., S. 211ff.

wurde berichtet, dass Änderungsaufträge drastisch reduziert wurden, weil die Entwurfsintention des Bauherrn dreidimensional besser dargestellt wurde, so dass der Bauherr seine Entwurfsziele präziser kommunizieren konnte. Die Umfrageteilnehmer berichteten, dass durch die Reduzierung von Änderungsaufträgen, die normalerweise 10 Prozent der Projektkosten für diese Art von Projekten betragen, zwischen 4 und 7 Prozent der Projektkosten eingespart wurden. Dies bedeutet eine Nettoersparnis von 3 bis 6 Prozent allein durch vermiedene Änderungsaufträge.[759]

Die Umfrageteilnehmer berichteten auch, dass der Zeitplan verkürzt und genauer verfolgt werden konnte, wenn BIM angewendet wurde. In einem Fall wurden zwei ähnliche Bauprojekte analysiert, von denen eines mit der BIM-Methode und das andere konventionell geplant wurde. Das BIM-Projekt war dem Zeitplan um 11 Prozent voraus, während das Nicht-BIM-Projekt um 8 Prozent hinter dem Zeitplan lag. Durch die Verwendung der 4D-BIM konnten Materialien und Prozesse modellbasiert besser vorbereitet und der Grad der Vorfertigung erhöht werden. Dies führte zu einer deutlichen Reduzierung der Bauzeit. Der größte Vorteil der Anwendung von BIM bezogen auf den Zeitplan ist die Möglichkeit einer genaueren Vorhersage, wie lange die einzelnen Bauprozesse auf der Baustelle dauern werden. Dadurch müssen die Bauunternehmen keine sog. *Fudge-Factors* hinzufügen, um Unsicherheiten zu kompensieren. Durch die Anwendung von BIM kann der Bauunternehmer den Bauprozess mit engen Zeitplänen besser kontrollieren. In sechs der acht Fallstudien hat sich gezeigt, dass die Anwendung von 4D-BIM bei Bauherren und Bauunternehmern immer beliebter wird und von den Bauunternehmern weniger argwöhnisch behandelt wird, da sie die Vorteile speziell bei engeren Zeitplänen erkennen. Die Befragten berichteten, dass BIM ein effektives Werkzeug für die Terminplanung ist, da die Dauer und die Beziehungen der einzelnen Gewerke direkt aus dem BIM-Modell erstellt werden kann.[760]

Ein genauer Wert für die Beschleunigung oder Einhaltung des Zeitplans wurde allerdings nicht ermittelt. Jedoch gaben sechs von sieben Befragten an, dass die Projekte mit BIM schneller realisiert wurden. Als Gründe für

[759] Ebd., S. 215f.
[760] Ebd., S. 216ff.

die Zeitersparnis wurde eine Produktivitätssteigerung durch weniger Kollisionen zwischen den einzelnen Baugewerken, eine genauere Planung und ein erhöhter Vorfertigungsgrad von Bauteilen genannt. Letzteres bezieht sich auf die frühere Verfügbarkeit sowie den erleichterten Aufbau und die höhere Passgenauigkeit von Bauteilen auf der Baustelle. Die Bauunternehmer waren aufgrund der oben genannten Vorteile von Einsparungen zwischen 5 und 10 Prozent überzeugt.[761]

Die Interviews und Fallstudien konzentrierten sich auf die wahrgenommenen Anhaltspunkte und Erfahrungen der BIM-Anwender. Auf einer Skala von 1 bis 5 wurde für jede der folgenden Aussagen eine numerische Bewertung aus den Antworten der 17 Teilnehmer interpoliert:

- Die Anwendung von BIM reduziert die Anzahl der RFIs.
- Die Anwendung von BIM führt zu einem Rückgang der Änderungsaufträge während der Bauphase.
- Die Anwendung von BIM reduziert Nacharbeit während der Bauphase.
- Die Anwendung von BIM reduziert die Baukosten.
- BIM wirkt sich positiv auf die Genauigkeit und Einhaltung des Zeitplans aus.
- Die Anwendung von BIM erhöht die Produktivität in der Bauphase.
- Die Anwendung von BIM ermöglicht eine vereinfachte und damit zeitverkürzte Werkplanung.
- BIM ermöglicht einen höheren Grad der Vorfertigung, so dass sich die Gesamtkosten des Projekts verringern können.
- Die Qualität des Endprodukts wird durch die Anwendung von BIM verbessert.

[761] Ebd., S. 219f.

Mit Hilfe des sog. *Likert*-Skalenansatzes wurde die Anzahl der übereinstimmenden Angaben der Teilnehmer in Bezug auf diese Aussagen quantifiziert. Jedem dieser *Likert*-Elemente wurde ein numerischer Wert zugewiesen basierend auf dem folgenden Skalenniveau.

(1) für wenig oder keine Auswirkung
(2) für einige Auswirkungen bemerkbar, aber nicht ergebnisrelevant
(3) für offensichtlichen Einfluss, aber nicht sicher in Bezug auf die Ergebnisrelevanz
(4) für deutlich spürbare Auswirkungen und positive Wirkung auf das Projektergebnis
(5) für signifikante Auswirkungen und von wesentlicher Bedeutung für das Projektergebnis

Obwohl die Produktivitätssteigerung für das Gesamtprojekt nicht direkt gemessen wurde, weisen einige Faktoren auf eine deutliche Verbesserung der Produktivität hin. Die drei Faktoren: Anzahl der RFIs, Änderungsaufträge während der Bauphase und Nacharbeiten während der Bauphase waren die bestimmenden Faktoren für die Produktivität im Bauprozess.[762] Einige der befragten Bauherren waren bereit, zwischen 4 und 5 Prozent der Projektkosten in der Entwurfsphase auszugeben, um die durchschnittlich auftretenden 10 Prozent Mehrkosten infolge Änderungsaufträgen einzusparen. Die Einsparungen bei Änderungsaufträgen scheinen für die Bauherren der größte Vorteil durch die Anwendung von BIM zu sein. Die bisherige Forschung hat gezeigt, dass die Änderungsaufträge für ein durchschnittliches Projekt zwischen 5 und 12 Prozent der Gesamtprojektkosten betragen. Die meisten Bauunternehmer und Bauherren gaben an, dass es in BIM-Projekten sehr wenige Änderungsaufträge aufgrund von Planungskonflikten gab und dass der Bauherr zwischen 5 und 7 Prozent der Projektkosten auf Grund von nicht eingetretenen Änderungsaufträgen einsparen konnte.

Nach Ansicht von Chelson (2010) können Bauherren, die BIM für ihre Projekte anwenden, nicht nur Einsparungen bei den Baukosten erzielen, sondern auch bei den Planungskosten für das Gebäude. Beispielsweise

[762] Ebd., S. 220.

durch das virtuelle Gebäudedatenmodell, um Probleme mit der Struktur und Herstellung des Bauwerks frühzeitig zu erkennen und zu korrigieren.[763]

Die von den Bauherren festgestellten Einsparungen scheinen eher auf die Eliminierung von Änderungsaufträgen als auf direkte Produktivitätsverbesserungen zurückzuführen zu sein. Die Bauunternehmen indes sparen kein Geld, indem sie Änderungsaufträge eliminieren, sondern indem sie die Produktivität erhöhen. Die Bauunternehmen berichteten von einer Produktivitätssteigerung oder zumindest von einem deutlich spürbaren Rückgang von Nacharbeit während der Bauphase. Ein weiterer Vorteil von BIM ist der verbesserte Grad der Vorfertigung, um Bauteile passgenau an schwer zugänglichen Stellen sicher zu installieren. Die Befragten berichteten auch, dass die Verschwendung von Baumaterial im Allgemeinen durch die BIM-Planung verringert wurde. Die Ansammlung von Materialien und Abfälle auf der Baustelle wurde reduziert. Dadurch wurden die betrieblichen Behinderungen auf der Baustelle verringert und die Sicherheit erhöht. Die Vorfertigung großer Komponenten und Bauteile erhöht nicht nur die Sicherheit, sondern ermöglicht auch die Arbeit in einer produktiveren Umgebung. Ein Teilnehmer berichtete, dass aufgrund der höheren Genauigkeit der Modelle größere und vollständigere Bauteile bestellt werden konnten. Die dann in wesentlich kürzerer Zeit auf der Baustelle montiert werden konnten.[764]

Barlish & Sullivan (2012) entwickelten eine Methodik, um die Vorteile der Anwendung von BIM zu messen. Aus der Literatur wurde ein Rahmenberechnungsmodell mit Metriken zur Bestimmung des ROI von BIM entwickelt. Mit Hilfe dieser Methodik wurde erkannt, dass die am meisten quantifizierbaren Vorteile der Anwendung von BIM die Reduzierung der Anzahl von RFIs und Änderungsauftragen sowie die Auswirkungen auf den Zeitplan sind. Die Rendite-Kennzahlen wurden anhand eines Vergleichs von Projekten mit und ohne die Anwendung von BIM quantifiziert. Die Auswirkungen wurden in Bezug auf die prozentuale Veränderung bzw. Abweichung bei BIM bzw. Nicht-BIM-Projekten in Einheiten von: Menge

[763] Ebd., S. 261f.
[764] Ebd., S. 263ff.

bzw. Anzahl pro Bauteil, Kosten der Auswirkung bezogen auf die Gesamt-Projektkosten und tatsächlicher Zeitdauer versus prognostizierte Zeitdauer ausgedrückt, um einen validen Vergleich mit anderen Projekten sicherzustellen.[765] Die Daten wurden anhand von drei Fallstudien in einem industriellen Umfeld zunächst als monetäre Größe erhoben und daraus dann Prozentsätze abgeleitet. Die erste Fallstudie untersucht die aus der Anwendung von BIM resultierenden Vorteile in mehreren Projekten eines Unternehmens. Die Daten zeigen eine positive Veränderung bzw. Abweichung bei den BIM-Projekten (s. Tab. 18).

Metrik	**Messniveau**	**ohne BIM**	**mit BIM**	Δ
RFIs	Anzahl	6	3	3
Änderungsaufträge	% der Gesamtprojektkosten	12 %	7 %	5 %
Zeitdauer	% hinter dem prognostizierten Zeitplan	15 %	5 %	10 %

Tab. 18: ROIs von Nicht-BIM zu BIM in der ersten Fallstudie. Eigene Darstellung in Anlehnung an Barlish & Sullivan (2012). How to measure the benefits of BIM: A case study approach, S. 156.

Die zweite Fallstudie wurde erstellt, um die Investitionskosten von BIM für ein aktuelles Projekt zu veranschaulichen. Die Ergebnisse zeigen, dass durch die Anwendung von BIM in der Planungsphase höhere Kosten anfallen und in der Bauphase die Einsparungen erzielt werden. Die Angebotsanfrage für das Beispielprojekt verlangte von den Unternehmen, ihre Angebote in zwei verschiedenen Formaten abgeben: zum einen die Kosten des gesamten Arbeitsumfangs für ihre Disziplin ohne BIM-Anwendung und zum anderen die Kosten von drei identifizierten Funktionsbereichen, die in BIM ausgeführt werden sollten. Beim Vergleich der Nicht-BIM-Angebote mit den BIM-Angeboten für die gleichen drei Funktionsbereiche ergab sich, dass die Unternehmen die durchschnittlich ermittelte Einsparung bei den Baukosten (5 %) infolge der Anwendung von BIM an den Bauherrn weitergeben würden (s. Tab. 19).

[765] Vgl. Barlish, K. & Sullivan, K., S. 155.

Metrik	Funktionsbereich	Messniveau	Δ Nicht-BIM vs. BIM
Planungskosten	Planung und	% der Angebotssumme	31 %
	3D-Modell	% der Angebotssumme	34 %
Baukosten	Bauleistung	% des Angebotssumme	-5 % (Ersparnis)
Gesamt	Bauwerk	% des Angebotssumme	-2 % (Ersparnis)

Tab. 19: Investments von Nicht-BIM zu BIM in der zweiten Fallstudie. Eigene Darstellung in Anlehnung an Barlish & Sullivan (2012). How to measure the benefits of BIM: A case study approach, S. 156.

In der dritten Fallstudie wurde ein spezifischer Funktionsbereich fokussiert und die Investitionen und Vorteile bei BIM-Projekten und Nicht-BIM-Projekten analysiert. Der Name des Funktionsbereichs wurde durch Barlish & Sullivan jedoch nicht offengelegt. Jedoch gab es in dem analysierten Funktionsbereich die präzisesten Anwendungsvergleiche zwischen den Projekten. Folglich wird dieser von Barlish & Sullivan als der komplexeste Funktionsbereich angesehen. Die Fallstudie zu diesem Funktionsbereich weist infolgedessen auf ausgeprägte Vorteile hin. Unter Verwendung der gleichen Methode wie in der ersten Fallstudie wurden die Vorteile der dritten Fallstudie analysiert. Die Ergebnisse zeigen eine deutlich höhere Einsparung bei den Änderungsaufträgen als in der ersten Fallstudie, die diesen Funktionsbereich sowie die beiden anderen ebenfalls enthält. Der Prozentsatz deutet darauf hin, dass dieser Funktionsbereich den größten Vorteil aus der Anwendung von BIM erhält (s. Tab. 20).

Metrik	Messniveau	ohne BIM	mit BIM	Δ
RFIs	Anzahl	2	3	-1
Änderungsaufträge	% der Gesamtprojektkosten	23 %	7 %	16 %
Zeitdauer	% hinter dem prognostizierten Zeitplan	15 %	7 %	8 %

Tab. 20: ROIs von Nicht-BIM zu BIM in der Dritten Fallstudie. Eigene Darstellung in Anlehnung an Barlish & Sullivan (2012). How to measure the benefits of BIM: A case study approach, S. 157.

Genauso wurden, unter Verwendung der gleichen Metriken wie in der zweiten Fallstudie, die BIM-Investitionen und Vorteile in der dritten Fallstudie analysiert (s. Tab. 21).

Metrik	**Funktionsbereich**	**Messniveau**	**Δ Nicht-BIM vs. BIM**
Planungskosten	Planung und 3D-Modells	% der Angebotssumme % der Angebotssumme	29 % 47 %
Baukosten	Bauleistung	% des Angebotssumme	-6 % (Ersparnis)
Gesamt	Bauwerk	% des Angebotssumme	-1 % (Ersparnis)

Tab. 21: Investments von Nicht-BIM zu BIM in der Dritten Fallstudie. Eigene Darstellung in Anlehnung an Barlish & Sullivan (2012). How to measure the benefits of BIM: A case study approach, S. 157.

Allerdings ist es schwierig die Kosten für die Erstellung des 3D-Modells zu trennen, da es sich um das Modell für das gesamte Bauwerk und nicht nur um einen Funktionsbereich handelt. Folglich sind die Kosten für die Planung etwas höher als für den spezifischen Funktionsbereich. Im Gegensatz dazu sind die Ersparnisse des Auftragnehmers etwas höher als in der zweiten Fallstudie.[766]

Die Literaturrecherche und die zuvor erwähnten Fallstudien lassen darauf schließen, dass es eine Reihe von Vorteilen durch die Anwendung von BIM gibt. Für die Vorteile gibt es jedoch weder eine Berechnungsmethode noch wurden sie quantifiziert bzw. Benchmarks festgelegt. Die vorgestellten Fallstudien basieren auf der Perspektive eines Bauherrn und enthalten weniger Informationen zu den Einsparungen der anderen Projektbeteiligten, wie etwa den Planern und Bauunternehmern. Gleichwohl zeigen die Ergebnisse, dass die erfolgreiche Anwendung von BIM von vielen Faktoren abhängt, wie bspw. der Größe des Projekts, den BIM-Kompetenzen der Teammitglieder, der Kommunikation des Projektteams sowie anderen organisatorischen externen Faktoren. Die Fallstudien dieser Analyse quantifizieren diese Aspekte oder andere immaterielle Vorteile von BIM nicht, sondern liefern quantifizierbare Projektdaten aus drei Fälle der Anwendung von BIM basierend auf Ertrags- und Investitionszahlen. Die Studie

[766] Ebd., S. 156f.

legt damit einen Rahmen für die Bewertung des Nutzens durch die Anwendung von BIM in Bezug auf die Rückgabewerte (Aufträge, RFIs und Zeitplan) sowie die Investitionsmaßstäbe (Planungs- und Baukosten) fest. Die Berechnungsmethodik könnte in künftigen Forschungsprojekten, in Abhängigkeit von der Verfügbarkeit von Informationen, weiterentwickelt werden. So könnte die Quantifizierung der Kosten, die mit der Erzeugung und Beantwortung von RFIs verbundenen sind, ein nützliches Maß für die Produktivität im Planungs- und Bauprozess sein. Insbesondere sollten die potenziellen Vorteile von BIM in Dimensionen jenseits der reinen Modellierung quantifiziert werden. Zukünftige Forschungsarbeiten zur Quantifizierung der Vorteile von BIM könnten mehr branchenspezifische Metriken verwenden. Sobald die Anwendung von BIM neue Reifegrade erreicht, sollten die Investitionen und Renditen berechnet und mit denen auf zuvor niedrigeren Niveaus verglichen werden.[767]

Parvan (2012) folgt in seiner Dissertation einem modellbasierten Ansatz für die Analyse der Ursache-Wirkungs-Zusammenhänge bei der Anwendung von BIM im Gegensatz zur statistischen Analyse der Ursache-Wirkungs-Zusammenhänge. In der Studie wurde die Lieferkette im Planungs- und Bauprozess mit und ohne BIM-Anwendung mit Hilfe eines sog. *BIM Impact Causal Model* simuliert, um die Auswirkungen der Kosten über die Projektlaufzeit darzustellen. Das *BIM Impact Causal Model* (kurz BIM-ICM) ist ein Ursache-Wirkungs-Modell, das den Einfluss von BIM auf Projektparameter wie bspw. die Produktionsrate (P), den Änderungskoeffizienten (Kc) und die Zeit zur Auffindung unentdeckter Änderungen (D) darstellt. Da es keine realen Daten gibt, um die Auswirkungen von BIM auf Projektparameter zu identifizieren und zu quantifizieren, verwendet der Forscher einen *Expert-Elicitation-Process*[768], um das BIM-Kausalmodell aufzubauen. Der *Expert-Elicitation-Process* kann die Integration empirischer Daten mit wissenschaftlichem Urteilsvermögen erleichtern und die Bandbreite möglicher Ergebnisse und deren Wahrscheinlichkeiten

[767] Ebd., S. 158f.

[768] In der Wissenschaft bezeichnet *Expert-Elicitation* die Synthese der Meinungen von Experten eines Themas, in denen Unsicherheit aufgrund unzureichender Daten besteht. Sie ist im Wesentlichen eine wissenschaftliche Konsensmethodik und ermöglicht die Parametrisierung, also eine ermittelte Schätzung, für das jeweilig untersuchte Thema.

identifizieren. Er wurde als eine nutzbare und legitime Quelle von Daten anerkannt, bei denen eine Lücke in der bestehenden Forschung besteht oder zusätzliche Forschung nicht möglich ist.[769] Eine Gruppe von zehn Experten, darunter Architekten, Statiker, Fachplaner, Projektmanager und Bauunternehmer wurde befragt, um den wahrgenommenen Gesamteffekt der BIM-Anwendung auf die Entwurfs- und Konstruktionsparameter des Projektlieferungsmodells abzuschätzen und den wahrgenommenen Effekt der BIM-Anwendung in einzelnen Teilaktivitäten abzuschätzen. Der zweite Ansatz wurde erforderlich, da die allgemeine Frage nach dem Gesamteffekt von BIM auf die Entwurfs- und Konstruktionsparameter für die Experten nicht greifbar war. Im zweiten Ansatz werden Planung und Bau in die im Folgenden beschriebenen neun Teilaktivitäten und Disziplinen unterteilt. Zwei vorläufige kausale Modelle, die auf dem allgemein akzeptierten Wissen in der AEC-Industrie basieren, wurden für den Planungs- und Bauprozesse erstellt und mit den Experten diskutiert.[770]

Die Strukturen der beiden Modelle wurden während der Interviews in einem iterativen Prozess angepasst, bis der folgende, übereinstimmende Konsens erreicht wurde.

Die Architekturplanung und TGA-Planung im Planungsprozess sowie die Werkplanung im Bauprozess sind die am stärksten von BIM beeinflussten Teilaktivitäten. Obwohl BIM die Tragwerksplanung im Planungsprozess und die Baubetriebsplanung im Bauprozess erleichtern kann, wird es in der Bauwirtschaft vielfach nicht praktiziert. Jede einzelne Aktivität im Bauwerksentwurf hat einen spezifischen Entwurfsprozess. Daher ist es schwierig, den allumfassenden Bauwerksentwurf von jedem dieser spezifischen Entwurfsprozesse zu trennen. Eine sorgfältige Kostenkalkulation wird im Entwurfsprozess häufig nicht durchgeführt. Architekten und die Fachplaner TGA verwenden BIM dahingegen nur sehr eingeschränkt, um eine erste Schätzung anhand der Baumassen zu machen. In den meisten Fällen verwenden sie ihre eigenen Heuristiken und Datenblätter, um die Projektkostenschätzung durchzuführen. Die Kostenschätzung bzw. der Kostenvoranschlag im Bauprozess ist sehr unterschiedlich und wird detaillierter

[769] Vgl. Parvan, K., S. 94.
[770] Ebd., S. 117ff.

als im Planungsprozess durchgeführt. Indes wird BIM auch hier vielfach nicht verwendet, obwohl es den Kostenvoranschlag im Bauprozess erleichtern und vor allem präzisieren könnte. Die Zulieferer der TGA waren die Hauptnutzer von BIM. In einigen Fällen hatten sie eine halbautomatische Produktionslinie für Bauteile entwickelt, die in BIM integriert wurde.

Die Idee, BIM in der Bauausführung zu verwenden, wurde von Experten als vage empfunden. Sie hatten unterschiedliche Theorien darüber, wie BIM in die Bauausführung integriert werden könnte und die Automatisierung der Bauausführung verbessern könnte. Die BIM-Funktionen 3D-Schnittstelle, 3D zu 2D und Änderungsmanagement wurden als Faktoren identifiziert, die zu Zeitersparnissen in der Ausführung der einzelnen Aktivität im Bauwerksentwurf führen. Die BIM-Funktion Kollisionserkennung wurde als das einzige Merkmal identifiziert, wodurch der Zeitraum für die Identifizierung unentdeckter Abweichungen in der Planung verkürzt wurde.[771]

Die Auswirkungen der Anwendung von BIM auf die Projektergebnisse wurden anhand von Leistungsindizes, sog. *Performance-Indices* (PI) gemessen. Der Zeitplanindex und der Kostenplanindex sind die zwei bedeutendsten Leistungsindizes in der Bauindustrie. Sowohl die Nicht-BIM- als auch die BIM-genutzten Projektmodelle wurden verwendet, um die Projektergebnisse einer hypothetischen Reihe von Projekten zu schätzen. Die gesammelten 33 Projekte wurde als die Stichprobe angenommen, mit der beide Projektmodelle simuliert wurden. Die Simulation hat ergeben, dass der PI für die Planungszeit mit 30 Prozent die stärkste Verbesserung infolge der BIM-Nutzung aufweist, gefolgt von dem PI für die Bauzeit mit 16 Prozent und dem PI für die Planungskosten mit 8 Prozent. Eine relativ geringe Verbesserung weisen die Gesamtprojektkosten mit nur 4 Prozent auf. Die Kollisionserkennung ist die einflussreichste Funktion von BIM: mit 45 Prozent Einfluss auf den PI für die Planungszeit, 27 Prozent auf den PI für die Bauzeit und 24 Prozent auf den Gesamtzeitplan. Der Kosteneinfluss der Kollisionserkennung auf die Planungskosten beträgt 58 Prozent, auf die Baukosten 70 Prozent und auf die Gesamtprojektkosten 61 Prozent (s. Abb. 105). Die simulierten Ergebnisse aus dem hypothetischen Projekt

[771] Ebd., S. 121ff.

geben einen Hinweis darauf, dass die Anwendung der BIM-Methode im AEC-Prozess erkennbare Vorteile in Bezug auf die Projektzielgrößen Kosten und Zeit beinhalten kann.[772]

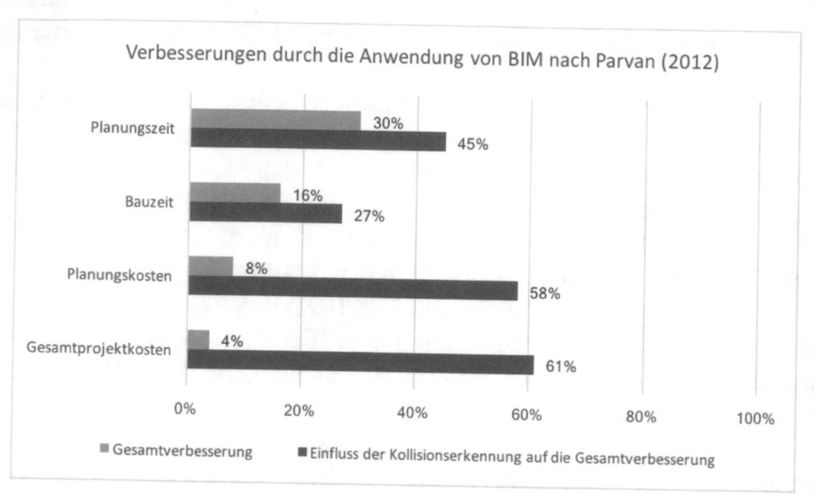

Abb. 105: Verbesserungen durch die Anwendung von BIM. Eigene Darstellung in Anlehnung an Parvan (2012): Estimating the impact of BIM on building project performance, S. 142ff.

Schultz et al. (2013) untersuchten in einer globalen Studie die wirtschaftlichen Auswirkungen der Anwendung von BIM auf die Projektleistung und ihre Gesamtwirkung auf die Wertschöpfung für die AEC-Industrie sowie die Gesellschaft als Ganzes. Der verwendete Forschungsansatz stützt sich auf eine umfassende Literaturrecherche und eine mit BIM-Praktikern aus verschiedenen Ländern durchgeführte Umfrage sowie drei Fallstudien: das Paris Museum in Frankreich, das Sutter Health Medical Center in Castro Valley (USA) und den Shanghai Tower in China. Anhand der Literaturrecherche, den Ergebnissen der Umfrage und den Fallstudien führte das Forschungsteam eine Analyse aller gesammelten Daten durch und liefert eine strukturierte Diskussion über die Wirtschaftlichkeit von BIM, seinen Mehrwert und zukünftige Forschungsrichtungen zu diesem Thema. Die an der Studie teilnehmenden Planer, Projektmanager und Bauunternehmer

[772] Ebd., S. 140ff.

wurden durch eine Online-Befragung gebeten, zu folgenden vier Themenbereichen Auskunft zu geben.

- Monetäre Auswirkungen von BIM
- Nicht-monetäre Auswirkungen von BIM
- Auswirkungen von BIM auf die Produktivität
- Auswirkungen von BIM auf die Nachhaltigkeit

Die Befragung hat ergeben: Hinsichtlich der monetären Auswirkungen von BIM haben die Teilnehmer einen Konsens erzielt. Als größter monetärer Nutzen wird die Erkennung von Konflikten, weniger Nacharbeit und das Bewusstsein für das Vorhandensein aller nötigen Informationen von den frühen Entwurfsphasen bis in die Bauphase gesehen. Als größter Nachteil von BIM wurden die hohen Investitionskosten für die Implementierung von BIM und der hohe Zeitaufwand für den Aufbau des BIM-Modells am Anfang des Projekts gesehen. Diese Aussagen decken sich mit den Feststellungen in Kap. 3.3.2. in Bezug auf die Treiber und Hindernisse der Anwendung von BIM. In dieser Gedankenfolge entsteht ein Widerspruch: um von der BIM-Anwendung profitieren zu können, müssen die Unternehmen an ihre Fähigkeiten glauben und zunächst sowohl Geld als auch Arbeitszeit investieren, um BIM erfolgreich zu implementieren. Die Befragten sind übereinstimmend der Ansicht, dass die Entscheidung für die Implementierung von BIM zu positiven monetären Auswirkungen führt.[773]

Hinsichtlich der nicht-monetären Auswirkungen wurde BIM als eine Lösung zum besseren Verständnis der Kundenanforderungen gesehen. In diesem Zusammenhang betonten die Teilnehmer den Nutzen des kollaborativen Ansatzes der BIM-Methode ebenso wie die Fähigkeit, verschiedene Szenarien wie bspw. Tragwerk oder Windströmung virtuell zu testen. Von den Teilnehmern der Studie wurde auch thematisiert, dass die BIM-Methode von den Bauherren besser verstanden werden muss. Während einige der Bauherren berichten BIM anwenden zu wollen, verstehen sie nicht, was BIM tatsächlich ist und was es beinhaltet. Innerhalb der Bauwirtschaft

[773] Vgl. Schultz, A. et al., “The Economics of BIM and added value of BIM to the construction sector and society.“, *CIB Int'l Council for Research and Innovation in Building and Construction* (2013): S. 23f.

besteht noch ein großer Bedarf an Wissensabgleich hinsichtlich des Leistungspotentials der BIM-Methode.[774] Insbesondere hinsichtlich einer anwenderbezogenen und projektphasenübergreifenden Betrachtung.

In Bezug auf die Auswirkungen von BIM auf die Produktivität gaben die Teilnehmer an, dass BIM grundlegend das Potenzial zur Effizienzsteigerung hat. Hierzu gehen die Meinungen jedoch noch auseinander, da die Anwendung von BIM vielfach noch am Anfang steht und die Unternehmen infolgedessen unterschiedliche Implementierungsstände aufweisen. Es gibt die Ansicht, dass BIM die Produktivität erhöht und eine bessere Projektdurchführung fördert, wenn es richtig umgesetzt wird. Die Teilnehmer stellten fest, dass notwendige Nacharbeiten bei der Anwendung von BIM weitestgehend reduziert wurden. Standardprozesse und -protokolle erfordern Klarheit und Vereinheitlichung, daher ist die Interoperabilität von Software unerlässlich. Eine Reihe von Teilnehmern gab an, dass die Produktivitätsraten mittelfristig verfolgt werden müssen, um die einsatzbezogenen Effizienzpotentiale zu erfahren. Eine solche Aussage wirft das Problem der Notwendigkeit von Metriken zur Bewertung des Prozesses auf, von den frühen Entwurfsphasen bis zur Bauphase. Einige der Teilnehmer sahen einen Nachteil darin, dass kurzfristige Finanzinvestitionen notwendig sind, um langfristig eine höhere Effizienz zu erreichen.[775]

Über den Einsatz von BIM zur Förderung der Nachhaltigkeit im Bauwesen gibt es unterschiedliche Perspektiven. Auf der einen Seite wird unter den Teilnehmern die Ansicht vertreten, dass BIM nur geringe Auswirkungen auf die Steigerung der Nachhaltigkeit über den gesamten Lebenszyklus eines Bauwerks hat, da BIM nur in einzelnen Phasen des Projekts angewendet wird. Andere Teilnehmer vertreten die Ansicht, dass BIM im Wesentlichen ein Dokumentationswerkzeug ist und Nachhaltigkeit mehr mit Materialität zusammenhängt. Die Mehrheit der Teilnehmer vertritt jedoch die Ansicht, dass BIM für mehr Nachhaltigkeit sorgen kann. Es besteht Einvernehmen darüber, dass BIM durch die exakte Mengenermittlung der benötigten Materialen zur Ersparnis und Abfallvermeidung beiträgt. Die Simulation mit Hilfe von BIM ermöglicht eine frühzeitige Betrachtung der

[774] Ebd.
[775] Ebd., S. 24f.

Gebäudeleistung und gibt Auskunft über die Energiekosten und mögliche Einsparpotentiale über den gesamten Gebäudelebenszyklus.[776]

Die Studie hat gezeigt, dass die Anwendbarkeit von BIM über den gesamten Projektlebenszyklus noch verbessert werden kann. Die erzielten Vorteile durch die Anwendung von BIM variieren stark unter den einzelnen Projektphasen und Projektbeteiligten. Die Anwendung von BIM generiert für jeden Projektbeteiligten unterschiedliche Nutzwerte. Die Planungskoordination hat in den verschiedenen Projektphasen den höchsten Wert erzielt, hier gaben 65 Prozent der Bauunternehmer eine positive Antwort. Umgekehrt haben die Abfallreduzierung, durch exakte Mengenermittlung der benötigten Materialen, und Kostengenauigkeit im Vergleich zu anderen Projektprozessen geringere Vorteile gezeigt. Die Projektkomplexität spielt eine bedeutende Rolle für den Nutzen, der durch die Anwendung von BIM erzielt wird. Die verbesserte Kommunikation mit den Projektbeteiligten wurde als der wichtigste Faktor hervorgehoben. In diesem Zusammenhang scheint die von BIM bereitgestellte kollaborative Arbeitsumgebung ein effizientes Werkzeug zu sein, um die Projektergebnisse zu verbessern.[777]

Die Studie hat gezeigt, dass BIM seinen Nutzen in komplexen Projekten dadurch entfaltet, indem die Leistungsmerkmale Kosten, Zeit und Qualität stets auf das Ziel ausgerichtet bleiben. BIM hat bei richtiger Anwendung die Fähigkeit zur Visualisierung aller Gebäudekomponenten, zur Beschleunigung von Planungs- und Bauprozessen, zur effizienteren Konstruktion und Modellierung von Anlagen, zum Austausch von Projektdokumenten sowie zur Sequenzierung und bessere Verwaltung der gesamten Baukosten und des Zeitplans. Die Studie kommt zu dem Schluss, dass es das „I" in BIM ist, dass die Integration zwischen dem Computermodell, den Projektanforderungen, den Projektbeteiligten sowie der Gesamtwirtschaftlichkeit und damit den Mehrwert für den Bausektor und die Gesellschaft schafft. Die Studie liefert aber keine Methode, wie der gesamtwirtschaftliche Wert von BIM gemessen werden kann.[778] Weitere Forschung

[776] Ebd.
[777] Ebd., S. 42f.
[778] Ebd., S. 45.

sollten sich mit der Entwicklung von Metriken zur Quantifizierung des Mehrwerts durch die Anwendung von BIM in Bauprojekten befassen. Gegenwärtig gibt es auf Länder-, Industrie- oder Projektebene hierfür keine Belege, die sich auf konsistente Daten aus BIM-Projekten bzw. *Best Practices* stützen. Sobald die Metriken zur Quantifizierung des Mehrwerts durch die Anwendung von BIM vorliegen, kann der reale wirtschaftliche Nutzen sowie der Mehrwert von BIM für die AEC-Industrie vollständig realisiert werden. Zu diesem Zweck ist es wichtig relevante Daten von Unternehmen die BIM in der Bauindustrie einsetzen zu sammeln, so dass die Wirkkraft und Produktivität der BIM-Anwendung gemessen werden kann. Dadurch wird letztlich eine größere Akzeptanz von BIM innerhalb der AEC-Industrie erreicht.[779]

Bryde et al. (2013) untersuchten anhand von Sekundärdaten aus 35 globalen Bauprojekten inwieweit sich die Anwendung von BIM auf die Erreichung der Projektziele Kosten, Zeit und Qualität sowie die Aufgabenbereiche und die Kommunikation in den Projekten ausgewirkt hat. Auf der Basis von definierten Projekterfolgskriterien wurde eine Inhaltsanalyse durchgeführt, um festzustellen, inwieweit sich die Anwendung von BIM positiv oder negativ auf diese Projekterfolgskriterien auswirkt (s. Abb. 106). Die angegebenen Prozentsätze beziehen sich auf die Summe der Sekundärdaten aller untersuchten 35 Projekte.

Der am häufigsten berichtete Nutzen im Zusammenhang mit der Anwendung von BIM ist die Kostenreduzierung und Kostenkontrolle im Projektlebenszyklus. Kostenreduzierungen und eine verbesserte Kostenkontrolle wurden in 21 der Fallstudien (60 % der Fälle) festgestellt. Der am zweithäufigsten berichtete Nutzen ist die Dauer der Projektbearbeitung. Zeiteinsparungen wurden in 12 der Fallstudien (34 % der Fälle) festgestellt. Negativeffekte wurden in drei der Fallstudien (9 % der Fälle) beschrieben und beziehen sich im Wesentlichen auf den Zeitaufwand für der Erstellung des BIM-Modells. Eine Verbesserung der Qualität durch die Möglichkeit der frühzeitigen Kollisionserkennung mit Hilfe von BIM wurde in 12 der Fallstudien (34 % der Fälle) festgestellt. Eine deutlich verbesserte Kommunikation im Projekt und eine erleichterte Auffindbarkeit von Informationen

[779] Schultz, A. et al., S. 47.

im Vergleich zu herkömmlichen Planungsmethoden wurde in 13 der Fallstudien (37 % der Fälle) festgestellt.[780]

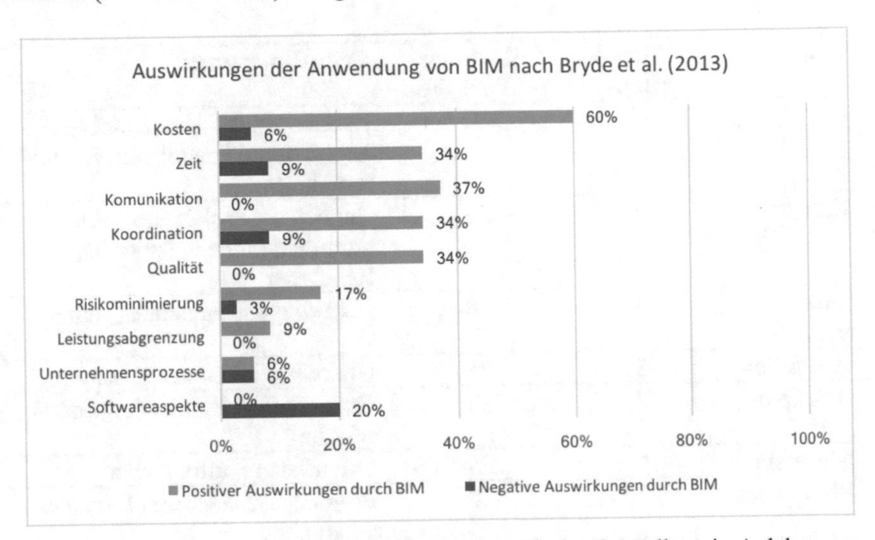

Abb. 106: Auswirkungen der Anwendung von BIM. Eigene Darstellung in Anlehnung an Bryde et al. (2013): The project benefits of Building Information Modelling (BIM), S. 978.

Stowe et al. (2014) untersuchten anhand einer qualitativen Studie, in mehr als 51 Workshops in acht Ländern, die Vorteile der Anwendung von BIM. Im Mittelpunkt stand die Bewertung der monetären Auswirkungen von sog. *All-in BIM*-Ansätzen, bei denen alle Projektbeteiligten die BIM-Methode anwenden. Der Workshop unterstützt die Anwender außerdem bei der Vorhersage der monetären Vorteile und Ausgaben durch die Anwendung von BIM. In Tab. 22 sind die Länder und die durchschnittliche Anzahl der Teilnehmer aus den Workshops aufgelistet, die nach dem *All-in BIM*-Ansatz durchgeführt wurden. Diese 35 Workshops bilden die Grundlage für die Studie. Während der Workshops hat jede Firma ihre eigenen ROI-Schätzungen für ihre Projekte erstellt. Die Workshops sollten den Projektteams helfen, die monetären Auswirkungen der BIM-Anwendung

780 Vgl. Bryde, D., Broquetas, M., & Volm, J.M., "The project benefits of Building Information Modelling (BIM)", *International Journal of Project Management* 31, No. 7 (2013): S. 975ff.

in jeder Projektphase und für jeden Projektbeteiligten zu identifizieren und zu priorisieren.

Land	Workshops	Teilnehmer je Workshop	Teilnehmerprofil
USA	18	20	Bauherren, Projektentwickler, Architekten, Fachplaner, Bauunternehmer
Kanada	5	24	Bauherren, Projektentwickler, Architekten, Fachplaner, Bauunternehmer
Großbritannien	4	18	Überwiegend Bauunternehmer
Australien	3	25	Überwiegend Bauunternehmer
Singapur	2	18	Bauunternehmer und Projektentwickler
Malaysia	1	35	Öffentliche Auftraggeber
Philippines	1	18	Projektentwickler und Bauunternehmer
Schweden	1	7	Bauunternehmer

Tab. 22: Workshop-Teilnehmer. Eigene Darstellung in Anlehnung an Stowe et al. (2014): Capturing the Return on Investment (ROI) of all-in BIM: Structured approach, S. 3.

Die Teilnehmer wurden zu anhaltenden Problemen befragt, die auf folgende Ursachen und einen bestimmten Projekttyp oder Projektbeteiligten hindeuten:

- Planungsfehler und Auslassungen
- Inkonsistente Projektkoordination
- Abnorme Anzahl von RFIs
- Änderungsaufträge, die von der Planung initiiert wurden
- Änderungsaufträge, der vom Bauherrn initiiert wurden
- Nacharbeiten
- Einschränkungen der Vorfertigung und Vormontage
- Sicherheitsmängel
- Abfallstoffe und Entsorgung
- Verspätete Materiallieferung

Die Ergebnisse der Workshops wurden in ROI (*Return on Investment*) für jeden Projektbeteiligten ausgedrückt. Die größten Vorteile der Anwendung von BIM wurden mit 60 Prozent in der Bauphase und mit 30 Prozent in der Nutzungsphase gesehen (s. Abb. 107).

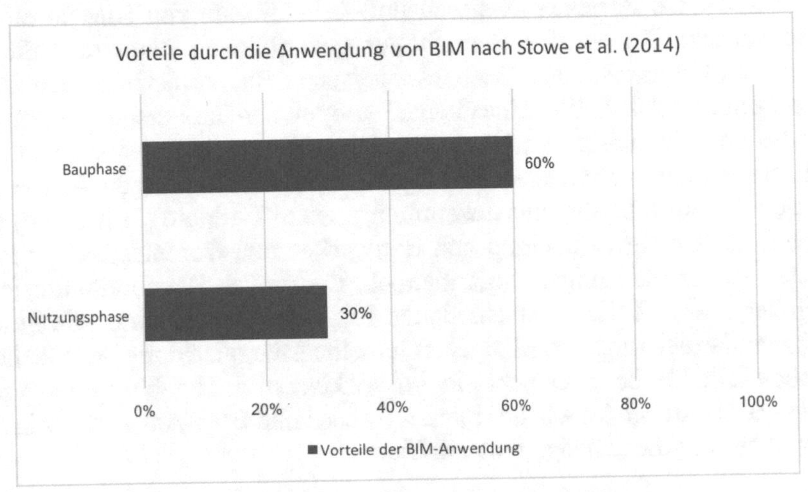

Abb. 107: Vorteile durch die Anwendung von BIM. Eigene Darstellung in Anlehnung an Stowe et al. (2014): Capturing the return on investment of all-in BIM: Structured approach, S. 4.

Die Ergebnisse der Workshops zeigen: je mehr Projektbeteiligte die BIM-Methode in ihren Projekten anwenden, desto höher ist der ROI. Die Ergebnisse zeigen weiter, dass bis zu 10 Prozent der Gesamtprojektkosten eingespart werden können. Bei einem Projektvolumen von 100 Millionen US-Dollar gehen die Projektteams davon aus, dass die nach dem *All-in BIM*-Ansatz durchgeführten Projekte das Potenzial haben, Einsparungen in Höhe von bis zu 10 Millionen US-Dollar zu erzielen. Die Projektteams stellten weiter fest, dass die Projektergebnisse je nach Vertragstyp, Dringlichkeit, Projektkomplexität und anderen Variablen variieren. In der Planungsphase wurde eine Steigerung der Produktivität durch qualitätsverbesserte Planungsdokumente, weniger RFIs und eine schnellere Visualisierung der Planungsergebnisse gegenüber dem Bauherrn und Bauunternehmer gesehen. Die Studie ergibt: Die monetären Auswirkungen der Nutzung von BIM sind signifikant. Allerdings ist noch unklar, ob die Vorteile signifikant genug sind, eine umfassendere Anwendung von BIM in der Bauwirtschaft zu bewirken.[781]

Die Studie von Kelly & Ilozor (2016) untersucht erstmals die Wechselwirkung zwischen Projektergebnissen und dem Einsatz von BIM in einem multivariaten Kontext im Bereich der gewerblichen Bauwirtschaft. Es wurden 13 Variablen aus 93 abgeschlossenen Bauprojekten in den USA gesammelt und mit Hilfe eines kausal-vergleichenden Forschungsdesigns analysiert. Die meisten Variablen wurden aufgrund ihrer Einbeziehung in frühere Studien zur Messung der Projektleistung herangezogen. Außerdem wurde für diese Studie eine zusammengesetzte Variable (Projekttyp) gewählt, um die Klassifizierung von Bauwerken und Komplexität von Projekten zu berücksichtigen. In Anbetracht der großen Bandbreite hinsichtlich der Kosten bei den verschiedenen Projekttypen verwendet die Studie zur Standardisierung von Mängelzahlen eine Mängelzählung pro Flächeneinheit. Die Studie untersucht die Auswirkungen der unabhängigen Variablen BIM-Anwendung in der Planungsphase und BIM-Anwendung in der Bauphase auf die abhängigen Variablen:

- **Kostenzuwachs** (endgültige Baukosten abzüglich der geschätzten Baukosten in Prozent) als Indikator für die Einhaltung der Kostenprognose.

- **Zeitzuwachs** (endgültige Bauzeit abzüglich der geschätzten Bauzeit in Prozent) als Indikator für die Termineinhaltung.

- **Mängelverhältnis** (Anzahl der vom Architekten erkannten Mängel dividiert durch die Bruttofläche) als Indikator für die Bauqualität.

- **RFI-Verhältnis** (Anzahl der RFIs, die vom Bauunternehmer ausgelöst wurden, dividiert durch die Bruttofläche) als Indikator für die Planungsqualität.

---

[781] Vgl. Stowe, K. et al., “Capturing the Return on Investment of All-In Building Information Modeling: Structured Approach.“, *Practice Periodical on Structural Design and Construction* 20, No. 1 (2014): S. 3ff.

Die folgenden Kontrollvariablen wurden einbezogen, da die Ergebnisse einer früheren Studie von Kelly & Ilozor (2013) auf signifikante Beziehungen zwischen den Kontrollvariablen und den abhängigen Variablen hinwiesen.

- **Bereitstellungsmethode (Projektliefermodell)**
- **Geographische Region**
- **Bruttofläche**
- **Geschosszahl**
- **Projekttyp**
- **Baubegleitende Planung**

Eine Fülle deskriptiver und induktiver Statistiken wurden für die Antwortvariablen berechnet: bspw. Mittelwert, Median, Standardabweichungen, Normalitätstests sowie univariate und multivariate Varianzanalysen. Die multivariaten Analysen wurden unter Einsatz der Summe der Quadrate vom Typ III[782] vervollständigt, was die Signifikanz jedes Faktors bewertet und den Beitrag der verbleibenden Variablen eliminiert. Daher lieferten die multivariaten Modelle eine präzisere Bewertung der Beziehungen zwischen den Variablen als der univariate Ansatz. Darüber hinaus waren die R-Quadrat-Werte (auch: Bestimmtheitsmaß) der multivariaten Modelle im Allgemeinen viel höher als die univariaten Modelle. Dies deutet darauf hin, dass ein größerer Teil der Variabilität in den Antwortvariablen im multivariaten Ansatz erfasst wurde.[783]

Nur 5 der 12 entwickelten Modelle waren bei einem Konfidenzniveau von 95 Prozent (auch: Vertrauensbereich oder Erwartungsbereich) signifikant. Liegt das Konfidenzniveau bei 95 Prozent, heißt dies übersetzt, dass ein statistisch berechneter Wert auf Grundlage einer Stichprobenerhebung mit 95-prozentiger Wahrscheinlichkeit auch für die Grundgesamtheit innerhalb des errechneten Konfidenzintervalls liegt. Drei der fünf signifikanten Modelle waren multivariat, d.h. die Modelle enthielten alle unabhängigen

782 Bei dieser Methode werden die Quadratsummen eines Effekts im statistischen Modell als Quadratsummen orthogonal zu allen Effekten berechnet, die den Effekt enthalten und mit Bereinigung um alle anderen Effekte berechnet, die den Effekt nicht enthalten.

783 Vgl. Kelly, D. & Ilozor, B., S. 6f.

Variablen und Kontrollvariablen. Die BIM-bezogenen Variablen in diesen Modellen waren jedoch nicht signifikant. Bei einem Konfidenzniveau von 95 Prozent wurden keine signifikanten Unterschiede im Zeitzuwachs, RFI-Verhältnis und Mängelverhältnis zwischen den Projektgruppen festgestellt, die entweder BIM in der Planungsphase oder BIM in der Bauphase verwendeten. Die verbleibenden zwei univariaten Kostenwachstumsmodelle für die BIM-Anwendung in der Planungsphase und die BIM-Anwendung in der Bauphase waren bei einem Konfidenzniveau von 95 Prozent signifikant. Der Vergleich mehrerer Bereiche zeigte, dass diejenigen Projekte, die BIM in der Planungsphase anwenden, einen wesentlich geringeren Kostenzuwachs aufweisen als Nicht-BIM-Projekte. Ebenso war das univariate Kostenwachstumsmodell für die BIM-Anwendung in der Bauphase bei einem Konfidenzniveau von 95 Prozent signifikant. Der Vergleich mehrerer Bereiche zeigte auch, dass Projekte, die BIM in der Bauphase anwenden, einen wesentlich geringeren Kostenzuwachs aufweisen als Nicht-BIM-Projekte. Die univariaten und multivariaten Ergebnisse stimmen nicht überein. Die Anwendung von BIM, entweder in der Planungs- oder Bauphase, erwies sich als unbedeutend, wenn der Beitrag der anderen unabhängigen Variablen und Kontrollvariablen bei einem Konfidenzniveau von 95 Prozent kontrolliert wurde.[784]

Darüber hinaus waren vier der Kontrollvariablen (Projekttyp, Bereitstellungsmethode, Geschosszahl und baubegleitende Planung), die nicht mit der BIM-Anwendung zusammenhängen, für das Überwiegen der Variabilität des Kostenzuwachses verantwortlich. Der mit der BIM-Anwendung verbundene signifikante Unterschied im Kostenzuwachs bei den univariaten Analysen ist daher nicht auf BIM, sondern auf die Kontrollvariablen zurückzuführen. Diese Situation wird auch durch die R-Quadrat-Werte der Modelle belegt, die zeigen, dass die multivariaten Modelle einen viel größeren Prozentsatz der Gesamtvariabilität des Kostenzuwachses erklären. Jedoch wurden fast alle Daten von einem einzigen Bauunternehmer gesammelt, daher können die Ergebnisse nicht repräsentativ für die Industrie sein.[785] Die Forscher empfehlen weitergehende Forschung zu den bisher nicht gemessenen Variablen wie bspw. die Komplexität der Planung,

[784] Kelly, D. & Ilozor, B., S. 9ff.
[785] Ebd., S. 11f.

interkulturelle Aspekte oder den BIM-Reifegrad der beteiligten Akteure anhand repräsentativer Stichproben. Insbesondere zur Beantwortung der Frage: Kann BIM das Kostenwachstum, den Planungsaufwand, das RFI-Verhältnis, das Verhältnis der Baumängel und die Einhaltung des Zeitplans positiv beeinflussen, wie die zahlreichen qualitativen Forschungsarbeiten ergeben haben. Es werden weitere Untersuchungen mit Blick auf die regional-projekttypologischen Zusammenhänge empfohlen, da die Ergebnisse, die sich aus diesem Ansatz ergeben können, für die Industrie besonders nützlich sind.[786]

Cao et al. (2017) haben aufbauend auf der Ressourcenabhängigkeitstheorie ein Modell entwickelt, um zu verstehen, wie die Implementierung von BIM in Bauprojekten die Leistungsfähigkeit der unterschiedlichen Projektbeteiligten durch Verbesserung ihrer Kollaborationsfähigkeit beeinflusst. Die Messgrößen für die Fragebogenerhebung wurden anhand von Informationen aus der einschlägigen Literatur entwickelt. Anschließend wurde ein Pretest mit 34 Planern und 19 Generalunternehmern in BIM-basierten Bauprojekten über ein Online-Befragungssystem durchgeführt. Neben den projektspezifischen Variablen (bspw. die Projektgröße) wurden im Fragebogen insgesamt fünf prozessbezogene Variablen erhoben (s. Tab. 23).

Variable	**Beschreibung**
X_1 Extent of BIM implementation (EB)	Umfang der BIM-Implementierung
X_2 BIM-enabled information sharing capability (ISC)	Informationsaustauschfähigkeit
X_3 BIM-enabled collaborative decision-making capability (CDC)	Kollaborative Entscheidungsfindung
X_4 BIM-enabled task efficiency improvement (TEY)	Verbesserung der Aufgabeneffizienz
X_5 BIM-enabled task effectiveness improvement (TES)	Verbesserung der Aufgabenwirksamkeit

Tab. 23: Prozessbezogene Variablen. Eigene Darstellung in Anlehnung an Cao et al. (2017): Impacts of BIM implementation on design and construction performance: A resource dependence theory perspective, S. 27.

[786] Ebd., S. 14.

In der Studie wurden ausschließlich Senior-Fachleute befragt, die direkt an den BIM-Implementierungsaktivitäten in chinesischen Bauprojekten beteiligt sind oder waren. Bedingt durch die nach wie vor geringe Entwicklung von BIM in China konnte diese Studie keine vollständig zufällige Stichprobenmethode verwenden, um BIM-basierte Projekte und Projektteilnehmer aus einer spezifischen Projektdatenbank zu ermitteln. Statt dessen wurden die befragten Planer und Generalunternehmer aus verschiedenen BIM-basierten Projekten identifiziert und gebeten, den Umfragefragebogen auf der Grundlage ihres letzten BIM-basierten Projekts auszufüllen, das bereits fertig gestellt war oder bereits in der Bauphase begonnen hatte. Von Dezember 2014 bis Februar 2015 wurden etwa 570 Personen via E-Mail, Online-Erhebungssystem und persönliche Interviews befragt. Basierend auf den netzwerkbasierten Kontakten wurden 23 Antworten per E-Mail, 247 Antworten über das Online-Befragungssystem und 56 Antworten aus persönlichen Interviews gesammelt. Nach dem Ausschluss der Antworten, die unvollständige oder potenziell unzuverlässige Informationen enthielten, wurden insgesamt 251 gültige Antworten in die Analysen aufgenommen: 136 von Planern und 115 von Generalunternehmern.[787]

Diese Studie verwendete die Methode der Modellierung der kleinsten Fehlerquadrate, wie sie bspw. im Programm SmartPLS 2.0 als Strukturgleichungsmodellierung implementiert ist, um die Messungen zu validieren und die hypothetischen Beziehungen zu testen. Verglichen mit einer Kovarianz-basierten Strukturgleichungsmodellierung wird die komponentenbasierte PLS-Methode als vorteilhaft für die Analyse von Forschungsmodellen mit Einzelkomponenten und die Verarbeitung von Daten mit nicht-normalen Verteilungen angesehen.[788]

Die Validität der Messungen wurde in Bezug auf interne Konsistenz, konvergente Validität und Diskriminante beurteilt. Ein Bootstrapping-Verfahren mit 5000 Wiederholungsproben wurde durchgeführt, um Standard-

[787] Vgl. Cao, D., Li, H., & Wang, G., “Impacts of Building Information Modeling (BIM) implementation on design and construction performance: A resource dependence theory perspective“, *Front. Eng. Manag. 2017* 4, No. 1 (2017): S. 24ff.
[788] Vgl. Hair, J.F. et al., “An assessment of the use of partial least squares structural equation modeling in marketing research“, *Journal of the Academy of Marketing Science* 40, No. 3 (2012).

fehler zu berechnen und somit die statistische Signifikanz der hypothetischen Beziehungen zu testen. Bootstrapping ist in der Statistik eine Methode des *Resampling*. Dabei werden wiederholt Statistiken auf der Grundlage lediglich einer Stichprobe berechnet. Verwendung finden Bootstrap-Methoden, wenn die theoretische Verteilung der interessierenden Statistik nicht bekannt ist.

Die Ergebnisse der PLS-Analysen für die Planer-Stichprobe und Generalunternehmer-Stichprobe sind in Abb. 108 dargestellt. Die mit dem Buchstabe „A“ gekennzeichneten Ergebnisse zeigen die Werte für das Signifikanzniveau (p) der Planer-Stichprobe und die mit den Buchstabe „B“ gekennzeichneten Ergebnisse zeigen die Werte für das Signifikanzniveau (p) der Generalunternehmer-Stichprobe.

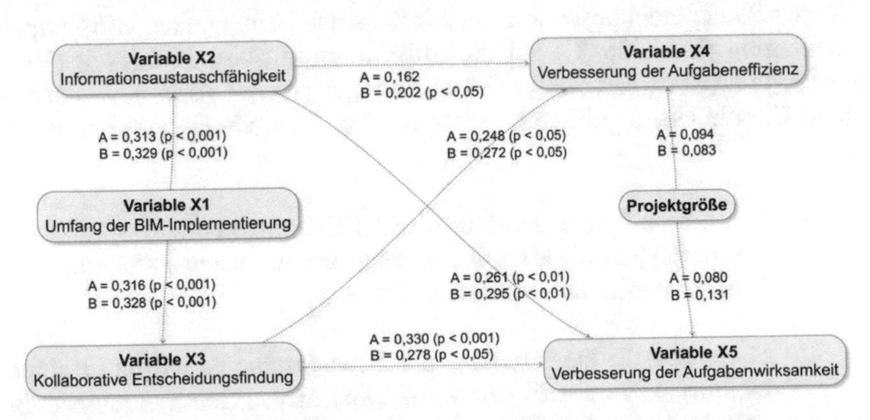

Abb. 108: Ergebnisse der PLS-Analysen. Eigene Darstellung in Anlehnung an Cao et al. (2017): Impacts of BIM implementation on design and construction performance: A resource dependence theory perspective, S. 28.

Der p-Wert (auch: Signifikanzwert) ist in der Testtheorie eine Kennzahl zur Auswertung statistischer Tests[789]. Der p-Wert ist eine Wahrscheinlichkeit und kann daher Werte von 0 bis 1 annehmen. Er deutet an, wie wahrscheinlich es ist, ein solches Stichprobenergebnis (oder ein auffälligeres)

[789] Der statistische Test formalisiert die zu treffende Entscheidung. Dabei wird „0“ für die Annahme der Nullhypothese „1" für die Annahme der Alternative gesetzt. Werte zwischen 0 und 1 entsprechen dann der Wahrscheinlichkeit, sich für die Alternative zu entscheiden.

zu erhalten, wenn die Nullhypothese[790] wahr ist. Der p-Wert wird durch die Stichprobe bestimmt und drückt die zahlenmäßige Wahrscheinlichkeit aus, dass sich das Ergebnis einer statistischen Analyse substantiell vom tatsächlichen Ergebnis der Grundgesamtheit unterscheidet. In der Statistik arbeitet man meist mit den folgenden Signifikanzniveaus.

- **Signifikant** ($p \leq 0{,}05$), mit einer Irrtumswahrscheinlichkeit kleiner als 5 Prozent.
- **Sehr signifikant** ($p \leq 0{,}01$), mit einer Irrtumswahrscheinlichkeit kleiner als 1 Prozent.
- **Höchst signifikant** ($p \leq 0{,}001$), mit einer Irrtumswahrscheinlichkeit kleiner als 0,1 Prozent.

Bei der Planer-Stichprobe war der Einfluss des Umfangs der BIM-Implementierung (Variable X_1) auf die Informationsaustauschfähigkeit (Variable X_2) und die kollaborative Entscheidungsfindung (Variable X_3) in beiden Fällen höchst signifikant. Daher werden folgende Hypothesen unterstützt.

- Hypothese 1: Der Umfang der BIM-Implementierung in einem Bauprojekt ist positiv mit der Informationsaustauschfähigkeit der Projektbeteiligten verbunden.

- Hypothese 2: Der Umfang der BIM-Implementierung in einem Bauprojekt ist positiv mit der kollaborativen Entscheidungsfähigkeit der Projektbeteiligten verbunden.[791]

Die Studie hat gezeigt, dass der Pfad zwischen der kollaborativen Entscheidungsfindung (Variable X_3) und der Verbesserung der Aufgabeneffizienz (Variable X_4) statistisch höchst signifikant ist. Der Pfad zwischen der kollaborativen Entscheidungsfindung (Variable X_3) und der Verbesserung der Aufgabenwirksamkeit (Variable X_5) ist statistisch signifikant. Wobei

---

[790] Man unterscheidet zwischen Nullhypothese und Alternativhypothese (auch Gegenhypothese und Arbeitshypothese). Häufig sagt die Nullhypothese aus, dass kein Effekt bzw. Unterschied vorliegt oder dass ein bestimmter Zusammenhang nicht besteht.
[791] Vgl. Cao, D., Li, H., & Wang, G., S. 23f. u. 28.

sich die Aufgabeneffizienz hier auf die Effizienz der eigentlichen Planungsprozesse bezieht und die Aufgabenwirksamkeit auf die erzielten Ergebnisse des Planungsprozesses. Daher werden folgende Hypothesen unterstützt.

- Hypothese 3b: Projektbeteiligte mit größerer Fähigkeit zur kollaborativen Entscheidungsfindung erzielen ein höheres Maß an Verbesserung der Aufgabeneffizienz.

- Hypothese 4b: Projektbeteiligte mit größerer Fähigkeit zur kollaborativen Entscheidungsfindung erzielen ein höheres Maß an Verbesserung der Aufgabenwirksamkeit.[792]

Die Ergebnisse zeigen auch, dass die Informationsaustauschfähigkeit (Variable X_2) mit der Verbesserung der Aufgabenwirksamkeit (Variable X_5) sehr signifikant verbunden ist, aber nicht signifikant mit der Verbesserung der Aufgabeneffizienz (Variable X_4) verbunden ist, nachdem die Auswirkung der Projektgröße kontrolliert wurde. Daher wird die Hypothese 4a unterstützt, die Hypothese 3a jedoch nicht.

- Hypothese 3a: Projektbeteiligte mit einer größeren Informationsaustauschfähigkeit erreichen ein höheres Maß an Verbesserung der Aufgabeneffizienz.

- Hypothese 4a: Projektbeteiligte mit einer größeren Informationsaustauschfähigkeit erreichen ein höheres Maß an Verbesserung der Aufgabenwirksamkeit.[793]

Ein bemerkenswertes Ergebnis ist, dass, während die kollaborative Entscheidungsfindung (Variable X_3) sowohl mit der Verbesserung der Aufgabeneffizienz (Variable X_4) als auch mit der Verbesserung der Aufgabenwirksamkeit (Variable X_5) signifikant verbunden ist, der Pfadkoeffizient für die Variable X_5 ($\beta = 0{,}330$, $p < 0{,}001$) größer ist als der für die Variable X_4 ($\beta = 0{,}248$, $p < 0{,}05$). Dies deutet darauf hin, dass die Zusammenarbeit

[792] Ebd.
[793] Ebd.

von Planern mit anderen Projektbeteiligten, die eine hohe Informationsaustauschfähigkeit besitzen und kollaborativ Entscheidungen treffen, zwar erhebliche Leistungssteigerungen zur Folge haben kann, ihre Auswirkung auf die Aufgabenwirksamkeit aber stärker ist als die Aufgabeneffizienz.

Dieses Ergebnis würde bedeuten, dass die Anwendung der BIM-Methode zwar die Projektergebnisse verbessern kann, aber nicht die Effektivität der Prozesse in der Planungs- und Bauphase (Anm. d. Verf.). Was die Kontrollvariable angeht, so ist die Projektgröße weder mit der Verbesserung der Aufgabeneffizienz (Variable X_4) noch mit der Verbesserung der Aufgabenwirksamkeit (Variable X_5) signifikant verbunden, während die Auswirkungen der Informationsaustauschfähigkeit (Variable X_2) und die kollaborative Entscheidungsfindung (Variable X_3) berücksichtigt werden.[794]

Bei der Generalunternehmer-Stichprobe ist erkennbar, dass der Umfang der BIM-Implementierung signifikant mit den Variablen X_2 (Auswirkungen der Informationsaustauschfähigkeit) und X_3 (Kollaborative Entscheidungsfindung) verbunden ist, die wiederum beide signifikant mit der Verbesserung der Aufgabeneffizienz (Variable X_4) und der Verbesserung der Aufgabenwirksamkeit (Variable X_5) verbunden sind. Wobei sich die Aufgabeneffizienz hier auf die Effizienz des eigentlichen Bauprozesses bezieht und die Aufgabenwirksamkeit auf die erzielten Ergebnisse des Bauprozesses. Daher werden die Hypothesen 1, 2, 3a, 3b, 4a, 4b durch die Daten der Generalunternehmer-Stichprobe unterstützt. Bei der Kontrollvariable ist die Projektgröße weder mit der Verbesserung der Aufgabeneffizienz (Variable X_4) noch mit der Verbesserung der Aufgabenwirksamkeit (Variable X_5) signifikant verbunden, während die Auswirkungen der Informationsaustauschfähigkeit (Variable X_2) und die kollaborative Entscheidungsfindung (Variable X_3) berücksichtigt werden.[795]

Um zu ermitteln, wie die Projektbeteiligten von den BIM-Implementierungsaktivitäten im Projekt unterschiedlich profitieren, wurden die Datenanalyseergebnisse für die Stichprobe der Planer und Generalunternehmer verglichen. Da die Studie keinen dyadischen - also einen in zwei Bestand-

[794] Ebd., S. 28.
[795] Ebd.

teile zerlegbaren - Stichprobenansatz verfolgte, um Daten von aufeinander abgestimmten Paaren von Planern und Generalunternehmern zu sammeln, stimmen die von Planern und Generalunternehmern gemeldeten Projekte nicht genau überein. Daher wurde vor dem Vergleich der Analyseergebnisse für die beiden Stichproben zunächst die Äquivalenz zwischen den beiden Stichproben in Bezug auf Projektcharakteristika und Implementierungskontext sichergestellt. Basierend auf der Untersuchung der Äquivalenz der beiden Stichproben wurden in dieser Studie auch die Unterschiede zwischen den Stichproben in den Werten der Variablen X_2, X_3, X_4 und X_5 mit unabhängigen Stichproben-*t*-Tests verglichen.

Der *t*-Test prüft anhand des Mittelwertes einer Stichprobe, ob der Mittelwert einer Grundgesamtheit sich von einem vorgegebenen Sollwert unterscheidet. Dabei wird vorausgesetzt, dass die Daten der Stichprobe einer normalverteilten Grundgesamtheit entstammen bzw. es einen genügend großen Stichprobenumfang gibt, so dass der zentrale Grenzwertsatz[796] erfüllt ist. Der sog. Zweistichproben-*t*-Test prüft anhand der Mittelwerte zweier unabhängiger Stichproben, wie sich die Mittelwerte zweier Grundgesamtheiten zueinander verhalten. Dabei wird ebenfalls vorausgesetzt, dass die Daten der Stichproben einer normalverteilten Grundgesamtheit entstammen bzw. es genügend große Stichprobenumfänge gibt. Hierbei wird angenommen, dass die Varianz beider Stichproben gleich ist. Ist dies nicht der Fall, wird der sog. Welch-Test verwendet. Diese Art des *t*-Tests wird auch häufig ungepaarter *t*-Test genannt. Dieser Test ist eine Näherungslösung, da es für ungleiche Varianzen keine exakte Lösung gibt.

Da die Variablen X_2, X_3, X_4, X_5 alle auf der Ebene der projektbeteiligten Akteure gemessen wurden, spiegeln die Unterschiede in den Werten dieser Variablen zwischen den beiden Stichproben wieder, wie sich Planer und Generalunternehmer in ihrer BIM-Anwendung unterscheiden. Die *t*-Test-

[796] Bei den Zentralen Grenzwertsätzen handelt es sich um eine Gruppe schwacher Konvergenzaussagen aus der Wahrscheinlichkeitstheorie (Stochastik). Allen gemeinsam ist die Aussage, dass die Summe einer großen Anzahl von unabhängigen Zufallsvariablen asymptotisch einer stabilen Verteilung folgt. Bei endlicher und positiver Varianz der Zufallsvariablen ist die Summe annähernd normalverteilt, was die Sonderstellung der Normalverteilung erklärt.

Ergebnisse haben gezeigt, dass die Unterschiede in den Durchschnittswerten der Informationsaustauschfähigkeit (Variable X_2), der kollaborativen Entscheidungsfindung (Variable X_3) und der Verbesserung der Aufgabenwirksamkeit (Variable X_5) alle nicht signifikant sind, aber der Mittelwert der Verbesserung der Aufgabeneffizienz (Variable X_4) für die Generalunternehmer-Stichprobe signifikant höher ist als für die Planer-Stichprobe. Ein *t*-Test mit gepaarten Stichproben hat ferner gezeigt, dass der Mittelwert der Verbesserung der Aufgabeneffizienz (Variable X_4) bei der Planer-Stichprobe signifikant niedriger ist als der von der Verbesserung der Aufgabenwirksamkeit (Variable X_5). Die Ergebnisse zeigen, dass die BIM-gestützten Leistungssteigerungen der Planer sich in erster Linie auf die Steigerung der Aufgabenwirksamkeit (die Projektergebnisse bzw. die Projektleistung - Anm. d. Verf.) auswirken und dass die Vorteile, die mit der Verbesserung der Aufgabeneffizienz verbunden sind, für Planer wesentlich geringer sind als für Generalunternehmer.[797]

Die meisten der hypothetischen Beziehungen wurden durch die Daten sowohl der Planer-Stichprobe als auch der Generalunternehmer-Stichprobe unterstützt. Die Ergebnisse bestätigen die Perspektive der Ressourcenabhängigkeitstheorie im Zusammenhang mit Bauprojekten und liefern Hinweise auf die bedeutende Rolle von BIM für die Unterstützung der Projektbeteiligten bei der Verwaltung interdisziplinärer Abhängigkeiten und bei der Verbesserung der organisatorischen Planungs- und Bauleistung.

Die Ergebnisse zeigen auch, dass die Vorteile der BIM-Implementierung für Planer und Generalunternehmer signifikant nicht gleichwertig sind. Diese Ungleichheit könnte zum Teil auf die unterschiedlichen Rollen zurückzuführen sein, die BIM im Planungs- und Bauprozess spielt. Im Bauprozess wird BIM hauptsächlich für die Organisation der Bauausführung genutzt und dient daher primär als unterstützendes Werkzeug. Während des Planungsprozesses erfordert der integrierte Einsatz der BIM-Methode, dass die Planer das herkömmliche 2D-Planungsparadigma aufgeben und Planungsaktivitäten basierend auf grundlegend neuen Plattformen und Prozessen durchführen. Im Vergleich zum Bauprozess wird daher der Planungsprozess mit der BIM-Einführung grundlegendere Veränderungen

797 Vgl. Cao, D., Li, H., & Wang, G., S. 29f.

erfahren als der Bauprozess. Aufgrund der Komplexität von BIM-Planungswerkzeugen und BIM-Prozessen wird diese Annäherung erweiterte Lernkurven erfordern und infolgedessen zunächst nicht zu einer höheren Effizienz von Planungsaktivitäten führen.[798] Die ausbleibende Äquivalenz bei der Verbesserung der Aufgabeneffizienz für Planer und Generalunternehmer ist auch eng mit den unterschiedlichen Auswirkungen der BIM-gestützten Zusammenarbeit in Planungs- und Bauaktivitäten verbunden. Die Ergebnisse der Datenanalyse zeigen, dass der Zusammenhang zwischen der Informationsaustauschfähigkeit und der Verbesserung der Aufgabeneffizienz bei der Generalunternehmer-Stichprobe wesentlich signifikanter ist als bei der Planer-Stichprobe. Aus Sicht der Ressourcenabhängigkeitstheorie resultieren die Unterschiede in den Auswirkungen der Informationsaustauschfähigkeit aus den unterschiedlichen Rollen, die Planer und Generalunternehmer im interdisziplinären Prozess spielen.

Aufgrund der Fähigkeit von BIM, die permanente Sichtbarkeit von Projektinformationen zu erhöhen, verlangt ein gemeinschaftlicher BIM-Implementierungsprozess mehr Verantwortung durch den Planer und detailliertere Informationen für die anderen Projektbeteiligten, einschließlich Generalunternehmer. Daher werden gemeinsame BIM-Implementierungsaktivitäten einerseits die Verantwortung des Planers und andererseits die Abhängigkeit der anderen Projektbeteiligten von den bereitgestellten Projektinformationen erhöhen. Im Hinblick auf die kollaborative Entscheidungsfähigkeit (Variable X_3) wurde festgestellt, dass diese signifikant mit den Leistungsgewinnen für Planer verbunden ist, speziell im Hinblick auf die Verbesserung der Aufgabenwirksamkeit. Das Ergebnis zeigt, dass Planer in besonderem Maße auf das Know-how anderer Projektbeteiligter angewiesen sind, um die Effektivität von Planungsaktivitäten zu gewährleisten. Dies unterstreicht die Wichtigkeit der Integration von disziplinübergreifenden Kompetenzen in der frühen Planungsphase.[799]

Die Ergebnisse dieser Studie müssen allerdings mit folgenden Einschränkungen interpretiert werden. In Anbetracht der möglichen Auswirkungen der geringen Anzahl analysierter Variablen auf die Validität der Analyse-

[798] Ebd., S. 30f.
[799] Ebd., S. 31.

ergebnisse und angesichts der begrenzten Stichprobengröße entwickelt diese Studie nur ein sparsames Modell zur Untersuchung, wie BIM-Implementierungsaktivitäten die Effizienz und Wirksamkeit von Projektaktivitäten durch Verbesserung der Informationsaustauschfähigkeit und Kollaboration beeinflussen. Damit verbundene kulturelle und organisatorische Faktoren, die sich wesentlich auf den BIM-Kollaborationsprozess und die daraus resultierenden Vorteile der BIM-Implementierung auswirken können, wurden nicht untersucht. Durch die Kombination der Ressourcenabhängigkeitstheorie mit anderen verwandten theoretischen Perspektiven könnte die zukünftige Forschung versuchen, relevante kulturelle und organisatorische Faktoren in das Forschungsmodell einzubeziehen und somit ein umfassenderes Verständnis darüber zu vermitteln, wie unterschiedliche Leistungsauswirkungen der BIM-Implementierung generiert werden.

Die in dieser Studie verwendeten Daten wurden durch eine Fragebogenerhebung gesammelt. Obwohl die Verwendung dieser Datensammelmethode für die Durchführung quantitativer Analysen erforderlich ist und in empirischen Studien relativ häufig die Vorteile von Technologieimplementierung in anderen Branchen untersucht hat, können die gesammelten Daten dem Problem der üblichen Methodenverzerrungen unterliegen. Ein *Harman*-Einzelfaktortest[800] wurde an den fünf Variablen als eine statistische Kontrollmethode durchgeführt. Im Ergebnis trat kein dominanter Faktor auf und der größte Faktor von 30,64 Prozent bzw. 30,39 Prozent von den Gesamtvarianzen für die zwei Proben legt nahe, dass gemeinsame Methodenverzerrungen wahrscheinlich keine ernsthafte Bedrohung für die Ergebnisse der Studie darstellen. Um die Auswirkungen potenzieller Reaktionsverzerrungen weiter zu kontrollieren, könnte die künftige Forschung jedoch versuchen, die Methoden der Fragebogenerhebung und Dokumentenanalyse umfassend zu nutzen, um Daten aus mehreren Quellen zu sammeln und die für die quantitative Analyse verwendeten Daten zu validieren.[801] Gleichwohl werden durch die Studie mögliche Wege für die Implementierung von BIM aufgezeigt, um die Projektleistung von beteiligten Akteuren zu verbessern. Die Studie zeigt auch, dass und warum

[800] Ein *Harman*-Einzelfaktortest prüft, ob die Mehrheit der Varianz durch einen einzelnen Faktor erklärt werden kann.
[801] Vgl. Cao, D., Li, H., & Wang, G., S. 32.

verschiedene projektbeteiligte Akteure unterschiedlich von den kollaborative BIM-Implementierungsaktivitäten profitieren. Nicht untersucht wurde in welchem Maße die Projektbeteiligten unterschiedlich von den kollaborative BIM-Implementierungsaktivitäten profitieren. Ebenso inwieweit andere Projektbeteiligte in einem interkulturellen, globalen Kontext von den kollaborative BIM-Implementierungsaktivitäten unterschiedlich profitieren.

Ismail et al. (2018) untersuchten im Rahmen einer qualitativen Studie die Auswirkungen der Einführung von BIM auf die Verbesserung der Zuverlässigkeit von Kostenprognosen in Malaysia. Die Daten wurden mit Hilfe eines Fragebogens erhoben, der an 294 registrierte Quantity Surveyor des *Royal Institution of Surveyors Malaysia (RISM)* verteilt wurde. Aus der Umfrage ergab sich mit 202 Antworten eine zufriedenstellende Rücklaufquote von 68,6 Prozent. Basierend auf den Ergebnissen der Fragebogenumfrage wurde unter Verwendung des *Structural Equation Modeling* (SEM)-Ansatzes[802] die Beziehungen zwischen BIM-verbesserten Informationen und Zuverlässigkeitsfaktoren für die Kostenschätzung untersucht. Vor der SEM-Analyse wurden folgende sechs Hypothesen aufgestellt.[803]

1. BIM-verbesserte Informationen wirken sich positiv und signifikant auf die Zuverlässigkeit der Kostenschätzungen aus.
2. BIM-verbesserte Informationen wirken sich positiv auf den wahrgenommenen Nutzen aus.
3. Die wahrgenommenen Vorteile wirken sich positiv auf die weitere BIM-Implementierung aus.
4. Die Zuverlässigkeit der Kostenschätzungen hat einen positiven und signifikanten Einfluss auf die BIM-Einführung.

[802] Der Begriff Strukturgleichungsmodell (engl.: *Structural Equation Model*, kurz SEM) bezeichnet ein statistisches Modell, welches das Schätzen und Testen korrelativer Zusammenhänge zwischen abhängigen und unabhängigen Variablen sowie den verborgenen Strukturen dazwischen erlaubt. Dabei kann überprüft werden, ob die für das Modell angenommenen Hypothesen mit den gegebenen Variablen übereinstimmen.

[803] Vgl. Ismail, N.A.A. et al., "The relationship between cost estimates reliability and BIM adoption: SEM analysis", *IOP Conf. Series: Earth and Environmental Science* 117 (2018): S. 2f.

5. BIM-verbesserte Informationen wirken sich positiv auf die BIM-Akzeptanz aus.
6. Die Zuverlässigkeit der Kostenschätzungen hat einen positiven und signifikanten Einfluss auf die wahrgenommenen Vorteile.

Das SEM-Modell unterstützt alle Hypothesen und bestätigt, dass alle Beziehungen zwischen den Konstrukten positiv und signifikant sind. Die Analyse hat bestätigt, dass die meisten der Befragten mit Hilfe der BIM-Methode, basierend auf einer zuverlässigen Datenbank und koordinierten Daten und damit einem besseren Verständnis der Projekteingabeinformationen, eine zuverlässigere Kostenprognose entwickeln konnten. Die Befragten glauben auch, den Prozess der Kostenprognose durch die Einführung von BIM beschleunigen zu können. Die Ergebnisse führen weiter zu dem Ergebnis, dass zwischen der Zuverlässigkeit von Kostenprognosen und der Anwendung der BIM-Methode ein signifikanter Zusammenhang bestehen. Dies führt zu einer Verbesserung der Wissensgrundlage für die Kostenprognosen. Die Befragten gingen davon aus, dass die BIM-Methode die Kostenprognosen beschleunigen kann, während gleichzeitig die Genauigkeit der Kostenprognosen erhöht wird.[804]

5.1.2 Forschung zum Einfluss der BIM-Reife

Forschungsarbeiten zu den Potentialen der Anwendung von BIM unter besonderer Berücksichtigung der BIM-Reife sind nicht vorhanden. Die bisherige Forschung konzentrierte sich im Wesentlichen auf die Entwicklung von BIM-Reifegradmodellen und den Vergleich der BIM-Reifegradmodelle untereinander (vgl. Kap. 3.2.8), wie bspw. durch Bougroum (2016) in seiner Dissertation „*An Analysis of the current Building Information Modelling Assessment Methods*" oder den „*Overview of BIM-Maturity Measurement Tools*" von Wu et al. (2017). Die internationale BIM-Gemeinschaft empfiehlt weitere Forschung mit quantitativen Methoden, unter Verwendung aktueller Daten aus BIM-Projekten, um den Einfluss der BIM-Reife auf die Projektleistungsdaten zu messen. Die zentralen Forschungsarbeiten werden im folgenden Kapitel analysiert.

[804] Ebd., S. 4f.

Dakhil & Alshawi (2014) untersuchten den Zusammenhang zwischen den Vorteilen der Anwendung von BIM und dem BIM-Reifegrad aus der Perspektive der Bauherren. In dieser Studie wird ein konzeptioneller Rahmen vorgestellt, der die Bauherren dabei unterstützen soll, die Vorteile von BIM über den gesamten Projektlebenszyklus zu verstehen und zu überwachen. In den letzten Jahren wurde eine Reihe von Methoden entwickelt, um die BIM-Reife zu bewerten. Die verschiedenen BIM-Reifegradmodelle sind in Kap. 3.2.8 ausführlich beschrieben und tendieren dazu, in folgende zwei grundlegende Kategorien zu fallen.

- Die Bewertung der BIM-Reife konzentriert sich auf ein bestimmtes Projekt.
- Die Bewertung der BIM-Reife konzentriert sich auf eine gesamte Organisation.

In der Studie wird ein Vergleich zwischen den drei BIM-Reifegradmodellen: GPIS (2005), Succar (2010) und Penn State Matrix (2012) durchgeführt, um die Elemente und Kategorien der Reifegradmatrix anhand folgender drei Kriterien auszuwählen.[805]

- Häufigkeit des Auftretens unter den überprüften Modellen
- Eignung der Kategorien für Bauherrenorganisationen
- Eignung der Kategorien in Bezug auf den Implementierungskontext von BIM

Nach einer umfassenden Literaturrecherche wurden 21 Anwendungen von BIM als Hauptfaktoren für die Motivation der Bauherren identifiziert, die BIM-Methode in ihre internen Projektmanagementprozesse zu implementieren. Diese BIM-Anwendungen wurden auf das britische Planungsphasenmodell *RIBA Plan of Work 2013* verteilt (s. Abb. 109).

Diese Verteilung hilft dem Bauherrn, seine Vorteile über den Projektlebenszyklus zu verfolgen und die gesamten Anforderungen an die BIM-Anwendung anhand der vorhandenen Reifegradindikatoren zu überwachen.

---

[805] Vgl. Dakhil, A. & Alshawi, M., S. 10.

Die Anforderungen und Vorteile der BIM-Anwendung werden durch das Befolgen der die einem konzeptionellen Rahmen beschriebenen Schritte erkannt.

<table>
<tr><th>Stage 0</th><th>Stage 1</th><th>Stage 2</th><th>Stage3</th><th>Stage 4</th><th>Stage 5</th><th>Stage 6</th><th>Stage 7</th></tr>
<tr><td>Appraisal</td><td>Design Brief</td><td>Concept Design</td><td>Design Development</td><td>Technical Design</td><td>Construction</td><td>Handover</td><td>In use</td></tr>
<tr><td></td><td></td><td colspan="6">Existing Condition Modelling</td></tr>
<tr><td></td><td></td><td colspan="6">Cost Estimating</td></tr>
<tr><td></td><td></td><td colspan="4">Phase Planning</td><td></td><td></td></tr>
<tr><td></td><td></td><td colspan="3">Design Authority</td><td></td><td></td><td></td></tr>
<tr><td></td><td></td><td colspan="3">Design Review</td><td></td><td></td><td></td></tr>
<tr><td></td><td></td><td></td><td colspan="2">Engineering Analysis</td><td></td><td></td><td></td></tr>
<tr><td></td><td></td><td></td><td colspan="2">Lighting Analysis</td><td></td><td></td><td></td></tr>
<tr><td></td><td></td><td></td><td colspan="2">Energy Analysis</td><td></td><td></td><td></td></tr>
<tr><td></td><td></td><td colspan="3">Sustainability Evaluation</td><td></td><td></td><td></td></tr>
<tr><td></td><td></td><td colspan="3">Code Validation</td><td></td><td></td><td></td></tr>
<tr><td></td><td></td><td colspan="4">3D Coordination</td><td></td><td></td></tr>
<tr><td></td><td></td><td></td><td colspan="3">Construction System Design</td><td></td><td></td></tr>
<tr><td></td><td></td><td></td><td></td><td></td><td>Site utilization Planning</td><td></td><td></td></tr>
<tr><td></td><td></td><td></td><td></td><td></td><td>Digital Fabrication</td><td></td><td></td></tr>
<tr><td></td><td></td><td></td><td></td><td></td><td>3D control and Planning</td><td></td><td></td></tr>
<tr><td></td><td></td><td></td><td></td><td></td><td></td><td colspan="2">Record Model</td></tr>
<tr><td></td><td></td><td></td><td></td><td></td><td></td><td></td><td>Building (Preventative) Maintenance Scheduling</td></tr>
<tr><td></td><td></td><td></td><td></td><td></td><td></td><td></td><td>Building Systems Analysis</td></tr>
<tr><td></td><td></td><td></td><td></td><td></td><td></td><td></td><td>Asset Management</td></tr>
<tr><td></td><td></td><td></td><td></td><td></td><td></td><td></td><td>Space Management and Tracking</td></tr>
<tr><td></td><td></td><td></td><td></td><td></td><td></td><td></td><td>Disaster Planning</td></tr>
</table>

Abb. 109: Verteilung der BIM-Anwendungen auf den RIBA Plan of Work 2013. In Dakhil & Alshawi (2014): Building Information Modelling Benefits-Maturity Relationship from Client Perspective, S. 13.

Die Autoren haben einen neuen konzeptionellen Rahmen vorgestellt (s. Abb. 110), der die Beziehung zwischen dem BIM-Reifegrad und den damit verbundenen Vorteilen erläutert. Bauherren und Kundenorganisationen können diesen Rahmen nutzen, um ihre BIM-Reife und die daraus resultierenden Vorteile zu bewerten und erforderlichenfalls den bestehenden BIM-Implementierungsplan anzupassen. Die Studie hat allerdings einige Einschränkungen und eröffnet damit die Möglichkeit für zukünftige Forschung. Die Studie stellt zunächst nur einen konzeptionellen Rahmen dar, zu dem tatsächliche Projektdaten gesammelt werden müssen, um diesen Rahmen zu validieren. Weiterhin ist der Fokus dieser Studie auf Bauherren bzw. Kundenorganisationen beschränkt. Zukünftige Studien können die Auswirkungen der Anwendung von BIM und die daraus resultierenden Vorteile für die anderen Projektbeteiligte untersuchen.[806]

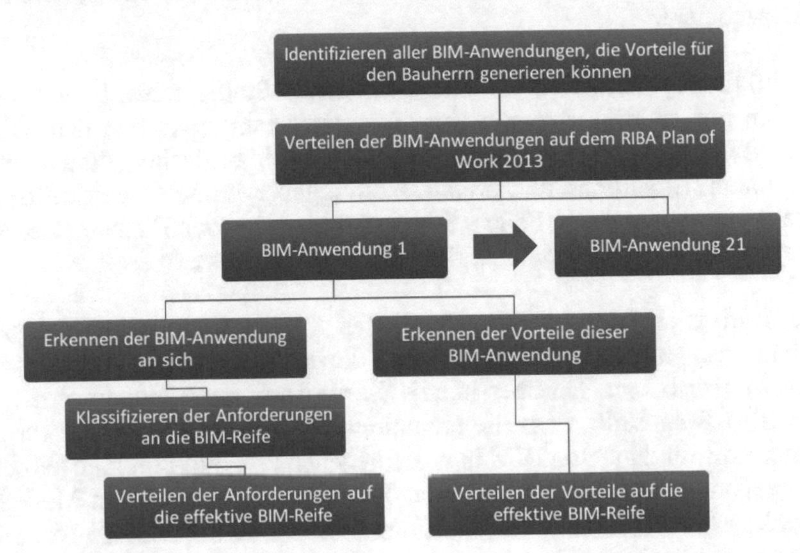

Abb. 110: Konzeptioneller Rahmen. Eigene Darstellung in Anlehnung an Dakhil & Alshawi (2014): Building Information Modelling Benefits-Maturity Relationship from Client Perspective, S. 11.

Smits, van Buiten & Hartmann (2016) untersuchten in einer Studie, wie sich die organisatorische Erfahrung mit Building Information Modeling

[806] Ebd., S. 10ff.

(BIM) auf die breite Implementierung von BIM und auf die Unternehmensleistung auswirkt. Anhand einer Umfrage unter 890 niederländischen Fachleuten für *Architecture, Engineering, Construction and Operation* (AECO) wurden die wahrgenommenen Auswirkungen der BIM-Reife auf die Unternehmensperformance untersucht. Die Umfrage umfasst das Ausmaß der BIM-Anwendungsreife (bspw. BIM-Implementierungsstrategie, BIM-Nutzung, BIM-Prozess, Informationsaustausch, Infrastruktur und Personal) sowie die Leistungsindikatoren Zeit, Kosten und Qualität. Überraschenderweise war die Reife der BIM-Implementierungsstrategie die einzige zuverlässige Vorhersagevariable für die Zeit-, Kosten- und Qualitätsleistung. Das Ergebnis deutet darauf hin, dass der Einfluss der BIM-Reife auf die Projektleistung begrenzt sein könnte und warnt vor zu optimistischen Bewertungen im Hinblick auf die durch BIM erzielbaren Projektergebnisse.[807]

Dakhil (2017) untersuchte in einer qualitativen Studie anhand von 6 Fallstudien mit 15 BIM-Experten den Zusammenhang zwischen dem BIM-Reifegrad und den Nutzungsvorteilen von BIM in britischen Kundenorganisationen (öffentliche und private Auftraggeber). Eine Querschnittsanalyse wurde anhand der Fallstudien auf folgenden vier Ebenen durchgeführt: Motivation, Kompetenz, BIM-Reife und Nutzen.[808]

Die Motivationsfaktoren der öffentlichen Kundenorganisationen decken sich mit den Hauptmotivationsfaktoren, die das Regierungsmandat des *UK Government* betont. Darüber hinaus wurde nach einer Nutzungsperiode von BIM festgestellt, dass die erkannten Vorteile als Motivation für die weitere Anwendung von BIM in verschiedenen Projekttypologien betrachtet werden kann. Gleichwohl sollten die erkannten Vorteile ein Motivationsfaktor für alle Kunden sein, die BIM-Methode zu implementieren. Dies führt zu der Schlussfolgerung, dass weitere Forschung hinsichtlich der Vorteile für die verschiedenen BIM-Anwender sinnvoll ist. Stakeholder-

---

[807] Vgl. Smits, W., van Buiten, M., & Hartmann, T., "Yield-to-BIM: impacts of BIM maturity on project performance", *Building research and information* 45, No. 3 (2016): S. 336-346.

[808] Vgl. Dakhil, A., "Building Information Modelling (BIM) maturity-benefits assessment relationship framework for UK construction clients" (Diss., University of Salford, UK, 2017), S. 153.

Beratung wurde auch als einer der Hauptmotivationsfaktoren für Kundenorganisationen betrachtet. Trotz der Wichtigkeit von Stakeholdern als Motivationsfaktor wird es ohne Führung des Kunden schwierig sein, den gewünschten Nutzen von BIM zu realisieren. Die Kundenführerschaft ist für den Projekterfolgt von entscheidender Bedeutung, nur so kann die gesamte Bauwirtschaft die Potentiale der BIM-Methode erschließen.[809]

Alle öffentlichen Kunden betonen, dass Standards und Datenaustausch sowie eine BIM-Vision die Kernkompetenzen für die Erstellung ihrer Kundenanforderungen sind. Die Privatkunden teile die gleichen Ansichten, dass punktuelle Standards und Datenaustausch die Kernkompetenzen für eine BIM-basierte Zusammenarbeit sind. Sie ergänzen aber die Kernkompetenzen um Datenschutz und BIM-Reife und schließen die BIM-Vision aus. Der Hauptgrund für diese Unterschiede liegt in der staatlichen Kontrolle der öffentlichen Kunden, die vor dem Beginn der BIM-Implementierung eine angemessene Vision verlangen kann. Einige Kompetenzen wurden von mehr als der Hälfte der Kundenorganisationen identifiziert: bspw. Standards, BIM-Vision, BIM-Reife und Datenschutz. Das kundenseitige Verständnis und Wissen über BIM kann ihre Fähigkeit beeinflussen, die richtigen Kompetenzen für ihre Anforderungen zu wählen. Durch den Nachweis einer Beziehung zwischen den BIM-Vorteilen und dem BIM-Reifegrad können Kundenorganisationen die geeignetsten Kompetenzen auswählen, indem sie ihre Kundenanforderungen mit den Vorteilen von BIM abgleichen.[810]

Die teilnehmenden Kundenorganisationen waren sich der Bedeutung der Entwicklung der BIM-Reife bewusst. Einerseits um die Fähigkeit der Kunden zu verbessern, ihre Anforderungen auszudrücken und damit ihre Marktchancen zu verbessern. Anderseits den gewünschten Nutzen aus der BIM-Anwendung zu erzielen. Aus den Ergebnissen der Reifegradbewertung in den sechs Fallstudien ist jedoch ersichtlich, dass die Kunden in bestimmten Kompetenzen reif sind, sich in andere Kompetenzen aber noch auf einem grundlegenden Entwicklungsniveau befinden. Die Ergebnisse deuten darauf hin, dass die Bewertung der BIM-Reife in den britischen

[809] Ebd., S. 230.
[810] Ebd., S. 232.

Kundenorganisationen von entscheidender Bedeutung sein kann, um die wesentlichen Veränderungen die der Implementierungsprozess von BIM erfordert besser zu organisieren und seine eigenen Leistungen so zu gestalten, dass der gewünschte Nutzen erzielt wird. Jede Kundenorganisation hat unterschiedliche Arten der Anwendungen von BIM. Die Anwendung von BIM in verschiedenen Bereichen zeigt, dass jede Kundenorganisation ein unterschiedliches Verständnis hinsichtlich der gewünschten Vorteile von BIM hat. Daher ist die Bereitstellung der Anforderungen für die Verwendung von BIM für Kundenorganisationen von entscheidender Bedeutung, um die gewünschten Vorteile auch zu erzielen. Durch die Bereitstellung eines BIM-Reifegradmodells, können die Kundenorganisationen gezielt in die erforderlichen Kompetenzen investieren. Die meisten Kunden waren sich der Beziehung zwischen der BIM-Reife und den BIM-Vorteilen bewusst. Trotz dieses Bewusstseins war es ihnen aber nicht möglich die Beziehung so zu formulieren, dass eine Kundenorganisation diejenigen Kompetenzen auswählen konnte, welche die aktuellen Vorteile der Anwendung von BIM unterstützt. Die Einschränkungen in bestimmten Kompetenzen hindern den Kunden daran wichtige Fragen in seinen Kundenanforderungen zu stellen, wie bspw. zu welchem Zeitpunkt im Projekt er bestimmte Informationen in welchem Modelldetaillierungsgrad benötigt.[811]

Diese Einschränkungen wirken sich direkt auf die Qualität des BIM-Modells aus und können zu einem Verlust wertvoller Vorteile führen. Demzufolge ist es für Kundenorganisationen von Bedeutung, eine Beziehung zwischen der BIM-Reife und den BIM-Vorteilen zu identifizieren. Ziel ist es, dass nur die Kompetenzen verbessert werden, die dem Unternehmen durch die Anwendung von BIM im Projektlebenszyklus einen Mehrwert bieten. Die Studie zeigt Kompetenzen auf, die Kunden bei der Implementierung von BIM unterstützen können. Darüber hinaus identifizierte die Studie zwei Schlüsselbeziehungen. Erstens, die Beziehung zwischen der Rolle des Kunden und der BIM-Reife und zweitens die Beziehung zwischen der BIM-Reife und den BIM-Vorteilen.[812] Die Studie zeigt weiterhin einige wichtige Erkenntnisse auf, mit denen Schlussfolgerungen gezogen werden können. Die analysierten Kundenorganisationen zeigen eine ein-

[811] Ebd., S. 241f.
[812] Ebd.

geschränkte Entwicklung der BIM-Reifekompetenzen. Die britischen Kunden stehen noch am Anfang der Implementierung von BIM, nur die Funktionen Modell-Review und Kollisionsprüfung wurden von den meisten teilnehmenden Kundenorganisationen verwendet. Dies zeigt, dass sie BIM zumindest verwenden, um die Informationen aus ihrer Lieferkette zu überprüfen. Die derzeitige BIM-Reife der teilnehmenden Kundenorganisationen hindert sie jedoch daran, ihre BIM-Anwendung weiter auszubauen. Die Identifizierung der Beziehung zwischen BIM-Reifekompetenzen und BIM-Nutzungsvorteilen wird die Kundenorganisationen dabei unterstützen, ihre Nutzung zu erweitern und in die richtigen Kompetenzen zu investieren, um den gewünschten Nutzen zu erzielen.[813]

Es wurde festgestellt, dass die BIM-Anwendung von Kundenorganisationen die Verbesserung bestimmter Kompetenzen erfordert, um ihre Chancen auf den gewünschten Nutzen zu verbessern. Die Studie hat gezeigt, dass die Kompetenzen BIM-Vision, Managementunterstützung, Datenaustausch, Schulungen, BIM-Reife und technische Kompetenzen am häufigsten eine signifikante Korrelation mit den Vorteilen von BIM aufweisen. Dies bedeutet, dass insbesondere diese Kompetenzen als Grundlage für jeden BIM-Reifegradentwicklungsplan angesehen werden können und dass die Kundenorganisationen diese Kompetenzen als ersten Schritt in ihrem BIM-Implementierungsprozess entwickeln sollten. Wenn beispielsweise ein bestimmter Nutzen eine signifikante Korrelation mit bestimmten Kompetenzen aufweist, dann sollten diese Kompetenzen auf einen hohen Reifegrad gebracht werden, um den Nutzen zu realisieren.[814]

In der Studie wurden Fallbeispiele mit sechs verschiedenen Arten von Kundenorganisation untersucht, um ein geeignetes Spektrum von Baukunden aus dem Vereinigten Königreich zu berücksichtigen. Aufgrund der zeitlichen Begrenzung konnte der Forscher jedoch keine anderen Arten von Kundenorganisation oder die Größe der Kundenorganisationen als mögliche Einflussfaktoren berücksichtigen. Zukünftige Studien könnten durch Einbeziehung anderer Arten von Kundenorganisationen durchgeführt werden, um die Auswirkungen der Kundentypen auf den Prozess der

[813] Ebd., S. 394f.
[814] Ebd.

BIM-Implementierung zu untersuchen. Der Forscher empfiehlt ferner die Festlegung von Leistungskennzahlen, sog. *Key Performance Indicators* (KPIs), in Hinsicht auf die Verbesserung der BIM-Reife. Dies kann erreicht werden, indem die Vorzüge der BIM-Methode in messbare Prozess- und Geschäftsverbesserungen übertragen werden. Diese KPIs würden Kundenorganisationen dabei helfen, die Verbesserung ihrer BIM-Reife in Bezug auf den Nutzen durch die Anwendung von BIM zu überwachen und zu bewerten.[815]

Siebelink, Voordijk & Adriaanse (2018) bewerteten in einer Studie den Status der Implementierung von BIM in der niederländischen Bauwirtschaft mit Hilfe eines eigens entwickelten BIM-Reifegradmodells, das in den verschiedenen Disziplinen der Bauwirtschaft eingesetzt werden kann und die Bewertung sowohl der technologischen als auch der organisatorischen Perspektiven von BIM ermöglicht (s. Abb. 111).

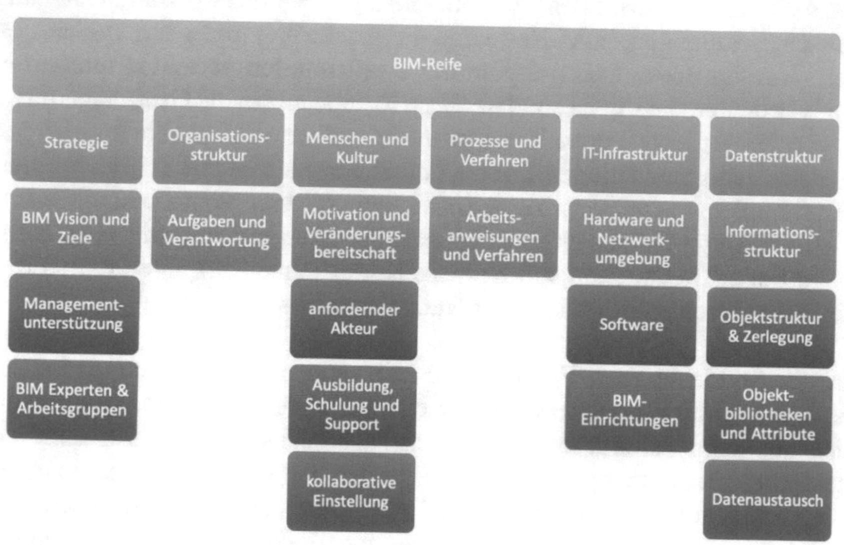

Abb. 111: Kriterien und Unterkriterien des BIM-Reifegradmodells. Eigene Darstellung in Anlehnung an Siebelink, Voordijk & Adriaanse (2018): Developing and testing a tool to evaluate BIM maturity: Sectoral analysis in the Dutch Construction Industry, S. 5.

[815] Ebd., S. 422f.

Ziel der Studie ist die Entwicklung eines BIM-Reifegradmodells und einer begleitenden Datenerhebungsmethode, um Einblicke in die BIM-Implementierung in den verschiedenen Teilbereichen der niederländischen Bauwirtschaft zu gewähren. Im Gegensatz zu den bestehenden BIM-Reifegradmodellen konzentriert sich die Entwicklung des vorgestellten BIM-Reifegradmodells sowohl auf technische als auch auf organisatorische Aspekte von BIM und beinhaltetet kollaborative Aspekte zwischen den projektbeteiligten Akteuren. Darüber hinaus zielte das entwickelte Modell darauf ab, eindeutige und miteinander vergleichbare BIM-Reifegradbewertungen zu erstellen, um Vergleiche zwischen den verschiedenen Disziplinen der Bauwirtschaft anzustellen. Das Modell gliederte BIM in 6 Hauptkriterien und 16 Teilkriterien (vgl. Abb. 111), deren Reifegrade auf einer Skala von 0 bis 5 klassifiziert sind (s. Tab. 24).

BIM-Reifegrad	**Beschreibung der Reifegrade**
0 = nicht vorhanden	Keine Vision oder Ziele für BIM formuliert.
1 = anfänglich	Eine grundlegende Vision für BIM ist definiert, es gibt aber keine konkreten Ziele.
2 = verwaltet	Es gibt allgemeine BIM-Ziele, aber eine BIM-Vision fehlt oder wird nicht im Einklang mit der weiter gefassten Strategie formuliert.
3 = definiert	Die BIM-Vision fügt sich in die weiter gefasste Strategie ein und ist auf die beteiligten Akteure abgestimmt.
4 = quantitativ verwaltet	SMART BIM-Ziele sind definiert.
5 = optimiert	Die Vision und Ziele von BIM werden aktiv überwacht und wenn nötig aktualisiert.

Tab. 24: Illustratives Beispiel für ein Reifegradmodell für das Teilkriterium BIM Vision und Ziele. Eigene Darstellung in Anlehnung an Siebelink, Voordijk & Adriaanse (2018): Developing and testing a tool to evaluate BIM maturity: Sectoral analysis in the Dutch Construction Industry, S. 6.

Das Reifegradmodell wurde in einen Fragebogen übersetzt, mit dem dann Daten aus 53 Unternehmen der niederländischen Bauwirtschaft erhoben wurden. Die wichtigsten Ergebnisse der Befragung lassen sich wie folgt zusammenfassen.[816]

1. Die bewerteten Unternehmen zeigten eine starke strategische Unterstützung für BIM, indem sie Ziele formulierten und BIM-Pläne erstellten aber auch ausreichende Ressourcen für die Implementierung von BIM bereitstellten.

2. Die BIM-Reifegrade waren für die Formalisierung von Aufgaben und Verantwortung niedriger als für andere Kriterien, obwohl ihre Relevanz den Befragten bekannt war.

3. Die Befragten betonten die Bedeutung von Menschen und Kultur im BIM-Implementierungsprozess. Die Beeinflussung der persönlichen Motivation und die Verbesserung der Kompetenzen im Zusammenhang mit BIM wurden als wesentliches Mittel zur Unterstützung des Wandels von Menschen und Kultur identifiziert.

Bei der Bewertung der BIM-Reife wurden große Unterschiede zwischen den verschiedenen Disziplinen der Bauwirtschaft festgestellt. Die Antwortquote der Umfrage zeigt: das Ausmaß, in dem Unternehmen an der Implementierung von BIM beteiligt waren, beeinflusst stark ihre Bereitschaft zur Teilnahme an der Umfrage. Die Befragten der Unternehmen, bei denen die BIM-Implementierung noch nicht weit fortgeschritten ist, deuteten häufig an, dass die Teilnahme an der Forschung für sie nicht relevant war. Umgekehrt sahen führende Unternehmen häufig den Vorteil, dass sie ein Gefühl für den eigenen BIM-Fortschritt in Bezug auf die Implementierung in ihrem eigenen Teilbereich und in der Bauwirtschaft im Allgemeinen erzielten. Darüber hinaus sind diese Unternehmen bereits auf einige Hindernisse bei der BIM-Implementierung gestoßen und mussten häufig Wege finden, diese zu überwinden. Insofern waren die Interviews mit den Führungskräften besonders wertvoll, da sie nicht nur umfassendere Informationen zu den BIM-Reifekriterien enthielten, sondern auch Hinweise

---

[816] Vgl. Siebelink, S., Voordijk, J.T. & Adriaanse, A., "Developing and Testing a Tool to Evaluate BIM Maturity: Sectoral Analysis in the Dutch Construction Industry", *Journal of construction engineering and management* 144, No. 8 (2018): S. 12.

auf die wesentlichen Hindernisse bei der Implementierung von BIM. Bei der Interpretation der Ergebnisse sollte man sich jedoch bewusst sein, dass die verwendete Stichprobe keine Verallgemeinerung für die gesamte Bauindustrie zulässt. Basierend auf dieser Studie sehen die Forscher u.a. weiteren Forschungsbedarf in der Analyse, ob eine Steigerung der BIM-Reife auch zur einer Steigerung der Projektleistung auf Unternehmens- und Projektebene führt und umgekehrt, wie das BIM-Reifegradmodell angewendet werden kann, um eine effektive Zusammenarbeit auf Unternehmens- und Projektebene zu unterstützen.[817]

Rezahoseini et al. (2019) untersuchten in einer qualitativen Studie die Auswirkungen der einzelnen BIM-Funktionen auf die Wissensbereiche im Planungs- und Bauprozess und deren Beziehung zueinander. Mit Hilfe einer SAW-Analyse[818] wurden die Auswirkungen von BIM auf die in Abb. 112 dargestellten Wissensbereiche im Planungs- und Bauprozess untersucht. Die Studie hat ergeben, dass jede der grundlegenden BIM-Funktionen einen positiven Einfluss auf die Wissensbereiche im Planungs- und Bauprozess hat (s. Abb. 112). Mehr als 70 Prozent der Befragten gaben an, dass BIM den größten Einfluss auf das Integrationsmanagement hat, gefolgt von dem Zeitmanagement (58 %) und dem Einkaufsmanagement sowie Projektumfangsmanagement mit jeweils 55,2 %. Demgegenüber sahen 40,7 Prozent der Befragten den geringsten Einfluss von BIM auf das Stakeholder-Management, gefolgt von Kommunikationsmanagement (41,7 %) und Qualitätsmanagement (42,4 %).[819] Insbesondere die beiden letzten Feststellungen sowie das Ergebnis für das Kostenmanagement (48,2 %) überraschen auf den ersten Blick und werden im Rahmen dieser Forschungsarbeit verifiziert. Vorangegangene Forschungsarbeiten zeigen, dass BIM über solche Kapazitäten verfügt und seine verbreitete Anwendung die Probleme in der Bauindustrie beseitigen und eine wichtige Rolle

[817] Ebd., S. 13.
[818] Die *Simple Additive Weighting*-Methode (SAW), auch bekannt als gewichtete lineare Kombination oder Bewertungsverfahren, ist eine einfache und am häufigsten angewendete Multi-Attribut-Entscheidungstechnik und basiert auf dem gewichteten Durchschnitt.
[819] Vgl. Rezahoseini, A. et al., "Investigating the effects of building information modeling capabilities on knowledge management areas in the construction industry", *Journal of Project Management* 4 (2019): S. 14.

bei der Steigerung der Produktivität in der Bauindustrie spielen kann.[820] BIM findet vor der Durchführung eines Projektes statt und in jeder Projektphase werden die erforderlichen Informationen von verschiedenen Teams und Einzelpersonen hinzugefügt. Diese Informationen werden nicht nur in der Planungs- und Bauphase verwendet, sie sind auch nach der Projektübergabe und während der Nutzungsphase für die Bauwerksnutzer von wesentlicher Bedeutung. Die Erstellung einer nützlichen Datenbank für die Zusammenarbeit der verschiedenen Projektbeteiligen, die an der Erstellung und Organisation des Bauwerksdatenmodells oder der Diagnose von Fehlern in der Planung beteiligt sind, zeigen nur einige der Kapazitäten solcher Bauwerksinformationsmodelle auf.[821]

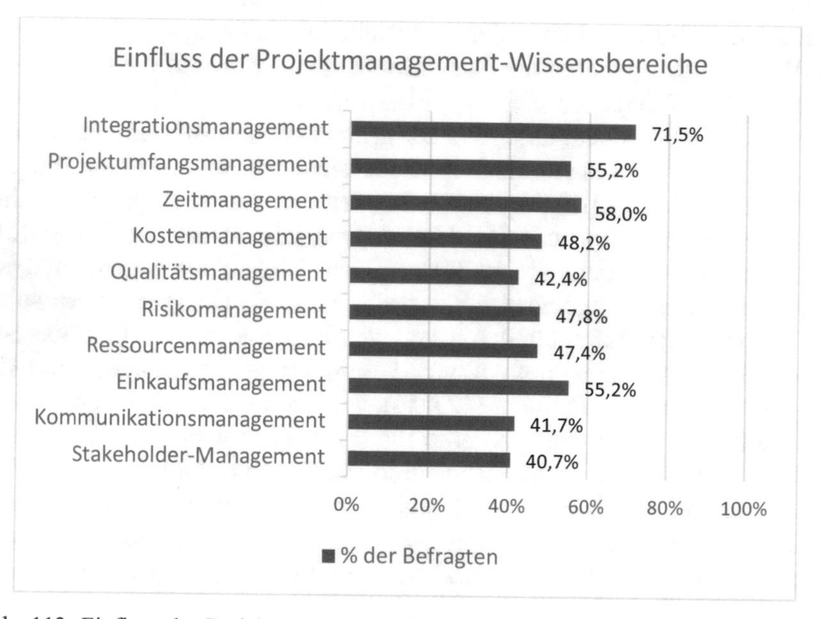

Abb. 112: Einfluss der Projektmanagement-Wissensbereiche auf die BIM-Fähigkeit. Eigene Darstellung in Anlehnung an Rezahoseini et al. (2019), S. 14.

[820] Vgl. Bryde, D., Broquetas, M., & Volm, J.M.
[821] Vgl. Azhar, S.

5.2 Zusammenfassung

Aktuelle und abgeschlossene Bauprojekte belegen, worunter die Bauwirtschaft trotz fortschrittlicher Baustoffe und Bauverfahren sowie dem Einsatz moderner Informationstechnologien leidet: Terminüberschreitungen, Kostenüberschreitungen, mangelnde Abstimmungen und unzureichende Planungs- und Bauqualität (vgl. Kap. 1.1). Diese Tatsache ist unter anderem auch darauf zurückzuführen, dass sich durch die Zunahme der prozessbeteiligten Akteure mit unterschiedlichen Interessenslagen auch die Anzahl der Schnittstellen stark erhöht hat. Diese wiederum erschweren eine medienbruchfreie Dokumentenverarbeitung und Informationsweiterleitung. Die bisherigen Untersuchungen zeigen, dass ein wesentliches Problem darin besteht, dass ein digital abgebildeter, durchgängiger und zeitnaher Informationsfluss sowohl unternehmensintern als auch unternehmensübergreifend in der Bauwirtschaft quasi nicht existiert. Häufig erfolgt noch eine papiergebundene Weitergabe von Informationen. Hinzu kommt die zeitlich verzögerte Übertragung der papiergebundenen Informationen. Das Planen, Erfassen, Kontrollieren, Steuern und Dokumentieren von Prozessen basiert gegenwärtig auf den Erfahrungen und Kompetenzen der in die Projektbearbeitung eingebunden Projektbearbeiter und deren individueller Kommunikationsfähigkeiten.

Building Information Modelling (BIM) soll hier Abhilfe schaffen. Im Ausland wie bspw. den USA, einigen skandinavischen Ländern, Singapur und Korea ist der Einsatz der BIM-Methode vielfach bereits verpflichtend. In Deutschland wird die BIM-Methode bisher größtenteils nur als Insellösung und bei öffentlichen Bauvorhaben angewendet. Um die BIM-Methode flächendeckend in Deutschland einzuführen, wurden verschiedene Forschungsprojekte ins Leben gerufen, deren Ergebnisse die derzeit noch vorhandenen Hürden aus dem Weg räumen sollen. Denkt man den ganzheitlichen Ansatz der BIM-Methode weiter, erfordert dieser zunächst einen Kulturwandel im Bauwesen und eine neue Form der Teamorganisation und fachübergreifenden Zusammenarbeit in Bauprojekten.

Insbesondere da die BIM-Methode vorsieht, dass alle Projektbeteiligten an ein und demselben Bauwerksdatenmodell arbeiten und dadurch eine Reduzierung der Schnittstellen erfolgt, werden sich neben der notwendigen

Softwarevoraussetzungen auch die Geschäftsprozesse und Gewohnheiten der einzelnen Projektbeteiligten ändern müssen. Die bisherigen, überwiegend qualitativen Forschungsergebnisse zeigen, dass die Potentiale der Anwendung von BIM sowohl von den Planern als auch den Bauunternehmern durchaus wahrgenommen werden, insbesondere im Hinblick auf die Reduzierung des Zeitaufwands und damit die Reduzierung der Kosten sowie die Steigerung der Qualität im Planungs- und Bauprozess. Im Wesentlichen werden die Verbesserungspotentiale vornehmlich in folgenden Bereichen gesehen: Reduzierung von Mehrfacheingaben infolge rückwirkender Planungsänderungen, Reduzierung von Nacharbeiten infolge Planungsfehlern und Auslassungen, Reduzierung der Anzahl von Änderungsaufträgen (Nachträgen) während der Bauphase, Reduzierung von RFIs und Einhaltung von Soll-Terminen für den Planungs- und Bauprozess.

Die wahrgenommenen Verbesserungspotentiale sollen zu einer Kostenreduzierung in der Planungs- und Bauphase führen. Hierzu gibt es bereits einige wenige Einzelfallstudien. Allerdings sind projektphasenübergreifende, quantitative Untersuchungen mit repräsentativen Stichproben nicht vorhanden. Insbesondere im Hinblick auf unterschiedliche Anwendungsregionen, Projekttypologien und Projektgrößen. Ebenso gibt es noch keine quantitativen Untersuchungen über den Einfluss einer aktiven Beteiligung der Bauherren, Bauunternehmer und Nutzer am BIM-Entwurfs- und Planungsprozess, insbesondere im Hinblick auf Planungsänderungen und Mehrfacheingaben sowie erforderliche Nachbearbeitungen der Planung. Gleiches gilt für den Einfluss der Anwendung von BIM auf den Planungs- und Bauzeitplan oder die Anzahl der Änderungsaufträge während der Bauphase. Die Mehrheit der Forscher vertritt die Ansicht, dass die gegenwärtige Unkenntnis der prozessbeteiligten Akteure über den Nutzen der Anwendung von BIM für die zögerliche Implementierung und Anwendung der BIM-Methode in der Bauwirtschaft ursächlich ist.

5.3 Forschungsfrage und Hypothesen

Hier setzt die vorliegende Forschungsarbeit an und ergänzt die bisherigen qualitativen Forschungsergebnisse insoweit, die wahrgenommenen Vorteile der BIM-Methode anwenderbezogen und projektphasenübergreifen in einem multivariaten Kontext zu quantifizieren und zu verifizieren. Die

Forschungsarbeit konzentriert sich dabei auf die Frage, welchen Einfluss die Anwendung von BIM auf die Projektleistung in Bezug auf die Bearbeitungszeit und die Bearbeitungsqualität hat, und welche projektphasenübergreifen Wechselwirkungen im Hinblick auf einen messbaren Nutzen von BIM feststellbar sind. Genauer gesagt: In welchen Projektphasen entsteht durch die Anwendung von BIM für welchen Projektbeteiligten ein Nutzen und welchen Einfluss der projektbezogene BIM-Reifegrad hierbei hat und sich dieser auf die Projektleistung auswirkt. Daraus resultieren folgende Forschungsfragen:

- Führt die Anwendung der Planungsmethode BIM, durch eine gemeinsame und konsistente Datenbasis, zu einer Verbesserung der Projektleistungsdaten im Planungs- und Bauprozess und wie sind die Verbesserungen anwenderbezogen und projektphasenübergreifen verteilt?
- Welchen Einfluss hat der projektbezogene BIM-Reifegrad auf die Verbesserung der Projektleistungsdaten im Planungs- und Bauprozess?

Aus den Forschungsfragen werden folgende 8 Hypothesen abgeleitet, die im Rahmen dieser Forschungsarbeit empirisch überprüft werden.

Hypothese 1:
Die aktive Beteiligung des Fachplaners Tragwerk, der Fachplaner TGA und des Bauunternehmers am Entwurfs- und Planungsprozess des Architekten führt, auf der Grundlage eines visualisierten und konsistenten Bauwerksinformationsmodells, zu einer Reduzierung der Anzahl von RFIs (*Request for Information*) in allen Projektphasen.

Hypothese 2:
Die aktive Beteiligung des Bauherrn, des Facility Managers und des späteren Bauwerksnutzers am Entwurfs- und Planungsprozess des Architekten führt, auf der Grundlage eines visualisierten und konsistenten Bauwerksinformationsmodells, zu einer Reduzierung von Mehrfacheingaben

infolge rückwirkender Planungsänderungen in der Konzept- und Planungsphase.

Hypothese 3:
Ein höheres BIM-Level im Projekt, die aktive Beteiligung des Fachplaners Tragwerk und der Fachplaner TGA am Entwurfs- und Planungsprozess des Architekten führen, auf der Grundlage eines konsistenten und visualisierten BIM-Bauwerksinformationsmodells, zu einer Reduzierung von Nacharbeiten infolge Planungsfehlern und Auslassungen.

Hypothese 4:
Das Vorhandensein eine BIM-Abwicklungsplans (BAP), die Ernennung ein BIM-Projektsteuerers für das Gesamtprojekt und das Einsetzen von den BIM-Koordinatoren für die beteiligten Fachplanungen führen, durch eine übergeordnete Koordination der BIM-Prozesse sowie geregelte Verantwortlichkeiten und Handlungsabläufe, zu einer Reduzierung von Abweichungen in der Planungszeit.

Hypothese 5:
Die Anwendung von 4D-BIM führt durch intelligente Bauteil-Zeit-Verknüpfungen zu einer Reduzierung von Abweichungen in der Bauzeit.

Hypothese 6:
Die Anwendung von 5D-BIM führt durch intelligente Bauteil-Zeit-Kosten Verknüpfungen zu einer Reduzierung der Änderungsaufträge (Nachträge) während der Bauphase.

Hypothese 7:
Ein höherer BIM-Reifegrad und ein höherer BIM-Level im Projekt führen, durch ein gemeinsames und konsistentes Bearbeitungsniveau, zu einer Reduzierung von Abweichungen in der Planungszeit.

Hypothese 8:
Ein höherer BIM-Reifegrad und ein höherer BIM-Level im Projekt führen, durch ein gemeinsames und konsistentes Bearbeitungsniveau, zu einer Reduzierung von Abweichungen in der Bauzeit.

6 Empirischer Teil

6.1 Methode

In der öffentlichen Debatte besteht ein kontroverses Meinungsbild in Bezug auf den Einfluss der BIM-Methode auf die Steigerung der Produktivität im Planungs- und Bauprozess. Insbesondere die Quantifizierung von projektphasenübergreifenden und anwenderbezogenen Vorteilen der Anwendung von BIM sowie mögliche Wechselwirkungen sind bisher nicht vollständig erforscht. Zwar gibt es inzwischen zahlreiche qualitative Studien und einige wenige quantitative Studien, jedoch konzentrieren diese sich ausschließlich auf lokale Fallbeispiele mit kleiner Stichprobengröße. Im Rahmen dieser Forschungsarbeit werden die Potentiale der Anwendung von BIM im Planungs- und Bauprozesse im Allgemeinen und unter Berücksichtigung des projektbezogenen BIM-Reifegrades im Speziellen untersucht.

Dazu werden die in Kap. 6.2.1 definierten Einflussgrößen (Variablen) und deren Wechselwirkungen, in weltweit 105 Bauprojekten unterschiedlicher Projektkategorien und Projektgröße, mit Hilfe statistischer Verfahren analysiert. Aus den Analyseergebnissen werden dann wirtschaftliche Kennzahlen abgeleitet.

Die Analyse findet anhand realer Projekte, aus der Perspektive der am Planungs- und Bauprozess beteiligten Akteure, statt und berücksichtigt die folgenden **Zielgruppen**.

- Bauherren
- Architekten
- Fachplaner
- Bauunternehmer
- Facility Manager
- Bauwerksnutzer

M. Stange, *Building Information Modelling im Planungs- und Bauprozess*,

Der Umfang der Analyse beschränkt sich auf die folgenden **Projektkategorien**.

- Wohnbau
- Gewerbebau
- Industriebau
- Infrastrukturbau
- Wasserbau

Räumlich konzentriert sich die Analyse auf die folgenden **Anwendungsregionen** der BIM-Methode (Untersuchungsgebiet).

- Nordamerika
- Australien
- Europa
- Asien
- MENA-Region[822]
- Südamerika

Den Anlass für diese Forschungsarbeit bilden die gegenwärtig vergleichsweise schlechte Arbeitsproduktivität in der Bauwirtschaft und die zukünftigen Anforderungen an die beteiligten Akteure im Planungs- und Bauprozess (vgl. Kap. 3.3). Hier insbesondere zur weiteren Aufklärung des Nutzwertes der Anwendung von BIM und daraus resultierend eine stärkere Implementierung von BIM in der AEC-Industrie. Um eine strukturierte Bearbeitung der Forschungsfrage zu ermöglichen, werden neben den Projektkategorien und Anwendungsregionen folgende Kategorisierungen in die Analyse aufgenommen.

- **Projekttyp:** Es werden Neubau-, Erweiterungs- und Sanierungsprojekte analysiert, um projekttypübergreifende Merkmale herauszuarbeiten.

[822] Das Akronym MENA wird häufig von westlichen Wirtschaftsfachleuten für Middle East and North Africa verwendet. Der Begriff bezeichnet die Region von Marokko bis zum Iran.

- **Projektgröße:** Es werden Bauprojekte mit einem Gesamtinvestitionsvolumen[823] von < 50 Mio., 50-100 Mio., 100-200 Mio., 200-500 Mio. und > 500 Mio. analysiert, um projektgrößenübergreifende Merkmale herauszuarbeiten.

- **BIM-Level:** Es werden Bauprojekte verschiedener BIM-Anwendungsniveaus (BIM-Level) analysiert, um anwendungsübergreifende Merkmale herauszuarbeiten.

- **Projektliefermethode:** Es werden die Projektliefermethoden Einzelvergabe, Generalunternehmer-Vergabe und Totalunternehmer-Vergabe (engl.: *Engineering, Procurement and Construction,* kurz EPC[824]) analysiert, um methodenübergreifende Merkmale herauszuarbeiten.

Im Ergebnis dieser Forschungsarbeit wird eine projekttypologische, projektphasenübergreifende und anwenderübergreifende Datenbasis für wirtschaftliche Kennzahlen erstellt, um Kosten und Nutzen der Anwendung von BIM, unter besonderer Berücksichtigung des projektbezogenen BIM-Reifegrades, zu quantifizieren. Wobei sich die Quantifizierung hier nicht auf das Ermitteln exakter monetärer Nutzwerte für die Anwender infolge der BIM-Anwendung bezieht.

Wirtschaftlichen Kennzahlen könnten eine Schlüsselstellung für den breiteren Einsatz von BIM im Planungs- und Bauprozess einnehmen. Insbesondere in Ländern, in den die Implementierung und Anwendung der BIM-Methode erst wenig oder gar nicht vorangeschritten ist (vgl. Kap. 4).

---

[823] Planungs- und Baukosten der Bauwerke (ohne Prozesstechnik und Equipment)

[824] Bei dieser Projektliefermethode werden alle erforderlichen Aktivitäten vom Entwurf bis zur Beschaffung und Konstruktion an einen Totalunternehmer (TU), im engl. *EPC-Contractor*, vergeben, um den Vermögenswert an den Endnutzer oder Eigentümer schlüsselfertig zum Festpreis zu liefern.

Der strukturierte Ablauf der empirischen Untersuchung, zur Überprüfung der in Kap. 5.3 aufgestellten Hypothesen, gliedert sich in die in Abb. 113 dargestellten Schritte. Das methodische Vorgehen wird in den folgenden Kapiteln beschreiben. Unter empirischer Forschung versteht man die systematische Erhebung, Auswertung und Interpretation von Daten mit Hilfe von wissenschaftlichen Methoden, die dann Aussagen über die Realität zulassen. Die empirische Forschung unterscheidet sich von anderen wissenschaftlichen Forschungsmethoden dadurch, dass empirische Aussagen an der Wirklichkeit überprüft werden können.[825]

Im theoretischen Teil der Forschungsarbeit erfolgte zunächst eine umfangreiche Literarturrecherche. Auf der Grundlage dieser Literaturrecherche und des ermittelten gegenwärtigen Forschungstandes wurde die Forschungsfrage entwickelt. Aus der Forschungsfrage wurden dann die in Kap. 5.3 aufgestellten Hypothesen abgeleitet, die im Rahmen dieser empirischen Untersuchung entweder bestätigt (verifiziert) oder widerlegt (falsifiziert) werden sollen.

Ein weiterer Bestandteil der Literaturrecherche ist eine umfassende historische Analyse der Architekturvisualisierung als Grundlagenforschung, angefangen von den ersten Grundrissen im Neolithikum bis zum heutigen digitalen Bauwerksinformationsmodell. Im Fokus dieser historischen Analyse stehen die Auslöser signifikanter Weiterentwicklungen, deren Bedeutung für nachfolgende Methoden und die Tradierung des Wissens über die darauffolgenden Epochen.

[825] Vgl. Hug, T. & Poscheschnik, G., *Empirisch forschen. Die Planung und Umsetzung von Projekten im Studium.*, Vol. 2 (Konstanz: Verlag Huter & Roth KG, 2015), S. 22ff.

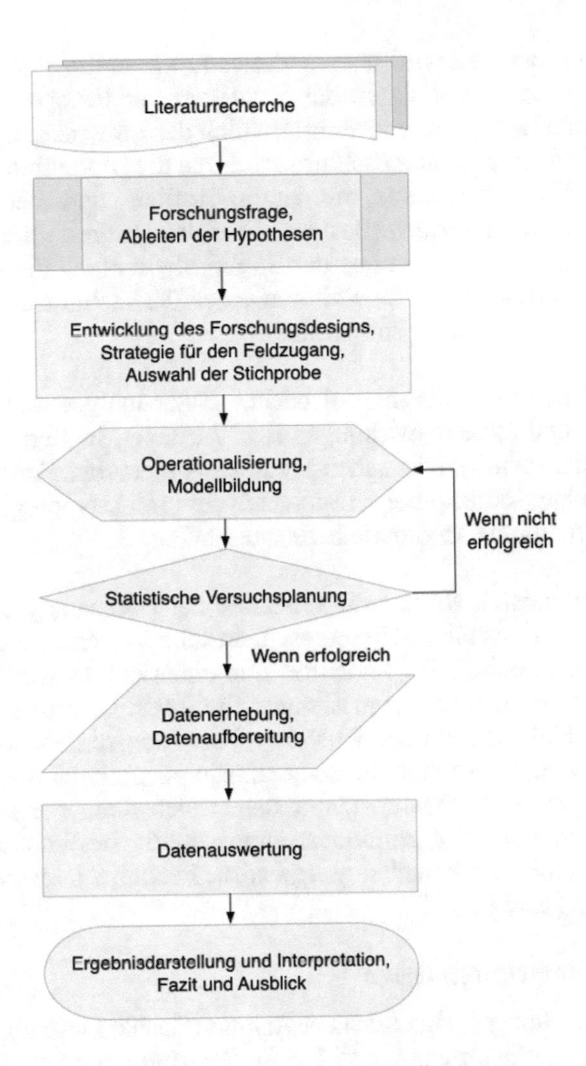

Abb. 113: Ablauf der empirischen Untersuchung. Eigene Darstellung.

Im empirischen Teil der Forschungsarbeit wird zunächst das Forschungsdesign entwickelt. Dies beinhaltet zum einen das Festlegen der unabhängigen (erklärenden) Variablen, also diejenigen Projektparameter bei denen ein Einfluss auf die abhängigen (erklärten Variablen) oder eine Wechselwirkung erwartet wird. Zum anderen die Operationalisierung (Messbarmachung) dieser Variablen, das Festlegen der Erhebungsmethode und die Auswahl der Stichprobe einschließlich der Entwicklung einer Strategie für den Feldzugang. Im Anschluss erfolgten die Modellbildung und die statistische Versuchsplanung, mit der die Einflüsse und Wechselwirkungen untersucht werden sollen. Basierend auf dem aufgestellten statistischen Modell werden die Daten aus der Stichprobe entlang der operationalisierten Bewertungskriterien im Rahmen einer Querschnittsanalyse erhoben und für die Datenanalyse aufbereitet.

Mit Hilfe einer inferenzstatistischen Datenanalyse werden die Abhängigkeiten und Wechselwirkungen der Variablen in Bezug die aufgestellten Hypothesen mit statistischen Methoden untersucht. Ferner werden im Rahmen einer deskriptiven Datenanalyse projekttypologische und anwendungsregionale Merkmale herausgearbeitet.

Im Ergebnisteil werden die Resultate der Datenanalysen, mit Rückbezug auf die aufgestellten Hypothesen, in tabellarischer und grafischer Form veranschaulicht. Dies beinhaltet zum einen die deskriptiven (stichprobenbeschreibenden) und zum anderen die inferenzstatistischen (hypothesenprüfenden) Ergebnisse. Aus den Forschungsergebnissen werden wirtschaftliche Kennzahlen in Beug auf die potenziellen Vorteile der Anwendung von BIM abgeleitet, mit denen sich dann der anwenderbezogene Nutzwert von BIM zumindest approximativ bestimmen lässt. Abschließend werden die Forschungsergebnisse in Kap. 8 interpretiert und zur Diskussion gestellt.

6.2 Forschungsdesign

Als Forschungsdesign wird der Rahmen für die Durchführung einer empirischen Studie bezeichnet.[826] Bei der Erhebung der benötigten Information lassen sich folgende zwei Formen unterscheiden.[827]

[826] Vgl. Churchill (2001), S. 104.
[827] Vgl. Erichson & Hammann (1994), S. 60.

- **Primärforschung**, welche die erforderlichen Informationen durch neues Datenmaterial beschafft.

- **Sekundärforschung**, welche die benötigten Informationen durch Aufbereitung und Analyse bereits vorhandenen Datenmaterials gewinnt.

In der Primärforschung unterscheidet man zwischen folgenden zwei Arten der Forschung.

- Explorative Forschung
- Explanative Forschung

Explorative Forschung dient der Gewinnung zusätzlicher Einblicke in die Forschungslücke und soll das Problemverständnis erleichtern. Diese wird insbesondere dann angewendet, wenn das Problem genauer definiert werden muss und zusätzliche Informationen benötigt werden, um einen Forschungszugang wählen zu können.[828] Explanative Forschung (wie bspw. Deskriptive Analysen) erforscht Ursache-Wirkungs-Zusammenhängen, um erklären zu können, warum bestimmte Phänomene auftreten.[829] Deskriptive Analysen befassen sich mit der Analyse von Zusammenhängen zwischen Variablen und Prognosen.[830] Innerhalb der Deskriptiven Analysen unterscheidet man zwischen folgenden zwei Verfahren.[831]

- Querschnittanalysen
- Längsschnittanalysen

Mit Hilfe von Querschnittanalysen erhält man Informationen von bestimmten Stichproben zu einem bestimmten Zeitpunkt.[832] Dabei kann es sich um einmalige Erhebungen oder um mehrere zusammenhängende

---

828 Vgl. Churchill (2001), S. 104.
829 Vgl. Kent (1993), S. 6.
830 Vgl. Kuß (2004), S. 32.
831 Vgl. Churchill (2001), S. 124.
832 Vgl. Böhler (2004), S. 39.

Erhebungen nacheinander handeln.[833] Längsschnittanalysen hingegen sind regelmäßig durchgeführte Erhebungen zum selben Inhalt mit demselben Untersuchungsdesign, sowie der gleichen Stichprobe.[834] Dadurch kann die Entwicklung und Veränderung von Merkmalen (Variablen) im Zeitverlauf gemessen werden.[835]

In der vorliegenden Forschungsarbeit werden Primärdaten aus weltweit 105 Bauprojekten erhoben und einer Querschnittsanalyse unterzogen, um die Zusammenhänge der in Kap. 6.2.1 definierten Variablen zu analysieren und die in Kap. 5.3 aufgestellten Hypothesen zu überprüfen. Die folgenden Kapitel beschreiben, welche Projektdaten (Variablen) in welcher Ausprägung und welchem Skalenniveau gemessen werden sollen, mit welchen Erhebungsinstrumenten die Daten erhoben werden und mit welchen Methoden die Daten analysiert werden.

6.2.1 Variablen

Die zu untersuchenden unabhängigen Variablen (auch: exogene oder erklärende Variablen) gliedern sich in **7 projektbezogene unabhängige Variablen**:

1. Projektbezogener BIM-Reifegrad
2. Geografische Anwendungsregion
3. Projektkategorie
4. Projekttyp
5. Projektgröße
6. Projektliefermethode
7. BIM-Level

und **11 prozessbezogene unabhängige Variablen**:

1. Vorhandensein eines BIM-Abwicklungsplans (BAP)
2. Ernennung eines BIM-Gesamtkoordinators

[833] Vgl. Malhotra (2004), S. 80.
[834] Vgl. Berekoven, Eckert & Ellenrieder (2001), S. 123.
[835] Vgl. Kuß (2004), S. 16.

3. Ernennung von BIM-Koordinatoren in den Fachplanungen
4. Anwendung von 4D-BIM (Zeit)
5. Anwendung von 5D-BIM (Kosten)
6. Aktive Beteiligung des Bauherrn am Entwurfs- und Planungsprozess
7. Aktive Beteiligung des Fachplaners Tragwerk am Entwurfs- und Planungsprozess des Architekten
8. Aktive Beteiligung der Fachplaner TGA am Entwurfs- und Planungsprozess des Architekten
9. Aktive Beteiligung der Bauunternehmer am Entwurfs- und Planungsprozess
10. Aktive Beteiligung des Facility Managers am Entwurfs- und Planungsprozess
11. Aktive Beteiligung des Bauwerksnutzers am Entwurfs- und Planungsprozess

Die zu untersuchenden abhängigen Variablen (auch: endogene oder erklärte Variablen) sind die **6 projektbezogenen abhängigen Variablen**:

1. Soll-Ist-Abweichung der Planungszeit (Δ Soll-Ist)
2. Soll-Ist-Abweichung der Bauzeit (Δ Soll-Ist)
3. Häufigkeit von Mehrfacheingaben infolge rückwirkender Planungsänderung
4. Häufigkeit von Nacharbeiten infolge Planungsfehler und Auslassungen
5. Anzahl der RFIs (*Request for Information*) in den Projektphasen
6. Anzahl der Änderungsaufträge (Nachträge) während der Bauphase

Der Einfluss der insgesamt 18 unabhängigen (erklärenden) Variablen auf die 6 abhängigen (erklärten) Variablen, kurz gesagt auf die Projektleistungsdaten Kosten und Zeit, steht im Mittelpunkt der explorativen Datenanalyse dieser Forschungsarbeit. Ziel ist es, projektphasenübergreifende und anwenderbezogene Einflüsse und Wechselwirkungen im Hinblick auf Kosten und Nutzen der Anwendung von BIM in verschiedenen Bauprojekten und Anwendungsregionen zu analysieren. Wobei sich die Kosten der Anwendung von BIM ausschließlich auf den Arbeits- bzw. Zeitaufwand der Projektbearbeitung beschränken und nicht etwa auf die Investitionen in BIM-Software und Hardware oder die Mitarbeiterqualifizierung. Der Potentiale der Anwendung von BIM beschränkt sich auf die quantifizierbaren, in Form von wirtschaftlichen Kennzahlen (KPIs) ausgedrückten, Vorteile der Anwendung von BIM. Darüber hinaus werden im Rahmen einer deskriptiven Datenanalyse anwendungsregionale und projekttypologische Merkmale gemessen.

6.2.2 Operationalisierung

Mit der Operationalisierung (auch: Messbarmachung) wird festgelegt, wie ein theoretisches Konstrukt messbar gemacht werden soll. Diese bildet die Grundlage für die Messung und damit für die Prüfung der Hypothesen. Bei der Operationalisierung wird festgelegt, mit welchem Messniveau die Ausprägungen der zu untersuchenden Größe gemessen werden. Neben dem gewählten Messinstrument müssen für die Operationalisierung auch die Erhebungsmethode und die Erhebungsinstrumente, mit denen die empirischen Informationen gewonnen werden sollen, beschrieben werden.

Die Erhebungsinstrumente für die empirische Untersuchung sind standardisierte, strukturierte Befragungen mit nicht-komparativen Skalen. Also Verfahren, bei denen die Bewertung der Variablen isoliert und nicht im Vergleich zu anderen Variablen erfolgt. In der ersten Stufe erfolgt eine strukturierte, schriftliche Internet-basierte Abfrage aller projektbezogenen und prozessbezogenen Variablen bei den Teilnehmern der Studie, ausgenommen der Variable für den projektbezogenen BIM-Reifegrad. In der zweiten Stufe erfolgt eine mündliche Befragung der jeweiligen Projektleiter, zur Ermittlung der projektbezogenen BIM-Reifegrade. Durch die vorgegebenen Antwortmöglichkeiten handelt es sich, wie auch bei der ersten Abfragestufe, um eine standardisierte und strukturierte Befragung.

Im ersten Schritt der Operationalisierung werden die relevanten, global abweichenden Planungsphasenmodelle zu den in Abb. 114 dargestellten Projektphasen zusammengefasst, um eine inhaltliche Übereinstimmung in den betrachteten Projektphasen als Grundlage für die Datenerhebung sicherzustellen.

Projektphase	HOAI Deutschland	CRC Australien	AIA USA	RIBA Work Plan Großbritannien	CIC Großbritannien
Konzeptphase A	Grundlagenermittlung	Brief & Pre-design	Pre-design		Brief
	Vorplanung	Conceptual Design		Preparation Concept Design	Concept
Planungsphase B	Entwurfsplanung Genehmigungsplanung	Schematic Design	Schematic Design	Developed Design	Design development
	Ausführungsplanung	Developed Design	Design Development	Technical Design	Production information
Ausschreibungs-phase C	Vorbereitung der Vergabe	Contract Documents	Construction Documents	Technical Design	Production information
	Mitwirkung bei der Vergabe		Agency Permit & Bidding	Specialist Design	
Bauphase D	Objektüberwachung	Construction	Construction	Construction	Installation As constructed
Nutzungsphase E	Objektbetreuung	Post-construction	Close-out	Use & Aftercare	In use

Abb. 114: Operationalisierung der international abweichenden Planungsphasenmodelle. Eigene Darstellung.

Die Projektphase E beinhaltet die Betriebs- bzw. Nutzungsphase der Bauwerke und wird in dieser Forschungsarbeit nicht betrachtet.

Im zweiten Schritte der Operationalisierung werden die unabhängigen Variablen (s. Tab. 25) und die abhängigen Variablen (s. Tab. 26) in einem sog. *Code Plan* operationalisiert und mit einer Ausprägung sowie einem Skalenniveau versehen und somit messbar gemacht. Die projektbezogenen unabhängigen Variablen x_1 bis x_7 werden nur einmal je Projekt erhoben. Die prozessbezogenen unabhängigen Variablen x_8 bis x_{18} werden für jede Planungsphase der Stichprobenprojekte erhoben, in der die Variable relevant ist. Die die projektbezogenen abhängigen Variablen y_1 bis y_6 werden für jede Planungsphase der Stichprobenprojekte erhoben, in der die Variable relevant ist.

	Bezeichnung	Merkmalsausprägung	Messniveau
x_1	BIM-Reifegrad	Not certified Minimum BIM Certified Silver Gold Platinum	metrisch
x_2	Anwendungsregion	Nordamerika = [1] Australien = [2] Europa = [3] Asien = [4] MENA = [5] Südamerika = [6]	nominal
x_3	Projektkategorie	Wohnbau = [1] Gewerbebau = [2] Industriebau = [3] Infrastruktur = [4] Wasserbau = [5]	nominal
x_4	Projekttyp	Neubau = [1] Erweiterung = [2] Sanierung = [3]	nominal
x_5	Projektgröße	< 50 Mio. = [1] 50-100 Mio. = [2] 100-200 Mio. = [3] 200-500 Mio. = [4] > 500 Mio. = [5]	ordinal
x_6	Projektliefermethode	Design-Bid-Build = [1] Design-Build = [2] EPC = [3]	nominal
x_7	BIM-Level	BIM-Level 0 = [1] BIM-Level 1 = [2] BIM-Level 2 = [3] BIM-Level 3 = [4]	ordinal
x_8	Vorhandensein eines BIM-Abwicklungs-plans (BAP)	Ja = [1] Nein = [0]	nominal (dichotom)
x_9	Ernennung eines BIM-Projektsteuerers	Ja = [1] Nein = [0]	nominal (dichotom)
x_{10}	Ernennung von BIM-Koordinatoren	Ja = [1] Nein = [0]	nominal (dichotom)

	Bezeichnung	Merkmalsausprägung	Messniveau
x_{11}	Anwendung von 4D-BIM	Ja = [1] Nein = [0]	nominal (dichotom)
x_{12}	Anwendung von 5D-BIM	Ja = [1] Nein = [0]	nominal (dichotom)
x_{13}	Aktive Beteiligung des Bauherrn am Entwurfs- und Planungsprozess des Architekten	Ja = [1] Nein = [0]	nominal (dichotom)
x_{14}	Aktive Beteiligung des Fachplaners Tragwerk am Entwurfs- und Planungsprozess des Architekten	Ja = [1] Nein = [0]	nominal (dichotom)
x_{15}	Aktive Beteiligung der Fachplaner TGA am Entwurfs- und Planungsprozess des Architekten	Ja = [1] Nein = [0]	nominal (dichotom)
x_{16}	Aktive Beteiligung der Bauunternehmer am Entwurfs- und Planungsprozess	Ja = [1] Nein = [0]	nominal (dichotom)
x_{17}	Aktive Beteiligung des Facility Managers am Entwurfs- und Planungsprozess	Ja = [1] Nein = [0]	nominal (dichotom)
x_{18}	Aktive Beteiligung des Bauwerksnutzers am Entwurfs- und Planungsprozess	Ja = [1] Nein = [0]	nominal (dichotom)

Tab. 25: Code Plan der unabhängigen (erklärenden) Variablen. Eigene Darstellung

	Bezeichnung	Merkmalsausprägung	Messniveau
y_1	Planungszeit, Δ Soll-Ist	Kalendertage = [d]	metrisch
y_2	Bauzeit, Δ Soll-Ist	Kalendertage = [d]	metrisch
y_3	Mehrfacheingaben infolge rückwirkender Planungsänderungen	0-2 (wenig) = [1] 3-4 (durchschnittlich) = [2] 5-7 (erhöht) = [3] 8-10 (hoch) = [4] >10 (über normal) = [5]	ordinal
y_4	Nacharbeiten infolge Planungsfehler und/ oder Auslassungen	0-3 (wenig) = [1] 4-10 (durchschnittlich) = [2] 11-13 (erhöht) = [3] 14-20 (hoch) = [4] >20 (über normal) = [5]	ordinal
y_5	Anzahl der RFIs in den Projektphasen	0-3 (wenig) = [1] 4-10 (durchschnittlich) = [2] 11-13 (erhöht) = [3] 14-20 (hoch) = [4] >20 (über normal) = [5]	ordinal
y_6	Anzahl der Änderungsaufträge (Nachträge) während der Bauphase	0-9 (wenig) = [1] 10-29 (durchschnittlich) = [2] 30-49 (erhöht) = [3] 50-100 (hoch) = [4] >100 (über normal) = [5]	ordinal

Tab. 26: Code Plan der abhängigen (erklärten) Variablen. Eigene Darstellung.

Die ordinalen und nominalen Variablen (s. Tab. 25 und Tab. 26), zusammenfassend als kategoriale Variablen bezeichnet, werden im Programm *IBM SPSS Statistics* als sog. *Faktoren* kodiert, deren Messniveau immer kategorial ist. Während das Messniveau der als sog. *Ovariale* kodierten Variablen immer metrisch ist. Für die numerisch kodierten kategorialen Variablen (Faktoren) generiert das Programm *IBM SPSS Statistics* sodann automatisch eine sog. Dummy-Variable für die eigentliche statistische Rechenoperation.

Bei Dummy-Variablen handelt es sich um binäre Variablen, also um Variablen, die nur die Werte 0 und 1 annehmen können. Eine dichotome Variable mit lediglich zwei Ausprägungen lässt sich durch eine einfache Transformation in eine Dummy-Variable überführen. Liegt eine festgelegte

Ausprägung vor, nimmt die Variable den Wert 1 an, liegt sie dagegen nicht vor, nimmt die Variable den Wert 0 an. Über den zweistufigen (binären) Fall hinaus, werden auch k Ausprägungen von kategorialen Variablen mit k Dummy-Variablen abgebildet. Hierzu wird zunächst aus Gründen der Identifizierbarkeit eine Referenzkategorie festgelegt. Die kategoriale Variable kann dann mit k-1 Dummy-Variablen (bspw. $x_1, \ldots, x_{k-1}$) kodiert werden.

Formell: $x_1 = \ldots = x_{k-1} = 0$

Im dritten Schritt der Operationalisierung wird für die Abfrage der projektbezogenen BIM-Reifegrade (Variable x_1), basierend auf dem BIM-Reifegradmodell *BIM Capability Maturity Model* (CMM) der US-amerikanischen National BIM-Standards (NBIMS), ein Code Plan für die Erhebung entwickelt (s. Tab. 27). Dieser beinhaltet die Bewertung von 11 sog. Interessensbereichen. Jedem dieser Interessensbereiche ist auf einer Reifeskala von 1 bis 10 (Ordinalskala) ein Merkmal zugeordnet, das für den jeweiligen Interessenbereich und Reifegrad bestimmend ist.

Zusätzlich wird jedem Interessensbereich eine gewichtete Bedeutung zugeordnet, aus der sich dann ein sog. *Credit* ergibt, mit dem der BIM-Reifegrad ermittelt wird. Die Wichtung ist durch das CMM BIM-Reifegradmodell vorgegeben und wird für jedes Projekt der Stichprobe gleich angewendet.

	Interessens-bereich	Merkmalsausprägung
A	Reichhaltigkeit der Daten	(1) Grundlegende Daten (2) Zusätzliche Daten (3) Fortgeschrittene Daten (4) Daten und Informationen (5) Daten und Informationen werden zur maßgeblichen Quelle (6) Informationen sind verfügbar (7) Benutzer verlassen sich auf die Informationen (8) Informationen verfügen über Metadaten (9) Anfänglich verknüpfte Informationen (10) Vollständig verknüpfte Informationen
B	Lebenszyklus-betrachtung	(1) Keine vollständige Projektphase erfasst (2) Entwurf und Planung ist erfasst (3) Hinzufügen von Bau und Lieferung (4) Beinhaltet Bau und Lieferung (5) Beinhaltet Bau, Lieferung und Herstellung (6) Hinzufügen von Betrieb und Gewährleistung (7) Beinhaltet Betrieb und Gewährleistung (8) Hinzufügen von Finanzdaten (9) Vollständige Lebenszykluserfassung (10) Unterstützt externe Tätigkeiten
C	Rollen oder Disziplinen	(1) Keine Rolle wird unterstützt (2) Nur eine Rolle wird unterstützt (3) Zwei Rollen werden teilweise unterstützt (4) Zwei Rollen werden voll unterstützt (5) Planung und Bau werden teilweise unterstützt (6) Planung und Bau wird voll unterstützt (7) Betrieb wird teilweise unterstützt (8) Betrieb wird voll unterstützt (9) Alle Rollen im Lebenszyklus werden unterstützt (10) Interne und externe Rollen werden unterstützt
D	Änderungs-management	(1) Keine Funktion für das Änderungsmanagement (2) Bewusstsein für Änderungsmanagement (3) Bewusstsein für Änderungsmanagement und Ursachenanalyse (4) Bewusstsein für Änderungsmanagement, Ursachenanalyse und Feedback (5) Implementierung von Änderungsmanagement

		(6) Anfängliches Änderungsmanagement ist implementiert (7) Änderungsmanagement in Kraft und anfängliche Implementierung der Ursachenanalyse (8) Änderungsmanagement und Ursachenanalyse voll implementiert und angewendet (9) Geschäftsprozesse sind nachhaltig durch Änderungsmanagement, Ursachenanalyse und Feedback (10) Geschäftsprozesse werden routinemäßig durch Änderungsmanagement, Ursachenanalyse und Feedback überprüft
E	Geschäftsprozess	(1) Separate Geschäftsprozesse (GP) nicht integriert (2) Nur wenig GP sammeln Informationen (3) Einige GP sammeln Informationen (4) Die meisten GP sammeln Informationen (5) Alle GP sammeln Informationen (6) Nur wenige GP sammeln und pflegen Infos (7) Einige GP sammeln und pflegen Informationen (8) Alle GP sammeln und pflegen Informationen (9) Einige GP sammeln und pflegen Infos in Echtzeit (10) Alle GP sammeln und pflegen Infos in Echtzeit
F	Aktualität und Antwortdaten	(1) Die meisten Antwortinformationen werden manuell gespeichert (2) Die meisten Antwortinformationen werden manuell gespeichert (3) Keine Antwortinformationen in BIM (4) Begrenzte Antwortinformationen in BIM (5) Die meisten Antwortinformationen in BIM (6) Alle Antwortinformationen in BIM (7) Alle Antwortinformationen von BIM und zeitgenau (8) Begrenzter Echtzeitzugriff von BIM (9) Voller Echtzeitzugriff von BIM (10) Echtzeitzugriff mit direkter Eingabe
G	Bereitstellungmethode	(1) Einzelzugriff, keine Informationsgenauigkeit (2) Einzelzugriff, begrenzte Informationsgenauigkeit (3) Netzwerkzugriff, begrenzte Informationsgenauigkeit (4) Netzwerkzugriff, volle Informationsgenauigkeit (5) Begrenzt internetfähige Dienste

		(6) Voll internetfähige Dienste (7) Voll internetfähige Dienste mit Informationsgenauigkeit (8) Vollständig gesicherte internetfähige Dienste (9) Vollständig gesicherte internetfähige Dienste mit Client/Server-Architektur (10) Vollständig gesicherte internetfähige Dienste mit Client/Server-Architektur und Rollenzuweisung
H	Grafische Information	(1) Keine technischen Grafiken (2) 2D nicht-intelligente Grafiken (wie geplant) (3) 2D nicht-intelligente Grafiken, mit Network Computing System (NCS) erzeugt (wie geplant) (4) 2D intelligente Grafiken, mit Network Computing System (NCS) erzeugt (wie geplant) (5) 2D intelligente Grafiken, mit Network Computing System (NCS) erzeugt (wie gebaut) (6) 2D intelligente Grafiken, mit Network Computing System (NCS) erzeugt (wie gebaut und aktuell) (7) 3D intelligente Grafiken (8) 3D intelligente Grafiken, aktuell (9) 3D intelligente Grafiken, mit 4D-BIM (Zeit) (10) 3D intelligente Grafiken, mit 5D-BIM (Kosten)
I	Räumliche Fähigkeit	(1) Nicht räumlich zugeordnet (2) Elementar räumlich zugeordnet (3) Räumlich zugeordnet (4) Räumlich zugeordnet, mit begrenztem Informationsaustausch (5) Räumlich zugeordnet, mit Metadaten (6) Räumlich zugeordnet, mit vollem Informationsaustausch (7) Teil eines begrenzten geografischen Informationssystems (GIS) (8) Teil eines vollständigerem GIS (9) Integriert in ein vollständiges GIS (10) Integriert in ein vollständiges GIS, mit vollständigem Informationsaustausch

J	Informations-genauigkeit	(1) Keine Grundwahrheit[836] (2) Anfängliche Grundwahrheit (3) Begrenzte interne Grundwahrheit (4) Volle interne Grundwahrheit (5) Begrenzte interne und externe Grundwahrheit (6) Volle interne und externe Grundwahrheit (7) Begrenzt berechnete Bereiche (8) Vollständig berechnete Bereiche (9) Berechnete Grundwahrheit, mit begrenzten Metriken (10) Berechnete Grundwahrheit, mit vollständigen Metriken
K	Interoperabilität	(1) Keine Interoperabilität (2) Erzwungene Interoperabilität (3) Begrenzte Interoperabilität (4) Begrenzte Informationen für Datentransfer (5) Die meisten Informationen für Datentransfer (6) Vollständige Informationen für Datentransfer (7) Eine begrenzte Anzahl von Informationen nutzen IFC (8) Eine erweiterte Anzahl von Informationen nutzen IFC (9) Die meisten Informationen nutzen IFC (10) Alle Informationen nutzen IFC

Tab. 27: Code Plan für die Abfrage der BIM-Reifegrade nach dem BIM-CMM. Eigene Darstellung in Anlehnung an NIBS (2007).

836 Eine Wahrheitswertefunktion (auch: Wahrheitsfunktion) ist eine mathematische Funktion, die Wahrheitswerte auf Wahrheitswerte abbildet. In der klassischen Logik umfasst die zugrunde liegende Wahrheitswertemenge nur die beiden Werte "wahr" (w) und "falsch" (f). Um sicherzustellen, dass die Informationen korrekt bleiben, werden mathematische Grundwahrheitsfunktionen verwendet. Diese Zahlen bewerten bspw. die Vollständigkeit der Informationssammlung, die Nutzung der Informationen und den verfügbaren Gesamtbestand an Informationen.

Im folgenden Abschnitt werden die 11 Interessensbereiche und die jeweiligen Merkmalsausprägungen näher erklärt.

Der Interessensbereich A (Reichhaltigkeit der Daten) identifiziert die Vollständigkeit des Gebäudeinformationsmodells, wobei in der Merkmalsausprägung 1 bis 3 nur sehr wenige, nicht zusammenhängende Daten bis zu dem Punkt vorhanden sind, an dem sie zu wertvollen Informationen (ab Merkmalsausprägung 4) und letztendlich zum Unternehmenswissen über eine Einrichtung (ab Merkmalsausprägung 9) werden.

Der Interessensbereich B (Lebenszyklusbetrachtung) gibt an, welche der Projektphasen nach der BIM-Methode umgesetzt werden, wobei in der Merkmalsausprägung 1 keine vollzogene Projektphase erfasst wird. Ab Merkmalsausprägung 2 werden die Projektphasen schrittweise eingebunden, bis hin zu einer vollständigen Lebenszykluserfassung (Merkmalsausprägung 9) und der Unterstützung externer Aktivitäten (Merkmalsausprägung 10).

Der Interessensbereich C (Rollen oder Disziplinen) gibt an, welche der am Geschäftsprozess beteiligten Akteure bzw. Disziplinen durch den BIM-Prozess unterstützt werden. Wobei in der Merkmalsausprägung 1 keine Unterstützung stattfindet und erst ab der Merkmalsausprägung 5 die Planung und der Bau vollständig unterstützt wird. Eine vollständige Unterstützung aller Rollen im Lebenszyklus erfolgt ab Merkmalsausprägung 9. Ab der Merkmalsausprägung 10 werden auch externe Aktivitäten unterstützt.

Der Interessensbereich D (Änderungsmanagement) gibt eine von der Organisation entwickelte Methode an, die zum Ändern von Geschäftsprozessen verwendet wird. Wenn ein fehlerhafter oder verbesserungsbedürftig Geschäftsprozess erkannt wird, dann wird eine Ursachenanalyse durchgeführt und der Geschäftsprozess wird basierend auf dieser Analyse modifiziert. Wobei in der Merkmalsausprägung 1 keine Funktion für das Änderungsmanagement beinhaltet. Die Merkmalsausprägungen 2 bis 4 beinhalten nur das Bewusstsein für die Implementierung, Ursachenanalyse und Feedback. Ab der Merkmalsausprägung 5 ist das Änderungsmanagement implementiert, bis hin zu einer routinemäßigen Überprüfung der Geschäftsprozesse einschl. Ursachenanalyse und Feedback.

Der Interessensbereich E (Geschäftsprozess) gibt an, wie das Projekt in Bezug auf die Erfassung von Daten abgewickelt wird. Zielsetzung ist es, die Daten in einer Echtzeitumgebung zu sammeln und zu verwalten, damit Änderungen für die anderen Projektbeteiligten in ihrem Teil des Geschäftsprozesses sichtbar werden. Wobei in der Merkmalsausprägung 1 keine Geschäftsprozesse integriert sind und somit keine Daten gesammelt werden. In den Merkmalsausprägungen 2 bis 4 sammeln einige Geschäftsprozesse Informationen. Ab der Merkmalsausprägung 5 sammeln alle Geschäftsprozesse Informationen. In den Merkmalsausprägungen 6 bis 8 werden Informationen zusätzlich gepflegt, in den Merkmalsausprägungen 9 bis 10 geschieht dies in Echtzeit.

Der Interessensbereich F (Aktualität und Antwortdaten) gibt an, in welcher Echtzeit-Genauigkeit die Antwortdaten vorliegen. Je näher die Antwortdaten an Echtzeitinformationen sind, desto genauer sind die getroffenen Entscheidungen. Wobei in den Merkmalsausprägungen 1 bis 3 die meisten Antwortdaten manuell gespeichert werden bzw. nicht im BIM vorhanden sind. In den Merkmalsausprägungen 4 bis 7 sind die Antwortdaten in BIM graduell ansteigend vorhanden. In den Merkmalsausprägungen 8 bis 10 geschieht dies in Echtzeit.

Der Interessensbereich G (Bereitstellungsmethode) gibt an, in welcher strukturierten und vernetzten Umgebung die Daten bereitgestellt werden und wie auf sie zugegriffen werden kann. Wenn es sich bei dem Modell um eine systemorientierte Architektur in einer webfähigen Umgebung handelt, können die Daten in einer kontrollierten Umgebung zur Verfügung stehen und die Informationssicherung kann in allen Phasen erfolgen. Wobei in den Merkmalsausprägungen 1 bis 3 keine bzw. begrenzte Informationsgenauigkeit bereitgestellt wird. Erst in der Merkmalsausprägung 4 wird volle, netzwerkbasierte Informationsgenauigkeit bereitgestellt. In den Merkmalsausprägungen 5 bis 10 werden internetbasierte Dienste bereitgestellt.

Der Interessensbereich H (Grafische Information) gibt an, welche Standards für die Bereitstellung der grafischen Informationen angewendet werden, um eine einheitliche Sichtweise und ein höheres Verständnis der Informationen zu erreichen. Wobei in den Merkmalsausprägungen 2 bis 6 nur zweidimensionale Pläne bereitgestellt werden. In den Merkmalsausprägungen 7 bis 10 werden dreidimensionale, intelligente Grafiken bereitgestellt (u.a. 4D-BIM und 5D-BIM). In der Merkmalsausprägung 1 werden keine Grafiken bereitgestellt, lediglich Text.

Der Interessensbereich I (Räumliche Fähigkeit) gibt an, wie die Daten räumlich zugeordnet sind und die Schnittstellen für den Informationsaustausch organisiert sind. Wobei in der Merkmalsausprägung 1 keine räumliche Zuordnung der Daten erfolgt. In den Merkmalsausprägungen 2 und 3 erfolgt eine räumliche Zuordnung, zunächst ohne Informationsaustausch. In den Merkmalsausprägungen 4 bis 10 erfolgt eine räumliche Zuordnung, mit Informationsaustausch. Ab der Merkmalsausprägungen 7 mit Hilfe geografischen Informationssystems (GIS).

Der Interessensbereich J (Informationsgenauigkeit) gibt an, mit welchem Grad der mathematischen Grundwahrheit die gespeicherten Informationen korrekt bleiben. Dies ist nur durch mathematische Grundwahrheitsfunktionen möglich und ermöglicht ein besseres Datenmanagement für die Belegung und Vollständigkeit der Informations-sammlung sowie die Gesamtbestandsberechnungen. Wobei in der Merkmalsausprägung 1 keine mathematische Grundwahrheit besitzt. In den Merkmalsausprägungen 2 bis 4 besitzen die gespeicherten Informationen nur interne mathematische Grundwahrheit. Ab der Merkmalsausprägung 5 besitzen die gespeicherten Informationen interne und externe mathematische Grundwahrheit.

Der Interessensbereich K (Interoperabilität) gibt an, wie die benötigten Informationen unter den Beteiligten ausgetauscht werden. Oberstes Ziel ist die Gewährleistung der Interoperabilität von Informationen und deren Richtigkeit. Wobei in der Merkmalsausprägung 1 keine Interoperabilität unterstützt. In den Merkmalsausprägungen 2 bis 6 wird interne und externe Interoperabilität unterstützt. Ab der Merkmalsausprägung 7 wird interne und externe Interoperabilität über eine IFC-Schnittstelle unterstützt.

Der erreichte BIM-Reifegrad ergibt sich aus der zugeordneten Ausprägung in der 10-stufigen BIM-Reifeskale und der vordefinierten Wichtung je Interessensbereich (s. Tab. 28).

	Interessensbereich	**Wichtung**	**Erreichter Reifegrad je Interessensbereich**	**Credit**
A	Reichhaltigkeit der Daten	84 %	(5) Daten plus erweiterte Informationen	4,2
B	Lebenszyklusbetrachtung	84 %	(3) Hinzufügen von Bau und Lieferung	2,5
C	Rollen und Disziplinen	90 %	(5) Planung und Bau teilweise unterstützt	4,5
D	Änderungsmanagement	90 %	(2) Bewusstsein für CM	2,7
E	Geschäftsprozess	91 %	(3) Einige GP sammeln Informationen	2,7
F	Aktualität/Antwortdaten	91 %	(3) Keine Antwortinformationen in BIM	2,7
G	Bereitstellungsmethode	92 %	(3) Netzwerkzugriff, begrenzte IFG	4,6
H	Grafische Information	93 %	(7) 3D intelligente Grafiken	6,5
I	Räumliche Information	94 %	(2) Elementar räumlich zugeordnet	1,9
J	Informationsgenauigkeit	95 %	(3) Begrenzte interne Grundwahrheit	2,9
K	Interoperabilität	96 %	(5) Meisten Informationen für Datentransfer	4,8
Erreichte Credits				**40,0**
BIM-Reifegrad			**Minimum BIM**	

Tab. 28: Ermittlung des projektbezogenen BIM-Reifegrads (Beispiel) nach dem BIM-CMM. Eigene Darstellung in Anlehnung an NIBS (2007).

Die projektbezogenen BIM-Reifegrade reichen vom niedrigsten *Not certified* über *Minimum BIM*, *Certified*, *Silver* und *Gold* bis zum höchsten BIM-Reifegrad *Platinum* (s. Tab. 29).

Credits	BIM-Reifegrad
0 – 19,9	Not certified
20 – 59,9	Minimum BIM
60 – 69,9	Certified
70 -79,9	Silver
80 – 89,9	Gold
90 - 100	Platinum

Tab. 29: BIM-Reifegrade nach dem BIM-CMM. Eigene Darstellung in Anlehnung an NIBS (2007).

6.2.3 Erhebungsmethode

Mit welcher Methode die Daten erhoben werden sollten, hängt von unterschiedlichen Faktoren ab. Die verschiedenen Methoden zur Erfassung von Daten haben sowohl Vorteile als auch Nachteile. Die wohl wichtigste Rahmenbedingung ist der konkrete Informationsbedarf. Handelt es sich um ein sensibles Thema, so ist es von Vorteil schriftliche Fragebögen zu nutzen. Dadurch können unerwünschte Effekte oder andere Einflüsse, wie sie etwa infolge psychologischer Reaktanz[837] in einer Interviewsituation entstehen können, vermieden werden. Bei komplizierten Fragestellungen ist eine mündliche Befragung sinnvoller, um bei Verständnisfragen unterstützen zu können. Eine neutralere Methode der Datenerhebung ist die Inhaltsanalyse, bspw. die Auswertung von prozessproduzierten Daten, wie bspw. die Häufigkeit von Handlungen oder Ereignissen. Oft ist es sinnvoll geeignete Methoden miteinander zu kombinieren und auf den Forschungsgegenstand abzustimmen. Die Abb. 115 gibt einen Überblick über relevante Methoden zur Informationsgewinnung für Erhebungsverfahren.

Vielfach hängt die Erhebung von Daten auch vom jeweiligen Budget ab. Bei geringem Etat kann eine kostengünstigere Internet-basierte Befragung von Vorteil sein. Eine aufwändige, persönliche Befragung würde im Gegensatz dazu höhere Kosten verursachen. Es gilt natürlich, die Methodenplanung auch nach den jeweiligen Ressourcen auszurichten und gleich-

[837] Unter psychologischer Reaktanz versteht man eine komplexe Abwehrreaktion, die als Widerstand gegen äußere oder innere Einschränkungen aufgefasst werden kann.

zeitig Repräsentativität der Daten und gute Rücklaufquoten sicherzustellen. Auch stellt sich die Frage, inwiefern eine Interaktion mit den Teilnehmern selbst gefordert ist. Nicht selten sollen die Teilnehmer objektive Angaben machen (bspw. zu Projektdaten) oder einen Produkttest durchführen. Die Sammlung von Daten ist zudem von kulturellen Normen abhängig, insbesondere bei weltweiten Studien. Häufig haben kulturelle Aspekte erheblichen Einfluss auf das Untersuchungsdesign. In manchen Ländern ist es bspw. nicht gerne gesehen, wenn fremde Personen für eine Befragung das Haus betreten wollen.

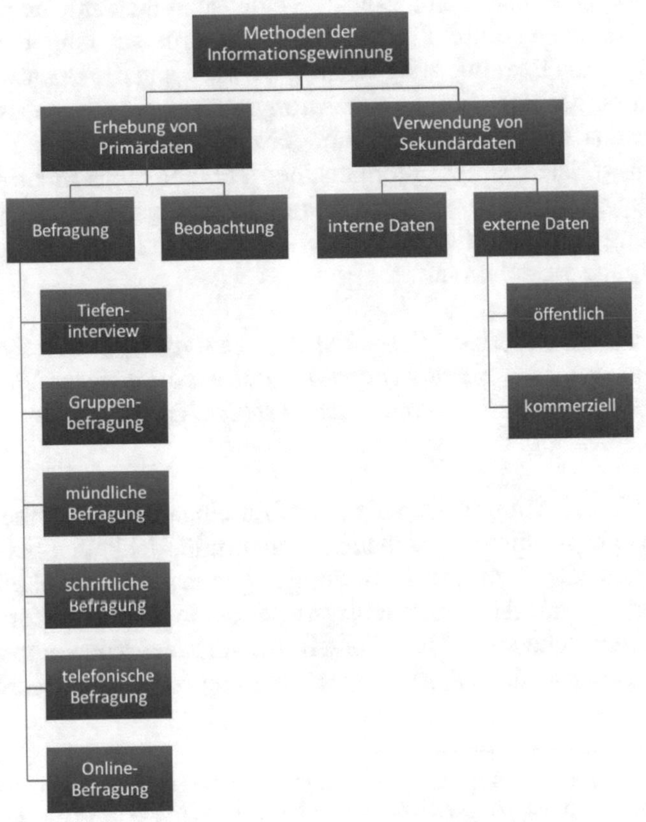

Abb. 115: Methoden der Informationsgewinnung. Eigene Darstellung in Anlehnung an Homburg & Krohmer (2006). Grundlagen des Marketingmanagements, S. 263.

Die Primärerhebung der Daten wird in einem zweistufigen Verfahren durchgeführt. In der ersten Stufe erfolgt eine strukturierte Abfrage aller projektbezogenen und prozessbezogenen Variablen, ausgenommen der Variable x_1 für den projektbezogenen BIM-Reifegrad (vgl. Kap. 6.2.2). Hierzu wurde in einem 7-monatigen Erhebungszeitraum (vom 01.08.2018 bis 28.02.2019) eine schriftliche, quantitative Online-Befragung der Teilnehmer über die Online-Plattform *Google Forms*[838] durchgeführt.

Die Teilnehmer erhalten via E-Mail den einen Link zum Fragebogen mit Antwortvorgaben sowie ein E-Mail-Begleitschreiben mit den Angaben: wer die Befragung durchführt, warum die Untersuchung durchgeführt wird, warum die Beantwortung wichtig ist, bis wann die Beantwortung erfolgen muss, der Zusicherung der Anonymität und der voraussichtlichen Dauer für das Ausfüllen des Fragebogens. Die Antwortdaten (Variablen) laufen kategorisiert, unter automatischer Vergabe eines Identifizierungsmerkmals (Zeitstempel), auf der Online-Befragungsplattform zur Weiterverwendung in einem Microsoft Excel-Tabellenblatt zusammen. Unter einer Befragung versteht man:

> „*Ein planmäßiges Vorgehen mit wissenschaftlicher Zielsetzung, bei dem eine Versuchsperson durch eine Reihe gezielter Fragen oder mitgeteilter Stimuli zu verbalen Informationen veranlasst werden soll*[839]".

Stimulus (Plural: Stimuli) ist der Begriff für einen Reiz, der eine Reaktion auslöst, wie bspw. die vorgegebenen Antwortmöglichkeiten bei geschlossenen Fragen einer Umfrage. Befragungen gelten als die am häufigsten angewendete und mit Abstand wichtigste Methode der Primärforschung.[840] Je nach Untersuchungsziel und Forschungsvorhaben können in einer Untersuchung verschiedene Formen der Befragung angewendet werden. Nach

---

[838] Google Forms ist eine App zur Verwaltung von Umfragen, die zusammen mit *Google Docs*, *Google Sheets* und *Google Slides* zur Office-Suite von Google Drive gehört. Google Forms bietet alle Funktionen für die Zusammenarbeit und Freigabe von Dokumenten, Arbeitsblättern und Folien.

[839] Scheuch (1962), S. 138.

[840] Vgl. Koch (1996), S. 61.

der Form der Erhebung kann in schriftliche, mündliche, telefonische, computergestützte und Internet-basierte Befragungen unterschieden werden.[841]

Bei der Internet-basierten Online-Befragung wird ein Fragebogen entweder direkt über das Internet ausgefüllt oder per E-Mail an die Auskunftspersonen verschickt, von diesen beantwortet und per E-Mail zurückgesendet.[842] Die Internet-basierten Online-Befragung ermöglicht eine schnelle und kostengünstige Befragung.[843] Dem steht der Nachteil der mangelnde Auswahlmöglichkeit einer Stichprobe gegenüber, da die zu Befragenden über einen Internetanschluss verfügen müssen und zudem noch selbst aktiv werden müssen.[844] Nach Berekoven, Eckert & Ellenrieder (2001) ist daher bei den Beantwortungen mit Ausfällen und einer Selbstselektion der Testperson zu rechnen. Die Forscher haben einige Vor- und Nachteile der Internet-basierten Befragung aufgezeigt (s. Abb. 116).

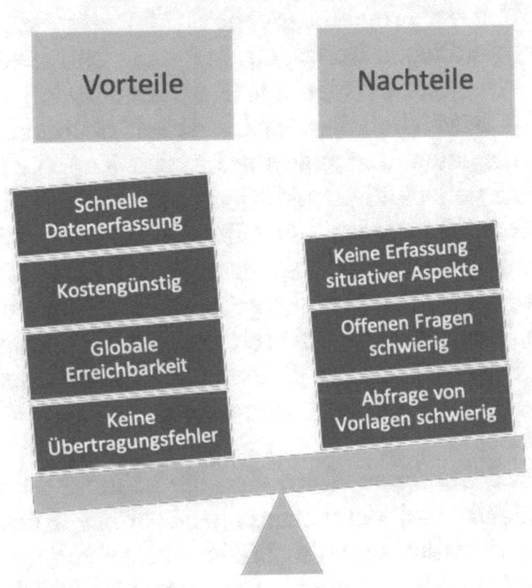

Abb. 116: Vor- und Nachteile der Internet-basierten Befragung. Eigene Darstellung in Anlehnung an Berekoven, Eckert & Ellenrieder (2001).

841 Vgl. Steinmetz & Weis (2000), S. 81ff.
842 Vgl. Böhler (2004), S. 92; Kuß (2004), S. 96.
843 Vgl. Berekoven, Eckert & Ellenrieder (2001), S. 112
844 Vgl. Steinmetz & Weis (2000), S. 97.

Die hier aufgezeigten Nachteile können im vorliegenden Fall nahezu ausgeschlossen werden, da die Teilnehmer dem Verfasser persönlich bekannt sind und direkt angesprochen werden. Außerdem werden sowohl die Fallbeispiele der Stichprobe als auch die Auswahl der Teilnehmer im Vorfeld der Befragung geplant. Der Verfasser und die befragten Teilnehmer sind in der gleichen Organisation tätig, aus der die Stichprobe gezogen wird. Es werden ausschließlich quantitative Daten erfasst, so dass situative oder qualitative Aspekte bzw. die Abfrage von Vorlagen kaum eine Rolle spielen. Die genutzte Online-Plattform *Google Forms* ist kostenfrei, so dass Kosten für Systemeinrichtung nicht anfallen. Aufgrund des quantitativen Ansatzes sind offene Fragen, zumindest im ersten Schritt der Primärdatenerhebung, nicht vorgesehen.

Im zweiten Schritt der Erhebung wird für jedes erhobene Fallbeispiel (Projekt) der Stichprobe der projektbezogene BIM-Reifegrad, mit Hilfe einer standardisierten mündlichen Befragung in Form von Einzelinterviews, ermittelt. Hierfür wird das existierende Reifegradmodell *BIM Capability Maturity Model* (CMM) der US-amerikanischen National BIM-Standards (NBIMS) zugrunde gelegt und angewendet (vgl. Kap. 6.2.2). Dies ermöglicht auch hier eine vollständig strukturierte mündliche Befragung. Bei der mündlichen Befragung werden die Informationen mittels persönlicher Kommunikation durch den Verfasser erhoben und mit Hilfe schriftlicher oder akustischer Speichermedien festgehalten. Hierfür wird eine Sonderform der mündlichen Befragung, die telefonische Befragung via Skype[845], angewendet. Bei dieser Methode können das Telefon oder der Computer als Kommunikationsmedium eingesetzt werden.[846]

Die Vorteile dieser Befragungsform sind die schnelle Durchführung mit sofortigem Feedback und dementsprechend hoher Rücklaufquote, die Möglichkeit eine räumlich verteilte Stichprobe zu erheben und dass der Interviewer den Ablauf der Befragung bestimmen kann. Die Nachteile dieser Befragungsform sind Schwierigkeiten, die Stichprobe zu ziehen und

---

[845] Skype ist ein im Jahr 2003 eingeführter, kostenloser Instant-Messaging-Dienst, der seit 2011 im Besitz von Microsoft ist. Unterstützt werden Videokonferenzen, IP-Telefonie, Instant-Messaging, Dateiübertragung und Screen-Sharing.

[846] Vgl. Steinmetz & Weis (2000), S. 86.

subjektive Faktoren wie bspw. eine angenehme Gesprächsatmosphäre aufzubauen, die relativ kurze Dauer der Befragung und die unbekannte Situation beim Befragten.[847] Die aufgezeigten Nachteile können im vorliegenden Fall nahezu ausgeschlossen werden, da die Stichprobe bekannt ist (bereits erhobene Projekte, für welche die BIM-Reife ermittelt werden soll) und die Abfragekriterien vorgegeben und strukturiert sind. Daher erscheint die telefonische Befragung (via Skype-Interview) als geeignete Methode für die Erhebung der projektbezogenen BIM-Reifegrade. Insbesondere vor dem Hintergrund, dass bei einem Skype-Telefonat neben dem Audiokontakt der Fragebogen am Computer gemeinsam ausgefüllt werden kann, einschließlich Rückfragemöglichkeit.

Die projektbezogenen und prozessbezogenen Variablen, ausgenommen der Variable für den projektbezogenen BIM-Reifegrad, werden mit Hilfe eines Online-Fragebogens erfasst, der sich an den folgenden Instrumenten von Pepels (1995) und Koch (1996) orientiert.

- **Einfachheit der Fragen:** Die Fragen müssen unmittelbar, verständlich und klar sein sowie dem sprachlichen und intellektuellen Niveau der Befragten angepasst sein.
- **Eindeutigkeit der Fragen:** Fragen sollen Missverständnisse ausschließen und von jedem Befragten in gleicher Weise verstanden werden.
- **Neutralität der Fragen:** Es soll keine Beeinflussung der Befragten durch suggestive und hypothetische Fragen oder Fragen mit tendenziösem Charakter ausgeübt werden.[848]

Hinsichtlich der Antwortformulierung kann insbesondere zwischen folgenden Fragen unterschieden werden.[849]

- **Offenen Fragen** geben keine festen Antworten vor, sondern überlassen die Formulierung der Antworten der Auskunftsperson.

[847] Vgl. Churchill (2001), S. 275; Steinmetz & Weis (2000), S. 87.
[848] Vgl. Pepels (1995), S. 192; Koch (1996), S. 77.
[849] Vgl. Koch (1996), S. 74f.

- **Geschlossenen Fragen** geben die Antwortkategorien vor.
- Bei **Multiple-Choice Fragen** kann die Auskunftsperson aus mehreren Antworten eine oder (bei Mehrfachantworten) mehrere Antworten wählen.

Die befragten Teilnehmer müssen für jede Frage, aus dem Skalenniveau der vordefinierten Antwortvorgaben (Ausprägungen), die für das jeweilige Projekt zutreffende Antwort auswählen. Die Skalenfrage nimmt in der empirischen Forschung einen wichtigen Stellenwert ein und stellt eine Sonderform der sog. *Multiple Choice* Fragen, mit der Möglichkeit nur einer Nennung dar. Sie soll nicht nur das Vorhandensein eines Sachverhaltes, sondern auch dessen Intensität messen.[850] Dabei können die Skalierungstechniken in komparative und nicht-komparative Skalen unterschieden werden. Bei komparativen Skalen werden Stimuli direkt miteinander verglichen. Stimuli ist die Bezeichnung für die Reize, die eine Reaktion auslösen, in diesem Fall die vorgegebenen Antwortmöglichkeiten der geschlossenen Fragen. Beim Paarvergleich muss sich der Befragte zwischen zwei Alternativen entscheiden. Die Rangordnung ist dadurch gekennzeichnet, dass mehrere Alternativen nach ihrer Präferenz angeordnet werden.[851] Bei nicht-komparative Skalen wird jedes Objekt unabhängig von den anderen Stimuli skaliert. Bei kontinuierlichen Ratingskalen, welche auch als graphische Ratingskalen bezeichnet werden, markieren Probanden eine Position auf einer Linie, die zwischen zwei Extremen verläuft. Bei verbalen numerischen Ratingskalen liegt eine Skala vor, die numerische oder verbale Kategorien aufweist. Dazu gehört bspw. die *Likert*-Skala, das semantische Differential sowie die Stapelskala.[852]

Der projektbezogene BIM-Reifegrad wird mit Hilfe von Einzelinterviews direkt von dem jeweiligen Projektleiter der erhobenen Fallbeispiele (Projekte) der Stichprobe erfasst. Durch die vorgegebenen 10 Antwortmöglichkeiten zu den 11 Interessenbereichen des *BIM Capability Maturity Model* (CMM) handelt es sich, wie auch bei der Abfrage der projektbezogenen und prozessbezogenen Variablen, um eine standardisierte, strukturierte

[850] Vgl. Hüttner & Schwarting (2002), S. 107f.
[851] Vgl. Malhotra (2004), S. 241ff.
[852] Vgl. Malhotra (2004), S. 256f.

Befragung mit nicht-komparativen Skalen. Die Erhebungsinstrumente werden in einem sog. *Pretest* getestet und erforderlichenfalls, in Abhängigkeit der erhaltenen Antwortergebnisse, nochmals modifiziert.

Die Methodendiskussion in der empirischen Forschung wird von zwei Grundrichtungen geprägt, der qualitativen und der quantitativen Forschung. Während bei Untersuchungen des 18. und 19. Jhd. die Trennung zwischen qualitativ und quantitativ noch nicht bekannt und bis zum frühen 20. Jhd. noch nicht üblich war, wurde im Verlauf des letzten Jahrhunderts immer schärfer zwischen den beiden Forschungsmethoden unterschieden und kontrovers über deren jeweilige Eignung diskutiert.[853] Der quantitativen und qualitativen Forschung liegen zwei unterschiedliche Denktraditionen zugrunde. Während die quantitative Forschung mit den Naturwissenschaften in Zusammenhang gebracht wird, bezieht sich die qualitative Forschung auf eine geisteswissenschaftliche Denkweise.[854]

Die quantitative Sozialforschung bspw. hat ihre Wurzeln im Positivismus des 19. Jahrhunderts. Auguste Comte (1798-1857) formulierte die philosophische Prämisse, dass als Basis für wissenschaftliche Erkenntnisse nur Tatsachen zugelassen sind. Vertreter der neo-positivistischen Philosophie-Gruppe „Wiener Kreis" (1922-1938) entwickelten diesen Gedanken mit dem Ziel weiter, Empirismus und Logik zu einer Einheitswissenschaft zu vereinen. Eine grundlegende Idee war dabei, wissenschaftliche Aussagen aller Disziplinen in eine gemeinsame Sprache, wie etwa die Mathematik, zu transformieren. Das Ergebnis einer naturwissenschaftlichen Vorgehensweise ist in der Regel die „Erklärung" eines Tatbestandes:

> *„Ziel naturwissenschaftlicher Bemühungen ist es, bestimmte Erscheinungen als Wirkungen bestimmter Ursachen zu begreifen, also kausale Beziehungen zwischen Erscheinungen zu entdecken. Diese Entdeckungen sollen zu allgemein gültigen Aussagen in Form von Gesetzen gleichsam angesammelt werden, mit deren*

853 Vgl. Kardoff (1995), S. 4.
854 Vgl. Lamnek (1993a), S. 219.

> *Hilfe dann wiederum neue beobachtbare Erscheinungen erklärt werden können.*[855]"

Weniger beim „Erklären", als vielmehr beim „Verstehen" liegt dagegen das Hauptaugenmerk der qualitativen Forschung. Dilthey (1968) erläuterte die unterschiedlichen Ansätze folgendermaßen:

> „*Das Ideal naturwissenschaftlicher Konstruktion ist die Begreiflichkeit, deren Prinzip die Äquivalenz von Ursachen und Wirkungen ist, und ihr vollkommenster Ausdruck ist das Begreifen in Gleichungen. Das Ideal der Geisteswissenschaften ist das Verständnis der ganzen menschlich-geschichtlichen Individuation aus dem Zusammenhang und der Gemeinsamkeit in allem Seelenleben.*[856]"

Vor diesem Hintergrund erscheint dem Verfasser die Anwendung einer quantitativen Forschungsmethode als der geeignetste Weg, die in Kap. 5.3 aufgestellten Hypothesen auf ihre Ursache-Wirkungs-Beziehungen (Kausalität) zu testen. Nämlich die Produktivität unter Anwendung der BIM-Methode im Planungs- und Bauprozess zu messen und durch das Ableiten von wirtschaftlichen Kennzahlen zu quantifizieren.

6.2.4 Feldzugang

Feldforschung ist eine empirische Forschungsmethode zur Erhebung empirischer Daten mittels Befragung und Beobachtung im „natürlichen" Kontext. Der Begründer sozialwissenschaftlicher Forschung als Methode des „sich Einbohrens in das soziale Milieu" ist der deutsche Dozent für Statistik Gottlieb Schnapper-Arndt (1846-1904). Unter Feldforschung wird die systematische Erforschung von Kulturen oder Zusammenhängen verstanden, indem man sich in deren Lebensraum begibt und das Alltagsleben zeitweise teilt. Mithilfe von Informanten und durch gezielte Befragung sowie Beobachtung werden Informationen über die betreffende Kultur oder den betreffenden Zusammenhang gewonnen. Der Forscher versucht dabei möglichst objektiv zu beobachten. Die Grundvoraussetzung

[855] Konegen & Sondergeld (1985), S. 65; zit. nach Lamnek (1993a), S. 219.
[856] Dilthey (1968), S. 265.

hierfür ist ein Bewusstsein über die eigenen Wurzeln und kulturellen Vorurteile sowie eine intensive Auseinandersetzung mit der eigenen Rolle und Vorgehensweise. In der sozialwissenschaftlichen Forschung wird hierfür der Begriff *Grounded Theory*[857] verwendet. Der Zugang zum jeweiligen Forschungsfeld ist eine Herausforderung, die bei jeder Feldforschung zu bewältigen ist. Dabei stellen sich je nach Forschungsfeld unterschiedliche Zugangsprobleme dar. Es gibt Forschungsfelder, die keine oder keine besonders hohen Zugangsschwellen aufweisen (bspw. Studenten oder Patienten) und andere mit fast unüberwindlich scheinenden Zugangsschwellen, wie bspw. Reproduktionsmediziner.[858]

Bereits die Anwesenheit eines Forschers im Feld und die damit verbundene Möglichkeit als solcher erkannt zu werden, stellt eine Herausforderung dar. Im Moment, in dem die Teilnehmer eines Feldes erkennen, dass sie beobachtet werden, erfolgt eine Störung des Forschungsprozesses.[859] Gleichwohl ist der Feldzugang nicht nur ein Problem, das praktisch gelöst und später reflektiert werden muss, sondern er eröffnet auch eine große Chance, etwas Wesentliches über die Eigenheiten des Feldes zu erfahren. Der Feldzugang wird als Teil des Feldes betrachtet:

> *„Das Zugangsproblem wird damit nicht mehr allein als eines des Einstiegs [...], sondern als kontinuierlicher Aushandlungsprozess von Teilnahmerechten [...] untersucht.*[860]“

Neben dem physischen Problem des „Einlasses“ hat der Feldzugang auch eine soziale Dimension. Wie etwa der asymmetrische Kulturkontakt im Kolonialismus, in dem sich eine Schriftkultur mit einer oralen Kultur gegenüberstand. Der soziale Status von Unternehmensleitungen, Managern oder andere Eliten zeichnet sich gerade durch schwere Erreichbarkeit und der Aufrechterhaltung dieser Unzulänglichkeit aus.[861] Forschungsfelder reagieren häufig auf Zugangsbemühungen von Forschern mit den wohl-

---

857 *Grounded Theory* ist ein sozialwissenschaftlicher Ansatz zur systematischen Sammlung und Auswertung vor allem qualitativer Daten (z.B. aus Befragungen oder Beobachtungen).
858 Vgl. Hitzler (2013), S. 73.
859 Vgl. Wolff (2000), S. 341.
860 Ott (2010), S. 168.
861 Vgl. Breidenstein et al. (2013), S. 50.

bekannten und erprobten Mustern der Neutralisierung. Zu den bekanntesten zählen die folgenden Reaktionen des Feldes: Das Ansinnen wird zunächst einer höheren Stelle zur Prüfung vorgelegt. Die Forscher werden zu immer neuen Darstellungen ihres Forschungsziels und Vorgehens veranlasst. Die Anfrage wird nicht berücksichtigt, weil sich erfahrungsgemäß viele Anfragen von selbst erledigen. Man akzeptiert die Forschung grundsätzlich, bietet aber von sich aus Daten an bzw. erklärt sich nur mit Erhebungsmethoden einverstanden, die ursprünglich nicht vorgesehen waren. Man macht die Forschung und das Vorgehen zur eigenen Sache, versucht den Forscher mit einem indirekten Auftrag auszustatten oder ihn als Bündnispartner in organisationsinterne oder -externe Auseinandersetzungen einzubinden.[862]

Die aufgezeigten Probleme im Hinblick auf den Feldzugang können im vorliegenden Fall zumindest in der Mehrzahl der Anfragen vernachlässigt werden, da die Teilnehmer der Umfrage dem Verfasser persönlich bekannt sind. Verfasser und Teilnehmer sind in der gleichen Organisation tätig, aus der die Stichprobe gezogen wird. Außerdem wurde die Mehrzahl der Fallbeispiele sowie die Identifizierung der jeweiligen Projektleiter mit den Teilnehmern geplant.

Es wurden weltweit insgesamt 249 Experten aus dem Planungs- und Bausektor angefragt, sich an der Umfrage zu beteiligen oder relevante Personen zu benennen, die der Studie geeignete Fallbeispiele hinzufügen können. Alle 249 Teilnehmer kamen aus einer dem Verfasser persönlich bekannten Organisation, aus der auch die Stichprobe gezogen wurde. Die Organisation ist ein globaler Anbieter von Beratungs-, Projektmanagement- und Ingenieurleistungen in den Bereichen Immobilien, Infrastruktur, Wasser und Umwelt. Das Unternehmen ist an mehr als 350 Standorten in fast 50 Ländern weltweit vertreten und in mehr als 25.000 Projekten in über 70 Ländern involviert. Weltweit beschäftigt das börsennotierte Unternehmen knapp 30.000 Mitarbeiter. Im *International Engineering News-Record-Ranking* (ENR) wird die Organisation als eines der fünf größten internationalen Planungsunternehmen geführt. Bei den Teilnehmern handelt es sich um Führungskräfte des operativen Geschäfts der Bereiche Infrastruktur,

[862] Vgl. Wolf (2000), S. 343.

Wasser, Umwelt und Immobilien in den Regionen Europa, Asien, Australien, Nordamerika, Südamerika und MENA. Über diese Führungskräfte wurden die jeweils fach- und sachkundigen Projektleiter der Stichprobenprojekte ermittelt und an der Online-Umfrage zu den Variablen (vgl. Kap. 6.2.2) beteiligt. Bei der Umfrage wurde eine vergleichsweise hohe Rücklaufquote von 197 Antworten auf 249 Anfragen (79,12 %) erzielt. Die Führungskräfte wurden zunächst als Zugangspersonen innerhalb der Organisation befragt, um sachkundige und aussagefähige Personen auf Projektebene bzw. den verantwortlichen Projektleiter der jeweiligen Stichprobenprojekte zu erreichen. Dies ist eine grundlegende Voraussetzung für den Erhalt der tatsächlichen Projektdaten und die Bewertung der jeweiligen BIM-Reifegrade. In der Abb. 117 ist die regionale Verteilung aller Anfragen und Antworten dargestellt, bezogen auf das Untersuchungsgebiet.

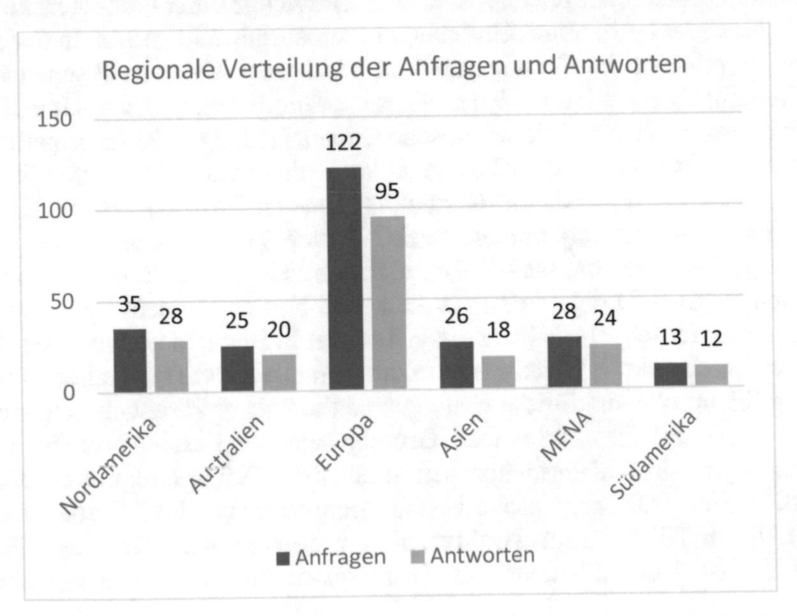

Abb. 117: Regionale Verteilung aller Anfragen und Antworten bezogen auf das Untersuchungsgebiet.

Die hohe Rücklaufquote in Südamerika hat indes nicht dazu geführt, eine repräsentative Anzahl von Fallbeispielen zu erhalten. Vielmehr waren die

Rückmeldungen aufklärender Natur, nämlich dass die BIM-Methode in Südamerika erst seit wenigen Jahren, in sehr geringem Umfang angewendet wird und demzufolge kaum Fallbeispiele zur Verfügung stehen. Die übrigen Rückmeldungen unterstützen den in Kap. 4 analysierten Stand der aktuellen BIM-Praxis im internationalen Kontext. Hier sind Nordamerika und Australien führend. Ebenso die MENA-Region, insbesondere Katar und die Vereinigten Arabischen Emirate, wo die Anwendung von BIM in den letzten Jahren rasante zugenommen hat. Die vergleichsweise geringe Rückmeldung aus Asien bestätigt die Feststellungen in Bezug auf den aktuellen Stand der BIM-Praxis in Asien.

6.2.5 Stichprobe

Als Stichprobe (n) bezeichnet man eine Teilmenge einer Grundgesamtheit (N), die unter bestimmten Gesichtspunkten ausgewählt wurde. In der Statistik bezeichnet die Grundgesamtheit die Menge aller statistischen Einheiten mit übereinstimmenden sachlichen, räumlichen und zeitlichen Identifikationskriterien.[863] Die statistische Einheit ist Träger der Informationen für die statistische Untersuchung und kann eine natürliche Einheit (bspw. eine Person) aber auch eine künstliche (bspw. ein Projekt) oder ein Ergebnis (bspw. ein Projektparameter) sein.[864] Eine Vollerhebung, also die Erfassung der Gesamtmasse der Grundgesamtheit, ist nur in den seltensten Fällen möglich. Deshalb wird aus Zeit- und Kostengründen eine Teilerhebung erforderlich, die sich auf einen Teil der in Betracht kommenden Einheiten beschränkt.[865] Dabei wird auf der Grundlage der Datenerhebung aus einer Stichprobe, die für die Grundgesamtheit als repräsentativ angenommen wird, auf die tatsächliche Grundgesamtheit geschlossen. Es wird grundlegend in Zufallsstichproben und Nicht-Zufallsstichproben unterteilt.[866] Eine Zufallsstichprobe ist die Stichprobe aus einer Grundgesamtheit, die mit Hilfe eines Auswahlverfahrens gezogen wird. Bei diesem Verfahren hat jedes Element der Grundgesamtheit eine mathematische

[863] Vgl. Bol, G., *Deskriptive Statistik: Lehr- und Arbeitsbuch*, Vol. 6 (München: Oldenbourg Wissenschaftsverlag, 2004), S. 9-15.
[864] Vgl. Rinne, H., *Taschenbuch der Statistik*, Vol. 4 (München: Wissenschaftlicher Verlag Harri Deutsch, 2008), S. 11.
[865] Vgl. Hüttner & Schwarting (2002), S. 123.
[866] Vgl. Kuß (2004), S. 56.

Wahrscheinlichkeit größer null, in die Stichprobe zu gelangen. Die Nicht-Zufallsstichprobe ist eine systematische Stichprobe und beruht auf einer bewussten Auswahl von Testpersonen. Bei einer Quotenstichprobe wird versucht, eine repräsentative Zusammensetzung der Stichprobe durch die Festlegung von Quoten an bestimmten Merkmalen, deren Verteilung in der Grundgesamtheit bekannt sein müssen, herbeizuführen. Es werden genaue Vorgaben gemacht, welche Eigenschaften die zu befragenden Zielpersonen haben müssen. Ein Grund für die Anwendung der Quotenstichprobe in der Umfrageforschung liegt in den geringen Rücklaufquoten bei Zufallsstichproben, die bspw. in US-amerikanischen Telefonumfragen inzwischen unter 10 Prozent liegen.

Bei einer Quotenstichprobe können fehlende Antworten durch sog. Statistische Zwillinge[867], welche die gleichen Quotenmerkmale aufweisen, ersetzt werden. Dem liegt die Annahme zugrunde, dass statistische Zwillinge sich auch in den nichtquotierten Merkmalen ähnlich sind. Quotenstichproben sind unter bestimmten Bedingungen schneller und in Abhängigkeit der Erhebungsmethode wirtschaftlicher als Zufallsstichproben. Das gilt vor allem dann, wenn keine Auflistung der zu befragenden Personen oder der zu erforschenden Projekte vorliegt, aus der eine ausreichend große Zufallsstichprobe gezogen werden könnte. Die Quotenstichprobe gehört zu den nichtzufälligen Auswahlverfahren und findet insbesondere dann Anwendung, wenn aufgrund einer großen, nicht homogenen Grundgesamtheit eine Teilerhebung erfolgt.[868]

Die Repräsentativität einer Stichprobe ist die Charakteristik bestimmter Datenerhebungen, die es ermöglicht, aus einer kleinen Stichprobe Aussagen über eine wesentlich größere Menge (eben die Grundgesamtheit) treffen zu können. Für die Prüfung von Zusammenhangshypothesen ist Repräsentativität jedoch nicht von zentraler Bedeutung. Hier sind Designs der Varianzkontrolle und die Ausschaltung von Störfaktoren wichtiger. Für die empirische Wissenschaft ist die Angabe folgender Charakteristika der Stichprobentechnik und Erhebungsmethode wichtig: Erklärung

---

[867] Als statistische Zwillinge bezeichnet man Kontext-User, die bestimmte identische Charakteristika besitzen wie bereits konvertierte User.

[868] Vgl. Steinmetz & Weis (2000), S. 45.

der Stichprobentechnik (des Auswahlverfahrens), Zahl der realisierten Elemente (nach Abzug der fehlenden Antworten), Erhebungsmethode (telefonisch, online, persönlich) und Gewichtungsverfahren.

Auf Grund der Menge von weltweit laufenden und abgeschlossenen Bauprojekten ist es faktisch nicht möglich eine Vollerhebung durchzuführen. Daher wird eine Teilerhebung mit einer Stichprobe von weltweit 105 Bauprojekten durchgeführt. Die Quotenmerkmale ergeben sich aus den projektbezogenen unabhängigen Variablen x_2 (geografische Anwendungsregion) und x_3 (Projektkategorie). Die Merkmalsverteilung der Grundgesamtheit beruht auf einer anteiligen Verteilung in Anbetracht des in Kap. 4 aufgezeigten Stand der BIM-Praxis in den geografischen Anwendungsregionen. Als Grundgesamtheit werden alle Bauprojekte angenommen, die nach dem 01.01.2007 begonnen wurden, da die BIM-Methode faktisch erst seit dem Jahr 2007 angewendet wird (vgl. Kap. 1.1). Unter dem Begriff Bauprojekte werden Fallbeispiele verstanden, die sich nach den Variablen x_2 (geografische Anwendungsregion) und x_3 (Projektkategorie) erfassen lassen. Die Gewichtung wird durch die Bewertbarkeit der Fallbeispiele in den Variablen x_4 (Projekttyp), x_5 (Projektgröße), x_6 (Projektliefermethode) und x_7 (BIM-Level) ermöglicht. Die Stichprobe wird im Rahmen eines Quotenauswahlverfahrens gezogen und beruht auf dem in Tab. 30 dargestellten Quotenplan.

	Wohnbau	Gewerbebau	Industriebau	Infrastruktur	Wasserbau	**Summe**
Nordamerika	0	1	0	1	1	**3**
Australien	1	2	1	8	0	**12**
Europa	5	22	17	11	5	**60**
Asien	1	5	1	2	0	**9**
MENA	1	9	0	9	1	**20**
Südamerika	0	0	0	1	0	**1**
Gesamt	**8**	**39**	**19**	**32**	**7**	**105**

Tab. 30: Stichproben-Quotenplan

Die globale Zusammensetzung der Stichprobe reflektiert den in Kap. 4 analysierten Stand der aktuellen BIM-Praxis. Infolgedessen ist die Anzahl der Fallstudien aus Europa, der MENA-Region und Australien am höchsten und die Anzahl der Fallstudien aus Asien und Südamerika am geringsten. Die vergleichsweise geringe Anzahl nordamerikanischer Fallstudien resultiert, trotz der fortschrittlichen Anwendung von BIM, aus der mangelnden Bereitschaft die benötigten Projektdaten zur Verfügung zu stellen. Dies ist insbesondere durch die nordamerikanischen Vertragsmodelle begründet, in denen regelmäßig Geheimhaltungsklauseln, sog. *Non-Disclosure-Agreements* (NDA), verankert sind.

Die Stichprobe beinhaltet insgesamt 79 Neubauprojekte, 12 Sanierungsprojekte und 14 Erweiterungsbauten (s. Abb. 118). Darunter wurden 63 abgeschlossene und 42 laufende Projekte erfasst.

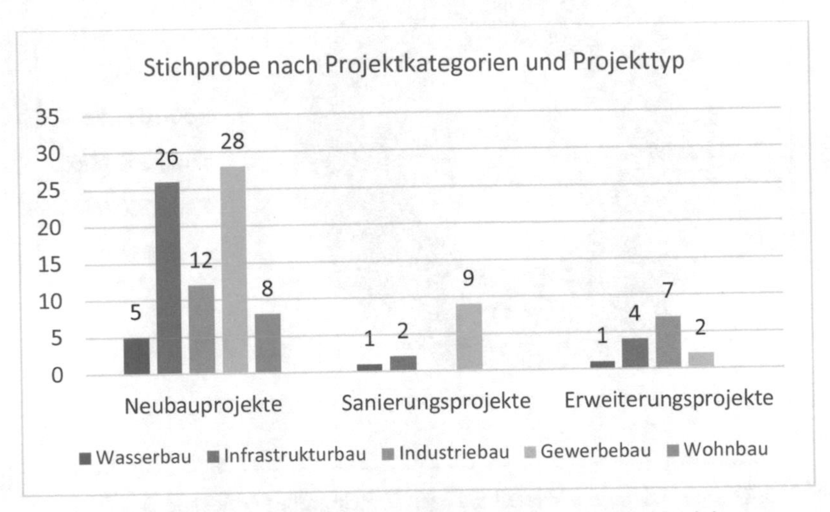

Abb. 118: Globale Stichprobenverteilung nach Projektkategorien und Projekttyp.

Die globale Stichprobenverteilung nach Projektwert (s. Abb. 119) zeigt einen großen Anteil kleiner Projekte <50 Mio. Investitionssumme (42) und einen großen Anteil sehr großer Projekte >500 Mio. Investitionssumme (27). Letzteres resultiert aus dem großen Anteil von Infrastrukturprojekten (15) und Gewerbebauten (10) über 500 Mio. Investitionssumme. Es folgen die Projekte zwischen 50 und 100 Mio. Investitionssumme (17), zwischen 100 und 200 Mio. Investitionssumme (10) und zwischen 200 und 500 Mio. Investitionssumme (9). Im Einzelnen setzt sich die Stichprobe aus den in Tab. 31 dargestellten Fallbeispielen zusammen. Die Daten der einzelnen

Fallbeispiele wurden im Zeitraum vom 01.08.2018 bis 28.02.2019 mit Hilfe einer schriftlichen, Internet-basierten Umfrage erhoben.

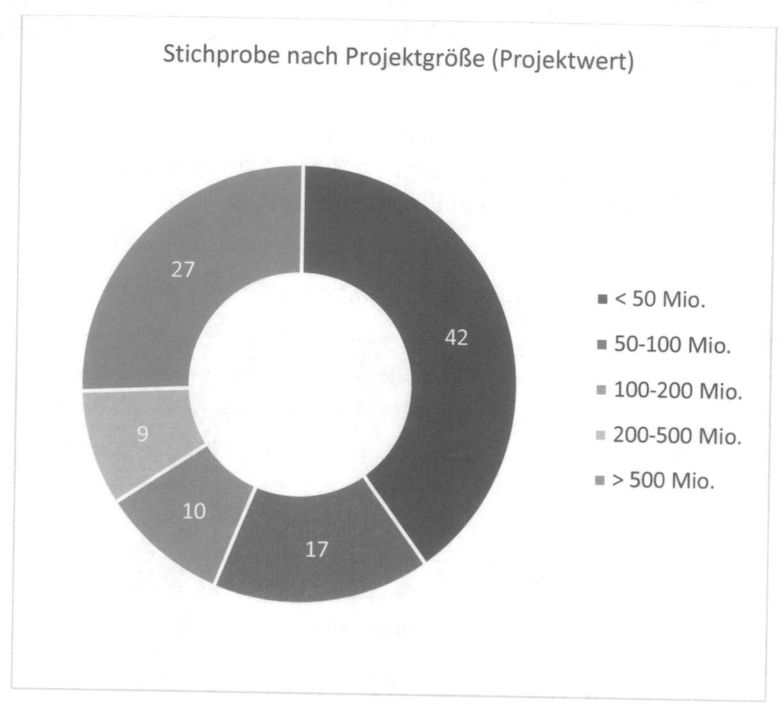

Abb. 119: Globale Stichprobenverteilung nach Projektgröße (Projektwert).

Der siebenmonatige Erhebungszeitraum war erforderlich, um die Eskalationsstufen innerhalb der Organisation, vom Umfrageteilnehmer bis zum jeweils verantwortlichen Projektleiter der Stichprobenprojekte, zu durchdringen.

Hierzu wurden weltweit mehr als 500 E-Mails ausgetauscht und mehr als 200 Skype-Telefongespräche geführt, um die Teilnahme an der Online-Befragung und die Eingabe der benötigten Projektdaten zu erreichen.

Nr.	Region	Land	Projektkategorie	Projektgröße
1	Asien	China	Infrastrukturbau	>500 Mio.
2	Europa	Niederlande	Industriebau	>500 Mio.
3	Australien	Australien	Infrastrukturbau	50-100 Mio.
4	MENA	Saudi-Arabien	Gewerbebau	>500 Mio.
5	Europa	Italien	Industriebau	<50 Mio.
6	Europa	Niederlande	Infrastrukturbau	<50 Mio.
7	Australien	Australien	Infrastrukturbau	>500 Mio.
8	Europa	Großbritannien	Infrastrukturbau	200-500 Mio.
9	Europa	Großbritannien	Infrastrukturbau	200-500 Mio.
10	MENA	Katar	Gewerbebau	>500 Mio.
11	Nordamerika	USA	Gewerbebau	200-500 Mio.
12	Europa	Belgien	Wohnbau	100-200 Mio.
13	Europa	Niederlande	Industriebau	50-100 Mio.
14	Europa	Niederlande	Gewerbebau	<50 Mio.
15	Europa	Niederlande	Industriebau	<50 Mio.
16	Europa	Großbritannien	Gewerbebau	50-100 Mio.
17	Europa	Großbritannien	Infrastrukturbau	>500 Mio.
18	MENA	Katar	Wasserbau	<50 Mio.
19	Südamerika	Brasilien	Infrastrukturbau	<50 Mio.
20	Europa	Deutschland	Infrastrukturbau	200-500 Mio.
21	Europa	Großbritannien	Gewerbebau	>500 Mio.
22	MENA	Katar	Gewerbebau	>500 Mio.
23	Australien	Australien	Infrastrukturbau	100-200 Mio.
24	MENA	Katar	Infrastrukturbau	>500 Mio.
25	MENA	Katar	Infrastrukturbau	>500 Mio.
26	Europa	Monaco	Wohnbau	50-100 Mio.
27	Europa	Großbritannien	Gewerbebau	<50 Mio.

Nr.	Region	Land	Projektkategorie	Projektgröße
28	Europa	Deutschland	Industriebau	<50 Mio.
29	Europa	Deutschland	Infrastrukturbau	<50 Mio.
30	Europa	Frankreich	Gewerbebau	50-100 Mio.
31	Europa	Großbritannien	Gewerbebau	50-100 Mio.
32	Europa	Deutschland	Gewerbebau	<50 Mio.
33	Australien	Australien	Infrastrukturbau	>500 Mio.
34	Europa	Deutschland	Wohnbau	50-100 Mio.
35	Europa	Frankreich	Gewerbebau	100-200 Mio.
36	Europa	Belgien	Industriebau	50-100 Mio.
37	Europa	Deutschland	Gewerbebau	<50 Mio.
38	Europa	Deutschland	Gewerbebau	<50 Mio.
39	Europa	Deutschland	Gewerbebau	<50 Mio.
40	Nordamerika	USA	Infrastrukturbau	50-100 Mio.
41	Europa	Belgien	Infrastrukturbau	>500 Mio.
42	Australien	Australien	Industriebau	200-500 Mio.
43	Europa	Deutschland	Infrastrukturbau	<50 Mio.
44	Europa	Niederlande	Gewerbebau	100-200 Mio.
45	Europa	Italien	Industriebau	<50 Mio.
46	Europa	Deutschland	Gewerbebau	<50 Mio.
47	Europa	Deutschland	Gewerbebau	<50 Mio.
48	Europa	Großbritannien	Gewerbebau	100-200 Mio.
49	Europa	Deutschland	Gewerbebau	>500 Mio.
50	Australien	Australien	Wohnbau	<50 Mio.
51	Asien	Taiwan	Gewerbebau	200-500 Mio.
52	Europa	Deutschland	Gewerbebau	<50 Mio.
53	Europa	Deutschland	Gewerbebau	<50 Mio.
54	Asien	China	Industriebau	200-500 Mio.

Nr.	Region	Land	Projektkategorie	Projektgröße
55	Europa	Deutschland	Industriebau	50-100 Mio.
56	MENA	Katar	Infrastrukturbau	>500 Mio.
57	Asien	Hong Kong	Gewerbebau	>500 Mio.
58	Europa	Deutschland	Industriebau	<50 Mio.
59	MENA	VAE	Gewerbebau	50-100 Mio.
60	Europa	Deutschland	Industriebau	<50 Mio.
61	Europa	Großbritannien	Wasserbau	100-200 Mio.
62	Europa	Großbritannien	Infrastrukturbau	50-100 Mio.
63	MENA	Katar	Gewerbebau	200-500 Mio.
64	Europa	Deutschland	Industriebau	<50 Mio.
65	Europa	Deutschland	Industriebau	100-200 Mio.
66	Europa	Deutschland	Industriebau	<50 Mio.
67	Europa	Großbritannien	Wohnbau	>500 Mio.
68	Australien	Australien	Infrastrukturbau	<50 Mio.
69	Europa	Belgien	Gewerbebau	<50 Mio.
70	Europa	Deutschland	Gewerbebau	<50 Mio.
71	Australien	Australien	Infrastrukturbau	>500 Mio.
72	Asien	Hong Kong	Gewerbebau	<50 Mio.
73	MENA	VAE	Gewerbebau	>500 Mio.
74	Asien	Hong Kong	Wohnbau	100-200 Mio.
75	Asien	Hong Kong	Gewerbebau	>500 Mio.
76	Australien	Australien	Gewerbebau	200-500 Mio.
77	MENA	Ägypten	Infrastrukturbau	>500 Mio.
78	Europa	Großbritannien	Wohnbau	<50 Mio.
79	Europa	Belgien	Infrastrukturbau	<50 Mio.
80	Europa	Slowakei	Wasserbau	<50 Mio.
81	MENA	Katar	Infrastrukturbau	>500 Mio.

Nr.	Region	Land	Projektkategorie	Projektgröße
82	Europa	Deutschland	Industriebau	50-100 Mio.
83	Europa	Deutschland	Industriebau	<50 Mio.
84	Europa	Deutschland	Industriebau	<50 Mio.
85	MENA	VAE	Gewerbebau	>500 Mio.
86	MENA	VAE	Gewerbebau	50-100 Mio.
87	MENA	VAE	Gewerbebau	>500 Mio.
88	MENA	verschiedene	Infrastrukturbau	>500 Mio.
89	Asien	Vietnam	Gewerbebau	50-100 Mio.
90	MENA	VAE	Wohnbau	100-200 Mio.
91	Europa	Polen	Gewerbebau	<50 Mio.
92	Europa	Frankreich	Infrastrukturbau	<50 Mio.
93	Nordamerika	USA	Wasserbau	<50 Mio.
94	MENA	VAE	Infrastrukturbau	<50 Mio.
95	Australien	Australien	Infrastrukturbau	<50 Mio.
96	Europa	Großbritannien	Wasserbau	50-100 Mio.
97	Asien	Hong Kong	Infrastrukturbau	>500 Mio.
98	Europa	Niederlande	Wasserbau	<50 Mio.
99	Europa	Niederlande	Gewerbebau	<50 Mio.
100	Europa	Niederlande	Wasserbau	50-100 Mio.
101	MENA	Katar	Infrastrukturbau	>500 Mio.
102	Europa	Slowakei	Industriebau	<50 Mio.
103	Australien	Australien	Infrastrukturbau	100-200 Mio.
104	Australien	Australien	Gewerbebau	<50 Mio.
105	MENA	Katar	Infrastrukturbau	>500 Mio.

Tab. 31: Stichprobe

6.2.6 *Statistische Versuchsplanung und Modellbildung*

Eine große Anzahl der Systeme und Prozesse unserer Zeit sind durch das komplexe Zusammenwirken unterschiedlichster Elemente geprägt. Will man diese Systeme und Prozesse verstehen, so muss man sich mit ihren einzelnen Elementen und deren Beziehungen zueinander auseinandersetzen. Als System wird allgemein eine Gesamtheit von Elementen bezeichnet, die miteinander verbunden und voneinander abhängig sind und insofern eine strukturierte Ganzheit bilden. Also ein geordnetes Ganzes, dessen Teile nach bestimmten Regeln, Gesetzen oder Prinzipien ineinandergreifen. In dieser allgemeinen Bedeutung steht der Begriff System für eine Vielzahl unterschiedlichster Zusammenhänge.[869]

Durch die Komplexität der Realität ist die Modellbildung eine effiziente Methode solche Systeme und Prozesse formell zu beschreiben. Ein Modell ist ein vereinfachtes Abbild der Wirklichkeit. Die Vereinfachung kann an optisch wahrnehmbaren Gegenständen oder in Theorien vorgenommen werden. Nach Stachowiak (1973) ist ein Modell durch mindestens drei Merkmale gekennzeichnet:

- **Abbildung:** Ein Modell ist stets eine Abbildung eines natürlichen oder eines künstlichen Originals, wobei das Original selbst auch ein Modell sein kann.
- **Verkürzung:** Ein Modell erfasst im Allgemeinen nicht alle Attribute des Originals, sondern nur diejenigen, die für den Modellzweck relevant erscheinen.
- **Pragmatismus:** Modelle erfüllen ihre Abbildungsfunktion für bestimmte Subjekte (für wen), innerhalb bestimmter Zeitintervalle (wann) und unter Beschränkung auf bestimmte gedankliche oder tatsächliche Operationen (wozu).[870]

Man unterscheidet zwischen struktureller und die pragmatischer Modellbildung. Bei der strukturellen Modellbildung ist die innere Struktur des

[869] Vgl. Hügli, A. & Lübcke, P., *Philosophielexikon. Personen und Begriffe der abendländischen Philosophie von der Antike bis zur Gegenwart.* (Reinbek: Rowohlt Taschenbuch Verlag, 1991).
[870] Vgl. Stachowiak, H., S. 131ff.

Systems bekannt, sie wird jedoch bewusst abstrahiert, modifiziert und reduziert. Man spricht hier von einem sog. *White Box*-Modell. Bei der pragmatischen Modellbildung ist die innere Struktur des Systems unbekannt, es lässt sich nur das Verhalten bzw. die Interaktion des Systems beobachten und modellieren. Die Hintergründe lassen sich meist nicht oder nur zum Teil verstehen, man spricht dann von einem sog. *Black Box*-Modell. So wird bspw. bei der Modellierung eines mathematischen Modells von einer Black Box gesprochen, wenn nicht das innere Verhalten eines Systems bei der Modellierung berücksichtigt werden soll, sondern lediglich die Reaktion eines Systems in einer mathematischen Formel beschrieben wird. Darüber hinaus gibt es Mischformen, bei denen Teile des Systems bekannt sind, andere aber nicht. Nicht alle Wechselwirkungen und Interaktionen zwischen Teilkomponenten lassen sich nachvollziehen, man spricht dann von einem sog. *Grey Box*-Modell.[871]

Bei der Modellbildung lassen sich folgende Prozesse differenzieren:

- **Abgrenzung:** Nichtberücksichtigung irrelevanter Objekte
- **Reduktion:** Weglassen von Objektdetails
- **Dekomposition:** Zerlegung in einzelne Segmente
- **Aggregation:** Vereinigen von Segmenten zu einem Ganzen
- **Abstraktion:** Bildung von Klassen

Dem Modell kommt im wissenschaftlichen Erkenntnisprozess eine große Bedeutung zu. Unter bestimmten Bedingungen und Zwecksetzungen besitzen Modelle bei der Untersuchung realer Systeme und Prozesse in unterschiedlichen Wirklichkeitsbereichen und beim Aufbau wissenschaftlicher Theorien eine wichtige Erkenntnisfunktion.[872] Für die Überprüfung der in Kap. 5.3 aufgestellten Hypothesen und damit für die Beantwortung der Forschungsfrage werden statistische Modelle verwendet. Ein statistisches Modell ist ein Begriff aus der mathematischen Statistik, dem Teilbereich der Statistik, der die Methoden und Verfahren der Statistik mit mathematischen Mitteln analysiert beziehungsweise mit ihrer Hilfe erst

---

[871] Vgl. Stachowiak, H., *Modelle - Konstruktion der Wirklichkeit* (München: Wilhelm Fink Verlag, 1983).
[872] Ebd.

begründet. Gemeinsam mit der Wahrscheinlichkeitstheorie bildet die mathematische Statistik das als Stochastik bezeichnete Teilgebiet der Mathematik. Gegenstand der Statistik ist eine Grundgesamtheit, deren Mitglieder oder Komponente allesamt ein bestimmtes Merkmal aufweisen. Gesucht sind Aussagen darüber, wie häufig dieses Merkmal innerhalb der Grundgesamtheit bestimmte Werte annimmt und welchen Einfluss es auf die modellierten Zielgrößen hat. Dazu werden nur Mitglieder oder Komponente einer ausgewählten Teilmenge aus der Grundgesamtheit (einer sog. Stichprobe) auf das interessierende Merkmal untersucht.[873]

Das zentrale Gebiet der mathematischen Statistik ist die Schätztheorie, innerhalb dieser werden geeignete Schätzverfahren entwickelt, um Schätzfunktionen für unbekannte Parameter einer statistischen Grundgesamtheit zu konstruieren. Es wird in folgende Schätzmethoden unterschieden.

- Die Maximum-Likelihood-Methode (abgeleitet von engl. „maximale Wahrscheinlichkeit" oder sinngemäß die Methode mit der größten Plausibilität) bezeichnet in der Statistik ein parametrisches Schätzverfahren. Dabei wird – vereinfacht ausgedrückt – derjenige Parameter als Schätzung ausgewählt, gemäß dessen Verteilung die Realisierung der beobachteten Daten am plausibelsten erscheint.

- Die Methode der kleinsten Quadrate ist das mathematische Standardverfahren zur Ausgleichungsrechnung. Dabei wird zu einer Datenpunktwolke eine Kurve gesucht, die möglichst nahe an den Datenpunkten verläuft. Die Datenpunkte repräsentieren die Messwerte, während die Kurve aus einer parameterabhängigen problemangepassten Familie von Funktionen stammt. Die Methode der kleinsten Quadrate besteht dann darin, die Kurvenparameter so zu bestimmen, dass die Summe der quadratischen Abweichungen der Kurve von den beobachteten Punkten minimiert wird. Die Abweichungen werden Residuen genannt. Als Residuum bezeichnet man in der numerischen Mathematik die Abweichung vom gewünschten Ergebnis, welche entsteht, wenn in

[873] Vgl. Rinne, H., 4.

eine Gleichung sogenannte Näherungslösungen eingesetzt werden. In der Stochastik wird diese Methode meistens als Schätzmethode in der Regressionsanalyse benutzt.

– Die Momentenmethode dient der Gewinnung von Schätzfunktionen. Die Momentenmethode ist im Allgemeinen einfach anzuwenden, die gewonnenen Schätzungen erfüllen aber nicht immer gängige Optimalitätskriterien, da sie weder eindeutig noch erwartungstreu sein müssen. Der Momentenmethode liegt die Idee zugrunde, dass die Momente einer Zufallsvariable oder Wahrscheinlichkeitsverteilung durch die Stichprobenmomente geschätzt werden können.[874]

Eine Schätzfunktion dient dazu, aufgrund von vorhandenen empirischen Daten einer Stichprobe einen Schätzwert zu ermitteln und dadurch Informationen über unbekannte Parameter einer Grundgesamtheit zu erhalten. Die Schätzfunktionen sind die Basis zur Berechnung von Punktschätzungen und zur Bestimmung von Konfidenzintervallen und werden als Teststatistiken in Hypothesentests verwendet. Das Konfidenzintervall gibt den Bereich an, der bei unendlicher Wiederholung eines Zufallsexperiments mit einer gewissen Wahrscheinlichkeit (Konfidenzniveau) die wahre Lage des Parameters einschließt. Ein Zufallsexperiment bezeichnet einen Versuch, der unter genau festgelegten Versuchsbedingungen durchgeführt wird und einen zufälligen Ausgang hat.

Ein häufig verwendetes Konfidenzniveau ist 95 Prozent, so dass in diesem Fall (mindestens) 95 Prozent aller auf Grundlage von gemessenen Daten berechneten Konfidenzintervalle den wahren Wert des zu untersuchenden Systems beinhalten. Das Schätzen von Parametern mit Hilfe von Konfidenzintervallen wird Intervallschätzung genannt. Ein Vorteil gegenüber der Punktschätzung ist, dass man an einem Konfidenzintervall direkt die Signifikanz ablesen kann. Statistisch signifikant wird das Ergebnis eines statistischen Tests genannt, wenn Stichprobendaten so stark von einer vorher festgelegten Annahme (der Nullhypothese) abweichen, dass diese

[874] Vgl. Hartung, J., Elpelt, B., & Klösener, K.-H., *Statistik* (München/Wien: Oldenbourg, 1995).

Annahme nach einer vorher festgelegten Regel verworfen wird.[875] Um das für die statistische Datenanalyse bestmögliche Modell zu finden ist es notwendig zunächst verschieden Modellvarianten zu prüfen. Hierfür wird der Ablauf der statistischen Datenanalyse mit verschiedenen Modellvarianten vorbereitet (s. Abb. 120).

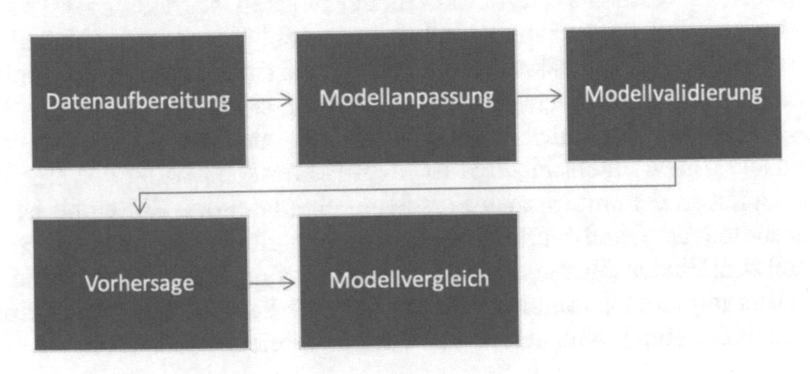

Abb. 120: Ablauf der statistischen Datenanalyse.

Jede statistische Analyse beginnt mit der **Datenaufbereitung** (vgl. Kap. 6.3.2). Diese beinhaltet insbesondere die Plausibilisierung der Daten. Hierbei wird geprüft, ob die Daten nachvollziehbar sind. Dies kann manuell oder automatisch anhand von Gültigkeitsregeln erfolgen. Aber auch der Umgang mit fehlenden Daten ist bedeutsam, um die Stichprobengröße beizubehalten. Häufig werden unvollständige Datensätze weggelassen, manchmal werden die fehlenden Daten auch nach bestimmten Verfahren aufgefüllt. Unter dem Begriff *Imputation* werden in der mathematischen Statistik die Verfahren zusammengefasst, mit denen fehlende Daten in statistischen Erhebungen in der Datenmatrix vervollständigt werden. Die Imputationsverfahren im Rahmen von Regressionsanalysen versuchen bei der Schätzung der sog. *Missing Values* etwaige funktionale Zusammenhänge zwischen zwei oder mehreren Stichprobenmerkmalen auszunutzen, bspw. durch den Stichprobenmittelwert oder Verhältnisschätzer. Ist ein unvollständig beobachtetes Merkmal nicht quantitativ, lässt sich mittels linearer Regression kein Schätzwert ausrechnen. Für bestimmte kategoriale

[875] Ebd.

Variablen existieren jedoch spezielle Regressionsverfahren, von denen die logistische Regression das wohl bekannteste Verfahren ist. Die Transformation der Daten kann aus verschiedenen Gründen erfolgen. Sie kann bspw. zu einer besseren Interpretierbarkeit oder Visualisierbarkeit der Daten führen oder die Daten in eine Form bringen, in der die Annahmen des Regressionsverfahrens erfüllt sind. Bei der linearen Regression wird bspw. ein linearer Zusammenhang zwischen den unabhängigen und abhängigen Variablen sowie Homoskedastizität (auch: Varianzheterogenität) vorausgesetzt. Wenn die Varianz der Störgrößen (und somit der abhängigen Variablen selbst) für alle Ausprägungen der unabhängigen Variablen nicht signifikant unterschiedlich ist, liegt Homoskedastizität vor. Der Begriff spielt in der empirischen Forschung eine wichtige Rolle und ist ein Bestandteil der Gauß-Markov-Annahmen. Es gibt mathematische Hilfsmittel zum Finden einer geeigneten Transformation. Beispielsweise die Linearisierung eines Zusammenhanges mit Hilfe der Box-Cox-Transformation, mit der eine Stabilisierung der Varianz erreicht werden soll.

Im Zuge der **Modellanpassung** wird nun mit Hilfe mathematischer Verfahren eine Funktion f ermittelt, so dass die Fehler e minimal werden. Dabei kann die Form der Funktion bereits weitgehend durch das verwendete Verfahren festgelegt sein. Die Lineare Regression etwa betrachtet nur lineare Funktionen f, die logistische Regression betrachtet nur logistische Funktionen. Was genau unter „minimal" zu verstehen ist, hängt ebenfalls vom verwendeten Verfahren ab. Wird bspw. die Methode der kleinsten Quadrate angewandt, dann wird die Fehlerquadratsumme minimiert. Es gibt jedoch auch sog. Robuste Schätzverfahren, die nicht sensibel auf Ausreißer (Werte außerhalb eines gemäß Verteilung erwarteten Bereiches) reagieren, die den Betrag der Abweichungen minimieren können. Ein robustes Schätzverfahren stellt der empirische Median dar, den man anstelle des arithmetischen Mittels verwenden kann, um den Erwartungswert einer symmetrischen Verteilung zu schätzen.

Ein wichtiger Schritt ist die **Modellvalidierung**, um zu überprüfen, ob das Modell den Zusammenhang gut beschreibt. Die Modellvalidierung umfasst folgende Schritte.

- **Residuenanalyse:** Viele Regressionsverfahren treffen Annahmen über die Residuen e_i des Modells. So wird bspw. eine bestimmte Verteilung, Homoskedastizität oder fehlende Autokorrelation[876] unterstellt. Da die Residuen das Ergebnis des Verfahrens sind, kann die Prüfung der Annahmen erst im Nachhinein erfolgen. Ein typisches Hilfsmittel zur Überprüfung der Verteilung ist das sog. Quantil-Quantil-Diagramm. Ein grafisches Werkzeug, in dem die Quantile[877] zweier statistischer Variablen gegeneinander abgetragen werden, um ihre Verteilungen zu vergleichen.

- **Test auf Überanpassung:** Dieses Phänomen tritt auf, wenn zu viele unabhängige Variablen im Modell berücksichtigt werden. Ein Verfahren zum Testen auf Überanpassung ist das Kreuzvalidierungsverfahren. Die zur Verfügung stehende Datenmenge N wird in möglichst gleich große Teilmengen $T_1, \dots, T_k$ aufgeteilt. Dann werden k Testdurchläufe gestartet, bei denen die jeweils i-ste Teilmenge T_i und die verbleibenden Teilmengen als Testmengen dienen. Die Gesamtfehlerquote errechnet sich als Durchschnitt aus den Einzelfehlerquoten der k Einzeldurchläufe. Diese Testmethode nennt man k-fache Kreuzvalidierung.

- **Untersuchung der Daten auf Ausreißer und einflussreiche Datenpunkte:** Hierbei wird überprüft, welche Datensätze nicht zur ermittelten Funktion f passen (Ausreißer) und welche Daten die ermittelte Funktion f stark beeinflussen. Ein mathematisches Hilfsmittel zur Ermittlung von Ausreißern und einflussreichen Datenpunkten ist bspw. der sog. Mahalanobis-Abstand. Ein Distanzmaß zwischen Punkten in einem mehrdimensionalen Vektorraum. Der Mahalanobis-Abstand wird speziell im Zusammenhang mit multivariaten Verfahren verwendet.

---

876 Autokorrelation beschreibt die Korrelation einer Funktion mit sich selbst zu einem früheren Zeitpunkt.

877 Ein empirisches (p-)Quantil ist eine Kennzahl der Stichprobe und teilt die Stichprobe so, dass ein Anteil der Stichprobe von p kleiner ist als das empirische p-Quantil und ein Anteil von 1-p der Stichprobe größer ist als das empirische p-Quantil.

- **Multikollinearität:** Wenn es einen linearen Zusammenhang zwischen den unabhängigen Variablen x gibt, dann kann das zum einen die numerische Stabilität[878] des Verfahrens beeinträchtigen und zum anderen die Interpretation des Modells erschweren. Hilfsmittel zum Quantifizieren der Multikollinearität sind der Varianzinflationsfaktor[879] und die Korrelationsmatrix[880].

Das validierte Modell kann dann zur **Vorhersage** von y-Werten bei gegebenen x-Werten herangezogen werden. Häufig wird neben dem prognostizierten Wert von y auch ein Vorhersageintervall angegeben, um so die Unsicherheit der Vorhersage abzuschätzen. Bei Vorhersagen im Wertebereich der zur Modellanpassung verwendeten Daten spricht man von *Interpolation.* Hierbei soll zu gegebenen diskreten Daten (bspw. Messwerten) eine stetige Funktion (die sog. Interpolierende) gefunden werden, die diese Daten abbildet. Vorhersagen außerhalb dieses Datenbereichs nennt man *Extrapolation.* Hierbei wird die Bestimmung eines (oft mathematischen) Verhaltens über den gesicherten Bereich hinaus verstanden. Vor der Durchführung von Extrapolationen sollte man sich gründlich mit den dabei implizierten Annahmen auseinandersetzen.

Der **Modellvergleich** dient der Ermittlung derjenigen unabhängigen Variablen x, die besonders stark in Zusammenhang mit der abhängigen Variablen y tehen. Dazu werden häufig mehrere Modelle mit jeweils unterschiedlichen unabhängigen Variablen erstellt und verglichen. Um zwei Modelle miteinander zu vergleichen, werden i.d.R. Kennzahlen wie bspw. das Bestimmtheitsmaß benutzt. Das Bestimmtheitsmaß ist eine Kennzahl

[878] In der numerischen Mathematik ist ein Verfahren stabil, wenn es gegenüber kleinen Störungen der Daten unempfindlich ist. Insbesondere bedeutet dies, dass sich Rundungsfehler nicht zu stark auf die Berechnung auswirken.

[879] Je größer der Varianzinflationsfaktor (VIF) desto stärker sind die Hinweise auf Multikollinearitäten. Einen definitiven Wert, ab wann der VIF eine (zu) hohe Multikollinearität anzeigt, gibt es nicht. Als Daumenregel werden häufig VIF-Werte von über 10 als „zu hoch“ eingestuft.

[880] Die Korrelationsmatrix ist eine symmetrische und positiv semidefinite Matrix, welche die Korrelation zwischen den Komponenten eines Zufallsvektors X erfasst. Die Korrelationsmatrix ist mit der Varianz-Kovarianz-Matrix verwandt.

für die Beurteilung der Anpassungsgüte einer Regression, also wie gut die Messwerte zu dem Modell passen. Es beruht auf der Quadratsummenzerlegung, bei der die Quadratsumme in die (durch das Regressionsmodell) erklärte Quadratsumme und in die Residuenquadratsumme zerlegt wird. Ein Informationskriterium ist ein Kriterium zur Auswahl eines statistischen Modells. Man folgt dabei dem Gedanken, dass ein Modell nicht unnötig komplex sein soll und balanciert die Anpassungsgüte des geschätzten Modells an die vorliegenden empirischen Daten der Stichprobe und dessen Komplexität, gemessen an der Anzahl der Parameter, aus.

6.3 Durchführung der Analyse

Empirie kommt von dem altgriechischen Begriff „*empeiria*" und bedeutet Erfahrung, langjährige Übung oder Kenntnis.[881] Die empirische Forschung ist demnach die wissenschaftliche Methode, durch die systematische Erhebung, Auswertung und Interpretation von Daten, neue Erkenntnisse zu gewinnen. Die empirische Forschung unterscheidet sich von anderen wissenschaftlichen Methoden dadurch, dass empirische Sätze an der Wirklichkeit überprüft werden können.[882] Nach Stangl (2019) gelten für die empirische Forschung und somit auch für die empirischen Forschungsmethoden folgende drei Gütekriterien.

1. **Objektivität (Nachprüfbarkeit):** Ist das Ausmaß, in dem ein Untersuchungsergebnis in Durchführung, Auswertung und Interpretation vom Forscher nicht beeinflusst werden kann, bzw. wenn mehrere Forscher zu übereinstimmenden Ergebnissen kommen. Weder bei der Durchführung noch bei der Auswertung und Interpretation dürfen also verschiedene Experten verschiedene Ergebnisse erzielen. Die Durchführungsobjektivität fordert, dass das Untersuchungsergebnis vom Anwender unbeeinflusst bleibt. Die Interpretationsobjektivität fordert, dass individuelle Deutungen nicht in die Interpretation eines Ergebnisses miteinfließen dürfen.

[881] Vgl. Tervooren, A., Empirie in *Handbuch Pädagogische Anthropologie*, Hrsg. Wulf, C. & Zirfas, J. (Wiesbaden: Springer Verlag, 2014), S. 55.
[882] Vgl. Hug, T. & Poscheschnik, G., 2, S. 22ff.

2. **Reliabilität (Zuverlässigkeit):** Gibt die Zuverlässigkeit einer Messmethode an. Eine Untersuchung wird dann als reliabel bezeichnet, wenn es bei einer Wiederholung der Messung unter denselben Bedingungen und an denselben Objekten zu demselben Ergebnis kommt. Sie lässt sich u.a. durch eine Untersuchungswiederholung oder parallele Tests ermitteln. Das Maß ist der Reliabilitätskoeffizient und definiert sich aus der Korrelation der beiden Untersuchungen.

3. **Validität (Gültigkeit):** Ist das wichtigste Testgütekriterium, denn es gibt den Grad der Genauigkeit an, mit dem eine Forschung das erfasst, was sie erfassen soll. Validität bezeichnet die inhaltliche Übereinstimmung einer empirischen Messung mit einem logischen Messkonzept. Allgemein ist dies der Grad an Genauigkeit, mit der dasjenige Merkmal tatsächlich gemessen wird, das gemessen werden soll.[883]

Empirische Forschungen laufen immer nach einem bestimmten Schema ab. Im ersten Schritt werden das Forschungsproblem bzw. die Forschungsfrage definiert und hieraus Hypothesen abgeleitet (vgl. Kap. 5.3). Im zweiten Schritt erfolgt die Auswahl eines geeigneten Forschungsdesigns zur Beantwortung der Forschungsfrage (vgl. Kap. 6.2). Im dritten Schritt erfolgt die Durchführung der empirischen Untersuchung. Die Durchführung der empirischen Untersuchung gliedert sich in die in den folgenden Kapiteln beschriebenen Schritte: Datenerhebung, Datenaufbereitung und Datenauswertung.

6.3.1 Datenerhebung

Als Datenerhebung wird das Sammeln von Daten und Informationen bezeichnet, um bestimmte Ausprägungen von Merkmalen eines zu untersuchenden Forschungsgegenstandes mit Hilfe statistischer Methoden abzubilden und zu messen. Bei einer Erhebung müssen die Daten nicht erst erzeugt werden bevor die Daten gemessen werden können. Wie etwa bei

[883] Stangl, W. (2019). Gütekriterien empirischer Forschung: Arbeitsblätter. Quelle: http://arbeitsblaetter.stangl-taller.at (aufgerufen am 30.01.2019).

einem Experiment, bei dem als Erstes eine experimentelle Situation hergestellt werden muss.

Das direkte Ergebnis einer Datenerhebung ist die sog. Urliste, die ursprüngliche Aufzeichnung der Beobachtungs- oder Messwerte. Die Werte in der Urliste sind noch nicht weiterbearbeitet worden, bis auf die Erklärung der Wahrnehmungen in Zahlen durch die Messung. Deshalb bezeichnet man den einzelnen Wert der Urliste als Urwert und alle Urwerte zusammen als Urdaten (auch: Primärdaten oder Rohdaten). Sind die Messwerte in ihrer Reihenfolge zufällig aufgelistet oder entsprechend ihrer zeitlichen Abfolge der Beobachtung geordnet, so handelt es sich um eine unsortierte Urliste. Richtet sich die Reihung nach irgendeiner Ordnung, dann liegt eine sortierte Urliste vor.[884]

Bei der hier vorliegenden Urliste handelt es sich um eine unsortierte Urliste entsprechend ihrer zeitlichen Abfolge der Datenerfassung. Aufgrund der großen Anzahl der erhobenen Daten (Variablen) und der dadurch erreichten Komplexität, wurde die Gesamt-Urliste in die folgenden Teil-Urlisten aufgeteilt.

- Projektbezogene Variablen (Einmalerhebung)
- Prozessbezogene Variablen aller Projekthasen (Einmalerhebung)
- Prozessbezogene Variablen für die Konzeptphase
- Prozessbezogene Variablen für die Planungsphase
- Prozessbezogene Variablen für die Ausschreibungsphase
- Prozessbezogene Variablen für die Bauphase

Die Urliste enthält alle aufgezeichneten bzw. gemessenen Werte und damit keine Auslassungen, keine Übertragungsfehler und keine verlorenen Informationen. Ein Nachteil der Urliste ist, dass sie in der Praxis oft eine sehr große Anzahl von Datensätzen enthält, die für sich genommen unübersichtlich und nicht auswertbar sind. Außerdem können bei einer nichtkorrigierten Urliste noch Fehler, wie bspw. Zahlendreher oder nichtplausible

884 Vgl. Bourier, G., *Beschreibende Statistik: Praxisorientierte Einführung mit Aufgaben und Lösungen*, Vol. 9 (Wiesbaden: Gabler Verlag, 2011), S. 34f.

Daten enthalten sein. Mit der Aufteilung der Urliste in die operationalisierten Projektphasen wird die Datenmenge pro Teilliste deutlich reduziert und damit diesem Nachteil zumindest etwas entgegengewirkt. Die in den Stichprobenprojekten ermittelten BIM-Reifegrade sind im Datenband dokumentiert und metrisch in die Datenaufbereitung (s. Kap. 6.3.2) eingeflossen.

6.3.2 Datenaufbereitung

Unter Datenaufbereitung versteht man die Bereinigung und Transformation von Rohdaten vor der eigentlichen Verarbeitung und Datenauswertung. Die Aufbereitung ist ein wichtiger Schritt vor der Verarbeitung und umfasst häufig das erneute Formatieren von Daten, die Berichtigung von Informationen und die Kombination von Datensätzen zur Anreicherung dieser Daten. Die Datenaufbereitung umfasst üblicherweise folgende Schritte.

1. **Standardisierung und Plausibilisierung der Daten:** Für eine erfolgreiche Datenaufbereitung müssen die Daten zunächst strukturiert werden. Die Strukturierung bringt die Daten in ein einheitliches Datenformat. Im Rahmen einer Plausibilitätskontrolle werden die Daten überschlägig auf ihre Nachvollziehbarkeit überprüft.

2. **Kodierung und Anonymisierung der Daten:** Bezeichnung aller Variablen (Tabellenspalten) und Vergabe eines Identifizierungsmerkmals (ID) für alle Untersuchungseinheiten (Tabellenzeilen). Sind die Tabellenwerte keine Zahlen, werden diese mit bspw. 0 und 1 usw. gemäß Operationalisierung kodiert. Bei fehlenden Werten wird die Zelle frei gelassen. Entfernen von personenbezogenen Daten (Name, E-Mail-Adresse, etc.).

3. **Datenbereinigung:** durch Duplikaterkennung (Erkennen und Zusammenlegen von gleichen Datensätzen), Datenfusion (Zusammenführen und Vervollständigen von lückenhaften Datensätzen), das Ersetzen oder Entfernen fehlender Werte und das Erkennen von Ausreißern.

4. **Transformation der Daten:** Transformation der Datenformate und Datenstrukturen in ein vorgegebenes Zielformat und erforderlichenfalls die statistische und sachlogische Umwandelung der Daten.

Die Datenaufbereitung für die Datenauswertung der projektbezogenen unabhängigen Variablen x_1 (Projektbezogener BIM-Reifegrad), x_2 (Geografische Anwendungsregion), x_3 (Projektkategorie), x_4 (Projekttyp), x_5 (Projektgröße), x_6 (Projektliefermethode) und x_7 (BIM-Level) erfolgt einmalig für jedes Projekt der Stichprobe.

Die Datenaufbereitung für die Datenauswertung der prozessbezogenen unabhängigen Variablen x_8 (Vorhandensein eines projektbezogenen BIM-Abwicklungsplans), x_9 (Ernennung eines BIM-Projektsteuerers für das Gesamtprojekt), x_{10} (Einsetzung von BIM-Koordinatoren für die beteiligten Fachplanungen), x_{11} (Anwendung von 4D-BIM) und x_{12} (Anwendung von 5D-BIM) erfolgt ebenso einmalig für jedes Projekt der Stichprobe.

Die Datenaufbereitung für die Datenauswertung der prozessbezogenen unabhängigen Variablen x_{13} (Aktive Beteiligung des Bauherrn am Entwurfs- und Planungsprozess), x_{14} (Aktive Beteiligung des Fachplaners Tragwerk am Entwurfs- und Planungsprozess des Architekten), x_{15} (Aktive Beteiligung der Fachplaner TGA am Entwurfs- und Planungsprozess des Architekten), x_{16} (Aktive Beteiligung der Bauunternehmer am Entwurfs- und Planungsprozess), x_{17} (Aktive Beteiligung des Facility Managers am Entwurfs- und Planungsprozess) und x_{18} (Aktive Beteiligung des späteren Gebäudenutzers am Entwurfs- und Planungsprozess) erfolgt für jede einzelne Projektphase (A, B, C und D) der Projekte der Stichprobe.

Die Datenaufbereitung für die Datenauswertung der abhängigen Variablen y_1 (Soll-Ist Abweichung der Planungszeit), y_2 (Soll-Ist Abweichung der Bauzeit), y_3 (Häufigkeit von Mehrfacheingaben infolge rückwirkender Planungsänderung), y_4 (Häufigkeit von Nacharbeiten infolge Planungsfehler und Auslassungen), y_5 (Anzahl der RFIs *Request for Information* in den Projektphasen und y_6 (Anzahl der Änderungsaufträge/Nachträge während der Bauphase) erfolgt ebenso für jede einzelne Projektphase (A, B, C und

D) der Projekte der Stichprobe. Die vollständige Datenaufbereitung im Datenband dokumentiert.

6.3.3 Datenauswertung

Für die Datenauswertung (auch: Datenanalyse) werden statistische Modelle angewendet, um aus den erhobenen Daten der Stichprobe die zur Beantwortung der Forschungsfrage benötigten Information zu gewinnen. Die Datenauswertung unterscheidet die folgenden Arten der statistischen Datenanalyse.

1. **Deskriptive Datenanalyse:** beschreibt die erhobenen Daten der Stichprobe durch Kennzahlen und grafische Darstellungen.

2. **Inferenzstatistische Datenanalyse:** schließt von der erhobenen Stichprobe auf die Eigenschaften der nicht erhobenen Grundgesamtheit (Hypothesentest).

Wobei explorative Datenanalysen dem Entdecken von Zusammenhängen zwischen verschiedenen Variablen dienen. Während kontextbasierte Datenanalysen dem Entdecken von Konstellationen zwischen inhaltlich zusammenhängenden Daten dienen. Statistische Datenanalysen sind ein fester Bestandteil in vielen Bereichen des Lebens und reichen von der Umfrageforschung (bspw. in klinischen oder sozialwissenschaftlichen Studien) bis hin zur Analyse von unerkannten Zusammenhängen in Datenbeständen, dem sog. *Data Mining*. Bei der quantitativen Forschung geht es im Allgemeinen darum, ein spezielles Verhalten oder Geschehen in Form von Modellen und Zusammenhängen in zahlenmäßiger Ausprägung möglichst genau zu beschreiben und schließlich mit Hilfe statistischer Aussagen vorhersagbar zu machen. Quantitative Verfahren eignen sich vor allem zur Untersuchung großer Stichproben, zur Messung und Quantifizierung von Sachverhalten und zum Testen von Hypothesen bzw. zur Überprüfung statistischer Zusammenhänge. Im Rahmen der vorliegenden Forschungsarbeit wird zunächst eine deskriptive Datenanalyse durchgeführt, um die in Kap. 6.3.1 erhobenen und in Kap. 6.3.2 aufbereiteten Daten zu aussagekräftigen Tabellen und Diagrammen zusammenzufassen und zu prüfen, inwieweit die Ergebnisse der Stichprobe auf die interessierende Grundgesamtheit übertragen werden können.

Die deskriptiven Untersuchungsziele beziehen sich auf die Häufigkeitsverteilung[885] und die Lageparameter[886] der folgenden anwendungsregionalen und projekttypologischen Merkmale.

- Wie sind die BIM-Reifegrade (Variable x_1) in den geografischen Anwendungsregion (Variable x_2) und Projektkategorien (Variable x_3) statistisch verteilt und bei welchem BIM-Reifegrad liegt jeweils die zentrale Tendenz?
- Wie sind die BIM-Level (Variable x_7) in den geografischen Anwendungsregion (Variable x_2), den Projektkategorien (Variable x_3), den Projekttypologien (Variable x_4) und Projektgrößen (Variable x_5) statistisch verteilt und bei welchem BIM-Level liegt jeweils die zentrale Tendenz?
- Wie ist die Soll-Ist-Abweichung der Planungszeit (Variable y_1) und die Soll-Ist-Abweichung der Bauzeit (Variable y_2) statistisch verteilt? Wie ist die Häufigkeit von Mehrfacheingaben infolge rückwirkender Planungsänderungen (Variable y_3), die Häufigkeit von Nacharbeiten infolge Planungsfehler und Auslassungen (Variable y_4), die Anzahl der RFIs (Variable y_5) und die Anzahl der Änderungsaufträge während der Bauzeit (Variable y_6) statistisch verteilt?

Für die deskriptive Datenanalyse werden die im Folgenden vorgestellten statistischen Verfahren angewendet und mit der Statistiksoftware *IBM SPSS Statistics* durchgeführt.

Für die Ermittlung der Häufigkeitsverteilung werden sog. **Kreuztabellen** verwendet. Kreuztabellen sind Tabellen, welche die absoluten oder relativen Häufigkeiten von Kombinationen bestimmter Merkmalsausprägungen enthalten und eignen sich zur Darstellung und Analyse von Zusammen-

[885] Die Häufigkeitsverteilung bringt zum Ausdruck wie häufig ein Wert im Datensatz vorgekommen ist.
[886] Die Lageparameter bringen eine zentrale Tendenz des Datensatzes zum Ausdruck.

hängen zwischen nominal- und ordinalskalierten Merkmalen in allen Kombinationen – also nominal/nominal, nominal/ordinal, ordinal/ordinal. Die grafische Darstellung der absoluten oder relativen Häufigkeitsverteilung liefern sog. Histogramme, in einem speziellen Säulendiagramm. Der Flächeninhalt der einzelnen (aneinandergrenzenden) Säulen gibt die Häufigkeit der jeweiligen Klassen wieder, die Höhe der Säulen steht für die Häufigkeitsdichte der Klasse. Die grafische Darstellung der Lage- und Streuungsmaße (Minimalwert, unteres Quartil, Median, oberes Quartil und Maximalwert sowie den Mittelwert und die Standardabweichung) liefern sog. Boxplot-Diagramme. Die Boxplot-Diagramme vermitteln einen schnellen Eindruck darüber, in welchem Bereich die Daten liegen und wie sie sich über diesen Bereich verteilen.

Mit Hilfe des sog. ***Kruskal-Wallis-Tests*** wurden die mittleren Ränge in den verschiedenen Gruppen (Anwendungsregionen, Projektkategorien, etc.) ermittelt. Der Kruskal-Wallis-Test prüft, ob sich die zentralen Tendenzen mehrerer unabhängiger Stichproben (Gruppen) unterscheiden. Der Kruskal-Wallis-Test wurde verwendet, da die Voraussetzungen für eine Varianzanalyse nicht erfüllt sind (abhängige Variable intervallskaliert und für jede Gruppe normalverteilt). Der Kruskal-Wallis-Test basiert auf der Idee, die Daten in Ränge einzuteilen. Es wird nicht mit den Messwerten selbst gerechnet, sondern diese werden durch Ränge ersetzt, mit welchen der eigentliche Test durchgeführt wird. Damit beruht die Berechnung des Tests ausschließlich auf der Ordnung der Daten „größer als“ und „kleiner als“. Die absoluten Abstände zwischen den Werten werden nicht berücksichtigt. Hierbei werden die Messwerte gemäß ihrer Größe, aufsteigend und unabhängig von der Gruppenzugehörigkeit, mit Rängen versehen. Schließlich werden aus diesen ermittelten Rängen sogenannte Rangsummen gebildet.

Die Nullhypothese lautet: Zwischen den Gruppen besteht kein Unterschied. Als Prüfgröße des Kruskal-Wallis-Tests wird ein sogenannter H-Wert wie folgt gebildet: Der Rang R_i wird für jede der n-Beobachtungen in den Gruppen der Stichprobe bestimmt.

Daraus werden dann die Rangsummen für die einzelnen Gruppen und daraus die Teststatistik wie folgt berechnet:

$$H = \frac{12}{N(N+1)} \sum\nolimits_{i=1}^{k} \frac{R_i^2}{n_i} - 3(N+1)$$

Notation:
df = Freiheitsgrad (k-1)
R_i = Rangsummen je Gruppe
N = Gesamtstichprobengröße
n_i = Größe der einzelnen Gruppe
k = Anzahl der Gruppen

Die Prüfgröße H ist bei Gültigkeit der Nullhypothese asymptotisch[887], d.h. in allen Gruppen Chi-Quadrat-verteilt[888]. Die Anzahl der sog. Freiheitsgrade (df) berechnet sich nach df = k-1, wobei k die Anzahl der Klassen (Gruppen) ist. Die berechnete Prüfgröße H wird mit einer theoretischen Größe aus der Chi-Quadrat-Verteilung für eine Anfangswahrscheinlichkeit verglichen. Ist der errechnete H-Wert größer als der H-Wert aus der Chi-Quadrat-Tabelle, wird die Nullhypothese verworfen, es besteht also ein signifikanter Unterschied zwischen den Gruppen. Das Signifikanzniveau des Kruskal-Wallis-Tests ergibt sich bei p = 0,05.

Wenn die Voraussetzungen eines linearen Zusammenhangs und der Normalverteilung nicht erfüllt sind, dann ist die sog. ***Spearman-Korrelation*** eine brauchbare Alternative. Die Rangkorrelationsanalyse nach Spearman berechnet den linearen Zusammenhang zweier mindestens ordinalskalierter Variablen. Da stets der Zusammenhang zwischen zwei Variablen untersucht wird, wird von einem bivariaten Zusammenhang gesprochen. Die Formel für die Spearman-Korrelation ist dieselbe wie für die Pearson-

---

887 Eine Asymptote ist in der Mathematik eine Linie, der sich eine zu diskutierende Funktion im Unendlichen von x oder y immer weiter annähert.

888 Die Chi-Quadrat-Verteilung (auch: X^2-Verteilung) ist eine stetige Wahrscheinlichkeitsverteilung über der Menge der nichtnegativen reellen Zahlen. Die Chi-Quadrat-Verteilung hat einen einzigen Parameter, nämlich die Anzahl der Freiheitsgrade n.

Korrelation[889], nur werden die Daten x_i und y_i mit ihren jeweiligen Rängen ersetzt. Der Korrelationskoeffizient ρ (rho) nach Spearman wird anhand der folgenden Formel berechnet:

$$\rho = 1 - \frac{6\sum_{i=1}^{n}(r_i - s_i)^2}{n^3 - n}$$

Notation:
r_i = Rangplatz innerhalb der Variablen x des i-ten Falles
s_i = Rangplatz innerhalb der Variablen y des i-ten Falles
n = Anzahl der Fälle

Die Rangkorrelation nach Spearman ist das nichtparametrische Äquivalent der Korrelationsanalyse nach Bravais-Pearson und wird angewendet, wenn die Voraussetzungen für ein parametrisches Verfahren nicht erfüllt sind. Das Signifikanzniveau des Spearman-Korrelation-Tests beträgt p = 0,05. Der Korrelationskoeffizient r ist ein Maß für die Effektstärke. Um zu bestimmen, wie groß der entdeckte Zusammenhang ist, kann man sich an der Einteilung von Cohen (1992) orientieren:

- $r \leq 0{,}10$ entspricht einem schwachen Effekt
- $r \leq 0{,}30$ entspricht einem mittleren Effekt
- $r \leq 0{,}50$ entspricht einem starken Effekt

Die inferenzstatistischen Untersuchungsziele beziehen sich auf die Zusammenhänge zwischen den in Kap. 6.2.1 definierten unabhängigen Variablen Daten x_i und abhängigen Variablen Daten y_i unter Rückbezug auf die in Kap. 5.3 aufgestellten Hypothesen. Ziel ist es, die statistische Signifikanz und die Effektgröße der unabhängigen Variablen x_8 bis x_{18} in Bezug auf deren Einfluss auf die abhängigen Variablen y_1 bis y_6 zu untersuchen.

[889] Der Korrelationskoeffizient nach Pearson ist ein dimensionsloses Maß für die Stärke des linearen Zusammenhangs zwischen zwei quantitativen Merkmalen und wird auch als Produkt-Moment-Korrelationskoeffizient oder Maßkorrelationskoeffizient bezeichnet.

Für die inferenzstatistische Datenanalyse werden - je nach Modellvoraussetzungen - zwei verschiedene statistische Verfahren angewendet und mit der Statistiksoftware *IBM SPSS Statistics* durchgeführt.

Zum einen der sog. ***Somers-d-Test***[890] - ein Maß für die Stärke und Richtung des Zusammenhangs ordinalskalierter Merkmale, dessen Wertebereich zwischen -1 und 1 liegt. Diejenigen Werte, die betragsmäßig nahe bei 1 (bzw. -1) liegen geben eine starke Beziehung zwischen den beiden Variablen an, Werte nahe 0 eine schwache oder fehlende Beziehung zwischen den Variablen. Allgemein können drei Werte für *Somers-d* berechnet werden. Zwei für die beiden möglichen Abhängigkeitsformen: y als Antwortvariable (d_{YX}) und x als Antwortvariable (d_{XY}) sowie ein symmetrischer Wert, bei dem keine der beiden Variablen x und y als abhängig bzw. unabhängig bestimmt wird (d_S).

Die Formel mit y als Antwortvariable lautet:

$$d_{YX} = \frac{\mathrm{C} - \mathrm{D}}{0{,}5\, n_{++}(n_{++} - 1) - T_X}$$

Die Formel mit x als Antwortvariable lautet:

$$d_{XY} = \frac{\mathrm{C} - \mathrm{D}}{0{,}5\, n_{++}(n_{++} - 1) - T_Y}$$

Notation:
T_X = Anzahl der gebundenen Paare bei $x = \sum_i n_{i+} \, (n_{i+} - 1)\, 0{,}5$
T_Y = Anzahl der gebundenen Paare bei $y = \sum_j n_{+j} \, (n_{+j} - 1)\, 0{,}5$
C = Anzahl der konkordanten Paare
D = Anzahl der diskordanten Paare
n_{i+} = Anzahl der Beobachtungen in der i-ten Zeile
n_{+j} = Anzahl der Beobachtungen in der j-ten Spalte

---

890 Nach Robert H. Somers, der diese statistische Testmethode im Jahr 1962 vorstellte.

n_{ij} = Beobachtungen in der Zelle (äquiv. der i-ten Zeile und der j-Spalte)
n_{++} = Gesamtzahl der Beobachtungen

Somers-d mit y als Antwortvariable ist im Gegensatz zu den statistischen Verfahren *Kedalls tau b* und *Kruskals Gamma* ein asymmetrisches Zusammenhangsmaß, das heißt die Variable x wird als unabhängig angesehen und die Variable y als abhängig. Kendalls tau b und Kruskals Gamma stellen symmetrische Zusammenhangsmaße dar, das heißt keine der beiden zugrundeliegenden Variablen ist als abhängige Variable ausgezeichnet. Zur inferenzstatistischen Prüfung, ob der vorgefundene Zusammenhang zufällig ist, kann das Zusammenhangsmaß d durch seinen Standardfehler dividiert werden. Beträgt der Wert der Koeffizienten mindestens das 1,96-fache seines Standardfehlers, so kann bei hinreichend großer Fallzahl die Annahme, dass es sich um einen zufälligen Zusammenhang handelt, mit einer 5-prozentigen Irrtumswahrscheinlichkeit verworfen werden.

Zum anderen werden für die inferenzstatistische Datenanalyse sog. ***Verallgemeinerte lineare Modelle***[891] verwendet. Das Verallgemeinerte lineare Modell (auch *Generalized Linear Model*, kurz GLM genannt) stellt eine Verallgemeinerung der klassischen linearen Modelle dar. Während beim klassischen linearen Modell, mit der linearen Regression und der Varianzanalyse als die wichtigsten Anwendungsfälle, unkorrelierte und normalverteilte Residuen verlangt werden, muss im Verallgemeinerten linearen Modell die Zielvariable lediglich eine Verteilung aus der Klasse der sog. Exponentialfamilien (bspw. Normal-, Binomial-, Gamma- oder inverse Gaußverteilung) besitzen. Für den Fall dichotomer Kriterien (bspw. ja oder nein, 0 oder 1) ist mit der logistischen Regression (einem sog. Logit-Link Modell) eine erfolgreiche Analysemethode entstanden. Für Zählvariablen (bspw. Anzahl oder Häufigkeiten) eignet sich speziell die Poisson-Regression. Für die genannten Modelle - und viele Weitere - ist es mit dem Verallgemeinerten linearen Modell gelungen, eine gemeinsame statistische Theorie zu entwickeln, um zusätzlich über die stochastische

[891] Verallgemeinerte lineare Modelle, auch: *Generalized Linear Model* (GLM), sind in der Statistik eine von John Nelder und Robert Wedderburn (1972) eingeführte wichtige Klasse von nichtlinearen Modellen, die eine Verallgemeinerung des klassischen linearen Regressionsmodells darstellt.

Definition ein besseres Verständnis der zu Grunde liegenden Zufälligkeiten zu erlangen.[892] In der Statistik ist das GLM ein lineares Modell, bei der die abhängige Variable y kein Skalar, sondern ein Vektor ist. Vektoren in der Statistik definieren einen geordneten Satz von n gleichen Objekten, die in einer Spalte notiert werden, als einen Spaltenvektor der Ordnung n und das Zeilengegenstück von m Objekten als einen Zeilenvektor der Ordnung m. Die n Elemente, die den Vektor nach der zuvor beschriebenen Definition formen, werden Skalare genannt. Alle Skalare werden vom selben Basissatz genommen. Das verallgemeinerte lineare Modell besteht aus den drei Komponenten:

1. dem beobachteten Zufallsvektor $Y = (Y_1, \dots, Y_n)^t \in R^n$
2. dem linearen Prädiktor $x_1, \dots, x_n \in R^n$, welcher auch als systematische Komponente bezeichnet wird
3. der Link-Funktion g

Bei einem Verallgemeinerten linearen Modell wird nicht der Erwartungswert des Kriteriums modelliert, sondern das Ergebnis einer auf diesen Erwartungswert angewandten Transformation. Diese Transformation wird als Link-Funktion $g(\mu_i)$ bezeichnet. Mit der Link-Funktion kann man das Verallgemeinerte linearen Modell für die Variable y_i zum Fall i mit dem Erwartungswert $\mu_i = E(y_i)$ wie folgt notieren:

$$g(\mu_i) = x'_i ß = \sum_k x_{ik}\, ß_k$$

<u>Notation:</u>
x_i = Spaltenvektor mit den Werten für den Fall i
x_{ik}= Ausprägung der Variable k bei Fall i
β = Vektor mit den Regressionskoeffizienten des Modells
β_k = Koeffizient zum Regressor k (wobei β_0= Ordinatenabstand)
μ_i= Erwartungswert $E(y_i)$ der Kriteriumsvariablen zum Fall i

---

[892] Vgl. McCullagh & Nelder (1989). *Generalized Linear Models* (2nd ed.). London: Chapman and Hall.

Bei der binären logistischen Regression (einem sog. Logit-Link Modell) hat die Kriteriumsvariable y_i für den Fall i die Werte 0 und 1. Damit ist der Erwartungswert $E(y_i)$ identisch mit der Wahrscheinlichkeit $P(y_i = 1)$ zur Erstkategorie (1). Auf diese Wahrscheinlichkeit wird die Logit-Link Funktion angewendet:

$$\log\left(\frac{P(y_i = 1)}{P(y_i = 0)}\right) = \log\left(\frac{\mu_i}{1 - \mu_i}\right) = x_i'\beta$$

Das Modell für binäre Variablen setzt die Log-Quoten mit den Prädiktor Variablen folgendermaßen in Beziehung:

$$\log\left(\frac{\mu_i}{1 - \mu_i}\right) = \alpha + \beta_1 x_1 + \beta_2 x_2 + \cdots + \beta_k x_k$$

Bei der Poisson-Regression für Zählvariablen kommt meist der Logarithmus als Link-Funktion wie folgt zum Einsatz:

$$\log(\mu_i) = x_i'\beta$$

Dieser ist äquivalent zu:

$$\mu = \exp(\alpha + \beta x) = \exp(\alpha)\exp(\beta)^x = e^\alpha (e^\beta)^x$$

Bei einer Zählvariablen sind die bedingten Erwartungswerte μ_i immer positiv, während $\log(\mu_i)$ beliebige Werte zwischen $-\infty$ und ∞ annehmen kann. Dieser uneingeschränkte Wertebereich gilt im Allgemeinen auch für den linearen Prädiktor $x_i'\beta$, so dass der Logarithmus bei der Poisson-Regression ähnlich Wertebereichs-harmonisierend wirkt wie die Logit-Link Funktion bei der logistischen Regression. Eine wesentliche Verallgemeinerung gegenüber dem klassischen linearen Modell besteht darin, dass nicht unbedingt μ_i selbst durch den so genannten linearen Prädiktor (oft als η_i notiert) modelliert wird, sondern das Ergebnis der Link-Funktion $g(\mu_i) = x'_i$ß . Beispielsweise im Gegensatz zur multiplen linearen Regression liegen beim Verallgemeinerten linearen Modell für jede Beobachtung i $(i = 1, \ldots, n)$ r viele y-Werte vor, so dass anstelle eines Vektors eine n x r-Matrix für y vorliegt. Formal lassen sich Verallgemeinerte lineare Modelle dann durch Matrixgleichungen der Form $Y = XB + U$ darstellen. Die Formel mit y als Antwortvariable lautet:

$$\eta = g(E(y)) = x\beta + 0, \qquad y \sim F$$

Notation:
n = Anzahl der Fälle im Datensatz $n \geq 1$
$\eta = n \times 1$ Vektor der linearen Prädiktoren
$y = n \times 1$ Vektor der abhängigen Variablen
p = Anzahl der Parameter im Modell $p \geq 1$
$X = n \times p$ Designmatrix
$\beta = p$ x 1 Vektor des unbekannten Parameters
O = $n \times 1$ Vektor der Skalenversätze

Verallgemeinerte lineare Modelle gehen davon aus, dass y_i für i ($i = 1, \ldots, n$) unabhängig ist. Dies unterscheidet die Verallgemeinerten linearen Modelle (GLM) von den Verallgemeinerten Schätzgleichungen, auch: *Generalized Estimating Equations* (GEE).

Dann wird für jede Beobachtung das Modell zu:

$$\eta_i = g(\mu_i) = x_i^T \beta + o_i, \qquad y_i \sim F$$

Notation:
η_i = Linearen Prädiktorwert für Kategorie i
$\mu = n \times 1$ Vektor vom erwartungswert der abhängigen Variablen y
x_i^T = unabhängige Variable bezogen auf i
$\beta = p$ x 1 Vektor des unbekannten Parameters
$y_i = n \times 1$ Vektor der abhängigen Variablen bezogen auf i

Verallgemeinerte Schätzgleichungen können als eine Erweiterung der Verallgemeinerten linearen Modelle für korrelierte Daten, wie bspw. aus Cluster-Stichproben oder Messwiederholungsstudien, aufgefasst werden. Während bei einem Verallgemeinerten linearen Modell die Kovarianz-Matrix der Beobachtungen zum Explanandum[893] gehört und durch die Zufallseffekte im statistischen Modell erklärt werden soll, betrachten die Verallgemeinerten Schätzgleichungen die Abhängigkeit der Beobachtungen als hinderliche Störung, die durch geeignete Maßnahmen zu kompensieren ist. Das GEE-Modell mit einer abhängigen Variablen kann mehrere metrische oder kategoriale Regressoren enthalten.

Die Erwartung μ_i (E (y_i)) für den Kriteriumswert von Fall i wird über die Linkfunktion $g(\mu_i)$ mit dem linearen Prädiktor x_i' β in Beziehung gesetzt. Weil der GEE-Ansatz sich auf den Erwartungswert und die Varianz der abhängigen Variablen beschränkt, statt die vollständige Verteilungsfunktion zu berücksichtigen, spricht man von einer sog. *Quasi-Likelihood-Methode*. Zur Schätzung der Kovarianz-Matrix $Cov(\beta)$, die bei Hypothesentests und Konfidenz-intervallen eine zentrale Rolle spielt, wird bei einer GEE-Analyse ein robuster Schätzer verwendet, der auch als empirischer Schätzer[894] bezeichnet wird. Die Quasi-Likelihood-Schätzung β des Parametervektors ist mit der robust geschätzten Kovarianz-Matrix $Cov(\beta)$ asymptotisch normalverteilt, sofern die Link-Funktion und der lineare Prädiktor des Modells korrekt spezifiziert sind. Die asymptotische Verteilungsaussage bleibt selbst dann gültig, wenn die Varianzfunktion und/oder die Arbeitskorrelationsmatrix unrichtig spezifiziert sind.[895]

Für den Signifikanztest zum Gesamtmodell und zu einzelnen Regressoren berechnet *SPSS Statistics* zur globalen Nullhypothese H_0 eines GEE-Modells:

$$H_0: \beta_1 = \beta_2 = \cdots = \beta_k = 0$$

[893] Das Explanandum ist der Satz, der das zu Erklärende beschreibt, nicht das Phänomen selbst. Es ist also das Ereignis bzw. die Beobachtung, die erklärt werden soll.

[894] Erwartungstreue bezeichnet in der mathematischen Statistik eine Eigenschaft einer Schätzfunktion (kurz: eines Schätzers). Ein Schätzer heißt erwartungstreu, wenn sein Erwartungswert gleich dem wahren Wert des zu schätzenden Parameters ist.

[895] Vgl. Halekoh (2008b), S. 38ff.

einen sog. Likelihood-Quotiententest:

$$H_0: \beta_k = 0$$

Der Quotient aus der Maximum-Likelihood-Schätzung und dem geschätzten Standardfehler ist bei gültiger H_0 und hinreichend großer Stichprobe approximativ standardnormalverteilt und liefert die Prüfstatistik zum sog. *Wald-Test*. Der Wald-Test ist eine asymptotische Testprozedur, die bei Richtigkeit der Nullhypothese Chi-Quadrat[896] verteilt ist. Die auf diesem Prinzip beruhenden Tests erfordern nur die Schätzung des nicht restringierten Modells. Dies ist die am meisten genutzte Testprozedur, vor allem wenn die Schätzungen nicht auf der Maximum-Likelihood Methode beruhen. Der Wald-Test kann als Verallgemeinerung des sog. t-Tests zur Überprüfung von Hypothesen aufgefasst werden. Sind bei einem Effekt mehrere Regressoren beteiligt, wie bspw. bei einem kategorialen Regressor mit mehr als zwei Ausprägungen, dann liefert der sog. *Test der Modelleffekte* die Gesamtbeurteilung der Modelleffekte.

Für die Ermittlung der statistischen Signifikanz wird ein sog. *Teststatistik* durchgeführt, die prüft, ob die Regressionskoeffizienten β signifikant sind. Nur dann ist es möglich mathematisch korrekt den jeweiligen p-Wert zu errechnen. Anhand des p-Wertes wird das Überschreiten einer bestimmten Irrtumswahrscheinlichkeit abgeschätzt. Also jene zuvor bestimmbare Wahrscheinlichkeit, die Hypothese als die sog. Nullhypothese (nämlich, dass kein Zusammenhang besteht) zu verwerfen, obwohl sie richtig ist. Diese maximal zulässige Irrtumswahrscheinlichkeit wird als Signifikanzniveau α bezeichnet. So bedeutet $\alpha = 0{,}05$: Falls die Nullhypothese zutrifft, darf die Wahrscheinlichkeit dafür, dass sie fälschlich abgelehnt wird nicht mehr als 5 Prozent betragen.

Demzufolge beträgt dann die Wahrscheinlichkeit, eine zutreffende Nullhypothese aufgrund der Teststatistik nicht abzulehnen, 1-α = 0,95 (also mindestens 95 %).

---

[896] Die Chi-Quadrat-Verteilung (auch: χ^2-Verteilung) ist eine sog. Stichprobenverteilung, die bei der Schätzung von Verteilungsparametern (bspw. der Varianz) Anwendung findet.

Daraus ergeben sich folgende Signifikanzniveaus.

- Irrtumswahrscheinlichkeit kleiner als 5 % ($p \leq 0{,}05$) entspricht einem **signifikanten Ergebnis**
- Irrtumswahrscheinlichkeit kleiner als 1 % ($p \leq 0{,}01$) entspricht einem **sehr signifikanten Ergebnis**
- Irrtumswahrscheinlichkeit kleiner als 0,1 % ($p \leq 0{,}001$) entspricht einem **hoch signifikanten Ergebnis**

7 Forschungsergebnisse

Die Darstellung der Forschungsergebnisse gliedert sich in folgende zwei Gruppen.

1. Deskriptive (stichprobenbeschreibende) Ergebnisse
2. Inferenzstatistische (hypothesenprüfende) Ergebnisse

7.1 Deskriptive Ergebnisse

Die deskriptiven (stichprobenbeschreibenden) Ergebnisse beschreiben die Daten der Stichprobe durch Kennzahlen und Diagramme. Im deskriptiven Teil werden die Daten rein beschreibend ausgewertet und konzentrieren sich auf die folgenden Untersuchungsgebiete.

- BIM-Reifegrade
- BIM-Level
- Aktive Beteiligung der Projektbeteiligten am Entwurfsprozess des Architekten
- Soll-Ist-Abweichungen der Planungszeit (Δ Soll-Ist)
- Soll-Ist-Abweichungen der Bauzeit (Δ Soll-Ist)
- Häufigkeit von Mehrfacheingaben infolge rückwirkender Planungsänderungen
- Häufigkeit der Nachbearbeitung infolge Planungsfehlern und Auslassungen
- Anzahl der RFIs (*Request for Information*)
- Anzahl der Änderungsaufträge (Nachträge) während der Bauzeit

Zur Informationsverdichtung werden die Lagemaße (Minimalwert, Median, Maximalwert, Mittelwert und Häufigkeitsverteilung, die Streuungsmaße (Standardabweichung und Quartilsabstand) und die Zusammenhangsmaße (Korrelation und empirische Kovarianz) angegeben.

7.1.1 Untersuchung der BIM-Reifegrade

Die deskriptive Datenanalyse zeigt, dass die Mehrzahl der Fallbeispiele (79 von 105) den BIM-Reifegrad *Minimum BIM* aufweisen. Bei weiteren

M. Stange, *Building Information Modelling im Planungs- und Bauprozess*,

16 Fallbeispielen ergab die Analyse den BIM-Reifegrad *Not certified*, weitere 4 Fallbeispiele ergaben den BIM-Reifegrad *Certified* und ein (1) Fallbeispiel ergab den BIM-Reifegrad *Silver*. Die BIM-Reifegrade *Gold* und *Platinum* waren in der Stichprobe nicht vertreten (s. Abb. 121). Für fünf Fallbeispiele konnte der BIM-Reifegrad mangels Rückmeldung nicht ermittelt werden.

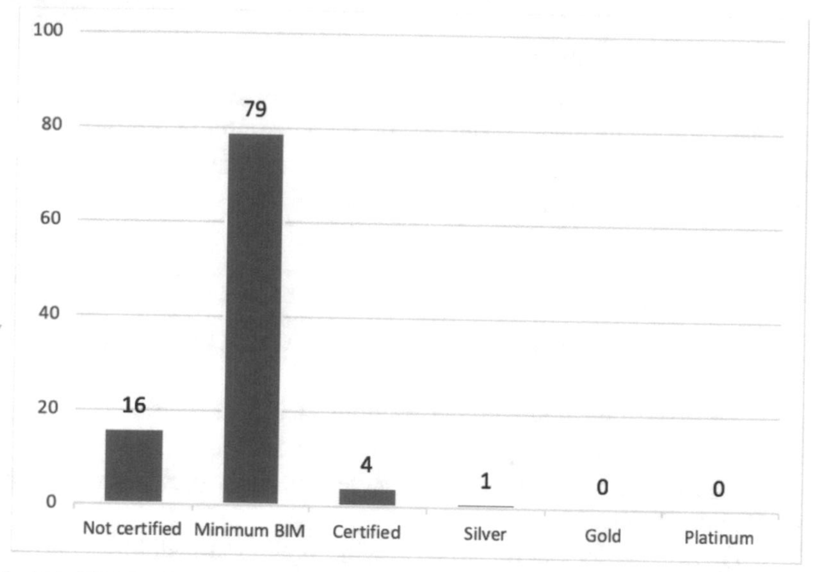

Abb. 121: BIM-Reifegrade innerhalb der Stichprobe.

Allerdings hat der BIM-Reifegrad *Minimum BIM*, mit mindestens 20 bis höchstens 59,9 Wertungspunkten (*Credits*) eine vergleichsweise große Bandbreite, so dass es innerhalb dieses BIM-Reifegrades deutliche graduelle Unterschiede gibt (s. Abb. 122).

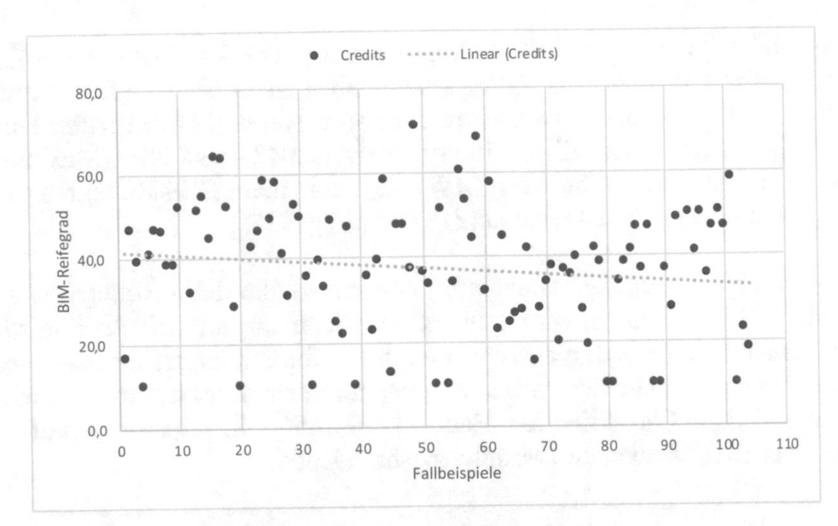

Abb. 122: Verteilung der BIM-Reifegrade innerhalb der Stichprobe.

Die Verteilung aller BIM-Reifegrade (Variable x_1) in der gesamten Stichprobe stellt sich folgendermaßen dar (s. Tab. 32).

	N	Minimum	Quartil 25	Median	Quartil 75	Maximum	MW	SD
BIM-Reifegrad	100	10.0	27.5	38.6	47.4	70.9	37.2	15.2

Tab. 32: Deskriptive Statistik der BIM-Reifegrade innerhalb der Stichprobe.

Der Minimalwert liegt bei einem BIM-Reifegrad von 10,0 und der Maximalwert bei einem BIM-Reifegrad von 70,9. Der Median (auch: Zentralwert)[897] liegt bei einem BIM-Reifegrad von 38,6. Das untere Quartil (Perzentil 25)[898] liegt bei einem BIM-Reifegrad von 27,5. Das heißt 25% aller Fallbeispiele (Projekte) haben einen BIM-Reifegrad zwischen 10,0 (Minimalwert) und 27,5 erreicht und weitere 25 Prozent aller Fallbeispiele haben einen BIM-Reifegrad zwischen 27,5 und 38,6 (Median) erreicht.

[897] Der Median der Messwerte einer Urliste ist derjenige Messwert, der genau „in der Mitte" steht, wenn man die Messwerte der Größe nach sortiert.

[898] Er gibt an, wie weit das obere und das untere Quartil auseinanderliegen und damit auch, wie breit der Bereich ist, in dem die mittleren 50 Prozent der Stichprobe liegen.

Das obere Quartil (Perzentil 75) liegt bei einem BIM-Reifegrad von 47,4. Das heißt 25 Prozent aller Fallbeispiele haben einen BIM-Reifegrad zwischen 38,6 (Median) und 47,4 erreicht und weitere 25 Prozent aller Fallbeispiele haben einen BIM-Reifegrad zwischen 47,4 und 70,9 (Maximalwert) erreicht. Der Mittelwert (MW) liegt bei einem BIM-Reifegrad von 37,2 und die Standardabweichung (SD) beträgt 15,2.

Die Stichprobe enthält annähernd normalverteilte BIM-Reifegrade (s. Abb. 123). Die Normalverteilung ist ein Verteilungsmodell der Statistik und unterstellt eine symmetrische Verteilungsform numerischer Daten und wird auch *Gaußsche Glockenkurve* genannt. Benannt nach dem deutschen Mathematiker Carl Friedrich Gauß (1777-1855). Ihr Kurvenverlauf ist symmetrisch, Median und Mittelwert sind identisch.

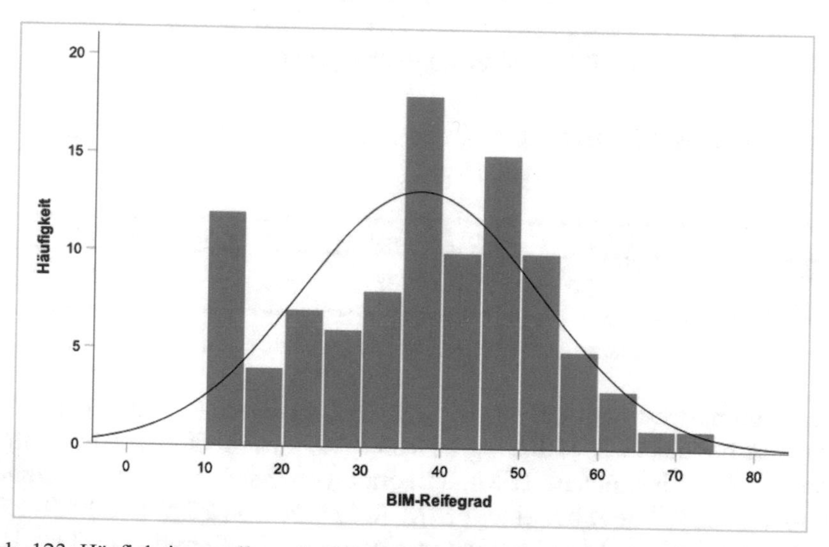

Abb. 123: Häufigkeitsverteilung der BIM-Reifegrade in der gesamten Stichprobe.

Die Standardabweichung ist ein Maß für die Streubreite der Werte eines Merkmals rund um dessen Mittelwert (arithmetisches Mittel). Vereinfacht gesagt, ist die Standardabweichung die durchschnittliche Entfernung aller gemessenen Ausprägungen eines Merkmals vom Durchschnitt.

In den Anwendungsregionen (Variable x_2) stellt sich die Verteilung der BIM-Reifegrade (Variable x_1) folgendermaßen dar (s. Tab. 33).

			BIM-Reifegrad		
		N	Quartil 25	Median	Quartil 75
Anwendungsregion	Nordamerika	0	.	.	.
	Australien	11	22.8	36.3	39.1
	Europa	60	29.4	40.1	48.1
	Asien	9	16.5	33.7	35.7
	MENA	19	36.7	46.6	51.9
	Südamerika	1	28.5	28.5	28.5

Tab. 33: Deskriptive Statistik der BIM-Reifegrade in den Anwendungsregionen.

Das in Abb. 124 dargestellt Boxplot-Diagramm zeigt die Häufigkeitsverteilung der projektbezogenen BIM-Reifegrade in den untersuchten Anwendungsregionen mit Maximalwert, oberes Quartil, Median, unteres Quartil und Minimalwert.

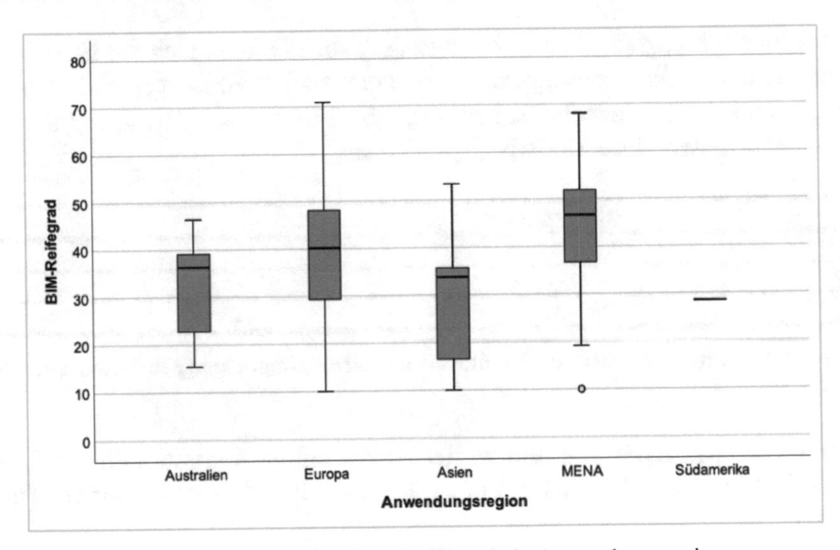

Abb. 124: Häufigkeitsverteilung der BIM-Reifegrade in Anwendungsregionen.

Mit Hilfe des Kruskal-Wallis-Tests (vgl. Kap. 6.3.3) wurden die mittleren Ränge ermittelt (s. Tab. 34). Danach ergibt sich, dass der höchste BIM-Reifegrad in der Anwendungsregion MENA (60,47) erreicht wurde, gefolgt von Europa (52,65) und Australien (37,36). Die Fallbeispiele der Anwendungsregionen Asien (33,56) und Südamerika (29,00) belegen die letzten Ränge. Aus der Anwendungsregion Nordamerika wurden keine BIM-Reifegrade berichtet.

	Anwendungsregion	N	Mittlerer Rang
BIM-Reifegrad	Australien	11	37.36
	Europa	60	52.65
	Asien	9	33.56
	MENA	19	60.47
	Südamerika	1	29.00
	Gesamt	100	

Tab. 34: Deskriptive Statistik der mittleren Ränge der BIM-Reifegrade in den Anwendungsregionen.

Gleichwohl belegt der Signifikanztest (s. Tab. 35), dass sich die BIM-Reifegrade in den Anwendungsregionen, wenn auch sehr knapp, nicht statistisch signifikant unterscheiden ($p = 0,076$). Mit einem Wert von $p \leq 0,05$ wäre das Testergebnis statistisch signifikant.

	BIM-Reifegrad
X^2	8.462
df	4
p	.076

Tab. 35: Deskriptive Statistik zur Signifikanz der BIM-Reifegrade in den Anwendungsregionen.

Die länderspezifische Verteilung der BIM-Reifegrade innerhalb der Fallbeispiele aus der MENA-Region stellt sich folgendermaßen dar (s. Tab. 36).

Land	N	Minimum	Quartil 25	Median	Quartil 75	Maximum
Katar	9	10,0	44,6	51,9	58,4	60,2
Saudi-Arabien	1	10,0	10,0	10,0	10,0	10,0
UAE	7	36,7	36,7	46,6	48,4	68,1
verschiedene	1	10,0	10,0	10,0	10,0	10,0
Ägypten	1	19,1	19,1	19,1	19,1	19,1
Gesamt	19					

Tab. 36: Deskriptive Statistik zur Abweichung der BIM-Reifegrade innerhalb der MENA-Fallbeispiele.

Der graduelle Abstand der Maximalwerte vom jeweiligen Median und Minimalwert ist in Abb. 125 dargestellt. Die Vereinigten Arabischen Emirate (UAE) und Katar führen die BIM-Reife in der MENA-Region an. Wobei in Katar, verglichen mit den Vereinigten Arabischen Emiraten, ein größerer Abstand zwischen dem Maximalwert und Minimalwert besteht. Wohingegen der Median in Katar einen größeren Wert aufweist und näher am Maximalwert liegt als in den Vereinigten Arabischen Emiraten.

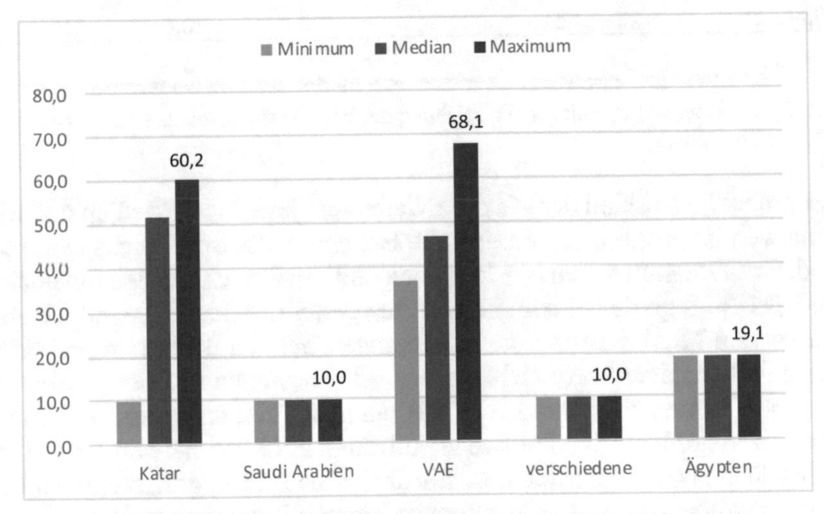

Abb. 125: Abweichung der BIM-Reifegrade innerhalb der MENA-Fallbeispiele.

Insoweit ist bei den Vereinigten Arabischen Emiraten eine etwas ausgewogenere BIM-Reife festzustellen als in Katar. Demgegenüber ist in Katar durch den hohen Medianwert das allgemeine BIM-Reifeniveau wohl etwas höher als in den Vereinigten Arabischen Emiraten. In Saudi-Arabien, Ägypten und verschiedenen Ländern[899] sind die Werte gleich, da in diesen Ländern jeweils nur ein (1) Fallbeispiel zugrunde liegt.

Die länderspezifische Verteilung der BIM-Reifegrade innerhalb der Fallbeispiele aus Europa stellt sich folgendermaßen dar (s. Tab. 37).

Land	N	Minimum	Quartil 25	Median	Quartil 75	Maximum
Belgien	5	24,9	27,7	32,0	35,6	38,3
Deutschland	24	10,0	26,1	33,9	45,1	70,9
Frankreich	4	48,8	48,8	49,3	51,7	57,8
Großbritannien	13	22,8	38,3	41,3	51,8	64,0
Italien	2	12,8	19,9	26,9	34,0	41,0
Niederlande	9	44,5	46,7	46,7	51,2	58,3
Polen	1	27,7	27,7	27,7	27,7	27,7
Slowakei	2	10,0	10,0	10,0	10,0	10,0
Gesamt	60					

Tab. 37: Deskriptive Statistik zur Abweichung der BIM-Reifegrade innerhalb der europäischen Fallbeispiele.

Der graduelle Abstand der Maximalwerte vom jeweiligen Median und Minimalwert ist in Abb. 126 dargestellt. Bei den Fallbeispielen aus Deutschland, Großbritannien, den Niederlanden und Frankreich wurden die höchsten BIM-Reifegrade (Maximalwerte) festgestellt. Allerdings sind die Abstände vom Maximalwert zum Minimalwert bei den deutschen und britischen Fallbeispielen vergleichsweise groß, verglichen mit den Niederlanden und Frankreich. Während der Median in den Niederlanden und Frankreich einen größeren Wert aufweist und näher am Maximalwert liegt als in Deutschland und Großbritannien. Ein ähnliches Bild zeigt sich bei den belgischen Fallbeispielen, nur in einem geringeren Wertebereich. Insoweit ist

[899] Betrifft ein Infrastrukturprojekt, das mehrere Länder der MENA-Region durchquert.

in Frankreich und den Niederlanden eine etwas ausgewogenere BIM-Reife festzustellen als in Deutschland und Großbritannien. Gleiches gilt für Belgien, jedoch auf einem geringeren BIM-Reifegradniveau. Der BIM-Reifegrad in Italien verhält sich annäherungsweise wie in Deutschland und Großbritannien, jedoch auf einem geringeren BIM-Reifegradniveau.

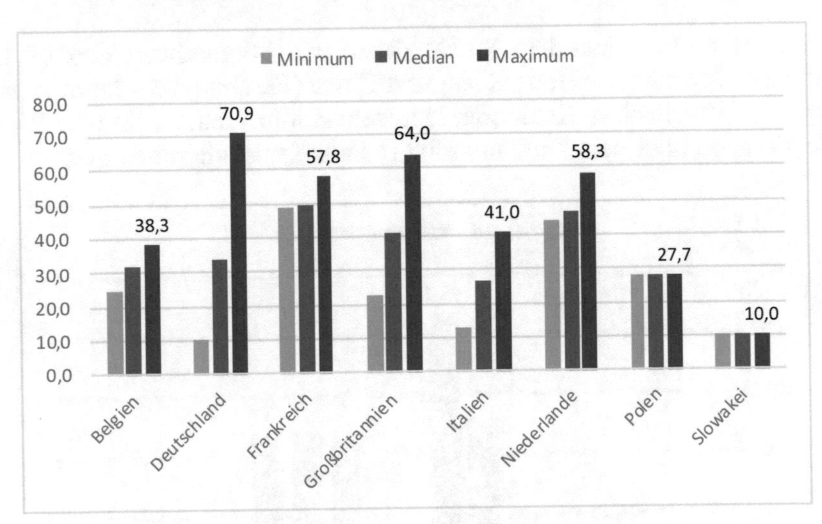

Abb. 126: Abweichung der BIM-Reifegrade innerhalb der europäischen Fallbeispiele.

Die länderspezifische Verteilung der BIM-Reifegrade innerhalb der Fallbeispiele aus Asien stellt sich folgendermaßen dar (s. Tab. 38).

Land	N	Minimum	Quartil 25	Median	Quartil 75	Maximum
China	2	10,0	11,6	13,3	14,9	16,5
Hong Kong	5	20,0	35,7	35,7	39,9	53,4
Taiwan	1	33,7	33,7	33,7	33,7	33,7
Vietnam	1	10,0	10,0	10,0	10,0	10,0
Gesamt	9					

Tab. 38: Deskriptive Statistik zur Abweichung der BIM-Reifegrade innerhalb der asiatischen Fallbeispiele.

Der graduelle Abstand der Maximalwerte vom jeweiligen Median und Minimalwert ist in Abb. 127 gezeigt. Demnach erreichten Hong Kong und Taiwan die höchsten BIM-Reifegrade innerhalb der asiatischen Stichprobe, gefolgt von China (Festland). Wobei die Werte aus Taiwan von nur einem (1) Projekt stammen.

Der Abstand zwischen dem Maximalwert und Minimalwert verläuft bei den Fallbeispielen aus Hong Kong und China (Festland) sehr harmonisch, bspw. im Vergleich zu Katar oder Deutschland. In Vietnam sind die Werte identisch, da in diesem Land nur ein (1) Fallbeispiel zugrunde liegt.

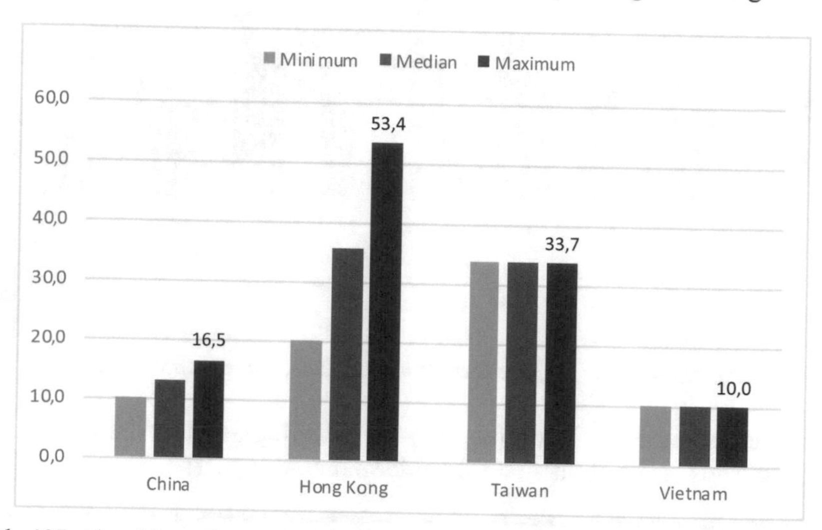

Abb. 127: Abweichung der BIM-Reifegrade innerhalb der asiatischen Fallbeispiele.

Die zeitliche Entwicklung der BIM-Reifegrade innerhalb der gesamten Stichprobe ist in Abb. 128 grafisch dargestellt. Danach ist der BIM-Reifegrad in den Jahren 2005 bis 2010 um beinahe zehn Wertungspunkte angestiegen. Danach hat der BIM-Reifegrad über einen Zeitraum von etwa vier Jahren um diese knapp zehn Wertungspunkte wieder abgenommen, bis er im Jahr 2015 annähernd den Stand von 2010 erreicht hat. In der Zeit von 2015 bis 2018 ist der BIM-Reifegrad auf einen Wert abgefallen, der unter dem BIM-Reifegrad des Jahres 2005 liegt, abgesehen von dem einen (1) Fallbeispiel mit 70,9 Wertungspunkten.

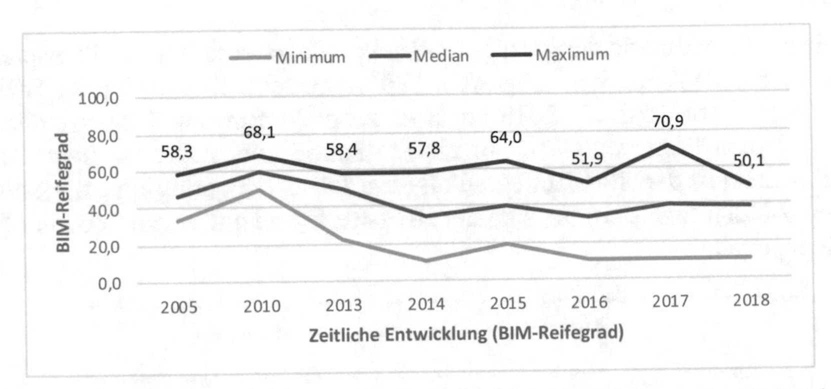

Abb. 128: Zeitliche Entwicklung der BIM-Reifegrade innerhalb der gesamten Stichprobe.

Die Längsschnittanalyse in Bezug auf die zeitliche Entwicklung der BIM-Reifegrade innerhalb der gesamten Stichprobe stellt sich in der statistischen Auswertung folgendermaßen dar (s. Tab. 39).

	N	Minimum	Quartil 25	Median	Quartil 75	Maximum
2000	1	52,3	52,3	52,3	52,3	52,3
2005	2	33,7	39,9	46,0	52,2	58,3
2008	1	53,4	53,4	53,4	53,4	53,4
2010	2	49,7	54,3	58,9	63,5	68,1
2012	3	10,0	10,0	10,0	23,6	37,2
2013	8	22,8	40,5	49,7	53,2	58,4
2014	10	10,0	13,2	34,2	46,0	57,8
2015	16	19,1	27,3	39,9	47,2	64,0
2016	19	10,0	24,7	33,0	41,3	51,9
2017	23	10,0	36,2	39,4	47,0	70,9
2018	14	10,0	22,6	38,8	41,6	50,1
2019	1	39,9	39,9	39,9	39,9	39,9
Gesamt	100					

Tab. 39: Deskriptive Statistik zur zeitlichen Entwicklung der BIM-Reifegrade innerhalb der gesamten Stichprobe.

Die zeitliche Entwicklung der BIM-Reifegrade innerhalb der Fallbeispiele aus der MENA-Region ist in Abb. 129 dargestellt. Danach ist der BIM-Reifegrad von 2010 bis 2013 um über zehn Wertungspunkte abgefallen, wobei dem Wert von 2010 nur ein (1) Fallbeispiel zugrunde liegt. Anschließend ist der BIM-Reifegrad bis zum Jahr 2015 geringfügig angestiegen. Ab den Jahr 2016 hat sich der BIM-Reifegrad auf einem Wert um 50 eingepegelt.

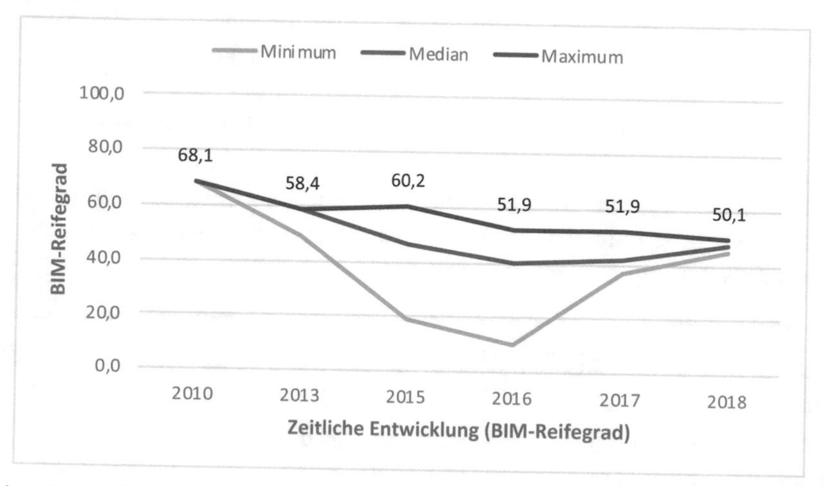

Abb. 129: Zeitliche Entwicklung der BIM-Reifegrade innerhalb der MENA-Fallbeispiele.

Die Längsschnittanalyse in Bezug auf die zeitliche Entwicklung der BIM-Reifegrade innerhalb der Fallbeispiele aus der MENA-Region stellt sich in der statistischen Auswertung folgendermaßen dar (s. Tab. 40).

Bemerkenswert ist, dass der Minimalwert in der Zeit von 2013 bis 2017 sehr stark abgefallen ist und sich erst im Jahr 2018 dem Median wieder angenähert hat.

BIM-Reifegrad	N	Minimum	Quartil 25	Median	Quartil 75	Maximum
2010	1	68,1	68,1	68,1	68,1	68,1
2013	3	49,1	53,8	58,4	58,4	58,4
2014	2	10,0	10,0	10,0	10,0	10,0
2015	3	19,1	32,9	46,6	53,4	60,2
2016	4	10,0	30,0	39,8	45,1	51,9
2017	4	36,7	36,7	41,7	47,9	51,9
2018	2	44,6	46,0	47,4	48,7	50,1
Gesamt	19					

Tab. 40: Deskriptive Statistik zur zeitlichen Entwicklung der BIM-Reifegrade innerhalb der MENA-Fallbeispiele.

Die zeitliche Entwicklung der BIM-Reifegrade innerhalb der europäischen Fallbeispiele ist in Abb. 130 dargestellt.

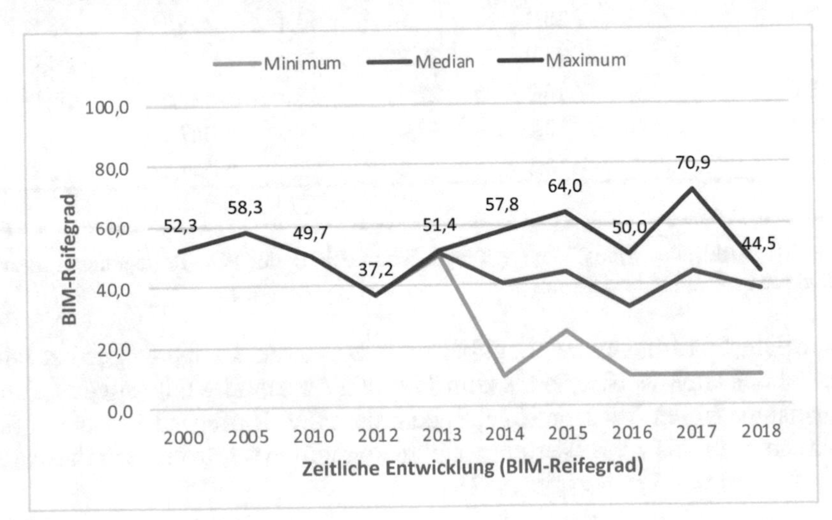

Abb. 130: Zeitliche Entwicklung der BIM-Reifegrade innerhalb der europäischen Fallbeispiele.

Danach ist der BIM-Reifegrad vom Jahr 2000 bis 2005 um sechs Wertungspunkte angestiegen. In den folgenden sieben Jahren ist der BIM-Reifegrad kontinuierlich und dramatisch abgefallen, bis er im Jahr 2013 annähernd den Stand aus dem Jahr 2000 erreicht hat.

Die Längsschnittanalyse in Bezug auf die zeitliche Entwicklung der BIM-Reifegrade innerhalb der europäischen Fallbeispiele stellt sich in der statistischen Auswertung folgendermaßen dar (s. Tab. 41).

BIM-Reifegrad	N	Minimum	Quartil 25	Median	Quartil 75	Maximum
2000	1	52,3	52,3	52,3	52,3	52,3
2005	1	58,3	58,3	58,3	58,3	58,3
2010	1	49,7	49,7	49,7	49,7	49,7
2012	1	37,2	37,2	37,2	37,2	37,2
2013	2	50,3	50,6	50,9	51,1	51,4
2014	6	10,0	25,1	40,4	55,2	57,8
2015	11	24,9	30,8	44,3	47,7	64,0
2016	14	10,0	27,6	32,5	39,5	50,0
2017	16	10,0	37,4	44,0	47,3	70,9
2018	7	10,0	25,6	38,4	41,4	44,5
Gesamt	60					

Tab. 41: Deskriptive Statistik zur zeitlichen Entwicklung der BIM-Reifegrade innerhalb der europäischen Fallbeispiele.

Dem Jahr 2013 liegen zwei Fallbeispiele zugrunde. In den folgenden Jahren ist der BIM-Reifegrad bis zum Jahr 2017 beständig angestiegen. Eine Ausnahme bildet das Jahr 2016, in dem der BIM-Reifegrad zwischenzeitlich um mehr als zehn Wertungspunkte abgefallen ist, trotz der relativ hohen Anzahl von Fallbeispielen (14).

Diese Tendenz setzt sich im Jahr 2018 fort. Der BIM-Reifegrad erreicht im Jahr 2018 ein Niveau, das unter dem Wert aus dem Jahr 2000 liegt. Dem Jahr 2018 liegen sieben Fallbeispiele zugrunde.

Die zeitliche Entwicklung der BIM-Reifegrade innerhalb der asiatischen Fallbeispiele ist in Abb. 131 dargestellt.

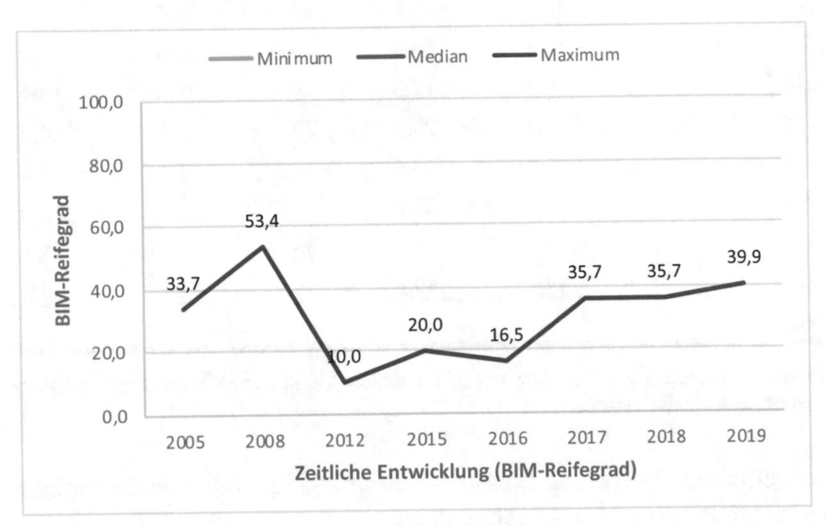

Abb. 131: Zeitliche Entwicklung der BIM-Reifegrade innerhalb der asiatischen Fallbeispiele.

Danach ist der BIM-Reifegrad von 2005 bis 2008 um nahezu 20 Wertungspunkte angestiegen. In den folgenden vier Jahren ist der BIM-Reifegrad auf das niedrigste Reifegradniveau (10) abgefallen. Ab dem Jahr 2012 steigt der BIM-Reifegrad in kleinen Schritten an, bis er ab dem Jahr 2017 ein immer noch vergleichsweise niedriges Niveau zwischen 35 und 40 Wertungspunkten erreicht. Allerdings liegt diesen Ergebnissen jeweils nur ein (1) Fallbeispiel pro Jahr zugrunde. Mit Ausnahme vom Jahr 2012, hier lagen zwei Fallbeispiele zugrunde.

Die Längsschnittanalyse in Bezug auf die zeitliche Entwicklung der BIM-Reifegrade innerhalb der asiatischen Fallbeispiele stellt sich in der statistischen Auswertung folgendermaßen dar (s. Tab. 42).

BIM-Reifegrad	N	Minimum	Quartil 25	Median	Quartil 75	Maximum
2005	1	33,7	33,7	33,7	33,7	33,7
2008	1	53,4	53,4	53,4	53,4	53,4
2012	2	10,0	10,0	10,0	10,0	10,0
2015	1	20,0	20,0	20,0	20,0	20,0
2016	1	16,5	16,5	16,5	16,5	16,5
2017	1	35,7	35,7	35,7	35,7	35,7
2018	1	35,7	35,7	35,7	35,7	35,7
2019	1	39,9	39,9	39,9	39,9	39,9
Gesamt	9					

Tab. 42: Deskriptive Statistik zur zeitlichen Entwicklung der BIM-Reifegrade innerhalb der asiatischen Fallbeispiele.

Die zeitliche Entwicklung der BIM-Reifegrade innerhalb der australischen Fallbeispiele ist in Abb. 132 dargestellt.

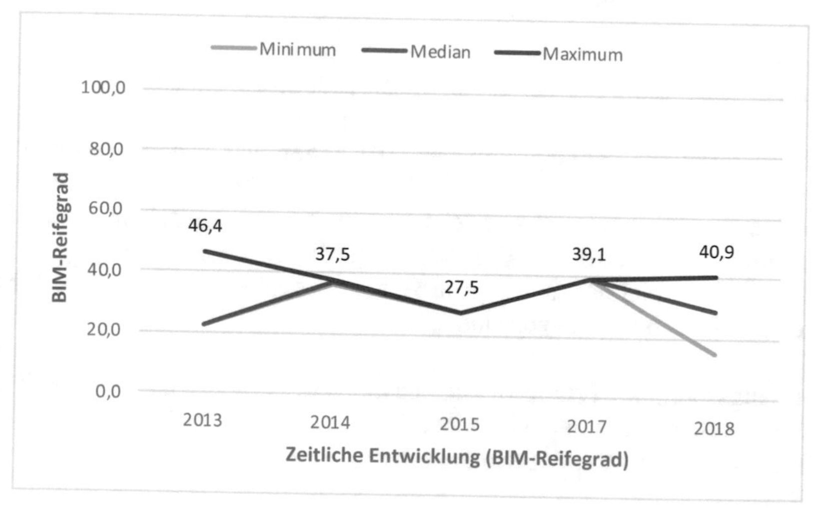

Abb. 132: Zeitliche Entwicklung der BIM-Reifegrade innerhalb der australischen Fallbeispiele.

Danach ist der anfänglich vergleichsweise hohe BIM-Reifegrad im Jahr 2013 in den folgenden zwei Jahren um mehr als 20 Wertungspunkte abgefallen. Ab dem Jahr 2015 ist der BIM-Reifegrad wieder angestiegen, erreicht aber dennoch im Jahr 2018 nicht den Wert aus dem Jahr 2013. Allerdings liegt den Ergebnissen zwischen 2014 und 2017 jeweils nur ein (1) Fallbeispiel zugrunde, im Jahr 2014 waren es zwei Fallbeispiele. Im Jahr 2013 lagen drei Fallbeispiele und im Jahr 2018 vier Fallbeispiele zugrunde.

Die Längsschnittanalyse in Bezug auf die zeitliche Entwicklung der BIM-Reifegrade innerhalb der australischen Fallbeispiele stellt sich folgendermaßen dar (s. Tab. 43).

BIM-Reifegrad	N	Minimum	Quartil 25	Median	Quartil 75	Maximum
2013	3	22,8	22,8	22,8	34,6	46,4
2014	2	36,3	36,6	36,9	37,2	37,5
2015	1	27,5	27,5	27,5	27,5	27,5
2017	1	39,1	39,1	39,1	39,1	39,1
2018	4	15,4	17,5	28,7	39,6	40,9
Gesamt	11					

Tab. 43: Deskriptive Statistik zur zeitlichen Entwicklung der BIM-Reifegrade innerhalb der australischen Fallbeispiele.

In den Projektkategorien (Variable x_3) stellt sich die Verteilung der BIM-Reifegrade (Variable x_1) folgendermaßen dar (s. Tab. 44).

		BIM-Reifegrad			
		N	Quartil 25	Median	Quartil 75
Projektkategorie	Wohnbau	9	35.7	36.7	41.8
	Gewerbebau	37	27.7	40.8	49.7
	Industriebau	19	24.6	31.9	41.3
	Infrastruktur	29	22.8	38.6	48.8
	Wasserbau	6	46.7	48.4	51.9

Tab. 44: Deskriptive Statistik der BIM-Reifegrade in den Projektkategorien.

Das Boxplot-Diagramm (s. Abb. 133) zeigt die Häufigkeitsverteilung der BIM-Reifegrade in den Projektkategorien einschl. Maximalwert, oberes Quartil, Median, unteres Quartil und Minimalwert.

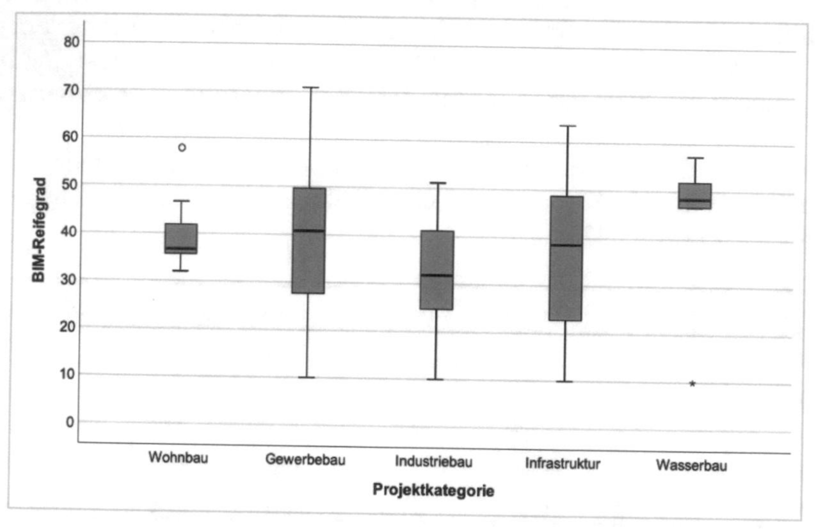

Abb. 133: Häufigkeitsverteilung der BIM-Reifegrade in den Projektkategorien.

Mit Hilfe des Kruskal-Wallis-Tests wurden die mittleren Ränge ermittelt (s. Tab. 45). Danach ergibt sich, dass der höchste BIM-Reifegrad in den Fallspeispielen der Projektkategorie Wasserbau (68,08) erreicht wurde, gefolgt von Gewerbebau (53,57), Wohnbau (52,61) und Infrastruktur (50,64). Die Fallbeispiele Industriebau (37,76) belegen den letzten Rang.

	Projektkategorie	N	Mittlerer Rang
BIM-Reifegrad	Wohnbau	9	52.61
	Gewerbebau	37	53.57
	Industriebau	19	37.76
	Infrastruktur	29	50.64
	Wasserbau	6	68.08
	Gesamt	100	

Tab. 45: Deskriptive Statistik der mittleren Ränge der BIM-Reifegrade in den Projektkategorien.

Der Signifikanztest (s. Tab. 46) belegt, dass sich die BIM-Reifegrade in den Projektkategorien nicht statistisch signifikant unterscheiden (p = 0,175).

	BIM-Reifegrad
X^2	6.338
df	4
p	.175

Tab. 46: Deskriptive Statistik der Signifikanz der BIM-Reifegrade in den Projektkategorien.

Zusammenfassend lässt sich für diese Stichprobe sagen, dass in den Anwendungsregionen MENA (60,47) und Europa (52,65) der höchste BIM-Reifegrad festgestellt wurde, unabhängig von der Anzahl der Fallbeispiele (mittlerer Rang). Wobei der insgesamt höchste BIM-Reifegrad mit 70,9 Wertungspunkten bei einem europäischen Fallbeispiel festgestellt wurde. Australien liegt mit 37,36 insgesamt betrachtet im unteren Mittelfeld. In Asien (33,56) und Südamerika (29,00) wurden die niedrigsten BIM-Reifegrade festgestellt. Wobei in der asiatischen Stichprobe im Jahr 2008 ein relativ hoher BIM-Reifegrad (53,4) festgestellt wurde. Dem südamerikanischen Ergebnis liegt nur ein (1) Fallbeispiel zugrunde.

Die Auswertung der Projektkategorien hat den rangmäßig höchsten BIM-Reifegrad in der Projektkategorie Wasserbau (68,08) ergeben, gefolgt von den Projektkategorien Gewerbebau (53,57), Wohnbau (52,61) und Infrastruktur (50,64). Auch hier unabhängig von der Anzahl der Fallbeispiele (mittlerer Rang). Wobei die wertmäßig höchsten BIM-Reifegrade (Maximalwerte) in den Projektkategorien Gewerbebau und Infrastruktur vertreten sind. In der Projektkategorie Wasserbau wurde ein starker „Ausreißer" festgestellt, der etwa beim Minimalwert der anderen Projektkategorien liegt. Gleichwohl unterscheiden sich die BIM-Reifegrade weder in den Anwendungsregionen noch in den Projektkategorien statistisch signifikant. In den Anwendungsregionen allerdings nur sehr knapp, so dass hier eine schwache Korrelation besteht.

7.1.2 Untersuchung der BIM-Level

In den Anwendungsregionen (Variable x_2) stellt sich die Verteilung der BIM-Level (Variable x_7) folgendermaßen dar (s. Tab. 47).

			Anwendungsregion						
			Nord-amerika	Aus-tralien	Europa	Asien	MENA	Süd-amerika	Gesamt
BIM-Level	0	N	1	2	9	3	3	0	18
		%	33.3%	18.2%	14.8%	33.3%	15.0%	0.0%	17.1%
	1	N	0	1	13	2	2	0	18
		%	0.0%	9.1%	21.3%	22.2%	10.0%	0.0%	17.1%
	2	N	2	7	37	3	13	1	63
		%	66.7%	63.6%	60.7%	33.3%	65.0%	100.0%	60.0%
	3	N	0	1	2	1	2	0	6
		%	0.0%	9.1%	3.3%	11.1%	10.0%	0.0%	5.7%
Gesamt		N	3	11	61	9	20	1	105
		%	100.0%	100.0%	100.0%	100.0%	100.0%	100.0%	100.0%

Tab. 47: Deskriptive Statistik der BIM-Level in den Anwendungsregionen.

Mit Hilfe des Kruskal-Wallis-Tests wurden die mittleren Ränge ermittelt (s. Tab. 48).

	Anwendungsregion	N	Mittlerer Rang
BIM-Level	Nordamerika	3	48.50
	Australien	11	56.82
	Europa	61	51.87
	Asien	9	43.33
	MENA	20	58.63
	Gesamt	105	

Tab. 48: Deskriptive Statistik der mittleren Ränge der BIM-Level in den Anwendungsregionen.

Danach ergibt sich, dass das höchste BIM-Level in den Fallspeispielen der Anwendungsregion MENA (58,63) und Australien (56,82) erreicht wurde, gefolgt von Europa (51,87), Nordamerika (48,50) und Asien (43,33). Auch hier unabhängig von der Anzahl der Fallbeispiele (mittlerer Rang). Der Signifikanztest (s. Tab. 49) belegt, dass sich die BIM-Level in den Anwendungsregionen nicht statistisch signifikant unterscheiden ($p = 0{,}733$).

	BIM-Level
X^2	2.784
df	5
p	.733

Tab. 49: Deskriptive Statistik der Signifikanz der BIM-Level in den Anwendungsregionen.

In den Projektkategorien (Variable x_3) stellt sich die Verteilung der BIM-Level (Variable x_7) folgendermaßen dar (s. Tab. 50).

			Projektkategorie					
			Wohnbau	Gewerbebau	Industriebau	Infrastruktur	Wasserbau	Gesamt
BIM-Level	Level 0	N	1	10	3	4	0	18
		%	11.1%	25.6%	15.8%	12.9%	0.0%	17.1%
	Level 1	N	0	7	4	6	1	18
		%	0.0%	17.9%	21.1%	19.4%	14.3%	17.1%
	Level 2	N	7	20	11	19	6	63
		%	77.8%	51.3%	57.9%	61.3%	85.7%	60.0%
	Level 3	N	1	2	1	2	0	6
		%	11.1%	5.1%	5.3%	6.5%	0.0%	5.7%
Gesamt		N	9	39	19	31	7	105
		%	100.0%	100.0%	100.0%	100.0%	100.0%	100.0%

Tab. 50: Deskriptive Statistik der BIM-Level in den Projektkategorien.

Mit Hilfe des Kruskal-Wallis-Tests wurden die mittleren Ränge ermittelt (s. Tab. 51). Danach ergibt sich, dass das höchste BIM-Level in den Fallspeispielen der Projektkategorie Wohnbau (65,33) und Wasserbau (62,21) erreicht wurde, gefolgt von Infrastruktur (54,84), Industriebau (52,05) und Gewerbebau (47,50).

	Projektkategorie	N	Mittlerer Rang
BIM-Level	Wohnbau	9	65.33
	Gewerbebau	39	47.50
	Industriebau	19	52.05
	Infrastruktur	31	54.84
	Wasserbau	7	62.21
	Gesamt	105	

Tab. 51: Deskriptive Statistik der mittleren Ränge der BIM-Level in den Projektkategorien.

Der Signifikanztest (s. Tab. 52) belegt, dass sich die BIM-Level in den Projektkategorien nicht statistisch signifikant unterscheiden (p = 0,337).

	BIM-Level
X^2	4.549
df	4
p	.337

Tab. 52: Deskriptive Statistik der Signifikanz der BIM-Level in den Projektkategorien.

In den Projekttypologien (Variable x_4) stellt sich die Verteilung der BIM-Level (Variable x_7) folgendermaßen dar (s. Tab. 53).

			Projekttyp			
			Neubau	Erweiterung	Sanierung	Gesamt
BIM-Level	Level 0	N	12	2	4	18
		%	15.2%	14.3%	33.3%	17.1%
	Level 1	N	9	3	6	18
		%	11.4%	21.4%	50.0%	17.1%
	Level 2	N	53	8	2	63
		%	67.1%	57.1%	16.7%	60.0%
	Level 3	N	5	1	0	6
		%	6.3%	7.1%	0.0%	5.7%
Gesamt		N	79	14	12	105
		%	100.0%	100.0%	100.0%	100.0%

Tab. 53: Deskriptive Statistik der BIM-Level in den Projekttyp.

Mit Hilfe des Kruskal-Wallis-Tests wurden die mittleren Ränge ermittelt (s. Tab. 54). Danach ergibt sich das höchste BIM-Level in den Neubauprojekten (56,68), gefolgt von den Sanierungsprojekten (53,43) und Erweiterungsprojekten (28,25).

	Projekttyp	N	Mittlerer Rang
BIM-Level	Neubau	79	56.68
	Erweiterung	14	53.43
	Sanierung	12	28.25
	Gesamt	105	

Tab. 54: Deskriptive Statistik der mittleren Ränge der BIM-Level in den Projekttypologien.

Der Signifikanztest (s. Tab. 55) belegt, dass sich die BIM-Level in den Projekttypologien statistisch sehr signifikant unterscheiden (p = 0,003).

	BIM-Level
X^2	11.739
df	2
p	.003

Tab. 55: Deskriptive Statistik der Signifikanz der BIM-Level in den Projekttypologien.

In den Projektgrößen (Variable x_5) stellt sich die Verteilung der BIM-Level (Variable x_6) folgendermaßen dar (s. Tab. 56).

			Projektgröße					
			<50 Mio.	50-100 Mio.	100-200 Mio.	200-00 Mio.	>500 Mio.	Gesamt
BIM-Level	Level 0	N	8	4	0	2	4	18
		%	19.0%	23.5%	0.0%	22.2%	14.8%	17.1%
	Level 1	N	10	1	2	2	3	18
		%	23.8%	5.9%	20.0%	22.2%	11.1%	17.1%
	Level 2	N	22	12	7	5	17	63
		%	52.4%	70.6%	70.0%	55.6%	63.0%	60.0%
	Level 3	N	2	0	1	0	3	6
		%	4.8%	0.0%	10.0%	0.0%	11.1%	5.7%
Gesamt		N	42	17	10	9	27	105
		%	100.0%	100.0%	100.0%	100.0%	100.0%	100.0%

Tab. 56: Deskriptive Statistik der BIM-Level in den Projektgrößen.

Mit Hilfe der Spearman-Korrelation (vgl. Kap. 6.3.3) wurde ein Signifikanztest durchgeführt (s. Tab. 57). Der Test belegt, dass sich die BIM-Level in den Projektgrößen nicht statistisch signifikant unterscheiden ($p = 0{,}154$). Der Wert $r_{Sp} = 0{,}140$ bezeichnet den erwartungstreuen Schätzwert für Kovarianz und Varianz (Rangkorrelationskoeffizient). Es besteht eine schwache Korrelation (ein positiver linearer Zusammenhang) zwischen Projektgröße und BIM-Level: Je größer die Projekte, desto höher das BIM-Level.

		Wert	p
Ordinal- bzgl. Ordinalmaß	Korrelation nach Spearman	.140	.154

Tab. 57: Deskriptive Statistik der Signifikanz der BIM-Level in den Projektgrößen.

Die Untersuchung hat ergeben, dass in 82,9 Prozent der Stichprobenprojekte die BIM-Methode angewendet wurde. Davon wurde in 17,1 Prozent der Stichprobenprojekte das BIM-Level 1 (objektbasierte Zusammenarbeit), in 60,0 Prozent der Stichprobenprojekte das BIM-Level 2 (modellbasierte Zusammenarbeit) und in 5,7 Prozent der Stichprobenprojekte das BIM-Level 3 (netzwerkbasierte Zusammenarbeit) angewendet. In 17,1 Prozent der Stichprobenprojekte wurde die BIM-Methode nicht angewendet (BIM-Level 0). Die BIM-Level unterscheiden sich sowohl in den Anwendungsregionen als auch den Projektkategorien nicht statistisch signifikant. Demgegenüber unterscheiden sich die BIM-Level in den Projekttypologien statistisch sehr signifikant. In den Projektgrößen unterscheiden sich die BIM-Level zwar nicht statistisch signifikant, es besteht aber eine schwache Korrelation zwischen Projektgröße und BIM-Level. Je größer die Projekte, desto höher das BIM-Level.

7.1.3 Beteiligung der Projektbeteiligten am Planungsprozess

Die Umfrageergebnisse zur aktiven Beteiligung der Projektbeteiligten: Bauherr, Fachplaner Tragwerk und TGA, Bauunternehmer, Facility Manager und Nutzer (Variable x_{13} bis x_{18}) am Entwurfs- und Planungsprozess des Architekten sind in den folgenden Tab. 58 bis Tab. 63 dargestellt.

			Beteiligung Bauherr		
			ja	nein	Gesamt
Phase	Konzeptphase	N	33	2	35
		%	94.3%	5.7%	100.0%
	Planungsphase	N	69	7	76
		%	90.8%	9.2%	100.0%
	Ausschreibungsphase	N	46	2	48
		%	95.8%	4.2%	100.0%
	Bauphase	N	0	0	0
		%	0.0%	0.0%	0.0%

Tab. 58: Umfrageergebnisse zur aktiven Beteiligung des Bauherrn am Entwurfs- und Planungsprozess des Architekten.

			Beteiligung Tragwerksplaner		
			ja	nein	Gesamt
Phase	Konzeptphase	N	30	5	35
		%	85.7%	14.3%	100.0%
	Planungsphase	N	67	9	76
		%	88.2%	11.8%	100.0%
	Ausschreibungsphase	N	0	0	0
		%	0.0%	0.0%	0.0%
	Bauphase	N	0	0	0
		%	0.0%	0.0%	0.0%

Tab. 59: Umfrageergebnisse zur aktiven Beteiligung des Tragwerksplaners am Entwurfs- und Planungsprozess des Architekten.

			Beteiligung TGA-Planer		
			ja	nein	Gesamt
Phase	Konzeptphase	N	30	5	35
		%	85.7%	14.3%	100.0%
	Planungsphase	N	59	17	76
		%	77.6%	22.4%	100.0%
	Ausschreibungsphase	N	0	0	0
		%	0.0%	0.0%	0.0%
	Bauphase	N	0	0	0
		%	0.0%	0.0%	0.0%

Tab. 60: Umfrageergebnisse zur aktiven Beteiligung des TGA-Planers am Entwurfs- und Planungsprozess des Architekten.

			Beteiligung Bauunternehmen		
			ja	nein	Gesamt
Phase	Konzeptphase	N	8	27	35
		%	22.9%	77.1%	100.0%
	Planungsphase	N	26	50	76
		%	34.2%	65.8%	100.0%
	Ausschreibungsphase	N	36	12	48
		%	75.0%	25.0%	100.0%
	Bauphase	N	0	0	0
		%	0.0%	0.0%	0.0%

Tab. 61: Umfrageergebnisse zur aktiven Beteiligung des Bauunternehmers am Entwurfs- und Planungsprozess des Architekten.

			Beteiligung Facility Manager		
			ja	nein	Gesamt
Phase	Konzeptphase	N	12	23	35
		%	34.3%	65.7%	100.0%
	Planungsphase	N	26	50	76
		%	34.2%	65.8%	100.0%
	Ausschreibungsphase	N	22	26	48
		%	45.8%	54.2%	100.0%
	Bauphase	N	0	0	0
		%	0.0%	0.0%	0.0%

Tab. 62: Umfrageergebnisse zur aktiven Beteiligung des Facility Managers am Entwurfs- und Planungsprozess des Architekten.

			Beteiligung Nutzer		
			ja	nein	Gesamt
Phase	Konzeptphase	N	26	9	35
		%	74.3%	25.7%	100.0%
	Planungsphase	N	48	28	76
		%	63.2%	36.8%	100.0%
	Ausschreibungsphase	N	29	19	48
		%	60.4%	39.6%	100.0%
	Bauphase	N	0	0	0
		%	0.0%	0.0%	0.0%

Tab. 63: Umfrageergebnisse zur aktiven Beteiligung des Nutzers am Entwurfs- und Planungsprozess des Architekten.

Das in Abb. 134 dargestellte Diagramm zeigt die prozentuale Beteiligung der Planungsbeteiligten an Entwurfs- und Planungsprozess des Architekten.

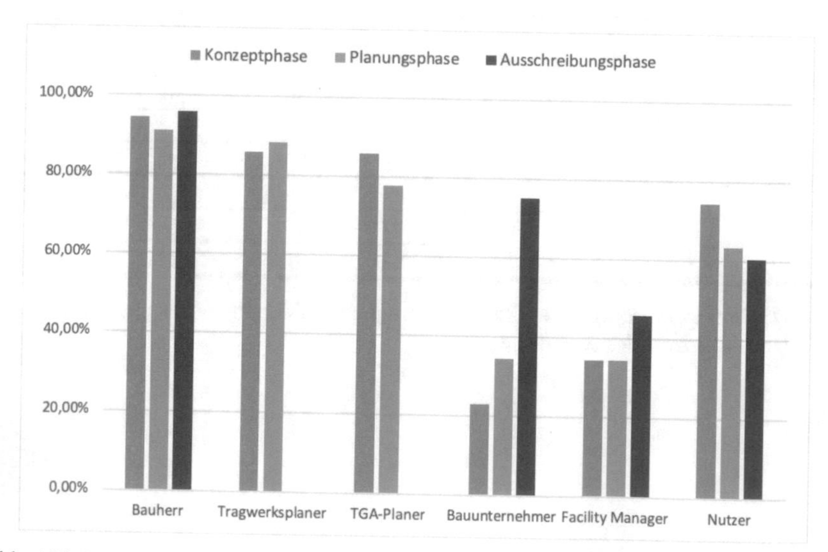

Abb. 134: Beteiligung der Planungsbeteiligten an Entwurfs- und Planungsprozess des Architekten.

Das Diagramm zeigt eine vergleichsweise große Beteiligung der Bauherren (über 90 %) in allen Planungsphasen. Ebenfalls wurde eine große Beteiligung der Fachplaner Tragwerk (über 85 %) und TGA (um 80 %) in der Konzept- und Planungsphase festgestellt. Die Beteiligung der Bauunternehmer ist in der Ausschreibungsphase (75 %) am höchsten und in der Konzept- und Planungsphase (etwa 23 und 35 %) am niedrigsten. Die Beteiligung der Facility Manager liegt in allen Planungsphasen unter 50 Prozent. Die Beteiligung der Nutzer ist mit etwa 60 bis 75 Prozent in allen Planungsphasen etwas höher.

Die Daten für die Beteiligung der Fachplaner Tragwerk und TGA wurden für die Ausschreibungsphase nicht erhoben, da diese Leistungsbilder ohnehin Bestandteil der Ausschreibungsphase sind. Mit anderen Worten: Sowohl der Tragwerksplaner als auch die TGA-Planer sind ohnehin werkvertraglich in die Ausschreibungsphase eingebunden, anders als der Bauherr, der Bauunternehmer, der Facility Manager und der Nutzer. Deren aktive Beteiligung am Planungsprozess ist in aller Regel nicht vertraglich vereinbart und erfolgt mehr oder weniger auf Initiative des Architekten oder Bauherrn selbst.

7.1.4 Abweichung der Planungszeit (Δ Soll-Ist)

Die Soll-Ist-Abweichung der Planungszeit (Variable y_1) stellt sich in den Projektphasen folgendermaßen dar (s. Tab. 64).

		Soll-Ist-Abweichung Planungszeit [d]					
		N	Min	Quartil 25	Median	Quartil 75	Max
Phase	Konzeptphase	34	-600	0	3	40	245
	Planungsphase	73	-195	0	20	100	440
	Ausschreibungs-phase	45	-800	0	0	50	390

Tab. 64: Deskriptive Statistik der Soll-Ist-Abweichung der Planungszeit in den Projektphasen.

Das in Abb. 135 dargestellte Diagramm zeigt die Häufigkeitsverteilung der Soll-Ist-Abweichungen in der Planungszeit (in Tagen) in der Konzeptphase, Planungsphase und Ausschreibungsphase.

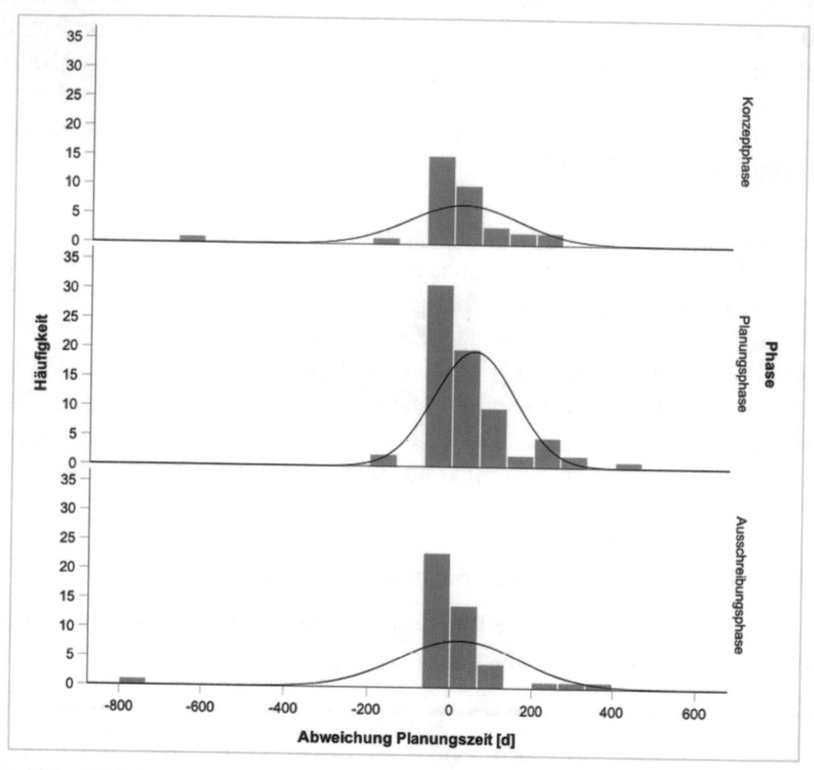

Abb. 135: Häufigkeitsverteilung der Soll-Ist-Abweichungen in der Planungszeit in Tagen.

Aufgrund der Ausreißer in den Minimalwerten wurde die Variable y_1 sowohl ordinal (s. Tab. 65) als auch dichotom (s. Tab. 66) transformiert.

Die Tab. 65 zeigt in allen Planungsphasen eine statistische Abweichung (nach oben) zwischen 1 und 99 Tagen verlängerter Planungszeit. In der Konzept- und Planungsphase in 17,6 bzw. 26 Prozent der Fälle sogar über 100 Tage verlängerter Planungszeit. Die Ausschreibungsphase liegt mit 8,9 Prozent der Fälle kaum über 100 Tage verlängerter Planungszeit.

Jedoch in 37,8 Prozent der Fälle zwischen 1 und 99 Tagen verlängerter Planungszeit.

			Soll-Ist-Abweichung Planungszeit [d]				
			< 0	0	1-99	≥ 100	Gesamt
Phase	Konzeptphase	N	2	15	11	6	34
		%	5.9%	44.1%	32.4%	17.6%	100.0%
	Planungsphase	N	4	29	21	19	73
		%	5.5%	39.7%	28.8%	26.0%	100.0%
	Ausschreibungsphase	N	2	22	17	4	45
		%	4.4%	48.9%	37.8%	8.9%	100.0%
	Bauphase	N	0	0	0	0	0
		%	0.0%	0.0%	0.0%	0.0%	0.0%

Tab. 65: Soll-Ist-Abweichung der Planungszeit in den Projektphasen (ordinal transformiert).

Aus Tab. 66 wird ersichtlich, dass etwa die Hälfte der Fallbeispiel eine Abweichung in der Planungszeit ≤ 0 und die andere Hälfte eine Abweichung in der Planungszeit > 0 aufweist. Mit anderen Worten, die Hälfte der Fallbeispiele lagen im Rahmen des Soll-Zeitplans und die andere Hälfte lagen außerhalb des Soll-Zeitplans (verspätet).

			Soll-Ist-Abweichung Planungszeit [d]		
			≤ 0	> 0	Gesamt
Phase	Konzeptphase	N	17	17	34
		%	50.0%	50.0%	100.0%
	Planungsphase	N	33	40	73
		%	45.2%	54.8%	100.0%
	Ausschreibungsphase	N	24	21	45
		%	53.3%	46.7%	100.0%
	Bauphase	N	0	0	0
		%	0.0%	0.0%	0.0%

Tab. 66: Soll-Ist-Abweichung der Planungszeit in den Projektphasen (dichotom transformiert).

7.1.5 Abweichung der Bauzeit (Δ Soll-Ist)

Die Soll-Ist-Abweichung der Bauzeit (Variable y_2) stellt sich folgendermaßen dar (s. Tab. 67).

		Soll-Ist-Abweichung Bauzeit [d]					
		N	Minimum	Quartil 25	Median	Quartil 75	Maximum
Phase	Bauphase	48	-250	0	15	95	520

Tab. 67: Deskriptive Statistik der Soll-Ist-Abweichung der Bauzeit.

Der Minimalwert liegt bei -250 Tagen, der Median bei 15 Tage und der Maximalwert bei 520 Tagen. Das untere Quartil (Perzentil 25) liegt bei null (0). Das heißt, 25 Prozent der Fallbeispiele (Projekte) haben eine Bauzeitabweichung zwischen -250 (Minimalwert) und 0 Tagen, und weitere 25 Prozent der Fallbeispiele haben einen Bauzeitabweichung zwischen 0 und 15 Tagen (Median). Das obere Quartil (Perzentil 75) liegt bei 95 Tagen. Das heißt 25% der Fallbeispiele haben eine Bauzeitabweichung zwischen 15 (Median) und 95 Tagen, und weitere 25 Prozent der Fallbeispiele haben eine Bauzeit-abweichung zwischen 95 und 520 Tagen (Maximalwert). Das in Abb. 136 dargestellte Diagramm zeigt die Häufigkeitsverteilung der Abweichungen in der Bauzeit in Tagen (d).

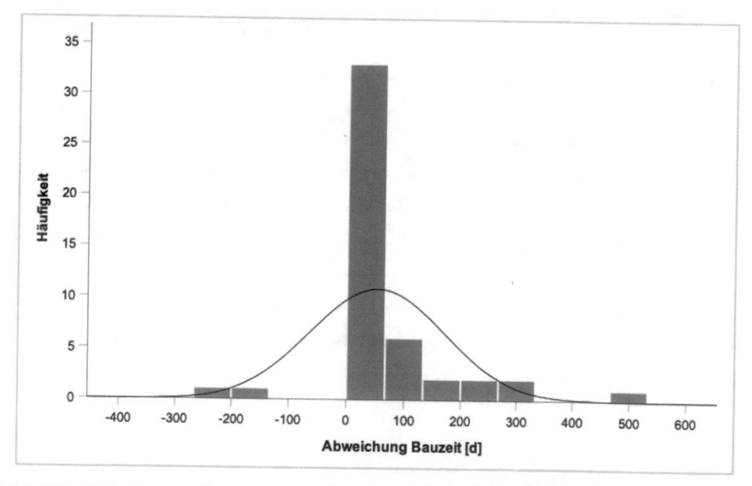

Abb. 136: Häufigkeitsverteilung der Soll-Ist-Abweichungen in der Bauzeit in Tagen (d).

Bei dichotomer Variablentransformation (s. Tab. 68) wird deutlich, dass etwa die Hälfte (52,1 %) der Fallbeispiele eine bauverzögernde Abweichung der Bauzeit größer 0 aufweist und die andere Hälfte (47,9 %) eine baubeschleunigende Abweichung der Bauzeit ≤ 0 aufweist.

			Soll-Ist-Abweichung Bauzeit [d] dichotom		
			≤ 0	> 0	Gesamt
Phase	Bauphase	N	23	25	48
		%	47.9%	52.1%	100.0%

Tab. 68: Soll-Ist-Abweichungen in der Bauzeit (dichotom transformiert).

Zusammenfassend lässt sich für diese Stichprobe sagen, dass sich die Soll-Ist-Abweichungen in der Bauzeit ähnlich der Soll-Ist-Abweichungen in der Planungszeit verhalten. Etwa die Hälfte der Fallbeispiele lagen im Rahmen des ursprünglichen Soll-Zeitplans (oder frühzeitiger) und die andere Hälfte lagen außerhalb des ursprünglichen Soll-Zeitplans (verspätet). Wobei die Mehrzahl der Fallbeispiele eine statistische Abweichung (nach oben) zwischen 1 und 99 Tagen verlängerter Bauzeit aufwiesen.

7.1.6 Häufigkeit von Mehrfacheingaben

Die Ergebnisse zur Häufigkeit von Mehrfacheingaben infolge rückwirkender Planungsänderungen (Variable y_3) stellen sich in den Projektphasen folgendermaßen dar (s. Tab. 69).

			Häufigkeit Mehrfacheingaben					
			0-2 (wenig)	3-4 (durchschnitt)	5-7 (erhöht)	8-10 (hoch)	>10 (über normal)	Gesamt
Phase	Konzeptphase	N	10	8	9	2	6	35
		%	28.6%	22.9%	25.7%	5.7%	17.1%	100.0%
	Planungsphase	N	22	24	13	8	9	76
		%	28.9%	31.6%	17.1%	10.5%	11.8%	100.0%
	Ausschreibungs-phase	N	0	0	0	0	0	0
		%	0.0%	0.0%	0.0%	0.0%	0.0%	0.0%
	Bauphase	N	0	0	0	0	0	0
		%	0.0%	0.0%	0.0%	0.0%	0.0%	0.0%

Tab. 69: Häufigkeit von Mehrfacheingaben infolge rückwirkender Planungsänderungen in den Projektphasen.

Das in Abb. 137 dargestellte Diagramm zeigt die Häufigkeitsverteilung der Mehrfacheingaben infolge rückwirkender Planungsänderungen. Danach wurden sowohl in der Konzeptphase als auch in der Planungsphase überwiegend wenig (0-2), durchschnittlich (3-4) und erhöhte (5-7) Mehrfacheingaben infolge rückwirkender Planungsänderungen festgestellt. In 17,1 Prozent der Fälle wurden überdurchschnittlich viele (>10) Mehrfacheingaben infolge rückwirkender Planungsänderungen in der Konzeptphase festgestellt. In der Planungsphase wurden in 11,8 Prozent der Fälle überdurchschnittliche (>10) Mehrfacheingaben infolge rückwirkender Planungsänderungen festgestellt.

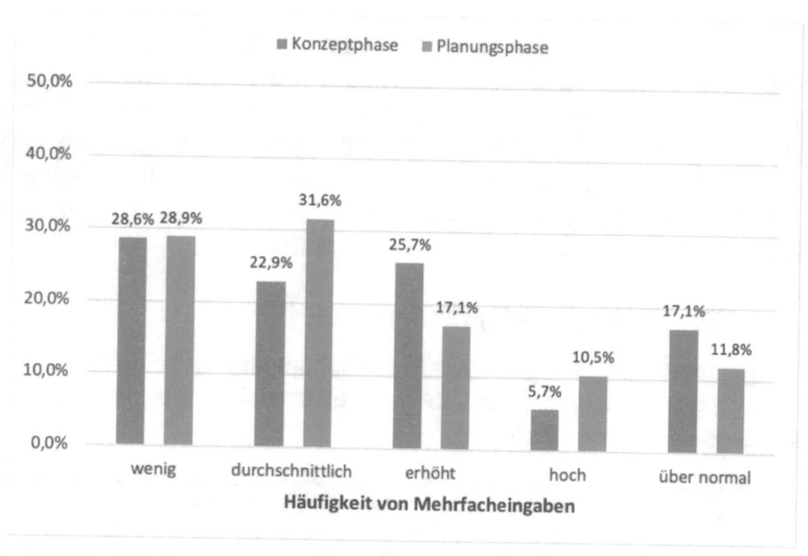

Abb. 137: Häufigkeitsverteilung der Mehrfacheingaben infolge rückwirkender Planungsänderungen.

Das Diagramm zeigt, dass in mehr als der Hälfte der Stichprobenprojekte wenig bis durchschnittliche Mehrfacheingaben infolge rückwirkender Planungsänderungen festgestellt wurden, in der Konzeptphase bei 51,5 Prozent der Fälle und in der Planungsphase bei 60,5 Prozent der Fälle. Bei der anderen Hälfte der Stichprobenprojekte wurde bei 48,5 Prozent der Fälle eine erhöhte bis über normale Anzahl von Mehrfacheingaben infolge rückwirkender Planungsänderungen in der Konzeptphase festgestellt. Bei 39,5

Prozent der Fälle wurde eine erhöhte bis über normale Anzahl von Mehrfacheingaben infolge rückwirkender Planungsänderungen in der Planungsphase festgestellt.

7.1.7 *Häufigkeit der Nachbearbeitung*

Die Umfrageergebnisse zur Häufigkeit von Nacharbeiten infolge Planungsfehler und Auslassungen (Variable y_4) stellen sich in den Projektphasen folgendermaßen dar (s. Tab. 70).

			Häufigkeit Nachbearbeitung					
			0 -3 (wenig)	4-10 (durchschnitt)	11-13 (erhöht)	14-20 (hoch)	> 20 (über normal)	Gesamt
Phase	Konzeptphase	N	21	8	4	0	2	35
		%	60.0%	22.9%	11.4%	0.0%	5.7%	100.0%
	Planungsphase	N	38	22	3	5	8	76
		%	50.0%	28.9%	3.9%	6.6%	10.5%	100.0%
	Ausschreibungsphase	N	24	14	4	1	5	48
		%	50.0%	29.2%	8.3%	2.1%	10.4%	100.0%
	Bauphase	N	23	12	4	4	6	49
		%	46.9%	24.5%	8.2%	8.2%	12.2%	100.0%

Tab. 70: Häufigkeit der Nachbearbeitung in den Projektphasen.

Das in Abb. 138 dargestellte Diagramm zeigt die Häufigkeitsverteilung der Nachbearbeitung infolge Planungsfehler und Auslassungen.

Danach wurden überwiegend wenig (0-3) bis durchschnittlich (4-10) Nachbearbeitungen infolge Planungsfehler und Auslassungen in allen Projektphasen festgestellt. Die Nachbearbeitungen zwischen 11-13 (erhöht), 14-20 (hoch) und > 20 (über normal) liegen in allen Projektphasen zwischen 2 bis 12 Prozent.

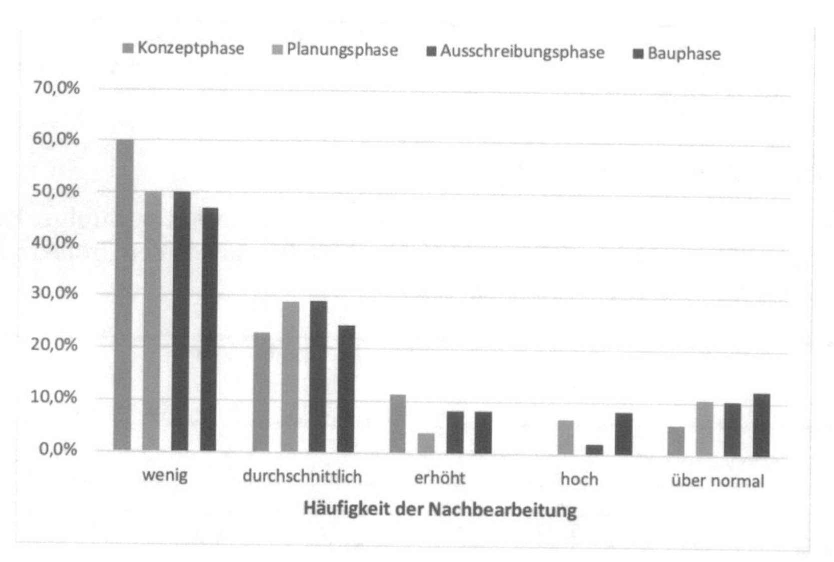

Abb. 138: Häufigkeitsverteilung der Nachbearbeitung infolge Planungsfehler und Auslassungen.

7.1.8 *Anzahl der RFIs*

Die Umfrageergebnisse zur Anzahl der RFIs (Variable y_5) stellen sich in den Projektphasen folgendermaßen dar (s. Tab. 71).

			Anzahl RFIs					
			0-3 (wenig)	4-10 (durchschnitt)	11-13 (erhöht)	14-20 (hoch)	>20 (über normal)	Gesamt
Phase	Konzeptphase	N	17	9	3	1	5	35
		%	48.6%	25.7%	8.6%	2.9%	14.3%	100.0%
	Planungsphase	N	29	23	8	3	13	76
		%	38.2%	30.3%	10.5%	3.9%	17.1%	100.0%
	Ausschreibungsphase	N	16	19	3	1	9	48
		%	33.3%	39.6%	6.3%	2.1%	18.8%	100.0%
	Bauphase	N	13	12	3	6	15	49
		%	26.5%	24.5%	6.1%	12.2%	30.6%	100.0%

Tab. 71: Anzahl der RFIs in den Projektphasen.

Das in Abb. 139 dargestellte Diagramm zeigt die Anzahl der RFIs in den Projektphasen. Danach wurden überwiegend wenig (0-3) bis eine durchschnittliche (4-10) Anzahl von RFIs in allen Projektphasen festgestellt. Eine über normale Anzahl von RFIs (> 20) wurde in 15-20 Prozent der Fälle in den Planungsphasen festgestellt. In der Bauphase wurde in etwa 30 Prozent der Fälle eine über normale Anzahl von RFIs (> 20) festgestellt.

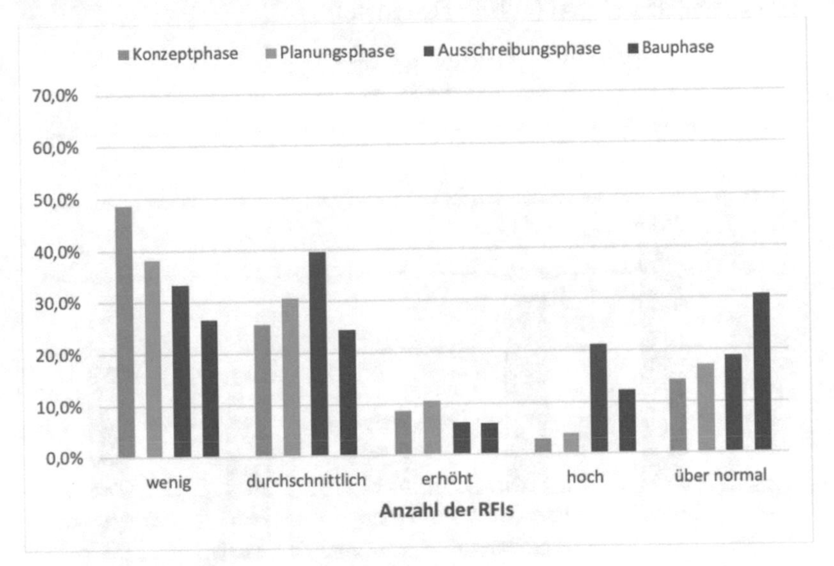

Abb. 139: Anzahl der RFIs in den Projektphasen.

7.1.9 *Anzahl der Änderungsaufträge während der Bauzeit*

Die Umfrageergebnisse zur Anzahl der Änderungsaufträge (Nachträge) während der Bauzeit (Variable y_6) stellen sich folgendermaßen dar (s. Tab. 72).

			Anzahl der Änderungsaufträge					
			0-9 (wenig)	10-29 (durchschnitt)	30-49 (erhöht)	50-100 (hoch)	>100 (über normal)	Gesamt
Phase	Bauphase	N	15	12	3	6	8	44
		%	34.1%	27.3%	6.8%	13.6%	18.2%	100.0%

Tab. 72: Anzahl der Änderungsaufträge (Nachträge) während der Bauzeit.

Das in Abb. 140 dargestellte Diagramm zeigt die Anzahl der Änderungsaufträge während der Bauzeit. Danach wurden in der Stichprobe überwiegend (61,4 %) wenig (0-9) bis eine durchschnittliche Anzahl (10-29) von Änderungsaufträgen während der Bauzeit festgestellt. Demgegenüber wurde in über 13 Prozent aller Fälle eine hohe Anzahl von Änderungsaufträge (50-100) und in über 18 Prozent aller Fälle eine über normale Anzahl von Änderungsaufträgen (> 100) festgestellt.

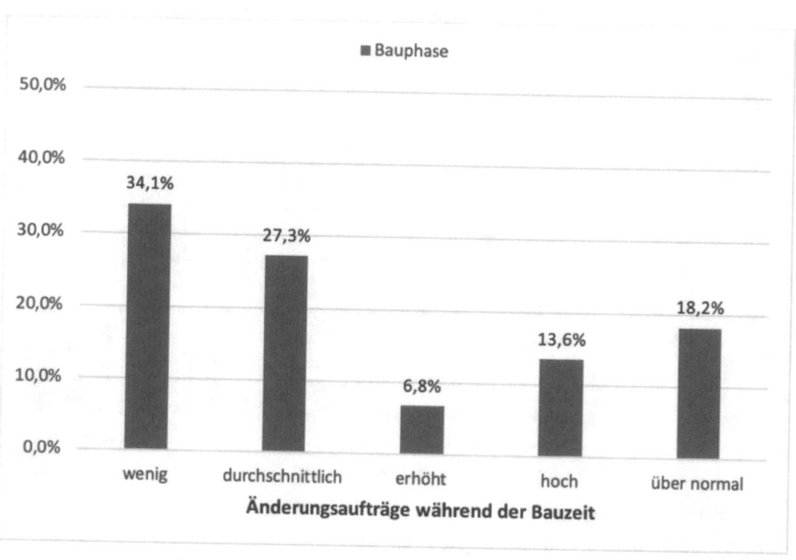

Abb. 140: Anzahl der Änderungsaufträge während der Bauzeit.

Zusammenfassend betrachtet liegt bei knapp zwei Dritteln der Stichprobenprojekte (61,4 %) die Anzahl der Änderungsaufträge (Nachträge) während der Bauzeit in dem Bereich von wenig (0-9) bis durchschnittlich (10-29). Bei einem Drittel der Stichprobenprojekte (31,8 %) liegt die Anzahl der Änderungsaufträge (Nachträge) während der Bauzeit in einem hohen (50-100) bis über normalem (> 100) Bereich liegen.

7.2 Inferenzstatistische Ergebnisse

Die inferenzstatistischen (hypothesenprüfenden) Ergebnisse zeigen die Zusammenhänge zwischen den in Kap. 6.2.1 definierten Variablen unter

Rückbezug auf die in Kap. 5.3 aufgestellten Hypothesen. Die gesamte SPSS-Ausgabedatei (.spv) ist im Datenband dokumentiert.

7.2.1 Hypothese 1

Ausgangspunkt für die Untersuchung ist die Annahme, dass die aktive Beteiligung des Fachplaners Tragwerk (Variable x_{14}), der Fachplaner TGA (Variable x_{15}) und des Bauunternehmers (Variable x_{16}) am Entwurfs- und Planungsprozess des Architekten, auf der Grundlage eines visualisierten und konsistenten BIM-Bauwerksinformationsmodells, zu einer Reduzierung der Anzahl von RFIs (Variable y_5) führt.

Es war kein Parametrisches Modell (GLM/GEE) möglich. Durch *Somers-d-Tests* (vgl. Kap. 6.3.3) wurde mit Hilfe von *SPSS Statistics* die Stärke und Richtung der Beziehung zwischen den unabhängigen Variablen x_{14}, x_{15}, x_{16} und der abhängigen Variable y_5 gemessen. Die Formel mit y als Antwortvariable lautet:

$$d_{YX} = \frac{\mathrm{C} - \mathrm{D}}{0{,}5\, n_{+\,+}(n_{+\,+} - 1) - T_X}$$

Die Ergebnisse (s. Tab. 73) zeigen, dass die aktive Beteiligung des Fachplaners Tragwerk am Entwurfs- und Planungsprozess des Architekten (Variable x_{14}) in der Planungsphase einen schwachen (d= 0,260), statistisch nicht signifikanten (p = 0,168) Zusammenhang mit der Anzahl der RFIs (Variable y_5) aufweist. In der Konzeptphase ist der Zusammenhang geringfügig schwächer (d = 0,107) und ebenfalls statistisch nicht signifikant (p = 0,693).

Phase			Wert	p
Konzeptphase	Somers-d	Anzahl RFIs	.107	.693
Planungsphase	Somers-d	Anzahl RFIs	.260	.168
Gesamt	Somers-d	Anzahl RFIs	.208	.181

Tab. 73: Somers-d-Richtungsmaße zur Anzahl der RFIs (Variable y_5) bezogen auf die Beteiligung des Fachplaners Tragwerk (Variable x_{14}).

Die Ergebnisse (s. Tab. 74) zeigen, dass die aktive Beteiligung der Fachplaner TGA am Entwurfs- und Planungsprozess des Architekten (Variable x_{15}) in der Konzeptphase einen sehr schwachen (d = 0,107), statistisch nicht signifikanten (p = 0,693) Zusammenhang mit der Anzahl der RFIs (Variable y_5) aufweist. In der Planungsphase ist dieser Zusammenhang noch etwas schwächer (d = 0,080) und ebenfalls statistisch nicht signifikant (p = 0,567).

Phase			Wert	p
Konzeptphase	Somers-d	Anzahl RFIs	.107	.693
Planungsphase	Somers-d	Anzahl RFIs	.080	.567
Gesamt	Somers-d	Anzahl RFIs	.068	.580

Tab. 74: Somers-d-Richtungsmaße zur Anzahl der RFIs (Variable y_5) bezogen auf die Beteiligung der Fachplaner TGA (Variable x_{15}).

Die Ergebnisse (s. Tab. 75) zeigen, dass die aktive Beteiligung des Bauunternehmers am Entwurfs- und Planungsprozess des Architekten (Variable x_{16}) in der Konzeptphase einen sehr schwachen (d= 0,296), statistisch nicht signifikanten (p = 0,224) Zusammenhang mit der Anzahl der RFIs (Variable y_5) aufweist. In der Planungsphase stellt sich dieser Zusammenhang ähnlich schwach (d = 0,288), aber statistisch signifikant (p = 0,025) dar. In der Ausschreibungsphase steigt dieser Zusammenhang auf ein mittleres Niveau an (d = 0,479) und wird statistisch hoch signifikant (p = 0,018).

Phase			Wert	p
Konzeptphase	Somers-d	Anzahl RFIs	.296	.224
Planungsphase	Somers-d	Anzahl RFIs	.288	.025
Ausschreibungsphase	Somers-d	Anzahl RFIs	.479	.018
Gesamt	Somers-d	Anzahl RFIs	.311	.000

Tab. 75: Somers-d-Richtungsmaße zur Anzahl der RFIs (Variable y_5) bezogen auf die Beteiligung des Bauunternehmers (Variable x_{16}).

Die Analyse hat ergeben, dass die aktive Beteiligung des Fachplaners Tragwerk und der Fachplaner TGA am Entwurfs- und Planungsprozess des Architekten in der untersuchten Stichprobe keinen statistisch signifikanten Einfluss auf die Anzahl der RFIs hat. Gleichwohl wurde bei den Tragwerksplanern ein schwach positiver Zusammenhang in der Planungsphase (d =

0,260) festgestellt. Das heißt, mit zunehmender Beteiligung des Fachplaners Tragwerk steigt die Anzahl der RFIs. Die aktive Beteiligung des Bauunternehmers am Entwurfs- und Planungsprozess des Architekten weist in der Planungsphase einen statistisch signifikanten und in der Ausschreibungsphase sogar einen statistisch hoch signifikanten Einfluss auf die Anzahl der RFIs auf. Das heißt, mit zunehmender Beteiligung des Bauunternehmers steigt die Anzahl der RFIs in der Konzeptphase (d = 0,296) und in der Planungsphase (d = 0,288) an. In der Ausschreibungsphase (d = 0,479) steigt die Anzahl der RFIs nochmals deutlich an.

Damit wird die Nullhypothese, nämlich dass kein Zusammenhang besteht, für die aktive Beteiligung des Fachplaners Tragwerk und der Fachplaner TGA angenommen und für die aktive Beteiligung des Bauunternehmers für die Planungs- und Ausschreibungsphase verworfen (s. Abb. 141). Die Alternativhypothese, dass die aktive Beteiligung des Fachplaners Tragwerk, der Fachplaner TGA und des Bauunternehmers am Entwurfs- und Planungsprozess des Architekten, auf der Grundlage eines visualisierten und konsistenten BIM-Bauwerksinformationsmodells, zu einer Reduzierung der Anzahl von RFIs führt wird verworfen.

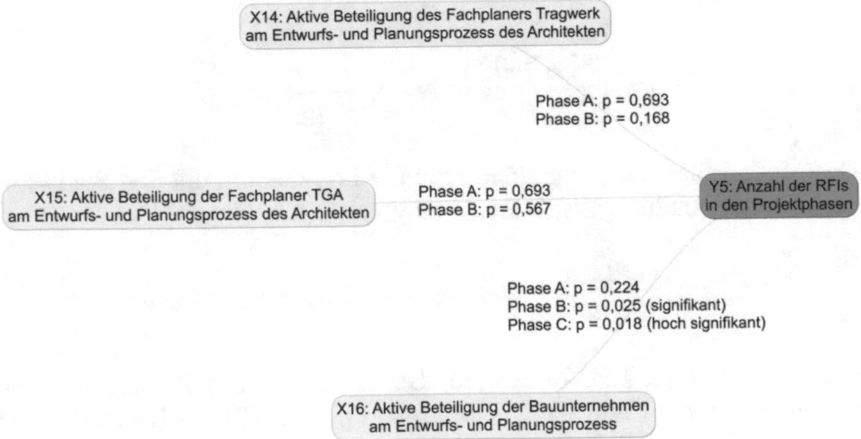

X14: Aktive Beteiligung des Fachplaners Tragwerk am Entwurfs- und Planungsprozess des Architekten

Phase A: p = 0,693
Phase B: p = 0,168

X15: Aktive Beteiligung der Fachplaner TGA am Entwurfs- und Planungsprozess des Architekten

Phase A: p = 0,693
Phase B: p = 0,567

Y5: Anzahl der RFIs in den Projektphasen

Phase A: p = 0,224
Phase B: p = 0,025 (signifikant)
Phase C: p = 0,018 (hoch signifikant)

X16: Aktive Beteiligung der Bauunternehmen am Entwurfs- und Planungsprozess

Abb. 141: Schaubild Hypothesentest 1

7.2.2 *Hypothese 2*

Ausgangspunkt für die Untersuchung ist die Annahme, dass die aktive Beteiligung des Bauherrn (Variable x_{13}), des Facility Managers (Variable x_{17}) und des Bauwerksnutzers (Variable x_{18}) am Entwurfs- und Planungsprozess des Architekten, auf der Grundlage eines visualisierten und konsistenten BIM-Bauwerksinformationsmodells, zu einer Reduzierung von Mehrfacheingaben infolge rückwirkender Planungsänderungen (Variable y_3) in der Konzept- und Planungsphase führt. Die Anzahl der RFIs (Variable y_5) wurde als Kontrollvariable in das Modell aufgenommen, da dieser Einfluss in der Praxis erfahrungsgemäß häufig zu Mehrfacheingaben infolge rückwirkender Planungsänderungen führen soll.

Mit einem Verallgemeinerten linearen Modell (vgl. Kap. 6.3.3) wurde mit Hilfe von *SPSS Statistics* der Einfluss der unabhängigen Variablen x_{13}, x_{17} und x_{18} auf die abhängige Variable y_3 untersucht. Es wurde ein multinomiales Logit-Link Modell verwendet, mit dem der Logarithmus der kategorialen Variablen, also die Verteilungseigenschaften modelliert wurden. Dies ist eine spezielle Form der logistischen Regression, bei der die Antwortvariable y_i ein nominales Skalenniveau mit mehr als zwei Ausprägungen haben darf.

$$\log\left(\frac{P(y_i = 1)}{P(y_i = 0)}\right) = \log\left(\frac{\mu_i}{1 - \mu_i}\right) = x_i'\beta$$

Das Modell für binäre Variablen setzt die Log-Quoten mit den Prädiktorvariablen folgendermaßen in Beziehung:

$$\log\left(\frac{\mu_i}{1 - \mu_i}\right) = \alpha + \beta_1 x_1 + \beta_2 x_2 + \cdots + \beta_k x_k$$

Die Ergebnisse (s. Tab. 76) zeigen, dass die aktive Beteiligung der Bauherren (p = 0,876) und Facility Manager (p = 0,272) am Entwurfs- und Planungsprozess des Architekten keinen statistisch signifikanten Zusammenhang mit der Häufigkeit von Mehrfacheingaben infolge rückwirkender Planungsänderungen aufweisen. Die aktive Beteiligung der Nutzer am Entwurfs- und Planungsprozess des Architekten weist einen schwachen, aber statistisch nicht signifikanten (p = 0,052) Zusammenhang mit der Häufigkeit von Mehrfacheingaben infolge rückwirkender Planungsänderungen auf. Die Chi-Quadrat-Teststatistik (χ^2) bestätigt diese Aussage: Der Wert für die Bauherren (0,025) zeigt eine sehr geringe Abhängigkeit, der Wert für die Facility Manager (1,205) eine etwas höhere Abhängigkeit und der Wert für die Nutzer (3,791) eine relativ starke Abhängigkeit.

Quelle	X^2	df	p
Phase	.172	1	.678
Beteiligung Bauherr	.025	1	.876
Beteiligung Facility Manager	1.205	1	.272
Beteiligung Nutzer	3.791	1	.052

Tab. 76: Tests der Modelleffekte zur Häufigkeit von Mehrfacheingaben infolge rückwirkender Planungsänderungen (Variable y_3) bezogen auf die aktive Beteiligung des Bauherrn (Variable x_{13}), des Facility Managers (Variable x_{17}) und des Nutzers (Variable x_{18}).

Durch einen *Somers-d-Test* (vgl. Kap. 6.3.3) wurde mit Hilfe von *SPSS Statistics* die Stärke und Richtung der Beziehung zwischen der Kontrollvariable y_5 (Anzahl der RFIs) und der abhängige Variable y_3 (Häufigkeit von Mehrfacheingaben infolge rückwirkender Planungsänderungen) gemessen. Die Formel mit y als Antwortvariable lautet:

$$d_{YX} = \frac{\mathrm{C} - \mathrm{D}}{0{,}5\, n_{+\,+}(n_{+\,+} - 1) - T_X}$$

Die Ergebnisse (s. Tab. 77) zeigen, dass die Anzahl der RFIs in der Konzeptphase einen mittleren (d = 0,510), statistisch hoch signifikanten (p ≤ 0,000) Zusammenhang mit der Häufigkeit von Mehrfacheingaben infolge rückwirkender Planungsänderungen aufweist. In der Planungsphase ist der Zusammenhang zwar etwas schwächer (d = 0,331), aber ebenfalls statistisch hoch signifikant (p = 0,001).

Phase			Wert	p
Konzeptphase	Somers-d	Häufigkeit Mehrfacheingaben	.510	.000
Planungsphase	Somers-d	Häufigkeit Mehrfacheingaben	.331	.001
Gesamt	Somers-d	Häufigkeit Mehrfacheingaben	.380	.000

Tab. 77: Somers-d-Richtungsmaße zur Anzahl der RFIs (Variable y_5) bezogen auf die Häufigkeit von Mehrfacheingaben infolge rückwirkender Planungsänderungen (Variable y_3).

Die Analyse hat ergeben, dass die Beteiligung der Bauherren, der Facility Manager und der Nutzer am Entwurfs- und Planungsprozess des Architekten in der untersuchten Stichprobe keinen statistisch signifikanten Einfluss auf die Häufigkeit von Mehrfacheingaben infolge rückwirkender Planungsänderungen hat. Die aktive Beteiligung der Nutzer am Entwurfs- und Planungsprozess des Architekten zeigte indes einen schwach positiven, aber statistisch nicht signifikanten Effekt. Das heißt, mit zunehmender Beteiligung des Nutzers steigt die Häufigkeit von Mehrfacheingaben infolge rückwirkender Planungsänderungen. Die Kontrollvariable (Anzahl der RFIs) weist sowohl in der Konzeptphase als auch in der Planungsphase einen statistisch hoch signifikanten Zusammenhang mit der Häufigkeit von Mehrfacheingaben infolge rückwirkender Planungsänderungen auf. Das heißt, mit zunehmender Anzahl der RFIs steigt die Häufigkeit von Mehrfacheingaben infolge rückwirkender Planungsänderungen in der Konzept- und Planungsphase.

Damit wird die Nullhypothese, nämlich dass kein Zusammenhang besteht, für die aktive Beteiligung des Bauherrn, des Facility Managers und des Nutzers angenommen. Die Alternativhypothese, dass die aktive Beteiligung des Bauherrn, des Facility Managers und des späteren Bauwerksnutzers am Entwurfs- und Planungsprozess des Architekten, auf der Grundlage eines visualisierten und konsistenten BIM-Bauwerksinformationsmodells, zu einer Reduzierung von Mehrfacheingaben infolge rückwirkender Planungsänderungen in der Konzept- und Planungsphase führt wird verworfen (s. Abb. 142).

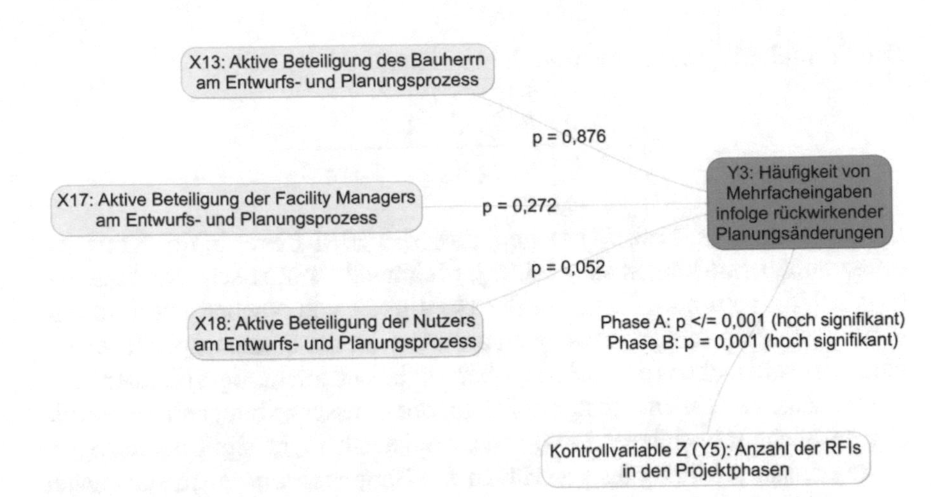

Abb. 142: Schaubild Hypothesentest 2

7.2.3 Hypothese 3

Ausgangspunkt für die Untersuchung ist die Annahme, dass ein höheres BIM-Level im Projekt (Variable x_7), die aktive Beteiligung des Fachplaners Tragwerk (Variable x_{14}) und der Fachplaner TGA (Variable x_{15}) am Entwurfs- und Planungsprozess des Architekten, auf der Grundlage eines konsistenten und visualisierten BIM-Bauwerksinformationsmodells, zu einer Reduzierung von Nacharbeiten infolge Planungsfehlern und Auslassungen (Variable y_4) führt. Die Häufigkeit von Mehrfacheingaben infolge rückwirkender Planungsänderungen (Variable y_3) wurde als Kontrollvariable in das Modell aufgenommen, da dieser Einfluss in der Praxis häufig zu Nacharbeiten infolge Planungsfehlern und Auslassungen führen soll.

Kein Parametrisches Modell (GLM/GEE) möglich. Durch *Somers-d-Tests* (vgl. Kap. 6.3.3) wurde mit Hilfe von *SPSS Statistics* die Stärke und Richtung der Beziehung zwischen den unabhängigen Variablen x_7, x_{14}, x_{15} und der abhängigen Variable y_4 gemessen.

Die Formel mit y als Antwortvariable lautet:

$$d_{YX} = \frac{C - D}{0{,}5\, n_{++}(n_{++} - 1) - T_X}$$

Die Ergebnisse (s. Tab. 78) zeigen, dass das BIM-Level in der Konzeptphase annähernd keinen (d = 0,005), gleichwohl statistisch signifikanten (p = 0,976) Zusammenhang mit der Häufigkeit von Nacharbeiten infolge Planungsfehlern und Auslassungen aufweist. In der Planungsphase wurde dann ein schwacher (d = 0,196), aber statistisch nicht signifikanter (p = 0,078) Zusammenhang festgestellt. In der Ausschreibungsphase wurde ebenfalls ein schwacher (d = 0,140), statistisch nicht signifikanter (p = 0,285) Zusammenhang festgestellt. In der Bauphase wurde ein schwacher (d = 0,197), statistisch nicht signifikanter (p = 0,167) Zusammenhang festgestellt.

Phase			Wert	p
Konzeptphase	Somers-d	Häufigkeit Nachbearbeitung	.005	.976
Planungsphase	Somers-d	Häufigkeit Nachbearbeitung	.196	.078
Ausschreibungsphase	Somers-d	Häufigkeit Nachbearbeitung	.140	.285
Bauphase	Somers-d	Häufigkeit Nachbearbeitung	.197	.167
Gesamt	Somers-d	Häufigkeit Nachbearbeitung	.160	.014

Tab. 78: Somers-d-Richtungsmaße zur Häufigkeit von Nacharbeiten infolge Planungsfehlern und Auslassungen (Variable y_4) bezogen auf die BIM-Level (Variable x_7).

Die Ergebnisse (s. Tab. 79) zeigen, dass die aktive Beteiligung des Fachplaners Tragwerk in der Konzeptphase einen schwach gegenläufigen (d = -0,467), statistisch nicht signifikanten (p = 0,080) Zusammenhang mit der Häufigkeit von Nacharbeiten infolge Planungsfehlern und Auslassungen aufweist. In der Planungsphase wurde ein schwach positiver (d = 0,292), statistisch nicht signifikanter (p = 0,123) Zusammenhang festgestellt.

Phase			Wert	p
Konzeptphase	Somers-d	Häufigkeit Nachbearbeitung	-.467	.080
Planungsphase	Somers-d	Häufigkeit Nachbearbeitung	.292	.123
Gesamt	Somers-d	Häufigkeit Nachbearbeitung	.041	.782

Tab. 79: Somers-d-Richtungsmaße zur Häufigkeit von Nacharbeiten infolge Planungsfehlern und Auslassungen (Variable y_4) bezogen auf die Beteiligung des Fachplaners Tragwerk (Variable x_{14}).

Die Ergebnisse (s. Tab. 80) zeigen, dass die aktive Beteiligung der Fachplaner TGA in der Konzeptphase ebenso einen schwach gegenläufigen (d = -0,273), statistisch nicht signifikanten (p = 0,315) Zusammenhang mit der Häufigkeit von Nacharbeiten infolge Planungsfehlern und Auslassungen aufweist. In der Planungsphase wurde ein schwach positiver (d = 0,105), statistisch nicht signifikanter (p = 0,470) Zusammenhang festgestellt.

Phase			Wert	p
Konzeptphase	Somers-d	Häufigkeit Nachbearbeitung	-.273	.315
Planungsphase	Somers-d	Häufigkeit Nachbearbeitung	.105	.470
Gesamt	Somers-d	Häufigkeit Nachbearbeitung	.003	.984

Tab. 80: Somers-d-Richtungsmaße zur Häufigkeit von Nacharbeiten infolge Planungsfehlern und Auslassungen (Variable y_4) bezogen auf die Beteiligung der Fachplaner TGA (Variable x_{15}).

Ebenfalls durch *Somers-d-Tests* wurde mit Hilfe von *SPSS Statistics* die Stärke und Richtung der Beziehung zwischen der Kontrollvariable y_3 (Häufigkeit von Mehrfacheingaben infolge rückwirkender Planungsänderungen) und der abhängigen Variable y_4 (Häufigkeit von Nacharbeiten infolge Planungsfehlern und Auslassungen) gemessen.

Die Formel mit *y* als Antwortvariable lautet:

$$d_{YX} = \frac{\mathrm{C} - \mathrm{D}}{0{,}5\, n_{++}(n_{++} - 1) - T_X}$$

Die Ergebnisse (s. Tab. 81) zeigen, dass die Kontrollvariable y_3 (Häufigkeit von Mehrfacheingaben infolge rückwirkender Planungsänderungen) in der Konzeptphase einen mittleren (d= 0,436), statistisch hoch signifikanten (p = 0,001) Zusammenhang mit der Häufigkeit von Mehrfacheingaben infolge rückwirkender Planungsänderungen aufweist. In der Planungsphase ist der Zusammenhang etwas schwächer (d = 0,339), aber immer noch statistisch hoch signifikant ($p \leq 0,000$).

Phase			Wert	p
Konzeptphase	Somers-d	Häufigkeit Nachbearbeitung	.436	.001
Planungsphase	Somers-d	Häufigkeit Nachbearbeitung	.339	.000
Gesamt	Somers-d	Häufigkeit Nachbearbeitung	.360	.000

Tab. 81: Somers-d-Richtungsmaße zur Häufigkeit von Nacharbeiten infolge Planungsfehlern und Auslassungen (Variable y_4) bezogen auf die Häufigkeit von Mehrfacheingaben infolge rückwirkender Planungsänderungen (Variable y_3).

Die Analyse hat ergeben, dass das BIM-Level, die aktive Beteiligung des Fachplaners Tragwerk und der Fachplaner TGA am Entwurfs- und Planungsprozess des Architekten in der untersuchten Stichprobe keinen statistisch signifikanten Einfluss auf die Häufigkeit von Nacharbeiten infolge Planungsfehlern und Auslassungen haben. Gleichwohl wurde ein schwach gegenläufiger Zusammenhang bei der aktiven Beteiligung des Fachplaners Tragwerk (-0,467) und der aktiven Beteiligung der Fachplaner TGA (-0,273) in der Konzeptphase festgestellt. Das heißt, mit zunehmender Beteiligung des Fachplaners Tragwerk und der Fachplaner TGA am Entwurfs- und Planungsprozess des Architekten vermindert sich in der Konzeptphase die Häufigkeit von Nacharbeiten infolge Planungsfehlern und Auslassungen. Die Kontrollvariable y_3 (Häufigkeit von Mehrfacheingaben infolge rückwirkender Planungsänderungen) weist sowohl in der Konzeptphase als auch in der Planungsphase einen statistisch hoch signifikanten Zusammenhang mit der Häufigkeit von Nacharbeiten infolge Planungsfehlern und Auslassungen auf. Das heißt, mit zunehmender Häufigkeit von Mehrfacheingaben infolge rückwirkender Planungsänderungen erhöht sich die Häufigkeit von Nacharbeiten in der Konzept- und Planungsphase.

Damit wird die Nullhypothese, nämlich dass kein Zusammenhang besteht, für das BIM-Level, die aktive Beteiligung des Fachplaners Tragwerk und die aktive Beteiligung der Fachplaner TGA angenommen. Die Alternativhypothese, dass ein höheres BIM-Level im Projekt, die aktive Beteiligung des Fachplaners Tragwerk und der Fachplaner TGA am Entwurfs- und Planungsprozess des Architekten, auf der Grundlage eines konsistenten und visualisierten BIM-Bauwerksinformationsmodells, zu einer Reduzierung von Nacharbeiten infolge Planungsfehlern und Auslassungen wird verworfen (s. Abb. 143).

Es zeigen sich jedoch erste Anhaltspunkte dafür, dass die aktive Beteiligung des Fachplaners Tragwerk und der Fachplaner TGA am Entwurfs- und Planungsprozess des Architekten, auf der Grundlage eines konsistenten und visualisierten BIM-Modells, zu einer Reduzierung von Nacharbeiten infolge Planungsfehlern und Auslassungen in der Konzeptphase führen kann.

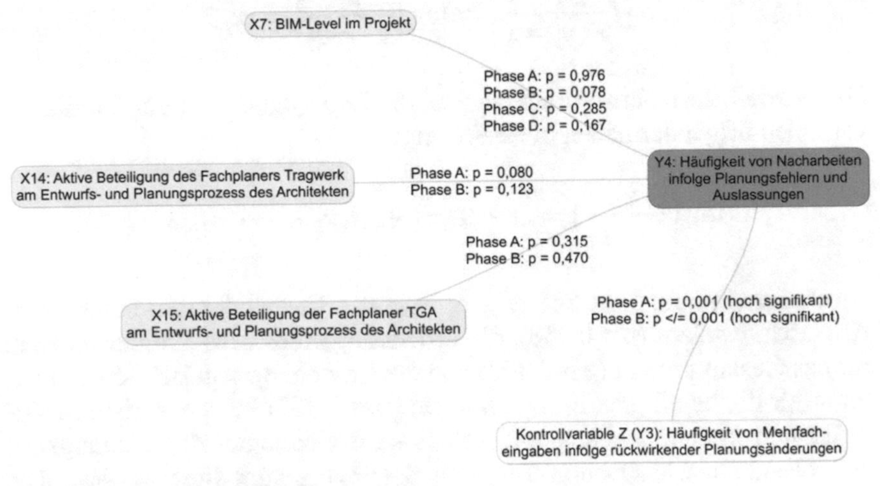

Abb. 143: Schaubild Hypothesentest 3

7.2.4 Hypothese 4

Ausgangspunkt für die Untersuchung ist die Annahme, dass das Vorhandensein eines BIM-Abwicklungsplans (Variable x_8), die Ernennung eines BIM-Projektsteuerers für das Gesamtprojekt (Variable x_9) und die Ernennung von BIM-Koordinatoren für die beteiligten Fachplanungen (Variable

x_{10}), durch eine übergeordnete Koordination der BIM-Prozesse sowie geregelte Verantwortlichkeiten und Handlungsabläufe, zu einer Reduzierung von Soll-Ist-Abweichungen der Planungszeit (Variable y_1) führt. Die Häufigkeit von Nacharbeiten infolge Planungsfehlern und Auslassungen (Variable y_4) wurde als Kontrollvariable in das Modell aufgenommen, da dieser Einfluss in der Praxis erfahrungsgemäß häufig zu Soll-Ist-Abweichungen der Planungszeit führen soll.

Mit einem Verallgemeinerten linearen Modell (vgl. Kap. 6.3.3) wurde mit Hilfe von *SPSS Statistics* der Einfluss der unabhängigen Variablen x_8, x_9 und x_{10} auf die abhängige Variable y_1 untersucht. Es wurde ein multinomiales Logit-Link Modell verwendet, mit dem der Logarithmus der kategorialen Variablen folgendermaßen modelliert wurden.

$$\log\left(\frac{P(y_i = 1)}{P(y_i = 0)}\right) = \log\left(\frac{\mu_i}{1 - \mu_i}\right) = x_i'\beta$$

Das Modell für binäre Variablen setzt die Log-Quoten mit den Prädiktorvariablen folgendermaßen in Beziehung:

$$\log\left(\frac{\mu_i}{1 - \mu_i}\right) = \alpha + \beta_1 x_1 + \beta_2 x_2 + \dots + \beta_k x_k$$

Die Ergebnisse (s. Tab. 82) zeigen, dass das Vorhandensein eines BIM-Abwicklungsplans ($p = 0{,}948$), die Ernennung eines BIM-Projektsteuerers für das Gesamtprojekt ($p = 0{,}962$) und die Ernennung von BIM-Koordinatoren für die beteiligten Fachplanungen ($p = 0{,}867$) keinen statistisch signifikanten Zusammenhang mit Soll-Ist-Abweichungen der Planungszeit aufweisen. Die Chi-Quadrat-Teststatistik (χ^2) bestätigt diese Aussage: Die Werte für den BIM-Ablaufplan (0,004) und den BIM-Projektsteuerer (0,002) zeigen nahezu keine Abhängigkeit. Der Wert für die BIM-Koordinatoren (0,028) ist zwar etwas höher, zeigt aber dennoch keine Abhängigkeit.

Quelle	X^2	df	p
Phase	3.219	2	.200
BIM-Ablaufplan	.004	1	.948
BIM-Projektsteuerer	.002	1	.962
BIM-Koordinatoren	.028	1	.867

Tab. 82: Tests der Modelleffekte zu Soll-Ist-Abweichungen in der Planungszeit (Variable y_1) bezogen auf das Vorhandensein eines BIM-Abwicklungsplans (Variable x_8), die Ernennung eines BIM-Projektsteuerers (Variable x_9) und das Einsetzen von den BIM-Koordinatoren (Variable x_{10}).

Durch einen *Somers-d-Test* (vgl. Kap. 6.3.3) wurde mit Hilfe von *SPSS Statistics* die Stärke und Richtung der Beziehung zwischen der Kontrollvariable y_4 (Häufigkeit von Nacharbeiten infolge Planungsfehlern und Auslassungen) und der abhängigen Variable y_1 (Soll-Ist-Abweichungen der Planungszeit) gemessen. Die Formel mit y als Antwortvariable lautet:

$$d_{YX} = \frac{\mathrm{C} - \mathrm{D}}{0{,}5\, n_{+\,+}(n_{+\,+} - 1) - T_X}$$

Die Ergebnisse (s. Tab. 83) zeigen, dass die Häufigkeit von Nacharbeiten infolge Planungsfehlern und Auslassungen in der Konzeptphase einen schwachen (d= 0,104), statistisch nicht signifikanten (p = 0,548) Zusammenhang mit Soll-Ist-Abweichungen der Planungszeit aufweist. In der Planungsphase ist der Zusammenhang deutlich stärker (d = 0,339) und statistisch hoch signifikant (p = 0,001). In der Ausschreibungsphase ist der Zusammenhang ebenfalls deutlich stärker (d = 0,365) und statistisch sehr signifikant (p = 0,003).

Phase			Wert	p
Konzeptphase	Somers-d	Abweichung Planungszeit [d]	.104	.548
Planungsphase	Somers-d	Abweichung Planungszeit [d]	.339	.001
Ausschreibungs-phase	Somers-d	Abweichung Planungszeit [d]	.365	.003
Gesamt	Somers-d	Abweichung Planungszeit [d]	.296	.000

Tab. 83: Somers-d-Richtungsmaße zu Soll-Ist-Abweichungen in der Planungszeit (Variable y_1) bezogen auf die Häufigkeit von Nacharbeiten (Variable y_4).

Die Analyse hat ergeben, dass das Vorhandensein eines BIM-Abwicklungsplans, die Ernennung eines BIM-Projektsteuerers für das Gesamtprojekt und die Ernennung von BIM-Koordinatoren für die beteiligten Fachplanungen in der untersuchten Stichprobe keinen statistisch signifikanten Einfluss auf Soll-Ist-Abweichungen der Planungszeit haben. Die Kontrollvariable (Häufigkeit von Nacharbeiten infolge Planungsfehlern und Auslassungen) weist in der Planungsphase einen statistisch hoch signifikanten Zusammenhang mit den Abweichungen in der Planungszeit auf. In der Ausschreibungsphase ist dieser Zusammenhang immer noch statistisch sehr signifikant.

Das heißt, mit zunehmender Häufigkeit von Nacharbeiten infolge Planungsfehlern und Auslassungen erhöhen sich die Soll-Ist-Abweichungen der Planungszeit in der Planungsphase stärker als in der Ausschreibungsphase.

Die Nullhypothese, nämlich dass kein Zusammenhang besteht, wird für das Vorhandensein eines BIM-Abwicklungsplans, die Ernennung eines BIM-Projektsteuerers für das Gesamtprojekt und die Ernennung von BIM-Koordinatoren für die beteiligten Fachplanungen angenommen. Die Alternativhypothese, dass das Vorhandensein eines BIM-Abwicklungsplans, die Ernennung eines BIM-Projektsteuerers für das Gesamtprojekt und die Ernennung vom BIM-Koordinatoren für die beteiligten Fachplanungen, durch eine übergeordnete Koordination der BIM-Prozesse sowie geregelte Verantwortlichkeiten und Handlungsabläufe, zu einer Reduzierung von Abweichungen in der Planungszeit führt wird verworfen (s. Abb. 144).

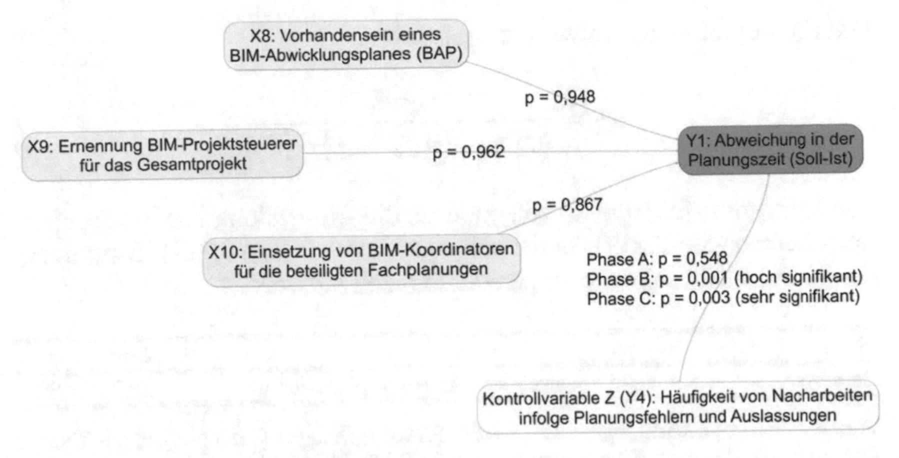

Abb. 144: Schaubild Hypothesentest 4

7.2.5 *Hypothese 5*

Ausgangspunkt für die Untersuchung ist die Annahme, dass die Anwendung von 4D-BIM (Variable x_{11}), durch intelligente Bauteil-Zeit-Verknüpfungen, zu einer Reduzierung von Soll-Ist-Abweichungen in der Bauzeit (Variable y_2) führt. Die Häufigkeit von Nacharbeiten infolge Planungsfehlern und Auslassungen (Variable y_4) und die Anzahl der Änderungsaufträge (Nachträge) während der Bauzeit (Variable y_6) wurden als Kontrollvariable in das Modell aufgenommen, da diese Einflüsse in der Praxis erfahrungsgemäß häufig zu Soll-Ist-Abweichungen der Bauzeit führen sollen.

Kein Parametrisches Modell (GLM/GEE) möglich. Durch *Somers-d-Tests* (vgl. Kap. 6.3.3) wurde mit Hilfe von *SPSS Statistics* die Stärke und Richtung der Beziehung zwischen den unabhängigen Variablen x_{11} und der abhängigen Variable y_2 gemessen.

Die Formel mit y als Antwortvariable lautet:

$$d_{YX} = \frac{C - D}{0{,}5\, n_{++}(n_{++} - 1) - T_X}$$

Die Ergebnisse (s. Tab. 84) zeigen, dass die Anwendung von 4D-BIM nahezu keinen (d = 0,059), statistisch signifikanten (p = 0,771) Zusammenhang mit Soll-Ist-Abweichungen der Bauzeit aufweist.

Phase			Wert	p
Bauphase	Somers-d	Abweichung Bauzeit [d] dichotom	.059	.771

Tab. 84: Somers-d-Richtungsmaße zu Soll-Ist-Abweichungen (dichotom) in der Bauzeit (Variable y_2) bezogen auf die Anwendung von 4D-BIM (Variable x_{11}).

Ebenfalls durch *Somers-d-Tests* mit Hilfe von *SPSS Statistics* wurden die Stärke und Richtung der Beziehung zwischen der Kontrollvariablen y_4 (Häufigkeit von Nacharbeiten infolge Planungsfehlern und Auslassungen) sowie y_6 (Anzahl der Änderungsaufträge während der Bauzeit) und der abhängigen Variable y_2 (Soll-Ist-Abweichungen der Bauzeit) gemessen.

Die Ergebnisse (s. Tab. 85) zeigen, dass die Kontrollvariable y_4 (Häufigkeit von Nacharbeiten infolge Planungsfehlern und Auslassungen) nahezu keinen (d = 0,177), statistisch signifikanten (p = 0,102) Zusammenhang mit Soll-Ist-Abweichungen der Bauzeit aufweist.

Phase			Wert	p
Bauphase	Somers-d	Abweichung Bauzeit [d] dichotom	.177	.102

Tab. 85: Somers-d-Richtungsmaße zu Abweichungen (dichotom) in der Bauzeit (Variable y_2) bezogen auf die Häufigkeit von Nacharbeiten infolge Planungsfehlern und Auslassungen (Variable y_4).

Die Ergebnisse (s. Tab. 86) zeigen, dass die Kontrollvariable y_6 (Anzahl der Änderungsaufträge während der Bauzeit) einen sehr schwach gegenläufigen (d = -0,019), statistisch signifikanten (p = 0,870) Zusammenhang mit Soll-Ist-Abweichungen der Bauzeit aufweist.

Phase			Wert	p
Bauphase	Somers-d	Abweichung Bauzeit [d] dichotom	-.019	.870

Tab. 86: Somers-d-Richtungsmaße zu Abweichungen (dichotom) in der Bauzeit (Variable y_2) bezogen auf die Anzahl der Änderungsaufträge (Nachträge) während der Bauzeit (Variable y_6).

Die Analyse hat ergeben, dass die Anwendung von 4D-BIM in der untersuchten Stichprobe keinen statistisch signifikanten Einfluss auf Soll-Ist-Abweichungen der Bauzeit hat (s. Abb. 145). Ebenso weisen die Kontrollvariablen y_4 (Häufigkeit von Nacharbeiten infolge Planungsfehlern und Auslassungen) und y_6 (Anzahl der Änderungsaufträge während der Bauzeit) keinen statistisch signifikanten Einfluss auf Soll-Ist-Abweichungen der Bauzeit auf.

Damit wird die Nullhypothese, nämlich dass kein Zusammenhang besteht, für die Anwendung von 4D-BIM angenommen. Die Alternativhypothese, dass die Anwendung von 4D-BIM, durch intelligente Bauteil-Zeit-Verknüpfungen, zu einer Reduzierung von Abweichungen in der Bauzeit führt wird verworfen.

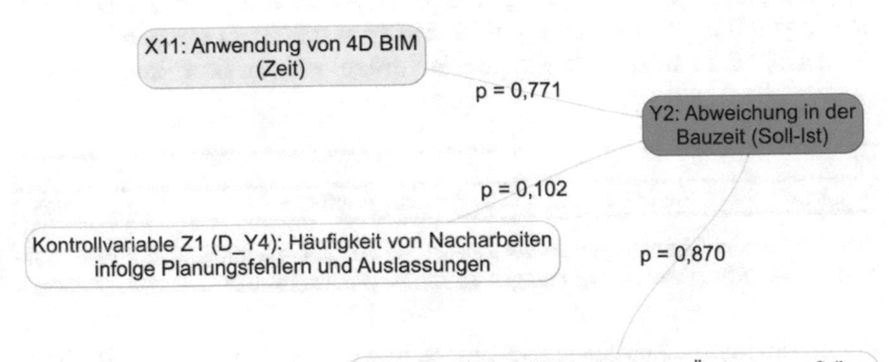

Abb. 145: Schaubild Hypothesentest 5

7.2.6 *Hypothese 6*

Ausgangspunkt für die Untersuchung ist die Annahme, dass die Anwendung von 5D-BIM (Variable x_{12}), durch intelligente Bauteil-Zeit-Kosten Verknüpfungen, zu einer Reduzierung der Änderungsaufträge (Nachträge) während der Bauphase (Variable y_6) führt. Die Häufigkeit von Nacharbeiten infolge Planungsfehlern und Auslassungen (Variable y_4) wurde als Kontrollvariable in das Modell aufgenommen, da dieser Einfluss in der Praxis erfahrungsgemäß häufig zu Soll-Ist-Abweichungen der Bauzeit führen sollen.

Kein Parametrisches Modell (GLM/GEE) möglich. Durch *Somers-d-Tests* (vgl. Kap. 6.3.3) wurde mit Hilfe von *SPSS Statistics* die Stärke und Richtung der Beziehung zwischen den unabhängigen Variablen x_{12} und der abhängigen Variable y_6 gemessen. Die Formel mit y als Antwortvariable lautet:

$$d_{YX} = \frac{\mathrm{C} - \mathrm{D}}{0{,}5\, n_{++}(n_{++} - 1) - T_X}$$

Die Ergebnisse (s. Tab. 87) zeigen, dass die Anwendung von 5D-BIM keinen (d = 0,025), statistisch signifikanten (p = 0,918) Zusammenhang mit der Anzahl der Änderungsaufträge (Nachträge) während der Bauphase aufweist.

Phase			Wert	p
Bauphase	Somers-d	Anzahl der Änderungsaufträge	.025	.918

Tab. 87: Somers-d-Richtungsmaße zur Anzahl der Änderungsaufträge (Nachträge) während der Bauphase (Variable y_6) bezogen auf die Anwendung von 5D-BIM (Variable x_{12}).

Ebenfalls durch einen *Somers-d-Test* wurde mit Hilfe von *SPSS Statistics* die Stärke und Richtung der Beziehung zwischen der Kontrollvariable y_4 (Häufigkeit von Nacharbeiten infolge Planungsfehlern und Auslassungen) und der abhängigen Variable y_6 (Anzahl der Änderungsaufträge) gemessen.

Die Formel mit y als Antwortvariable lautet:

$$d_{YX} = \frac{C - D}{0{,}5\, n_{++}(n_{++} - 1) - T_X}$$

Die Ergebnisse (s. Tab. 88) zeigen, dass die Kontrollvariable y_4 einen schwachen (d = 0,348), aber statistisch sehr signifikanten (p = 0,003) Zusammenhang mit der Anzahl der Änderungsaufträge (Nachträge) während der Bauphase aufweist.

Phase			Wert	p
Bauphase	Somers-d	Anzahl der Änderungsaufträge	.348	.003

Tab. 88: Somers-d-Richtungsmaße zur Anzahl der Änderungsaufträge (Nachträge) während der Bauphase (Variable y_6) bezogen auf die Häufigkeit von Nacharbeiten infolge Planungsfehlern und Auslassungen (Variable y_4).

Die Analyse hat ergeben, dass die Anwendung von 5D-BIM in der untersuchten Stichprobe keinen statistisch signifikanten Einfluss auf die Anzahl der Änderungsaufträge (Nachträge) während der Bauphase hat. Die Kontrollvariable (Häufigkeit von Nacharbeiten infolge Planungsfehlern und Auslassungen) weist einen schwachen, statistisch sehr signifikanten Zusammenhang mit der Anzahl der Änderungsaufträge (Nachträge) während der Bauphase auf. Das heißt, mit zunehmender Häufigkeit von Nacharbeiten infolge Planungsfehlern und Auslassungen erhöht sich die Anzahl der Änderungsaufträge (Nachträge) während der Bauphase.

Die Nullhypothese, nämlich dass kein Zusammenhang besteht, wird für die Anwendung von 5D-BIM angenommen. Die Alternativhypothese, dass die Anwendung von 5D-BIM, durch intelligente Bauteil-Zeit-Kosten Verknüpfungen, zu einer Reduzierung der Änderungsaufträge (Nachträge) während der Bauphase führt wird verworfen (s. Abb. 146).

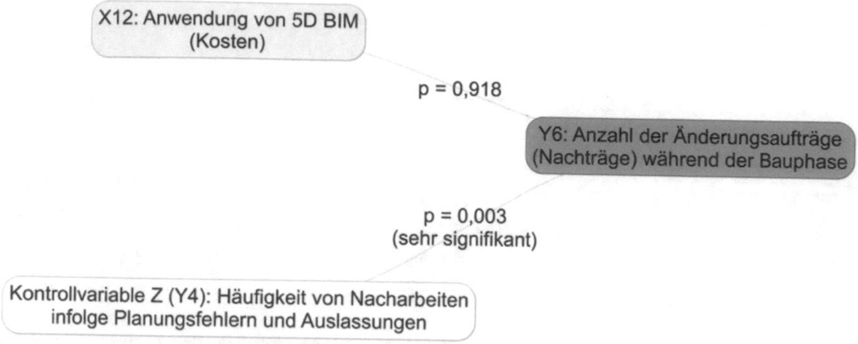

X12: Anwendung von 5D BIM (Kosten)

p = 0,918

Y6: Anzahl der Änderungsaufträge (Nachträge) während der Bauphase

p = 0,003
(sehr signifikant)

Kontrollvariable Z (Y4): Häufigkeit von Nacharbeiten infolge Planungsfehlern und Auslassungen

Abb. 146: Schaubild Hypothesentest 6

7.2.7 Hypothese 7

Ausgangspunkt für die Untersuchung ist die Annahme, dass ein höherer BIM-Reifegrad (Variable x_1) und ein höherer BIM-Level im Projekt (Variable x_7), durch ein gemeinsames und konsistentes Bearbeitungsniveau, zu einer Reduzierung von Soll-Ist-Abweichungen der Planungszeit (Variable y_1) führen. Die Häufigkeit von Nacharbeiten infolge Planungsfehlern und Auslassungen (Variable y_4) wurde als Kontrollvariable in das Modell aufgenommen, da dieser Einfluss in der Praxis erfahrungsgemäß häufig zu Soll-Ist-Abweichungen der Planungszeit führen sollen.

Mit einem Verallgemeinerten linearen Modell (vgl. Kap. 6.3.3) wurde mit Hilfe von *SPSS Statistics* der Einfluss der unabhängigen Variablen x_1 und x_7 sowie der Einfluss der Kontrollvariable y_4 auf die abhängige Variable y_1 untersucht. Es wurde ein multinominales Logit-Link Modell verwendet, mit dem der Logarithmus der kategorialen Variablen, also die Verteilungseigenschaften modelliert wurden.

Es handelt sich um eine spezielle Form der logistischen Regression, bei der die Antwortvariable y_i ein nominales Skalenniveau mit mehr als zwei Ausprägungen haben darf.

$$\log \left(\frac{P(y_i = 1)}{P(y_i = 0)} = \log\left(\frac{\mu_i}{1 - \mu_i}\right) = x_i^{\prime}\beta\right.$$

Das Modell für binäre Variablen setzt die Log-Quoten mit den Prädiktorvariablen folgendermaßen in Beziehung:

$$\log\left(\frac{\mu_i}{1-\mu_i}\right) = \alpha + \beta_1 x_1 + \beta_2 x_2 + \cdots + \beta_k x_k$$

Die Ergebnisse (s. Tab. 89) zeigen, dass der BIM-Reifegrad im Projekt (p = 0,460) und das BIM-Level (p = 0,864) keinen statistisch signifikanten Einfluss auf Soll-Ist-Abweichungen der Planungszeit haben. Die Häufigkeit von Nacharbeiten infolge Planungsfehlern und Auslassungen weist indes einen statistisch hoch signifikanten Einfluss (p = 0,001) auf Soll-Ist-Abweichungen der Planungszeit auf. Die Chi-Quadrat-Teststatistik (χ^2) bestätigt diese Aussage: Der Wert für das BIM-Level (0,029) zeigt quasi keine Abhängigkeit. Der Wert für den BIM-Reifegrad (0,547) ist zwar etwas höher, zeigt aber dennoch keine substanzielle Abhängigkeit. Der Wert für die Häufigkeit von Nacharbeiten infolge Planungsfehlern und Auslassungen (10,601) zeigt indes eine vergleichsweise sehr große Abhängigkeit.

Quelle	X^2	df	p
Phase	2.408	2	.300
BIM-Reifegrad	.547	1	.460
BIM-Level	.029	1	.864
Häufigkeit Nachbearbeitung	10.601	1	.001

Tab. 89: Tests der Modelleffekte zu Abweichungen in der Planungszeit (Variable y_1) bezogen auf den BIM-Reifegrad (Variable x_1), das BIM-Level (Variable x_7) und die Häufigkeit von Nacharbeiten infolge Planungsfehlern und Auslassungen (Variable y_4).

Die Analyse hat ergeben, dass weder der BIM-Reifegrad noch das BIM-Level in der untersuchten Stichprobe einen statistisch signifikanten Einfluss auf Soll-Ist-Abweichungen der Planungszeit haben. Die Kontrollvariable (Häufigkeit von Nacharbeiten infolge Planungsfehlern und Auslassungen) weist indes einen statistisch hoch signifikanten Zusammenhang mit Soll-Ist-Abweichungen der Planungszeit auf. Das heißt, mit zunehmender Häufigkeit von Nacharbeiten infolge Planungsfehlern und Auslassungen erhöhen sich die Soll-Ist-Abweichungen der Planungszeit - dem χ^2-Wert zufolge sogar dramatisch.

Die Nullhypothese, nämlich dass kein Zusammenhang besteht, wird für den BIM-Reifegrad und das BIM-Level angenommen. Die Alternativhypothese, dass ein höherer BIM-Reifegrad und ein höheres BIM-Level im Projekt, durch ein gemeinsames und konsistentes Bearbeitungsniveau, zu einer Reduzierung von Abweichungen in der Planungszeit führen wird verworfen (s. Abb. 147).

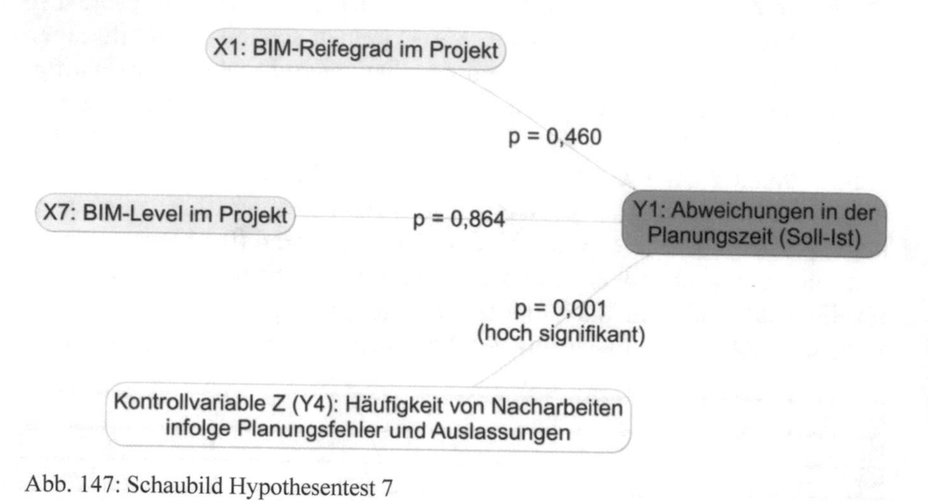

Abb. 147: Schaubild Hypothesentest 7

7.2.8 Hypothese 8

Ausgangspunkt für die Untersuchung ist die Annahme, dass ein höherer BIM-Reifegrad (Variable x_1) und ein höheres BIM-Level im Projekt (Variable x_7), durch ein gemeinsames und konsistentes Bearbeitungsniveau, zu einer Reduzierung von Soll-Ist-Abweichungen der Bauzeit (Variable y_2) führen. Die Anzahl der Änderungsaufträge (Nachträge) während der Bauzeit (Variable y_6) wurde als Kontrollvariable in das Modell aufgenommen, da dieser Einfluss in der Praxis erfahrungsgemäß häufig zu Soll-Ist-Abweichungen der Bauzeit führen sollen.

Mit einem Verallgemeinerten linearen Modell (vgl. Kap. 6.3.3) wurde mit Hilfe von *SPSS Statistics* der Einfluss der unabhängigen Variablen x_1 und x_7 sowie der Einfluss der Kontrollvariable y_6 auf die abhängige Variable y_2 untersucht. Es wurde ein binominales Logit-Modell verwendet, mit dem der Logarithmus der kategorialen Variablen, also die Verteilungseigenschaften modelliert wurden. Es handelt sich um eine spezielle Form der logistischen Regression, bei der die Antwortvariable y_i ein nominales Skalenniveau mit mehr als zwei Ausprägungen haben darf.

$$\log\left(\frac{P(y_i = 1)}{P(y_i = 0)}\right) = \log\left(\frac{\mu_i}{1 - \mu_i}\right) = x_i'\beta$$

Das Modell für binäre Variablen setzt die Log-Quoten mit den Prädiktorvariablen folgendermaßen in Beziehung:

$$\log\left(\frac{\mu_i}{1 - \mu_i}\right) = \alpha + \beta_1 x_1 + \beta_2 x_2 + \cdots + \beta_k x_k$$

Die Ergebnisse (s. Tab. 90) zeigen, dass weder der BIM-Reifegrad (p = 0,921) noch das BIM-Level (p = 0,530) im Projekt einen statistisch signifikanten Einfluss auf Soll-Ist-Abweichungen der Bauzeit haben. Die Anzahl der Änderungsaufträge (Nachträge) während der Bauzeit weist ebenfalls keinen statistisch signifikanten Einfluss (p = 0,808) auf Soll-Ist-Abweichungen der Bauzeit auf. Die Chi-Quadrat-Teststatistik (χ^2) bestätigt diese Aussage: der Wert für den BIM-Reifegrad (0,010) zeigt quasi keine Abhängigkeit. Der Wert für das BIM-Level (0,394) ist zwar etwas höher, zeigt aber dennoch keine substanzielle Abhängigkeit. Der Wert für die Häufigkeit von Nacharbeiten infolge Planungsfehlern und Auslassungen (0,059) zeigt ebenfalls quasi keine Abhängigkeit.

Quelle	X^2	df	p
Phase	1.177	1	.278
BIM-Reifegrad	.010	1	.921
BIM-Level	.394	1	.530
Anzahl der Änderungsaufträge	.059	1	.808

Tab. 90: Tests der Modelleffekte zu Soll-Ist-Abweichungen in der Bauzeit (Variable y_2) bezogen auf den BIM-Reifegrad (Variable x_1), das BIM-Level (Variable x_7) und die Anzahl der Änderungsaufträge (Nachträge) während der Bauzeit (Variable y_6).

Die Analyse hat ergeben, dass weder der BIM-Reifegrad noch das BIM-Level in der untersuchten Stichprobe einen statistisch signifikanten Einfluss auf Soll-Ist-Abweichungen in der Bauzeit haben. Die Kontrollvariable (Anzahl der Änderungsaufträge während der Bauzeit) weist ebenfalls keinen statistisch signifikanten Einfluss auf Soll-Ist-Abweichungen der Bauzeit auf.

Die Nullhypothese, nämlich dass kein Zusammenhang besteht, wird für den BIM-Reifegrad und das BIM-Level angenommen. Die Alternativhypothese, dass ein höherer BIM-Reifegrad und ein höheres BIM-Level im Projekt, durch ein gemeinsames und konsistentes Bearbeitungsniveau, zu einer Reduzierung von Soll-Ist-Abweichungen der Bauzeit führen wird verworfen (s. Abb. 148).

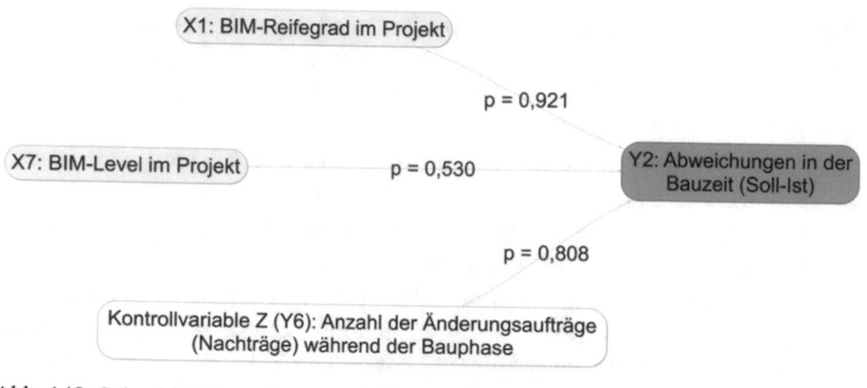

Abb. 148: Schaubild Hypothesentest 8. Eigene Darstellung.

In den folgenden Kapiteln werden die Forschungsergebnisse interpretiert, mit den bisherigen Forschungsarbeiten gegenübergestellt und theoretisch in den aktuellen Forschungsstand eingeordnet. Außerdem wird das eigene Vorgehen und die gewählte Methode kritisch reflektiert und ein Ausblick für zukünftigen Forschungsbedarf gegeben. Abschließend wird ein Fazit gezogen und wo möglich werden wirtschaftliche Schlussfolgerungen für die zukünftige BIM-Praxis abgeleitet.

8 Diskussion

Im Abschnitt *Interpretation* wird zunächst auf die Bedeutung der Ergebnisse zur Beantwortung der Forschungsfrage und die Eignung der zugrundeliegenden Stichprobe für die empirische Untersuchung eingegangen. Danach werden die empirischen Befunde abschnittsweise diskutiert, einleitend die deskriptiven Forschungsergebnisse und folgend die inferenzstatistischen Forschungsergebnisse unter Rückbezug die in Kap. 5.3 aufgestellten Hypothesen. Es wird vor allem diskutiert, inwieweit die Forschungsergebnisse zur Beantwortung der Forschungsfrage beigetragen haben und welche Ursachen und Randbedingungen dazu beigetragen haben, dass die abgeleiteten empirischen Hypothesen größtenteils verworfen werden mussten. Schließlich wird ein Erklärungsansatz entwickelt, warum die bisherigen qualitativen Studien derartig von den hier forschungsgegenständlichen quantitativen Forschungsergebnissen abweichen.

Im Abschnitt *Methodenkritik* wird auf die angewendete Forschungsmethode und mögliche Fehlerquellen bei der Erhebung und Auswertung der Daten eingegangen. Kritisch hinterfragt wird außerdem, mit welchen theoretischen Voraussetzungen an die Untersuchung herangegangen wurde, die letztlich den Untersuchungsgegenstand und die eingesetzte Methode bestimmen und welcher Teil der Wirklichkeit im vorliegenden Fall abgebildet werden kann. Am Ende wird aufgezeigt, welche Aspekte durch die vorliegenden Forschungsergebnisse nicht beantwortet werden.

Im Abschnitt *Fazit und Ausblick* wird dargelegt, inwieweit die bisherigen theoretisch zugrundeliegenden Erkenntnisse durch die Forschungsergebnisse modifiziert werden müssen und welche neuen Fragen durch die Untersuchung aufgeworfen wurden. Schließlich wird aufgezeigt, welche forschungspraktischen Konsequenzen sich aus den Ergebnissen ergeben und welche Fragestellungen sich daran anschließen. Ebenso was bei einer möglichen Wiederholung der Untersuchung verändert werden sollte. Abschließend werden vom Verfasser Vorschläge entwickelt, wie die Produktivität im Planungs- und Bauprozess durch die Anwendung der BIM-Methode voraussichtlich gesteigert werden kann und welche Voraussetzungen dafür nötig sind.

M. Stange, *Building Information Modelling im Planungs- und Bauprozess*,

8.1 Interpretation der Forschungsergebnisse

Sowohl die deskriptive als auch die inferenzstatistische (hypothesenprüfende) Analyse der Stichprobe zeigt, dass die größtenteils durch qualitative Studien wahrgenommenen Verbesserungspotentiale durch die Anwendung von BIM im Planungs- und Bauprozess in großen Teilen nicht bestätigt wurden. Die Ergebnisse belegen, dass die Anwendung der Planungsmethode BIM in der untersuchten Stichprobe keine erkennbare Steigerung der Produktivität im Planungs- und Bauprozess bewirkt hat. Die deskriptiven empirischen Feststellungen beziehen sich auf die folgenden projektbezogenen Anwendungsfälle.

- Die Anwendung von BIM in den Anwendungsregionen Nordamerika, Australien, Europa, Asien, MENA-Region und Südamerika.
- Die Anwendung von BIM in den Projektkategorien Wohnbau, Gewerbebau, Industriebau, Infrastrukturbau und Wasserbau.
- Die Anwendung von BIM in den Projekttypologien Neubauprojekte, Sanierungsprojekt und Erweiterungsprojekte.
- Die Anwendung von BIM in verschiedenen Projektgrößen, von < 50 bis > 500 Mio. Bauinvestition.

Die inferenzstatistischen (hypothesenprüfenden) empirischen Feststellungen beziehen sich auf die folgenden prozessbezogenen Zielgrößen.

- Die ermittelte Anzahl der RFIs (*Request for Information*) in allen Projektphasen.
- Die ermittelte Häufigkeit von Mehrfacheingaben infolge rückwirkender Planungsänderungen in der Konzept- und Planungsphase.
- Die ermittelte Häufigkeit der Nachbearbeitung infolge Planungsfehlern und Auslassungen in alle Projektphasen.
- Die gemessene Soll-Ist-Abweichungen in der Planungszeit (Δ Soll-Ist in Tagen).
- Die gemessene Soll-Ist-Abweichungen in der Bauzeit (Δ Soll-Ist in Tagen).
- Die ermittelte Anzahl der Änderungsaufträge (Nachträge) während der Bauphase.

Von weitergehendem Interesse war die Frage, welchen Einfluss der projektbezogene BIM-Reifegrad auf die prozessbezogenen Zielgrößen und damit auf die Steigerung der Produktivität im Planungs- und Bauprozess hat. Die Ergebnisse belegen, dass der projektbezogene BIM-Reifegrad in der untersuchten Stichprobe keinen statistisch signifikanten Einfluss auf die vorbezeichneten prozessbezogenen Zielgrößen hatte. Die Forschungsergebnisse stützen sich auf einen Stichprobenumfang von weltweit 105 Bauprojekte verschiedenster Projektkategorien und Projektgrößen. In 82,9 Prozent dieser Projekte wurde die BIM-Methode angewendet und in 17,1 Prozent dieser Projekte wurde die BIM-Methode nicht angewendet. Von den BIM-Projekten wurden 17,1 Prozent der Projekte auf dem BIM-Level 1 (objektbasierte Zusammenarbeit), 60,0 Prozent auf dem BIM-Level 2 (modellbasierte Zusammenarbeit) und 5,7 Prozent auf dem BIM-Level 3 (netzwerkbasierte Zusammenarbeit) bearbeitet.

In der Gegenüberstellung mit den Vergleichsstudien (vgl. Kap. 5.1.1 und 5.1.2) basiert die vorliegende Forschungsarbeit aber auf einer deutlich größeren Stichprobe, mit quantitativen Primärdaten aus realen Projekten verschiedener Anwendungsregionen, Projektkategorien und Projektgrößen. Daher kann nach Ansicht des Verfassers von einer repräsentativen Stichprobe mit starker Aussagekraft ausgegangen werden, die auf einem derzeit üblichen BIM-Bearbeitungsniveau mit globaler Ausprägung beruht und aus einem der weltweit größten Bauplanungsunternehmen gezogen wurde.

Nach der Ansicht des Verfassers sind die Abweichungen der vorliegenden Forschungsergebnisse von den bisher durch qualitative Studien wahrgenommenen Verbesserungspotentiale durch die Anwendung von BIM darauf zurückzuführen, dass die Stichprobenprojekte (bis auf wenige Ausnahmen) mit einer insgesamt relativ geringen BIM-Reife bearbeitet wurden. Die deskriptive Analyse der Häufigkeit von Mehrfacheingaben infolge rückwirkender Planungsänderungen, der Häufigkeit der Nachbearbeitung infolge Planungsfehler und Auslassungen sowie die Anzahl der RFIs in allen Planungsphase und Änderungsaufträge (Nachträge) während der Bauzeit zeigt indes erste positive Ansätze durch die Anwendung der BIM-Methode im Planungs- und Bauprozess. Allerdings sind diese Ansätze (noch) nicht statistisch signifikant. Ferner konnte kein positiver

Einfluss der Anwendung von BIM auf die Soll-Ist-Abweichung der Planungszeit und Bauzeit – also auf die Termineinhaltung – festgestellt werden. Die in das Forschungsmodell aufgenommenen Kontrollvariablen zeigten indes einen statistisch signifikanten Einfluss auf die prozessbezogenen Zielgrößen und bestätigen die gegenwärtigen Probleme der Bauwirtschaft (vgl. Kap. 1.1).

Die Forschungsergebnisse zeigen, dass die gegenwärtige Anwendung der BIM-Methode (noch) nicht zu einer Steigerung der Produktivität im Planungs- und Bauprozess führt und legen die Schlussfolgerung nahe, dass dies auf die geringe BIM-Reife in den Projekten zurückzuführen ist. Diese Feststellungen unterstützen insoweit die Forschungsergebnisse von Dakhil (2017) und Smits, van Buiten & Hartmann (2018) in Hinblick auf den Einfluss der BIM-Reife auf die Projektleistungsdaten Kosten, Zeit und Qualität. Umgekehrt bestätigen die in das Forschungsmodell aufgenommenen Kontrollvariablen die bisherigen Probleme der Bauwirtschaft, wie bspw. die zum Teil massiven Terminverzögerungen sowohl in der Planungsphase als auch in der Bauphase. Ein Erklärungsansatz für die geringe BIM-Reife in den Projekten könnte sein, dass die BIM-Methode nach der anfänglichen Euphorie in den Jahren 2005 bis 2010 nur zögerlich und inkonsequent implementiert wurde, da sich - wie es scheint - die erwarteten Verbesserungspotentiale nicht sofort eingestellt haben (vgl. Längsschnittanalysen in Kap. 7.1.1). Insofern sind die Forschungsergebnisse ernüchternd und aufklärend zugleich. Insbesondere vor dem Hintergrund der Stichprobengröße und der globalen Ausrichtung der Untersuchung in verschiedenen Projektkategorien, Projettypologien und Projektgrößen. Nicht zuletzt auch deshalb, da die Stichprobe aus einem der weltweit fünf größten Bauplanungsunternehmen gezogen wurde.

Zusammenfassend lässt sich sagen, dass, gemessen an der anfänglichen Euphorie um das Thema BIM in der Öffentlichkeit, ein deutlich besseres Ergebnis erwartet wurde. Insbesondere vor dem Hintergrund, dass die BIM-Methode seit den 1980er Jahren auf dem Markt ist und als geeignetes Mittel zur Verbesserung der Produktivität im Planungs- und Bauprozess gesehen wird (vgl. Kap. 3.3.1). Andererseits überrascht das Ergebnis wiederum nicht, da die Probleme der Bauwirtschaft, wie bspw. massive

Terminverzögerungen und Kostenüberschreitungen sowie Qualitätsprobleme nach wie vor allgegenwärtig sind (vgl. Kap. 1.1).

8.1.1 Deskriptive Ergebnisse

Die deskriptiven Forschungsergebnisse decken sich im Wesentlichen mit den Angaben in der Literatur. Die Auswertung der BIM-Reifegrade in den Anwendungsregionen belegt in Übereinstimmung mit Dakhil (2017), dass der gegenwärtige BIM-Reifegrad die Unternehmen und Organisationen daran hindert die Anwendung von BIM weiter auszubauen, um die gewünschten Anwendungsvorteile durch BIM zu erzielen. In der untersuchten Stichprobe erreichten 16 von 100 Fallbeispielen keinen BIM-Reifegrad *(Not certified*), 79 Fallbeispiele erreichten den zweitniedrigsten BIM-Reifegrad *Minimum BIM*, 4 Projekte erreichten den BIM-Reifegrad *Certified* und nur ein (1) Fallbeispiel erreichte den BIM-Reifegrad *Silver*. Die BIM-Reifegrade *Gold* und *Platinum* waren in der Stichprobe nicht vertreten. Die mittleren Ränge der BIM-Reifegrade in den Anwendungsregionen reflektiert die Ergebnisse bezogen auf die BIM-Level in den Anwendungsregionen. Gleiches gilt für die BIM-Reifegrade in den Projektkategorien. Die Ergebnisse der BIM-Reifegrade in den Projektkategorien belegen in Übereinstimmung mit Dakhil (2017) und Siebelink, Voordijk & Adriaanse (2018), dass die Bewertung der BIM-Reife große Unterschiede zwischen den verschiedenen Disziplinen der Bauwirtschaft aufweist. Ein überraschendes Ergebnis ist hier das gute Abschneiden der Projektkategorie Wasserbau und das vergleichsweise schlechte Abschneiden der Projektkategorie Industriebau, da in der Literatur dazu aktuell eine andere Auffassung vertreten wird. Beispielsweise in dem Smart Market Report von McGraw Hill (2015).

Überraschend ist auch der zeitliche Verlauf der Entwicklung der BIM-Reifegrade in den Stichprobenprojekten (vgl. Kap. 7.1.1). Hier ist in allen Anwendungsregionen ein rasanter Anstieg der BIM-Reife in den Jahren 2005 bis 2010 zu erkennen. Ab dem Jahr 2010 fällt die BIM-Reife in nahezu allen Anwendungsregionen deutlich ab und erholt sich ab dem Jahr 2013 nur mühsam. Der im Jahr 2018 ermittelte BIM-Reifegrad liegt immer noch unter den Werten der Jahre 2005 bis 2010. Ein Erklärungsansatz hierfür könnte sein, dass sich nach der anfänglichen Euphorie die erwarteten

Verbesserungspotentiale durch die Anwendung von BIM nicht rasch genug eingestellt haben und deshalb die weitere Implementierung von BIM und die Entwicklung der projektbezogenen BIM-Reife nicht weiter vorangetrieben wurde. Dieses Bild zeigt sich auch in der Anwendungsregion mit der rangmäßig höchsten BIM-Reife (MENA), allerdings in einem höheren Wertebereich. Bei den europäischen Fallbeispielen zeigt sich indes eine sehr heterogene Entwicklung der BIM-Reife, mit deutlichen Aufwärts- und Abwärtstrends. Die asiatischen Fallbeispiele reflektieren den Verlauf der BIM-Reife in der Gesamtstichprobe. Ebenso die australischen Fallbeispiele, allerdings hielt der Abwärtstrend hier bis zum Jahr 2015 an.

Die Untersuchungsergebnisse der BIM-Level in den Anwendungsregionen bestätigt die Feststellung von Gerges (2017), dass im Vergleich zu dem vorangegangenen Bericht von buildingSMART (2011) die Anwendung von BIM in der MENA-Region weiter deutlich zugenommen hat. Die Ergebnisse bestätigen ebenso die Feststellungen von Lee & Jung (2015) bezogen auf die Anwendung von BIM in Australien und Europa. Wobei bei den europäischen Fallbeispielen der Stichprobe in Übereinstimmung mit Cheng & Lu (2015) nach wie vor Großbritannien und die Niederlande eine federführende Rolle einnehmen. Die Ergebnisse der nordamerikanischen Fallbeispiele decken sich indes nicht mit den Festanstellungen von Cheng & Lu (2015). Diese fallen in der Stichprobe deutlich schlechter aus als in der Literatur beschrieben (Becerik-Gerber & Rice 2010, McGraw Hill 2012, Barlish & Sullivan 2012 und McGraw Hill 2014). Für die asiatischen Fallbeispiele konnte in Übereinstimmung mit Ismail, Chiozzi & Drogemuller (2017) festgestellt werden, dass die meisten asiatischen Länder eine geringe Implementierung von BIM und demgemäß ein geringes BIM-Level aufweisen.

Die festgestellten BIM-Level in den Projektkategorien, Projekttypologien und Projektgrößen deckt sich im Wesentlichen mit den meisten Angaben in der Literatur. Überraschend ist das Ergebnis der Projektkategorie Wasserbau, mit Platz 2 hinter Wohnbau (Platz 1) und vor Infrastrukturbau (Platz 3). Das Ergebnis in den Projekttypologien überrascht nicht, hier unterscheiden sich die Sanierungsprojekte statistisch signifikant von den Neubauprojekten und Erweiterungsbauten. Aufgrund häufig fehlender

Bestandsunterlagen werden Sanierungsprojekte in den seltensten Fällen nach der BIM-Methode geplant. In den Projektgrößen besteht eine schwache Korrelation mit dem BIM-Level: Je größer die Projekte, desto höher das BIM-Level.

In Bezug auf die Soll-Ist-Abweichungen (Δ Soll-Ist) in der Planungszeit wurden die größten Terminverzögerungen in der Planungsphase festgestellt. In der Stichprobe wurde bei 25 Prozent aller Fallbeispiele eine Abweichung (Verzögerung) zwischen 100 und 440 Tagen in der Planungszeit festgestellt. Bei weiteren 25 Prozent aller Fallbeispiele wurde immer noch eine Abweichung (Verzögerung) zwischen 20 und 100 Tagen in der Planungszeit festgestellt. In der Konzeptphase wurde bei 25 Prozent aller Fallbeispiele eine Abweichung (Verzögerung) zwischen 40 und 245 Tagen festgestellt. Bei weiteren 25 Prozent aller Fallbeispiele wurde immer noch eine Abweichung (Verzögerung) zwischen 3 und 40 Tagen festgestellt. Ein überraschendes Ergebnis zeigt sich in der Ausschreibungsphase. Hier wurde bei 25 Prozent aller Fallbeispiele eine Abweichung (Verzögerung) zwischen 50 und 390 Tagen festgestellt. Bei weiteren 25 Prozent aller Fallbeispiele wurde immer noch eine Abweichung (Verzögerung) zwischen 0 und 50 Tagen festgestellt. Ein ähnliches Bild zeigt sich in Bezug auf die Soll-Ist-Abweichungen in der Bauzeit. Hier wurde bei 25 Prozent aller Fallbeispiele eine Verzögerung zwischen 95 und 520 Tagen festgestellt. Bei weiteren 25 Prozent aller Fallbeispiele wurde immer noch eine Verzögerung zwischen 15 und 95 Tagen festgestellt. Sowohl die Ergebnisse der Soll-Ist-Abweichungen in der Planungszeit als auch die Ergebnisse der Soll-Ist-Abweichungen in der Bauzeit bestätigen - wenn auch nicht in dem Maße - die Feststellungen von Flyvberg (2014), Kostka & Anzinger (2015), Jobst & Wendler (2015) und Fiedler & Schuster (2015) im Zusammenhang mit den festgestellten Terminverzögerungen in Großprojekten.

Im Hinblick auf die Anzahl der Änderungsaufträge (Nachträge) während der Bauzeit wurden in 34,09 Prozent aller Fallbeispiele wenig (0 bis 9) und in 27,27 Prozent eine durchschnittliche Anzahl (10-29) von Änderungsaufträgen während der Bauzeit festgestellt. Das heißt, bei 61,36 Prozent der Stichprobe wurden wenig bzw. eine durchschnittliche Anzahl von Änderungsaufträgen während der Bauzeit festgestellt. Demgegenüber wurden in 13,64 Prozent aller Fallbeispiele eine hohe Anzahl (50 bis 100) und in 18,18 Prozent aller Fallbeispiele eine über normale Anzahl (> 100) von Änderungsaufträgen während der Bauzeit festgestellt. Das heißt, bei 31,82 Prozent der Stichprobe wurden eine hohe bzw. über normale Anzahl von Änderungsaufträgen während der Bauzeit festgestellt. In 6,82 Prozent der Fallbeispiele wurde eine erhöhte Anzahl (30-49) von Änderungsaufträgen während der Bauzeit festgestellt.

Diese Ergebnisse widersprechen in Teilen den Feststellungen von Fiedler & Schuster (2015), die bspw. die Anzahl von Änderungsaufträgen als ursächlich für Terminverzögerungen gesehen haben. Obwohl in der Stichprobe eine relativ geringe Anzahl von Änderungsaufträgen festgestellt wurde, gab es zum Teil erhebliche Terminverzögerungen. Andererseits bestätigen die Ergebnisse die Feststellungen von Giel, Issa & Olbina (2010), Chelson (2010), Barlish & Sullivan (2012) und Stowe et al. (2014), die eine Reduzierung von Änderungsaufträgen (Nachträgen) durch die Anwendung von BIM festgestellt haben.

8.1.2 *Inferenzstatistische Ergebnisse*

Die inferenzstatistischen (hypothesenprüfenden) Ergebnisse der Stichprobenanalyse widersprechen in großen Teilen den bisherigen qualitativen Studien und stellen sich im Einzelnen wie folgt dar.

Die Untersuchung hat ergeben, dass die aktive Beteiligung des Fachplaners Tragwerk, der Fachplaner TGA und des Bauunternehmers am Entwurfs- und Planungsprozess des Architekten, auf der Grundlage eines visualisierten und konsistenten BIM-Bauwerksinformationsmodells, nicht zu einer **Reduzierung der Anzahl von RFIs** in den Projektphase geführt hat. Umgekehrt wurde bei der aktiven Beteiligung des Fachplaners Tragwerk ein schwacher, aber statistisch nicht signifikanter und bei den Bauunternehmern ein statistisch hoch signifikanter Zusammenhang mit der Anzahl der RFIs festgestellt. Das heißt, mit zunehmender Beteiligung dieser beiden Akteure steigt die Anzahl der RFIs, speziell in der Planungsphase.

Chelson (2010) hingegen kommt anhand von 8 Fallstudien in den USA zu dem Schluss, dass die Anzahl der RFIs bei BIM-Projekten gegenüber ähnlichen Projekten ohne BIM-Anwendung um mehr als 90 Prozent reduziert wird und führt diese deutliche Verbesserung auf den Rückgang von Kollisionen zwischen den verschiedenen Gewerken zurück. Demgegenüber weist die Kontrollvariable (Anzahl der RFIs) im Hypothesentest 2 der vorliegenden Forschungsarbeit sowohl in der Konzeptphase als auch in der Planungsphase einen statistisch hoch signifikanten Zusammenhang mit der Häufigkeit von Mehrfacheingaben infolge rückwirkender Planungsänderungen auf. Die Kontrollvariable (Häufigkeit von Mehrfacheingaben infolge rückwirkender Planungsänderungen) weist dann im Hypothesentest 3 in den beiden Projektphasen wiederum einen statistisch hoch signifikanten Zusammenhang mit der Häufigkeit von Nacharbeiten infolge Planungsfehlern und Auslassungen auf. Insoweit stützen die Forschungsergebnisse nicht die Feststellungen von Chelson (2010).

Barlish & Sullivan (2012) gehen indes anhand von drei Fallstudien in einem industriellen Umfeld davon aus, dass die am meisten quantifizierbaren Vorteile der Anwendung von BIM die Reduzierung der Anzahl von RFIs und Änderungsaufträgen (Nachträgen) sowie die Auswirkungen auf den Zeitplan sind und führen dies ebenfalls auf die verbesserte Kollaboration der beteiligten Akteure zurück. Stowe et al. (2014) untersuchten anhand einer qualitativen Studie in mehr als 51 Workshops die Vorteile der Anwendung von BIM. Als zentrale Aussage dieser Untersuchung wurde eine Steigerung der Produktivität in der Planungsphase gesehen. Die Forscher führen diese Verbesserung auf qualitätsverbesserte Planungsdokumente, weniger RFIs und eine schnellere Visualisierung der Planungsergebnisse gegenüber dem Bauherrn und Bauunternehmer zurück. McGraw Hill (2015) haben im Rahmen einer qualitativen Umfrage in Nordamerika festgestellt, dass eine Reduzierung der RFIs durch die Anwendung von BIM wird von den Bauunternehmern (81 %) am stärksten wahrgenommen wird, gefolgt von den Fachplanern (71 %) und den Architekten (63 %).

Im Rahmen der vorliegende Forschungsarbeit wurde festgestellt, dass die aktive Beteiligung eingangs angeführter Akteure, auf der Grundlage eines visualisierten und konsistenten BIM-Bauwerksinformationsmodells, nicht zu einer Reduzierung der Anzahl von RFIs in den Projektphase geführt hat. Die Forschungsergebnisse weichen insoweit von den Feststellungen von

Chelson (2010), Barlish & Sullivan (2012) und Stowe et al. (2014) ab. Die Feststellungen von McGraw Hill (2015) können indes nicht in einen direkten Zusammenhang mit den Ergebnissen der vorliegenden Forschungsarbeit gebracht werden, da die Anzahl der nordamerikanischen Fallbeispiele in der Stichprobe zu gering ist.

Die Forschungsergebnisse zeigen weiterhin, dass die aktive Beteiligung des Bauherrn, des Facility Managers und des späteren Bauwerksnutzers am Entwurfs- und Planungsprozess des Architekten, auf der Grundlage eines visualisierten und konsistenten BIM-Bauwerksinformationsmodells, nicht zu einer **Reduzierung von Mehrfacheingaben infolge rückwirkender Planungsänderungen** in der Konzept- und Planungsphase geführt hat. Umgekehrt wurde festgestellt, dass mit zunehmender Beteiligung des Nutzers die Häufigkeit von Mehrfacheingaben infolge rückwirkender Planungsänderungen ansteigt.

Demgegenüber hat die qualitative Umfrage von v. Both, Koch & Kindsvater (2013) ergeben, dass die modellorientierte Arbeitsweise nach der BIM-Methode zu einer Reduzierung von Mehrfacheingaben und einer höheren Effizienz im Planungsprozess führt. Gleiches gilt für die Reduzierung möglicher Fehlerquellen und somit auch für eine höhere Planungsqualität. Die Bauherren gaben bspw. eine Reduzierung der Mehrfacheingaben von 67 Prozent an. Nach Ansicht von Chelson (2010) können die Bauherren, die BIM in ihren Projekten anwenden, nicht nur Einsparungen bei den Baukosten erzielen, sondern auch bei den Planungskosten. Indem durch das virtuelle BIM-Bauwerksinformationsmodells mögliche Probleme mit der Struktur und Herstellung des Bauwerks frühzeitig erkannt und so Mehrfacheingaben vermieden werden. Stowe et al. (2014) sehen u.a. auch eine Steigerung der Produktivität in der Planungsphase durch qualitätsverbesserte Planungsdokumente und eine schnellere Visualisierung der Planungsidee gegenüber dem Bauherrn und Bauunternehmer.

Im Rahmen der vorliegende Forschungsarbeit wurde festgestellt, dass die aktive Beteiligung eingangs angeführter Akteure, auf der Grundlage eines visualisierten und konsistenten BIM-Bauwerksinformationsmodells, nicht zu einer Reduzierung von Mehrfacheingaben infolge rückwirkender

Planungsänderungen in der Konzept- und Planungsphase geführt hat. Die Forschungsergebnisse weichen insoweit von den Feststellungen von v. Both, Koch & Kindsvater (2013), Chelson (2010) und Stowe et al. (2014) ab. Darüber hinaus wurde festgestellt, dass die in das Modell aufgenommene Kontrollvariable aus Hypothese 1 (Anzahl der RFIs) in der Konzeptphase und in der Planungsphase einen statistisch hoch signifikanten Zusammenhang mit der Häufigkeit von Mehrfacheingaben infolge rückwirkender Planungsänderungen aufweist. Das heißt, mit zunehmender Anzahl der RFIs steigt die Häufigkeit von Mehrfacheingaben im Projekt sehr stark an.

Anknüpfend zeigen die Forschungsergebnisse, dass ein höheres BIM-Level im Projekt, die aktive Beteiligung des Fachplaners Tragwerk und der Fachplaner TGA am Entwurfs- und Planungsprozess des Architekten, auf der Grundlage eines konsistenten und visualisierten BIM-Bauwerksinformationsmodells, nicht zu einer **Reduzierung von Nacharbeiten infolge Planungsfehlern und Auslassungen** in den Projektphase geführt haben.

Dagegen hat die qualitative Umfrage von Chelson (2010) ergeben, dass erforderliche Nacharbeiten an der Planung während der Bauphase, aufgrund von planungsursächlichen Konflikten, bei den BIM-Projekten nahezu vollständig beseitigt wurden. Die disziplinübergreifende qualitative Umfrage von Becerik-Gerber & Rice (2010) hat ergeben, dass die Qualität der erstellten Planungsdokumente bei der Anwendung von BIM erheblich verbessert wird. Die Anwendung von BIM erhöht die Genauigkeit der Dokumente, dadurch gibt es weniger Planungsfehler und Auslassungen. Schultz et al. (2013) stellten anhand einer qualitativen Umfrage und drei Fallbeispielen fest, dass die Erkennung von Konflikten, weniger Nacharbeit und das Bewusstsein für das Vorhandensein aller nötigen Planungsinformationen als größter monetärer Nutzen der BIM-Methode gesehen wird. In Übereinstimmung mit Cao et al. (2017) wurde indes festgestellt, dass die Anwendung von BIM zwar die Projektergebnisse verbessern kann, aber nicht die Effektivität der Prozesse in der Planungs- und Bauphase selbst. Diese Forschungsergebnisse widersprechen einerseits den Ausführungen von Chelson (2010), Becerik-Gerber & Rice (2010) und

Schultz et al. (2013), zeigen aber in Teilbereichen Ähnlichkeiten mit den Feststellungen von Cao et al. (2017).

Im Rahmen der vorliegende Forschungsarbeit wurde festgestellt, dass ein höheres BIM-Level im Projekt sowie die aktive Beteiligung der eingangs genannten Akteure, auf der Grundlage eines konsistenten und visualisierten BIM-Bauwerksinformationsmodells, nicht zu einer Reduzierung von Nacharbeiten infolge Planungsfehlern und Auslassungen in den Projektphase geführt haben. Die Forschungsergebnisse weichen insoweit von den Feststellungen von Chelson (2010), Becerik-Gerber & Rice (2010), Schultz et al. (2013) ab und bestätigen zumindest in Teilen die Freistellungen von Cao et al. (2017). Weiterführend wurde festgestellt, dass die in das Modell aufgenommene Kontrollvariable aus Hypothese 2 (Häufigkeit von Mehrfacheingaben infolge rückwirkender Planungsänderungen) in der Konzept- und Planungsphase einen statistisch hoch signifikanten Zusammenhang mit der Häufigkeit von Nacharbeiten infolge Planungsfehlern und Auslassungen aufweist. Das heißt, mit zunehmender Häufigkeit von Mehrfacheingaben infolge rückwirkender Planungsänderungen steigt die Häufigkeit von Nacharbeiten infolge Planungsfehlern und Auslassungen im Projekt sehr stark an.

Die Untersuchung hat weiter ergeben, dass weder das Vorhandensein eines BIM-Abwicklungsplans noch die Ernennung eines BIM-Projektsteuerers für das Gesamtprojekt und das Einsetzen von BIM-Koordinatoren für die beteiligten Fachplanungen, durch eine übergeordnete Koordination der BIM-Prozesse sowie darüber geregelte Verantwortlichkeiten und Handlungsabläufe, zu einer **Reduzierung von Soll-Ist-Abweichungen in der Planungszeit** geführt haben.

Egger et al. (2013) argumentieren in ihrem BIM-Leitfaden für Deutschland, dass das Vorhandensein eines BIM-Abwicklungsplans die Zusammenarbeit zwischen den projektbeteiligten Akteuren fördert und die Transparenz für das Planungsteam und den Bauherrn erhöht. Diese Feststellungen werden durch die Forschungsergebnisse zumindest im Hinblick auf die Reduzierung von Soll-Ist-Abweichungen in der Planungszeit widerlegt. Die Auswirkungen der Ernennung eines BIM-Projektsteuerers für das

Gesamtprojekt und von BIM-Koordinatoren für die beteiligten Fachplanungen wurde bisher nicht untersucht, sodass es dazu keine Vergleichsstudien gibt.

Im Rahmen der vorliegende Forschungsarbeit wurde festgestellt, dass das Vorhandensein eines BIM-Abwicklungsplans, die Ernennung eines BIM-Projektsteuerers für das Gesamtprojekt und das Einsetzen von BIM-Koordinatoren für die beteiligten Fachplanungen, durch eine übergeordnete Koordination der BIM-Prozesse sowie geregelte Verantwortlichkeiten und Handlungsabläufe, nicht zu einer Reduzierung von Soll-Ist-Abweichungen in der Planungszeit geführt haben. Damit widerlegen die Forschungsergebnisse - zumindest die Ernennung eines BIM-Projektsteuerers für das Gesamtprojekt betreffend - die Freistellungen von Egger et al. (2013). Ergänzend wurde in Übereinstimmung mit Kostka & Anzinger (2015) festgestellt, dass die in das Modell aufgenommene Kontrollvariable aus Hypothese 3 (Häufigkeit von Nacharbeiten infolge Planungsfehlern und Auslassungen) in der Planungsphase einen statistisch hoch signifikanten und in der Ausschreibungsphase einen statistisch sehr signifikanten Zusammenhang mit den Abweichungen in der Planungszeit aufweist. Das heißt, mit zunehmender Häufigkeit von Nacharbeiten infolge Planungsfehlern und Auslassungen steigen die Soll-Ist-Abweichungen in der Planungszeit in der Planungsphase sehr stark und in der Ausschreibungsphase stark an.

Die Untersuchung hat außerdem ergeben, dass die Anwendung von 4D-BIM, durch intelligente Bauteil-Zeit-Verknüpfungen, nicht zu einer **Reduzierung von Soll-Ist-Abweichungen in der Bauzeit** geführt hat.

Demgegenüber berichtet McGraw Hill (2015), dass die modellbasierte Planung von Projektphasen und Zielterminen mit Hilfe von 4D BIM von der aktuellen BIM-Forschung als zentrales Instrument zur Steigerung Prozessgenauigkeit gesehen wird. Sowohl die Bauherren als auch die Bauunternehmer berichten fast einstimmig eine erhöhte Genauigkeit der Bauablaufplanung und verbesserte Erreichung von Zielterminen durch die Anwendung von BIM. Die qualitative Studie von Chelson (2010) hat ergeben: Durch die Anwendung von 4D- BIM konnten Materialien und Prozesse modellbasiert besser vorbereitet und der Grad der Vorfertigung erhöht werden. Dies führte zu einer Reduzierung der Bauzeit. Ein genauer Wert für die Beschleunigung oder Einhaltung des Zeitplans wurde allerdings nicht ermittelt. Weiterführende Studien zum Einfluss der Anwendung von 4D- BIM auf die Abweichungen in der Bauzeit sind aktuell nicht vorhanden.

Im Rahmen der vorliegende Forschungsarbeit wurde festgestellt, dass die Anwendung von 4D-BIM in der untersuchten Stichprobe nicht zu einer Reduzierung von Soll-Ist-Abweichungen in der Bauzeit geführt hat. Die Forschungsergebnisse weichen insoweit von den Feststellungen von McGraw Hill (2015) und Chelson (2010) ab. Bei den in das Modell aufgenommenen Kontrollvariablen aus Hypothese 4 (Häufigkeit von Nacharbeiten infolge Planungsfehlern und Auslassungen sowie Anzahl der Änderungsaufträge während der Bauzeit) wurde kein statistisch signifikanter Einfluss auf die Soll-Ist-Abweichungen in der Bauzeit festgestellt. Damit widerlegen die Forschungsergebnisse die Freistellungen von Chelson (2010), Giel, Issa & Olbina (2010) und McGraw Hill (2015).

Die Forschungsergebnisse zeigen weiterhin, dass die Anwendung von 5D-BIM, durch intelligente Bauteil-Zeit-Kosten Verknüpfungen, nicht zu einer **Reduzierung der Anzahl von Änderungsaufträgen (Nachträgen) während der Bauphase** geführt hat.

Demgegenüber weisen die Forschungsergebnisse von Lee et al. (2016) auf ein signifikantes Maß an Nutzen durch 5D-BIM hin. Der Verein Deutscher Ingenieure e.V. (2017) stellt die Anwendung von 5D-BIM in seiner „BIM-Richtlinie zur Zielerreichung" als technologisches Handlungsfeld in das Zentrum des Interesses der Richtlinienreihe VDI 2552. Ansonsten existiert keine weiterführende Forschung im Hinblick auf den Einfluss der Anwendung von 5D-BIM auf die Reduzierung der Anzahl von Änderungsaufträgen (Nachträgen) während der Bauphase.

Im Rahmen dieser Forschungsarbeit wurde festgestellt, dass die Anwendung von 5D-BIM in der untersuchten Stichprobe nicht zu einer Reduzierung der Anzahl von Änderungsaufträgen (Nachträgen) während der Bauphase geführt hat. Die Untersuchungsergebnisse weichen insoweit von den

Feststellungen von Lee et al. (2016) ab. Die in das Modell aufgenommene Kontrollvariable aus Hypothese 5 (Häufigkeit von Nacharbeiten infolge Planungsfehlern und Auslassungen) hat einen statistisch sehr signifikanten Einfluss auf die Anzahl von Änderungsaufträgen (Nachträgen) während der Bauphase. Das heißt, mit zunehmender Häufigkeit von Nacharbeiten infolge Planungsfehlern und Auslassungen steigt die Anzahl von Änderungsaufträgen (Nachträgen) während der Bauphase stark an.

Die Forschungsarbeit hat ergeben, dass weder ein höherer BIM-Reifegrad noch ein höheres BIM-Level im Projekt, durch ein gemeinsames und konsistentes Bearbeitungsniveau, zu einer **Reduzierung von Soll-Ist-Abweichungen in der Planungszeit** geführt haben.

Cao et al. (2017) kommen ebenfalls zu dem Schluss, dass die BIM-gestützten Leistungssteigerungen der Planer sich in erster Linie auf die Steigerung der Aufgabenwirksamkeit - also die Projektergebnisse - auswirken und dass die Vorteile, die mit der Verbesserung verbunden sind, für Planer wesentlich geringer sind als für die Generalunternehmer. Die von Lu et al. (2014) anhand von zwei Fallstudien entwickelte Zeitaufwand-Verteilungskurve hat ergeben, dass sich der Zeitaufwand in der Entwurfsplanung durch die Anwendung von BIM, im Vergleich zu konventionellen Planungsmethoden, um circa 46 Prozent erhöht hat. Die Studien unterstützen in Teilen das theoretische Argument von MacLeamy (2013), nämlich dass die Anwendung von BIM zwar einen erhöhten Aufwand in der Entwurfsplanung verursacht, aber das Gesamtprojektergebnis verbessern kann.

Die Untersuchungsergebnisse weichen insoweit von den Feststellungen von Cao et al. (2017) in Bezug auf die Aufgabenwirksamkeit ab, nämlich dass keine Verbesserung der Projektergebnisse durch die Reduzierung der Planungszeit festgestellt wurde. Bestätigt werden indes die Ergebnisse von Cao et al. (2017) in Bezug auf die Verteilung dieses Nutzens zwischen Planer und Generalunternehmer. Die Feststellungen von Lu et al. (2014) werden in Teilen bestätigt, hier der erhöhte Zeitaufwand in der Entwurfsplanung. Wobei eine Reduzierung der Planungszeit in den Folgephasen gerade nicht festgestellt wurde. Die Untersuchungsergebnisse weichen insoweit von dem theoretischen Argument von MacLeamy (2013) ab. Bryde et al. (2013) haben anhand einer qualitativen Sekundäranalyse mit 35 Fallbeispielen die Dauer der Projektbearbeitung als zweithäufigsten Nutzen der Anwendung von BIM identifiziert. In 12 der Fallstudien wurden Zeiteinsparungen und in 3 der Fallstudien wurden Negativeffekte festgestellt. Letztere beziehen sich im Wesentlichen auf den zusätzlichen Zeitaufwand für der Ersterstellung des BIM-Modells. Schultz et al. (2013) vertreten die Auffassung, dass BIM bei fachgemäßer Anwendung die Fähigkeit zur Beschleunigung der Planungs- und Bauprozesses und damit zu einer besseren Verwaltung der Baukosten und des Zeitplans hat. Parvan (2012) folgt in seiner Dissertation einem modellbasierten Ansatz für die Analyse der Ursache-Wirkungs-Zusammenhänge bei der Anwendung von BIM. Die Simulation hat ergeben, dass die Planungszeit mit 30 Prozent die stärkste Verbesserung infolge der BIM-Anwendung aufweist, gefolgt von der Bauzeit mit 16 Prozent. Die Kollisionserkennung ist dabei die einflussreichste Funktion von BIM, mit 45 Prozent Einfluss auf die Planungszeit und 27 Prozent Einfluss auf die Bauzeit.

Barlish & Sullivan (2012) entwickelten aus der Literatur ein Rahmenberechnungsmodell zur Bestimmung des Nutzens von BIM. Anhand von drei Fallstudien in einem industriellen Umfeld wurde bei den BIM-Projekten eine Zeitersparnis zwischen 8 und 10 Prozent gegenüber den Nicht-BIM Projekten festgestellt. Chelson (2010) hat anhand einer Umfrage in 8 Fallbeispielen festgestellt, dass der Zeitplan mit Hilfe von BIM verkürzt und genauer verfolgt werden konnte. Es wurden zwei ähnliche Bauprojekte im Gesundheitswesen analysiert, von denen eines mit der BIM-Methode und das andere konventionell geplant wurde. Das BIM-Projekt war dem Zeitplan um 11 Prozent voraus, während das Nicht-BIM-Projekt um 8 Prozent hinter dem Zeitplan lag.

Die vorliegenden Forschungsergebnisse weichen insoweit von den Feststellungen von Bryde et al. (2013), Schultz et al. (2013), Parvan (2012), Barlish & Sullivan (2012) und Chelson (2010) ab. Es konnte nicht festgestellt werden, dass weder ein höherer BIM-Reifegrad noch ein höheres BIM-Level im Projekt zu einer Reduzierung von Soll-Ist-Abweichungen in der Planungszeit geführt haben. Die in das Modell aufgenommene Kontrollvariable (Häufigkeit von Nacharbeiten infolge Planungsfehlern und

Auslassung) weist indes einen statistisch hoch signifikanten Zusammenhang mit den Soll-Ist-Abweichungen in der Planungszeit auf. Das heißt, mit zunehmender Häufigkeit von Nacharbeiten infolge Planungsfehlern und Auslassung steigen die Abweichungen in der Planungszeit sehr stark an.

Ein gleichlautendes Ergebnis zeigt sich bei der Bauzeit, nämlich dass ein höherer BIM-Reifegrad und ein höheres BIM-Level im Projekt, durch ein gemeinsames und konsistentes Bearbeitungsniveau, nicht zu einer **Reduzierung von Soll-Ist-Abweichungen in der Bauzeit** geführt haben. Die vorliegenden Forschungsergebnisse weichen auch hier von den Feststellungen von (Bryde et al. 2013, Schultz et al. 2013, Parvan 2012, Barlish & Sullivan 2012 und Chelson 2010). Es konnte nicht festgestellt werden, dass weder ein höherer BIM-Reifegrad noch ein höheres BIM-Level im Projekt zu einer Reduzierung von Soll-Ist-Abweichungen in der Bauzeit geführt haben. Die in das Modell aufgenommene Kontrollvariable (Anzahl der Änderungsaufträge während der Bauzeit) weist auch hier einen statistisch hoch signifikanten Zusammenhang mit den Soll-Ist-Abweichungen in der Bauzeit auf. Das heißt, mit zunehmender Anzahl der Änderungsaufträge während der Bauzeit steigt die Soll-Ist-Abweichungen in der Bauzeit sehr stark an.

Einerseits konnten die empirischen Forschungsergebnisse die bisherigen qualitativen Untersuchungen zu den wahrgenommen Verbesserungspotentialen der Anwendung von BIM nicht bestätigen. Andererseits konnte durch die vorliegende Forschungsarbeit nachgewiesen werden, dass die derzeitige Anwendung der BIM-Methode weltweit in allen Projektkategorien und Projektgrößen nicht in dem erwarteten Maße zu einer erkennbaren Steigerung der Produktivität im Planungs- und Bauprozess beiträgt. Die möglichen Gründe hierfür wurden in Kap. 8.1 zusammengefasst.

8.2 Methodenkritik

Nach der Darstellung und Diskussion der Forschungsergebnisse in den vorangegangenen Abschnitten wird im folgenden Abschnitt eine kritische Betrachtung der angewandten Untersuchungsmethode vorgenommen. Dabei wird die Intention verfolgt, die implizierten Einschränkungen und möglichen Fehlerquellen dieser Forschungsarbeit zu verdeutlichen und bewusst zu machen, um so die Grundlage für eine sachgerechte Interpretation der gewonnenen Erkenntnisse zu schaffen. Als gedankliche Gliederungspunkte werden die folgenden Themenbereiche zugrunde gelegt.

- Feldzugang und Stichprobe
- Statistisches Datenanalyse
- Gütekriterien

Bei dem Feldzugang wurde eine vergleichsweise hohe Rücklaufquote von 197 Antworten auf 249 Projektanfragen erzielt (entspricht 79,12%). Die daraus resultierende Stichprobengröße von 105 Fallbeispielen ist insgesamt zufriedenstellend. Allerdings sind sehr wenige Fallbeispiele aus Nordamerika (3) und Südamerika (1) in der Stichprobe vertreten. Dies ist insbesondere durch die nordamerikanischen Vertragsmodelle begründet, in denen regelmäßig Geheimhaltungsklauseln - sog. *Non-Disclosure-Agreements* - verankert sind und somit keine Daten weitergegeben dürfen. Eine zufriedenstellende Anzahl von Fallbeispielen wurde indes in Europa (60), der MENA-Region (20) und Australien (12) erzielt. Eine ähnlich zufriedenstellende Anzahl von Fallbeispielen wurde in den Projektkategorien Gewerbebau (39), Infrastruktur (32) und Industriebau (19) erzielt. Weniger umfangreich sind die Projektkategorien Wohnbau (8) und Wasserbau (7) in der Stichprobe vertreten. Nach der Projektgröße betrachtet enthält die Stichprobe einen großen Anteil kleiner Projekte unter 50 Mio. Bauinvestition (42), gefolgt von sehr großen Projekten über 500 Mio. Bauinvestition (27) und mittleren Projekt-rößen zwischen 50 und 100 Mio. Bauinvestition (17), 100 und 200 Mio. Bauinvestition (10) und 200 und 500 Mio. Bauinvestition (9). Die Stichprobe beinhaltet insgesamt 79 Neubauprojekte, 12 Sanierungsprojekte und 14 Erweiterungsbauten, darunter wurden 63 abgeschlossene und 42 laufende Projekte erfasst.

Insgesamt kann von einer repräsentativen Stichprobe ausgegangen werden, mit Ausnahme von Nordamerika. Die geringe Anzahl der südamerikanischen Fallbeispiele kann vernachlässigt werden, da die BIM-Methode in Südamerika kaum verbreitet ist (vgl. Kap. 4.7). Allerdings stammt die gesamte Stichprobe aus nur einem, sehr großen Unternehmen, so dass organisationsübergreifende Effekte hier nicht untersucht werden konnten.

Für die inferenzstatistischen Datenauswertungen wurde der sog. *Somers-d*-Test mit Schichtvariablen durchgeführt. Hierfür wurde die Statistiksoftware *IBM SPSS Statistics* verwendet. *Somers-d* ist im Gegensatz zu den statistischen Verfahren *Kendalls tau* und *Kruskals Gamma* ein asymmetrisches Zusammenhangsmaß. Das heißt die Variable x wird als unabhängig angesehen und die Variable y als abhängig. *Kendalls tau* und *Kruskals Gamma* hingegen stellen symmetrische Zusammenhangsmaße dar. Das heißt keine der beiden zugrundeliegenden Variablen ist als abhängige Variable ausgezeichnet. Da im vorliegenden Fall asymmetrisch verteile Variablen über mehrere Projektphasen (Schichten) untersucht werden mussten, konnten die statistischen Verfahren *Kendalls tau* und *Kruskals Gamma* nicht angewendet werden. Gleiches gilt für die einfache bzw. multiple lineare Regressionsanalyse, da die Daten asymmetrisch verteilt sind.

Zum anderen wurden sog. *Verallgemeinerte lineare Modelle* eingesetzt. Die auch als *Generalized Linear Model* (GLM) bezeichneten Verallgemeinerten linearen Modelle stellen eine Erweiterung des klassischen linearen Regressionsmodells der Regressionsanalyse dar. Während man im linearen Regressionsmodell die Annahme trifft, dass die Zielvariable normalverteilt ist, kann im GLM die Zielvariable eine Verteilung aus der Klasse der Exponentialfamilien (bspw. Normal-, Binomial-, Gamma- oder inverse Gaußverteilung) besitzen. Mit den relativ neuen Verallgemeinerten Schätzgleichungen, auch GEE-Modelle (*Generalized Estimating Equations*) genannt, können Daten mit korrelierten Residuen, wie bspw. aus Cluster-Stichproben oder Messwiederholungsstudien, korrekt analysiert werden. GEE-Modelle können als eine Erweiterung der Verallgemeinerten linearen Modelle für korrelierte Daten aufgefasst werden. Das GEE-Modell kann eine oder mehrere abhängige Variablen und mehrere metrische und/oder kategoriale Regressoren enthalten. Da die Stichprobe auch nicht normalverteilte Zielvariablen und Cluster-Stichproben (Gruppen) mit Messwiederholung und korrelierten Residuen enthält, wurden diese statistischen Verfahren angewendet. Die Anwendung der einfachen bzw.

multiplen lineare Regressionsanalyse wäre für eine Mehrebenen-Analyse mit Schichtvariablen nicht geeignet gewesen.

Die Daten wurden durch eine internetbasierte schriftliche Befragung (Fragebogen mit Antwortvorgaben) erhoben. Dadurch wurde die intersubjektive Übereinstimmung bzw. Nachprüfbarkeit der Antwortdaten und damit die Durchführungsobjektivität gewährleistet. Die spätere Datenauswertung erfolgte nach statistischen Methoden mit festen Regeln und gleichartigen Antwortdaten je Frage, die unabhängig vom Verfasser zustande gekommen sind (Auswertungsobjektivität). Die Interpretationsobjektivität ergibt sich aus dem Vergleichsmaßstab zu den bisherigen Forschungsergebnissen. Die Reliabilität als Voraussetzung für die Validität, dem wohl wichtigsten Gütekriterium der Forschung, ergibt sich aus dem Umfang der Übereinstimmung bei den wiederholten Messungen der verschiedenen Datengruppen in der gleichen Stichprobe und den vergleichsweise geringen Schwankungen innerhalb der Stichprobe. Hat der Test gemessen, was er messen sollte? Die Validität der Forschungsergebnisse ergibt sich aus dem Bedeutungskern der gewählten Variablen (Inhaltsvalidität) und der Übereinstimmung mit den Konstrukten der qualitativen Forschungsansätze (Konstruktvalidität).

8.3 Fazit und Ausblick

Die quantitativen Forschungsergebnisse legen die Schlussfolgerung nahe, dass die Planungsmethode BIM in der gegenwärtigen Anwendung (noch) nicht zu einer erkennbaren Steigerung der Produktivität im Planungs- und Bauprozess führt. Dies zeigt sich insbesondere dadurch, dass die in den qualitativen Vergleichsstudien erfassten Verbesserungspotentiale der Anwendung von BIM (vgl. Kap. 3.3.1 und 5.1.1) nicht nachgewiesen werden konnten. Auch konnte kein positiver Einfluss der Anwendung von BIM auf die Soll-Ist-Abweichungen der Planungszeit und Bauzeit nachgewiesen werden. Die empirischen Befunde deuten darauf hin, dass dies auf den insgesamt geringen BIM-Reifegrad in den Projekten der analysierten Stichprobe zurückzuführen ist. Gleichwohl zeigen sich erste positive Ansätze durch die Anwendung der BIM-Methode im Planungs- und Bauprozess. Wie etwa eine Verminderung der Häufigkeit von Nacharbeiten infolge Planungsfehler und Auslassungen mit zunehmender Beteiligung des

Fachplaners Tragwerk und der Fachplaner TGA am Entwurfs- und Planungsprozess des Architekten. Und eine überwiegend geringe bis durchschnittliche Häufigkeit von Mehrfacheingaben infolge rückwirkender Planungsänderungen sowie eine überwiegend geringe bis durchschnittliche Anzahl von RFIs und Änderungsaufträgen (Nachträgen) während der Bauphase. Allerdings erreichten diese positiven Ansätze noch keine statistische Signifikanz.

Umgekehrt konnten die in das Forschungsmodell aufgenommenen Kontrollvariablen die bisherigen Probleme der Bauwirtschaft (vgl. Kap. 1.1) bestätigen, wie bspw. massive Terminverzögerungen in der Planungs- und Bauphase. In der Konzeptphase gab es in über 17 Prozent der Fälle eine Überschreitung der Soll-Planungszeit von mehr als 100 Tagen, in der Planungsphase wurde dies in 26 Prozent der Fälle nachgewiesen. Bei der Überschreitung der Soll-Bauzeit zeichnet sich ein ähnliches Bild. Hier wurde in 25 Prozent der Fälle eine Überschreitung zwischen 15 und 95 Tagen festgestellt. In weiteren 25 Prozent der Fälle wurde eine Überschreitung zwischen 95 und 520 Tagen festgestellt. In 13,6 Prozent der Fälle gab es immer noch zwischen 50 und 100 Änderungsaufträge während der Bauphase und in 18,2 Prozent der Fälle sogar über 100 Änderungsaufträge während der Bauphase. An dieser Stelle empfiehlt sich weitere Forschung, um zu klären, mit welcher veränderten Implementierung die BIM-Methode im Hinblick auf den projektbezogenen BIM-Reifegrad eine Überschreitung der Soll-Planungszeit und Soll-Bauzeit vermieden oder zumindest verringert werden kann.

Obwohl überraschende Unterschiede im Anwendungsniveau der BIM-Methode festgestellt wurden, konnte kein statistisch signifikanter Unterschied der BIM-Reifegrade in den Anwendungsregionen und den Projektkategorien festgestellt werden. Gleiches gilt für die BIM-Level in den Anwendungsregionen und Projektkategorien. Daraus ergibt sich, dass die Anwendung der BIM-Methode derzeit auf einem ähnlich niedrigen Anwendungsniveau stattfindet, unabhängig von der Anwendungsregion und der Projektkategorie. Bei den Projektgrößen konnte indes eine schwache, aber statistisch nicht signifikante Korrelation mit dem BIM-Level festgestellt werden. Das heißt, mit zunehmender Projektgröße wurde ein höheres BIM-

Level festgestellt. Um zu einer produktivitätssteigernden Anwendung der BIM-Methode zu gelangen, sind nach Meinung des Verfassers weitere Untersuchungen zur Verbesserung des projekt-bezogenen BIM-Reifegrads erforderlich. Die festgestellten schwachen, aber statistisch nicht signifikanten Zusammenhänge deuten darauf hin.

Die deskriptiven Analysen unterstützen dieses Argument. Insbesondere im Hinblick auf die relativ hohe Beteiligung der projektbeteiligten Akteure (Bauherr, Fachplaner, Bauunternehmer, Facility Manager und Nutzer) am Entwurfs- und Planungsprozess des Architekten, auf der Grundlage eines visualisierten und konsistenten BIM-Bauwerksinformationsmodells. Gleiches gilt für die Anwendung der BIM-Prozesse im Hinblick auf einen BIM-Ablaufplan, eine BIM-Projektsteuerung und eine fachspezifische BIM-Koordination sowie die Anwendung der Werkzeuge 4D-BIM und 5D-BIM. Hier wurde ein relativ hoher Anwendungsgrad festgestellt. Dennoch fallen die Analyseergebnisse vergleichsweise bescheiden aus. Hierzu ist weitere Forschung nötig, um zu klären, mit welchen Fähigkeiten und Methoden eine verbesserte Anwendung der BIM-Methode und damit ein statistisch signifikanter Einfluss auf die Projektleistungsdaten Kosten, Zeit und Qualität erreicht werden kann.

Zusammenfassend lassen sich folgende Ergebnisse herausstellen:

1. Die gegenwärtige Implementierung die BIM-Methode hat in der untersuchten Stichprobe nicht zu einer erkennbaren Verbesserung der Produktivität im Planungs- und Bauprozess geführt. Dennoch zeigen sich in Teilbereichen erste positive Ansätze durch die Anwendung der BIM-Methode im Planungs- und Bauprozess.

2. Der vorhandene BIM-Reifegrad in der untersuchten Stichprobe ist weltweit vergleichsweise gering. In den letzten 15 Jahren hat der BIM-Reifegrad in der untersuchten Stichprobe nicht zugenommen und liegt teilweise unter den Werten aus den Jahren 2005 bis 2010.

3. Die BIM-Reifegrade unterscheiden sich weder in den Anwendungsregionen noch in den Projektkategorien statistisch signifikant, in den Anwendungsregionen allerdings nur sehr knapp.

4. Die BIM-Level unterscheiden sich weder in den Anwendungsregionen noch in den Projektkategorien statistisch signifikant. Dagegen unterscheiden sich die BIM-Level in den Projekttypologien (Neubau, Sanierung, Erweiterung) statistisch sehr signifikant. In den Projektgrößen unterscheiden sich die BIM-Level zwar nicht statistisch signifikant, es besteht aber eine schwache Korrelation: Je größer die Projekte, desto höher das BIM-Level.

5. Die in das Forschungsmodell aufgenommenen Kontrollvariablen bestätigen die gegenwärtigen Probleme der Bauwirtschaft, wie bspw. massive Terminüberschreitungen in der Planungszeit und Bauzeit oder die Häufigkeit von Nacharbeiten infolge von Planungsfehlern und Auslassungen.

Die Ergebnisse weichen insofern von den in Kap. 3.3.1 angeführten Potentialen der Planungsmethode BIM ab und bestätigen die in Kap. 3.3.2 dargestellten Hindernisse der Implementierung von BIM. Daraus ergeben sich für den Planungs- und Bauprozess folgende weiterführende Fragestellungen für die zukünftige Forschung.

1. Wie kann die weitere Implementierung der BIM-Methode gestaltet werden, um das Bearbeitungsniveau im Planungs- und Bauprozess zu steigern?

2. Welche anwenderbezogenen Anforderungen an die BIM-Reife sind erforderlich, um das Bearbeitungsniveau in den Projekten zu steigern?

3. Führt eine Steigerung des Bearbeitungsniveaus in den Projekten durch die Anwendung von BIM auch wirklich zu einer Steigerung der Produktivität im Planungs- und Bauprozess und für welche der beteiligten Akteure wird der größte Nutzen daraus generiert?

Vor dem Hintergrund, dass die untersuchte Stichprobe aus einer sehr großen Organisation stammt, wäre es sinnvoll im Rahmen zukünftiger Forschung auch Stichproben aus kleinen und mittleren Organisationen mit quantitativen Forschungsmethoden zu untersuchen. Insbesondere auch in Nordamerika, da hier keine nennenswerten Forschungsergebnisse erzielt werden konnten, in der Literatur aber von deutlichen Verbesserungspotentialen durch die Anwendung der BIM-Methode ausgegangen wird. Bei einer Wiederholung der Untersuchung sollten wirtschaftliche Kennzahlen für die Praxis abgeleitet werden, um im nächsten Schritt die Vorteile der Anwendung von BIM messbar zu machen. Aufgrund der Forschungsergebnisse geht der Verfasser davon aus, dass die festgestellten ersten positiven Ansätze durch die Anwendung von BIM mit steigendem BIM-Reifegrad statistisch signifikant werden und zu einer Verbesserung der Produktivität in der Bauwirtschaft beitragen können.

Als Quintessenz schlägt der Verfasser vor, bei der weiteren Implementierung der BIM-Methode im Planungs- und Bauprozess, den Fokus primär auf eine anwendungsorientierte und folgerichtige Entwicklung der projektbezogenen BIM-Reife zu legen. Anstelle einer Implementierung vom BIM nur der Implementierung wegen nachzugehen. Dabei sollte der erforderliche BIM-Reifegrad bei allen projektbeteiligten Akteuren einschl. dem Bauherrn vorhanden sein. Nur dann können der kollaborative Gedanke der BIM-Methode und der BIM-Prozess an sich zu den erwarteten Verbesserungspotentialen und möglicherweise auch zu einer Steigerung der Produktivität in der Bauwirtschaft führen.

Aufbauend auf die Forschungsergebnisse sollte untersucht werden, in welchen der 11 Interessensbereichen des BIM-Reifegradmodells (CMM) der BIM-Reifegrad gezielt gesteigert werden muss, um welche Ergebnisse zu erzielen. Um dann zukünftige Projekte auf mindestens BIM-Level 2 (modellbasierte Zusammenarbeit) wirkungsvoll bearbeiten zu können. Sodass erkennbar wird, ob die Anwendung von BIM tatsächlich zu einer Steigerung der Produktivität im Planungs- und Bauprozess führt.

9 Literaturverzeichnis

AGC. *The Contractors' Guide to Building Information Modelling.* Arlington/VA, USA: Associated General Contractors of America, 2006.

Ahn, S., Park, M., Lee, H.L. and Yang, Y. "Object-oriented modeling of Construction Operations for schedule-cost integrated planning based on BIM". *Proceedings of the International Conference on Computing in Civil and Building Engineering, Nottingham, UK* (2010): 6.

AIA. *Integrated Project Delivery: A Guide.* Washington/DC, USA: American Institute of Architects, 2007.

Aigner-Foresti, L. *Die Etrusker und das frühe Rom*. Darmstadt: Wissenschaftliche Buchgesellschaft, 2003.

Akin, O. *Embedded commissioning of Building Systems.* Norwood/MA, USA: Artech House Verlag, 2004.

Akinci, B., Fischer, M., Levitt, R.E. and Carlson, R. "Formalization and Automation of time-space conflict analysis". *Journal of Computing in Civil Engineering* 16, No. 2 (2002): 124.

Albrecht, M. *Building Information Modelling (BIM) in der Planung von Bauleistungen.* Hamburg: Disserta Verlag, 2014.

Ansar, A., Flyvbjerg, B., Budzier, A. and Lunn, D. "Should we build more large dams? The actual costs of hydropower megaproject development". *Energy Policy* (2014): 1-14.

Ashcraft, H. W. "Building Information Modelling: A Framework for Collaboration". *Construction Lawyer* 28, No. 3 (2008).

Azhar, S. "Building Information Modelling (BIM): Trends, Benefits, Risks, and Challenges for the AEC Industry". *Leadership and Management in Engineering* 11, No. 3 (2011): 241-252.

Azhar, S., Khalfan, M. and Maqsood, T. "Building Information Modelling (BIM): Now and Beyond". *Australasian Journal of Construction Economics and Building* 12, No. 4 (2012): 15-28.

Bahnert, T., Heinrich, D. und Johrendt, R. "Leistungsbilder unter BIM". *Der Sachverständige*, No. 7-8 (2018).

Bahnert, T., Heinrich, D. und Johrendt, R. "Prozessbeteiligte, Grundlagen und Erläuterungen zur Entwicklung des BIM-Prozessleitbildes". *Der Sachverständige*, No. 7-8 (2018).

M. Stange, *Building Information Modelling im Planungs- und Bauprozess*,

Baier, C. K. “Entwicklung eines Prozessmodells für den holistischen Einsatz der BIM-Methodik im nachhaltigen öffentlichen Bauen”. Dissertation, Universität Cantabria, 2016.

Barlish, K. and Sullivan, K. “How to measure the benefits of BIM – A case study approach”. *Automation in Construction* 24 (2012): 149-159.

Becerik-Gerber, B. and Rice, S. “The perceived value of Building Information Modeling in the U.S. Building Industry”. *Journal of Information Technology in Construction* 15 (2010): 185-199.

Beck, K. “The State of Wisconsin: BIM - Digital FM handover pilot projects”. *Journal of Building Information Modeling* Spring ed. (2012).

Berger, R. “Die digitale Transformation der Industrie”. München: Roland Berger, 2015.

Berger, R. “Digitalisierung der Bauwirtschaft”. München: Roland Berger GmbH, 2016.

Bew, M., Underwood, J., Wix, J. and Storer, G. “E-work and E-business in Architecture, Engineering and Construction” in *E-work and e-business in Architecture, Engineering and Construction: ECPPM 2008.* Hrsg. Zarli, A. and Scherer, R. Boca Raton/FL, USA: CRC Press, 2008.

BIM Industry Working Group. “Building Information Modelling (BIM) working party strategy paper”. UK Government Construction Client Group: BIM Task Group und Business Innovation & Skills, 2011.

Binding, G. „Architectus, Magister operis, Wercmeistere: Baumeister oder Bauverwalter im Mittelalter“. *Mittellateinisches Jahrbuch* 34 (1999): 7-28.

Binding, G. *Baubetrieb im Mittelalter.* Darmstadt: Wissenschaftliche Buchgesellschaft, 1993.

Binding, G. „Bauwissen im Früh- und Hochmittelalter“ in *Wissensgeschichte der Architektur: Band III: Vom Mittelalter bis zur Frühen Neuzeit.* Hrsg. Renn, J., Osthues, W. und Schlimme, H., 9-82. Berlin: Edition Open Access, 2014.

Binding, G. *Der früh- und hochmittelalterliche Bauherr als Sapiens Architectus.* Darmstadt: Wissenschaftliche Buchgesellschaft, 1998.

Bischoff, B. „Die Entstehung des Klosterplanes in paläographischer Sicht“ in *Studien zum St. Galler Klosterplan.* Hrsg. Duft, J., 67-78. St. Gallen: Fehr, 1962.

Björk, B. C. “Requirements and information structures for Building Product Data Models”. Dissertation, Helsinki University of Technology, 1995.

Björk, C. “A unified approach for modelling construction information”. *Building and Environment* 27, No. 2 (1992): 173-194.

Bloch, M., Blumberg, S. and Laartz, J. “Delivering large-scale projects on time, on budget, and on value”. New York: McKinsey, 2012.

BMVi. „Reformkommision Bau von Grossprojekten. Komplexität beherrschen: kostengerecht, termintreu und effzient“. Berlin: Bundesministerium für Verkehr und digitale Infrastruktur (BMWi), 2015.

BMVi. „Stufenplan digitales Planen und Bauen“. Berlin: Bundesministerium für Verkehr und digitale Infrastruktur (BMWi), 2015.

BMWi. „Digitale Strategie 2025“. Berlin: Bundesministerium für Wirtschaft und Energie, 2016.

Bol, G. *Deskriptive Statistik: Lehr- und Arbeitsbuch,* Vol. 6. München: Oldenbourg Wissenschaftsverlag, 2004.

Borrmann, A., König, M., Koch, C. and Beetz, J. *Building Information Modeling. Technologische Grundlagen und industrielle Anwendungen.* Wiesbaden: Vieweg & Teubner Verlag, 2015.

Bosch-Sijtsema, P., Isaksson, A., Lennartsson, M. and Linderoth, H. “Barriers and facilitators for BIM use among Swedish medium-sized Contractors: We wait until someone tells us to use it”. *Visualization in Engineering* 5, No. 1 (2017): 1-12.

Bougroum, Y. “An analysis of the current BIM assessment methods”. Dissertation, University of Bath, 2016.

Bourier, G. *Beschreibende Statistik. Praxisorientierte Einführung mit Aufgaben und Lösungen.* Wiesbaden: Gabler Verlag, 2011.

Braun, S., Rieck, A. und Köhler-Hammer, C. „BIM-Studie für Planer und Ausführende - digitale Planungs- und Fertigungsmethoden“. Stuttgart: Fraunhofer Institut für Arbeitswirtschaft und Organisation (IAO), 2015.

Bredehorn, J., Dohmen, P., Heinz, M., Liebsch, P. und Sauter, H „LOD/LOI - Informationen zur Detaillierungs- und Informationstiefe von BIM. Ein Dokument des BIM-Praxisleitfaden 1.0“. Hrsg. www.BIM-Blog.de, 2016.

Bringmann, K. *Im Schatten der Paläste. Geschichte des frühen Griechenlands.* München: C.H. Beck, 2016.

Brodt, W., East, E.W. and Kirby, J. "Buildingsmart with COBie: The Construction Operations Building Information Exchange" in *Engineering, Construction and Facilities Asset Management: A Cultural Revolution.* Washington DC, USA: The National Academics, 2006.

Brucker, B., Case, M., East, W., Huston, B., Nachtigall, S., Shockley, J., Spangler, S. and Wilson, J. "Building Information Modeling (BIM): A road map for implementation to support Milcon Transformation and Civil Works Projects within the US Army Corps of Engineers". Washington: DTIC, 2006.

Bryde, D., Broquetas, M. and Volm, J.M. "The project benefits of Building Information Modelling (BIM)". *International Journal of Project Management* 31, No. 7 (2013): 971-980.

Bührig, C. "Bauzeichnungen auf Tontafeln" in *Wissensgeschichte der Architektur. Band I: Vom Neolithikum bis zum Alten Orient.* Hrsg. Renn, J., Osthues, W. und Schlimme, H., 337-352. Berlin: Edition Open Access, 2014.

buildingSMART. *BIM/IFC-Anwenderhandbuch.* München: IAI Industrieallianz für Interoperabilität, 2008.

Bundgaard, J. "Mnesicles: A greek architect at work". Dissertation, Universität Kopenhagen, 1957.

Burioni, M. "Die Architektur - Kunst, Handwerk oder Technik? Giorgio Vasari, Vincenzo Borghini und die Ordnung der Künste an der Accademia del Disegno im frühabsolutistischen Herzogtum Florenz" in *Technik in der Frühen Neuzeit. Schrittmacher der europäischen Moderne*. Hrsg. Engel, G. Frankfurt a.M.: Klostermann, 2004.

Büttner, F. "Die Macht des Bildes über den Betrachter. Thesen zur Bildwahrnehmung, Optik und Perspektive im Übergang vom Mittelalter zur Frühen Neuzeit" in *Autorität der Form - Autorisierungen - Institutionelle Autoritäten*. Hrsg. Osterreicher, W., Regn, G. und Schulze, W., 17-36. Münster: LIT Verlag, 2003.

Büttner, F. "Rationalisierung der Mimesis. Anfänge der konstruierten Perspektive bei Brunelleschi und Alberti" in *Mimesis und Simulation*. Hrsg. Kablitz, A. und Neumann, G., 55-87. Freiburg i. Br.: Rombach Wissenschaften, 1998.

Butz, C. "Industrie 4.0 in der Bauwirtschaft – Potenziale und Herausforderungen von BIM für kleine und mittlere Unternehmen". Berlin: Beuth Hochschule für Technik, 2016.

Campbell, J. *Der deutsche Werkbund 1907-1934.* übers. Stolper, T. München: dtv-Verlag, 1989.

CanBIM. "AEC (Can) BIM Protocol v1". Toronto: Canada BIM Council, 2012.

CanBIM. "AEC (Can) BIM Protocol v2". Toronto: Canada BIM Council, 2014.

Cao, D. "Institutional drivers and performance impacts of BIM in Construction Projects - An empirical study in China". Dissertation, Hong Kong Polytechnic University, 2015.

Cao, D., Li, H. and Wang, G. "Impacts of Building Information Modeling (BIM) implementation on Design and Construction performance: A resource dependence theory perspective". *Front. Eng. Manag. 2017* 4, No. 1 (2017): 20-34.

Carr, R. "Cost Estimating Principles". *Construction Engineering Management* 115 (1988): 545.

Chae, L.S. and Kang, J. "Understanding of essential BIM skills through BIM-Guidelines". Paper presented at the 51st ASC Annual International Conference: School of Construction, University of Southern Mississippi, Hattiesburg/MI, USA, 2015.

Chau, K.W., Anson, M. and Zhang, J.P. "Four-dimensional visualization of construction scheduling and site utilization". *Journal of construction engineering and management* 130, No. 4 (2004): 598-606.

Chelson, D.E. "The effects of BIM on Construction Site Productivity". Dissertation, University of Maryland, 2010.

Chen, H.-T., Wu, S. and Hsieh, S. "Visualization of CCTV coverage in public building space using BIM technology". *Visualization in Engineering* 1, No. 5 (2013).

Cheng, J.C. and Lu, Q. "A review of the efforts and roles of the public sector for BIM adoption worldwide". *Journal of Information Technology in Construction* 20 (2015): 442-478.

Chin, L., Chai, C., Chong, H., Yusof, A. and Azmi, N. "The potential cost implications and benefits from Building Information Modeling (BIM) in Malaysian Construction Industry". Paper presented at the Proceedings of the 21st International Symposium on Advancement of Construction Management and Real Estate, Singapore, 2018.

Christ, K. *Geschichte der Römischen Kaiserzeit. Von Augustus bis Konstantin.* München: C.H. Beck, 2009.

Clayton, M.J., Johnson, R.E., Vanegas, J., Ozener, O., Nome, C.A. and Culp, C.E. "Downstream of Design: Lifespan costs and benefits of Building Information Modeling". Hrsg. University, Texas A&M University. College Station: Texaxs A&M University, 2008.

Czmoch, I. and Pekala, A. "Traditional design versus BIM based design". *Procedia Engineering* 91 (2014): 210-215.

da Vinci, L. *Codices Madrid: Nationalbibliothek Madrid. Codex Madrid II: Tratados varios de fortificacion estatica y geometria escritos en italiano. Signatur 8936 (Faksimile-Ausgabe)* Vol. 2. Frankfurt a. M.: Fischer, 1974.

Dakhil, A. "Building Information Modelling (BIM) Maturity-Benefits Assessment Relationship Framework for UK Construction Clients". Dissertation, University of Salford, UK, 2017.

Dakhil, A. and Alshawi, M. "Building Information Modelling: Benefits-Maturity Relationship from Client perspective". *Information and Knowledge Management* 4, No. 9 (2014).

David, P. and Greenstein, S. "The economics of compatibility standards: An introduction to recent research". *Economics of Innovation and New Technology* 1, No. 1 (1990).

de Bruyn, G. "Die Diktatur der Philanthropen: Entwicklung der Stadtplanung aus dem utopischen Denken". *Bauwelt Fundamente* 110 (1996).

Dib, H., Chen, Y. and Cox, R. "A framework for measuring BIM-Maturity based on perception of practioneers and academics outside the USA". Paper presented at the CIB W78: 29th International Conference, Beirut, Lebanon, 2012.

Dombrowski, U., Tiedemann, H. und Bothe, T. "Visionen für die digitale Fabrik". *Zeitschrift für wirtschaftlichen Fabrikbetrieb* 3 (2001): 96-100.

Droste, M. *Bauhaus 1919-1933. Reform und Avantgarde.* Köln: Taschen, 2006.

Duft, J. "Die Sorge um den St. Galler Klosterplan" in *Studien zum St. Galler Klosterplan.* Hrsg. Ochsenbein, P. und Schmuki, K., 57-71. St. Gallen: Historischer Verein des Kanton St. Gallen, 2002.

Duft, J. "Geschichte des Klosters St. Gallen im Überblick vom 7. bis 12. Jahrhundert" in *Das Kloster St. Gallen im Mittelalter. Die kulturelle Blüte vom 8. bis 12. Jahrhundert.* Hrsg. Ochsenbein, P., 11-30. Darmstadt: Wissenschaftliche Buchgesellschaft, 1999.

Dzeng, R.-J., Lin, C.-W. and Hsiao, F. "Application of RFID tracking to the optimization of function-space assignment in buildings". *Automation in Construction* 40 (2014): 68-83.

Eadie, R., Odeyinka, H., Browne, M., McKeown, C. and Yohanis, M. "Building Information Modelling adoption: An analysis of the barriers to implementation". *Journal of Engineering and Architecture* 2, No. 1 (2014): 77-101.

East, E.W. "Construction Operations Building Information Exchange (COBie): Re-quirements definition and pilot implementation standard". Champaign/IL, USA: U.S. Army Engineer Research and Development Center, 2007.

Eastman, C., Teicholz, P. and Sacks, R. *BIM Handbook: A guide to Building Information Modeling for Owners, Managers,*

Designers, Engineers and Contractors. Hoboken, New Jersey: John Wiley & Sons, 2011.

Eastman, C., Teicholz, P., Sacks, R. and Liston, K. *BIM Handbook - A guide to BIM for Owners, Managers, Designers, Engineers and Contractors*. Hoboken, New Jersey: John Wiley & Sons, Inc., 2008.

Eastman, C.M. *Building Product Models. Computer environments supporting design and construction.* Boca Raton, Florida: CRC Press, 1999.

Egan, J. "Rethinking construction". London, UK: Department of Trade and Industry, 1998.

Egbu, C. and Sidawi, B. "BIM implementation and remote construction project issues, challenges, and critiques". *ITCON* 12, No. 75 (2012).

Egger, M., Hausknecht, K., Liebich, T. und Przybylo, J. "BIM-Leitfaden für Deutschland" in *Forschungsinitiative Zukunft Bau*. Berlin: Bundesinstituts für Bau-, Stadt- und Raumforschung BBSR, 2013.

Eichmann, R. *Aspekte prähistorischer Grundrißgestaltung in Vorderasien. Baghdader Forschungen Vol. 12*. Mainz: Philipp von Zabern, 1991.

Eisenman, P. "The formal basis of modern architecture". Dissertation, University of Cambridge, 1963.

Engelbart, D.C. "Argumenting human intellect: A conceptual framework". AFOSR-3233: Air Force Office of Scientific Research, 1962.

Eschenbruch, K., Bodden, J.L. und Elixmann, R. *BIM-Leistungsbilder*. Düsseldorf: Kapellmann und Partner Rechtsanwälte, 2017.

Eschenbruch, K. and Malkwitz, A. "Gutachten zur BIM-Umsetzung" in *Forschungsinitiative Zukunft Bau*. Berlin: Bundesministeriums für Verkehr, Bau und Stadtentwicklung BMVBS, 2014.

Evers, H.G. *Vom Historismus zum Funktionalismus.* Baden-Baden: Holle Verlag, 1967.

Fauerbach, U. "Bauwissen im alten Ägypten" in *Wissensgeschichte der Architektur. Band II: Vom alten Ägypten bis zum antiken Rom.*

Hrsg. Renn, J. and Osthues, W., 7-124. Berlin: Edition Open Access, 2014.

Fiedler, J., and Schuster, S. "Public infrastructure project planning in Germany - The case of the Elb Philharmonic in Hamburg" in *Large infrastructure projects in Germany - between ambition and realities.* Berlin: Hertie School of Governance, 2015.

Flyvbjerg, B. "What you should know about Megaprojects and why: An overview". *Project Management Journal* 45, No. 2 (2014): 6-19.

Flyvbjerg, B., Holm, M., and Buhl, S. "Underestimating costs in public works projects – error or lie?". *Journal of the American Planning Association* 68, No. 3 (2002): 279-295.

Forgues, D., Iordanova, I., Valdivesio, F. and Staub-French, S. "Rethinking the cost estimating process through 5D.BIM: A case study". Paper presented at the Construction Research Congress 2012, West Lafayette, IN, USA 2012.

Fosse, R. and Ballard, G. "Lean Design Management in practice with the Last Planner System". Paper presented at the 24th Annual Conference of the International Group for Lean Construction (IGLC), Boston, USA, 2016.

Fried, J. *Das Mittelalter - Geschichte und Kultur,* Vol. 4. München: C.H. Beck, 2009.

Froese, T.M. "The impact of emerging information technology on Project Management for Construction". *Automation in Construction* 19, No. 5 (2010): 531-538.

Fu, C., Aouad, G., Lee, A., Mashall-Ponting, A. and Wu, S. "IFC Model Viewer to support nD-Model Application". *Automation in Construction* 15, No. 2 (2006): 178-185.

Fuchs, R. and Oltrogge, D. "Ergebnisse einer technologischen Untersuchung des St. Galler Klosterplans" in *Studien zum St. Galler Klosterplan II.* Hrsg. Ochsenbein, P. und Schmuki, K. St. Gallen: Historischer Verein des Kanton St. Gallen, 2002.

Gallaher, M.P., O'Connor, A.C., Dettbarn, J.L. and Gilday, L.T. "Cost analysis of inadequate Interoperability in the U.S. Capital Facilities Industry". Gaithersburg, Maryland: National Institute of Standards and Technology NIST, 2004.

Gantefũhrer, A. *Kubismus*. Trier: Taschen, 2007.

Gao, J. "A Characterization Framework to document and compare BIM implementations on construction projects". Dissertation, Stanford University, 2011.

Gasteiger, A. *BIM in der Bauausführung. Automatisierte Baufortschrittsdokumentation mit BIM, deren Mehrwert und die daraus resultierenden Auswirkungen auf die Phase der Bauausführung*. Innsbruck: Innsbruck University Press, 2015.

Gehrke, H.-J. and Schneider, H. *Geschichte der Antike,* Vol. 4. Stuttgart/Weimar: Metzler, 2013.

Gerber, A. *Metageschichte der Architektur. Ein Lehrbuch für angehende Architekten und Architekturtheoretiker*. Bielefeld: transcript, 2014.

Gerges, M., Austin, S., Mayouf, M., Ahiakwo, O., Jaeger, M., Saad, A. and El Gohary, T. "An investigation into the implementation of Building Information Modeling in the Middle East". *Journal of Information Technology in Construction ITcon* 22 (2017): 1-15.

Giel, B., Issa, R. and Olbina, S. "Return on investment analysis of using Building Information Modeling in Construction". *Journal of Computing in Civil Engineering* 27, No. 5 (2010): 511-521.

Göttig, R.M. "Informationssystem für den archiektonischen Planungsprozess auf Produkt-modellbasis" Dissertation, Technische Universität München, 2010.

Govender, K., Nyagwachi, J., Smallwood, J.J. and Allen, C.J. "The awareness of Integrated Project Delivery and Building Information Modelling facilitating construction projects". *International Journal for Sustainable Development and Planning* 13, No. 1 (2018): 121-129.

Grave, J. *Architekturen des Sehens. Bauten in Bildern des Quattrocento*. Paderborn: Wilhelm Fink Verlag, 2015.

Gropius, W. *Bauhaus Manifest*. Berlin, Weimar: Bauhaus-Archiv, 1919.

Gropius, W. "Der stilbildende Wert industrieller Bauformen". *Jahrbuch des Deutschen Werkbundes* (1914): 29-32.

Gropius, W. *Staatliches Bauhaus in Weimar 1919-1923*. Hrsg. Nierendorf, K. Weimar, München: Bauhaus Verlag, 1923.

Gryttinga, I., Svalestuena, F., Lohne, J., Sommerseth, H., Augdal, S. and Lædre, O. "Use of LOD Decision Plan in BIM-Projects". *Elsevier Procedia Engineering* 196 (2017): 407-414.

GSA. *GSA Building Information Modeling Guide,* Vol 1. Washington: US General Service Administration, 2007.

Gull, E. *Perspektivlehre*, Vol. 6. Basel: Birkhäuser, 1981.

Günther, H. "Bildwirkung von Architektur in Renaissance und Barock". Paper presented at the Kolloquium Architektur und Bild in der Neuzeit, Stuttgart, 2002.

Günthner, W.A. und Borrmann, A. *Digitale Baustelle - innovativer planen und effizienter ausführen. Werkzeuge und Methoden für das Bauen im 21. Jahrhundert.* Berlin/Heidelberg: Springer Verlag, 2011.

Hadzaman, N., Takim, R. and Nawawi, A.H. "BIM Roadmap Strategic Implementation Plan: Lesson learnt from Australia, Singapore and Hong Kong". Paper presented at the 31st Annual ARCOM Conference, Lincoln/UK, 2015.

Hagan, S., Ho, P. and Matta, H. "BIM: The GSA Story". *Journal of Building Information Modeling* Spring ed. (2009).

Hair, J.F., Sarstedt, M., Ringle, C.M. and Mena, J.A. "An assessment of the use of partial least squares structural equation modeling in marketing research". *Journal of the Academy of Marketing Science* 40, No. 3 (2012): 414-433.

Hallberg, D. and Tarandi, V. "On the use of open BIM and 4D-Visualisation in a predictive Life Cycle Management system for construction works". *Journal of Information Technology in Construction* 2 (2011).

Hamdi, O. and Leite, F. "BIM and Lean interactions from the BIM capability maturity model perspective: A case study". Paper presented at the 20th Annual Conference of the International Group for Lean Construction, San Diego/CA, USA, 2012.

Hannus, M., Karstila, K. and Tarandi, V. "Requirements on standardised Building Product Data Models" in *Proceedings of the European Conference on Product and Process Modelling in the Building Industy (ECPPM).* Hrsg. Scherer, R. J. Rotterdam: Balkema, 1995.

Hartung, J., Elpelt, B. and Klösener, K.-H. *Statistik*. München/Wien: Oldenbourg, 1995.

Haselberger, L. "Appearance & Essence: Refinements of classical architecture - curvature" in *Proceedings of the 2nd Williams Symposium on Classical Architecture, April 2-4, 1993*. Philadelphia/PA, USA: University of Pennsylvania, 1999.

Hecht, K. *Der St. Galler Klosterplan.* Sigmaringen: Jan Thorbecke, 1983.

Heidemann, A. "Kooperative Projektabwicklung im Bauwesen unter der Berücksichtigung von Lean-Prinzipien - Entwicklung eines Lean-Projektabwicklungssystems". Dissertation, Karlsruher Institut für Technologie KIT, 2010.

Heller, S. and Balance, G. *Graphic Design History.* New York: Allworth Press, 2001.

Hensen, D. *Weniger ist mehr. Zur Idee der Abstraktion in der modernen Architektur.* Berlin: Buan-Verlag, 2005.

Hesse, M. "Charakter-Bauten". *Ruperto Carola* 7, No. 12 (2015).

Hilpert, T. "Die Polarität der Moderne". *Archplus (Aachen)* 146 (1999): 25-29.

Höfler, C. "Form und Zeit - computerbasiertes Entwerfen in der Architektur". Dissertation, Humboldt-Universität zu Berlin, 2009.

Hölkeskamp, K.-J. *Erinnerungsorte der Antike. Die römische Welt.* Hrsg. Stein-Hölkeskamp, E. München: C.H. Beck, 2006.

Hongyang, L., Ng, T.S., Skitmore, M., Zhang, X. and Jin, Z. "Barriers to BIM in the Chinese AEC-Industry". Paper presented at the Proceedings of the Institution of Civil Engineers - Municipal Engineer, London, UK, 2017.

Hooper, M. "Automated Model Progression Scheduling using Level of Development (LOD)". *Construction Innovation* 15, No. 4 (2015): 428-448.

Hore, A., McAuley, B. and West, R. "BIM Innovation Capability Programme of Ireland". Paper presented at the Proceedings of the Joint Conference on Computing in Construction, Heraklion, Greece, 2017.

Horn, W. and Born, E. *The plan of St. Gallen*, Vol. 2. Los Angeles/London: Berkeley, 1979.

Howell, I. "The value information has on decision-making". *New Hampshire Business Review* 38, No. 19 (2016): 20.

Huber, F. "Der Sankt Galler Klosterplan im Kontext der antiken und mittelalterlichen Architekturzeichnung und Messtechnik" in *Studien zum St. Galler Klosterplan II*, Hrsg. Ochsenbein, P. und Schmuki, K., 233-284. St. Gallen: Historischer Verein des Kanton St. Gallen, 2002.

Hug, T. und Poscheschnik, G. *Empirisch forschen. Die Planung und Umsetzung von Projekten im Studium.* Vol. 2. Konstanz: Verlag Huter & Roth KG, 2015.

Hügli, A. und Lübcke, P. *Philosophielexikon. Personen und Begriffe der abendländischen Philosophie von der Antike bis zur Gegenwart.* Reinbek: Rowohlt Taschenbuch Verlag, 1991.

Hura, M., McLeod, G., Larson, E., Schneider, J., Gonzales, D., Norton, D. und Jacobs, J., "A continuing challenge in coalition air operations". Santa Monica/CA, USA: RAND Corporation, 2000.

Huse, N. *Neues Bauen 1918 bis 1933.* München: Verlag H. Moos, 1975.

Hutchinson, A. and Finnemore, M. "Standardized process improvement for construction enterprises". *Total Quality Management,* 10 (1999): 576-583.

Ilozor, B.D. and Kelly, D.J. "Building Information Modeling and Integrated Project Delivery in the commercial construction industry: A conceptual study". *Journal of Engineering, Project, and Production Management* 2, No. 1 (2012): 23-36.

Irmscher, G. *Kleine Kunstgeschichte des europäischen Ornaments seit der Frühen Neuzeit (1400-1900).* Darmstadt: Wissenschaftliche Buchgesellschaft, 1984.

Isikdag, U., Underwood, J. and Kurugolu, M. *Building Information Modelling. Construction innovation and process improvement.* New York/NY, USA: John Wiley & Sons, 2012.

Ismail, N.A., Chiozzi, M. and Drogemuller, R. "An overview of BIM uptake in Asian developing countries". Paper presented at the Proceedings of the 3rd International Conference on Construction and Building Engineering ICONBUILD, Palembang/Indonesia, 2017.

Ismail, N.A., Idris, N.H., Ramli, H., Raja Muhammad Rooshdi, R.R. and Sahamir, S.R. "The relationship between cost estimates reliability and BIM adoption: SEM analysis". *IOP Conf. Series: Earth and Environmental Science* 117 (2018).

IU. "BIM Design & Construction Requirements. Presentation follow-up seminar". Bloomington/IN, USA: Indiana University, 2009a.

IU. "BIM Guidelines and Standards for Architects, Engineers and Constractors". Bloomington/IN, USA: Indiana University, 2012.

Jacobsen, W. *Der Klosterplan von St. Gallen und seine Stellung in der karolingischen Architektur. Entwicklung und Wandel von Form und Bedeutung im fränkischen Kirchenbau zwischen 751 und 840.* Berlin: Deutscher Verlag für Kunstwissenschaft, 1992.

Jacobsen, W. "Der St. Galler Klosterplan - 300 Jahre Forschung" in *Studien zum St. Galler Klosterplan II*. Hrsg. Schmuki, K. St. Gallen: Historischer Verein des Kanton St. Gallen, 2002.

Jaffe, H.L. "De Stijl". *De Stijl* 11 (1917).

Jencks, C. *Die Sprache der postmodernen Architektur. Entstehung und Entwicklung einer alternativen Tradition.* übers. Mühlendahl-Krehl, N. Stuttgart: DVA, 1988.

Jeong, Y.S., Eastman, C.M., Sacks, R. and Kaner, I. "Benchmark tests for BIM data exchanges of precast concrete". *Automation in Construction* 18, No. 4 (2009): 469-484.

Jernigan, F. *Little BIM, big BIM - the practical approach to Building Information Modelling.* Salisbury/USA, Site Press, 2007.

Jobst, F. und Wendler, A. "Public Infrastructure Project Planning in Germany - The case of the BER Airport in Berlin-Brandenburg" in *Large Infrastructure Projects in Germany. Between ambition and realities.* Berlin: Hertie School of Governance, 2015.

Jöchner, C. "Der Außenhalt der Stadt. Topographie und politisches Territorium in Turin" in *Politische Räume. Stadt und Land in der Frühneuzeit.* Hrsg. Jöchner, C., 67-89. Berlin: Akademie Verlag, 2003.

Johnson, P. and Wigley, M. *Dekonstruktivistische Architektur*. Stuttgart: Hatje, 1988.

Jung, W. and Lee, G. "The status of BIM adoption on six continents". *International Journal of Civil, Structural, Construction and Architectural Engineering* 9, No. 5 (2015): 406-410.

Junge, R. "Interoperabilität mit IFC - Entwicklung, Grundlagen, Schema. Vortrag zum BIM Workshop am 6. November 2008". Weimar: Bauhaus-Universität Weimar, 2008.

Junge, R. and Liebich, T. "Product Data Model for Interoperability in an distributed environment" in *Proceedings of CAAD futures 1997*. Dordrecht/Boston/London Kluwer, 1997a.

Kahvandi, Z., Saghatforoush, E., Alinezhad, M. and Noghli, F. "Integrated Project Delivery (IPD) research trends". *Journal of Engineering, Project- and Production Management* 7, No. 2 (2017): 99-114.

Kam, C., Senaratna, D., McKinney, B., Xiao, Y. and Song, M. "The VDC scorecard: Formulation and Validation" in *CIFE Working Paper WP135*. Stanford/CA, USA: Stanford University, 2014.

Kamardeen, I. "8D-BIM Modelling Tool for accident prevention through design". Paper presented at the 26th Annual ARCOM Conference, 6-8 September 2010, Leeds, UK, 2010.

Kaming, P.F., Olomolaiye, P., Holt, G.D. and Harris, F.C. "Factors influencing construction time and cost overruns on high-rise projects in Indonesia". *Construction Management and Economics* 15, No. 1 (1997): 83-94.

Kapellmann, K. und Haghsheno, S. *Jahrbuch Baurecht 2005. Aktuelles, Grundsätzliches, Zukünftiges.* Köln: Werner Verlag, 2005.

Kapitza, P.K. *Ein bürgerlicher Krieg in der gelehrten Welt. Zur Geschichte der Querelle des Anciens et des Modernes in Deutschland.* München: Fink, 1981.

Kassem, M., Succar, B. and Dawood, N. "A proposed approach to comparing the BIM- Maturity of countries". Paper presented at the CIB W78 - 30th International Conference on the Applications of IT in the AEC-Industry, Beijing, China, 2013.

Kekana, T.G. "Building Information Modelling (BIM): Barriers in adoption and implementation strategies in the South African onstruction industry" in *International Conference on Emerging Trends in Computer and Image Processing*, 15-16, 2014.

Kelly, D. and Ilozor, B. "A quantitative study of the relationship between project performance and BIM use on commercial construction projects in the USA". *International Journal of Construction Education and Research* (2016): 1-16.

Kim, C., Son, H. and Kim, C. "Automated construction progress measurement using a 4D-BIM and 3D-Data". *Automation in Construction* 31 (2013): 75-82.

Kiviniemi, A. "LAI and IFC state of the art". Paper presented at the 8th International Conference on Durability of Building Materials and Componends, Vancouver, Canada, 1999.

Kiviniemi, A. "Ten years of IFC development why are we not yet there?". Paper presented at the Joint International Conference on Computing and Decision Making in Civil and Building Engineering, Montreal, Canada, 2006.

Kiviniemi, A., Tarandi, V.i., Karlshøj, J., Bell, H.v. and Karud, O.J. "Review of the development and implementation of IFC compatible BIM". Erabuild, 2008.

Kleefisch-Jobst, U. *Architektur im 20. Jahrhundert.* Köln: Dumont Verlag, 2003.

Klengel-Brandt, E. *Der Turm von Babylon.* Leipzig: Koehler & Amelang, 1982.

Kletzl, O. *Planfragmente aus der deutschen Dombauhütte von Prag in Stuttgart und Ulm.* Stuttgart: Krais, 1939.

Klimko, G. "Knowledge management and maturity models: Building common understanding". Paper presented at the 2nd European Conference on Knowledge Management, Bled School of Management, Slovenia, 2001.

Klotz, H. *Moderne und Postmoderne. Architektur der Gegenwart 1960-1980.* Braunschweig, Wiebaden: Vieweg & Teubner Verlag, 1987.

Koch, C. "Natural markers for augmented reality-based indoor navigation and facility maintenance". *Automation in Construction* 48 (2014): 18-30.

Koeble, W. "HOAI, 2013, § 3 Rn.18" in *Kommentar zur HOAI*. Hrsg. Lochner, H., Koeble, W. und Frik, W. Düsseldorf: Werner-Verlag, 2013.

Kohler, N., Forgber, U. und Müller, C. "Zwischenbericht des Projektes Retex/Intesol für das Jahr 1997". Universität Karlsruhe: Institut für Industrielle Bauproduktion IFIB, 1998.

Kostka, G. und Anzinger, N. "Large Infrastructure Projects in Germany. A cross-sectoral analysis" in *Large Infrastructure Projects in Germany. Between ambition and realities.* Berlin: Hertie School of Governance, 2015.

Kurapkat, D. "Bauwissen im Neolithikum Vorderasiens" in *Wissensgeschichte der Architektur. Band I: Vom Neolithikum bis zum Alten Orient.* Hrsg. Renn, J., Osthues, W. und Schlimme, H., 57-127. Berlin: Edition Open Access, 2014.

Laakso, M. and Kiviniemi, A. "The IFC Standard - a review of history, development, and standardization". *Journal of Information Technology in Construction ITcon* 17 (2012): 134-161.

Laakso, M. and Kiviniemi, A. "A review of IFC standardization - interroperability through complementary approaches". Paper presented at the CIB W78 W102, Joint Conference - Computer Knowledge Building, Sophia Antipolis, France, 2011.

Larsson, N. "The Integrated Design Process: History and Analysis". Paper presented at the International Initiative for a Sustainable Built Environment (iiSBE), Paris, 2009.

Latiffi, A., Brahim, J., Mohd, S. and Fathi, M.S. "Building Information Modeling (BIM): Exploring Level of Development (LOD) in construction projects". Paper presented at the International Integrated Engineering Summit 2014, Johor, Malasyia, 2015.

Lavikka, R., Smeds, M. and Smeds, R. "Towards coordinated BIM based design and construction process, e-work and e-business in Architecture, Engineering and Construction". *CRC Press* (2012): 513-520.

Lee, X.S., Tsong, C.W. and Khamidi, M.F. "5D-BIM - a practicability review". Paper presented at the 4th International Building Control Conference IBCC, Kuala Lumpur, Malaysia, 2016.

Li, J., Xiao, B. and Cao, W. "Research of BIM application and development barriers in China". *Construction Science and Technology* 17 (2015): 59-60.

Liebich, T. "BIM - eine methode der Projektabwicklung. Teil 1 - für Architekten und Ingenieure". *Vortrag vom 02.05.2013 zur Informationsveranstaltung BIM der Achitektenkammer und Ingenieurkammer NRW in Düsseldorf*, 2013.

Liebich, T. "Unveiling IFC 2x4 - the next generation of open BIM". Paper presented at the 27th International Conference Applications of IT in the AEC-Industry, Cairo, Egypt, 2010.

Liebich, T., Schweer, C.S. und Wernik, S. "Die Auswirkungen von BIM auf die Leistungs-bilder und Vergütungsstruktur für Architekten und Ingenieure sowie auf die Vertragsgestaltung" in *Forschungsinitiative Zukunft BAU, Schlussbericht vom 3. Mai 2011*. Berlin: Bundesinstitut für Bau-, Stadt- und Raumforschung BBSR, 2011.

Liebich, T. and Wix, J. *IFC Technincal Guide,* Vol. 2. UK: International Alliance for Interoperability, 2000.

Liu, B., Wang, M., Zhang, Y., Liu, R. and Wan, A. "Review and prospect of BIM policy in China". Paper presented at the IOP Conference Series: Materials Science and Engineering, Guangzhou/China, 2017.

Liu, H., Lu, M. and Al-Hussein, M. "BIM-based integrated framework for detailed cost estimation and schedule planning of construction projects". Paper presented at the 31st International Symposium on Automation and Robotics in Construction and Mining ISARC, Sydney, 2014.

Loos, A. *Gesammelte Schriften.* Hrsg. Opel, A. Wien: Lesethek, 2010.

Lotz, W. "Das Raumbild in der italienischen Architekturzeichnung der Renaissance". *Mitteilungen des Kunsthistorischen Institutes in Florenz,* VII. (1956): 193-226.

Loureiro, G. and Curran, R. *Complex systems concurrent engineering: Collaboration, Technology innovation and Sustainability.* Berlin: Springer Science & Business Media, 2007.

Loyola, M. and López, F. "An evaluation of the macro-scale adoption of Building Information Modelling (BIM) in Chile: 2013-2016". *Revista de la Construccion Civil* 17, No. 1 (2018).

Lu, W., Fung, A., Peng, Y., Liang, C. and Rowlinson, S. "Cost-benefit analysis of Building Information Modeling implementation in building projects through demystification of time-effort distribution curves". *Building and Environment* 82 (2014): 317-327.

Luu, T.V., Kim, S.Y., Cao, H.L. and Park, Y.M. "Performance measurement of construction firms in developing countries". *Construction Management and Economics* 26, No. 4 (2008): 373-386.

Macdonald, J.A. "BIM – adding value by assisting collaboration" in *Lightweight Structures Association Australia (LSAA) Conference*, 1-11: LSAA, 2011.

Maier, C. "Grundzüge einer open BIM Methodik für die Schweiz". Zürich: Ernst Basler + Partner AG, 2015.

Maier, F. *Griechische Mauerbauinschriften. Vestigia Bd. 1 und 2*. Heidelberg: Quelle & Meyer, 1961.

Manetti, A. *The life of Brunelleschi*, übers. Enggass, C., Hrsg. Saalman, H. University Park/PA: Penn State University Press, 1970.

Mansperger, T., Jung, R., Thiele, T. und Steinberg, A. "BIM - Erfahrungen bei der Anwendung einer neuen Methode im Ingenieurbüro". *Bautechnik* 91, No. 4 (2014): 237-242.

May, M. *CAFM Handbuch - IT im Facility Management erfolgreich einsetzen.* Berlin: Springer Vieweg, 2013.

McGraw Hill. "The business value of BIM for Construction in global markets". New York: McGraw Hill Construction, 2014.

McGraw Hill. "The business value of BIM in Europe. Getting BIM to the bottom line in the United Kingdom, France and Germany". New York: McGraw Hill Construction, 2010.

McGraw Hill. "The business value of BIM in North America. Multi-year trend analysis and user ratings 2007-2012". New York: McGraw Hill Construction, 2012.

McGraw Hill. "The business value of BIM. Getting Building Information Modeling to the bottom line". New York: McGraw Hill Construction, 2009.

McGraw Hill. "Interoperability in the construction industry, design and construction intelligence" in *Smart Market Report*. New York/NY, USA: McGraw Hill Construction, 2007.

McGraw Hill. "Measuring the impact of BIM on complex buildings". New York: McGraw Hill Construction, 2015.

McKinsey Global Institute. "Infrastruktur & Wohnen - deutsche Ausbauziele in Gefahr". New York/NY, USA: McKinsey & Company, 2018.

McKinsey Global Institute. "Reinventing construction: A route to higher productivity". New York/NY, USA: McKinsey & Company, 2017.

Mehran, D. "Exploring the adoption of BIM in the UAE construction industry for AEC firms". *Elsevier Procedia Engineering* 145 (2016): 1110-1118.

Merrow, E.W. *Industrial Megaprojects: Concepts, strategies and practices for success.* Hoboken, NJ: John Wiley & Sons, 2011.

Mies, C.E. "Begin with the end in mind - a guide to process transformation" in *BIM for lCS*. Hrsg. Achamer, C. and Kovacic, I., 22-29. Wien: Technische Universität Wien, 2013.

Mihindu, S. and Arayici, Y. "Digital construction through BIM system will drive the reengineering of construction business practices". *Int. Conference Visualisation* 29 (2008).

Minkowski, H. "Raum und Zeit" in *Das Relativitätsprinzip. Eine sammlung von Abhandlungen*. Hrsg. Lorentz, H.A. and Einstein, A.M., H., 56-73. Leipzig/Berlin: Teubner, 1913.

Mirarchi, C., Pasini, D., Pavan, A. and Daniotti, B. "Automated IFC-based processes in the construction sector: A method for improving the information flow". Paper presented at the Joint Conference on Computing in Construction JC3, Heraklion, Greece, 2017.

Moelle, H. "Rechnergestützte Planungsprozesse der Entwurfsphasen des Architekten auf Basis semantischer Modelle". Dissertation, Technische Universität München, 2006.

Mom, M. and Hsieh, S.H. "Toward performance assessment of BIM technology implementation". Paper presented at the 4th International Conference on Computing in Civil and Buidling Engineering ICCCBE, Moscow, Russia, 2012.

Müller, S. *Kunst und Industrie. Ideologie und Organisation des Funktionalismus in der Architektur.* München: Verlag Carl Hanser, 1974.

Musa, S., Marshall-Ponting, A., Nifa, F.A. and Shahron, S.A. "Building Information Modelling (BIM) in Malaysian construction industry: Benefits and future challenges". Paper presented at the Proceedings of the 3rd International Conference on Applied Science and Technology, Georgetown/Penang, Malaysia, 2016.

NBS. "National BIM Report 2016". Newcastle: NBS, 2016.

NBS. "NBS International Bim Report". Newcastle, UK: NBS, 2016.

NBS. "National BIM Report 2017". Newcastle: NBS, 2017.

Neumann, E. "Die Architektur der Fahrzeuge". *Jahrbuch des Deutschen Werkbundes* (1914): 48.

Noell, M. "Bewegung in Zeit und Raum. Zum erweiterten Architekturbegriff im frühen 20. Jahrhundert" in *Raum-Dynamik: Beiträge zu einer Praxis des Raumes*. Hrsg. Hofmann, F., Lazaris, S. und Sennewald, J., 301-314. Bielefeld: Transcript Verlag, 2004.

Oberwinter, L. and Kovacic, I. "Interdisciplinary BIM-supported planning process". Paper presented at the Creative Construction Conference, Budapest, 2013.

Ogwueleka, A.C. "Upgrading from the use of 2D CAD systems to BIM technologies in the construction industry: Consequences and merits". *International Journal of Engineering Trends and Technology IJETT* 28, No. 8 (2015): 403-411.

Ortmann, N. *Die italienische Frührenaissance und die Entdeckung der Perspektive in der Kunst.* Hamburg: Diplomica Verlag, 2014.

Osterhammel, J. *Die Verwandlung der Welt. Eine Geschichte des 19. Jahrhunderts.* München: C.H. Beck, 2009.

Osthues, W. "Bauwissen im antiken Griechenland" in *Wissensgeschichte der Architektur. Band II: Vom alten aÄgypten bis zum antiken Rom*. Hrsg. Renn, J., Osthues, W. und Schlimme, H., 127-261. Berlin: Edition Open Access, 2014.

Osthues, W. "Bauwissen im antiken Rom" in *Wissensgeschichte der Architektur. Band II: Vom alten Ägypten bis zum antiken Rom*.

Hrsg. Renn, J., Osthues, W. und Schlimme, H., 265-422. Berlin: Edition Open Access, 2014.

Oswalt, P. *Bauhaus-Streit 1919-2009. Kontroversen und Kontrahenten.* Ostfildern: Hatje Cantz, 2009.

Owen, R., Amor, R., Palmer, M., Dickinson, J., Tatum, C., Kazi, A., Prins, M. and Kiviniemi, A. "Challenges for Integrated Design and Delivery Solutions". *Architectural Engineering and Design Management* 6, No. 4 (2010): 232-240.

Padovan, R. "Le Corbusier, Mies and De Stijl. Theo van Doesburg: Der Kampf um den neuen Stil". *Neue Schweizer Rundschau* (1929): 41-63.

Page, I.C. and Curtis, M.D. "Building Industry Performance Measures". Judgeford, New Zealand: Branz Building Research Levy, 2012.

Parvan, K. "Estimating the impact of BIM on building project performance". Dissertation, University of Maryland, 2012.

Pedde, B. *Willi Baumeister 1889-1955. Schöpfer aus dem Unbekannten.* Berlin: epubli, 2013.

Pehnt, W. *Die Architektur des Expressionismus.* Ostfildern-Ruit: Verlag Gerd Hatje, 1998.

Petzold, F. "Computergestützte Bauaufnahme als Grundlage für die Planung im Bestand". Dissertation, Bauhaus-Universität Weimar, 2001.

Pientka-Hinz, R. "Architekturwissen am Anfang des 2. Jahrtausends v. Chr." in *Wissensgeschichte der Architektur. Band I: Vom Neolithikum bis zum alten Orient*. Hrsg. Renn, J., Osthues, W. und Schlimme, H., 328. Berlin: Edition Open Access, 2014.

Pochat, G. *Geschichte der Ästhetik und Kunsttheorie.* Köln: DuMont, 1986.

Poirier, E.A. "Investigating the impact of Building Information Modeling on collaboration in the AEC and operations industry". Dissertation, École de Technologie Supérieure Universiité du Québec, 2015.

Porwal, A. and Hewage, K.N. "Building Information Modeling (BIM) partnering framework for public construction projects". *Automation in Construction* 31 (2013): 204-214.

Post, N. "Sutter health unlocks the door to a new process – team contract, with shared risk and reward, fosters „all-for-one, one-for-all“ spirit". *Engineering News-Record* (2007): 80-84.

Pratt, M.J. "Introduction to ISO 10303 - the step standard for product data exchange". *Journal of Computing and Information Science in Engineering* 1, No. 1 (2001): 102-103.

Preda, A. "Postmodernism in Sociology" in *International Encyclopedia of the Social and Behavioral Sciences*. Hrsg. Smelser, N. and Baltes, P. B., 11865-11868. Amsterdam: Elservier Science, 2002.

Pressman, A. "Integrated practice in perspective: A new model for the architectural profession". *Architectural Record* 5 (2007).

Rahimian, F.P., Arciszewski, T. and Goudling, J.S. "Successful education for AEC professionals: Case study of applying immersive game-like virtual reality interfaces". *Visualization in Engineering* 2, No. 4 (2014).

Reister, D. "Nachträge beim Bauvertrag" in *Einführung in die VOB/B*. Hrsg. Kapellmann, K. D. und Langen, W. Düsseldorf: Werner Verlag, 2007.

Rekkola, M., Kojima, J. and Mäkeläinen, T. "Integrated design and delivery solutions". *Architectural Engineering and Design Management* 6 (2010): 264-278.

Renn, J. and Valleriani, M. "Elemente einer Wissensgeschichte der Architektur" in *Wissensgeschichte der Architektur. Band I: Vom Neolithikum bis zum alten Orient*. Hrsg. Renn, J., Osthues, W. and Schlimme, H., 26. Berlin: Edition Open Access, 2014.

Rezahoseini, A., Nooria, S., Ghannadpoura, S.F. and Bodaghib, M. "Investigating the effects of Building Information Modeling capabilities on knowledge management areas in the construction industry". *Journal of Project Management* 4 (2019): 1-18.

RIBA. "BIM overlay to the RIBA Outline Plan of Work". London, UK: Royal Institute of British Architects RIBA, 2012.

Rigsrevisionen. "Report on cost overruns in national building and construction projects". Kopenhagen: Rigsrevisionen, 2009.

Rinne, H. *Taschenbuch der Statistik*, Vol. 4. München: Wissenschaftlicher Verlag Harri Deutsch, 2008.

Rossi, C. *Architecture and Mathematics in Ancient Egypt.* Cambridge: Cambridge University Press, 2004.

Russell, J.B. "The myth of the flat earth". Paper presented at the American Scientific Affiliation Annual Meeting, Westmont College, Santa Barbara/CA, USA, 1997.

Sackey, E., Tuuli, M. and Dainty, A. "BIM implementation: From capability maturity models to implementation strategy". Paper presented at the Sustainable Building Conference 2013, Graz, Austria, 2013.

Sacks, R., Kaner, I., Eastman, C. and Jeong, Y.S. "The Rosewood Experiment - Building Information Modeling and Interoperability for architectural precast facades". *Automation in Construction* 19 (2010): 419-432.

Saxon, R. "Growth through BIM". London, UK: Construction Industry Council CIC, 2013.

Schatz, K. und Rüppel, U. "BIM in Forschung und Lehre". Paper presented auf dem 2. Darmstädter Ingenieurkongress Bau und Umwelt, Darmstadt/Germany, 2013.

Schlimme, H., Holste, D. und Niebaum, J. "Bauwissen im Italien der Frühen Neuzeit" in *Wissensgeschichte der Architektur. Band III: Vom Mittelalter bis zur Frühen Neuzeit*, Hrsg. Renn, J., Osthues, W. und Schlimme, H., 97-334. Berlin: Edition Open Access, 2014.

Schlueter, A. and Thesseling, F. "Building Information Model based energy performance assessment in early design stages". *Automation in Construction* 18, No. 2 (2009): 153-163.

Schmidt-Hofner, S. *Das klassische Griechenland. Der Krieg und die Freiheit.* München: C.H. Beck, 2016.

Scholz, P. *Der Hellenismus. Der Hof und die Welt.* München: C.H. Beck, 2015.

Schultz, A., Essiet, U.M. de Souza, D., Kapogiannis, G., and Ruddock, L. "The economics of BIM and added value of BIM to the construction sector and society". *CIB Int'l Council for Research and Innovation in Building and Construction* (2013): 1-52.

Schumacher, P. "Parametrismus - der neue international style/parametricism - a new global style for architecture and urban design". *AD Architectural Design - Digital Cities* 79 (2009).

Schwarz, J. *Das europäische Mittelalter: Grundstrukturen - Völkerwanderung - Frankenreich.* Stuttgart: Kohlhammer, 2006.

Sebastian, R. and van Berlo, L. "Tool for benchmarking BIM performance of design, engineering and construction firms in the Netherlands". *Architectural Engineering and Design Management* 6, No. 4 (2010): 254-263.

Seifert, J.W. *Visualisieren, Präsentieren, Moderieren*, Vol. 26. Offenbach: Gabal, 2009.

Siebelink, S., Voordijk, J.T. and Adriaanse, A. "Developing and testing a tool to evaluate BIM maturity: Sectoral analysis in the Dutch construction industry". *Journal of construction engineering and management* 144, No. 8 (2018).

Sievertsen, U. "Das Bauwesen im alten Orient. Aktuelle Fragestellungen und Forschungsperspektiven" in *Fluchtpunkt Uruk. Archologische Einheit aus methodischer Vielfalt*, Hrsg. Kühne, H., Bernbeck, R. und Bartl, K., 201-214. Rahden, Westf.: Verlag Marie Leidorf, 1999.

Silva, M., Salvado, F., Couto, P. and Vale e Azevedo, A. "Roadmap proposal for implementing Building Information Modelling (BIM) in Portugal". *Open Journal of Civil Engineering* 6 (2016): 475-481.

Singh, V., Gu, N. and Wang, X. "A theoretical framework of a BIM-based multi-disciplinary collaboration platform". *Automation in Construction* 20, No. 2 (2011): 134-144.

Smith, D.K. and Tardif, M. *BIM: A strategic implementation guide for Architects, Engineers, Constructors and Real Estate Asset Managers.* Hoboken/NJ.: John Wiley & Sons, 2009.

Smith, P. "BIM implementation - global strategies". *Elsevier Procedia Engineering* 85 (2014): 482-492.

Smits, W., van Buiten, M. and Hartmann, T. "Yield-to-BIM: Impacts of BIM-Maturity on project performance". *Building research and information* 45, No. 3 (2016): 336-346.

Sonntag, R. und Voigt, A. *Planungsleitfaden Zukunft Industriebau. Ganzheitliche Integration und Optimierung des Planungs- und*

Realisierungsprozesses für zukunftsweisende und nachhaltige Industriegebäude. Stuttgart: Fraunhofer IRB Verlag, 2011.

Sovacool, B., Gilbert, A. and Nugent, D. "An international comparative assessment of construction cost overruns for electricity infrastructure". *Energy Research & Social Science* 3 (2014): 152-160.

Stachowiak, H. *Allgemeine Modelltheorie.* Wien: Springer Verlag, 1973.

Stachowiak, H. *Modelle - Konstruktion der Wirklichkeit.* München: Wilhelm Fink Verlag, 1983.

Stein-Hölkeskamp, E. *Das archaische Griechenland. Die Stadt und das Meer.* München: C.H. Beck, 2015.

Stirton, L. and Tree, J. "IPD and BIM - a new dimension to collaboration" Mills Oakley, Melbourne (2015).

Stowe, K., Zhang, S., Teizer, J. and Jaselskis, E.J. "Capturing the Return on Investment of all-in Building Information Modeling: Structured approach". *Practice Periodical on Structural Design and Construction* 20, No. 1 (2014).

Succar, B. "Building Information Modelling Framework: A research and delivery foundation for industry stakeholders". *Automation in Construction* 18 (2009): 357-375.

Succar, B. "An integrated approach to BIM competency assessment, acquisition and application". *Automation in Constuction* 35 (2013): 174-189.

Succar, B. and Kassem, M. "Macro-BIM adoption: Conceptual structures". *Automation in Construction* 57 (2015): 64-79.

Succar, B., Sher, W. and Williams, A. "Measuring BIM performance: Five metrics". *Architectural, Engineering and Design Management* 8 (2012): 120-142.

Sullivan, B. and Keane, M. "Specification of an IFC-based intelligent graphical user interface to support building energy simulation". Paper presented at the Building Simulation 2005, Montréal, Canada, 2005.

Szczesny, K. and König, M. "Reactive scheduling based on actual logistics data by applying simulation-based optimization". *Visualization in Engineering* 3, No. 10 (2015).

Taylor, J. and Levitt, R.E. "Inter-organizational knowledge flow and innovation diffusion in project-based industries". Paper presented at the 38th International Conference on System Sciences HICSS, Hawaii/HI, USA, 2005.

Tervooren, A. "Empirie" in *Handbuch pädagogische Anthropologie*, Hrsg. Wulf, C. und Zirfas, J. Wiesbaden: Springer Verlag, 2014.

Tobler, A. *Excavations at Tepe Gawra Vol. 2*. Philadelphia: University of Pennsylvania Press, 1950.

Treldal, N., Vestergaard, F. and Karlshøj, J. "Pragmatic use of LOD - a modular approach". Paper presented at the 11th European Conference on Product and Process Modelling., Limassol, Cyprus, 2016.

Trost, S.M. and Oberlender, G.D. "Predicting accuracy of early cost estimates using factor analysis and multivariate regression". *Journal of Construction Engineering and Management* 129, No. 2 (2003).

Underwood, J. and Bew, M. "Delivering BIM to the UK market" in *Handbook of Research on Building Information Modeling and Construction Informatics: Concepts and Technologies.*, 30-64. New York, USA: IGI-Global, 2009.

van Berlo, L., Bomhof, F. and Korpershoek, G. "Creating the Dutch National BIM Levels of Development". Paper presented at the International Conference on Computing in Civil and Building Engineering, Orlando/FL, USA, 2014.

van Berlo, L., Dikkmans, T., Hendriks, H., Spekkink, D. and Pel, W. "BIM Quickscan: Benchmark of performance in the Netherlands". Paper presented at the 29th International Conference on applications of IT in the AEC Industry, Beirut, Lebanon, 2012.

van Leeuwen, J.P. "Modelling architectural design information by features: An approach to dynamic product modelling for application in architectural design". Dissertation, University of Technology Eindhoven, 1999.

van Nederveen, G.A. and Tolman, F. "Modelling multiple views on buildings". *Automation in Construction* 1, No. 3 (1992): 215-224.

VBI. *BIM-Leitfaden für die Planerpraxis*. Berlin: Verband Beratender Ingenieure VBI, 2016.

VDI. "Building Information Modeling. VDI-Richtlinie zur Zielerreichung". Düsseldorf: VDI Verein Deutscher Ingenieure e.V., 2017.

Vocelka, K. *Geschichte der Neuzeit 1500-1918*. Wien: Böhlau-Verlag, 2009.

Vogler, W. "Realplan oder Idealplan? Überlegungen zur barocken St. Galler Klostergeschichtsschreibung über den St. Galler Klosterplan" in *Studien zum Klosterplan II*, Hrsg. Ochsenbein, P. und Schmuki, K., 73-86. St. Gallen: Historischer Verein des Kanton St. Gallen, 2002.

von Both, P., Koch, V. und Kindsvater, A. *BIM - Potentiale, Hemnisse und Handlungsplan*. Stuttgart: Fraunhofer IRB Verlag, 2013.

von Hesberg, H. *Römische Baukunst*. München: C.H. Beck, 2005.

von Wersin, W. *Das elementare Ornament und seine Gesetzlichkeit. Eine Morphologie des Ornament*. Ravensburg: Otto Maier Verlag, 1940.

Warncke, C.P. *Das Ideal als Kunst. De Stijl 1917-1931*. Köln: Taschen, 1990.

Weber, H. *Rentabilität, Produktivität und Liquidität: Größen zur Beurteilung und Steuerung von Unternehmen*. Wiesbaden: Gabler, 1998.

Wender, K. "Das virtuelle Bauwerk als Informationsumgebung für die Planung im Bestand". Dissertation, Bauhaus-Universität Weimar, 2009.

Wesenberg, B. *Zu den Schriften der griechischen Architekten. Bauplanung und Bautheorie der Antike*. Berlin: Wasmuth, 1984.

Wix, J., Nisbet, N. and Liebich, T. "Using constraints to validate and check Building Information Models". Paper presented at the 7th European Conference on Product and Process Modeling in the Building Industry ECPPM, Nice, France, 2008.

Wolff, G. "Zu Leon Battista Albertis Perspektivlehre". *Zeitschrift für Kunstgeschichte* 5, No. 1 (1936): 47-54.

Wolschner, K. "Geschichte des Sehens und der Bildkultur". *Texte zur Geschichte und Theorie von Medien & Gesellschaft* 10 (2016).

Wong, J.K.W., Zhou, J.X. and Chan, A. "Exploring the linkage between the adoption of BIM and design error reduction". *International Journal for Sustainable Development and Planning* 13, No. 1 (2018): 108-120.

Wong, S.Y. "A review on the execution method for Building Information Modelling projects in Hong Kong". Paper presented at the Proceedings of the Institution of Civil Engineers - Management, Procurement and Law, 2018.

Wu, C., Xu, B., Mao, C. and Li, X. "Overview of BIM maturity measurement tools". *Journal of Information Technology in Construction ITcon* 22 (2017): 34-62.

Yan, H. and Damian, P. "Benefits and barriers of Building Information Modelling". Paper presented at the Proceedings of the 12th International Conference on Computing in Civil and Building Engineering ICCCBE & the 2008 International Conference on Information Technology in Construction INCITE, Beijing, China, 2008.

Yoders, J. "Integrated Project Delivery builds a brave, new BIM world". *Building Design and Construction* 4 (2008).

Zalivako, A. *Die Bauten des russischen Konstruktivismus - Moskau 1919 bis 1932.* Petersberg: Michael Imhof Verlag, 2012.

Zeb, J., Froese, T. and Vanier, D. "Infrastructure Management Process Maturity Model: Development and testing". *Journal of Sustainable Development* 6, No. 11 (2013).

Zhang, C. and Arditi, D. "Automated progress control using laser scanning technology". *Automation in Construction* 36 (2013): 108-116.

Zhang, X., Azhar, S. and Nadeem, A. "Using Building Information Modeling to achieve Lean Principles by improving efficiency of work teams". Paper presented on the *8th International Conference on Construction in the 21st Century CITC-8*. Thessaloniki, Greece 2015.

Zöllner, F. "Anthropomorphismus - das Maß des Menschen in der Architektur von Vitruv bis Le Corbusier" in *Ist der Mensch das Maß aller Dinge? Beiträge zur Aktualität des Protagoras*

(Wunschbilder der Antike), Hrsg. Neumaier, O., 307-344. Möhne-see: Bibliopolis, 2004.

Zöllner, F. and Nathan, J. *Leonardo da Vinci. Sämtliche Gemälde und Zeichnungen.* Köln: Taschen, 2015.

Printed in the United States
By Bookmasters